普通高等教育"十一五"国家级规划教材

中国石油和化学工业优秀教材奖·一等奖

Physical Chemistry

物理化学

第四版

孟阿兰　杨宇　刘杰　主编

化学工业出版社

·北京·

内 容 提 要

本书是针对高等学校工科各专业编写的物理化学教材。在保留前三版简明、浅显易懂和文笔流畅等风格的同时，突出了热力学主线，并融入了物理化学理论与应用的新成果，拓展了教材的深度与广度。全书内容包括：气体的性质、化学热力学基本原理、多组分系统热力学、化学平衡热力学、相平衡热力学、非平衡态热力学、统计热力学、电化学、化学动力学、界面与胶体化学。

本书可作为工、农、医等高等学校本科、专科及高职、电大的物理化学教材，也可供相关科技人员参考。每章有学习目标，并且配套有物理化学在线课程、教学课件及习题解答等数字资源，方便读者使用。

图书在版编目（CIP）数据

物理化学/孟阿兰，杨宇，刘杰主编. —4 版. —北京：化学工业出版社，2019.11（2024.1 重印）

ISBN 978-7-122-35767-0

Ⅰ.①物… Ⅱ.①孟…②杨…③刘… Ⅲ.①物理化学-高等学校-教材 Ⅳ.①O64

中国版本图书馆 CIP 数据核字（2019）第 251198 号

责任编辑：王 婧 杨 菁　　　　装帧设计：王晓宇

责任校对：张雨彤

出版发行：化学工业出版社（北京市东城区青年湖南街 13 号 邮政编码 100011）

印 装：大厂聚鑫印刷有限责任公司

787mm×1092mm 1/16 印张 21½ 彩插 1 字数 592 千字 2024 年 1 月北京第 4 版第 4 次印刷

购书咨询：010-64518888　　　　售后服务：010-64518899

网 址：http://www.cip.com.cn

凡购买本书，如有缺损质量问题，本社销售中心负责调换。

定 价：59.00 元

前言

Preface

本书是针对高等学校工科各专业本科、专科编写的物理化学课程教材，自 1994 年出版发行以来，几经修订，得到了许多兄弟院校的大力支持和认可。科技发展和教育教学改革的深入，对物理化学课程提出了更高的要求，为此，在第三版的基础上进行了修订工作。

本次修订以 2010 年教育部高等学校化学与化工委员会制订的近化学专业化学基础课教学的基本要求为依据，以满足我国高等学校工科专业物理化学教学调整和改革的需要为目标，保持了第三版内容紧扣工科各专业物理化学教学基本要求、写深写透基本概念和基础理论、表达浅显易懂等风格，物理量的表示及运算严格执行我国国家标准，采用国际单位制（SI）和我国法定的计量单位。着重进行了以下 5 个方面的修订工作。

1. 对物理化学的教学知识框架进行了调整。鉴于国内大部分高校将结构化学单独设课，考虑到物理化学内容的独立性，删除了第三版中“结构化学基础”部分。作为平衡态热力学的继承和发展，非平衡态热力学从 20 世纪 60 年代以来有了突破性的发展，对自然科学、社会科学乃至人类社会和整个宇宙具有重要指导意义。基于此，在第四版中增加了“非平衡态热力学”，有助于学生了解非平衡态热力学的研究进展，加深对经典热力学理论的认识。

2. 增加了热力学第零定律、从化学势出发推导溶液性质定量计算公式等内容，深化了化学势在化学平衡、相平衡等各章的应用，更加突出了热力学主线及其重要地位。

3. 增加了反映物理化学研究热点之一的光催化原理及应用，丰富了电动势测定的应用、气-固相表面催化等与实际应用密切联系紧密的内容。

4. 更新了元素原子量表。

5. 配套在线课程、多媒体课件、习题解答等电子资源，方便教学及读者自学使用。

第四版《物理化学》全书共 10 章，包括气体的性质、化学热力学基本原理、多组分系统热力学、化学平衡热力学、相平衡热力学、非平衡态热力学、统计热力学、电化学、化学动力学、界面与胶体化学。可供不同学时和不同教学要求的物理化学教学和读者自学使用。

第四版由孟阿兰教授（第 2 章、第 3 章和第 5 章）、杨宇副教授（第 4 章、第 6 章和第 9 章）、刘杰副教授（绪论、第 7 章、第 8 章和第 10 章）和杨丽娜博士（第 1 章）修订，全书由孟阿兰教授统稿。

本次修订工作得到了青岛科技大学各级领导的关怀，第三版主编王光信教授、任志华副教授的大力支持，吸收了使用前三版教材教师和学生的宝贵意见，在此一并表示衷心感谢！

由于编者水平有限，书中难免有疏漏和不当之处，敬请广大读者不吝赐教。

编者

2019 年 9 月于青岛

教学
课件

目录

Contents

8 电化学

9 化学动力学

0 绪论

Introduction

0.1 物理化学的内容和研究方法

0.1.1 物理化学的内容

纷繁万千的物质变化可分为两大类：物理变化和化学变化。当发生化学变化时，往往伴随着物理变化，例如，化学反应过程中出现的热、电、光、声等物理现象。反过来，外界物理因素的改变，如加热、通电、光照、电磁场等又可以引发或影响化学反应的进行。从微观角度看，物质的结构和物质内部分子、原子与电子的微观物理运动直接决定了物质的性质和进行化学反应的能力。由此可见，化学现象和物理现象之间有着不可分割的紧密联系。**物理化学**（physical chemistry）就是从研究物质运动的物理现象和化学现象的相互联系入手，应用物理学的理论和方法探索化学变化基本规律的一门学科。作为化学的一个分支学科，物理化学的理论性较强，是其他化学分支学科的理论基础，所以物理化学曾称为**理论化学**（theoretic chemistry）。

物理化学是随着人们解决生产实践和科学实验中提出的化学理论问题而发展起来的，物理化学的发展又反过来促进了生产的发展。现代科学的发展使物理化学的内容日益丰富，但是就其基本内容来说，物理化学承担的主要任务仍然是探讨和解决以下三个方面的问题。

（1）化学反应的方向和限度问题

一个化学反应在指定的条件下能否进行？向什么方向进行？进行到什么程度为止？外界条件，如温度、压力和浓度等的变化对反应的方向和反应的限度有何影响？化学反应过程中能量的转换关系是怎样的？这类问题属于化学热力学的研究范畴，**化学热力学**（chemical thermodynamics）主要是解决化学反应的方向和限度问题，即反应的可能性问题。

（2）化学反应的速率和机理问题

化学反应的快慢，实现反应过程的具体步骤，外界条件如温度、压力、浓度及催化剂等的变化对反应速率的影响等问题属于化学动力学的研究范畴。**化学动力学**（chemical kinetics）主要解决化学反应的速率和机理问题。

（3）物质的结构与其性能之间的关系

人们在实践中越来越感觉到仅仅认识物质的性质是远远不够的，只有从本质上弄清楚物质的内部结构与其性质的关系，才能真正理解化学变化的内因，把握化学反应的规律，从而可以设计并合成具有特殊功能的新材料。对于物质微观结构的研究，构成了物理化学的第三部分内容——**结构化学**（structural chemistry）。

物理化学的上述三部分内容虽然各具特点，但它们又是相互联系和相互补充的。物理化学还包括其他一些研究内容：统计热力学是沟通结构化学与化学热力学的桥梁，相平衡、电化学和界面现象与胶体等都可看作以上几部分内容的延伸和应用。鉴于“结构化学”已单独开设课程，本教材重点讨论化学热力学和化学动力学两方面的内容。

近代的科技发展推动了物理化学的进步，例如电子计算机的应用为量子力学计算及反应速率的计算等提供了有力武器。而物理化学的进展反过来又为生命科学、集成电路和燃料电池等高新技术奠定了坚实的基础。

0.1.2 物理化学的研究方法

物理化学既然是一门自然科学，它的研究方法必然遵循一般的科学方法。物理化学的研究方法中渗透着许多辩证唯物主义的哲学观点和方法，如矛盾的对立统一、认识源于实践又高于实践及实践是检验真理的唯一标准等。

物理化学虽然是一门理论性很强的学科，但它首先基于科学实验。"实践—认识—再实践—再认识"规律在物理化学发展过程中的体现就是："实验中归纳出定律—提出假说或理论—再通过实验和实践的考验—修改、补充和完善理论"。例如，气体状态方程的建立就是经历了以下过程：低压下的气体性质实验—提出理想气体状态方程—高压下的气体性质实验—提出真实气体状态方程。此外，电解质溶液理论和化学反应速率理论等的形成和发展也都是化学家们自觉或不自觉地运用唯物辩证法所取得的成果。

物理化学中经常采用从简单到复杂、从简化的理想系统到复杂的真实系统的研究方法。例如，真实气体状态方程是通过对简单的理想气体状态方程进行校正而得来的。要表达真实液态混合物的化学势是很困难的，但是从理想液态混合物的化学势表达式出发，通过适当的校正，就可得到既简单而又符合真实液态混合物行为的化学势表达式。这种删繁就简，抓住主要矛盾和循序渐进的科学方法渗透在物理化学的研究之中。

物理化学的研究除遵循通用的科学研究方法外，还有本学科固有的特殊研究方法，即热力学方法、量子力学方法和统计力学方法。

(1) 热力学方法

热力学以大量微粒所构成的宏观系统作为研究对象。在处理问题时，它从实践中总结出来的几个热力学基本定律出发，通过严密的论证和逻辑推理，根据系统变化前后状态的宏观性质，如压力、体积、温度和能量等的改变推知化学变化的方向和限度，而不需要涉及系统内单个微粒的运动和特征，也不深入到物质的内部结构中。这种研究问题的方法，使其研究结论具有通用性和可靠性。不过，由于热力学方法没有深入到系统的内部结构中，所以它对化学变化的了解只能"知其然，而不知其所以然"。

(2) 量子力学方法

量子力学方法从微观角度研究分子、原子的结构和微观粒子的运动规律。将量子力学的理论用于分子结构、晶体结构以及物质结构和性质之间关系的研究，就形成了结构化学的基本研究方法。

(3) 统计力学方法

统计力学与热力学一样，都是研究由大量微粒所组成的宏观系统，探求系统宏观性质之间的关系及其变化规律，从而判断变化的方向和限度。但是，热力学是通过可测的、宏观性质的变化来推知系统的另一些宏观性质的变化，它是从宏观到宏观的研究方法。统计力学则是从单个微观粒子运动的行为出发，应用统计的方法来推断大量微观粒子组成的宏观系统的变化规律，它是从微观到宏观的研究方法。统计力学把微观粒子的运动和宏观系统的性质联系起来，是沟通微观与宏观的渠道，是联系结构化学与化学热力学的桥梁。

0.1.3 物理化学课程的学习方法

物理化学是化学、化工、轻工、石油、冶金、材料、医药、环境和地质等专业的一门重要基础理论课。通过这门课程的学习，不仅要掌握物理化学的基本内容和基本规律，更重要的是通过学习，掌握唯物主义世界观和方法论，把握事物发展规律，提高分析问题和解决问题的能力。

与其他几门基础化学课相比，学生们普遍感到学习物理化学难度大。其实，只要掌握正确的学习方法，学好物理化学并不难。现针对本课程的特点，介绍几点学习方法供读者参考。

（1）准确理解基本概念

物理化学涉及很多概念，这些概念都是十分严格的。只有准确理解其真实含义和与它们有关的数学表达式，了解它们的适用范围才能正确地加以应用。

（2）区别对待重要公式和一般公式

物理化学的公式比较多，本书给出编号的公式就有几百个。学习时要区别哪些是重要公式，哪些是一般公式。重要公式是需要记住的，而一般公式只需清楚它的推导过程，掌握它的适用条件即可。

（3）正确对待数学推导

相对于其他基础化学课来说，物理化学较多地用到数学知识。通过对公式推导过程的了解可以知道公式的来龙去脉，从推导过程中可以学到逻辑推演的方法和技巧。但是应当始终记住，数学推导仅仅是一种工具，不是目的。为了得到一个公式，一些数学上的演绎是必不可少的，不过重要的是要搞清推导过程所引入的条件，这些条件正是最终所得公式的适用范围和应用条件，掌握这些条件往往比推导过程更重要。

（4）认真进行习题演算

如果只阅读教科书而不做习题是学不好物理化学的。演算习题不仅有助于记住重要的公式、熟悉其适用条件和灵活运用公式的技巧，更重要的是可加深对物理化学概念的理解。物理化学的某些概念是很抽象的，单靠文字定义是很难理解其含义的。演算习题可以把抽象的概念具体化，而且同一概念可以在不同类型的习题中从多个角度去深入而全面地加以理解，因此，必须重视习题演算这一培养独立思考能力的环节。

（5）重视物理化学实验

物理化学是理论与实验并重的学科，不仅要掌握物理化学的理论，还要学会研究物理化学的基本实验技能。实验课不仅可进一步加深对抽象理论的理解，还能培养学生分析和解决实际问题的能力，提高其独立工作的能力。许多学校已将物理化学实验单独设课，足见其重要性。

还有一些学习物理化学的方法，不一一赘述。读者也可以在实践中总结出一套适合自身特点的学习方法。

0.2 物理化学的量和单位

0.2.1 量与量纲

物理化学中有许多物理量，如压力、温度、体积、热力学能、焓和熵等。物理量（physical

quantity）简称量。将物体或现象可以定性区别并能定量测量的属性称为量。物理化学研究各种自然现象和人类实践过程中物质的变化，而物质的变化是通过量及其变化反映出来的。

每一个量都有一个特定的名称，并用一个符号来表示。例如，表示长短的量称为长度，用 l 表示。量分基本量（fundamental quantity）和导出量（derived quantity）。基本量是单独定义的量，由基本量导出的量称为导出量（有时要乘以因数）。在不考虑因数时，表示一个量是由哪些基本量导出的和如何导出的式子称为此量的量纲（dimension）或量纲式（dimension formula）。基本量的量纲就是它本身。

国际单位制（Système International d'Unités，SI）约定七个特殊的量为基本量，规定它们各自具有独立的量纲，这七个基本量是长度、质量、时间、电流强度、热力学温度、物质的量和发光强度，它们的符号分别为 l、m、t、I、T、n 和 I_v。七个基本量的量纲分别用 L、M、T、I、Θ、N 和 J 表示。

导出量的量纲定性地给出导出量与基本量之间的关系。例如，任一量 Q 的量纲可表示成七个基本量的乘方之积，有时还要乘一个因数：

$$\dim Q = L^{\alpha} M^{\beta} T^{\gamma} I^{\delta} \Theta^{\varepsilon} N^{\xi} J^{\eta} \tag{0.1}$$

例如，摩尔体积 V_m 的量纲为：

$$\dim V_m = L^3 N^{-1}$$

式(0.1) 中各基本量的量纲的乘方指数，如 α、β、γ……，称为量 Q 的量纲指数。所有量纲指数均为零的量称为量纲 1 的量（quantity of dimension 1）或无量纲量（quantity without dimension），它们的量纲或量纲之积等于 1。例如，化学计量数、相对摩尔质量、标准平衡常数、质量分数等都是量纲 1 的量。

任一量 Q 分为量的数值 $\{Q\}$ 和量的单位 $[Q]$ 两部分，量为这两部分的乘积：

$$Q = \{Q\}[Q] \tag{0.2}$$

本书一般以加大括号的量表示量的数值，以加中括号的量表示量的单位。例如，物质的量 $n=100\text{mol}$，$\{n\}$ 为 100，$[n]$ 为 mol；压力 $p=100000\text{Pa}$，$\{p\}$ 为 100000，$[p]$ 为 Pa。

要注意区分量的单位和量纲。量的单位是人为选定来确定量大小的比较标准，例如体积的单位可以选 m^3（立方米）或 L（升）；而量纲则是量固有的属性。

国际单位制（SI）是我国法定计量单位的基础，凡属 SI 的单位均是我国法定计量单位。我国法定计量单位由以下五部分构成：

① SI 基本单位（附录 1 表 1）；

② 包括辅助单位在内的具有专门名称的 SI 导出单位（附录 1 表 2）；

③ 由于人类健康安全防护上的需要而确定的具有专门名称的 SI 导出单位（附录 1 表 3）；

④ SI 词头（附录 1 表 4）；

⑤ 可与 SI 并用的我国法定计量单位（附录 1 表 5）。

0.2.2　量方程式和数值方程式

表示量与量之间关系的方程式称为量方程式（equation of quantity）。由于量的定义中不包含或暗含某种特定的单位，所以量方程式也不应当包含或暗含某种特定的单位，也就是说，量方程式与量的单位的选择无关。例如，理想气体的压力 p、体积 V、物质的量 n 和温度 T 之间的关系可用状态方程式表示为：

$$pV = nRT$$

若 V、n、T 和 R 均采用 SI 单位，分别为 m^3、mol、K 和 $J \cdot mol^{-1} \cdot K^{-1}$，则压力单位必然

为 SI 的导出单位 Pa。$R=8.314\mathrm{J\cdot mol^{-1}\cdot K^{-1}}$，若 $V=10\mathrm{m^3}$、$n=3.33\mathrm{mol}$、$T=300\mathrm{K}$，则代入上式后可计算出压力为：

$$p=\frac{nRT}{V}=\frac{3.33\mathrm{mol}\times 8.314\mathrm{J\cdot mol^{-1}\cdot K^{-1}}\times 300\mathrm{K}}{10\mathrm{m^3}}=831\mathrm{Pa}$$

量方程式有时也包含因数，但这些因数不是因单位引入的，而是由于量的定义而引入的。例如，气体分子的平均平动能 ε_t 与温度 T 的关系为：

$$\varepsilon_t=\frac{2}{3}kT$$

各量选定单位后，表示量的数值之间关系的方程式称为数值方程式（equation of numerical value）。在数值方程式中必须指定各量所选用的单位。例如，上面所举的例子若用数值方程式来计算，则为：

$$\frac{p}{\mathrm{Pa}}=\frac{(n/\mathrm{mol})\times[R/(\mathrm{J\cdot mol^{-1}\cdot K^{-1}})]\times(T/\mathrm{K})}{V/\mathrm{m^3}}=\frac{3.33\times 8.314\times 300}{10}=831$$

$$p=831\mathrm{Pa}$$

0.2.3 量在图和表中的表示方法

目前在某些书和杂志中对于量在图和表中的表示方法仍有不符 SI 规定的地方，特在此略作介绍。

① 按国际标准（ISO）和中国标准（GB）的规定，不得再使用 ppm 和 ppb 之类的符号，而应当用 10^{-6} 和 10^{-9} 来分别表示百万分之一和十亿分之一。同样，用‰表示 10^{-3} 也是一种不规范的表示方法。可以用%代替 10^{-2}，但不允许用%（m/m）或%（V/V）表示质量分数或体积分数。正确的表示方法应为：质量分数 0.50 或质量百分数 50%，体积分数 0.35 或体积百分数 35%。质量分数和体积分数也可分别表示为 $\mu\mathrm{g\cdot g^{-1}}$ 和 $\mathrm{mL\cdot m^{-3}}$ 等。

② 各种图和表中的量、数值及单位的关系应符合式(0.2)。图坐标的标注和表的表头应为纯数，即量除以它的单位。例如，乙醇的蒸气压 p 与温度 T 的关系可用表 0.1 中的数据表示。也可用表 0.1 中第 2 和第 4 列的数据作图来表示乙醇蒸气压与温度的关系，如图 0.1 所示。

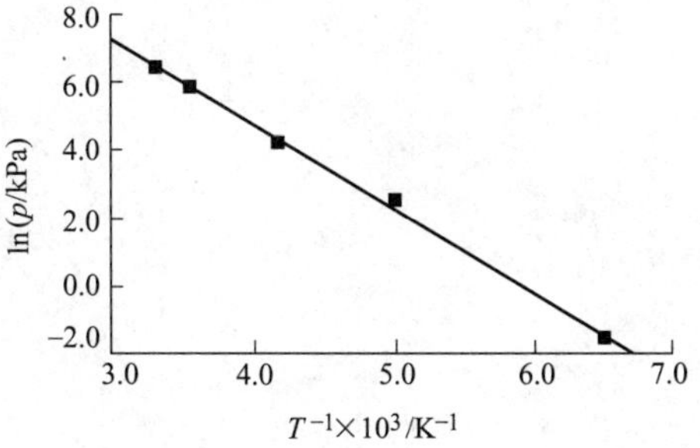

图 0.1 乙醇蒸气压与温度的关系

表 0.1 乙醇蒸气压与温度的关系

T/K	10^3T^{-1}/$\mathrm{K^{-1}}$	p/kPa	ln(p/kPa)
160	6.50	0.20	−1.61
200	5.00	12.5	2.53
240	4.17	68.6	4.23
280	3.57	335	5.81
300	3.33	623	6.43

在图 0.1 中，纵、横坐标轴的刻度标注应当是量的数值，按式(0.2)，纵坐标为数值 $\ln(p/\mathrm{kPa})$，横坐标为数值 $T^{-1}\times10^3/\mathrm{K^{-1}}$。只有在定性表示 $y=f(x)$ 函数关系的 y-x 图中，为简便计算，纵、横坐标标注成量 y 和 x。

③ 指数、对数和三角函数中的变量均应为纯数或量纲 1 的组合，例如，$\exp[-E_a/(RT)]$、

$\ln(p/p^{\ominus})$、$\ln(k/\mathrm{s}^{-1})$、$\sin(n\pi x/a)$ 等。物理化学中有许多含有对数的量方程，如：

$$\mu^*(\mathrm{g})=\mu^{\ominus}+RT\ln\frac{p}{p^{\ominus}}$$

$$\ln(p/[p])=-\frac{A}{T\cdot \mathrm{K}^{-1}}+B$$

或写作

$$\ln\{p\}=-\frac{A}{T\cdot \mathrm{K}^{-1}}+B$$

$$\mathrm{d}\ln(k_{\mathrm{A}}/[k_{\mathrm{A}}])=\frac{E_{\mathrm{a}}}{RT^2}\mathrm{d}T$$

或写作

$$\mathrm{d}\ln\{k_{\mathrm{A}}\}=\frac{E_{\mathrm{a}}}{RT^2}\mathrm{d}T$$

$$\frac{\mathrm{d}\ln(p/[p])}{\mathrm{d}T}=\frac{\Delta_{\mathrm{vap}}H_{\mathrm{m}}}{RT^2}$$

或写作

$$\frac{\mathrm{d}\ln\{p\}}{\mathrm{d}T}=\frac{\Delta_{\mathrm{vap}}H_{\mathrm{m}}}{RT^2}$$

1 气体的性质

Properties of Gases

内容提要

本章介绍理想气体和实际气体压力、温度与体积间相互联系的宏观规律——气体状态方程以及通用压缩因子图。

学习目标

1. 了解理想气体微观模型，熟练使用理想气体状态方程进行计算并熟记 R 的数值与单位。

2. 掌握道尔顿分压定律及其应用。

3. 理解范德华方程及修正项的物理意义。

4. 理解实际气体偏离理想气体行为的原因，了解对应状态原理及对比状态参数的计算。掌握压缩因子图的应用。

物质有三种主要的聚集状态：气体、液体和固体。其中，气体是物理化学研究的重要物质对象之一，而且在研究液体和固体所服从的规律时也往往借助它们与气体的关系进行研究。因此，有关气体的性质及其变化规律的研究在物理化学中占有重要的地位。气体有各种各样的性质。对于一定量的纯气体，压力、温度和体积是三个最基本的性质。而对于气体混合物，基本性质还包括组成。

1.1 理想气体

1.1.1 理想气体状态方程

气体的物质的量 n 与压力 p、体积 V 和温度 T 之间有一定的函数关系，可用代数方程式表示，这种方程式称为状态方程（equation of state）。

从 17 世纪中期开始，经波义耳（R. Boyle）、盖·吕萨克（J. Gay-Lussac）及阿伏伽德罗（A. Avogadro）等科学家的实验研究，人们归纳得到了各种气体在常压和较低压力下通用的状态方程：

$$pV=nRT \tag{1.1}$$

式中，p 为压力（压强），是垂直作用于单位面积上的力。压力的单位是帕斯卡（Pascal），符号 Pa（帕）。每平方米（m^2）受到 1 牛顿（N）垂直作用的力为 1Pa，故 $1Pa=1N\cdot m^{-2}$。除 Pa 以外，常用的压力单位还有千帕（kPa）和兆帕（MPa）：$1kPa=10^3Pa$，$1MPa=10^6Pa$。规定 100kPa 为标准压力（standard pressure），以 $p^{\ominus}$ 表示，即 $1p^{\ominus}=100kPa$。V 为体积，单位为立方

米（m^3）。我国仍允许使用与SI单位并用的体积单位升（L），$1L=1dm^3=10^{-3}m^3$。n 为物质的量，单位为摩尔（mole），符号 mol。T 为热力学温度，单位是开尔文（Kelvin），简称开，符号 K。热力学温度 T 与常用的摄氏温度 t（单位℃）的换算关系如下：

$$T/K = t/℃ + 273.15 \approx t/℃ + 273 \tag{1.2}$$

R 为对各种气体通用的比例常数，称为摩尔气体常数（molar gas constant），简称气体常数，$R = 8.314 J \cdot mol^{-1} \cdot K^{-1}$。

对于低压下各种气体，只要知道 n、p、V 和 T 中任意三个量，利用式(1.1) 即可求算另一个。

【例 1.1】 某化工车间每小时需用 500kg 乙烯。现拟建一存气量为该车间 1h 用气量的乙烯气柜。气柜中乙烯的温度按 30℃、压力按 0.140MPa 考虑，计算气柜的体积。

解： 将 $T/K = 30/℃ + 273 = 303$，M(乙烯) $= 0.0281 kg \cdot mol^{-1}$，$n = m/M$ 代入式(1.1)，即可求得气柜的体积：

$$V = \frac{mRT}{Mp} = \frac{500kg \times 8.314 J \cdot mol^{-1} \cdot K^{-1} \times 303K}{0.0281 kg \cdot mol^{-1} \times 0.140 MPa} = 320 m^3$$

实验证明，温度越高，压力越低，气体的行为越符合式(1.1)；反之，气体的行为就越偏离式(1.1)。式(1.1) 是各种气体在压力趋于零的极限状态下的表现，这是一种理想的状态。在这种理想状态下，气体 n、p、V 和 T 间的关系完全符合式(1.1)。此状态下的气体称为理想气体（ideal gas），式(1.1) 称为理想气体状态方程（state equation of ideal gas）。

实际上，没有一种气体能在任何条件下均严格地遵从理想气体状态方程。因此，理想气体只是从实际气体中抽象出来的一种概念，客观世界里并不存在。但是当温度足够高、压力足够低时，在一定的测量精度要求之内，气体的 n、p、V 和 T 的关系可以符合理想气体状态方程。这里，所谓的"较高温度和较低压力"，首先与各种气体的本性（主要是分子间作用力与分子本身的体积）有关。压力极低时，气体分子间距离非常大，分子间作用力就可以忽略不计。此外，分子间距离很大时，气体分子本身的体积 b（1mol 气体分子自身的体积）与分子之间的自由空间 V_f[$V_m - b$（V_m 为气体的摩尔体积）] 相比，也可忽略不计。用理想气体状态方程描述气体行为时，实际上是将气体分子看作无体积的质点，分子之间又无相互作用力，当压力增大时，整个气体的体积 V_m 是可以成比例地被压缩的空间 V_f，即 $V_m = V_f$。

某种气体在一定的温度和压力下能否看作理想气体，除与气体本性有关外，还应考虑到测量和计算的精度要求。例如，H_2、He 和 Ar 等难液化的气体在室温和常压下，一般可以看作理想气体，可是在精度很高的测量中，仍然可以观察到它们与理想行为的偏离。反之，CO_2、NH_3 和 SO_2 等易液化的气体，虽然在室温和常压下它们的行为与理想行为偏差较大，可是在精度不高的估算中，仍然可以将它们当作理想气体来处理。

提出理想气体这个概念是因为它的状态方程比较简单，研究理想气体的行为比较方便。自然界里存在的实际气体行为比理想气体行为复杂得多。在物理化学中先将实际气体当作比较简单的理想气体来研究，然后将研究的结果按实际气体行为与理想气体行为的偏差做适当的修正，就可以准确地揭示实际气体的规律。这种研究问题的方法十分有效，在物理化学中常使用。这也是引入理想气体概念的主要原因。

1.1.2 混合理想气体

各种不同的理想气体可以均匀地混合在一起。温度 T 时，设由 k 种理想气体组成的气体混合物压力为 p、体积为 V，若其中各组分的摩尔质量分别为 M_1、M_2、…、M_k，物质的量分别为 n_1、n_2、…、n_k，则混合气体的总物质的量 $n = \sum_B n_B$，总质量 $m = \sum_B n_B M_B$，且该混合气体遵守理想气体状态方程：

$$pV=\sum_{B} n_B RT=\frac{m}{\langle M\rangle}RT \tag{1.3}$$

式中，$\langle M\rangle$ 为混合气体的平均摩尔质量，$kg \cdot mol^{-1}$。$\langle M\rangle$ 与各组分摩尔质量的关系为：

$$\langle M\rangle=\frac{m}{n}=\frac{\sum_{B} n_B M_B}{\sum_{B} n_B}=\frac{n_1}{\sum_{B} n_B}M_1+\frac{n_2}{\sum_{B} n_B}M_2+\cdots+\frac{n_k}{\sum_{B} n_B}M_k \tag{1.4}$$

混合气体中任一组分 B 的物质的量与混合气体总物质的量的比值称为该组分的摩尔分数(mole fraction)，以 y_B 表示，即：

$$y_B=\frac{n_B}{\sum_{B} n_B} \tag{1.5}$$

将此式代入式(1.4)，可得：

$$\langle M\rangle=y_1M_1+y_2M_2+\cdots+y_kM_k \tag{1.6}$$

或

$$\langle M\rangle=\sum_{B} y_B M_B \tag{1.7}$$

式(1.7) 表明，混合气体的平均摩尔质量是混合气体所含各组分的摩尔分数与其摩尔质量乘积之和。该式不仅适用于气体混合物，也可推广到液体和固体混合物。

混合气体中任一组分的摩尔分数与混合气体总压的乘积称为该组分的分压 (partial pressure)，以 p_B 表示，即：

$$p_B=y_B p \tag{1.8}$$

这里，任一组分分压为相同温度下该气体单独存在于容器中时所具有的压力。

若对混合气体中各组分的分压求和，由于 $\sum_{B} y_B=1$，故可得：

$$\sum_{B} p_B=p \tag{1.9}$$

这表明，混合气体中各组分分压之和等于混合气体的总压，即道尔顿分压定律 (Dalton's law of partial pressure)。

道尔顿分压定律只适用于理想气体混合物，这是由于理想气体分子之间没有相互作用，每一种气体都不会由于其他气体的存在而受影响。而实际气体由于分子间存在相互作用，且气体在混合物中的相互作用与纯气体不同，因此气体的分压不等于它单独存在时的压力，即分压定律不成立。

【例 1.2】 25℃下，将 $6.00dm^3$、0.100MPa 的 $H_2(g)$ 与 $2.00dm^3$、0.100MPa 的 $N_2(g)$ 通入 $2.00dm^3$ 抽真空的容器中，计算混合气体的总压及各组分的分压。

解：对通入容器前的各气体分别应用理想气体状态方程：

$$n(H_2)=\frac{p(H_2)V(H_2)}{RT}=\frac{0.100MPa\times 6.00dm^3}{8.314J\cdot mol^{-1}\cdot K^{-1}\times 298K}=0.242mol$$

$$n(N_2)=\frac{p(N_2)V(N_2)}{RT}=\frac{0.100MPa\times 2.00dm^3}{8.314J\cdot mol^{-1}\cdot K^{-1}\times 298K}=0.0807mol$$

混合后各组分的摩尔分数为：

$$y(H_2)=\frac{n(H_2)}{n(H_2)+n(N_2)}=\frac{0.242mol}{0.242mol+0.0807mol}=0.750$$

$$y(N_2)=1-y(H_2)=1-0.750=0.250$$

对混合气体应用理想气体状态方程，则总压为：

$$p=\frac{nRT}{V}=\frac{[n(H_2)+n(N_2)]RT}{V}$$

$$=\frac{(0.242\text{mol}+0.0807\text{mol})\times 8.314\text{J}\cdot\text{mol}^{-1}\cdot\text{K}^{-1}\times 298\text{K}}{2.00\text{dm}^3}$$

$$=400\text{kPa}$$

根据道尔顿分压定律，各组分的分压为：

$$p(H_2)=y(H_2)p=0.750\times 400\text{kPa}=300\text{kPa}$$

$$p(N_2)=p-p(H_2)=400\text{kPa}-300\text{kPa}=100\text{kPa}$$

1.2 实际气体

1.2.1 实际气体状态方程

为描述较低温度和较高压力下实际气体的行为，目前已提出各种实际气体的状态方程。这些方程各有一定的适用范围和精确度。

1.2.1.1 范德华方程

1873 年，范德华（van der Waals）从气体分子本身体积和分子间相互作用两方面考虑，提出了范德华方程（van der Waals equation）：

$$\left(p+\frac{n^2a}{V^2}\right)(V-nb)=nRT \tag{1.10}$$

式中，a 和 b 为与气体种类有关的特性常数，称为范德华常数（van der Waals constant）。表 1.1 为部分气体的范德华常数。

表 1.1 部分气体的范德华常数

气体	a/(Pa·m^6·mol^{-2})	$b\times10^5$/(m^3·mol^{-1})	气体	a/(Pa·m^6·mol^{-2})	$b\times10^5$/(m^3·mol^{-1})	气体	a/(Pa·m^6·mol^{-2})	$b\times10^5$/(m^3·mol^{-1})
Ar	0.1363	3.219	Cl_2	0.6577	5.622	CH_4	0.2282	4.278
H_2	0.0247	2.661	CO_2	0.3639	4.267	C_2H_4	0.4529	5.714
O_2	0.1378	3.183	H_2O	0.5535	3.049	C_2H_6	0.5560	6.380
N_2	0.1408	3.913	NH_3	0.4224	3.707	C_6H_6	1.823	1.154

当 $n=1\text{mol}$ 时，范德华方程为：

$$\left(p+\frac{a}{V_m^2}\right)(V_m-b)=RT \tag{1.11}$$

式中，a/V_m^2 称为内压力（internal pressure）p_i。内压力反映了实际气体分子间作用力对气体压力所产生的影响。实际气体的压力加上内压力相当于实际气体不存在分子间作用力时表现出的压力，即 $p+p_i$ 为实际气体理想化以后应产生的压力。因此，常数 a 是与气体分子间作用力有关的范德华常数。不同气体，分子间作用力不同，a 的数值也不相同。

由于实际气体分子都有一定的体积，因此从分子本身占有体积的角度考虑，应该用 V_m-b 代替总体积 V_m。虽然范德华方程建立在对实际气体模型进行理论分析的基础上，但方程中所包含的两个常数都是由实测得来的，所以该方程是一个半理论、半经验的实际气体状态方程。

欲利用范德华方程由气体的 n、p 和 V 计算 T，可将式(1.10) 或式(1.11) 改写成 $T=f(n,p,V)$ 的形式，将数据代入后即可求得 T。类似地，将式(1.10) 或式(1.11) 改写成 $p=f(n,V,T)$ 的形式，可由 n、V 和 T 求算 p。如果已知气体的 n、p 和 T，欲用范德华方程计算 V，可将式(1.10) 重排成变量 V 的多项式：

$$abn^3-an^2V+(nbp+nRT)V^2-pV^3=0 \tag{1.12}$$

用尝试法或其他解代数方程的近似方法求上式的实根，即为 V。用范德华方程求算 n 也会遇到代数方程求实根的问题，计算方法与求 V 的方法类似。

【例 1.3】 将 10.0mol N_2(g) 装在 10.0dm^3 的钢瓶中，测得 N_2 的压力为 2.50MPa，试用范德华方程计算 N_2 的温度。

解：从表 1.1 中可查到 N_2 的范德华常数为：

$$a=0.1408\text{m}^6\cdot\text{Pa}\cdot\text{mol}^{-2} \text{ 和 } b=3.913\times10^{-5}\text{m}^3\cdot\text{mol}^{-1}$$

改写式(1.10)，得：

$$T=\frac{1}{R}\left(\frac{p}{n}+\frac{na}{V^2}\right)(V-nb)$$

将范德华常数及已知条件代入上式：

$$T=\frac{1}{8.314\text{J}\cdot\text{mol}^{-1}\cdot\text{K}^{-1}}\left[\frac{2.50\text{MPa}}{10.0\text{mol}}+\frac{10.0\text{mol}\times0.1408\text{m}^6\cdot\text{Pa}\cdot\text{mol}^{-2}}{(10.0\text{dm}^3)^2}\right]\times$$
$$(10.0\text{dm}^3-10.0\text{mol}\times3.913\times10^{-5}\text{m}^3\cdot\text{mol}^{-1})$$
$$=305\text{K}=32℃$$

虽然实际气体使用范德华方程的运算结果一般比用理想气体状态方程准确（表 1.2），但由于实际气体的行为比范德华方程所考虑的复杂，所以范德华方程的适用范围仍有一定的限制。对于多数气体，范德华方程可以较好地在中等压力（例如几兆帕）以下使用。

表 1.2 范德华方程与理想气体状态方程计算结果的比较（$T=373.2$K）

气体	实测压力 p/MPa	用范德华方程计算		用理想气体状态方程计算	
		p/MPa	偏差/%	p/MPa	偏差/%
H_2	5.07	5.09	+0.4	4.93	−2.8
H_2	7.60	7.67	+0.9	7.32	−3.7
H_2	10.1	10.2	+1.0	9.62	−4.8
CO_2	5.07	5.01	−1.2	5.77	+13.8
CO_2	7.60	7.43	−2.2	9.35	+23.0
CO_2	10.1	9.71	−3.9	13.5	+33.7

1.2.1.2 维里方程

1901 年，卡末林-昂尼斯（Kammerlingh-Onnes）提出一类称为维里方程（virial equation）的实际气体状态方程：

$$pV_m=A+Bp+Cp^2+\cdots \tag{1.13}$$

$$pV_m=A+\frac{B'}{V_m}+\frac{C'}{V_m^2}+\cdots \tag{1.14}$$

式中，A 称为第一维里系数；B 或 B' 称为第二维里系数；C 或 C' 称为第三维里系数；等等。维里系数与气体的本性有关，也受温度变化的影响。使用维里方程时，可根据温度、压力范围及计算精度要求来决定方程右端选取的项数。

1.2.1.3 马丁-侯方程

除上述两类方程外，马丁-侯方程（Martin-Hou equation）是处理实际气体比较准确的状态方程，其基本形式为：

$$p=\frac{F_1(T)}{(V-b)}+\frac{F_2(T)}{(V-b)^2}+\frac{F_3(T)}{(V-b)^3}+\frac{F_4(T)}{(V-b)^4}+\frac{F_5(T)}{(V-b)^5}=\sum_{i=1}^{5}\frac{F_i(T)}{(V-b)^i} \quad (1.15)$$

其中

$$F_i(T)=A_i+B_i(T)+C_i\exp\frac{-KT}{T_c} \quad (1.16)$$

A_i、B_i、C_i、b、K 均为常数。

前述实际气体状态方程，无论多么复杂，当压力趋于零时，它们都可还原成理想气体状态方程。方程式越复杂，其适用范围越宽，计算结果越准确，但运算也越麻烦。

1.2.1.4 普遍化状态方程

理想气体在任何温度和压力下都满足 $pV/nRT=1$，而实际气体只有在压力趋于零时才满足 $pV/nRT=1$。因此，在任何温度和压力下，实际气体对理想气体的偏差可以用 pV/nRT 偏离 1 的程度来衡量，令：

$$Z=\frac{pV}{nRT} \quad 或 \quad Z=\frac{pV_m}{RT} \quad (1.17)$$

即

$$pV=ZnRT \quad 或 \quad pV_m=ZRT \quad (1.18)$$

式中，Z 称为压缩因子（compressibility factor）。Z 的大小与物质本性、温度和压力有关。同一气体在不同的温度和压力下，Z 不同；在相同的温度和压力下，不同气体的 Z 不同。式(1.18) 被称为实际气体普遍化状态方程。

1.2.2 对应状态原理及通用压缩因子图

1.2.2.1 对应状态原理

一定温度下，由于理想气体 $pV_m=$常数，而实际气体 $pV_m\neq$常数，则两类气体的 p-V-T 图迥然不同。

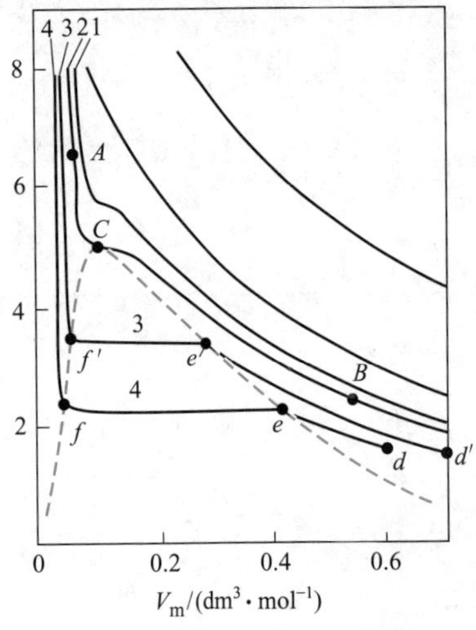

图 1.1 CO_2 的 p-V_m 等温线
1—323K；2—304.3K；3—293K；4—273K

1869 年，安得鲁（T. Andrews）根据不同温度下 CO_2 压力与体积数据，得到了 CO_2 的 p-V-T 关系曲线（图 1.1），也称 CO_2 的 p-V_m 等温线（isotherm）。从图中可以看出，不同温度下等温线的形状不同。

温度高于 304.3K，等温线都是无突然转折的平滑曲线，且温度越高，越接近于等轴双曲线。这是因为在高温、低压下，实际气体接近于理想气体，等温线大致可用方程 $pV_m=RT$ 描述。

温度低于 304.3K，各条等温线中部都有一段与横坐标平行的水平线段。以 273K 时的等温线为例，当压力很低时，处于线上 d 点的 CO_2 为气体状态。在将气体压缩到 e 点以前，状态沿 de 线变化，均为气体，随压力增大，V_m减小。当压缩到 e 点时，开始出现与气体呈平衡的液体。这种处于气、液平衡的状态称为饱和状态（saturated state）。饱和状态下的气体称为饱和蒸气（saturated vapor），液体称为饱和液体（saturated liquid）。饱和蒸气的压力称为饱和蒸气压（saturated vapor pressue），简称蒸气压。一定温度下，各种纯物质的蒸气压为恒定值。e 点对应的压力就是 273K 下液体 CO_2 的蒸气压。继续压缩，从 e 点至 f 点系统始终保持气体与液体共存，压力也始终保持在 273K 下 CO_2 的饱和蒸气压。只是越靠近 f 点，气体转变成液体的量越多。在 f 点处，气体的液化已基本完成。此后若继续压缩，等温线将陡直地上升，这段陡直上升的曲线显示液体 CO_2 被压缩。由于液体的压缩性比气体小得多，所以尽管压力明显增大，但 V_m 变化不多。

低于 304.3K 的其他等温线的变化情况与 273K 时的等温线大致相同，从气体压缩成液体的过程中都会出现气体和液体呈平衡的状态，等温线中部出现一段水平线段。但是随着温度升高，水平线段逐渐缩短（例如，293K 时等温线的水平线段为 $e'f'$，其长度明显小于 273K 时水平线段 ef 的长度），到 304.3K 时，水平线段缩为一点 C。温度高于 C 点相应的温度（304.3K）时，无论加多大压力都不可能使 CO_2 液化。C 点称为气体液化的临界点（critical point）。临界点时物质所处的状态称为临界状态。在临界状态下气体和液体的性质（如密度）无明显区别，气、液不分，因此临界点反映出了各物质的一种共同特性。临界状态时的温度和压力分别称为临界温度（critical temperature）和临界压力（critical pressure），以 T_c 和 p_c 表示。各种气体高于临界温度时无论加多大的压力均不能液化，所以临界温度是气体有可能液化的最高温度。临界压力即为在临界温度下使气体液化所需要的最小压力。在临界温度与临界压力下，物质的摩尔体积称为临界摩尔体积（critical molar volume），简称临界体积，以 V_c 表示。T_c、p_c 和 V_c 统称为临界参数（critical parameter）或临界常数（critical constant），它们是物质的特性常数。表 1.3 为一些物质的临界参数。

表 1.3 某些物质的临界参数

物质	T_c/K	p_c/MPa	V_c/($dm^3 \cdot mol^{-1}$)	物质	T_c/K	p_c/MPa	V_c/($dm^3 \cdot mol^{-1}$)
Ar	150.8	4.87	0.0733	H_2O	647.1	22.05	0.0553
He	5.2	0.227	0.0576	NH_3	405.5	11.313	0.0725
H_2	33.3	1.297	0.0650	CH_4	190.5	4.596	0.099
O_2	154.6	5.043	0.0780	C_2H_4	282.3	5.039	0.124
N_2	126.2	3.39	0.0901	C_2H_6	305.3	4.872	0.148
Cl_2	417.2	7.71	0.124	CH_3OH	512.6	8.10	0.1177
CO	132.9	3.499	0.0900	C_6H_6	562.1	4.898	0.2564
CO_2	304.1	7.375	0.0940				

略高于临界点处（即温度略高于临界温度，压力略高于临界压力处）的状态称为超临界流体（supercritical fluid）。超临界流体有较好的溶解性能，被用于萃取工艺，称为超临界萃取。

以临界点为参考点，用 T_c、p_c 和 V_c 度量 T、p 和 V_m 的数值，可得到一组对比参数（reduced parameter）——对比温度（T_r）、对比压力（p_r）和对比体积（V_r），其中：

$$T_r \stackrel{\text{def}}{=\!=} \frac{T}{T_c} \tag{1.19}$$

$$p_r \stackrel{\text{def}}{=\!=} \frac{p}{p_c} \tag{1.20}$$

$$V_r \stackrel{\text{def}}{=\!=} \frac{V_m}{V_c} \tag{1.21}$$

大量实验结果表明，不同气体处于相同的对比温度和对比压力时，其对比体积近似相等。这一规律称为对应状态原理（principle of corresponding states）。两种气体的 T_r、p_r 和 V_r 中有两个参数相同时，称这两种气体处于对应状态。

1.2.2.2 通用压缩因子图

对应状态原理表明，各种气体处于对应状态时它们对理想行为的偏差程度相同，压缩因子 Z 近似相等。实践表明，对应状态原理有更广泛的含义，即不同物质处于对应状态时，不仅压缩性大致相同，其他性质，如黏度系数、扩散系数和折射率等也有简单的对应关系。组成、结构和分子大小相近的物质能较好地遵从对应状态原理；反之，组成、结构和分子大小相差悬殊的物质即便处于对应状态下，压缩因子也有一定的差别。各种气体的压缩因子可以表示成对比参数的函数：

$$Z=f(p_r, T_r) \tag{1.22}$$

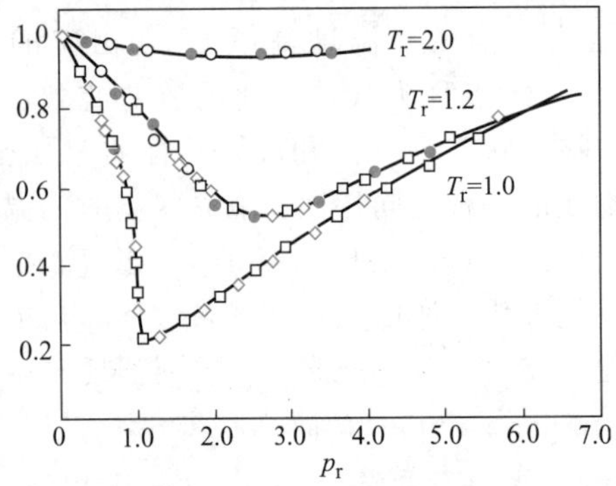

图 1.2 不同气体的 $Z=f(p_r, T_r)$ 关系

○—N_2；●—CH_4；□—C_3H_8；◇—C_2H_4

根据对应状态原理，不同气体处于对应状态时，函数 $Z=f(p_r, T_r)$ 的形式大致相同。图 1.2 为用 N_2、CH_4、C_3H_8 和 C_2H_4 四种气体实测的 p_r、T_r 和 Z 的数据所做的 Z-(p_r, T_r) 关系曲线。该图表明，不同气体的 $Z=f(p_r, T_r)$ 关系的确大致相同。这种 Z 对 p_r 和 T_r 的图称为压缩因子图（compressibility factor chart）。

既然各种气体在相同的 p_r、T_r 下有大致相等的 Z，那么，原则上任何一种气体的压缩因子图可通用于其他各种气体。荷根（O. A. Hougen）和华特生（K. M. Watson）对多种气体的 p_r、T_r 和 Z 进行测定，并对这些气体的 p_r、T_r 和 Z 分别取平均值，用所得平均值描绘成的压缩因子图称为通用压缩因子图（universal compressibility factor chart）或普遍化压缩因子图，如图 1.3。这种图较好地通用于各种实际气体。

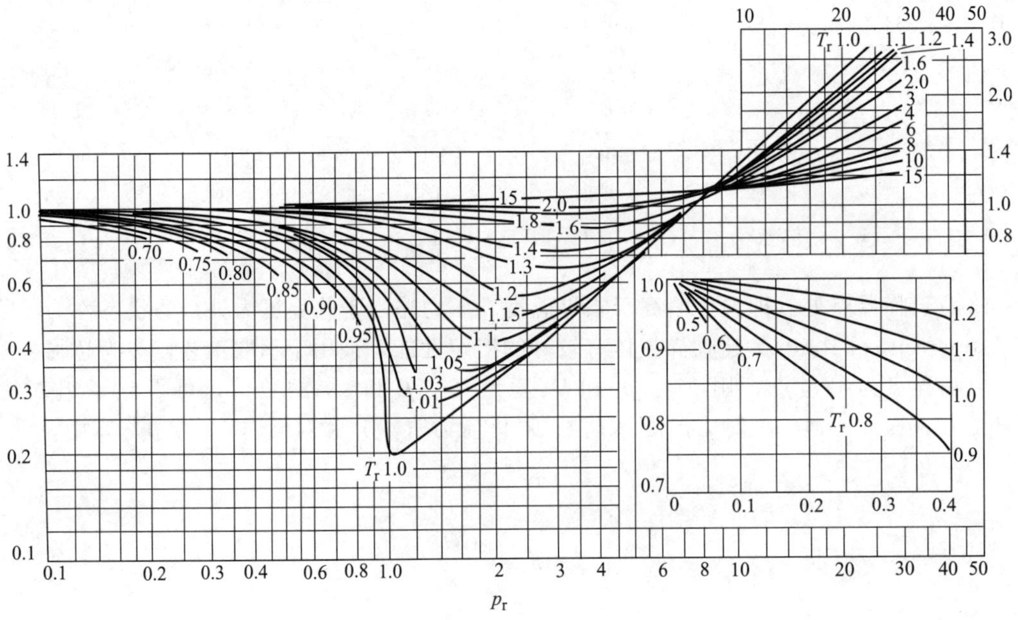

图 1.3 通用压缩因子图

采用压缩因子图法计算气体的 n、p、V 或 T 比较简单，而且适用范围很宽（高压下也适用），因此在工业生产和设计中被广泛采用。实践表明，对于 H_2、He 和 Ne 三种气体，使用压缩因子图时，对比温度和对比压力需采用下面的定义式才能得到较好的效果：

$$T_r \overset{\text{def}}{=\!=} \frac{T}{T_c+8\text{K}} \tag{1.23}$$

$$p_r \overset{\text{def}}{=\!=} \frac{p}{p_c+810\text{kPa}} \tag{1.24}$$

【例 1.4】 （1）分别用理想气体状态方程及压缩因子图法计算 17.7mol NH_3(g) 在 348K 及 1.61MPa 下的体积，并与实测值 0.0285m^3 作比较。（2）用压缩因子图法计算同样温度、压力下 17.7mol H_2 的体积。通过以上计算可以得出什么结论？

解：（1）按理想气体状态方程计算 NH_3 的体积：

$$V=\frac{nRT}{p}=\frac{17.7\text{mol}\times 8.314\text{J}\cdot\text{mol}^{-1}\cdot\text{K}^{-1}\times 348\text{K}}{1.61\text{MPa}}=0.0318\text{m}^3$$

与实测值的相对误差：

$$\eta=\frac{0.0318\text{m}^3-0.0285\text{m}^3}{0.0285\text{m}^3}\times 100\%=11.6\%$$

用压缩因子图法计算 NH_3 体积：先查出（附录 3）NH_3 的临界参数为 T_c=405.5K 及 p_c=11.31MPa。对比参数则为：

$$T_r=\frac{T}{T_c}=\frac{348\text{K}}{405.5\text{K}}=0.858$$

$$p_r=\frac{p}{p_c}=\frac{1.61\text{MPa}}{11.31\text{MPa}}=0.142$$

查压缩因子图，得 $Z=0.94$。因此 NH_3 的体积：

$$V=\frac{ZnRT}{p}=\frac{0.94\times 17.7\text{mol}\times 8.314\text{J}\cdot\text{mol}^{-1}\cdot\text{K}^{-1}\times 348\text{K}}{1.61\text{MPa}}=0.0299\text{m}^3$$

与实测值的相对误差：

$$\eta=\frac{0.0299\text{m}^3-0.0285\text{m}^3}{0.0285\text{m}^3}\times 100\%=4.91\%$$

（2）用压缩因子图法计算 H_2 的体积：先查出（附录 3）H_2 的临界参数为 T_c=33.3K 及 p_c=1.30MPa。H_2 的对比参数为：

$$T_r=\frac{T}{T_c+8\text{K}}=\frac{348\text{K}}{33.3\text{K}+8\text{K}}=8.43$$

$$p_r=\frac{p}{p_c+810\text{kPa}}=\frac{1.61\text{MPa}}{1.30\text{MPa}+810\text{kPa}}=0.763$$

查压缩因子图，得 $Z=1.0$。因此 H_2 的体积：

$$V=\frac{ZnRT}{p}=\frac{1.0\times 17.7\text{mol}\times 8.314\text{J}\cdot\text{mol}^{-1}\cdot\text{K}^{-1}\times 348\text{K}}{1.61\text{MPa}}=0.0318\text{m}^3$$

这与按理想气体状态方程计算的结果相同。

以上计算说明，对难液化的 H_2，由于 $Z=1.0$，故用压缩因子图法与按理想气体状态方程计算的结果相同。但对易液化的 NH_3，两种计算方法所得结果有较大差别，按理想气体计算，与实测值的相对误差高达 11.6%；而用压缩因子图法计算，与实测值的相对误差只有 4.91%。

习题

1.1 容积为 100m^3的乙烯（C_2H_4）气罐在 25℃、120kPa 下可储存多少千克的乙烯？在此温度和压力条件下，每立方米乙烯气有多少摩尔乙烯？

1.2 一球形容器抽真空后质量为 25.0000g，充以 4℃的水后质量为 125.0000g。若改充以 25℃、13.3kPa 的某碳氢化合物气体，则质量为 25.0163g，试计算该气体的摩尔质量。

1.3 热膨胀系数的定义为：$\alpha=\dfrac{1}{V}\left(\dfrac{\partial V}{\partial T}\right)_p$，试推出理想气体热膨胀系数与温度、体积的关系。

1.4 在两个容积均为 V 的烧瓶中装有氮气，烧瓶之间有细管相通，细管的体积可以忽略不计。若将两烧瓶均浸入 373K 的开水中，测得气体压力为 60kPa。若一只烧瓶浸在 273K 的冰水中，另外一只仍然浸在 373K 的开水中，达到平衡后，求此时气体的压力（设气体可以视为理想气体）。

1.5 某空气压缩机每分钟吸入 101.325kPa、30.0℃的空气 41.2m^3。经压缩后，排出空气的压力为 192.5kPa，温度升高至 90.0℃。试求每分钟排出空气的体积。

1.6 已知水煤气中各组分的质量分数为：1.02% CH_4、6.43% H_2、10.7% N_2和 14.0% CO_2，其余为 CO。

(1) 求水煤气中各组分的摩尔分数。

(2) 求水煤气的平均摩尔质量。

(3) 用理想气体状态方程计算 800K、100kPa 下水煤气的密度。

1.7 室温下一高压釜内有常压的空气，为进行实验时确保安全，采用同样温度的纯氮进行置换，步骤如下：向釜内通氮气直到釜内压力为常压空气的 4 倍，其后将釜内混合气体排出直至恢复常压，重复 3 次。求釜内最后排气至恢复常压时其中气体含氧的摩尔分数。

1.8 某容器中装有 H_2和 N_2，总压为 150kPa，温度为 300K。将 N_2分离后容器中只剩下 H_2，压力降为 50kPa，容器中气体质量减少 14g。试计算：

(1) 容器的体积。

(2) 容器中 H_2的质量。

(3) N_2分离前容器中 H_2和 N_2的摩尔分数。

1.9 在 5dm^3的容器中装有 2mol CO_2，分别用理想气体状态方程与范德华方程计算 25℃下气体的压力。

1.10 将 10.0mol N_2置于容积为 10.0dm^3的钢瓶中，当压力分别为 2.50MPa 及 10.0MPa 时，用范德华方程计算其温度。

1.11 若甲烷在 2533.1kPa、203K 条件下服从范德华方程，试求其摩尔体积 V_m。

1.12 已知二氟二氯甲烷的临界参数为 T_c=385.0K 和 p_c=4123.9kPa，试用压缩因子图计算 T=366.5K、p=2067kPa 条件下该气体的摩尔体积 V_m。

1.13 在 0.100m^3的钢瓶中装有甲烷，温度为 298K、压力为 20.3MPa。放出一些气体后，压力降为 5.07MPa（温度不变）。用压缩因子图法计算放出气体的质量。

习题答案

2 化学热力学基本原理

Fundamentals of Chemical Thermodynamics

内容提要

本章介绍热力学的基本概念、四个热力学基本定律和五个热力学函数。在此基础上讨论在物理过程和化学反应中各热力学量的计算方法和变化方向与限度的判断。

学习目标

1. 理解热力学基本概念，如系统与环境、状态与状态函数、平衡状态、可逆过程和标准状态等。明确热力学能、焓、熵、亥姆霍兹函数和吉布斯函数等五个热力学函数的定义。

2. 理解热力学四个基本定律的文字表述、数学表达式及其重要意义。掌握物质（主要是理想气体）单纯状态变化过程、相变过程和化学反应过程中 Q、W、ΔU、ΔH、ΔS、ΔA 和 ΔG 的计算方法。

3. 掌握热力学基本方程并能通过热力学计算对不同过程的方向和限度进行判断。

热力学是研究自然界中与热现象有关的各种状态变化和能量转化规律的一门科学。将热力学的基本原理和研究方法应用于化学变化及其相关的物理变化的研究构成了化学热力学（chemical thermodynamics），它是物理化学的重要组成部分。

2.1 热力学基本概念

在生产实践和科学实验中人们经常遇到两类问题。一类是在指定的条件下某一化学反应会吸收或放出多少热量？为了确保某一反应在指定条件下进行，需要取出或补充多少热量？即化学变化及其相关物理变化中的能量衡算问题。另一类是在一定的生产条件下，设计的化学反应能否发生而生产出目标产物？产物的最大产量是多少？如何通过改变反应条件得到更多的产物？等等。这类问题归结为判断变化方向和限度问题。解决这两类问题是化学热力学的主要内容。

化学热力学的理论基础是热力学的四个基本定律。热力学第零定律引入了温度的概念，热力学第一定律是进行化学变化及与之有关的物理变化的能量衡算的理论依据，热力学第二及第三定律则用来判断物理变化及化学变化的方向和限度。

热力学的四个基本定律是人类长期实践经验的总结。迄今为止的事实表明，根据热力学基本定律得出的结论都符合客观实际；反之，凡违背热力学基本定律的现象都不曾发生。

热力学有着坚实的实验基础和严谨的推理方法，这使得它的理论和结果具有高度的可靠性和普遍性。震撼科学界的量子力学的出现曾使许多学科因微观认识的深入而不得不对某些理论作相应的修正，但却丝毫不曾动摇热力学的理论基础。热力学有其独特的研究方法。它研究由大量微粒组成的系统的宏观行为，而不深入到系统的内部结构和各个微粒的行为。热力学的另一特点是只关心系统的初始状态与发生变化后的最终状态，不考虑由始态到终态的速率和具体步骤，即热力学不包含时间概念。

由于热力学不深入到系统的内部结构，使研究变得简单，研究结果更具有普遍性。然而，由于它不涉及系统的内部结构和单个微粒的行为，所以无法对系统的变化作出微观解释。由于热力学不包含时间概念，所以只提供了变化发生的可能性，无法指出一种可能发生的变化需要多长时间才能完成。例如，热力学计算表明，常温、常压下碳和氧可以化合成二氧化碳且反应可以进行得相当完全。而事实上，这种条件下该反应进行得极其缓慢，因此我们完全没有必要为堆放在大气中的煤炭会氧化成二氧化碳而担心。这说明热力学只能判断反应的方向和限度，并不能指出变化进行的快慢（速度）和具体步骤（机理）。有关化学变化速度和机理的问题将由物理化学的另一分支学科——化学动力学来解决。

然而，热力学的局限丝毫没有使它在实际应用中逊色。19 世纪末，一些科学家进行用石墨制造金刚石的实验，均以失败告终。后来通过热力学的计算才知道，只有在 1520MPa 以上才有可能进行石墨向金刚石转变的反应。在化学热力学的指导下，现在已经掌握了用石墨生产金刚石的技术。

2.1.1 系统与环境

热力学研究中把作为研究对象的一部分物质或空间从其余的物质或空间中划分出来并称为系统（system)。系统以外而又与系统有密切联系的部分称为环境（surroundings)。

关于系统与环境，应该清楚以下几点。

① 系统和环境是人们依据研究问题的需要人为划分的。例如，研究车间中某储罐内液体受室温影响问题时，可将液体划作系统，储罐以外能对储罐内液体温度产生影响的车间内的空气看作环境。就这一问题而言，车间以外的空气由于对储罐内的液体不发生直接影响，一般不划作环境。但若讨论车间内空气温度变化问题，则整个车间作为系统，而车间周围能对车间温度产生影响的部分为环境。

② 从不同角度对系统和环境做不同的划分时，由于系统的内涵不同，可能得到不同的结果。因此，在对某一问题进行研究的过程中，划定系统和环境后不能随意变动。

③ 系统与环境之间可以有、也可以没有真实界面。例如，当研究整个房间内的空气时，四周墙壁是这个系统的真实界面，而将空气中的氧气作为研究对象时，所研究的系统与环境间无真实界面。

④ 系统与环境间的联系是指能量或物质交换。

系统中物理性质和化学性质完全相同的部分为同一**相**（phase)。若系统内各组分均为一相，称之为**均相系统**（homogeneous system）或**单相系统**。若系统为两相或两相以上，称之为**多相系统**（heterogeneous system)。物质在不同相之间的转移称为**相变化**（phase change)，简称**相变**。

根据系统与环境间的联系不同可把系统分为三类。

① **敞开系统**（open system)。系统与环境间既有物质交换，又有能量交换。例如，一个敞口的杯子中装有热水，以水为系统，系统中不断有水蒸气挥发到空气中，存在物质交换，同

时又不断传热到周围空气中，即有能量交换，所以这杯水是一个敞开系统。

② 封闭系统（closed system）。系统与环境间只有能量交换，而无物质交换。例如，给上述装有热水的杯子加上密封盖，水分子无法从杯中逸出，这时没有物质交换，只有能量交换，为封闭系统。

③ 孤立系统（isolated system）。系统与环境间既无物质交换又无能量交换，也称隔离系统。例如，给上述加盖的杯子增加一个绝热层，在不考虑重力场或其他特殊场作用的情况下，这杯水就可看作一个孤立系统。宇宙中一切事物间都存在着相互作用，因此没有绝对不受环境影响的孤立系统。但通常在两种情况下可将系统看作孤立系统：一是环境对系统的影响十分微弱，相对于测量精度，其影响可以忽略；二是将与系统密切联系的部分，即影响所及的环境也划入系统之内，将原先的系统和环境作为一个新系统，该新系统为孤立系统。

2.1.2 广度性质和强度性质

若系统的某种性质的数值与系统中物质的量成正比，则称该性质为广度性质（extensive property），也称容量性质（capacity property）。质量、体积和能量等都是广度性质。广度性质具有加和性。例如，1kg 水与 1kg 水混合后，总质量为 2kg。

若系统的某种性质的数值与系统中物质的量无关，则称该性质为强度性质（intensive property）。如温度、压力和密度等均是强度性质。系统中强度性质的数值处处相同，它们表示系统“质”的特征，与量无关，无加和性。例如，一杯 25℃的水，杯中各部分水的温度都是 25℃，转移出一半后的半杯水仍是 25℃。

系统的广度性质除以系统的质量或物质的量，所得到的性质不再与物质的量有关，因此为强度性质。例如，体积、热力学能为广度性质，而摩尔体积、摩尔热力学能是强度性质。

2.1.3 状态和状态函数

系统所处的状态是系统所有宏观性质的综合表现。当系统的各种宏观性质均为定值时，系统的状态也就确定了；若系统处于某一状态下，系统的各种宏观性质也都有确定的数值。各种与状态有单值对应关系的宏观性质为状态函数（state function）或热力学性质（thermodynamic property）。当状态变化时，系统中至少有一种宏观性质发生变化，当然，也可能有几种，甚至全部性质都发生变化。

系统的各种状态函数之间是相互联系的。例如，理想气体的 n、p、V 和 T 四种宏观性质之间存在着 $pV=nRT$ 的关系，所以四种性质中只有三种是可以独立变化的。对于封闭系统，由于 n 一定，所以只有两种性质独立可变。由于各种性质之间的关联性，少数几种性质确定后，系统的其他性质也会随之而定，系统的状态也就确定了。因此，描述一个系统的状态不需要罗列所有的性质。确定系统状态需要的最少热力学性质的数目有如下规律。

（1）纯物质均相封闭系统

指定物质的数量和任意两种能独立改变的性质（如 T 和 p）后，系统中其他各种性质也随之而定，系统的状态也就确定了。因此，纯物质均相封闭系统中任意一种状态函数 X 可以表示为：

$$X=f(n,T,p)$$

（2）多组分均相封闭系统

除指定两种能独立改变的性质外，还必须确定系统的总量及其组成（或必须确定系统中各组分的数量），系统的状态才能被确定。例如，对于总量为 n、由 k 种物质组成的均相系统，除指定 T 和 p 外，还需指定 $k-1$ 种组分的浓度才能确定该系统的状态。对于这种系统，任意

一种状态函数 X 可表示成：

$$X=f(n,T,p,x_1,x_2,\cdots,x_{k-1})$$

状态函数具有如下几个重要特性。

① 状态函数是系统状态的单值函数。状态一定，系统的状态函数值一定，与系统达到这一状态前的历史无关。例如，纯水在 373.2K 时的蒸气压一定是 101.3kPa，不会是其他数值。而且 373.2K 下水的蒸气压以及其他各种性质与之前水的状态无关。

② 状态变化时，状态函数的变化值仅取决于系统的始、终态，而与变化所经历的具体途径无关。这一性质在热力学研究中有广泛的应用。利用状态函数这一性质的研究方法称为**状态函数法**（state function method）。

③ 状态函数的微小增量可用全微分表示。例如，若物质的量为 n 的定量系统的某种状态函数 X 可表示为：

$$X=f(T,p) \tag{2.1}$$

则它的微小变化可表示成全微分：

$$\mathrm{d}X=\left(\frac{\partial X}{\partial T}\right)_p \mathrm{d}T+\left(\frac{\partial X}{\partial p}\right)_T \mathrm{d}p \tag{2.2}$$

系统从始态 1 变化到终态 2 时，状态函数 X 的变值 ΔX 可用积分表示：

$$\Delta X=\int_{X_1}^{X_2}\mathrm{d}X=X_2-X_1 \tag{2.3}$$

例如，将水从 298K 加热到 323K 时，$\Delta T=T_2-T_1=323\mathrm{K}-298\mathrm{K}=25\mathrm{K}$。$\Delta T$ 只与 T_1、T_2 有关，与水是如何由 298K 变到 323K 无关。所以，如下两种变化方式的 ΔT 一样。

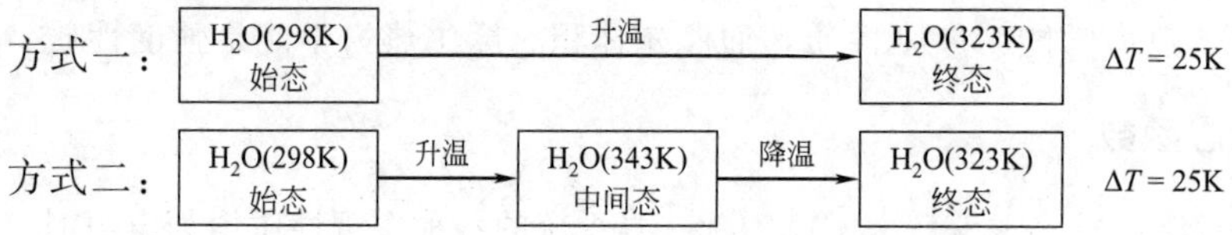

④ 经历循环过程后，系统的各种状态函数不变。即：

$$\oint \mathrm{d}X=0 \tag{2.4}$$

循环过程（cyclic process）是指系统从某一始态出发，经历一系列变化后又恢复原状的过程。由于经历循环过程后，系统的状态复原，因此状态函数变值为零。

2.1.4 过程与途径

系统状态发生的任何变化称为**过程**（process）。系统从始态到终态所经历的具体步骤称为**途径**（path）。描述一个过程不仅要指明系统状态的变化，还应包括环境的信息以及环境与系统间的相互作用。

封闭系统中常见以下几种过程。

① **等温过程**（isothermal process） 系统始态的温度与终态的温度相等并等于环境的温度，即 $T_1=T_2=T_{\mathrm{su}}=$常数的过程。下标“su”表示环境，下标 1 和 2 分别表示始态和终态。

② **等压过程**（isobaric process） 系统始态的压力等于终态的压力并且等于环境的压力，即 $p_1=p_2=p_{\mathrm{ex}}=$常数的过程。下标“ex”表示外压。

③ **等容过程**（isochoric process） 系统的体积保持不变，即 $V_1=V_2$ 的过程。

④ **绝热过程**（adiabatic process） 系统与环境之间无热量传递，即 $Q=0$ 的过程。

2.1.5 热力学平衡

当不受环境影响时，系统的各种性质均不随时间而改变，这种状态称为**热力学平衡态**(thermodynamic equilibrium state)，简称平衡态。通常经典热力学中所提到的状态都是指平衡态。系统只有处于平衡态时它的各种性质才会有确定的数值，此时系统应同时包括以下四种平衡。

① 热平衡（thermal equilibrium） 如无绝热壁，系统各处温度相等。

② 力平衡（force equilibrium） 如无刚性壁，系统各处压力相等。

③ 相平衡（phase equilibrium） 系统中各相的数量和组成不随时间而变化。

④ 化学平衡（chemical equilibrium） 系统中各组分间的化学反应达到平衡，系统的组成不随时间而变化。

2.2 热力学第零定律与温度

物体可以用器壁隔开，而器壁可以根据对热相互作用的影响不同分为两类——导热壁和绝热壁。用一个器壁将两个物体隔开，无机械及电池等作用时，若两个物体彼此不会相互影响，各自的状态可以完全独立地改变，则称该器壁为绝热壁。反之，若两个物体相互影响，它们的状态自动地变化并最终达到平衡，则称该器壁为导热壁或透热壁。如石棉板可视为绝热壁，而玻璃板为导热壁。绝热过程是发生在绝热壁内的过程。

不同物体通过导热壁相互接触称为热接触。大量实验结果表明，热接触的物体最终达到平衡状态，称为热平衡。即热平衡是不同物体通过导热壁相互接触所呈现的一种平衡状态。1939年，英国物理学家拉尔夫·福勒（R. H. Fowler）以大量热平衡实验结果为依据，提出了**热力学第零定律**（zeroth law of thermodynamics）：若两个热力学系统均与第三个系统处于热平衡状态，此两个系统也必互相处于热平衡。该定律也称为**热平衡定律**。

热力学第零定律为建立温度概念提供了理论基础。该定律反映出处于同一热平衡态的所有热力学系统都具有某一共同的宏观性质，于是定义这个决定系统热平衡的宏观性质为温度。也就是说，温度是决定一个系统是否与其他系统处于热平衡的宏观性质，一切处于热平衡的系统的温度相同。

温度的科学定义需要包括它的数值表示，而温度的数值表示方法称为温标。原则上，只要物质的某一物理性质随温度改变而显著地单调变化，都可以用来标定温度。例如摄氏温标，以水为温度测量基准物质，取标准压力下的冰水混合物为0℃，标准压力下沸腾的纯净水为100℃，之间100等分，每一等分为1℃，利用水银体积随温度的变化来标定。还有理想气体温标，以气体为测量温度基准物质，以气体的压强作为测温属性，将水的三相点温度273.16K作为固定点，以p_{tr}表示三相点温度下温度计测温泡中气体的压强，以p表示测定温度时测温泡中气体的压强，则与蒸气压p对应的温度为：

$$T=273.16\text{K}\times(p/p_{tr})$$

事实上，在压力趋于零的极限条件下，不同测温物质的差别才消失，因此精确表示为：

$$T=273.16\text{K}\times\lim_{p\to0}(p/p_{tr})$$

1854年，开尔文（Kelvin）在热力学第二定律的基础上引入了不依赖于任何物质特性的温标，称为热力学温标或开尔文温标。用热力学温标确定的温度为热力学温度，单位为K，并定义为水的三相点热力学温度的1/273.16。由于热力学温标以0K为最低温度，所以又称为绝对热力学温标。热力学温标是热力学理论及近代科学广泛采用的温标。理想气体温标在其所能实现的温度范围内与热力学温标是一致的。热力学温度与摄氏温度之间的关系为：

$$t/℃=T/\mathrm{K}-273.15$$

2.3 热力学第一定律

2.3.1 热力学能

系统的能量包括三部分：系统整体做机械运动的动能，系统在某种外力场（如重力场、电场及磁场等）作用下所具有的位能以及系统内部的能量。化学热力学通常研究宏观上相对静止的系统，系统无整体的运动，一般也不考虑特殊外力场，因而只着眼于系统内部的能量。系统内部各种能量的总和称为**热力学能**（thermodynamic energy），也称**内能**（internal energy），以符号U表示，单位为焦耳（J）。热力学能包括：系统中所有质点（分子、原子、离子或其他微粒）的平动、转动及振动的能量；分子内部各种微粒（电子及原子核等）的运动能量，以及分子间相互作用的位能等。由于人们对物质内部结构的认识仍在不断深入，更深层次的微观粒子不断被发现，因此目前尚不能知道物质内部所有运动形式的能量值，即无法确定系统热力学能的确切数值。不过这并不影响其应用。热力学研究中通常是比较热力学能的相对大小，计算状态变化时的热力学能改变。

热力学能是系统内部能量的总和，因此是系统的广度性质，其值取决于系统内物质的本性、组成、数量以及系统所处的状态，是状态函数，因此具有状态函数的一切特性。

对于理想气体，由于分子间无相互作用力，所以系统的热力学能只由分子及分子内各种微粒的运动动能所决定，而这些运动动能仅取决于系统的温度，与体积（反映分子间相互距离的物理量，与分子间相互作用位能有关）无关。因此，理想气体的热力学能只是温度的函数，即$U=f(T)$。定量理想气体发生某一等温过程：

$$\Delta U=0$$

$$\left(\frac{\partial U}{\partial p}\right)_T=\left(\frac{\partial U}{\partial V}\right)_T=0$$

2.3.2 热和功

系统与环境之间的能量交换有两种形式：热和功。

系统与环境之间由于存在温度差而引起的能量交换，称为**热量**（heat），简称**热**，以Q表示。热的定义意味着它总是与发生的过程相联系，没有过程发生就没有热。因此，热不是系统本身的属性，不是状态函数。不能说“系统在某状态下有多少热”，也不能说“某物体处在高温时具有的热量比其在低温时的热量多”，等等。只能说“系统在某一过程中放出或吸收多少热”，或者说“系统在某一过程中放出或吸收的热比在另一过程中放出或吸收的热多或少”，等等。

热力学规定：系统吸热，Q为正值，即$Q>0$；系统放热，Q为负值，即$Q<0$。

系统与环境之间以除热以外的其他形式交换的能量统称为**功**（work），以W表示。功与热一样，也不是状态函数。按照国际纯粹与应用化学联合会（International Union of Pure and Applied Chemistry，缩写IUPAC）的推荐：系统得功，W为正值，即$W>0$；系统对环境做功，W为负值，即$W<0$。

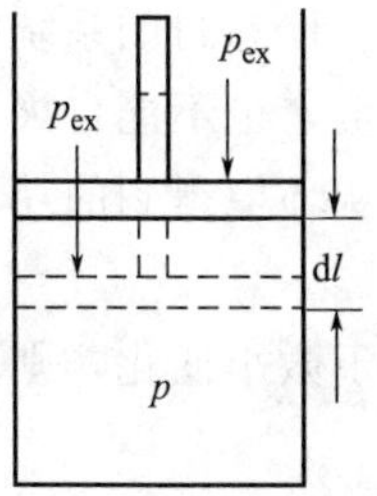

图 2.1 气体膨胀时的体积功

功分为体积功和非体积功两类。由于系统体积变化而产生的功称为体积功（volume work）。设有一气缸，如图 2.1 所示。其上有一面积为 A 的活塞，活塞与气缸壁间无摩擦力。气缸内气体的压力 p 比施加于活塞上的压力 p_{ex} 大无限小量。活塞在此压差的推动下发生位移 dl，气体的体积膨胀 dV，则系统对环境所做的功即是系统反抗外力 f 对环境做的机械功：

$$-\delta W = f\,\mathrm{d}l = p_{ex} A\,\mathrm{d}l$$

环境对系统所做的体积功，即系统所得的功 δW 为：

$$\delta W = -p_{ex}\mathrm{d}V \tag{2.5}$$

由于此时气体膨胀，$\mathrm{d}V>0$，故 $\delta W<0$，这说明膨胀时系统减少能量，对外做功。当气体被压缩时，$\mathrm{d}V<0$，故 $\delta W>0$，这说明压缩时系统从环境获得能量，环境对系统做功。因此，式(2.5) 无论对膨胀过程还是压缩过程均适用。

当系统的状态发生宏观量的变化时，体积从 V_1 变为 V_2，系统所得功为：

$$W = -\int_{V_1}^{V_2} p_{ex}\mathrm{d}V \tag{2.6}$$

若系统通过等容过程从始态变到终态，$\mathrm{d}V=0$，则：

$$W = -\int_{V_1}^{V_2} p_{ex}\mathrm{d}V = 0$$

这说明等容过程中无体积功。

对于等压过程，由于 $p_1=p_2=p_{ex}=$常数，故：

$$W = -\int_{V_1}^{V_2} p_{ex}\mathrm{d}V = -p_{ex}\int_{V_1}^{V_2}\mathrm{d}V = -p_{ex}(V_2-V_1) = -p_{ex}\Delta V \tag{2.7}$$

或

$$W = -p\Delta V \tag{2.8}$$

式中，p 表示系统的压力，即内压。

就其实质而言，功是系统与环境间发生大量微粒往一定方向运动——有序运动时系统与环境交换的能量。而热是大量微粒发生热运动——无序运动时与环境交换的能量。

除体积功外，其他各种形式的功统称为非体积功（non-volume work）或有用功，常以 W' 表示，如电功、磁功及表面功等。化学热力学主要讨论体积功，后文如非特别指明，提及的功一般均指体积功。

2.3.3 热力学第一定律及其表达式

热力学第一定律（first law of thermodynamics）是各种形式能量相互转换时遵循的规律，其有多种表达方式。

热力学第一定律最早的文字表述是 1840 年前后由焦耳（J. P. Joule）和迈耶（J. R. Mayer）在大量实验的基础上提出来的，大意是：在自然界发生的任何过程中，能量不能自生，也不能自灭。它只能从一种形式转变成另一种形式，在转换过程中能量的总值保持不变。这也就是人们熟知的能量守恒原理（principle of energy conservation）。

历史上曾有许多人幻想发明一种既不需要外界供给能量，又不减少自身能量，而能连续不断地对外做功的机器——第一类永动机（perpetual motion machine of the first kind），然而无数次尝试制造第一类永动机的研究均以失败告终，证实了：第一类永动机不可能造成。这是热力学第一定律的又一种表述方式。根据能量守恒原理，能量不可能自生，所以可以自生出能量的第一类永动机自然不可能造成。可见，这两种热力学第一定律的表述是等同的。

任意封闭系统中，系统能量的变化只是热力学能的变化。根据热力学第一定律，能量不能自生，也不能自灭，所以封闭系统中热力学能的变值 ΔU 一定等于系统从环境吸收的热 Q 加上从环境得到的功 W，即：

$$\Delta U = Q + W \tag{2.9}$$

对于微小变化，则有：

$$dU = \delta Q + \delta W \tag{2.10}$$

式(2.9) 及式(2.10) 为封闭系统中热力学第一定律的数学表达式。由于热力学能是状态函数，其微小变化可用全微分 dU 表示，而热与功不是状态函数，不能用全微分来表示。为此，分别用 δQ 和 δW 表示微量的热和微量的功，以示与全微分的区别。

孤立系统，系统与环境之间无任何能量交换，故 $Q=0$ 及 $W=0$。根据式(2.9)，必有 $\Delta U=0$。即孤立系统的热力学能恒定不变。这是热力学第一定律的又一种表述方式。

2.4 焓与热容

2.4.1 焓

系统进行等容且无非体积功的过程中与环境交换的热量称为**等容热**（heat at constant volume)，以 Q_V 表示。

若系统经过等容且无非体积功的过程由状态 1 变化到状态 2，则总功 $W=0$。根据式(2.9)，得：

$$Q_V = \Delta U \tag{2.11}$$

式(2.11) 表明，等容热等于系统热力学能的变值。由 ΔU 只取决于系统的始、终态，与经历的途径无关，可知 Q_V 也只取决于始终态。因为热虽不是状态函数，其值应与过程的性质有关，但等容热已限定了热交换过程的性质，所以它只取决于系统的始、终态。

对于微小的等容且无非体积功过程，则为：

$$\delta Q_V = dU \tag{2.12}$$

系统进行等压且无非体积功的过程中与环境交换的热量称为**等压热**（heat at constant pressure)，以 Q_p 表示。

若系统经过等压且无非体积功的过程由状态 1 变到状态 2，则：

$$\Delta U = Q + W = Q_p - p(V_2 - V_1)$$

将 $\Delta U = U_2 - U_1$ 代入上式，得：

$$(U_2 + p_2 V_2) - (U_1 + p_1 V_1) = Q_p$$

由于 U、p 和 V 都是状态函数，它们只由系统所处的状态所决定，因此它们的组合（$U+pV$）也应该是一个状态函数。定义：

$$H \stackrel{\text{def}}{=\!=} U + pV \tag{2.13}$$

称 H 为**焓**（enthalpy)。

将式(2.13) 代入前式，得：

$$Q_p = \Delta H \tag{2.14}$$

对于等压且无非体积功条件下的微小变化，则有：

$$\delta Q_p = dH \tag{2.15}$$

式(2.14) 与式(2.15) 表明，等压热等于系统焓的变值，它只取决于系统的始、终态，因为所进行过程的性质已限定。

由于U和pV都具有能量单位，所以焓也具有能量单位，即焦耳 (J)。焓是状态函数，是广度性质，不能将它误认为是“系统所含的热”。因为系统在某一状态下热力学能的绝对数值无法确知，所以焓的绝对数值也无法知道。与热力学能一样，热力学中通常应用的是系统状态变化时焓的变值ΔH。

由式(2.11) 和式(2.12) 可知，系统在等容且无非体积功的过程中所吸收的热量全部用于增加热力学能，或者说，系统在等容且无非体积功的过程中放出的热量为系统消耗掉的热力学能。由式(2.14) 和式(2.15) 可知，系统在等压无非积功的过程中所吸收的热量全部用于增加焓，或者说，系统在等压且无非积功的过程中放出的热量为系统减少焓所致。因此，可以用Q_V和Q_p来衡量系统状态变化时的ΔU及ΔH。但要注意，不能因为$Q_p=\Delta H$，就错误地认为只有在等压过程中才有焓变。焓是状态函数，只要系统发生状态变化，就可以产生焓变，只不过非等压且无非体积功过程的ΔH不等于该过程的热量Q，但该过程中的ΔH仍可通过Q_p来度量。

对于定量理想气体，$U=U(T)$，且$pV=nRT$。将这些关系代入式(2.13)，得：

$$H=U+pV=U+nRT=f(T)$$

这说明，定量理想气体的焓也只是温度的函数，与体积或压力无关，即：

$$\left(\frac{\partial H}{\partial V}\right)_T=\left(\frac{\partial H}{\partial p}\right)_T=0$$

2.4.2 热容

无相变化和化学变化时，若一系统吸收微小热量δQ而使温度升高$\mathrm{d}T$，称$\delta Q/\mathrm{d}T$为该系统的**热容**，以C表示，单位为$\mathrm{J\cdot K^{-1}}$。

由于热与过程有关，所以对确定的系统，升温过程不同热容值不同，据此把热容分为等容热容和等压热容。等容且无非体积功条件下的热容称为**等容热容** (heat capacity at constant volume)，以C_V表示。等压且无非体积功条件下的热容称为**等压热容** (heat capacity at constant pressure)，以C_p表示。即：

$$C_V=\frac{\delta Q_V}{\mathrm{d}T} \tag{2.16}$$

$$C_p=\frac{\delta Q_p}{\mathrm{d}T} \tag{2.17}$$

将无非体积功时$\delta Q_V=\mathrm{d}U$及$\delta Q_p=\mathrm{d}H$分别代入式(2.16) 和式(2.17)，得：

$$C_V=\left(\frac{\partial U}{\partial T}\right)_V \tag{2.18}$$

$$C_p=\left(\frac{\partial H}{\partial T}\right)_p \tag{2.19}$$

热容值会因系统的物质的量的不同而异。将1mol物质的热容称为摩尔热容 (molar heat capacity)，表示为C_{m}，单位为$\mathrm{J\cdot mol^{-1}\cdot K^{-1}}$。摩尔等容热容 (molar heat capacity at constant volume) 和摩尔等压热容 (molar heat capacity at constant pressure) 分别表示为$C_{V,\mathrm{m}}$和$C_{p,\mathrm{m}}$。则：

$$C_{V,\mathrm{m}}=\frac{\delta Q_{V,\mathrm{m}}}{\mathrm{d}T}=\left(\frac{\partial U_{\mathrm{m}}}{\partial T}\right)_V \tag{2.20}$$

$$C_{p,\mathrm{m}}=\frac{\delta Q_{p,\mathrm{m}}}{\mathrm{d}T}=\left(\frac{\partial U_{\mathrm{m}}}{\partial T}\right)_p \tag{2.21}$$

因此，在等容和等压过程中，物质的量为 n 的系统的热力学能变化和焓变化可分别表示为：

$$\mathrm{d}U=nC_{V,\mathrm{m}}\mathrm{d}T \tag{2.22}$$

和

$$\mathrm{d}H=nC_{p,\mathrm{m}}\mathrm{d}T \tag{2.23}$$

若在无非体积功的条件下，系统经等容过程或等压过程由温度 T_1 变化到温度 T_2，分别有：

$$Q_V=\Delta U=n\int_{T_1}^{T_2}C_{V,\mathrm{m}}\mathrm{d}T \tag{2.24}$$

$$Q_p=\Delta H=n\int_{T_1}^{T_2}C_{p,\mathrm{m}}\mathrm{d}T \tag{2.25}$$

实验表明，$C_{V,\mathrm{m}}$和 $C_{p,\mathrm{m}}$均随温度而变化，即 1mol 物质在不同的温度下等容或等压升温 1K 所需吸收的热量并不相同。只有当温度变化范围不大时，$C_{V,\mathrm{m}}$或 $C_{p,\mathrm{m}}$才可近似地看作常数，此时式(2.24) 和式(2.25) 可简化为：

$$Q_V=\Delta U=nC_{V,\mathrm{m}}(T_2-T_1) \tag{2.26}$$

$$Q_p=\Delta H=nC_{p,\mathrm{m}}(T_2-T_1) \tag{2.27}$$

在温度 $T_1\sim T_2$，平均摩尔等容热容 $\langle C_{V,\mathrm{m}}\rangle$ 和平均摩尔等压热容 $\langle C_{p,\mathrm{m}}\rangle$ 分别为：

$$\langle C_{V,\mathrm{m}}\rangle=\frac{Q_{V,\mathrm{m}}}{T_2-T_1} \tag{2.28}$$

$$\langle C_{p,\mathrm{m}}\rangle=\frac{Q_{p,\mathrm{m}}}{T_2-T_1} \tag{2.29}$$

显然，在 $T_1\sim T_2$，$\langle C_{V,\mathrm{m}}\rangle$ 及 $\langle C_{p,\mathrm{m}}\rangle$ 均为常数，将它们代入式(2.24) 和式(2.25)，积分后可得：

$$Q_V=\Delta U=n\langle C_{V,\mathrm{m}}\rangle(T_2-T_1) \tag{2.30}$$

$$Q_p=\Delta H=n\langle C_{p,\mathrm{m}}\rangle(T_2-T_1) \tag{2.31}$$

有了热容数据，通过以上公式，就可计算 Q_V、Q_p、ΔU 及 ΔH。

【例 2.1】 100kPa 下，将 $1\mathrm{m}^3$的 $N_2(g)$ 从 25℃加热到 100℃，计算此过程中系统的焓变。已知 $\langle C_{p,\mathrm{m}}(N_2)\rangle=24.7\mathrm{J\cdot mol^{-1}\cdot K^{-1}}$。

解：由于 $\langle C_{p,\mathrm{m}}(N_2)\rangle$ 为常数，故可用式(2.31) 计算 ΔH，但要先求出 n。在本题的条件下，$N_2(g)$ 可看作理想气体，因此：

$$n=\frac{pV}{RT}=\frac{100\times10^3\,\mathrm{Pa}\times1\mathrm{m}^3}{8.314\mathrm{J\cdot mol^{-1}\cdot K^{-1}}\times298.15\mathrm{K}}=40.3\mathrm{mol}$$

代入式(2.31)，得：

$$\begin{aligned}\Delta H&=Q_p=n\langle C_{p,\mathrm{m}}(N_2)\rangle(T_2-T_1)\\&=40.3\mathrm{mol}\times24.7\mathrm{J\cdot mol^{-1}\cdot K^{-1}}\times[(100+273)\mathrm{K}-(25+273)\mathrm{K}]\\&=7.47\times10^4\mathrm{J}=74.7\mathrm{kJ}\end{aligned}$$

同一物质的 $C_{p,\mathrm{m}}$与 $C_{V,\mathrm{m}}$不同，其差值可通过推导得到。

$$C_{p,\mathrm{m}}-C_{V,\mathrm{m}}=\left(\frac{\partial H_{\mathrm{m}}}{\partial T}\right)_p-\left(\frac{\partial U_{\mathrm{m}}}{\partial T}\right)_V=\left[\frac{\partial(U_{\mathrm{m}}+pV_{\mathrm{m}})}{\partial T}\right]_p-\left(\frac{\partial U_{\mathrm{m}}}{\partial T}\right)_V$$

即：

$$C_{p,\mathrm{m}}-C_{V,\mathrm{m}}=\left(\frac{\partial U_{\mathrm{m}}}{\partial T}\right)_p+p\left(\frac{\partial V_{\mathrm{m}}}{\partial T}\right)_p-\left(\frac{\partial U_{\mathrm{m}}}{\partial T}\right)_V \tag{2.32}$$

将 U_m 表示成 T 和 V_m 的函数，即 $U_m=f(T,V_m)$，则：

$$dU_m=\left(\frac{\partial U_m}{\partial T}\right)_V dT+\left(\frac{\partial U_m}{\partial V_m}\right)_T dV_m$$

保持压力不变，将上式对 T 求导，得：

$$\left(\frac{\partial U_m}{\partial T}\right)_p=\left(\frac{\partial U_m}{\partial T}\right)_V+\left(\frac{\partial U_m}{\partial V_m}\right)_T\left(\frac{\partial V_m}{\partial T}\right)_p$$

将上式代入式(2.32) 并整理，得：

$$C_{p,m}-C_{V,m}=\left[\left(\frac{\partial U_m}{\partial V_m}\right)_T+p\right]\left(\frac{\partial V_m}{\partial T}\right)_p \tag{2.33}$$

式(2.33) 不仅表示了 $C_{p,m}$ 与 $C_{V,m}$ 之间的关系，而且还可以说明二者的不同之处。等容过程中无体积功，系统在此过程中吸收的热全部用于系统热力学能的增加。而等压过程中，系统升温的同时伴随着体积的膨胀，$(\partial V_m/\partial T)_p$ 就是 1mol 物质等压升温 1K 时体积膨胀值。体积膨胀将引起两种后果：其一，分子间距离增大，分子相互作用势能升高，系统热力学能相应增加，式(2.33) 中 $(\partial U_m/\partial V_m)_T$、$(\partial V_m/\partial T)_p$ 项就是这部分热力学能增加所需消耗的热量；其二，体积膨胀时，系统对环境做功也要多耗费一部分能量，$p(\partial V_m/\partial T)_p$ 项就是这部分耗费的热量。由于多消耗了这两部分能量，所以 $C_{p,m}$ 总比 $C_{V,m}$ 大。

在推导式(2.33) 的过程中并没有引入限制条件，所以式(2.33) 适用于任何均匀系统。对于理想气体，因 $(\partial U_m/\partial V_m)_T=0$，故式(2.33) 成为：

$$C_{p,m}-C_{V,m}=p\left(\frac{\partial V_m}{\partial T}\right)_p=p\left(\frac{R}{p}\right)$$

即：

$$C_{p,m}-C_{V,m}=R \tag{2.34}$$

这里 R 可理解为 1mol 理想气体等压升温 1K 时，因体积胀大，系统对环境所做的功。由于等压升温比等容升温系统多做了这些功，所以等压升温 1K 所需的热 $C_{p,m}$ 就比等容升温 1K 所需的热 $C_{V,m}$ 大 R。

根据气体分子运动论可以导出，单原子分子理想体：$C_{V,m}=1.5R$，$C_{p,m}=2.5R$。双原子分子理想气体：$C_{V,m}=2.5R$，$C_{p,m}=3.5R$。

理想混合气体的摩尔热容为混合气体中各组分的摩尔热容与其摩尔分数的乘积之和，即：

$$C_{V,m}=\sum_B y_B C_{V,m}(B) \tag{2.35}$$

$$C_{p,m}=\sum_B y_B C_{p,m}(B) \tag{2.36}$$

如果温度变化范围比较大，必须考虑热容并不是常数，它与温度有关。鉴于已导出 $C_{p,m}$ 与 $C_{V,m}$ 之间的关系，二者可以相互换算，下面只讨论 $C_{p,m}$ 与温度的关系。

实际气体、液体和固体的热容与压力的关系都不大，但都与温度有关，且随温度升高而增大。科学工作者们根据实验测得的各温度下的 $C_{p,m}$ 数据，归纳出 $C_{p,m}$ 与 T 的关系式，常用的是：

$$C_{p,m}=a+bT+cT^2 \tag{2.37}$$

$$C_{p,m}=a+bT+c'/T^2 \tag{2.38}$$

式中 a、b、c 和 c' 均为实测的经验常数，是物质的特性常数，可从有关手册（如本书附录 4）中查到。查表时应注意它们适用的温度范围和单位。

将式(2.37) 或式(2.38) 代入式(2.25) 并积分，即可得到热容不为常数时的 Q_p 计算公式：

$$Q_p=\Delta H=n\left[a(T_2-T_1)+\frac{1}{2}b(T_2^2-T_1^2)+\frac{1}{3}c(T_2^3-T_1^3)\right] \tag{2.39}$$

或

$$Q_p=\Delta H=n\left[a(T_2-T_1)+\frac{1}{2}b(T_2^2-T_1^2)-c'\left(\frac{1}{T_2}-\frac{1}{T_1}\right)\right] \tag{2.40}$$

【例 2.2】 分别计算等压下和等容下将 1mol CO_2 气体从 273K 加热到 573K 所需的热量。已知 CO_2 气体的 $C_{p,m}/(J\cdot mol^{-1}\cdot K^{-1})=26.8+42.7\times10^{-3}T/K-146\times10^{-7}T^2/K^2$。

解：$Q_p=n\int_{T_1}^{T_2}C_{p,m}dT=n\left[a(T_2-T_1)+\frac{1}{2}b(T_2^2-T_1^2)+\frac{1}{3}c(T_2^3-T_1^3)\right]$

$=1mol\times\{26.8\times(573K-273K)+0.5\times42.7\times10^{-3}\times[(573K)^2-(273K)^2]/K-(1/3)\times146\times10^{-7}\times[(573K)^3-(273K)^3]/K^2\}J\cdot mol^{-1}\cdot K^{-1}$

$=1.26\times10^4J=12.6kJ$

$$Q_V=n\int_{T_1}^{T_2}(C_{p,m}-R)dT=n\int_{T_1}^{T_2}C_{p,m}dT-nR(T_2-T_1)$$

$$=1.26\times10^4J-1mol\times8.314J\cdot mol^{-1}\cdot K^{-1}\times(573K-273K)$$

$$=10.1\times10^3J=10.1kJ$$

2.5 热力学第一定律在物理变化中的应用

系统的变化可分为三大类：化学变化、相变化和单纯状态变化。所谓单纯状态变化（pure change of state）是指变化中既无化学变化又无相变化，只涉及系统的 p、V 和 T 的变化，所以也称 ***PVT* 变化**。相变化和单纯状态变化统称作物理变化。

2.5.1 可逆过程

设有一导热性很好的气缸，其上有一无质量且与缸壁无摩擦的理想活塞。缸内装有 1mol 理想气体作为系统，将气缸置于一个大恒温浴中以保持其温度不变，气缸内气体的膨胀或压缩均可认为在温度 T 下进行。现在讨论系统由始态 A（p_1、V_1、T）经过三种不同的过程膨胀到终态 B（p_2、V_2、T）对外所做的功。

(1) 第一种膨胀过程

一次膨胀，如图 2.2(a) 所示。

始态，活塞上有三只砝码，代表外压 $p_{ex}=300kPa$，此时系统的压力 $p_1=p_{ex}=300kPa$。系统的状态在 p-V 图［图 2.2(b)］上以 A 点表示。现一次从活塞上取下两个砝码，将外压骤降至 $p_{ex}=100kPa$。由于 $p>p_{ex}$，气体迅速膨胀，直至 $p=p_{ex}=100kPa$ 时为止。在此膨胀过程中系统除保持等温外，始终反抗外压 100Pa，此外压也正是系统终态所达到的压力 p_2。因此，在一次膨胀中，系统对外所做的功为：

$$-W_1=p_{ex}(V_2-V_1)=p_2(V_2-V_1)=100kPa\times(V_2-V_1)$$

系统的终态在 p-V 图上用 B 点表示，一次膨胀过程中系统的变化途径为图 2.2(b) 上折线 ACB，由 V_1CBV_2 围成的阴影面积即为系统所做的功 $-W_1$。

(2) 第二种膨胀过程

二次膨胀，如图 2.2(c) 所示。

现分两次取下活塞上的 2 个砝码，相当于每次减小外压 100kPa。则气体先反抗外压 $p'_{ex,1}=200kPa$ 膨胀到中间体积 V'，然后再反抗外压 $p_{ex,2}=100kPa$，膨胀到终态体积 V_2，此时系统的内压也降至 $p_2=100kPa$。在此过程中系统对外所做的功为：

$$-W_2=p'_{ex,1}(V'-V_1)+p_{ex,2}(V_2-V')$$

$$=200kPa\times(V'-V_1)+100kPa\times(V_2-V')$$

$$=100kPa\times(V'-V_1)+100kPa\times(V'-V_1+V_2-V')$$

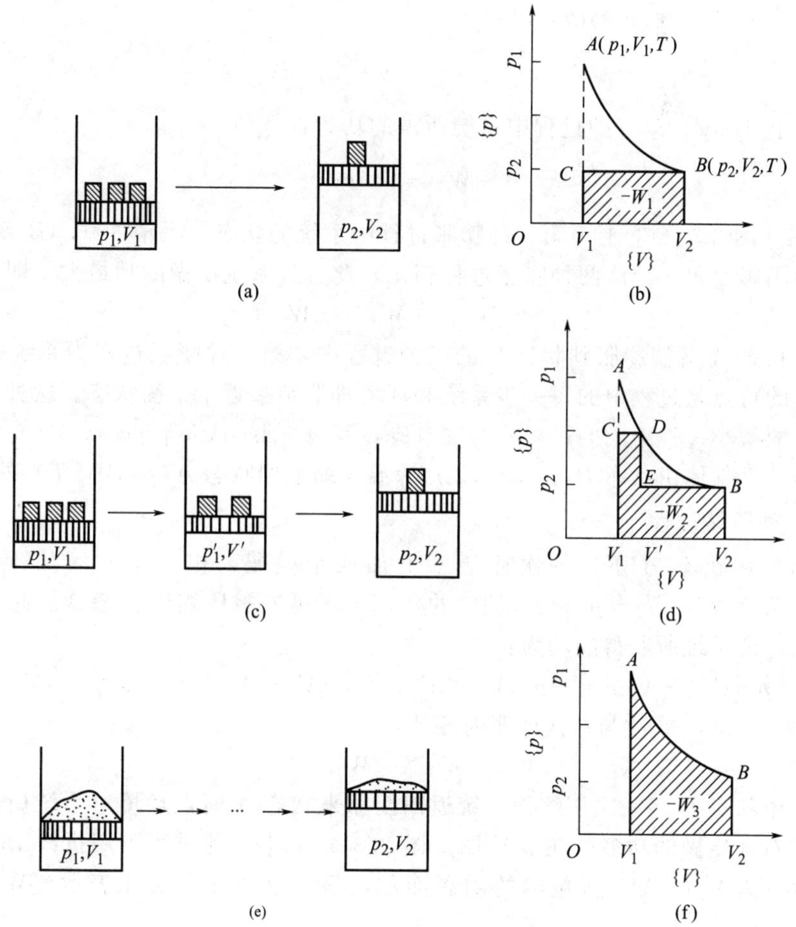

图 2.2 气体以不同方式膨胀的示意图

$$=100\text{kPa}\times(V'-V_1)+100\text{kPa}\times(V_2-V_1)$$
$$=p_2(V'-V_1)+p_2(V_2-V_1)$$

因为 $V'>V_1$，所以 $p_2(V'-V_1)>0$。与一次膨胀相比：

$$-W_2>-W_1$$

这表示从相同的始态出发，经二次膨胀到达与一次膨胀相同的终态，二次膨胀时系统对外所做的功 $-W_2$ 要比一次膨胀时系统对外所做的功 $-W_1$ 多。

在 p-V 图［图 2.2(d)］上，二次膨胀过程相当于从始态 A 经过折线 $ACDEB$ 最后到达终态 B。此过程中系统对外所做的功为 V_1CDEBV_2 围成的阴影面积，此面积比图 2.2(b) 中的阴影面积 V_1CBV_2 大，表示二次膨胀过程中系统对外做的功比一次膨胀过程多。

可以推想，从 V_1 到 V_2 的膨胀，膨胀次数越多，系统所做的功也越多。

(3) 第三种膨胀过程

无限多次膨胀，如图 2.2(e) 所示。

将活塞上的三只砝码换成一堆等重的细沙，代表外压 300kPa。现在每次取下一粒细沙，即让外压减小 dp。因 $p>p_{ex}$，所以气体要膨胀微小体积 dV。一粒一粒地取下细沙，相当于外压逐次减小 dp，气体逐次膨胀 dV。最后，当活塞上所剩细沙相当于 100kPa 时，系统到达终态 B (p_2，V_2，T)。经过这一过程，系统从始态 A 到达终态 B 所做的功为：

$$-W=\int_{V_1}^{V_2}p_{ex}dV$$

因为在每一步膨胀中 $p_{ex}=p-dp$，故：

$$-W_3=\int_{V_1}^{V_2}(p-dp)dV$$

略去二阶无穷小 $dp dV$，第三种过程中系统所做的功为：

$$-W_3=\int_{V_1}^{V_2}p dV$$

在 p-V 图［图 2.2(f)］上，第三种膨胀过程中系统的状态沿平滑曲线 AB 变化。$-W_3$ 为曲线 AB 下的阴影面积。与前两种膨胀过程相比，此过程系统所做的功最大，即：

$$-W_3>-W_2>-W_1$$

可见，从状态 A 等温膨胀到状态 B 的三种过程中，第三种膨胀过程为系统做最大功的过程。这种过程的特点是过程中的每一步系统和环境都非常接近于平衡状态。这种由无限多个接近于平衡状态的微小过程组成的过程称为**准静态过程**（quasistatic process）。

再来分析一下气体由状态 $B(p_2,V_2,T)$ 等温压缩返回状态 $A(p_1,V_1,T)$ 的情况。

（1）第一种压缩过程

一次压缩。在状态 B 下，一次往活塞上加两个砝码，相当于外压从 100kPa 增加到 300kPa。气体将在外压 $p'_{ex}=p_1=300\text{kPa}$ 的作用下，迅速被压缩到状态 A。此过程中环境对系统所做的功，即系统所获得的功为：

$$W'_1=-p'_{ex}(V_1-V_2)=-p_1(V_1-V_2)=p_1(V_2-V_1)=300\text{kPa}\times(V_2-V_1)$$

因为 $p_1>p_2$ 及 $V_2>V_1$，故与一次膨胀时相比：

$$W'_1>-W_1$$

这说明，由状态 B 经一次压缩使系统返回至原来状态 A 时，环境对系统所做的功要比一次膨胀时系统对环境做的功多。在 p-V 图［图 2.3(a)］上，此过程可用折线 $BC'A$ 表示，环境所做的功 W'_1 为 $V_2C'AV_1$ 所包围的阴影面积，显然这块面积要比表示 $-W_1$ 的阴影面积 V_1CBV_2 大。

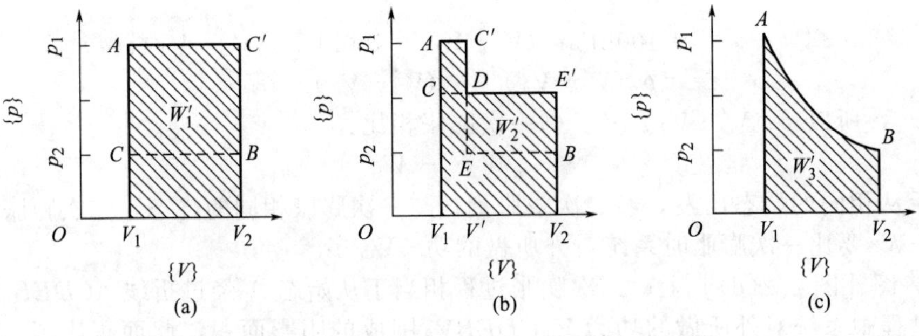

图 2.3　气体以不同方式压缩时的 p-V 图

（2）第二种压缩过程

二次压缩。如果分两次压缩从状态 B 返回状态 A，即先在外压 $p'_{ex,1}=200\text{kPa}$ 下将气体由 V_2 压缩至 V'，然后再在 $p'_{ex,2}=300\text{kPa}$ 下将气体由 V' 压缩至 V_1。此过程中环境对系统所做的功为：

$$W'_2=-p'_{ex,1}(V'-V_2)-p'_{ex,2}(V_1-V')$$
$$=-200\text{kPa}\times(V'-V_2)-300\text{kPa}\times(V_1-V')$$

在 p-V 图［图 2.3(b)］上，此过程可用折线 $BE'DC'A$ 表示，环境对系统做的功 W'_2 为 $V_2E'DC'AV_1$ 包围的阴影面积，显然这块面积要比表示 $-W_2$ 的阴影面积 $V_1CDE'BV_2$ 大，即：

$$W'_2>-W_2$$

这表明，二次压缩时，环境消耗的功仍大于二次膨胀时系统所做的功。不过与一次压缩相比，二次压缩时环境所消耗的功要少些，即 $W'_2 < W'_1$。

(3) 第三种压缩过程

无限多次压缩。向活塞上一粒一粒地添加细沙，相当于始终保持 $p'_{ex} = p + dp$，通过一系列无限小量的压缩，最终压缩到状态 $A(p_1, V_1, T)$。此过程中环境所做的功为：

$$W'_3 = -\int_{V_2}^{V_1} p'_{ex} dV = \int_{V_1}^{V_2} (p + dp) dV \approx \int_{V_1}^{V_2} p dV = -W_3$$

在 p-V 图［图 2.3(c)］上，环境对系统所做的功为曲线 BA 下的阴影面积 V_2BAV_1。此结果说明，通过一系列无限小量膨胀过程系统对外所做的功 $-W_3$ 正好等于通过一系列无限小量压缩过程系统返回初始状态时环境对系统所做的功 W'_3。

系统经过某过程由始态变化到终态，如果能使系统和环境都完全复原而又不留下任何痕迹，则称该过程为**可逆过程**（reversible process）。反之，如果用任何方法都不可能使系统和环境都完全复原而又不留下任何痕迹，则称该过程为**不可逆过程**（irreversible process）。上面列举的无限多次膨胀过程即为可逆过程。系统通过此过程由始态 A 变到终态 B，同时系统对环境做功 $-W_3$。当系统由终态 B 沿原来的路径返回始态 A 时，环境对系统做的功 $W'_3 = -W_3$，因此系统和环境都恢复原状，没有留下任何痕迹。同理，无限多次压缩也是可逆过程。而第一、二种膨胀及第一、二种压缩过程都是不可逆过程。因为这些过程虽然可以使系统恢复到原来的状态，但是系统在膨胀时所做的功并不等于返回时环境对系统所做的功，也就是说，环境中留下了痕迹，或者说，环境不能完全复原，所以是不可逆过程。

虽然可逆过程与不可逆过程的概念是从气体膨胀过程和压缩过程引入的，但实际上其他变化也有可逆过程与不可逆过程之分。所有可逆过程都有如下共同特征。

① 可逆过程中，状态变化是在动力与阻力相差无限小的状况下进行的，整个过程是由无限多个无限接近于平衡的状态所构成，所以此种过程进行得无限慢。

② 在相同始、终态间的各种过程中，可逆过程系统所做的功最多，即可逆膨胀时系统对环境做最大功；可逆压缩时环境对系统做最小功。

③ 当可逆过程逆转时，系统和环境都能沿原途径反向进行而恢复到各自原来的状态，没有留下任何痕迹（如可逆压缩时环境所做的最小功正好等于可逆膨胀时系统对环境所做的最大功，二者相互抵消）。

可逆过程是一种理想过程，它的每一微小步骤都无限地接近于平衡状态，所以实现这种过程需要无限长的时间。从这种意义上说，实际上能察觉到的过程都不是真正的可逆过程。或者说，实际过程只可能无限地趋近于可逆过程。尽管如此，提出可逆过程的概念仍是非常重要的。首先，可逆过程为相同始、终态之间各种过程中效率最高的一种过程，当系统对外做功时做最大功，当环境对系统做功时只需最小功。这种最高效率的过程虽不能完全实现，但它提供了一种提高效率的极限目标。其次，可以将一些进行得很缓慢的实际过程近似为可逆过程，如很缓慢地膨胀或传热过程等。也可以将接近于平衡状态下发生的相变化看作可逆过程，例如沸点下的液体气化或蒸气冷凝，凝固点下的固体熔化或液体凝固等。

2.5.2 理想气体等温过程

定量理想气体系统由始态 (n, p_1, V_1, T) 经等温过程变化到终态 (n, p_2, V_2, T)。由于定量理想气体的热力学能和焓只是温度的函数，所以发生等温膨胀或压缩时：

$$\Delta U = 0 \tag{2.41}$$

$$\Delta H=0 \tag{2.42}$$

而热及功与过程有关，即在确定的始、终态之间经过的过程不同，则功及热不同。

(1) 理想气体等温可逆过程

以下标 r 代表可逆，可按式(2.6) 计算理想气体等温可逆过程的功 W_r：

$$W_r=-\int_{V_1}^{V_2} p_{ex}\mathrm{d}V$$

由于在可逆过程中内压与外压相差无限小，所以对可逆过程可以用内压 p 代替 p_{ex}，且理想气体 $pV=nRT$，代入上式得：

$$W_r=-\int_{V_1}^{V_2} p\,\mathrm{d}V=-\int_{V_1}^{V_2}\frac{nRT}{V}\mathrm{d}V$$

即定量理想气体等温可逆过程中的功为：

$$W_r=nRT\ln\frac{V_1}{V_2} \tag{2.43}$$

由于定量理想气体等温过程中 $p_1V_1=p_2V_2$，所以式(2.43) 也可写成：

$$W_r=nRT\ln\frac{p_2}{p_1} \tag{2.44}$$

按热力学第一定律，$\Delta U=Q+W$，由于理想气体等温过程中 $\Delta U=0$，故等温可逆过程中系统与环境间交换的热 $Q_r=-W_r$，即：

$$Q_r=nRT\ln\frac{V_2}{V_1} \tag{2.45}$$

或

$$Q_r=nRT\ln\frac{p_1}{p_2} \tag{2.46}$$

(2) 理想气体等温不可逆过程

对于定量理想气体等温不可逆过程，在相同的始、终态之间，热及功的值与可逆过程不同，而且会因不可逆程度而异。因此，求算等温不可逆过程的 Q 和 W，需视过程的性质而定。

若为定量理想气体等温、等容不可逆过程，由于 $\Delta V=0$，所以 $W_V=0$，根据热力学第一定律 $\Delta U=Q+W$ 及等温过程中 $\Delta U=0$ 得 $Q_V=0$。事实上，由于 n、V 及 T 三个量都不变，纯物质均相系统的状态就不会改变了，所以此过程中既无体积功，也无热交换。

若为定量理想气体反抗恒定外压的等温不可逆过程，体积功为：

$$W=-\int_{V_1}^{V_2} p_{ex}\mathrm{d}V=-p_{ex}\int_{V_1}^{V_2}\mathrm{d}V=p_{ex}(V_1-V_2) \tag{2.47}$$

根据热力学第一定律 $\Delta U=Q+W$ 及等温过程中 $\Delta U=0$ 得：

$$Q=-W=p_{ex}(V_2-V_1) \tag{2.48}$$

【例 2.3】 1mol 理想气体始态的温度为 373K，体积为 $25\mathrm{dm}^3$。计算分别经过下列四种过程等温膨胀到终态体积为 $100\mathrm{dm}^3$ 的功。

(1) 向真空膨胀。

(2) 在外压等于终态压力下膨胀。

(3) 先在外压等于体积为 $50\mathrm{dm}^3$ 时的气体平衡压力下使气体膨胀到 $50\mathrm{dm}^3$，然后再在外压等于终态压力下膨胀到终态。

(4) 等温可逆膨胀。

解：(1) 向真空膨胀时，$p_{ex}=0$，故 $W=0$。

（2）先求外压，即终态压力 p_2。按理想气体状态方程：

$$p_2=\frac{nRT}{V_2}=\frac{1\text{mol}\times 8.314\text{J}\cdot\text{mol}^{-1}\cdot\text{K}^{-1}\times 373\text{K}}{100\times 10^{-3}\text{m}^3}=3.10\times 10^4\text{Pa}$$

反抗恒定外压的等温膨胀过程中的功为：

$$\begin{aligned}W&=-p_{ex}(V_2-V_1)=-p_2(V_2-V_1)\\&=-3.10\times 10^4\text{Pa}\times(100\times 10^{-3}\text{m}^3-25\times 10^{-3}\text{m}^3)\\&=-2.33\times 10^3\text{J}=-2.33\text{kJ}\end{aligned}$$

（3）分两次等温反抗恒外压膨胀，两次的外压分别为 p' 及 p_2，可根据理想气体状态方程计算 p' 及 p_2，并代入功的计算公式求功：

$$\begin{aligned}W&=W_1+W_2=-p'(V'-V_1)-p_2(V_2-V')=-\frac{nRT}{V'}(V'-V_1)-\frac{nRT}{V_2}(V_2-V')\\&=-\frac{1\text{mol}\times 8.314\text{J}\cdot\text{mol}^{-1}\cdot\text{K}^{-1}\times 373\text{K}}{50\times 10^{-3}\text{m}^3}\times(50\times 10^{-3}\text{m}^3-25\times 10^{-3}\text{m}^3)-\\&\quad\frac{1\text{mol}\times 8.314\text{J}\cdot\text{mol}^{-1}\cdot\text{K}^{-1}\times 373\text{K}}{100\times 10^{-3}\text{m}^3}\times(100\times 10^{-3}\text{m}^3-50\times 10^{-3}\text{m}^3)\\&=-3.10\times 10^3\text{J}=-3.10\text{kJ}\end{aligned}$$

（4）按式(2.43)：

$$W=nRT\ln\frac{V_1}{V_2}=1\text{mol}\times 8.314\text{J}\cdot\text{mol}^{-1}\cdot\text{K}^{-1}\times 373\text{K}\times\ln\frac{25\text{ dm}^3}{100\text{ dm}^3}=-4.30\times 10^3\text{J}=-4.30\text{kJ}$$

计算结果表明，相同始、终态间的不同过程，系统所做的功不同，各种过程中以可逆过程系统做的功最大，即 $-W_r$ 最大。

2.5.3 理想气体绝热过程

仍以气缸内气体的膨胀或压缩为例。若气缸壁的隔热性极佳，或者因过程进行得很快，以至系统与环境的热交换来不及进行，则过程可视为绝热过程。绝热过程的共同的特征是：

$$Q=0$$

根据热力学第一定律，$\Delta U=Q+W$，所以绝热过程的功为：

$$W=\Delta U$$

ΔU 可通过等容热来计算，当 $C_{V,m}$ 为常数时，由式(2.26)可得：

$$W=\Delta U=nC_{V,m}(T_2-T_1) \tag{2.49}$$

由式(2.27)可计算理想气体绝热过程的 ΔH：

$$\Delta H=nC_{p,m}(T_2-T_1)$$

计算理想气体绝热过程的 W、ΔU 及 ΔH 时，关键的问题是要知道始、终态的温度。在绝热膨胀过程中，系统要对外做功，而由于绝热不能从环境吸热来补充做功所消耗的能量，所以只好消耗系统的热力学能，结果导致温度下降。同理，如果发生绝热压缩过程，则系统的温度升高。所以绝热过程 $\mathrm{d}T\neq 0$，而且经历不同的绝热过程，功的值不同，温度改变也不同。

（1）绝热可逆过程

绝热过程 $\delta Q=0$，根据热力学第一定律：

$$\mathrm{d}U=\delta W$$

按式(2.22)及式(2.5)，上式可改写为：

$$nC_{V,m}\mathrm{d}T=-p_{ex}\mathrm{d}V$$

对于理想气体可逆过程，$p_{ex}\approx p$ 且 $p=nRT/V$，故：

$$nC_{V,m}\mathrm{d}T=-\frac{nRT}{V}\mathrm{d}V$$

整理后可得：

$$C_{V,m}\frac{\mathrm{d}T}{T}=-R\frac{\mathrm{d}V}{V}$$

若温度变化范围不大，$C_{V,m}$可视作常数，将上式积分后可得：

$$C_{V,m}\ln\frac{T_2}{T_1}=-R\ln\frac{V_2}{V_1}$$

以 $C_{p,m}-C_{V,m}=R$ 代入上式，并令 $C_{p,m}/C_{V,m}=\gamma$，称 γ 为摩尔热容比（molar heat capacity rate），则得：

$$\ln\frac{T_2}{T_1}=(\gamma-1)\ln\frac{V_1}{V_2}$$

即：

$$T_1V_1^{\gamma-1}=T_2V_2^{\gamma-1} \tag{2.50}$$

对始态和终态分别应用理想气体状态方程，即将 $V_1=nRT_1/p_1$ 和 $V_2=nRT_2/p_2$ 代入式（2.50）并整理，得：

$$T_1^{\gamma}p_1^{1-\gamma}=T_2^{\gamma}p_2^{1-\gamma} \tag{2.51}$$

将 $T_1=p_1V_1/(nR)$ 和 $T_2=p_2V_2/(nR)$ 代入式(2.51)，可得：

$$p_1V_1^{\gamma}=p_2V_2^{\gamma} \tag{2.52}$$

称式(2.50)～式(2.52)为理想气体绝热可逆过程方程式(equation of adiabatic reversible process of ideal gas)，是适用于定量理想气体绝热可逆过程的 pVT 关系式。

利用理想气体绝热可逆过程方程式可以求得绝热可逆过程的终态温度，再利用式(2.49)和式(2.27)就可求得理想气体绝热可逆过程的 W、ΔU 和 ΔH。

【例 2.4】 273K、500kPa 和 $10.0\mathrm{dm}^3$ 的 He 绝热可逆膨胀到 100kPa，计算终态温度及过程的 Q、W、ΔU 及 ΔH。

解：将 He 看作理想气体，则：

$$n=\frac{p_1V_1}{RT_1}=\frac{500\times10^3\,\mathrm{Pa}\times10.0\times10^{-3}\,\mathrm{m}^3}{8.314\mathrm{J\cdot mol^{-1}\cdot K^{-1}}\times273\mathrm{K}}=2.20\mathrm{mol}$$

He 为单原子分子气体，$\gamma=1.67$，按式(2.51)：

$$T_2=T_1\left(\frac{p_1}{p_2}\right)^{(1-\gamma)/\gamma}=273\mathrm{K}\times\left(\frac{500\times10^3\,\mathrm{Pa}}{100\times10^3\,\mathrm{Pa}}\right)^{(1-1.67)/1.67}=143\mathrm{K}$$

此过程的热力学量为：

$$Q=0$$

$$\begin{aligned}W=\Delta U&=nC_{V,m}(T_2-T_1)\\&=2.20\mathrm{mol}\times1.5\times8.314\mathrm{J\cdot mol^{-1}\cdot K^{-1}}\times(143\mathrm{K}-273\mathrm{K})\\&=-3.57\times10^3\mathrm{J}=-3.57\mathrm{kJ}\end{aligned}$$

$$\begin{aligned}\Delta H&=nC_{p,m}(T_2-T_1)\\&=2.20\mathrm{mol}\times2.5\times8.314\mathrm{J\cdot mol^{-1}\cdot K^{-1}}\times(143\mathrm{K}-273\mathrm{K})\\&=-5.95\times10^3\mathrm{J}=-5.95\mathrm{kJ}\end{aligned}$$

（2）绝热不可逆过程

前已述及，从同一始态出发经不同的绝热过程到达相同的终态体积时的终态温度不同，因

此 W、ΔU、ΔH 也不同，需要根据具体情况计算。下面仅以绝热等外压膨胀为例进行讨论。

【例 2.5】 273K、500kPa 和 10.0dm^3 的 He 反抗恒定外压 100kPa 绝热膨胀到终态压力为 100kPa，计算终态温度及此过程的 Q、W、ΔU 和 ΔH。

解： He 的物质的量：

$$n=\frac{p_1V_1}{RT_1}=\frac{500\times10^3\,\text{Pa}\times10.0\times10^{-3}\,\text{m}^3}{8.314\,\text{J}\cdot\text{mol}^{-1}\cdot\text{K}^{-1}\times273\,\text{K}}=2.20\,\text{mol}$$

因为 $Q=0$，故：

$$\Delta U=W$$

由于反抗恒定外压，所以下式成立：

$$nC_{V,\text{m}}(T_2-T_1)=-p_{\text{ex}}(V_2-V_1)$$

按题意，$p_{\text{ex}}=p_2$，再对始、终态分别应用理想气体状态方程，即将 $V_1=nRT_1/p_1$ 及 $V_2=nRT_2/p_2$ 代入上式，则得：

$$nC_{V,\text{m}}(T_2-T_1)=-p_2\left(\frac{nRT_2}{p_2}-\frac{nRT_1}{p_1}\right)$$

整理后可得：

$$T_2=\frac{C_{V,\text{m}}p_1+Rp_2}{(C_{V,\text{m}}+R)p_1}T_1$$

He 是单原子分子理想气体，$C_{V,\text{m}}=1.5R$，代入上式并整理，得：

$$T_2=\frac{1.5p_1+p_2}{2.5p_1}T_1=\frac{1.5\times500\times10^3\,\text{Pa}+100\times10^3\,\text{Pa}}{2.5\times500\times10^3\,\text{Pa}}\times273\,\text{K}=186\,\text{K}$$

则：

$$\begin{aligned}W=\Delta U&=nC_{V,\text{m}}(T_2-T_1)\\&=2.20\,\text{mol}\times1.5\times8.314\,\text{J}\cdot\text{mol}^{-1}\cdot\text{K}^{-1}\times(186\,\text{K}-273\,\text{K})\\&=-2.39\times10^3\,\text{J}=-2.39\,\text{kJ}\end{aligned}$$

$$\begin{aligned}\Delta H&=nC_{p,\text{m}}(T_2-T_1)\\&=2.20\,\text{mol}\times2.5\times8.314\,\text{J}\cdot\text{mol}^{-1}\cdot\text{K}^{-1}\times(186\,\text{K}-273\,\text{K})\\&=-3.98\times10^3\,\text{J}=-3.98\,\text{kJ}\end{aligned}$$

2.5.4 卡诺循环

1824 年法国工程师卡诺（N. L. S. Carnot）在研究热机效率时设计了一个在热力学上十分重要的循环过程——卡诺循环（Carnot cycle）。卡诺循环以定量理想气体为工作物质。简单起见，设 1mol 理想气体从始态 A（p_1，V_1，T_H）出发，经过四个可逆过程完成一次循环。①等温（T_H）可逆膨胀，$A\rightarrow B$；②绝热可逆膨胀，$B\rightarrow C$；③等温（T_L）可逆压缩，$C\rightarrow D$；④绝热可逆压缩，$D\rightarrow A$，如图 2.4 所示。

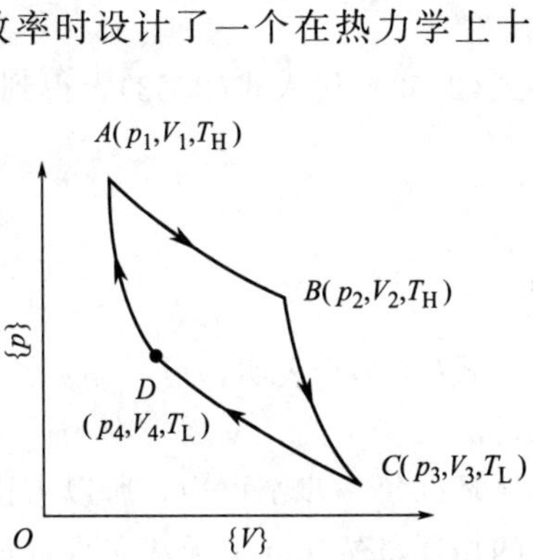

图 2.4 卡诺循环

工作物质每经过一次循环，从高温热源 T_H 吸收热量 Q_H，其中一部分转换为对外做的功 $-W$，另一部分以热（Q_L）的形式传入低温热源 T_L。这种利用工作物质的循环操作，从热源吸热并不断对外做功的机器称为**热机**

(heat engine)。热机在一次循环过程中所做的功$-W$与它从高温热源所吸收的热(Q_H)之比称为热机效率(efficiency of heat engine),以η表示,即:

$$\eta=-\frac{W}{Q_H} \tag{2.53}$$

卡诺循环各过程的热力学分析如下。

过程①:$A \rightarrow B$,为理想气体等温可逆过程:

$$\Delta U_1=0$$

$$Q_H=-W_1=RT_H\ln\frac{V_2}{V_1} \tag{2.54}$$

过程②:$B \rightarrow C$,为理想气体绝热可逆过程:

$$Q=0$$

$$\Delta U_2=W_2=C_{V,m}(T_L-T_H) \tag{2.55}$$

过程③:$C \rightarrow D$,为理想气体等温可逆过程:

$$\Delta U_3=0$$

$$Q_L=-W_3=RT_L\ln\frac{V_4}{V_3} \tag{2.56}$$

过程④:$D \rightarrow A$,为理想气体绝热可逆过程:

$$Q=0$$

$$\Delta U_4=W_4=C_{V,m}(T_H-T_L) \tag{2.57}$$

整个循环过程中系统所做的净功为:

$$-W=-W_1-W_2-W_3-W_4$$

$$-W=RT_H\ln\frac{V_2}{V_1}-C_{V,m}(T_L-T_H)+RT_L\ln\frac{V_4}{V_3}-C_{V,m}(T_H-T_L) \tag{2.58}$$

对两步绝热可逆过程②和④分别应用式(2.50),得到:

$$T_HV_2^{\gamma-1}=T_LV_3^{\gamma-1}$$

$$T_HV_1^{\gamma-1}=T_LV_4^{\gamma-1}$$

两式相除可得:

$$\frac{V_2}{V_1}=\frac{V_3}{V_4}$$

将上式代入式(2.58),得到每次循环后系统所做的净功:

$$-W=R(T_H-T_L)\ln\frac{V_2}{V_1} \tag{2.59}$$

将式(2.59)代入式(2.53),得到卡诺循环的热机效率:

$$\eta=-\frac{W}{Q_H}=\frac{R(T_H-T_L)\ln(V_2/V_1)}{RT_H\ln(V_2/V_1)}$$

即:

$$\eta=\frac{T_H-T_L}{T_H} \tag{2.60}$$

式(2.60)表明,可逆循环热机的效率只与两个热源的温度有关。T_H与T_L的差别越大,热机的效率越高;反之,则相反。由于$T_L>0$,故$\eta<1$,即热机效率总是小于1的。由于卡诺循环的每一步都可逆,所以卡诺循环是工作在热源T_H和T_L之间效率最高的循环。这种理想的循环虽然实际上无法实现,但是它却为实际工作在热源T_H和T_L间的热机提供了热机效率的最高限度。

如果将热机倒开，就变成制冷机。例如，将可逆的卡诺循环按以下四步倒行完成一次循环操作：①从始态 A（p_1，V_1，T_H）绝热可逆膨胀到 D（p_4，V_4，T_L）；②等温（T_L）下从 D 可逆膨胀到 C（p_3，V_3，T_L）；③由 C 绝热可逆压缩到 B（p_2，V_2，T_H）；④等温（T_H）下从 B 可逆压缩回到始态 A。经过这样一次循环，制冷机从环境得到功 W 后，从低温热源 T_L 吸热 Q_L 并向高温热源 T_H 放热 Q_H，总的效果是通过环境做功，将热从低温热源传到高温热源。制冷机经过一次循环操作后，从低温热源吸取的热量 Q_L 与接受环境所做的功 W 之比称为制冷系数（coefficient of refrigeration），以 β 表示：

$$\beta=\frac{Q_L}{W} \tag{2.61}$$

通过与卡诺循环类似的推导，可以得到以下关系：

$$\beta=\frac{T_L}{T_H-T_L} \tag{2.62}$$

热泵（heat pump）的原理与制冷机相同，它是通过环境对热泵做功，达到从低温物体传热到高温物体的目的。热泵的效率用工作系数（coefficient of work）γ 表示，其为通过一次循环操作后，消耗单位量功 W 而能向高温物体输送的热量 Q_H，即：

$$\gamma=-\frac{Q_H}{W} \tag{2.63}$$

由于 $-Q_H=Q_L+W>W$，所以 $\gamma>1$。目前商品热泵的工作系数为 2～7，即每消耗 1kJ 的功可向高温物体送热 2～7kJ，这比用电直接加热的效率高得多。

2.5.5 节流膨胀过程

1852 年焦耳（J. P. Joule）和汤姆逊（W. Thomson）进行了著名的焦耳-汤姆逊（Joule-Thomson）实验，这是实际气体单纯状态变化的一个典型实例。

如图 2.5 所示，在一绝热筒的中部有多孔塞将筒分隔成两部分。多孔塞允许气体通过，但又保证不会改变多孔塞两边原来的压力。多孔塞左边气体的温度、压力、体积分别为 T_1、p_1、V_1。在绝热条件下，体积为 V_1 的气体从左边透过多孔塞到达右边，温度、压力及体积变成了 T_2、p_2 和 V_2。绝热条件下气体的始、终态压力分别保持恒定的气体膨胀过程称为**节流膨胀过程**（throttling expansion process），简称**节流膨胀**或**节流过程**。通过节流膨胀过程气体温度发生改变的现象称为**节流效应**（throttling effect）或**焦耳-汤姆逊效应**（Joule-Thomson effect）。节流膨胀过程中，环境对多孔塞左方气体所做的功为 p_1V_1，多孔塞右方气体所得的功为 $-p_2V_2$。因此系统所得的净功为：

$$W=p_1V_1-p_2V_2$$

因过程在绝热条件下进行，$Q=0$。根据热力学第一定律：

$$\Delta U=W$$

$$U_2-U_1=p_1V_1-p_2V_2$$

$$U_2+p_2V_2=U_1+p_1V_1$$

因此

$$H_2=H_1 \tag{2.64}$$

这说明，节流膨胀是等焓过程（iso-enthalpy process）。由于定量理想气体的焓只是温度的函数，与体积或压力的变化无关，所以绝热筒中的气体若是理想气体，发生节流膨胀是不会出现温度变化的。焦耳-汤姆逊实验表明，气

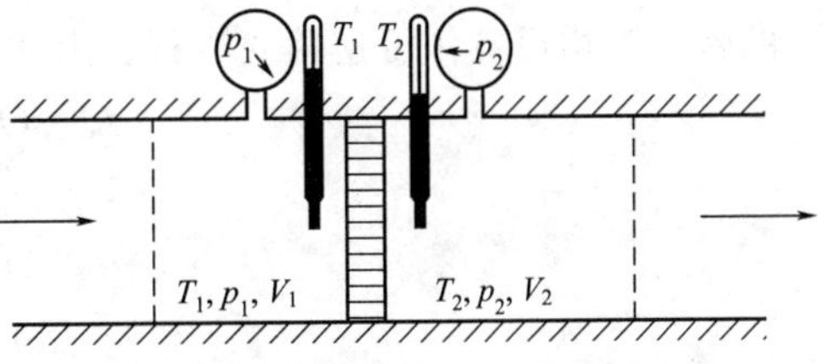

图 2.5 Joule-Thomson 实验

体经节流膨胀后温度有所改变，这只能从实际气体的性质中寻找原因。实际气体经节流膨胀后，气体分子间距离的改变引起了分子间相互作用势能的改变，因此热力学能发生改变，导致温度的变化。

气体经节流膨胀过程后，每单位压力改变引起的气体温度变化，即温度随压力的变化率称为节流膨胀系数（coefficient of throttling expansion）或焦耳-汤姆逊系数（Joule-Thomson coefficient），以 $\mu_{J\text{-}T}$ 表示，即：

$$\mu_{J\text{-}T} \stackrel{\text{def}}{=\!=\!=} \left(\frac{\partial T}{\partial p}\right)_H \tag{2.65}$$

由于膨胀过程中 $dp<0$，所以经过节流膨胀后气体的温度是升高还是降低取决于 $\mu_{J\text{-}T}$ 的正负。若 $\mu_{J\text{-}T}>0$，则 $dT<0$，表明气体经节流膨胀后温度下降，这种现象为致冷效应（cooling effect）。节流膨胀产生的致冷效应已获得了广泛的应用。若 $\mu_{J\text{-}T}<0$，则经节流膨胀后 $dT>0$，即气体通过节流膨胀后温度升高，此为致热效应（heating effect）。$\mu_{J\text{-}T}$ 的数值一方面与气体的性质有关，另一方面也取决于温度、压力条件。常温下，大多数气体的 $\mu_{J\text{-}T}>0$，故可通过节流膨胀达到致冷效果。常温下，H_2 与 He 的 $\mu_{J\text{-}T}<0$，不能通过节流膨胀致冷。但在很低的温度下，H_2 与 He 的 $\mu_{J\text{-}T}$ 可转变成正值。各种气体都有特定的 $\mu_{J\text{-}T}$ 从正到负的转换温度（inversion temperature），在转换温度下 $\mu_{J\text{-}T}=0$。

2.5.6 相变过程

相变化过程中，系统和环境之间交换的热称为相变热（heat of phase change）。由于通常相变化在等温、等压下进行，相变热 $Q_p=\Delta H$，所以也称相变焓（enthalpy of phase change）。物质的蒸发、冷凝、熔化、凝固、升华、凝华及晶型间的相转变等都是相变化过程，相应的相变焓分别为蒸发焓（enthalpy of vaporization）$\Delta_{vap}H$、冷凝焓（enthalpy of condensation）$\Delta_{con}H$、熔化焓（enthalpy of fusion）$\Delta_{fus}H$、凝固焓（enthalpy of solidification）$\Delta_{sol}H$、升华焓（enthalpy of sublimation）$\Delta_{sub}H$、凝华焓（enthalpy of desublimation）$\Delta_{des}H$ 及晶型转变焓（enthalpy of crystal transformation）$\Delta_{trs}H$ 等。蒸发与冷凝、熔化与凝固、升华与凝华是相反过程，故其相变焓数值相等，符号相反。固体的升华过程可看作熔化和蒸发两过程的加和，故有：

$$\Delta_{sub}H_m \approx \Delta_{fus}H_m + \Delta_{vap}H_m$$

在标准压力下的沸点及熔点分别称作标准沸点（standard boiling point）和标准熔点（standard melting point）。在 101.3 kPa 下的沸点及熔点则分别称作正常沸点（normal boiling point）和正常熔点（normal melting point）。相变焓数据可从物理与化学手册中查得。

相变过程 Q、W、ΔU 及 ΔH 的计算可分为可逆相变过程与不可逆相变过程两大类。在沸点的温度和压力下发生的蒸发或冷凝，即气$\rightleftharpoons$液转变；在凝固点的温度和压力下发生的熔化或凝固，即固$\rightleftharpoons$液转变；以及在晶型转变的相平衡温度及压力下进行的晶型（α）$\rightleftharpoons$晶型（β）的转变等均可看作可逆相变过程。上述相变过程的热力学量可以按以下公式计算：

$$Q=Q_p=n\Delta_{pc}H_m$$

$$W=-p_{ex}(V_2-V_1)$$

$$\Delta U=Q_p+W$$

$$\Delta H=n\Delta_{pc}H_m$$

以上式中下标 pc 表示相变过程。

【例 2.6】 101kPa 下，2mol 温度为 373K 的水变为同温度的水蒸气，计算此过程的 Q、W、ΔU 和 ΔH。已知水在 373K、101kPa 下的蒸发焓为 40.7kJ·mol⁻¹。

解： 由于在 101kPa 下水的沸点为 373K，故此条件下水变成蒸气是可逆过程。则：

$$Q=\Delta H=n\Delta_{vap}H_m=2mol\times40.7\times10^3J\cdot mol^{-1}=8.14\times10^4J=81.4kJ$$

与水蒸气的体积相比，水的体积可忽略不计，若将水蒸气看作理想气体，则：

$$\begin{aligned}W&=-p_{ex}(V_g-V_l)\approx-pV_g=-nRT\\&=-2mol\times8.314J\cdot mol^{-1}\cdot K^{-1}\times373K\\&=-6.20\times10^3J=-6.20kJ\end{aligned}$$

$$\Delta U=Q+W=81.4kJ+(-6.20kJ)=75.2kJ$$

计算不可逆相变过程的热力学量时，一般要虚拟一个与所求过程有相同始、终态的可逆过程。通常在虚拟的过程中涉及单纯状态变化（等压下变温或等温下变压）及可逆的相变化过程。根据状态函数法原理，计算此虚拟过程的焓变即为所求过程的焓变。

【例 2.7】 标准压力、25℃下，0.5mol 水蒸发成水蒸气，计算过程的 Q、W、ΔU 及 ΔH。已知水和水蒸气的平均摩尔等压热容分别为 75.3J·mol⁻¹·K⁻¹ 和 33.5J·mol⁻¹·K⁻¹，在标准沸点（373K）下水的摩尔蒸发焓为 40.7kJ·mol⁻¹，水蒸气可看作理想气体。

解： 此为不可逆相变过程，可虚拟一个与其始、终态相同的可逆过程，如下所示。其中的升、降温可以等压可逆地进行，相变在水的标准沸点下进行。

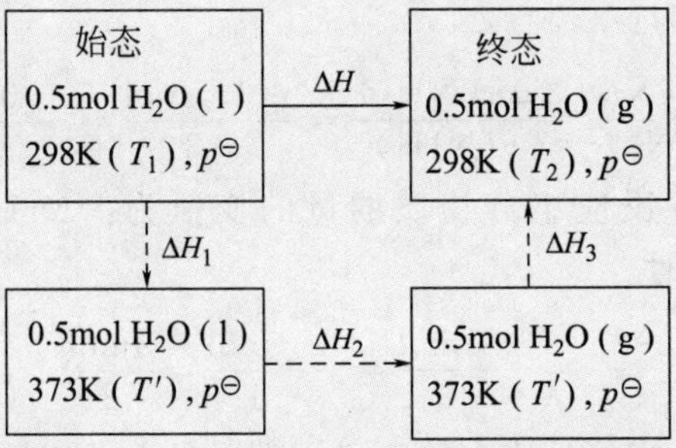

根据状态函数法：

$$\begin{aligned}\Delta H&=\Delta H_1+\Delta H_2+\Delta H_3\\&=nC_{p,m}(H_2O,l)(T'-T_1)+n\Delta_{vap}H_m+nC_{p,m}(H_2O,g)(T_2-T')\\&=0.5mol\times[75.3J\cdot mol^{-1}\cdot K^{-1}\times(373K-298K)+40.7\times10^3J\cdot mol^{-1}+\\&\quad33.5J\cdot mol^{-1}\cdot K^{-1}\times(298K-373K)]\\&=2.19\times10^4J=21.9kJ\end{aligned}$$

$$Q=Q_p=\Delta H=21.9kJ$$

$$\begin{aligned}W&=-p_{ex}\Delta V=-p_{ex}(V_g-V_l)\approx-p_{ex}V_g=-pV_g=-nRT_2\\&=-0.5mol\times8.314J\cdot mol^{-1}\cdot K^{-1}\times298K\\&=-1.24\times10^3J=-1.24kJ\end{aligned}$$

$$\Delta U=Q+W=21.9kJ-1.24kJ=20.7kJ$$

2.6 热化学

化学反应往往伴随着热的吸收或放出。**热化学**（thermochemistry）就是研究化学反应过程中热效应的科学。热化学的内容也是热力学第一定律在化学变化过程中的具体应用。

2.6.1 反应的标准摩尔焓变

任一化学反应的计量方程式可表示为：

$$0=\sum_{B}\nu_B B \tag{2.66}$$

式中，B代表任一反应组分；ν_B为组分B的**化学计量数**（stoichiometric number），简称**计量数**。计量数为量纲1的量，且规定反应物的计量数为负数，产物的计量数为正数。

化学反应进行的程度可用反应进度来度量。对式(2.66）所代表的反应，**反应进度**（extent of reaction）ξ定义式为：

$$\mathrm{d}\xi \xlongequal{\mathrm{def}} \frac{\mathrm{d}n_B}{\nu_B} \tag{2.67}$$

对于宏观量变化，则为：

$$\Delta\xi=\frac{\Delta n_B}{\nu_B} \tag{2.68}$$

式中，反应进度的单位为摩尔（mol)。

以合成氨反应 $0=2NH_3-3H_2-N_2$ 为例。若反应进行到某一时刻，系统中各反应组分的物质的量的变值为：$\Delta n(H_2)=-1.5\mathrm{mol}$，$\Delta n(N_2)=-0.5\mathrm{mol}$ 和 $\Delta n(NH_3)=1.0\mathrm{mol}$，则该时刻合成氨反应的反应进度为：

$$\Delta\xi=\frac{\Delta n_B}{\nu_B}=\frac{\Delta n(H_2)}{\nu(H_2)}=\frac{\Delta n(N_2)}{\nu(N_2)}=\frac{\Delta n(NH_3)}{\nu(NH_3)}=\frac{-1.5\mathrm{mol}}{-3}=\frac{-0.5\mathrm{mol}}{-1}=\frac{1.0\mathrm{mol}}{2}=0.5\mathrm{mol}$$

当反应进行到系统中各反应组分物质的量的变值为：$\Delta n(H_2)=-3\mathrm{mol}$、$\Delta n(N_2)=-1\mathrm{mol}$和 $\Delta n(NH_3)=2\mathrm{mol}$ 时：

$$\Delta\xi=\frac{\Delta n_B}{\nu_B}=\frac{-3\mathrm{mol}}{-3}=\frac{-1\mathrm{mol}}{-1}=\frac{2\mathrm{mol}}{2}=1\mathrm{mol}$$

此时称为进行了1mol合成氨反应。推广到一般情况，当各反应组分消耗或生成的物质的量正好为化学反应计量方程式中各反应组分化学计量数所示的物质的量（即 $\Delta n_B=\nu_B\mathrm{mol}$）时，反应进度 $\Delta\xi$ 为1mol，即进行了单位量（1mol）的该化学反应。反应进度是化学反应进行程度的度量，不同时刻，反应进度 $\Delta\xi$ 不同，$\Delta\xi$ 越大表示反应向前进行的程度越大。

同一化学反应写成不同的计量方程时，进行1mol反应所包含的内容也不同。例如，若将合成氨反应写成 $0 = NH_3-(3/2)H_2-(1/2)N_2$，则进行1mol反应的含意是：反应掉1.5mol H_2和0.5mol N_2，生成了1mol NH_3。所以提到反应进度时，必须指明化学反应的计量方程式。

在不做非体积功的条件下，当产物的温度与反应物的温度相同时，化学反应所吸收或放出的热称为**化学反应热**（heat of the chemical reaction），简称**反应热**（reaction heat）。若反应在等温、等压下进行，则为**等压反应热**（reaction heat at constant pressure），表示为 Q_p。由于 $Q_p=\Delta H$，所以等压反应热即是**化学反应的焓变**（enthalpy change of the chemical reaction），简称**反应的焓变**或**反应焓**（reaction enthalpy），以 $\Delta_r H$ 表示。进行1mol反应的焓变称为**反应的摩尔焓变**（molar enthalpy change of the reaction），简称**摩尔反应焓变**（molar reaction enthalpy change）或**摩尔反应焓**，以 $\Delta_r H_m$ 表示，单位为 $\mathrm{J\cdot mol^{-1}}$ 或 $\mathrm{kJ\cdot mol^{-1}}$。$\Delta_r H_m=\Delta_r H/\Delta\xi$。摩尔反应焓等于参与化学反应的各组分摩尔焓的代数和。对式(2.66）所表示的任

一反应：

$$\Delta_r H_m = \sum_B \nu_B H_m(B) \tag{2.69}$$

式中，$H_m(B)$ 为任一反应组分 B 的摩尔焓。

若反应在等温、等容下进行，则为等容反应热（reaction heat at constant volume），表示为 Q_V。由于 $Q_V=\Delta U$，所以等容反应热等于化学反应的热力学能变（thermodynamic energy change of the chemical reaction），简称反应热力学能（reaction thermodynamic energy），以 $\Delta_r U$ 表示。1mol 反应的热力学能变称为摩尔反应热力学能变（molar reaction thermodynamic energy change），简称摩尔反应热力学能，以 $\Delta_r U_m$ 表示，单位为 $kJ \cdot mol^{-1}$。

由于纯物质的摩尔热力学能 $U_m(B)$ 和摩尔焓 $H_m(B)$ 是温度和压力的函数，学术界规定了一个统一的参照基准——标准状态（standard state），简称标准态。某温度 T 下，各种物质的标准态规定如下。

① 气体物质：标准压力下具有理想气体性质的纯气体的状态。

② 液体物质：标准压力下纯液体的状态。

③ 固体物质：标准压力下纯固体的状态。

规定中的标准压力 $p^{\ominus}=100kPa$。标准态下物质的性质在性质符号上加上标$\ominus$表示，如 $U_m^{\ominus}$ 和 $H_m^{\ominus}$ 等。由于该规定中没有指定温度，所以每一温度下有一套气体、液体和固体的标准态。为了完善标准态的定义，有人建议规定一个统一的温度，例如有 0K、273.15K 和 298.15K 等建议，IUPAC 推荐选 298.15K 为标准温度，但目前尚未被广泛采纳。

当参与化学反应的各组分均处于温度 T 的标准态时，该反应的摩尔焓变称为反应的标准摩尔焓变（standard molar enthalpy change of the reaction），简称标准摩尔反应焓（standard molar reaction enthalpy），记作 $\Delta_r H_m^{\ominus}(T)$。温度 T 下化学反应的焓变可按如下公式计算：

$$\Delta_r H_m^{\ominus}(T) = \sum_B \nu_B H_m^{\ominus}(B,T) \tag{2.70}$$

式中，$H_m^{\ominus}(B,T)$ 为温度 T 下任意反应组分 B 的标准摩尔焓。公式右端表示的是由单独存在的各种反应物生成单独存在的各种产物，这显然与化学反应系统中各反应组分处于混合状态是有区别的。不过，好在混合效应对反应热的影响比较小，一般可以忽略不计。

如果有的反应组分不处于标准压力下，化学反应的摩尔焓变 $\Delta_r H_m$ 与 $\Delta_r H_m^{\ominus}$ 虽有不同，但差别不大。这是因为，如果反应组分是气体，只要压力不太高，可看作理想气体，其焓不受压力的影响。如果反应组分是液体或固体，压力对焓的影响也很小。所以在一般压力下进行的化学反应，$\Delta_r H_m \approx \Delta_r H_m^{\ominus}$。

在热化学中常在表示化学反应计量关系的同时也表示出反应热效应，这种方程式称为热化学方程式（equation of thermochemistry），如：

$$C(\text{石墨}) + O_2(g) = CO_2(g) \qquad \Delta_r H_m^{\ominus}(298K) = -393.5kJ \cdot mol^{-1}$$

在热化学方程式中，各物质的化学符号后面加括号注明物质的相态，气态、液态和固态分别以 g、l 和 s 表示。$\Delta_r H_m^{\ominus}(T)<0$ 表示反应后系统的焓降低，这是反应放热的结果；反之，若 $\Delta_r H_m^{\ominus}(T)>0$，则表示反应吸热。

2.6.2 等压反应热与等容反应热的关系

设反应物由始态（T，p，V）分别按等压反应过程（1）和等容反应过程（2）进行单位反应，生成产物。由于两种过程所生成产物的状态不同，所以两种过程的终态不同。但是若将等容反应的产物再经一个等温过程（3），就可达到与等压反应相同的终态：

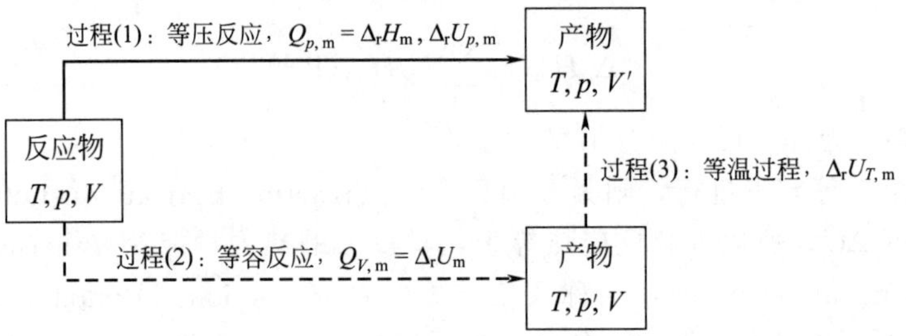

由于热力学能是状态函数，根据状态函数法，得：

$$\Delta_r U_{p,m}=\Delta_r U_m+\Delta_r U_{T,m} \tag{2.71}$$

过程（1）为等压反应，由式(2.13）可得：

$$\Delta_r H_m=\Delta_r(U_{p,m}+pV)=\Delta_r U_{p,m}+p\Delta V \tag{2.72}$$

将式(2.71）代入式(2.72)，则：

$$\Delta_r H_m=\Delta_r U_m+\Delta_r U_{T,m}+p\Delta V \tag{2.73}$$

式中，$\Delta_r U_{T,m}$是过程（3）的热力学能变。此过程是既无化学反应又无相变化的等温过程，若产物是气体且可看作理想气体，则 $\Delta_r U_{T,m}=0$；若产物为液体或固体，只要压力变化不太大，$\Delta_r U_{T,m}$与化学反应的 $\Delta_r U_m$ 相比，可以忽略不计，即仍有 $\Delta_r U_{T,m}\approx 0$。因此，通常化学反应总可以有如下关系：

$$\Delta_r H_m=\Delta_r U_m+p\Delta V \tag{2.74}$$

或

$$Q_{p,m}=Q_{V,m}+p\Delta V \tag{2.75}$$

$p\Delta V$ 是反应在等温、等压下进行时系统与环境交换的功，对于反应物和产物中没有气体反应组分的凝聚相反应，因 $p\Delta V\approx 0$，所以：

$$Q_{p,m}=Q_{V,m} \tag{2.76}$$

及

$$\Delta_r H_m=\Delta_r U_m \tag{2.77}$$

当反应组分中包含气体时，一般可将气体反应组分视为理想气体且忽略凝聚相反应组分的体积，此时则有：

$$p\Delta V=p\left[\frac{\sum\limits_{B} n_{B(g)}RT}{p\Delta\xi}\right]=[\sum_{B}\nu_{B(g)}]RT \tag{2.78}$$

式中，$n_{B(g)}$ 和 $\nu_{B(g)}$ 分别为气体反应组分的物质的量和化学计量数。将此式代入式(2.74）和式(2.75)，则得：

$$\Delta_r H_m=\Delta_r U_m+[\sum_{B}\nu_{B(g)}]RT \tag{2.79}$$

及

$$Q_{p,m}=Q_{V,m}+[\sum_{B}\nu_{B(g)}]RT \tag{2.80}$$

式(2.74)、式(2.75)、式(2.79)、式(2.80）都是等压反应热与等容反应热之间的关系式。有了这些关系式，$Q_{V,m}$与 $Q_{p,m}$、$\Delta_r U_m$ 与 $\Delta_r H_m$ 就不难相互换算了。由于通常化学反应在等温、等压下进行，所以一般只讨论反应的焓变。

【例 2.8】 已烷的燃烧反应为：

$$C_6H_{14}(l)+9\frac{1}{2}O_2(g)=\!=\!=6CO_2(g)+7H_2O(l)$$

已知 298K 时反应的 $Q_{V,m}=-4.15\times 10^3\ kJ\cdot mol^{-1}$，计算反应在 298K 下的等压反应热 $Q_{p,m}$。

解： 按式(2.80)：

$$Q_{p,m}=Q_{V,m}+[\sum_B \nu_{B(g)}]RT$$
$$=-4.15\times10^6 J\cdot mol^{-1}+(6-9.5)\times8.314J\cdot mol^{-1}\cdot K^{-1}\times298K$$
$$=-4.16\times10^6 J\cdot mol^{-1}=-4.16\times10^3 kJ\cdot mol^{-1}$$

早在热力学第一定律建立之前，俄国化学家盖斯（Hess）总结大量实验结果提出盖斯定律（Hess's law）：一个化学反应，不论是一步完成还是分几步完成，反应热效应总是相同的。盖斯定律实质上是热力学第一定律的必然结果。根据热力学第一定律，盖斯定律中所指的化学反应必须在无非体积功的等容或等压下进行，因为只有在 $Q_V=\Delta_r U$ 或 $Q_p=\Delta_r H$ 的条件下，反应热才能与反应进行的途径无关。盖斯定律的实用价值在于，它能使热化学方程式像普通代数方程式那样进行四则运算，从而可利用一些已知的反应焓变求算另一些难以测定的反应焓变。

【例 2.9】 已知：

(1) $C(石墨)+O_2(g)=\!=\!=CO_2(g)$　　$\Delta_r H^{\ominus}_{m,1}(298K)=-393.4kJ\cdot mol^{-1}$

(2) $CO(g)+\frac{1}{2}O_2(g)=\!=\!=CO_2(g)$　　$\Delta_r H^{\ominus}_{m,2}(298K)=-282.9kJ\cdot mol^{-1}$

计算 $C(石墨)+\frac{1}{2}O_2(g)=\!=\!=CO(g)$ 的 $\Delta_r H^{\ominus}_m$（298K）。

解：根据盖斯定律，由反应（1）减去反应（2）即可得所求反应：

$$C(石墨)+O_2(g)=\!=\!=CO_2(g)$$
$$-\quad CO(g)+\frac{1}{2}O_2(g)=\!=\!=CO_2(g)$$
$$C(石墨)+\frac{1}{2}O_2(g)=\!=\!=CO(g)$$

故所求反应的焓变为：

$$\Delta_r H^{\ominus}_m(298K)=\Delta_r H^{\ominus}_{m,1}(298K)-\Delta_r H^{\ominus}_{m,2}(298K)$$
$$=-393.4kJ\cdot mol^{-1}-(-282.9kJ\cdot mol^{-1})$$
$$=-110.5kJ\cdot mol^{-1}$$

2.6.3 标准生成焓

各种物质在标准状态下焓的绝对数值无法确知，所以通常选择一个统一的比较基准，将各种物质与选定的统一基准相比较，得到每摩尔各物质标准焓的相对值 $\Delta H^{\ominus}_m(B)$，应用式(2.70）时，反应组分 B 的标准摩尔焓 $H^{\ominus}_m(B)$ 就可以用其相对标准摩尔焓 $\Delta H^{\ominus}_m(B)$ 来代替。

由于各种化合物都是由组成该化合物的化学元素构成的，故一种公认的比较基准是：规定处于最稳定状态的各种单质的标准摩尔焓为零，各种化合物的标准摩尔焓与构成该化合物的各种元素的最稳定单质的标准摩尔焓相比较，得到各化合物的标准摩尔焓的相对值。为此，规定：在温度 T 和标准态下，由稳定相态的单质生成 1mol 指定相态的化合物的等压反应热称为该化合物在温度 T 下的**标准摩尔生成焓变**（standard molar enthalpy change of formation），简称**标准生成焓**（过去常称为**标准生成热**），以 $\Delta_f H^{\ominus}_m(B,T)$ 表示，单位为 $J\cdot mol^{-1}$ 或 $kJ\cdot mol^{-1}$。下标 f 表示生成反应，B 为物质的化学符号。从手册中可以查到各种物质在 298K 下的标准生成焓的数据，如本书附录 5。

根据标准生成焓的定义，稳定相态的单质的 $\Delta_f H^{\ominus}_m(B,T)=0$。因为稳定相态单质的生成反应相当于并未发生任何变化，其热效应自然为零。如 298K 和 $p^{\ominus}$ 下，$H_2(g)$、$O_2(g)$、$Cl_2(g)$、$Br_2(l)$、$Hg(l)$ 和 $Ag(s)$ 等都是稳定相态，其 $\Delta_f H_m^{\ominus}(B,T)=0$。此条件下，碳有三种相态：石墨、金刚石和无定形碳。其中最稳定的是石墨，故 $\Delta_f H_m^{\ominus}$(石墨，298K)$=0$，而 $\Delta_f H_m^{\ominus}$(金刚石，298K)$=1.896\text{kJ}\cdot\text{mol}^{-1}$，相当于 298K 下由石墨生成 1mol 金刚石反应的等压热效应。

以 $\Delta_f H_m^{\ominus}(B,T)$ 代替式(2.70) 中的 $H_m^{\ominus}(B)$，则对任意反应：

$$\Delta_r H_m^{\ominus}(298\text{K})=\sum_B \nu_B \Delta_f H_m^{\ominus}(B,298\text{K}) \tag{2.81}$$

以乙炔合成苯的反应为例，可导出上式。将反应 $3C_2H_2(g) = C_6H_6(l)$ 虚拟以下过程：

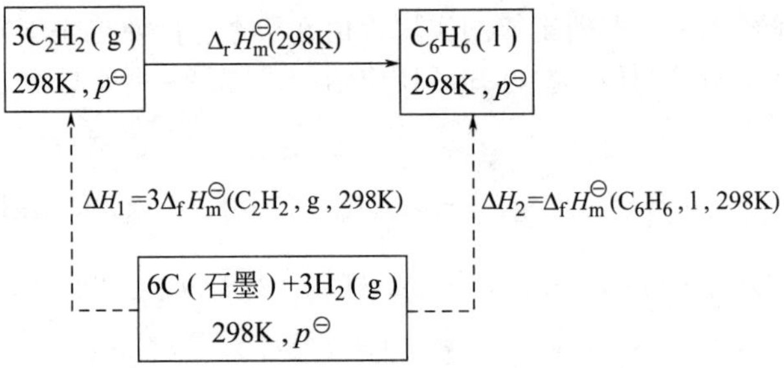

根据状态函数法：

$$\begin{aligned}\Delta_r H_m^{\ominus}(298\text{K})&=-\Delta H_1+\Delta H_2=-3\Delta_f H_m^{\ominus}(C_2H_2,g,298\text{K})+\Delta_f H_m^{\ominus}(C_6H_6,l,298\text{K})\\&=\sum_B \nu_B \Delta_f H_m^{\ominus}(B,298\text{K})\end{aligned}$$

【例 2.10】 查标准生成焓数据，计算乙醇生成 1,3-丁二烯反应的 $\Delta_r H_m^{\ominus}(298\text{K})$：

$$2C_2H_5OH(g) = CH_2{=}CH{-}CH{=}CH_2(g)+2H_2O(g)+H_2(g)$$

解：查附录 5，得：

$$\Delta_f H_m^{\ominus}[C_2H_5OH(g),298\text{K}]=-235.1\text{kJ}\cdot\text{mol}^{-1}$$

$$\Delta_f H_m^{\ominus}[CH_2{=}CH{-}CH{=}CH_2(g),298\text{K}]=111.9\text{kJ}\cdot\text{mol}^{-1}$$

$$\Delta_f H_m^{\ominus}[H_2O(g),298\text{K}]=-241.8\text{kJ}\cdot\text{mol}^{-1}$$

代入式(2.81)，得：

$$\begin{aligned}\Delta_r H_m^{\ominus}(298\text{K})&=\sum_B \nu_B \Delta_f H_m^{\ominus}(B,298\text{K})\\&=-2\times(-235.1\text{kJ}\cdot\text{mol}^{-1})+111.9\text{kJ}\cdot\text{mol}^{-1}+2\times(-241.8\text{kJ}\cdot\text{mol}^{-1})\\&=98.5\text{kJ}\cdot\text{mol}^{-1}\end{aligned}$$

2.6.4 标准燃烧焓

在温度 T 和标准态下，由 1mol 指定相态的物质与氧气进行完全氧化反应的等压反应热称为温度 T 时该物质的**标准摩尔燃烧焓** (standard molar enthalpy of combustion)，简称**标准燃烧焓** (也称标准燃烧热)，以 $\Delta_c H_m^{\ominus}(B,T)$ 表示，单位为 $\text{J}\cdot\text{mol}^{-1}$ 或 $\text{kJ}\cdot\text{mol}^{-1}$。下标 c 表示燃烧反应。所谓“完全氧化反应”是指通过与$O_2(g)$ 反应，物质中的 C 变成 $CO_2(g)$，H 变成 $H_2O(l)$，N 变成 $N_2(g)$，Cl 变成 HCl(aq) (aq 表示水溶液) 等。这些指定的氧化产物以及助燃物 $O_2(g)$ 的 $\Delta_c H_m^{\ominus}(B,T)=0$。所以，物质的标准燃烧焓实质上是以氧化产物及 $O_2(g)$ 为统一比较基准的物质的相对焓。通常 $\Delta_c H_m^{\ominus}(B,298\text{K})$ 可查数据表得到。因此，由参与化学反应的各种物质的标准燃烧焓同样可以计算反应的 $\Delta_r H_m^{\ominus}(298\text{K})$：

$$\Delta_r H_m^{\ominus}(298K) = -\sum_B \nu_B \Delta_c H_m^{\ominus}(B,298K) \qquad (2.82)$$

注意，此式与由标准生成焓计算 $\Delta_r H_m^{\ominus}(298K)$ 的公式式(2.81) 相比，等号右端多一负号。该式可采用与式(2.81) 相同的方法推导出来。

由单质直接合成化合物的反应通常很难进行，这给化合物标准生成焓的测定带来困难。但大多数有机化合物与氧的完全氧化反应却较易进行，故 $\Delta_c H_m^{\ominus}(B,T)$ 的数据较易测定。所以式(2.82) 常用于计算各种反应的 $\Delta_r H_m^{\ominus}(298K)$，其中也包括由单质生成化合物的反应的 $\Delta_f H_m^{\ominus}(298K)$。

第2章

【例 2.11】 试由标准燃烧焓数据计算下列反应的 $\Delta_r H_m^{\ominus}(298K)$：

$$\underset{\text{草酸}}{(COOH)_2(s)} + 2CH_3OH(l) = \underset{\text{草酸二甲酯}}{(COOCH_3)_2(l)} + 2H_2O(l)$$

解：查出各反应组分的标准燃烧焓：

$$\Delta_c H_m^{\ominus}[(COOH)_2(s),298K] = -246.0kJ \cdot mol^{-1}$$

$$\Delta_c H_m^{\ominus}[CH_3OH(l),298K] = -726.5kJ \cdot mol^{-1}$$

$$\Delta_c H_m^{\ominus}[(COOCH_3)_2(s),298K] = -1678.0kJ \cdot mol^{-1}$$

将查得的数据代入式(2.82)，得：

$$\begin{aligned}\Delta_r H_m^{\ominus}(298K) &= -\sum_B \nu_B \Delta_c H_m^{\ominus}(B,298K) \\ &= \Delta_c H_m^{\ominus}[(COOH)_2(s),298K] + 2\times\Delta_c H_m^{\ominus}[CH_3OH(l),298K] - \\ &\quad \Delta_c H_m^{\ominus}[(COOCH_3)_2(s),298K] - 2\times\Delta_c H_m^{\ominus}[H_2O(l),298K] \\ &= -246.0kJ \cdot mol^{-1} + 2\times(-726.5kJ \cdot mol^{-1}) + 1678.0kJ \cdot mol^{-1} - 0 \\ &= -21.0kJ \cdot mol^{-1}\end{aligned}$$

2.6.5 平均键焓

任何一个化学反应都可以看作反应物分子中的旧化学键断裂而形成产物分子中新化学键的过程。断开化学键需要提供能量，而形成化学键会释放能量。化学反应的热效应实质上就是化学反应系统中旧化学键断裂和新化学键形成过程的键能变化。

处于 25℃、标准态下的某气态物质 AB(g) 的孤立分子断裂成 25℃、标准态下气态孤立“碎片”（fragment） A(g) 和 B(g)：

$$A—B(g) = A(g) + B(g)$$

进行单位量（$\Delta\xi = 1mol$）该反应时系统的热力学能变称为 A—B 键的标准摩尔键能（standard molar bond energy），简称键能或离解能（dissociation energy），以 $\Delta_b U_m^{\ominus}(298K)$ 表示；此过程系统的焓变称为 A—B 键的标准摩尔键焓（standard molar bond enthalpy），简称键焓，以 $\Delta_b H_m^{\ominus}(298K)$ 表示。这里所说的“孤立”是指各分子或各“碎片”均相距无限远，以致分子或“碎片”之间均无相互作用。而所谓“碎片”可以是单个原子，也可以是原子团，例如对 $CH_4(g) = CH_3(g) + H(g)$ 来讲，“碎片”就是 $CH_3(g)$ 和 $H(g)$。

在 $CH_4(g)$ 分子中有四个 C—H 键，当第一个 C—H 键断裂后，留下的“碎片” $CH_3(g)$ 会发生电子结构的重新排布，因而第二个 C—H 键断裂时所需的能量与第一个 C—H 键的键能略有不同，第二个 C—H 键与第一个 C—H 键的键焓也不同。$CH_4(g)$ 四个 C—H 键的键焓数据如下：

(1) $CH_4(g) = CH_3(g) + H(g)$ $\qquad \Delta_b H_m^{\ominus}(298K) = 430kJ \cdot mol^{-1}$

(2) $CH_3(g) = CH_2(g) + H(g)$　　$\Delta_b H_m^\ominus(298K) = 473kJ \cdot mol^{-1}$

(3) $CH_2(g) = CH(g) + H(g)$　　$\Delta_b H_m^\ominus(298K) = 422kJ \cdot mol^{-1}$

(4) $CH(g) = C(g) + H(g)$　　$\Delta_b H_m^\ominus(298K) = 339kJ \cdot mol^{-1}$

通常将 $CH_4(g)$ 中的四个键看作是等同的，对其中所有的 C—H 键取平均值，称为平均键焓（mean bond enthalpy）：

$$\Delta_b H_m^\ominus(298K) = (430+473+422+339)kJ \cdot mol^{-1} \div 4 = 416kJ \cdot mol^{-1}$$

不过，同为 C—H 键，在不同的化合物中，例如在 CH_4 分子或 C_6H_6 分子中，由于所处的周围原子排布的环境不同，其键焓也有差别。因此，平均键焓的值是由多种物质中同一化学键的键焓值平均而得。对于某一物质来讲，平均键焓只是一个近似值。一些化学键的平均键能和平均键焓见表 2.1。

表 2.1　部分化学键的平均键能和平均键焓

化学键	$\Delta_b U_m^\ominus$(298.15K) /(kJ·mol^{-1})	$\Delta_b H_m^\ominus$(298.15K) /(kJ·mol^{-1})	化学键	$\Delta_b U_m^\ominus$(298.15K) /(kJ·mol^{-1})	$\Delta_b H_m^\ominus$(298.15K) /(kJ·mol^{-1})
H—H	432.0	436	O—H	458	463
C—C	337	348	F—H(在 HF 中)	565	565
C═C	607	612	Cl—H(在 HCl 中)	428.0	431
C≡C	828	838	Br—H(在 HBr 中)	362.3	366
N—N	155	163	I—H(在 HI 中)	204.6	299
N≡N（在 N_2 中）	941.7	946	Si—H	318	318
O—O	142	146	S—H	304	338
O═O(在 O_2 中)	493.6	497	C—O	—	360
F—F(在 F_2 中)	154.8	155	C═O	—	743
Cl—Cl(在 Cl_2 中)	239.7	242	C—N	—	305
Br—Br(在 Br_2 中)	190.2	193	C≡N	—	890
I—I(在 I_2 中)	149.0	151	C—Cl	326	338
C—H	411	412	C—F	—	484
N—H	386	388	Cl—F	—	254

鲍林（L. Pauling）提出，一个分子的总键焓为分子中所有键的键焓之和。若一个气态物质 B(g) 的分子中共有 i 个化学键，25℃、处于标准态的 1mol B(g) 的总键焓为：

$$\Delta_b H_m^\ominus(B, 298K) = \sum_i \Delta_b H_m^\ominus(i, 298K) \tag{2.83}$$

式中，$\Delta_b H_m^\ominus(i, 298K)$ 为 i 键的平均键焓。

任何化学反应都是反应物的旧键断裂和产物的新键形成的过程，因此化学反应的焓变应为反应物的总键焓减去产物的总键焓。即：

$$\Delta_r H_m^\ominus(298K) = -\sum_B \nu_B \Delta_b H_m^\ominus(B, 298K) \tag{2.84}$$

式中，$\Delta_b H_m^\ominus(B, 298K)$ 为反应组分 B 的总键焓。

如果化学反应中有液态和固态反应组分，则要先将液、固态的反应组分转变成气态组分，即将相变过程考虑进去。限于平均键焓数据的近似性，用键焓数据计算化学反应的反应焓只是一种估算方法。这种计算反应焓方法的另一局限是目前键焓数据的匮乏。尽管如此，在缺乏实测的物质生成焓和燃烧焓数据的情况下，用键焓来估算反应焓仍不失为一种选择。

【例 2.12】 利用键焓数据估算乙烯加氢反应的标准摩尔反应焓：

$$C_2H_4(g) + H_2(g) = C_2H_6(g)$$

解： 查出各反应组分所含化学键的平均键焓，按式(2.83) 计算各反应组分的总键焓：

$$\Delta_b H_m^{\ominus}(C_2H_4,298K)=\sum_i \Delta_b H_m^{\ominus}(i,298K)=4\Delta_b H_m^{\ominus}(C—H)+\Delta_b H_m^{\ominus}(C=C)$$
$$=4\times412kJ\cdot mol^{-1}+612kJ\cdot mol^{-1}=2260kJ\cdot mol^{-1}$$
$$\Delta_b H_m^{\ominus}(H_2,298K)=\sum_i \Delta_b H_m^{\ominus}(i,298K)=H—H=436kJ\cdot mol^{-1}$$
$$\Delta_b H_m^{\ominus}(C_2H_6,298K)=\sum_i \Delta_b H_m^{\ominus}(i,298K)=6\Delta_b H_m^{\ominus}(C—H)+\Delta_b H_m^{\ominus}(C—C)$$
$$=6\times412kJ\cdot mol^{-1}+348kJ\cdot mol^{-1}=2820kJ\cdot mol^{-1}$$

将各反应组分的总键焓代入式(2.84)，即可求得乙烯加氢反应的摩尔焓：

$$\Delta_r H_m^{\ominus}(298K)=-\sum_B \nu_B\Delta_b H_m^{\ominus}(B,298K)$$
$$=\Delta_b H_m^{\ominus}(C_2H_4,298K)+\Delta_b H_m^{\ominus}(H_2,298K)-\Delta_b H_m^{\ominus}(C_2H_6,298K)$$
$$=(2260+436-2820)kJ\cdot mol^{-1}=-124kJ\cdot mol^{-1}$$

2.6.6 反应焓变与温度的关系

上述讨论解决了由标准生成焓或标准燃烧焓计算各种化学反应在25℃下的反应焓 $\Delta_r H_m^{\ominus}(298K)$ 的问题。若要由 $\Delta_r H_m^{\ominus}(298K)$ 计算其他温度下的反应焓 $\Delta_r H_m^{\ominus}(T)$，则需要导出 $\Delta_r H_m^{\ominus}(T)$ 与温度的关系式。

按式(2.70)，温度 T 下进行的任意化学反应 $0=\sum_B \nu_B B$ 的标准摩尔反应焓为：

$$\Delta_r H_m^{\ominus}(T)=\sum_B \nu_B H_m^{\ominus}(B,T)$$

等压下，反应温度由 T 变到 $T+dT$，温度对标准摩尔反应焓的影响为：

$$\left[\frac{\partial\Delta_r H_m^{\ominus}(T)}{\partial T}\right]_p=\sum_B \nu_B\left[\frac{\partial H_m^{\ominus}(B)}{\partial T}\right]_p$$

对反应组分B，$[\partial H_m^{\ominus}(B)/\partial T]_p=C_{p,m}(B)$，故：

$$\left[\frac{\partial\Delta_r H_m^{\ominus}(T)}{\partial T}\right]_p=\sum_B \nu_B C_{p,m}(B) \tag{2.85}$$

令：

$$\Delta C_p=\sum_B \nu_B C_{p,m}(B) \tag{2.86}$$

则得：

$$\left[\frac{\partial\Delta_r H_m^{\ominus}(T)}{\partial T}\right]_p=\Delta C_p \tag{2.87}$$

称 ΔC_p 为化学反应的摩尔热容差（diffrence of molar heat capacities），简称热容差，它为各反应组分的摩尔热容与其化学计量数乘积之和。

式(2.85)和式(2.87)最先由基尔霍夫（G. R. Kirchhoff）导出，称其为基尔霍夫公式（Kirchhoff formula）的微分形式。式(2.87)表明，$\Delta_r H_m^{\ominus}(T)$ 受温度的影响与 ΔC_p 有关。若 $\Delta C_p=0$，则 $\Delta_r H_m^{\ominus}(T)$ 不受温度变化的影响；若 $\Delta C_p>0$，$\Delta_r H_m^{\ominus}(T)$ 将随温度升高而增大；若 $\Delta C_p<0$，$\Delta_r H_m^{\ominus}(T)$ 将随温度升高而减小。

将式(2.87)积分：

$$\int_{\Delta_r H_m^{\ominus}(T_1)}^{\Delta_r H_m^{\ominus}(T_2)} d\Delta_r H_m^{\ominus}(T)=\int_{T_1}^{T_2}\Delta C_p\,dT \tag{2.88}$$

则得到基尔霍夫公式的积分形式：

$$\Delta_r H_m^\ominus(T_2)=\Delta_r H_m^\ominus(T_1)+\int_{T_1}^{T_2}\Delta C_p \mathrm{d}T \tag{2.89}$$

根据式(2.89)，可由一种温度下的 $\Delta_r H_m^\ominus(T_1)$ 求算另一温度下的 $\Delta_r H_m^\ominus(T_2)$。通常是由 $\Delta_r H_m^\ominus(298\mathrm{K})$ 求算其他温度下反应的标准摩尔焓，此时式(2.89) 可改写为：

$$\Delta_r H_m^\ominus(T)=\Delta_r H_m^\ominus(298\mathrm{K})+\int_{298\mathrm{K}}^{T}\Delta C_p \mathrm{d}T \tag{2.90}$$

若各反应组分的 $C_{p,\mathrm{m}}(\mathrm{B})$ 均为常数，则 ΔC_p 也为常数，式(2.90) 可简化为：

$$\Delta_r H_m^\ominus(T)=\Delta_r H_m^\ominus(298\mathrm{K})+\Delta C_p(T-298\mathrm{K}) \tag{2.91}$$

若温度变化范围较大，应将 $C_{p,\mathrm{m}}(\mathrm{B})=f(T)$ 代入式(2.90)。按照式(2.37)：

$$C_{p,\mathrm{m}}(\mathrm{B})=a(\mathrm{B})+b(\mathrm{B})T+c(\mathrm{B})T^2$$

$$\Delta C_p=\Delta a+\Delta bT+\Delta cT^2$$

式中，$\Delta a=\sum_\mathrm{B}\nu_\mathrm{B}a(\mathrm{B})$、$\Delta b=\sum_\mathrm{B}\nu_\mathrm{B}b(\mathrm{B})$、$\Delta c=\sum_\mathrm{B}\nu_\mathrm{B}c(\mathrm{B})$，则：

$$\Delta_r H_m^\ominus(T)=\Delta_r H_m^\ominus(298\mathrm{K})+\Delta a(T-298\mathrm{K})+\frac{\Delta b}{2}[T^2-(298\mathrm{K})^2]+\frac{\Delta c}{3}[T^3-(298\mathrm{K})^3] \tag{2.92}$$

令：

$$\Delta_r H_m^\ominus(0\mathrm{K})=\Delta_r H_m^\ominus(298\mathrm{K})-298\mathrm{K}\times\Delta a-(298\mathrm{K})^2\times\frac{\Delta b}{2}-(298\mathrm{K})^3\times\frac{\Delta c}{3} \tag{2.93}$$

则式(2.92) 变为：

$$\Delta_r H_m^\ominus(T)=\Delta_r H_m^\ominus(0\mathrm{K})+\Delta aT+\frac{\Delta b}{2}T^2+\frac{\Delta c}{3}T^3 \tag{2.94}$$

式(2.94) 为基尔霍夫公式的另一种积分形式。

式(2.91)～式(2.93) 提供了由 $\Delta_r H_m^\ominus(298\mathrm{K})$ 计算其他温度下化学反应 $\Delta_r H_m^\ominus(T)$ 的方法。应用这些公式时要求从 298K 到 T 之间任何反应组分均无相态的变化，否则应将相变热考虑进去，$\int\Delta C_p\mathrm{d}T$ 需分段计算。

【例 2.13】 已知反应 $N_2(g)+3H_2(g)=\!=\!=2NH_3(g)$ 的 $\Delta_r H_m^\ominus(298\mathrm{K})=-92.4\mathrm{kJ}\cdot\mathrm{mol}^{-1}$及各反应组分的摩尔热容如下：

$$C_{p,\mathrm{m}}(N_2)/(\mathrm{J}\cdot\mathrm{mol}^{-1}\cdot\mathrm{K}^{-1})=27.0+5.91\times10^{-3}T/\mathrm{K}-3.38\times10^{-7}T^2/\mathrm{K}^2$$

$$C_{p,\mathrm{m}}(H_2)/(\mathrm{J}\cdot\mathrm{mol}^{-1}\cdot\mathrm{K}^{-1})=29.1-0.837\times10^{-3}T/\mathrm{K}+20.1\times10^{-7}T^2/\mathrm{K}^2$$

$$C_{p,\mathrm{m}}(NH_3)/(\mathrm{J}\cdot\mathrm{mol}^{-1}\cdot\mathrm{K}^{-1})=25.9+33.0\times10^{-3}T/\mathrm{K}-30.5\times10^{-7}T^2/\mathrm{K}^2$$

计算此反应的 $\Delta_r H_m^\ominus(398\mathrm{K})$。

解： $\Delta a=(2\times25.9-27.0-3\times29.1)\mathrm{J}\cdot\mathrm{mol}^{-1}\cdot\mathrm{K}^{-1}=-62.5\mathrm{J}\cdot\mathrm{mol}^{-1}\cdot\mathrm{K}^{-1}$

$\Delta b=(2\times33.0-5.91+3\times0.837)\times10^{-3}\mathrm{J}\cdot\mathrm{mol}^{-1}\cdot\mathrm{K}^{-2}=62.6\times10^{-3}\mathrm{J}\cdot\mathrm{mol}^{-1}\cdot\mathrm{K}^{-2}$

$\Delta c=(-2\times30.5+3.38-3\times20.1)\times10^{-7}\mathrm{J}\cdot\mathrm{mol}^{-1}\cdot\mathrm{K}^{-3}=-118\times10^{-7}\mathrm{J}\cdot\mathrm{mol}^{-1}\cdot\mathrm{K}^{-3}$

将 $\Delta_r H_m^\ominus(298\mathrm{K})$、$T=398\mathrm{K}$、$\Delta a$、$\Delta b$ 及 Δc 的数据代入式(2.92)，得：

$$\begin{aligned}\Delta_r H_m^\ominus(398\mathrm{K})&=\Delta_r H_m^\ominus(298\mathrm{K})+\Delta a(398\mathrm{K}-298\mathrm{K})+\frac{\Delta b}{2}[(398\mathrm{K})^2-(298\mathrm{K})^2]+\frac{\Delta c}{3}[(398\mathrm{K})^3-(298\mathrm{K})^3]\\&=-92.4\times10^3\mathrm{J}\cdot\mathrm{mol}^{-1}-62.5\mathrm{J}\cdot\mathrm{mol}^{-1}\cdot\mathrm{K}^{-1}\times(398\mathrm{K}-298\mathrm{K})+\\&\quad\frac{1}{2}\times62.6\times10^{-3}\mathrm{J}\cdot\mathrm{mol}^{-1}\cdot\mathrm{K}^{-2}\times[(398\mathrm{K})^2-(298\mathrm{K})^2]+\\&\quad\frac{1}{3}\times(-118\times10^{-7}\mathrm{J}\cdot\mathrm{mol}^{-1}\cdot\mathrm{K}^{-3})\times[(398\mathrm{K})^3-(298\mathrm{K})^3]\\&=-9.66\times10^4\mathrm{J}\cdot\mathrm{mol}^{-1}=-96.6\mathrm{kJ}\cdot\mathrm{mol}^{-1}\end{aligned}$$

2.7 热力学第二定律

2.7.1 热力学第二定律的文字表述

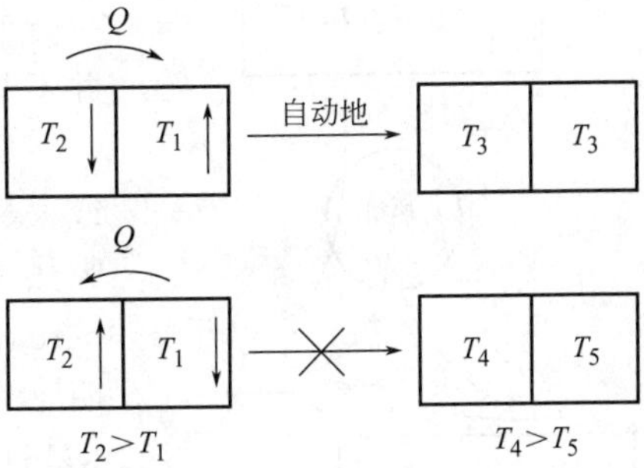

图 2.6 热传导的方向

热力学第一定律指出，自然界中发生的任何变化都遵循系统与环境总能量守恒的规律，任何违反这一规律的过程均不会发生。但实践证明，并不是所有符合热力学第一定律的过程都能自动发生。例如，两个温度分别为 T_1 和 T_2 的物体相接触，如图 2.6 所示。若 $T_2>T_1$，则总是从温度较高的物体（温度 T_2）自动地传热 Q 给温度较低的物体（温度 T_1），直到二者的温度（T_3）相等时为止。而其相反过程，即从低温物体自动地向高温物体传热过程，虽然此过程中低温物体的能量降低值可以正好等于高温物体的能量升高值，并不违反热力学第一定律，但事实上这种过程不会自动发生。

化学反应也是如此。常压、150℃下，乙炔与氯化氢合成氯乙烯：

$$C_2H_2(g)+HCl(g) = CH_2{=}CHCl(g) \qquad \Delta_r H_m=-124.7\text{kJ}\cdot\text{mol}^{-1}$$

热力学第一定律指出，反应前后系统与环境的总能量不变，即每生成 1mol 氯乙烯，系统向环境放热 124.7kJ；反之，如果系统吸热 124.7kJ，则 1mol 氯乙烯完全分解成乙炔和氯化氢。从热力学第一定律的角度看，上列反应向左或向右都可以进行，而事实上，在此条件下反应只能自发地从左向右进行并达到一定程度，而相反方向的反应不能自动地发生。

人们在大量实践中发现，自然界中任何自发进行的过程除了要遵循热力学第一定律外，还有一定的变化方向和限度。在指定的条件下，任何过程都自动地按一定方向进行并达到某一限度而停止。一个自发进行的过程是不会自动地逆向进行的。热力学第二定律（second law of thermodynamics）就是讨论自发过程方向与限度的规律。

热力学第二定律有多种表述方式。各种表述方式实质等同，违反其中任何一种表述方式，其他各种表述方式也不能成立。

1850 年克劳修斯（R. Clausius）提出：不可能将热从低温物体传到高温物体，而不引起其他变化。这是热力学第二定律最早的表述。这种说法总结了热传导方向的规律。按此说法，可以由高温物体自动地向低温物体传热。这里强调的“自动地”是指除了传热以外，系统和环境都不再发生其他变化。但相反的过程——由低温物体向高温物体传热是不能自动发生的，如果发生，则一定要引起某种其他的变化。例如冰箱可以从低温处向高温处传热，但是消耗了电功，即引起了其他变化，所以这种传热过程是在外力作用下进行的，不是自动发生的。

1851 年开尔文（L. Kelvin）提出：不可能从单一热源吸热，使热完全转变为功而不引起其他变化。这是热力学第二定律的另一种表述。这种说法总结了热与功转化的规律。虽然就热力学第一定律看来，所有的功都能转变成相当量的热；反之，所有的热亦可转变成相当量的功。可是根据热力学第二定律，功向热的转变过程可以自动发生，而热向功的转变过程则不能自动发生。热向功的转变，如果不是部分的转变，那就要引起其他的变化，无论如何不会完全地、自动地进行。热机是将热转变成功的机器。热机必须要在两个不同温度的热源之间工作，见图 2.7。工作物质在循环过程中，从高温热源 T_H 吸热 Q_H，只将其中的一部分热转变成功输出，另一部分未转变的热 Q_L 流失到低温热源 T_L 中。热机效率越高，热转变为功的部分越多，可是根据热力学第二定律，热机效率总小于 1。讨论理想气体等温膨胀时，系统从环境吸

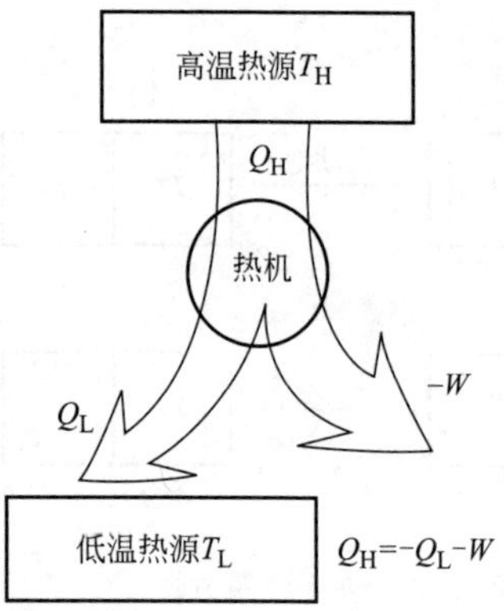

图 2.7 热机工作示意图

收的热全部转变成对外所做的功（$\Delta U=0$，$Q=-W$）。但这一转变过程中气体的体积改变了，即引起了其他变化，所以并不与热力学第二定律相抵触。

历史上曾有人幻想制造一种机器，可以从单一热源大海或大气中吸热，不断地将热转变成功。这种只从单一热源吸热不断做功的机器称为**第二类永动机**（second kind of perpetual motion machine）。无数次试制第二类永动机的失败证明：第二类永动机不可能造成。这便是奥斯特瓦德（W. Ostwald）对热力学第二定律的表述。

在物理化学中，热力学第二定律常采用路易斯-朗德（Lewis-Randall）的表述方法：一切自发变化都是热力学不可逆过程。

无需外力帮助，即系统在不受环境影响时自动发生的过程称为**自发过程**（spontaneous process）或**自发变化**（spontaneous change）。例如，热从高温物体向低温物体传递，功向热的转换，在一定条件下进行的化学反应，等等，都是自发过程。这些宏观的自发过程都是不可逆过程。所谓“不可逆”的含意包括两方面：在一定条件下，任何宏观的自发过程都只能向某一方向进行，与此相反方向的过程不会自动发生；通过一个自发过程，系统从始态变到终态，如果要通过某过程使系统从终态返回始态，则环境中必定要留下某种变化。例如气体向真空膨胀是自发过程，如果让气体缩回到原来的体积，环境必须付出一定量的功，这样，在系统复原的同时在环境中留下了影响。

各种自发过程不但有一定的方向，而且有一定的限度。例如从高温物体自动地传热到低温物体，随着热的传导，高温物体的温度逐渐下降，低温物体的温度逐渐上升，此过程进行到两物体的温度相等时，宏观上看就停止了（微观上，两物体间仍有能量交换，但向两个相反方向的平均传热，大小相等）。其他自发过程也有一定的限度，例如水从高处往低处流，当两处的水位相同时，水的迁移就停止了。一定条件下化学反应向某一方向进行，随着反应物的消耗和产物的积累，反应变得越来越慢，最后达到化学平衡，宏观上看，自发进行的反应也就停止了。这些现象说明，所有的自发过程都是由不均匀的状态单方向地趋向于均匀状态，即热力学平衡状态。所以，平衡状态是自发过程进行的限度。

当然，热力学所指的平衡状态只是宏观的均匀和相对的静止。若深入到系统的微观结构中考察，分子仍在不停地运动着，物质内部不可能绝对静止，也绝非均匀。但是这种考察已超出经典热力学讨论的范畴。

热力学第二定律也是建立在人类无数次实践活动基础上的。迄今为止还没有发现违反热力学第二定律的现象，从而雄辩地证明了这一定律的正确性。不过要指出，热力学第二定律描述的是包含大量微粒的系统，不能将它用于只含少数几个微粒的系统，也不能将人们在有限时空中获得的这一自然规律任意推广到人们尚未完全认识的整个宇宙或无限长的时间。

2.7.2 熵及热力学第二定律的数学表达式

为了定量讨论过程的方向与限度，引入状态函数——熵（entropy），符号 S。其定义为：如果系统中发生微小的可逆变化，该系统的熵变 $\mathrm{d}S$ 等于此可逆过程的热量 δQ_r 与系统温度 T 的比值——**可逆热温商**（reversible heat divided by the temperature）。即：

$$\mathrm{d}S \xlongequal{\text{def}} \frac{\delta Q_r}{T} \tag{2.95}$$

$$\Delta S=\int_1^2 \frac{\delta Q_r}{T} \tag{2.96}$$

熵的定义方式有点特别，它不是直接规定 $S=\cdots$，而是通过熵的变值 dS 或 ΔS 等于可逆热温商的规定来定义熵。其实，熵和其他状态函数一样，也是系统的一种属性。某系统处于某一状态下即有一定的熵值。当系统由一种状态变化到另一种状态时，该系统的熵值则由始态的熵 S_1 变成终态的熵 S_2，在此变化中系统的熵变 $\Delta S=S_2-S_1$。

熵的概念最先由克劳修斯提出。他在研究卡诺循环时发现，始、终态相同的各种可逆过程的热温商均相等。可逆热温商只取决于系统始、终态的这种性质正是状态函数变值所具有的特性，因而克劳修斯联想到必然存在一种与可逆热温商关联的状态函数，并将这一状态函数叫作熵，单位为 $J\cdot K^{-1}$。

熵变等于可逆热温商，这并不是说只有可逆过程才有熵变。因为熵是系统的一种属性，同热力学能、焓等系统的其他属性一样，只要系统的状态发生变化，不论变化可逆与否，系统的熵都会改变。只不过如果是可逆过程，系统的熵变正好等于此变化过程的热温商；如果变化是不可逆的，系统的熵变就不等于此变化过程的热温商，而等于与此不可逆过程始、终态相同的可逆过程的热温商。

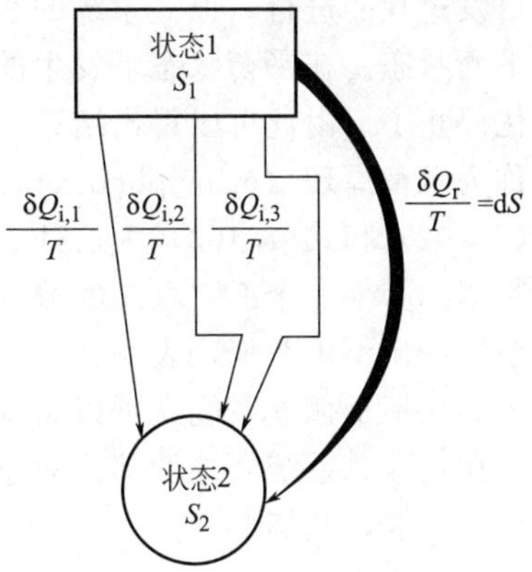

图 2.8 熵变与热温商

应将热温商的概念与熵变加以区分。热温商的大小不仅取决于始、终态，而且与过程的性质有关，如图 2.8 所示。在一定的始、终态之间会发生各种各样的过程，其不可逆程度各不相同，因而有不同的热温商。其中越接近于可逆的过程，其热温商越大，可逆过程的热温商则为相同始、终态的诸过程中的最大者，是唯一的。指定的始、终态之间只会有一种可逆热温商，它等于在此始、终态间发生各种过程（无论可逆与否）时系统的熵变。各种不可逆过程的热温商均小于系统的熵变，唯有可逆过程的热温商等于系统的熵变。用公式表示为：

$$dS_r=dS_{i,1}=dS_{i,2}=\cdots=\delta Q_r/T>\delta Q_i/T \tag{2.97}$$

下标 r 和 i 分别代表可逆过程与不可逆过程，1、2……代表不同的过程。

因此，可以用实际过程的热温商与熵变相比较，以判断过程是否可逆。若 $\delta Q/T=dS$，则发生了可逆过程；若 $\delta Q/T<dS$，则发生了不可逆过程，且二者相差越大，过程的不可逆程度越大。根据热力学第二定律，不可能发生 $\delta Q/T>dS$ 的过程。于是得到过程可逆性的判据：

$$dS\geqslant \frac{\delta Q}{T} \tag{2.98}$$

或

$$dS-\frac{\delta Q}{T}\geqslant 0 \tag{2.99}$$

对于宏观量的变化，则为：

$$\Delta S\geqslant \int_1^2 \frac{\delta Q}{T} \tag{2.100}$$

或

$$\Delta S-\int_1^2 \frac{\delta Q}{T}\geqslant 0 \tag{2.101}$$

以上四式即热力学第二定律的数学表达式。式中等号表明过程可逆，大于号表明过程不可逆。

将式(2.98)～式(2.101)用于绝热过程：若为绝热可逆过程，由于 $\delta Q=\delta Q_r=0$，可得到 $dS=\delta Q_r/T=0$，故绝热可逆过程是等熵过程；若为绝热不可逆过程，由 $dS>\delta Q_i/T$ 及 $\delta Q_i=0$，可得 $dS>0$，故绝热不可逆过程中系统的熵增加。

孤立系统与环境不发生任何物质或能量的交换，所以在孤立系统中发生的过程必是绝热过程。因此对孤立系统有：

$$dS_{is}\geqslant 0 \tag{2.102}$$

或

$$\Delta S_{is}\geqslant 0 \tag{2.103}$$

以上两式中等号用于可逆过程，大于号用于不可逆过程。下标 is 代表孤立系统。

由于孤立系统不受环境影响，所以在孤立系统中发生的不可逆过程必然是自然发生的。随着自发过程的进行，孤立系统的熵不断增大，直至达到某一最大值，熵不再增加，此时系统达到平衡状态。在平衡状态下发生的过程是可逆过程，可逆过程进行得无限慢，实际上可以看作变化停止了。由此可以得出结论：孤立系统自发地进行熵增大的过程，直至最大熵时为止。这被称为熵增原理（principle of entropy increasing)，是用熵来表述热力学第二定律的一种方式。式(2.102)和式(2.103)为这种表达方式的数学表达式，也是判断孤立系统是否达到平衡状态的判据。如果一个孤立系统的熵在增加，表示系统中发生着趋向平衡状态的自发过程；如果孤立系统的熵不再改变，表明此系统已达到了平衡。

如果不是孤立系统，可以将对该系统有影响的那部分环境划入系统中，虚拟成一个总系统。在这个总系统之外的部分与总系统无物质和能量的交换，所以新组成的这个总系统就可看作孤立系统，其熵变为：

$$\Delta S_{to}=\Delta S+\Delta S_{su} \tag{2.104}$$

式中，ΔS_{to}、ΔS 和 ΔS_{su} 分别代表总系统的熵变、系统的熵变和环境的熵变。

因此，对非孤立系统系统，其判据为：

$$\Delta S_{to}\geqslant 0 \tag{2.105}$$

若总熵变大于零，为自发过程；总熵变等于零，系统已达到平衡。

2.7.3 熵的微观本质

熵是系统的状态函数，是一种广度性质，整个系统的熵是组成它的各部分熵的总和。从微观上看，熵与系统中微观粒子运动状态的混乱程度有关。

一切自发过程，总是从微观粒子排列得比较有秩序的状态（不均匀的状态）自发地趋向于非常混乱的状态（各处均匀一致的状态）。例如，在图 2.9 所示密闭容器中，用隔板将 H_2 与 N_2 分开，此时所有的 H_2 分子均处于隔板左侧，而 N_2 分子均处于隔板右侧，即系统中 H_2 分子与 N_2 分子的分布处于比较有秩序的状态。将隔板抽掉，由于分子的热运动，两种气体自动地混合，直到整个系统中各处的 H_2 分子和 N_2 分子完全混合均匀为止。H_2 和 N_2 由分居于隔板两侧变成整个容器中到处都有，从微观上看，是从分子分布比较有秩序的状态变成非常混乱的状态，这种混乱程度增加的过程是自发进行的。随着系统混乱度的逐渐增大，系统的熵也逐渐增加。系统中 H_2 和 N_2 完全混合均匀时，系统的混乱度最大，系统的熵也增至最大值。其他自发过程的情况也相同。在孤立系统中随着自发过程的进行，系统的混乱度不断增大，系统的熵也不断增加，最后系统达到平衡状态，此时系统的混乱度最大，系统的熵也增至最大值。因此，熵是系统内部微观粒子运动状态混乱度的度量。

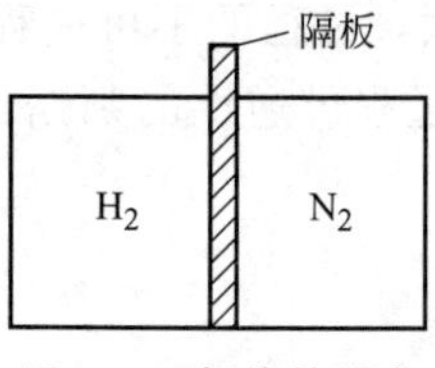

图 2.9 气体的混合

根据统计理论，对于包含大量微观粒子的系统，若混乱度越大，出现这种微观状态的概率也越大。而混乱度可用熵来度量，因此普朗克（M. Planck）和玻耳兹曼（L. Boltzmann）将熵与微观状态联系起来，提出了玻耳兹曼熵定理（Boltzmann theorem of entropy）：

$$S=k\ln\Omega \tag{2.106}$$

式中，Ω 为确定宏观状态下系统的总微态数（microscopic state of system）；k 为玻耳兹曼常数（Boltzmann constant），$k=1.38\times10^{-23}\,\mathrm{J\cdot K^{-1}}$。

式(2.106) 实际上是统计力学中对熵的定义。按此式定义的熵与克劳修斯定义的熵是一致的。有关论证，本书从略。

热力学第二定律意味着，孤立系统中自发地进行着由微观粒子排列比较规整、出现概率较小的状态向混乱、均匀、出现概率大的状态的转变，与此同时，系统的熵也在增大。

2.8 熵变的计算及自发性的判断

根据式(2.105)，系统与环境的总熵变可作为系统发生的过程能否自发进行的判据。因此，要判断一个过程是否可逆就要先计算发生这一过程时系统与环境的熵变。

按照式(2.96)，熵变等于可逆过程的热温商。所以，原则上通过可逆过程热温商计算熵变，即：

$$\Delta S=\int_1^2\frac{\delta Q_{\mathrm{r}}}{T}$$

在一个过程中，系统与环境的热效应数值相等，但符号相反。一般环境是一个十分大的热源，对这个大热源而言，吸热或放热均可看作等温可逆地进行，此时 $Q_{\mathrm{r,su}}=-Q$，所以：

$$\Delta S_{\mathrm{su}}=-\frac{Q}{T_{\mathrm{su}}} \tag{2.107}$$

系统的熵变要根据具体过程计算。本节介绍几种常见的物理过程中熵变的计算方法，有关化学过程中熵变的计算将在 2.9 节中讨论。

2.8.1 等温过程的熵变

无论过程是否可逆，等温下发生的单纯状态变化过程中系统的熵变可根据式(2.96) 计算，即：

$$\Delta S=\int_1^2\frac{\delta Q_{\mathrm{r}}}{T}=\frac{Q_{\mathrm{r}}}{T} \tag{2.108}$$

若有物质的量为 n 的理想气体经等温膨胀或压缩过程由体积 V_1 变到 V_2，压力相应地由 p_1 变到 p_2，此过程中系统的熵变总可以用相同始、终态的可逆过程热温商计算。根据式(2.108) 和式(2.45)：

$$\Delta S=\frac{Q_{\mathrm{r}}}{T}=\frac{1}{T}nRT\ln\frac{V_2}{V_1}=nR\ln\frac{V_2}{V_1} \tag{2.109}$$

根据式(2.46)：

$$\Delta S=\frac{Q_{\mathrm{r}}}{T}=\frac{1}{T}nRT\ln\frac{p_1}{p_2}=nR\ln\frac{p_1}{p_2} \tag{2.110}$$

式(2.109) 和式(2.110) 是等温下理想气体单纯状态变化中系统熵变的计算公式。

【例 2.14】 298K 下，20.0mol 理想气体通过两种过程体积膨胀至原体积的 10 倍：(1) 自由膨胀。(2) 等温可逆膨胀。分别计算两种过程中系统的熵变并判断过程的自发性。

解：(1) 自由膨胀

自由膨胀即向真空膨胀。理想气体自由膨胀时既不对外做功也与环境无热交换，故 $dT=0$，为等温过程。按式(2.109)：

$$\Delta S=nR\ln\frac{V_2}{V_1}=20.0\text{mol}\times 8.314\text{J}\cdot\text{mol}^{-1}\cdot\text{K}^{-1}\times\ln\frac{10V_1}{V_1}=383\text{J}\cdot\text{K}^{-1}$$

由于理想气体自由膨胀过程中 $Q=0$，根据式(2.107)：

$$\Delta S_{\text{su}}=-\frac{Q}{T_{\text{su}}}=0$$

则：

$$\Delta S_{\text{to}}=\Delta S+\Delta S_{\text{su}}=383\text{J}\cdot\text{K}^{-1}+0=383\text{J}\cdot\text{K}^{-1}>0$$

故理想气体自由膨胀为自发过程。

(2) 等温可逆膨胀

由于该过程的始、终态与过程 (1) 相同，故两种过程中系统的熵变也相同，即：

$$\Delta S=383\text{J}\cdot\text{K}^{-1}$$

根据式(2.45)，此过程中系统吸热：

$$Q=Q_{\text{r}}=nRT\ln\frac{V_2}{V_1}=20.0\text{mol}\times 8.314\text{J}\cdot\text{mol}^{-1}\cdot\text{K}^{-1}\times 298\text{K}\times\ln\frac{10V_1}{V_1}=1.14\times 10^5\text{J}$$

根据式(2.107)：

$$\Delta S_{\text{su}}=-\frac{Q}{T_{\text{su}}}=-\frac{1.14\times 10^5 J}{298\text{K}}=-383\text{J}\cdot\text{K}^{-1}$$

此过程的总熵变为：

$$\Delta S_{\text{to}}=\Delta S+\Delta S_{\text{su}}=383\text{J}\cdot\text{K}^{-1}-383\text{J}\cdot\text{K}^{-1}=0$$

表明此过程为可逆过程。此结论与本题所给的条件相符。

2.8.2 非等温过程的熵变

2.8.2.1 等压或等容过程

等压或等容单纯变温过程，不论是否可逆，系统的熵变均用相同始、终态的等压或等容可逆过程的热温商来计算。对于等压过程：

$$\Delta S=\int_1^2\frac{\delta Q_{\text{r}}}{T}=\int_1^2\frac{\delta Q_{\text{r},p}}{T}=n\int_{T_1}^{T_2}\frac{C_{p,\text{m}}}{T}\text{d}T \tag{2.111}$$

若在 $T_1\sim T_2$ 范围内 $C_{p,\text{m}}$ 为常数，则：

$$\Delta S=nC_{p,\text{m}}\ln\frac{T_2}{T_1} \tag{2.112}$$

类似地，对于等容单纯变温过程：

$$\Delta S=n\int_{T_1}^{T_2}\frac{C_{V,\text{m}}}{T}\text{d}T \tag{2.113}$$

若在 $T_1\sim T_2$ 范围内 $C_{V,\text{m}}$ 为常数，则：

$$\Delta S=nC_{V,\text{m}}\ln\frac{T_2}{T_1} \tag{2.114}$$

【例 2.15】 100kPa 下，将 1mol $H_2O(l)$ 从 25℃加热到 50℃，若（1）热源温度为 100℃，（2）热源温度为 200℃，分别计算两种情况下系统的熵变并比较两种情况下加热过程的不可逆程度。已知 $C_{p,m}[H_2O(l)]=73.4J \cdot mol^{-1} \cdot K^{-1}$。

解： 分别按式(2.112)、(2.107) 和 (2.104) 计算系统、环境和总熵变。

(1) 热源温度为 100℃

$$\Delta S = nC_{p,m}\ln\frac{T_2}{T_1} = 1mol \times 73.4J \cdot mol^{-1} \cdot K^{-1} \times \ln\frac{323K}{298K} = 5.91J \cdot K^{-1}$$

$$\Delta S_{su} = -\frac{Q}{T_{su}} = -\frac{nC_{p,m}(T_2-T_1)}{T_{su}}$$

$$= -\frac{1mol \times 73.4J \cdot mol^{-1} \cdot K^{-1} \times (323K-298K)}{373K}$$

$$= -4.92J \cdot K^{-1}$$

$$\Delta S_{to} = \Delta S + \Delta S_{su} = 5.91J \cdot K^{-1} - 4.92J \cdot K^{-1} = 0.99J \cdot K^{-1} > 0$$

(2) 热源温度为 200℃

系统的始、终态与（1）相同，故系统的熵变也应与（1）相同，即：

$$\Delta S = 5.91J \cdot K^{-1}$$

$$\Delta S_{su} = -\frac{Q}{T_{su}} = -\frac{nC_{p,m}(T_2-T_1)}{T_{su}}$$

$$= -\frac{1mol \times 73.4J \cdot mol^{-1} \cdot K^{-1} \times (323K-298K)}{473K}$$

$$= -3.88J \cdot K^{-1}$$

$$\Delta S_{to} = \Delta S + \Delta S_{su} = (5.91-3.88)J \cdot K^{-1} = 2.03J \cdot K^{-1} > 0$$

因 $\Delta S_{to}(2) > \Delta S_{to}(1)$，所以第（2）种情况下的不可逆程度比第（1）种情况大。

2.8.2.2 理想气体 p、V、T 同时变化过程

设物质的量为 n 的理想气体从状态 1 (p_1, V_1, T_1) 变化到状态 2 (p_2, V_2, T_2)，如图 2.10 所示。可以假设 3 条可逆的途径实现这种变化。

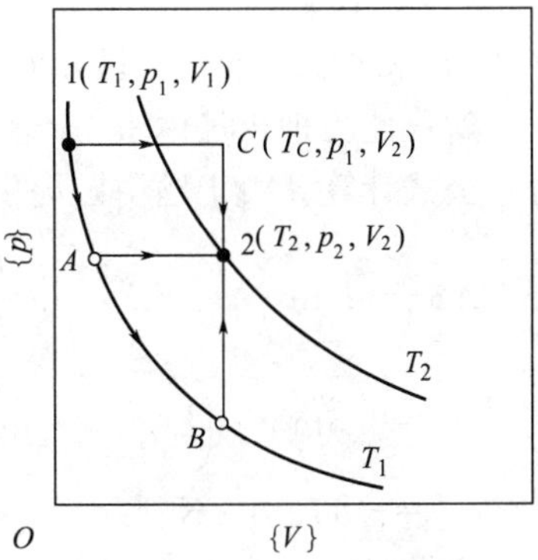

图 2.10 p、V、T 同时变化过程熵变

① $1 \xrightarrow[\Delta S_1]{\text{等温可逆膨胀}} A \xrightarrow[\Delta S_2]{\text{等压可逆升温}} 2$，则：

$$\Delta S = \Delta S_1 + \Delta S_2$$

ΔS_1 和 ΔS_2 可分别按式(2.110) 和式(2.111) 计算，即：

$$\Delta S = nR\ln\frac{p_1}{p_2} + n\int_{T_1}^{T_2}\frac{C_{p,m}}{T}dT \qquad (2.115)$$

若在 $T_1 \sim T_2$ 范围内 $C_{p,m}$ 为常数，则式(2.115) 可写作：

$$\Delta S = nR\ln\frac{p_1}{p_2} + nC_{p,m}\ln\frac{T_2}{T_1} \qquad (2.116)$$

② $1 \xrightarrow[\Delta S_1']{\text{等温可逆膨胀}} B \xrightarrow[\Delta S_2']{\text{等容可逆升温}} 2$，则：

$$\Delta S = \Delta S_1' + \Delta S_2'$$

$\Delta S_1'$ 和 $\Delta S_2'$ 可分别按式(2.109) 和式(2.113) 计算，即：

$$\Delta S = nR\ln\frac{V_2}{V_1} + n\int_{T_1}^{T_2}\frac{C_{V,m}}{T}dT \qquad (2.117)$$

若在 $T_1 \sim T_2$ 范围内 $C_{V,m}$ 为常数，则式(2.117) 可写作：

$$\Delta S = nR\ln\frac{V_2}{V_1} + nC_{V,m}\ln\frac{T_2}{T_1} \tag{2.118}$$

③ $1 \xrightarrow[\Delta S''_1]{\text{等压可逆膨胀}} C \xrightarrow[\Delta S''_2]{\text{等容可逆降温}} 2$，则：

$$\Delta S = \Delta S''_1 + \Delta S''_2$$

$\Delta S''_1$ 和 $\Delta S''_2$ 可分别按式(2.111) 和式(2.113) 计算，即：

$$\Delta S = n\int_{T_1}^{T_C}\frac{C_{p,m}}{T}\mathrm{d}T + n\int_{T_C}^{T_2}\frac{C_{V,m}}{T}\mathrm{d}T \tag{2.119}$$

若 $C_{p,m}$ 及 $C_{V,m}$ 为常数，则式(2.119) 可写作：

$$\Delta S = nC_{p,m}\ln\frac{T_C}{T_1} + nC_{V,m}\ln\frac{T_2}{T_C} \tag{2.120}$$

对状态 1、C、2 应用理想气体状态方程：

$$\frac{p_1V_1}{T_1} = \frac{p_1V_2}{T_C} = \frac{p_2V_2}{T_2}$$

得到：

$$\frac{T_C}{T_1} = \frac{V_2}{V_1} \quad \text{和} \quad \frac{T_2}{T_C} = \frac{p_2}{p_1}$$

将上式代入式(2.120)，得：

$$\Delta S = nC_{p,m}\ln\frac{V_2}{V_1} + nC_{V,m}\ln\frac{p_2}{p_1} \tag{2.121}$$

式(2.116)、式(2.118) 及式(2.121) 是等价的，可根据已知量选择其中一个计算理想气体 p、V、T 同时变化过程的熵变。

【例 2.16】 将 0.5mol 的 O_2(g) 从 20℃ 冷却到 0℃，同时压力从 0.1MPa 增大到 5MPa，求系统的熵变。已知 $C_{p,m}(O_2) = 29.2\mathrm{J \cdot mol^{-1} \cdot K^{-1}}$。

解： 此为理想气体 p、V、T 变化过程，可用式(2.116)、式(2.118) 及式(2.121) 中任一公式计算。由于题中已提供 p_1、p_2、T_1 和 T_2 的数据，故宜选用式(2.116)。

$$\begin{aligned}\Delta S &= nR\ln\frac{p_1}{p_2} + nC_{p,m}\ln\frac{T_2}{T_1}\\ &= 0.5\mathrm{mol} \times \left(8.314\mathrm{J \cdot mol^{-1} \cdot K^{-1}} \times \ln\frac{0.1\mathrm{MPa}}{5\mathrm{MPa}} + 29.2\mathrm{J \cdot mol^{-1} \cdot K^{-1}} \times \ln\frac{273\mathrm{K}}{293\mathrm{K}}\right)\\ &= -17.3\mathrm{J \cdot K^{-1}}\end{aligned}$$

本题得到系统的 $\Delta S < 0$，这与热力学第二定律并不矛盾。因为热力学第二定律指出孤立系统的 ΔS 不会小于零，而本题计算的系统并非孤立系统，所以系统的 ΔS 是可能小于零的。在这种情况下仅凭系统的 ΔS 不足以判断过程的可逆性，如需判断过程的可逆性，还必须考虑环境的熵变 ΔS_{su}。

2.8.3 绝热过程的熵变

前已指出，绝热可逆过程 $\Delta S = 0$。绝热不可逆过程的熵变是否也为零呢？答案是否定的。前面曾指出，绝热过程 $Q = 0$，根据热力学第一定律，$\Delta U = W$，即绝热膨胀过程系统对外做功，系统的热力学能降低，所以系统的温度降低。而系统从同一始态出发，经由绝热可逆膨胀过程与绝热不可逆膨胀过程到达相同的终态体积时，可逆膨胀过程对外所做的功大于不可逆膨胀过程对外所做的功，所以经过绝热可逆膨胀后系统的终态温度低于经绝热不可逆膨胀后系统的终态温度。也就是说，系统从同一始态出发，经过绝热可逆过程与绝热不可逆过程所达到的终态不同，因此 ΔS 不同。

理想气体的绝热不可逆过程可以看作单纯 p、V、T 变化过程，因此可以选用式(2.115)～式(2.119) 及式(2.121) 之一计算系统的熵变。

【例 2.17】 1mol $H_2(g)$ 由 25℃、1MPa 分别按两种途径膨胀至 0.1MPa：(1) 绝热可逆膨胀；(2) 反抗恒外压 0.1MPa 绝热膨胀。计算经两种过程后系统的终态温度及熵变。假设气体可视为理想气体。

解：将 H_2 视为理想气体，则：

$$\gamma=\frac{C_{p,\mathrm{m}}}{C_{V,\mathrm{m}}}=\frac{3.5R}{2.5R}=1.4$$

(1) 绝热可逆膨胀　根据式(2.51)，经绝热可逆膨胀后的终态温度为：

$$T_2=T_1\left(\frac{p_1}{p_2}\right)^{(1-\gamma)/\gamma}=298\mathrm{K}\times\left(\frac{1\mathrm{MPa}}{0.1\mathrm{MPa}}\right)^{(1-1.4)/1.4}=154\mathrm{K}$$

$$\Delta S=0$$

(2) 反抗恒外压绝热膨胀　设终态温度为 T_2，因 $Q=0$，所以 $\Delta U=W$，即：

$$nC_{V,\mathrm{m}}(T_2-T_1)=-p_{\mathrm{ex}}(V_2-V_1)$$

$$nC_{V,\mathrm{m}}(T_2-T_1)=-p_2\left(\frac{nRT_2}{p_2}-\frac{nRT_1}{p_1}\right)$$

$$T_2=\frac{C_{V,\mathrm{m}}p_1+Rp_2}{(C_{V,\mathrm{m}}+R)p_1}T_1=\frac{2.5Rp_1+Rp_2}{3.5Rp_1}T_1=\frac{2.5\times1\mathrm{MPa}+0.1\mathrm{MPa}}{3.5\times1\mathrm{MPa}}\times298\mathrm{K}=221\mathrm{K}$$

$$\Delta S=nR\ln\frac{p_1}{p_2}+nC_{p,\mathrm{m}}\ln\frac{T_2}{T_1}=nR\left[\ln\frac{p_1}{p_2}+3.5\ln\frac{T_2}{T_1}\right]$$

$$=1\mathrm{mol}\times8.314\mathrm{J}\cdot\mathrm{mol}^{-1}\cdot\mathrm{K}^{-1}\times\left[\ln\frac{1\mathrm{MPa}}{0.1\mathrm{MPa}}+3.5\times\ln\frac{221\mathrm{K}}{298\mathrm{K}}\right]$$

$$=10.4\mathrm{J}\cdot\mathrm{K}^{-1}$$

此例证实，由同一始态出发，经绝热可逆膨胀和经绝热不可逆膨胀所到达的终态不同，因此两种过程中系统的熵变也不同。要计算绝热不可逆过程的 ΔS，通常要设法求出终态的温度和压力（或体积），将此过程看作单纯变温过程来计算熵变。

2.8.4 相变化过程的熵变

系统在接近相平衡的条件下进行的相变化为可逆相变化过程。这种相变过程的热温商等于熵变。例如，发生在沸点下的气、液转变，熔点下的固、液转变等。等温、等压下可逆相变过程的熵变可用下式计算：

$$\Delta S=\frac{n\Delta_{\mathrm{pc}}H_{\mathrm{m}}}{T}\qquad(2.122)$$

式中，$\Delta_{\mathrm{pc}}H_{\mathrm{m}}$ 为相平衡条件下的摩尔相变焓；T 为相平衡温度。

如果相变化不是在相平衡条件下进行，则为不可逆相变过程。例如，在室温和 100kPa 下水蒸气的凝结、过冷水的结冰等。计算不可逆相变过程中系统的熵变时需要虚拟与该过程始、终态相同的可逆过程，一般包括等压可逆变温过程及可逆相变过程，或者等温可逆变压过程及可逆相变过程。

【例 2.18】 101kPa 下，2mol、-5℃的过冷水在-5℃下结冰并放热 $Q=-12.4$kJ。计算此过程中系统的熵变并判断过程是否可自发进行。已知 101kPa、0℃下水的摩尔凝固热 $\Delta_{\rm sol}H_{\rm m}=-6.02{\rm kJ\cdot mol^{-1}}$，$C_{p,\rm m}[{\rm H_2O(l)}]=75.3{\rm J\cdot mol^{-1}\cdot K^{-1}}$ 及 $C_{p,\rm m}[{\rm H_2O(s)}]=37.6{\rm J\cdot mol^{-1}\cdot K^{-1}}$。

解：101kPa 下水的凝固点为 0℃，即水和冰的相平衡温度是 0℃。因此，过冷水在-5℃下结冰为不可逆相变过程。为计算-5℃下结冰过程系统的熵变，需在相同始、终态间设计可逆途径，如下面框图所示。框图中实线箭头所示为实际过程，虚线箭头所示为虚拟的可逆过程。

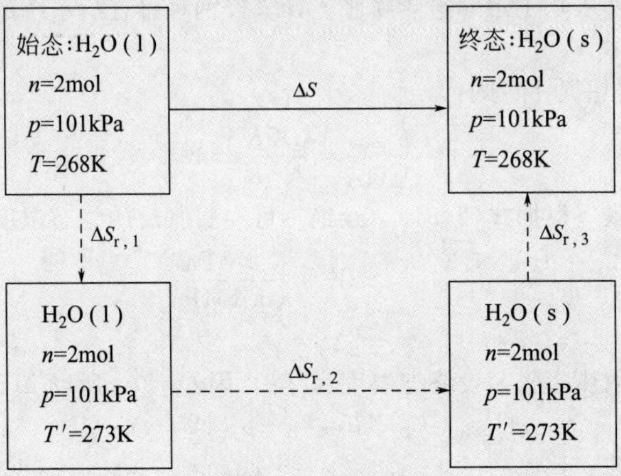

根据状态函数法：

$$\Delta S=\Delta S_{\rm r,1}+\Delta S_{\rm r,2}+\Delta S_{\rm r,3}$$

按式(2.112)：

$$\Delta S_{\rm r,1}=nC_{p,\rm m}[{\rm H_2O(l)}]\ln\frac{T'}{T}=2{\rm mol}\times75.3{\rm J\cdot mol^{-1}\cdot K^{-1}}\times\ln\frac{273{\rm K}}{268{\rm K}}=2.78{\rm J\cdot K^{-1}}$$

$$\Delta S_{\rm r,3}=nC_{p,\rm m}[{\rm H_2O(s)}]\ln\frac{T}{T'}=2{\rm mol}\times37.6{\rm J\cdot mol^{-1}\cdot K^{-1}}\times\ln\frac{268{\rm K}}{273{\rm K}}=-1.39{\rm J\cdot K^{-1}}$$

按式(2.122)：

$$\Delta S_{\rm r,2}=\frac{n\Delta_{\rm sol}H_{\rm m}}{T'}=\frac{2{\rm mol}\times(-6.02\times10^3{\rm J\cdot mol^{-1}})}{273{\rm K}}=-44.1{\rm J\cdot K^{-1}}$$

$$\Delta S_{\rm i}=\Delta S_{\rm r,1}+\Delta S_{\rm r,2}+\Delta S_{\rm r,3}=2.78{\rm J\cdot K^{-1}}-44.1{\rm J\cdot K^{-1}}-1.39{\rm J\cdot K^{-1}}=-42.7{\rm J\cdot K^{-1}}$$

虽然算出的 $\Delta S_{\rm i}<0$，但这并不足以判断过程的自发性，因系统为非孤立系统。为判断过程的自发性，需要将环境划入，计算系统与环境的总熵变。按式(2.107)，环境的熵变为：

$$\Delta S_{\rm su}=-\frac{Q}{T_{\rm su}}=\frac{12.4\times10^3{\rm J}}{268{\rm K}}=46.3{\rm J\cdot K^{-1}}$$

$$\Delta S_{\rm to}=\Delta S+\Delta S_{\rm su}=-42.7{\rm J\cdot K^{-1}}+46.3{\rm J\cdot K^{-1}}=3.6{\rm J\cdot K^{-1}}>0$$

因 $\Delta S_{\rm to}>0$，所以在-5℃下过冷水结冰的过程是可以自发进行的。

2.9 热力学第三定律

2.9.1 热力学第三定律的表述

热力学第三定律（third law of thermodynamics）也是从人类实践中总结出来的自然规律，

也有几种不同的表述方式。普朗克（M. Planck）说法：0K 下各种纯物质完美晶体的熵为零。按此说法，热力学第三定律的数学表达式为：

$$S(0\text{K})=0 \tag{2.123}$$

0K 下，无论单质或化合物，纯物质晶体中原子的各种运动形式(平动、转动、振动、原子核运动和电子运动等）的能量均处于最低能级。如果又是完美晶体，则纯物质的熵最低，将其规定为熵值的起点，即规定 $S(0\text{K})=0$，这已被无数实践证明是合理的。所谓“完美晶体(perfect crystal）”是指原子以完全规整的点阵排列，例如在极低的温度下，CO 晶体分子只有完全按 COCOCO⋯COCOCO 方式排列才算完美晶体，而实际上可能出现 COOCCO⋯COOCCO 方式的排列，这种晶体的 $S(0\text{K})>0$。

不过要指出，即便在 0K 下，各原子的核自旋仍有不同的取向。此外，纯物质的元素也是由各种同位素混合而成的。如果考虑到这些因素，晶体就称不上“完美”了。好在一般化学反应中，物质中原子核自旋取向及同位素配比均不会改变，因此热力学第三定律所指的完美晶体可以忽略这些因素。

2.9.2 标准熵

热力学第三定律确定了各种物质在 0K 下的熵值，则各物质在其他温度下的熵值 $S(T)$ 便可通过计算得到。按式(2.111)，等压下物质的量为 n 的某物质从 0K 升温到 T 的熵变为：

$$\Delta S=S(T)-S(0\text{K})=n\int_{0\text{K}}^{T}\frac{C_{p,\text{m}}}{T}\text{d}T$$

$$S(T)=S(0\text{K})+n\int_{0\text{K}}^{T}\frac{C_{p,\text{m}}}{T}\text{d}T$$

因为 $S(0\text{K})=0$，故：

$$S(T)=n\int_{0\text{K}}^{T}\frac{C_{p,\text{m}}}{T}\text{d}T \tag{2.124}$$

或

$$S(T)=n\int_{0\text{K}}^{T}C_{p,\text{m}}\text{d}\ln T \tag{2.125}$$

按以上公式，即在热力学第三定律基础上求得的各种物质在温度 T 时的熵值 $S(T)$ 称为物质的**规定熵**（conventional entropy）或**热力学第三定律熵**（entropy of the third law of thermodynamics）。可以说，规定熵实际上是以 $S(0\text{K})=0$ 为基准的相对熵。

温度 T 下，1mol 物质处于标准态时的规定熵称为该物质在温度 T 时的**标准摩尔熵**（standard molar entropy），简称**标准熵**，以 $S_\text{m}^{\ominus}(\text{B},T)$ 表示。通常在手册中可以查到 298 K 下各种物质的标准熵 $S_\text{m}^{\ominus}(\text{B, 298K})$，见附录 5。$S_\text{m}^{\ominus}(\text{B,298K})$ 为 1mol 物质 B 的完美晶体由 0K 升温到 298K 下标准态时的熵变。在 0～298K 物质通常会有相态变化，计算 $S_\text{m}^{\ominus}(\text{B,298K})$ 时必须将相变过程考虑进去。

$S_\text{m}^{\ominus}(\text{B},T)$ 可以通过 298K 的标准熵的数据 $S_\text{m}^{\ominus}(\text{B,298K})$ 按下式计算得到：

$$S_\text{m}^{\ominus}(\text{B},T)=S_\text{m}^{\ominus}(\text{B,298K})+\int_{298\text{K}}^{T}\frac{C_{p,\text{m}}}{T}\text{d}T \tag{2.126}$$

或

$$S_\text{m}^{\ominus}(\text{B},T)=S_\text{m}^{\ominus}(\text{B,298K})+\int_{298\text{K}}^{T}C_{p,\text{m}}\text{d}\ln T \tag{2.127}$$

若在 298K～T 有相的变化，则必须加上相变过程的熵变，而且还要考虑到物质在不同相态下的 $C_{p,\text{m}}$ 也不相同。

【例 2.19】 已知 $S_m^{\ominus}[HCl(g),298K]=186.7J\cdot mol^{-1}\cdot K^{-1}$。标准沸点（188K）下 HCl(l) 的摩尔蒸发焓 $\Delta_{vap}H_m^{\ominus}=16.2kJ\cdot mol^{-1}$。$C_{p,m}[HCl(l)]=58.7J\cdot mol^{-1}\cdot K^{-1}$ 及 $C_{p,m}[HCl(g)]/(J\cdot mol^{-1}\cdot K^{-1})=28.2+1.81\times10^{-3}\times T/K+1.55\times10^{-6}\times T^2/K^2$。计算 170K 下 HCl(l) 的标准摩尔熵。

解： 在 298～170K 发生 HCl(g)→HCl(l) 的相转变，因此可按以下所示虚线途径计算过程的熵变。

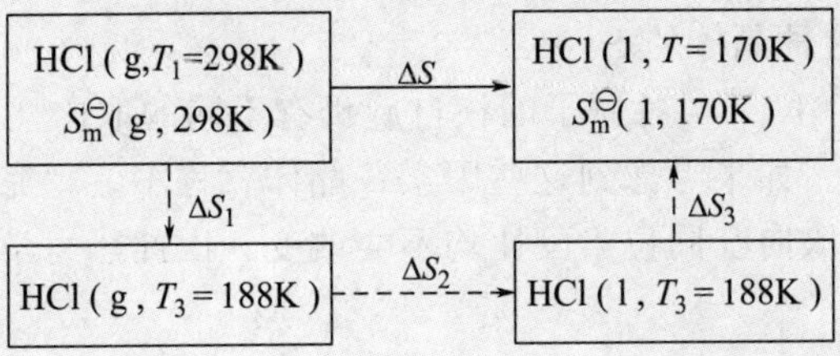

根据状态函数法：

$$\Delta S=\Delta S_1+\Delta S_2+\Delta S_3$$

又因 $\Delta S=S_m^{\ominus}(l,170K)-S_m^{\ominus}(g,298K)$，所以：

$$\begin{aligned}S_m^{\ominus}(l,170K)&=S_m^{\ominus}(g,298K)+\Delta S_1+\Delta S_2+\Delta S_3\\&=S_m^{\ominus}(g,298K)+\int_{T_1}^{T_3}\frac{C_{p,m}[HCl(g)]}{T}dT+\frac{-\Delta_{vap}H_m^{\ominus}}{T_3}+\int_{T_3}^{T_2}\frac{C_{p,m}[HCl(l)]}{T}dT\\&=186.7J\cdot mol^{-1}\cdot K^{-1}+28.2J\cdot mol^{-1}\cdot K^{-1}\times\ln\frac{188K}{298K}+\\&\quad 1.81\times10^{-3}J\cdot mol^{-1}\cdot K^{-2}\times(188K-298K)+\\&\quad 0.5\times1.55\times10^{-6}J\cdot mol^{-1}\cdot K^{-3}\times[(188K)^2-(298K)^2]-\\&\quad \frac{16.2\times10^3J\cdot mol^{-1}}{188K}+58.7J\cdot mol^{-1}\cdot K^{-1}\times\ln\frac{170K}{188K}\\&=81.4J\cdot K^{-1}\cdot mol^{-1}\end{aligned}$$

2.9.3　化学反应的熵变计算

凡是已在进行着的化学反应都是不可逆过程，所以尽管反应的热效应可以测量，但这并不是可逆热效应，因而不能直接由反应热来计算化学反应的熵变。

298K 下任意反应 $0=\sum_B\nu_B B$ 的标准摩尔熵（变）[standard molar entropy (change)] $\Delta_r S_m^{\ominus}(298K)$ 可以利用各反应组分在 298K 时的标准熵按下式计算：

$$\Delta_r S_m^{\ominus}(298K)=\sum_B\nu_B S_m^{\ominus}(B,298K)\tag{2.128}$$

应当指出，由于不同物质在等温、等压下混合时有一定的混合熵，所以按式(2.128) 计算的 $\Delta_r S^{\ominus}(298K)$ 是指反应物各自单独处于 298K、标准态下发生 $\Delta\xi=1mol$ 的反应，变成各自单独处于 298K、标准态的产物时的熵变，而不是指由混合在一起的反应物生成混合在一起的产物的熵变。

如果已知某一温度 T_1 下某化学反应的标准摩尔熵 $\Delta_r S_m^\ominus(T_1)$，则另一温度 T_2 下同一反应的标准摩尔熵 $\Delta_r S_m^\ominus(T_2)$ 可设计如下途径计算：

反应 $$aA+dD \Longrightarrow lL+mM$$

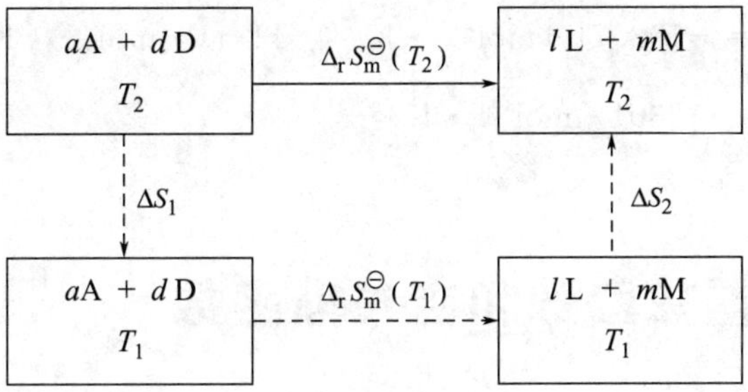

根据状态函数法：

$$\Delta_r S_m^\ominus(T_2)=\Delta S_1+\Delta_r S_m^\ominus(T_1)+\Delta S_2$$

若 $T_1 \sim T_2$ 各种物质均无相态变化，则不难导出：

$$\Delta_r S_m^\ominus(T_2)=\Delta_r S_m^\ominus(T_1)+\int_{T_1}^{T_2}\frac{\Delta C_p}{T}dT \tag{2.129}$$

式中，ΔC_p 仍按式(2.86) 定义。

式(2.129) 表示了等温、等压下化学反应的熵变与温度的关系。需要注意的是，若某反应组分在 $T_1 \sim T_2$ 发生相态变化，则在设计求 $\Delta_r S_m^\ominus(T_2)$ 的途径时应将相变过程考虑进去。

如果将 298K 作为 T_1，任意温度 T 作为 T_2，则式(2.129) 变为：

$$\Delta_r S_m^\ominus(T)=\Delta_r S_m^\ominus(298\text{K})+\int_{298\text{K}}^{T}\frac{\Delta C_p}{T}dT \tag{2.130}$$

根据各反应组分的标准熵 $S_m^\ominus(\text{B},298\text{K})$，按式(2.128) 可以算出化学反应的 $\Delta_r S_m^\ominus(298\text{K})$，再利用各反应组分的摩尔等压热容数据，按式(2.86) 计算 ΔC_p，代入式(2.130)，即可算出任意温度下化学反应的标准摩尔熵 $\Delta_r S_m^\ominus(T)$。

【例 2.20】 合成氨反应为：$3H_2(g)+N_2(g) \Longrightarrow 2NH_3(g)$。请利用查得的物质的标准熵数据计算该反应的 $\Delta_r S_m^\ominus(600\text{K})$。已知 $C_{p,m}(H_2,g)=28.8\text{J}\cdot\text{mol}^{-1}\cdot\text{K}^{-1}$，$C_{p,m}(N_2,g)=29.1\text{J}\cdot\text{mol}^{-1}\cdot\text{K}^{-1}$ 及 $C_{p,m}(NH_3,g)=35.7\text{J}\cdot\text{mol}^{-1}\cdot\text{K}^{-1}$。

解：查附录 5 得 $S_m^\ominus[NH_3(g),298\text{K}]=192.5\text{J}\cdot\text{mol}^{-1}\cdot\text{K}^{-1}$，$S_m^\ominus[H_2(g),298\text{K}]=130.7\text{J}\cdot\text{mol}^{-1}\cdot\text{K}^{-1}$ 及 $S_m^\ominus[N_2(g),298\text{K}]=191.6\text{J}\cdot\text{mol}^{-1}\cdot\text{K}^{-1}$。按式(2.128)：

$$\begin{aligned}\Delta_r S_m^\ominus(298\text{K})&=\sum_B \nu_B S_m^\ominus(\text{B},298\text{K})\\&=(2\times192.5-3\times130.7-191.6)\text{J}\cdot\text{mol}^{-1}\cdot\text{K}^{-1}\\&=-198.7\text{J}\cdot\text{mol}^{-1}\cdot\text{K}^{-1}\end{aligned}$$

按式(2.86)：

$$\begin{aligned}\Delta C_p&=\sum_B \nu_B C_{p,m}(\text{B})\\&=(2\times35.7-3\times28.8-29.1)\text{J}\cdot\text{mol}^{-1}\cdot\text{K}^{-1}\\&=-44.1\text{J}\cdot\text{mol}^{-1}\cdot\text{K}^{-1}\end{aligned}$$

将 $\Delta_r S_m^{\ominus}(298K)$ 和 ΔC_p 代入式(2.130)，得：

$$\Delta_r S_m^{\ominus}(600K)=\Delta_r S_m^{\ominus}(298K)+\int_{298K}^{600K}\frac{\Delta C_p}{T}dT$$

$$=-198.7J\cdot mol^{-1}\cdot K^{-1}-44.1J\cdot mol^{-1}\cdot K^{-1}\times\ln\frac{600K}{298K}$$

$$=-230J\cdot mol^{-1}\cdot K^{-1}$$

2.10 亥姆霍兹函数和吉布斯函数

2.10.1 亥姆霍兹函数和吉布斯函数及其判据

对孤立系统中发生的变化可以用系统的熵变来判断过程进行的方向与限度。对于其他系统，则需将系统与环境合并为一个孤立系统，然后用总熵变作为过程可逆性的判据。既要考虑系统，又要考虑环境，显然不够方便。实际上相变化和化学变化大都在等温、等容或等温、等压下进行。针对这两种情况，定义了两个新的状态函数，一个为亥姆霍兹函数（Helmholtz function），也称亥姆霍兹自由能（Helmholtz free energy）；另一个为吉布斯函数（Gibbs function），也称吉布斯自由能（Gibss free energy）。这两个状态函数的引入，使等温、等容且无非体积功和等温、等压且无非体积功条件下发生的过程分别用系统的亥姆霍兹函数变和吉布斯函数变即可判断过程的方向与限度，而无需对环境的性质进行计算。当然，这两个状态函数在热力学中的应用远不止于此，以后会逐渐接触到。

2.10.1.1 亥姆霍兹函数及其判据

根据封闭系统热力学第二定律表达式式(2.98)：

$$dS\geqslant\frac{\delta Q}{T}$$

即：

$$TdS\geqslant\delta Q$$

将热力学第一定律数学表达式 $dU=\delta Q+\delta W$，即 $\delta Q=dU-\delta W$ 代入上式得：

$$TdS\geqslant dU-\delta W$$

等温条件下上式可写为：

$$-d(U-TS)\geqslant-\delta W \tag{2.131}$$

定义：

$$A\overset{\text{def}}{=\!=}U-TS \tag{2.132}$$

则式(2.131) 可表示为：

$$-dA_T\geqslant-\delta W \tag{2.133}$$

对于宏观量变化，则为：

$$-\Delta A_T\geqslant-W \tag{2.134}$$

上述两式表明，等温过程中，不能发生亥姆霍兹函数减少值小于系统对外所做的功的过程，即等温过程封闭系统对外所能做的功不会大于系统亥姆霍兹函数的减少值。因此等温过程可用 ΔA 衡量系统做功的本领。即：

$$-\delta W_{max}=-dA_T \tag{2.135}$$

或
$$-W_{\max}=-\Delta A_T \tag{2.136}$$

对等温、等容过程，因 $dV=0$，$\delta W=-p\,dV+\delta W'=\delta W'$，式(2.133) 和式(2.134) 变为：

$$-dA_{T,V}\geqslant -\delta W' \tag{2.137}$$

$$-\Delta A_{T,V}\geqslant -W' \tag{2.138}$$

式(2.137) 和式(2.138) 表明，等温、等容条件下，可逆过程中封闭系统所做的非体积功(为最大非体积功) 恰等于系统亥姆霍兹函数的减小值；而在不可逆过程中，即自发变化时，封闭系统所做的非体积功总小于系统亥姆霍兹函数的减小值。所以在指定的始、终态间，系统的亥姆霍兹函数减小值确定了等温、等容下系统做非体积功的最大限度，即：

$$-\delta W'_{\max}=-dA_{T,V} \tag{2.139}$$

$$-W'_{\max}=-\Delta A_{T,V} \tag{2.140}$$

在等温、等容且无非体积功的条件下，式(2.137) 及式(2.138) 变为：

$$dA_{T,V,W'=0}\leqslant 0 \tag{2.141}$$

$$\Delta A_{T,V,W'=0}\leqslant 0 \tag{2.142}$$

式(2.141) 和式(2.142) 的含义是：等温、等容且无非体积功的条件下，封闭系统自发地进行亥姆霍兹函数减小的过程，当亥姆霍兹函数降到最低值并不再减小时，系统即达到了平衡。因此，$\Delta A\leqslant 0$ 可作为等温、等容且无非体积功条件下自发过程的方向与限度的判据。$\Delta A<0$，过程自发或不可逆；$\Delta A=0$，过程可逆或达到平衡。

2.10.1.2 吉布斯函数及其判据

等温、等压条件下，p 为定值，则：

$$\delta W=-p\,dV+\delta W'=-d(pV)+\delta W'$$

将其代入式(2.131) 并整理，得：

$$-d(U+pV-TS)\geqslant -\delta W' \tag{2.143}$$

定义：

$$G\xlongequal{\text{def}}H-TS \tag{2.144}$$

则式(2.143) 变为：

$$-dG_{T,p}\geqslant -\delta W' \tag{2.145}$$

对于宏观量变化，则为：

$$-\Delta G_{T,p}\geqslant -W' \tag{2.146}$$

式(2.145) 及式(2.146) 中等号代表可逆过程或达到平衡，大于号代表不可逆过程或自发变化。由这两个公式可以看出：等温、等压可逆过程中，封闭系统所做的非体积功（最大非体积功）恰等于系统吉布斯函数的减小值；而在不可逆过程中，封闭系统所做的非体积功总小于系统吉布斯函数的减小值。不能发生吉布斯函数减少值小于系统对外所做的非体积功的过程。所以在指定的始、终态间，系统的吉布斯函数减小值确定了等温、等压下系统做非体积功的最大限度，即：

$$-\delta W'_{\max}=-dG_{T,p} \tag{2.147}$$

或
$$-W'_{\max}=-\Delta G_{T,p} \tag{2.148}$$

在等温、等压且无非体积功的条件下，式(2.145) 及式(2.146) 变为：

$$dG_{T,p,W'=0}\leqslant 0 \tag{2.149}$$

$$\Delta G_{T,p,W'=0}\leqslant 0 \tag{2.150}$$

式(2.149) 和式(2.150) 的含义是：等温、等压且无非体积功条件下，封闭系统自发地进行吉布斯函数减小的过程，当吉布斯函数降到最低值并不再减小时，系统即达到了平衡。因此，$\Delta G \leqslant 0$ 可作为等温、等压且无非体积功条件下自发过程的方向与限度的判据。$\Delta G<0$，过程自发或不可逆；$\Delta G=0$，过程可逆或达到平衡。

从 A 及 G 的定义可以看出，这两个函数都是已有状态函数的组合，所以它们也是系统的状态函数。由于 U 和 H 都是广度性质，所以 A 及 G 也是广度性质，单位为焦耳。

应该清楚，ΔA 或 ΔG 判据与 ΔS_{to}判据是等价的，只是用 ΔA 或 ΔG 判据时不涉及对环境的计算，所以比用 ΔS_{to}判据更直接、更方便。ΔS_{to}判据原则上适用于各种条件，而 ΔA 或 ΔG 只能在特定的条件下才能作为自发变化方向与限度的判据。相变化及化学变化大多在等温、等压且无非体积功的条件下进行，所以实际上 ΔG 判据使用频率更高。

2.10.2 重要的热力学函数关系式

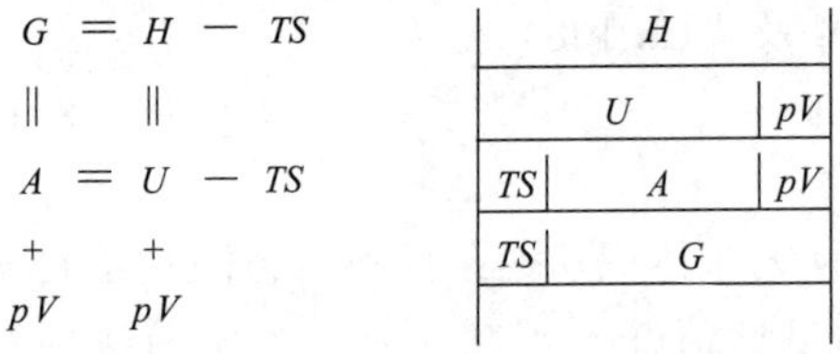

图 2.11 状态函数间的关系

到此为止，已介绍了五个重要的状态函数 U、H、S、A 和 G。其中 U 和 S 是基本函数，H、A 和 G 是 U、S 与 p、V、T 的组合。五个状态函数之间的关系如图 2.11 所示。

除以上基本关系以外，还可以导出一些其他的重要关系式。

2.10.2.1 热力学基本方程

按照热力学第一定律的数学表达式：

$$\mathrm{d}U=\delta Q+\delta W$$

对于不做非体积功的可逆过程，$\delta W=-p\,\mathrm{d}V$ 及 $\delta Q=T\,\mathrm{d}S$，代入上式得：

$$\mathrm{d}U=T\,\mathrm{d}S-p\,\mathrm{d}V \tag{2.151}$$

由 $H=U+pV$ 出发并引入式(2.151)，可得：

$$\mathrm{d}H=\mathrm{d}U+p\,\mathrm{d}V+V\,\mathrm{d}p=T\,\mathrm{d}S-p\,\mathrm{d}V+p\,\mathrm{d}V+V\,\mathrm{d}p$$

即：

$$\mathrm{d}H=T\,\mathrm{d}S+V\,\mathrm{d}p \tag{2.152}$$

由 $A=U-TS$ 和 $G=H-TS$ 出发，类似地可以导出：

$$\mathrm{d}A=-S\,\mathrm{d}T-p\,\mathrm{d}V \tag{2.153}$$

$$\mathrm{d}G=-S\,\mathrm{d}T+V\,\mathrm{d}p \tag{2.154}$$

式(2.151)～式(2.154) 由热力学第一定律与第二定律的结合得到，对均相、组成恒定且不做非体积功的封闭系统，无论过程可逆与否均能适用；对于有相变化或化学变化且不做非体积功的封闭系统，只适用于可逆过程。称上述方程为**定组成均相封闭系统热力学基本方程**。

2.10.2.2 对应系数关系式

对于定量、均相、组成恒定且不做非体积功的封闭系统，可以用系统的两个物理量来确定系统的各种状态函数。例如 $U=f(S,V)$，则 U 的全微分为：

$$\mathrm{d}U=\left(\frac{\partial U}{\partial S}\right)_V\mathrm{d}S+\left(\frac{\partial U}{\partial V}\right)_S\mathrm{d}V$$

与式(2.151) 对比可得：

$$\left(\frac{\partial U}{\partial S}\right)_V=T \tag{2.155}$$

$$\left(\frac{\partial U}{\partial V}\right)_S=-p \tag{2.156}$$

同理，由 $H=f(S,p)$、$A=f(T,V)$ 和 $G=f(T,p)$ 出发，结合式(2.152)～式

(2.154)，并与上面两式合并，可得：

$$T=\left(\frac{\partial U}{\partial S}\right)_V=\left(\frac{\partial H}{\partial S}\right)_p \tag{2.157}$$

$$p=-\left(\frac{\partial U}{\partial V}\right)_S=-\left(\frac{\partial A}{\partial V}\right)_T \tag{2.158}$$

$$V=\left(\frac{\partial H}{\partial p}\right)_S=\left(\frac{\partial G}{\partial p}\right)_T \tag{2.159}$$

$$S=-\left(\frac{\partial A}{\partial T}\right)_V=-\left(\frac{\partial G}{\partial T}\right)_p \tag{2.160}$$

称式(2.157)～式(2.160) 为对应系数关系式。

2.10.2.3 麦克斯韦关系式

式(2.155) 对 V 求偏导数：

$$\left(\frac{\partial T}{\partial V}\right)_S=\left[\frac{\partial}{\partial V}\left(\frac{\partial U}{\partial S}\right)_V\right]_S=\left[\frac{\partial}{\partial S}\left(\frac{\partial U}{\partial V}\right)_S\right]_V$$

再将式(2.156) 代入上式，则得：

$$\left(\frac{\partial T}{\partial V}\right)_S=-\left(\frac{\partial p}{\partial S}\right)_V \tag{2.161}$$

通过类似的数学处理，还可以得到下列三个热力学函数偏导数间的关系式：

$$\left(\frac{\partial T}{\partial p}\right)_S=\left(\frac{\partial V}{\partial S}\right)_p \tag{2.162}$$

$$\left(\frac{\partial p}{\partial T}\right)_V=\left(\frac{\partial S}{\partial V}\right)_T \tag{2.163}$$

$$\left(\frac{\partial V}{\partial T}\right)_p=-\left(\frac{\partial S}{\partial p}\right)_T \tag{2.164}$$

称式(2.161)～式(2.164) 为麦克斯韦关系式(Maxwell relation)。

上述热力学函数关系式在热力学研究中具有重要作用，下面举例说明。

【例 2.21】 导出 $(\partial H/\partial p)_T=V-T(\partial V/\partial T)_p$ 并证明恒温下理想气体的焓不受压力变化的影响。

解： 根据式(2.152)：

$$\mathrm{d}H=T\mathrm{d}S+V\mathrm{d}p$$

恒温下将上式对 p 求偏导：

$$\left(\frac{\partial H}{\partial p}\right)_T=T\left(\frac{\partial S}{\partial p}\right)_T+V$$

将式(2.164) 代入上式，即可得到：

$$\left(\frac{\partial H}{\partial p}\right)_T=V-T\left(\frac{\partial V}{\partial T}\right)_p$$

对于理想气体，$V=nRT/p$ 及 $(\partial V/\partial T)_p=nR/p$，代入上式，得：

$$\left(\frac{\partial H}{\partial p}\right)_T=\frac{nRT}{p}-T\left(\frac{nR}{p}\right)=0$$

从而证明恒温下理想气体的焓不受压力变化的影响。

导出 $(\partial H/\partial p)_T=V-T(\partial V/\partial T)_p$ 的意义在于：$(\partial H/\partial p)_T$ 为等温下焓随压力的变化率，一般难以直接测定。将它换成 $V-T(\partial V/\partial T)_p$ 后，只要测定体积及体积随温度的变化率（即膨胀系数），则可求得 $(\partial H/\partial p)_T$ 。

2.10.3 ΔA与ΔG的计算

利用上面导出的各种热力学函数关系式可以计算物理变化过程的 ΔA 及 ΔG，并用于判断过程的方向与限度。至于化学变化过程中 ΔA 与 ΔG 的计算将在下一章介绍。由于实际过程多在等温、等压条件下发生，故着重介绍 ΔG 的计算，ΔA 的计算方法与 ΔG 的类似。

2.10.3.1 等温单纯状态变化过程

对于理想气体单纯状态变化的等温过程，根据式(2.153)可得到：

$$dA=-p\,dV$$

$$\Delta A=-\int_{V_1}^{V_2}p\,dV=-\int_{V_1}^{V_2}\frac{nRT}{V}dV=nRT\ln\frac{V_1}{V_2}$$

将理想气体等温条件下 $p_1V_1=p_2V_2$ 代入上式，得：

$$\Delta A=nRT\ln\frac{V_1}{V_2}=nRT\ln\frac{p_2}{p_1} \tag{2.165}$$

根据式(2.154)，理想气体单纯状态变化的等温过程：

$$dG=V\,dp$$

$$\Delta G=\int_{p_1}^{p_2}V\,dp=\int_{p_1}^{p_2}\frac{nRT}{p}dp$$

$$\Delta G=nRT\ln\frac{p_2}{p_1}=nRT\ln\frac{V_1}{V_2} \tag{2.166}$$

将式(2.165)与式(2.166)比较可知，理想气体单纯状态变化的等温过程中 ΔA 与 ΔG 相等。

【例 2.22】 300K 下，5mol $H_2(g)$ 从 1MPa 膨胀到 0.1MPa：(1) 可逆膨胀；(2) 向真空膨胀。计算两种过程的 ΔA 和 ΔG。假设气体可看作理想气体。

解：(1) 等温可逆膨胀

根据式(2.165)：

$$\Delta A=nRT\ln\frac{p_2}{p_1}=5\text{mol}\times8.314\text{J}\cdot\text{mol}^{-1}\cdot\text{K}^{-1}\times300\text{K}\times\ln\frac{0.1\text{MPa}}{1\text{MPa}}=-28.7\text{kJ}$$

理想气体等温单纯状态变化过程：

$$\Delta G=\Delta A=-28.7\text{kJ}$$

(2) 等温向真空膨胀

此过程的始、终态与过程(1)的始、终态相同，而 A 和 G 都是状态函数，所以此过程的 ΔA、ΔG 应与过程(1)相同，即

$$\Delta A=\Delta G=-28.7\text{kJ}$$

本例中过程(1)虽为可逆过程，但算出的 $\Delta G\neq0$。这是因为该过程非等压，因此不能用 $\Delta G\leqslant0$ 来判断过程的可逆性。

2.10.3.2 相变化过程

只有在相平衡条件下发生的相转变才可看作可逆过程，其 $\Delta G=0$。如果相变化不在相平衡条件下发生，则需要虚拟相同始、终态的可逆过程以计算 ΔA 或 ΔG。虚拟的可逆过程一般包括在相平衡温度和压力下的可逆相转变。

【例 2.23】 计算 2mol 水在 101kPa、298K 下蒸发成水蒸气过程的 ΔG，并判断此过程能否自发进行。已知：$C_{p,\mathrm{m}}[H_2O(l)]=75.3\mathrm{J\cdot mol^{-1}\cdot K^{-1}}$，$C_{p,\mathrm{m}}[H_2O(g)]/(\mathrm{J\cdot mol^{-1}\cdot K^{-1}})=30.1+11.3\times10^{-3}\mathrm{K^{-1}}T$ 及 101kPa、373K 下水的摩尔蒸发焓 $\Delta_{\mathrm{vap}}H_{\mathrm{m}}=4.06\times10^4\mathrm{J\cdot mol^{-1}}$。

解：根据式(2.144)：

$$\Delta G=\Delta H-\Delta(TS)$$

因为蒸发在 298K 下进行，$\Delta T=0$，故：

$$\Delta G=\Delta H-T\Delta S$$

101kPa、298K 不是水与水蒸气的相平衡条件，所以水在此条件下的蒸发不是可逆过程。为计算该过程的 ΔH 及 ΔS，虚拟与该过程始、终态相同的途径：

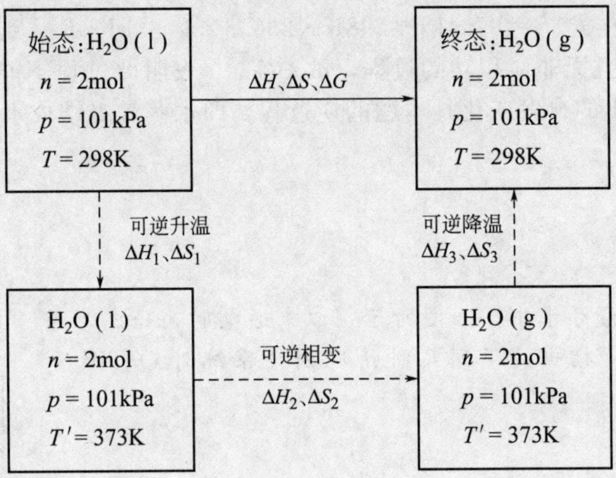

根据状态函数性质：

$$\Delta H=\Delta H_1+\Delta H_2+\Delta H_3$$
$$\Delta S=\Delta S_1+\Delta S_2+\Delta S_3$$

根据式(2.27)：

$$\Delta H_1=nC_{p,\mathrm{m}}[H_2O(l)](T'-T)=2\mathrm{mol}\times75.3\mathrm{J\cdot mol^{-1}\cdot K^{-1}}\times(373\mathrm{K}-298\mathrm{K})=11.3\mathrm{kJ}$$

$$\Delta H_2=n\Delta_{\mathrm{vap}}H_{\mathrm{m}}=2\mathrm{mol}\times4.06\times10^4\mathrm{J\cdot mol^{-1}}=81.2\mathrm{kJ}$$

根据式(2.25)：

$$\Delta H_3=n\int_{T'}^{T}C_{p,\mathrm{m}}[H_2O(g)]\mathrm{d}T$$
$$=2\mathrm{mol}\times\int_{373\mathrm{K}}^{298\mathrm{K}}[(30.1+11.3\times10^{-3}\mathrm{K^{-1}T})\mathrm{J\cdot mol^{-1}\cdot K^{-1}}]\mathrm{d}T$$
$$=2\mathrm{mol}\times\{30.1\mathrm{J\cdot mol^{-1}\cdot K^{-1}}\times(298\mathrm{K}-373\mathrm{K})+0.5\times11.3\times10^{-3}\mathrm{J\cdot mol^{-1}\cdot K^{-2}}\times[(298\mathrm{K})^2-(373\mathrm{K})^2]\}$$
$$=-5.09\mathrm{kJ}$$

$$\Delta H=\Delta H_1+\Delta H_2+\Delta H_3=11.3\mathrm{kJ}+81.2\mathrm{kJ}-5.09\mathrm{kJ}=87.4\mathrm{kJ}$$

根据式(2.112)：

$$\Delta S_1=nC_{p,\mathrm{m}}[H_2O(l)]\ln\frac{T'}{T}=2\mathrm{mol}\times75.3\mathrm{J\cdot mol^{-1}\cdot K^{-1}}\times\ln\frac{373\mathrm{K}}{298\mathrm{K}}=33.8\mathrm{J\cdot K^{-1}}$$

根据式(2.122)：

$$\Delta S_2=\frac{n\Delta_{vap}H_m}{T'}=\frac{2mol\times 4.06\times 10^4 J\cdot mol^{-1}}{373K}=217.7J\cdot K^{-1}$$

根据式(2.111)：

$$\Delta S_3=n\int_{T'}^{T}\frac{C_{p,m}[H_2O(g)]}{T}dT$$

$$=2mol\times\int_{373K}^{298K}\frac{(30.1+11.3\times 10^{-3}K^{-1}T)J\cdot mol^{-1}\cdot K^{-1}}{T}dT$$

$$=2mol\times 30.1J\cdot mol^{-1}\cdot K^{-1}\times\ln\frac{298K}{373K}+11.3\times 10^{-3}J\cdot mol^{-1}\cdot K^{-2}\times(298K-373K)$$

$$=-15.2J\cdot K^{-1}$$

$$\Delta S=\Delta S_1+\Delta S_2+\Delta S_3=33.8J\cdot K^{-1}+217.7J\cdot K^{-1}-15.2J\cdot K^{-1}=236.3J\cdot K^{-1}$$

$$\Delta G=\Delta H-T\Delta S=87.4kJ-298K\times 236.3\times 10^{-3}kJ\cdot K^{-1}=17.0kJ>0$$

此为等温、等压且无非体积功的过程，故 $\Delta G>0$ 表明此过程不能自发进行。实际上在101kPa、298K 下发生的自发变化是本题的逆过程，即水蒸气凝结成水。

习题

2.1 设有一电阻浸于水中，如图所示。以未通电时为始态，通电一段时间后为终态。指出按下列几种情况划分系统时 Q、W 和 ΔU 为正、负或零。

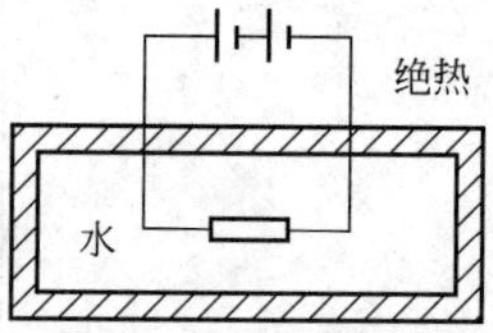

习题 2.1 附图

(1) 以电阻为系统。

(2) 以电阻和水为系统。

(3) 以电阻、水、电源和一切有影响的部分为系统。

2.2 直径为 0.25m 的圆形活塞对抗恒外压 455kPa 移动 15.0cm，计算该过程的体积功。

2.3 25℃下，将 50.0g $N_2(g)$ 从 100kPa 等温可逆压缩到 200kPa，计算此过程的功。如果被压缩后的气体反抗外压 100kPa 等温膨胀至原来的状态，计算这两个过程的总功。

2.4 100℃、101.3kPa 下，1mol 水蒸发成水蒸气。分别按以下两种情况计算过程的功。

(1) 已知该条件下水蒸气及水的质量体积分别为 $1.68dm^3\cdot g^{-1}$ 及 $1.04cm^3\cdot g^{-1}$。

(2) 缺少该条件下水及水蒸气质量体积的数据，但与水蒸气相比，水的体积可以忽略不计，且水蒸气可视为理想气体。

2.5 某系统沿途径Ⅰ由状态 A 到状态 B，放热 100J，环境对系统做功 50J。

(1) 沿途径Ⅱ由状态 A 到状态 B，对外做功 80J，计算此过程的 Q。

(2) 沿途径Ⅲ，系统从状态 B 返回状态 A，环境对系统做功 50J，判断系统吸热还是放热并确定 Q 值。

2.6 指出以下说法不妥之处：

(1) 只有等压过程才有焓。

(2) 系统的焓等于系统所含的热量。

(3) 系统的焓等于系统在等压过程中吸收的热。

2.7 0℃、100kPa 下，1mol 单原子分子理想气体经过某一变化体积增大一倍，吸热 1674J，$\Delta H=2077J$。

(1) 计算终态的温度、压力及此过程的 ΔU 和 ΔH。

(2) 如果该气体经等温和等容两步可逆过程到达与前一变化相同的终态，计算 Q、W、

ΔU 和 ΔH。

2.8 1mol 单原子分子理想气体发生如图所示的循环过程。步骤 A，从状态 1 等容减压至状态 2；步骤 B，从状态 2 等压膨胀至状态 3；步骤 C，从状态 3 等温可逆压缩返回状态 1。已知状态 1：$p_1=400\text{kPa}$、$V_1=11.2\text{dm}^3$ 及 $T_1=546\text{K}$。状态 2：$p_2=200\text{kPa}$、$V_2=11.2\text{dm}^3$ 及 $T_2=273\text{K}$。状态 3：$p_3=200\text{kPa}$、$V_3=22.4\text{dm}^3$ 及 $T_3=546\text{K}$。计算各步骤及整个循环过程的 W、Q 和 ΔU。

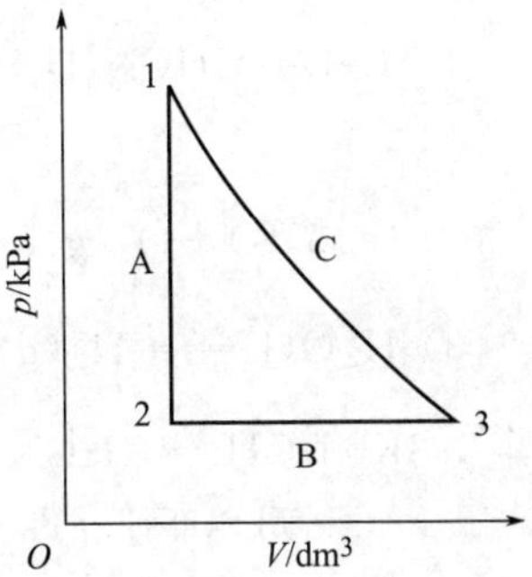

习题 2.8 附图

2.9 计算 2mol、100℃及 40.0kPa 的水蒸气变成 100℃、100kPa 的水时的 ΔU 和 ΔH。已知 100℃、100kPa 时水的摩尔蒸发焓为 $40.7\text{kJ}\cdot\text{mol}^{-1}$。计算中可忽略水的体积并将水蒸气视为理想气体。

2.10 将 100℃、50.0kPa 的 100dm^3 水蒸气等温可逆压缩至 100kPa（仍全部为水蒸气），再继续在 100kPa 下将系统压缩至 10.0dm^3（此时已有部分水蒸气凝结为水，水的体积可忽略不计），计算此过程的 Q、W、ΔU 和 ΔH（计算中可将水蒸气视为理想气体；100℃、100kPa 下水的摩尔蒸发焓为 $40.7\text{kJ}\cdot\text{mol}^{-1}$）。

2.11 101kPa 下，将一小块冰（其量可忽略不计）投入到 100g、−5℃的过冷水中，过冷水部分凝固为冰，同时冰与水的温度升至 0℃。由于此过程进行得很快，可近似地看作绝热过程。计算此过程中析出冰的量。已知冰的摩尔熔化焓为 $6.00\text{kJ}\cdot\text{mol}^{-1}$，0～−5℃间水的平均摩尔等压热容为 $77.7\text{J}\cdot\text{mol}^{-1}\cdot\text{K}^{-1}$。

2.12 2mol 单原子分子理想气体由 600K、1000kPa 对抗恒外压 100kPa 绝热膨胀到内、外压相等，计算此过程的 Q、W、ΔU 和 ΔH。

2.13 室温和常压下甲烷可看作理想气体，其摩尔热容比 $\gamma=1.31$。3.00dm^3 甲烷从 100℃、100kPa 绝热可逆膨胀到 10.0kPa，计算其终态温度、体积及此过程的功。

2.14 分别计算以下两种过程的终态温度、终态体积及过程的 W、ΔU 和 ΔH。

（1）2mol 理想气体（$C_{p,\text{m}}=35.9\text{J}\cdot\text{mol}^{-1}\cdot\text{K}^{-1}$）从 25℃、1500kPa 绝热可逆膨胀到 500kPa。

（2）此气体从 25℃、1500kPa 反抗恒外压 500kPa 绝热膨胀到 500kPa。

2.15 某理想气体的摩尔等压热容 $C_{p,\text{m}}/(\text{J}\cdot\text{mol}^{-1}\cdot\text{K}^{-1})=27.3+3.26\times10^{-3}T/\text{K}$。在 100kPa 下，将 5dm^3 该气体从 20℃加热到 80℃，计算此过程的 Q、W、ΔU 和 ΔH。

2.16 有两个可逆热机的高温热源温度均为 600K，低温热源分别为 400K 和 300K。这两个热机分别经过一次循环操作后均从高温热源吸热 5kJ，计算：

（1）两个热机的效率。

（2）两个热机经一次循环操作后可做的功及向低温热源放出的热。

2.17 某热机在 120℃和 30℃两热源间工作。欲使此热机每次循环可对外做功 1kJ，计算最少需从高温热源吸收的热。

2.18 已知 18℃时下列反应的摩尔热力学能：

$$C_2H_2(g)+\frac{5}{2}O_2(g)=\!=\!=2CO_2(g)+H_2O(l) \qquad \Delta_rU_1=-1303\text{kJ}\cdot\text{mol}^{-1}$$

$$C_6H_6(g)+\frac{15}{2}O_2(g)=\!=\!=6CO_2(g)+3H_2O(l) \qquad \Delta_rU_2=-3274\text{kJ}\cdot\text{mol}^{-1}$$

计算 18℃时反应 $3C_2H_2(g)=\!=\!=C_6H_6(g)$ 的 Δ_rU_m 和 Δ_rH_m。

2.19 已知 298K 下各反应的数据：

(1) $CH_2{=}CHCN(l)+\frac{15}{4}O_2(g)=\!=\!=3CO_2(g)+\frac{1}{2}N_2(g)+\frac{3}{2}H_2O(l)$

$\Delta_r H_1=-1761kJ\cdot mol^{-1}$

(2) $C(石墨)+O_2(g)=\!=\!=CO_2(g)$ $\qquad \Delta_r H_2=-393.5kJ\cdot mol^{-1}$

(3) $H_2O(l)=\!=\!=H_2(g)+\frac{1}{2}O_2(g)$ $\qquad \Delta_r H_3=285.9kJ\cdot mol^{-1}$

计算 298K 时 $CH_2{=}CHCN(l)$的摩尔生成焓。

2.20 利用以下 298K 下的摩尔反应焓数据计算 298K 时 HCl(l)的摩尔生成焓。

(1) $NH_3(aq)+HCl(l)=\!=\!=NH_4Cl(aq)$ $\qquad \Delta_r H_1=-50.2kJ\cdot mol^{-1}$

(2) $NH_3(g)+H_2O(l)=\!=\!=NH_3(aq)$ $\qquad \Delta_r H_2=-35.6kJ\cdot mol^{-1}$

(3) $NH_4Cl(s)+H_2O(l)=\!=\!=NH_4Cl(aq)$ $\qquad \Delta_r H_3=16.3kJ\cdot mol^{-1}$

(4) $\frac{1}{2}N_2(g)+\frac{3}{2}H_2(g)=\!=\!=NH_3(g)$ $\qquad \Delta_r H_4=-46.0kJ\cdot mol^{-1}$

(5) $\frac{1}{2}N_2(g)+2H_2(g)+\frac{1}{2}Cl_2(g)=\!=\!=NH_4Cl(s)$ $\qquad \Delta_r H_5=-313.8kJ\cdot mol^{-1}$

2.21 利用下列反应在 25℃时的标准摩尔焓变的数据计算 AgCl(s) 的标准生成焓。

(1) $Ag_2O(s)+2HCl(g)=\!=\!=2AgCl(s)+H_2O(l)$ $\qquad \Delta_r H_1^{\ominus}=-325kJ\cdot mol^{-1}$

(2) $2Ag(s)+\frac{1}{2}O_2(g)=\!=\!=Ag_2O(s)$ $\qquad \Delta_r H_2^{\ominus}=-30.5kJ\cdot mol^{-1}$

(3) $\frac{1}{2}H_2(g)+\frac{1}{2}Cl_2(g)=\!=\!=HCl(g)$ $\qquad \Delta_r H_3^{\ominus}=-92.3kJ\cdot mol^{-1}$

(4) $H_2(g)+\frac{1}{2}O_2(g)=\!=\!=H_2O(l)$ $\qquad \Delta_r H_4^{\ominus}=-286kJ\cdot mol^{-1}$

2.22 利用查得的物质标准生成焓的数据计算下列反应的 $\Delta_r H_m^{\ominus}(298K)$。

(1) $CH_4(g)+2O_2(g)=\!=\!=CO_2(g)+2H_2O(l)$

(2) $SO_2(g)+\frac{1}{2}O_2(g)+H_2O(l)=\!=\!=H_2SO_4(l)$

(3) $CO(g)+2H_2(g)=\!=\!=CH_3OH(l)$

2.23 利用查得的物质标准生成焓数据计算下列反应的 $\Delta_r H_m^{\ominus}(298K)$ 和 $\Delta_r U_m^{\ominus}(298K)$。

(1) $H_2S(g)+\frac{3}{2}O_2(g)=\!=\!=H_2O(l)+SO_2(g)$

(2) $CaC_2(s)+2H_2O(l)=\!=\!=Ca(OH)_2(s)+C_2H_2(g)$

气体均可视为理想气体。

2.24 已知反应 $CH_3COOH(l)+C_2H_5OH(l)=\!=\!=CH_3COOC_2H_5(l)+H_2O(l)$ 的 $\Delta_r H_m^{\ominus}(298K)=-9.20kJ\cdot mol^{-1}$。25℃下，$C_2H_5OH(l)$ 及 $CH_3COOH(l)$ 的标准摩尔燃烧焓分别为$-1367kJ\cdot mol^{-1}$和$-875kJ\cdot mol^{-1}$，$CO_2(g)$ 和 $H_2O(l)$ 的标准摩尔生成焓分别为$-394kJ\cdot mol^{-1}$和$-286kJ\cdot mol^{-1}$。计算 25℃下 $CH_3COOC_2H_5(l)$ 的标准摩尔生成焓。

2.25 利用平均键焓的数据，估算下列反应的 $\Delta_r H_m^{\ominus}(298K)$。

$$CH_3OCH_3(g)=\!=\!=CH_3CH_2OH(g)$$

2.26 利用查表所得平均键焓数据计算下列反应的 $\Delta_r U_m^{\ominus}(298K)$ 和 $\Delta_r H_m^{\ominus}(298K)$。

$$H_2(g)+Cl_2(g)=\!=\!=2HCl(g)$$

2.27 已知反应 $CaCO_3(s)=\!=\!=CaO(s)+CO_2(g)$ 的 $\Delta_r H_m^{\ominus}(1173K)=178kJ\cdot mol^{-1}$。

$C_{p,m}[CaCO_3(s)]/(J \cdot mol^{-1} \cdot K^{-1}) = 105.0 + 22.0 \times 10^{-3} T/K$

$C_{p,m}[CaO(s)]/(J \cdot mol^{-1} \cdot K^{-1}) = 49.0 + 4.54 \times 10^{-3} T/K$

$C_{p,m}[CO_2(g)]/(J \cdot mol^{-1} \cdot K^{-1}) = 44.1 + 9.04 \times 10^{-3} T/K$

(1) 计算反应的 $\Delta_r H_m^{\ominus}(0K)$。

(2) 写出 $\Delta_r H_m^{\ominus}(T) = f(T)$ 的具体形式。

(3) 计算 1173K 时分解 1kg $CaCO_3$ 理论上所需的热量。

2.28 在燃烧器中将 200℃的 CO 与 500℃的干空气混合并完全燃烧，要求燃烧后气体离开燃烧器时的温度为 1000℃。已知在上述始、终态下每生成 1mol CO_2 放热 180kJ，干空气中 O_2 和 N_2 的体积分数分别为 21%和 79%。O_2、N_2、CO 和 CO_2 的平均摩尔等压热容分别为 $33.2J \cdot mol^{-1} \cdot K^{-1}$、$31.4J \cdot mol^{-1} \cdot K^{-1}$、$29.3J \cdot mol^{-1} \cdot K^{-1}$ 和 $50.0J \cdot mol^{-1} \cdot K^{-1}$。25℃下 CO(g) 和 CO_2(g) 的标准生成焓分别为 $-110.5kJ \cdot mol^{-1}$ 和 $-393.5kJ \cdot mol^{-1}$。计算在此条件下，燃烧每摩尔 CO 需配的干空气的物质的量及实际空气量较理论量过量的比例。

2.29 25℃时环丙烷(g)、石墨(s) 及 H_2(g) 的标准摩尔燃烧焓分别为 $-2092kJ \cdot mol^{-1}$、$-393.5kJ \cdot mol^{-1}$ 及 $-285.8kJ \cdot mol^{-1}$。丙烯(g) 的标准摩尔生成焓为 $20.4kJ \cdot mol^{-1}$。计算：

(1) 25℃下环丙烷 (g) 的标准摩尔生成焓。

(2) 25℃下环丙烷 (g) 异构化为丙烯 (g) 反应的标准摩尔焓变。

2.30 20℃下，3mol 理想气体从 150dm³ 膨胀到 300dm³，分别计算以下 3 种过程的 Q、W、ΔU、ΔH 和 ΔS。

(1) 可逆膨胀。

(2) 膨胀时系统对外所做的功为最大功的一半。

(3) 向真空膨胀。

2.31 一绝热刚性容器被隔板分成等体积的两部分，隔板两边分别盛有 1mol O_2(g) 和 1mol N_2(g)，均为 25℃。抽掉隔板后，两边气体相互扩散直至均匀。计算混合过程系统的熵变并判断此过程是否可逆。

2.32 4g H_2(g) 由 500K、200kPa 分别经下列过程变化到终态：

(1) 等压下加热到 700K。

(2) 等压下冷却至 300K。

(3) 等容下冷却至 300K。

假设 H_2(g) 可看作理想气体，分别计算各过程的 Q、W、ΔU、ΔH 和 ΔS。

2.33 由于恒温水浴的隔热性不良，有 5kJ 的热量从 80℃的大恒温水浴散发到大气中，大气温度为 20℃。试通过对熵变的计算，判断此过程的可逆性。

2.34 100g、10℃的水与 200g、40℃的水混合，计算此过程的 ΔS。已知水的平均质量等压热容为 $4.18J \cdot g^{-1} \cdot K^{-1}$。

2.35 101kPa 下，将 150g、0℃的冰投入到 1kg、25℃的水中形成一孤立系统。计算冰融化前后系统的 ΔS 并判断此过程能否自发进行。已知在此条件下，冰的融化焓为 $6.00kJ \cdot mol^{-1}$，水的平均质量等压热容为 $4.18J \cdot g^{-1} \cdot K^{-1}$。

2.36 已知某理想气体的 $C_{p,m} = 29.1J \cdot mol^{-1} \cdot K^{-1}$。将 5mol 此气体由始态 400K、200kPa 经下列不同的绝热过程膨胀到压力为 100kPa：

(1) 可逆。

(2) 对抗恒外压 100kPa。

分别计算这两种过程的 Q、W、ΔU、ΔH 和 ΔS。

2.37 将1mol苯蒸气由80℃、40.0kPa冷凝为60℃、100kPa的液体苯，求此过程的ΔS。已知苯的标准沸点为80℃，在此条件下苯的蒸发焓为30.9kJ·mol^{-1}，液体苯的等压质量热容为1.80J·g^{-1}·K^{-1}。苯蒸气可看作理想气体。

2.38 利用查得的规定熵的数据计算下列反应的$\Delta_r S_m^\ominus(298K)$。

(1) $H_2(g)+\frac{1}{2}O_2(g)=\!=\!=H_2O(l)$

(2) $H_2(g)+Cl_2(g)=\!=\!=2HCl(g)$

(3) $CH_4(g)+\frac{1}{2}O_2(g)=\!=\!=CH_3OH(l)$

2.39 计算合成甲醇反应的$\Delta_r S_m^\ominus(673K)$：

$$CO(g)+2H_2(g)=\!=\!=CH_3OH(g)$$

已知在298～700K $CO(g)$、$H_2(g)$和$CH_3OH(g)$的平均摩尔等压热容分别为30.2J·mol^{-1}·K^{-1}、28.1J·mol^{-1}·K^{-1}和59.6J·mol^{-1}·K^{-1}。所需规定熵的数据可查表。

2.40 证明在量及组成确定的均匀系统中发生单纯状态变化时下列关系成立：

$$dS=\frac{C_p}{T}dT-\left(\frac{\partial V}{\partial T}\right)_p dp$$

2.41 利用热力学函数基本关系式导出下列关系式：

(1) $\left(\frac{\partial C_p}{\partial p}\right)_T=-T\left(\frac{\partial^2 V}{\partial T^2}\right)_p$

(2) $C_p=-T\left(\frac{\partial^2 G}{\partial T^2}\right)_p$

(3) $\left(\frac{\partial S}{\partial V}\right)_U=\frac{p}{T}$

2.42 4mol理想气体由300K、150MPa等温可逆膨胀到50.0dm^3，计算此过程的Q、W、ΔU、ΔH、ΔS、ΔA和ΔG。

2.43 1mol理想气体由300K、1MPa向真空膨胀至0.1MPa，计算此过程的ΔS、ΔA和ΔG。

2.44 在25℃、100kPa下，1mol铅与醋酸铜溶液进行可逆反应并对外做出电功91.8kJ，同时系统吸热214kJ。计算此过程的ΔU、ΔH、ΔS、ΔA和ΔG。

2.45 试求下列反应的$\Delta_r G_m^\ominus(298K)$与$\Delta_r A_m^\ominus(298K)$之差：

$$H_2(g,p^\ominus)+\frac{1}{2}O_2(g,p^\ominus)=\!=\!=H_2O(l,p^\ominus)$$

2.46 1mol、298K的$H_2O(l)$变成1mol、800K的$H_2(g,p^\ominus)$和0.5mol、800K的$O_2(g,p^\ominus)$。计算此过程的ΔH、ΔS和ΔG。已知$H_2(g)$和$O_2(g)$的平均摩尔等压热容分别为28.3J·mol^{-1}·K^{-1}和31.8J·mol^{-1}·K^{-1}。所需标准生成焓及标准熵的数据可查表。

2.47 分别计算80℃下进行以下过程时的ΔA和ΔG。

(1) 1mol $C_6H_6(l,p^\ominus)=\!=\!=$1mol $C_6H_6(g,p^\ominus)$

(2) 1mol $C_6H_6(l,p^\ominus)=\!=\!=$1mol $C_6H_6(g,90kPa)$

已知苯的标准沸点为80℃，假设苯蒸气可看作理想气体。

2.48 1mol液态苯$C_6H_6(l)$在268K、$p^\ominus$下凝固成同温度的固态苯$C_6H_6(s)$，计算此过程的ΔS和ΔG。已知268K时液态苯和固态苯的饱和蒸气压分别为2.68kPa和2.28kPa，268K时苯的熔化焓为9.86kJ·mol^{-1}。

习题答案

3 多组分系统热力学

Thermodynamics of Multicomponent System

内容提要

本章引入偏摩尔量和化学势、逸度和逸度因子、活度和活度因子的概念，得到多组分系统的热力学关系式和化学势判据、气相和液相多组分系统中各组分化学势表达式，介绍混合气体及稀溶液的热力学性质，为后续学习化学平衡热力学、相平衡热力学等奠定基础。

学习目标

1. 明确偏摩尔量与化学势的定义。掌握化学势判据、均相多组分系统的热力学基本公式及多组分系统中各组分化学势的数学表达式。

2. 理解逸度与逸度因子、活度与活度因子的概念，掌握其简单求算方法。

3. 熟悉拉乌尔定律、亨利定律及其区别与应用。

4. 掌握理想液态混合物和理想稀溶液的概念，掌握稀溶液的性质及应用。了解真实液态混合物及真实溶液偏离理想液态混合物行为的原因。

化学热力学基本原理一章介绍了四个热力学基本定律，引入了U、H、S、A和G等热力学函数，得到了一系列热力学公式，解决了简单系统发生变化时系统与环境间的能量交换及系统变化方向与限度的判断问题。

所谓简单系统，是指单组分或组成不变的多组分单相封闭系统，其热力学函数的改变量取决于两个独立变量的改变。然而，实际生产及研究中所遇到的往往是多组分多相且可能发生化学反应和相变的系统，其热力学函数的改变量不仅取决于两个独立变量的变化，还与系统的组成有关。第二章得到的热力学公式不能直接应用，从而限制了热力学基本定律在化学变化中的应用。

1876年，美国物理化学家约瑟亚·威纳德·吉布斯（Josiah Willard Gibbs）发表了奠定化学热力学基础的经典之作《论复相物质的平衡》，提出了化学势的概念，以其为基础得到了多组分组成可变系统的热力学公式，使应用热力学基本原理解决化学变化和相变化的方向与限度问题得以实现。

3.1 多组分系统及其组成的表示方法

3.1.1 多组分系统

由两种或两种以上物质组成的系统称为多组分系统（multicomponent system）。多组分系统又有多组分单相系统与多组分多相系统之分。由于多相系统可以看成由几个单相系统组成，对其进行研究时分别考虑几个单相系统，然后进行加和处理即可，因此本章以多组分单相系统为重点。

多组分单相系统是两种或两种以上组分以分子为单元分散而形成的均匀系统。依据相态不同可将其分为气相、液相和固相。气相多组分系统已在第 1 章介绍，固相多组分系统将在第 5 章述及，本章只讨论液相多组分系统。依据热力学处理方法不同则可将液相多组分系统分为混合物（mixture）和溶液（solution)。

在热力学研究中，对混合物中各组分是不加以区别的，即采用相同的处理方法。如相同的经验规律、相同的标准态及化学势表达式等。对于溶液，在热力学研究中将其组分区分为溶剂（solvent）和溶质（solute)，且对溶剂和溶质采用不同的处理方法。如不同的经验定律、不同的标准态及化学势表达式等。通常对气体或固体溶解于液体中形成的溶液，以液体组分为溶剂，气体或固体组分为溶质；对液体与液体形成的溶液，则以含量最多的一种组分为溶剂，其他组分均为溶质。溶液可分为电解质溶液与非电解质溶液。电解质溶液将在第 8 章中学习，本章只讨论非电解质溶液。通常用 A 表示溶剂，用 B 表示溶质。

无论混合物还是溶液都有理想和非理想之分。理想混合物与理想稀溶液的性质具有简单的规律可循，而真实混合物与真实溶液的性质会与理想规律有偏差，且不同组分的偏差程度不同，需要进行修正方能服从理想规律。

3.1.2 多组分系统组成的表示方法

(1) 混合物

① 组分 B 的质量分数（mass fraction of B）w_B。

组分 B 的质量与混合物的总质量之比称为组分 B 的质量分数，即：

$$w_B \overset{\text{def}}{=\!=} \frac{m_B}{\sum_B m_B} \tag{3.1}$$

w_B量纲为 1，其最大值为 1。有时也用百分数表示。

② 组分 B 的摩尔分数（mole fraction of B）x_B。

组分 B 的物质的量与混合物总物质的量之比称为组分 B 的摩尔分数或组分 B 的量分数，即：

$$x_B \overset{\text{def}}{=\!=} \frac{n_B}{\sum_B n_B} \tag{3.2}$$

x_B也是量纲为 1 的量，其最大值为 1。

(2) 溶液

① 溶质 B 的物质的量浓度（amount of substance concentration of B）c_B。

溶质 B 的物质的量与溶液的体积之比称为溶质 B 的物质的量浓度，即：

$$c_B \overset{\text{def}}{=\!=} \frac{n_B}{V} \tag{3.3}$$

c_B的单位为 $mol \cdot m^{-3}$，也常用 $mol \cdot dm^{-3}$。此外，也可将 c_B表示为 [B]，这是动力学中常采用的表示方法。

② 溶质 B 的质量摩尔浓度（molality of solute of B）b_B。

溶质 B 的物质的量与溶剂 A 的质量之比称为溶质 B 的质量摩尔浓度，即：

$$b_B \stackrel{\text{def}}{=\!=} \frac{n_B}{m_A} \tag{3.4}$$

b_B的单位为 mol·kg^{-1}。由于b_B不受温度影响，应用比较方便，因此是物理化学，尤其是电化学普遍采用的浓度表示方法。

3.2 偏摩尔量

单组分系统的各种广度性质，如m、n、V、U、H、A及G等都具有加和性。例如25℃、101.3kPa下水的$V_m^*=18.09cm^3$，将1mol水与另1mol水相混，得到2mol纯水，其体积为$36.18cm^3$，恰等于混合前两部分水的体积之和。此混合过程中并无体积的增大或减小，即体积变化$\Delta V=0$。实验表明，单组分系统混合前后各种广度性质总和均无变化，若以X表示系统的任意一种广度性质，则混合前后$\Delta X=0$。若以X_m表示1mol物质的该种广度性质，则$X=nX_m$。如$V=nV_m$，$U=nU_m$等。

然而，对于多组分系统，情况就不同了。除n或m仍有加和性外，其他广度性质一般都不再具有加和性了。

表3.1列举了25℃、101.3kPa下水（$V_{m,水}^*=58.37cm^3$）与乙醇（$V_{m,乙醇}^*=58.37cm^3$）按不同比例混合成100g溶液时的体积变化数据。表中数据表明，混合后溶液的体积并不等于混合前两纯组分的体积之和，且混合前后的体积变化ΔV因溶液的组成而异。不仅体积有此现象，系统中除m和n外的其他广度性质X也有同样的效应。即，对于多组分系统，除m和n外，混合前后系统的广度性质X的改变值$\Delta X \neq 0$，且ΔX与混合系统的组成有关。

表3.1 水与乙醇混合时的体积变化数据

$w_{C_2H_5OH}$	混合前			混合后	$\Delta V/cm^3$
	V_{H_2O}/cm^3	$V_{C_2H_5OH}/cm^3$	$(V_{H_2O}+V_{C_2H_5OH})/cm^3$	V_{mix}/cm^3	
0.10	90.36	12.67	103.03	101.84	−1.19
0.20	80.32	25.34	105.66	103.24	−2.42
0.30	70.28	38.01	108.29	104.84	−3.45
0.40	60.24	50.68	110.92	106.93	−3.99
0.50	50.20	63.35	113.55	109.43	−4.12
0.60	40.16	76.02	116.18	112.22	−3.96
0.70	30.12	88.69	118.81	115.25	−3.56
0.80	20.08	101.36	121.44	118.56	−2.88
0.90	10.04	114.03	124.07	122.25	−1.82

等温、等压下，水与水混合时，$\Delta V=0$，而乙醇与水混合时$\Delta V \neq 0$，是因为水与水混合时混合前后各分子的周围环境并未改变，水的摩尔体积V_{m,H_2O}^*也不会改变，故混合后水的体积等于混合前水的总体积。而水与乙醇混合时，混合前每个水分子周围都是水分子，受到的全是水分子的吸引力$f_{H_2O-H_2O}$；每个乙醇分子周围都是乙醇分子，受到的全是乙醇分子的吸引力$f_{C_2H_5OH-C_2H_5OH}$。混合后，每个水分子周围的部分水分子被乙醇分子所代替，即部分分子间引力由$f_{H_2O-H_2O}$变成了$f_{H_2O-C_2H_5OH}$；同理，每个乙醇分子周围的部分乙醇分子也被水分子所取代，即部分分子间引力由$f_{C_2H_5OH-C_2H_5OH}$变成了$f_{H_2O-C_2H_5OH}$。混合前后分子周围环境的改变，导致分子间的平均距离发生改变，二组分混合体系中1mol水及1mol乙醇的体积与它们在纯物质中的摩尔体积不同，因此混合前后体积改变，即$\Delta V \neq 0$。而且，二组分混合系统的组成不同，混合后每个水分子或乙醇分子周围分布的其他组分的分子的数目不同，分子间作用力不

同，分子间距离也就不同，即混合后 1mol 水或乙醇的体积与混合体系的组成（浓度）有关。

因此，对多组分系统进行讨论时必须引入新的概念——偏摩尔量，以其替代纯物质的广度性质的摩尔量。

3.2.1 偏摩尔量的定义

根据以上讨论，一个由 1，2，…，k 种物质组成的单相系统，任意一种广度性质 X 除与温度、压力有关外，还与系统中各组分的物质的量 n_1，n_2，…，n_k 有关，即：

$$X=X(T,p,n_1,n_2,\cdots,n_k)$$

X 的微小变化，即 X 的全微分：

$$\mathrm{d}X=\left(\frac{\partial X}{\partial T}\right)_{p,n_1,n_2,\cdots,n_k}\mathrm{d}T+\left(\frac{\partial X}{\partial p}\right)_{T,n_1,n_2,\cdots,n_k}\mathrm{d}p+\left(\frac{\partial X}{\partial n_1}\right)_{T,p,n_2,\cdots,n_k}\mathrm{d}n_1$$
$$+\left(\frac{\partial X}{\partial n_2}\right)_{T,p,n_1,n_3,\cdots,n_k}\mathrm{d}n_2+\cdots+\left(\frac{\partial X}{\partial n_k}\right)_{T,p,n_1,\cdots,n_{k-1}}\mathrm{d}n_k \tag{3.5}$$

式(3.5) 的含义是，某广度性质的变化 $\mathrm{d}X$ 等于上式右端各项之和，而右端的每一项表示一种独立变量改变引起的 X 的变化。其中右端前两项为系统组成固定（n_1，n_2，…，n_k 不变）的情况下温度和压力的改变对 $\mathrm{d}X$ 的贡献；第三项为等温、等压下保持其他组分的量不变，仅改变组分 1 的物质的量引起的 X 的改变；以后各项的含义类同。对任意组分 B，定义：

$$X_{\mathrm{B}}\overset{\text{def}}{=\!=\!=}\left(\frac{\partial X}{\partial n_{\mathrm{B}}}\right)_{T,p,n_{\mathrm{C(C\neq B)}}} \tag{3.6}$$

式中，X_{B}称为组分 B 的某种广度性质 X 的偏摩尔量（partial molar quantity）。由式(3.6) 可以看出，偏摩尔量 X_{B}是等温、等压下，在极大系统中，除组分 B 外其他各组分物质的量均保持不变［用下标 $n_{\mathrm{C(C\neq B)}}$ 表示］时，加入 1mol 组分 B 所引起的系统广度性质 X 的改变。按此定义，由于系统极大，加入 1mol 组分 B 不会引起系统中其他各组分的浓度明显改变。因此，X_{B}也可理解为在等温、等压和组成恒定的多组分系统中，1mol 组分 B 对系统广度性质 X 的贡献，如 V_{B}是 1mol 组分 B 对系统体积的贡献，U_{B}是 1mol 组分 B 对系统热力学能的贡献，等等。

需要注意：只有广度性质才有偏摩尔量；只有等温、等压下系统的广度性质随某一组分 B 的物质的量的变化率才是偏摩尔量 X_{B}，即偏摩尔量定义的下标为 T，p，$n_{\mathrm{C(C\neq B)}}$；偏摩尔量是多组分系统中 1mol 组分 B 对系统广度性质 X 的贡献，是强度性质，其值因温度、压力及系统的组成（浓度）不同而异；对纯物质，偏摩尔量等于其摩尔量，即纯物质 $V_{\mathrm{B}}=V_{\mathrm{m}}^{*}$、$U_{\mathrm{B}}=U_{\mathrm{m}}^{*}$ 等。

3.2.2 偏摩尔量的相关公式

将式(3.6) 代入式(3.5)，得：

$$\mathrm{d}X=\left(\frac{\partial X}{\partial T}\right)_{p,n_1,n_2,\cdots,n_k}\mathrm{d}T+\left(\frac{\partial X}{\partial p}\right)_{T,n_1,n_2,\cdots,n_k}\mathrm{d}p+X_1\mathrm{d}n_1+X_2\mathrm{d}n_2+\cdots\cdots+X_k\mathrm{d}n_k \tag{3.7}$$

等温、等压下：

$$\mathrm{d}X=X_1\mathrm{d}n_1+X_2\mathrm{d}n_2+\cdots+X_k\mathrm{d}n_k \tag{3.8}$$

或

$$\mathrm{d}X=\sum_{\mathrm{B}=1}^{k}X_{\mathrm{B}}\mathrm{d}n_{\mathrm{B}} \tag{3.9}$$

式(3.8) 和式(3.9) 表明，等温、等压下，多组分系统中某广度性质的改变等于各组分物质的量改变引起的该广度性质变化的总和。

由于 X_{B}为强度性质，在等温、等压、定组成的条件下，其为定值，与系统的总量无关。因此，若按照系统原有的各物质的量的比例（组成不变）加入 1，2，…，k，直至各组分的物

质的量分别为 n_1，n_2，…，n_k，各组分的偏摩尔量为定值，对式(3.8)进行定积分，得：

$$X=\int_0^{n_1}X_1\mathrm{d}n_1+\int_0^{n_2}X_2\mathrm{d}n_2+\cdots+\int_0^{n_k}X_k\mathrm{d}n_k=n_1X_1+n_2X_2+\cdots+n_kX_k$$

即：

$$X=\sum_{\mathrm{B}=1}^{k}n_{\mathrm{B}}X_{\mathrm{B}} \tag{3.10}$$

式(3.10)被称为**偏摩尔量的加和公式**。该式表明，对于多组分系统，其广度性质等于组成系统的各组分的偏摩尔量与其物质的量的乘积之和。

等温、等压下将式(3.10)微分，得：

$$\mathrm{d}X=\sum_{\mathrm{B}=1}^{k}n_{\mathrm{B}}\mathrm{d}X_{\mathrm{B}}+\sum_{\mathrm{B}=1}^{k}X_{\mathrm{B}}\mathrm{d}n_{\mathrm{B}} \tag{3.11}$$

从式(3.11)中减去式(3.9)，得：

$$\sum_{\mathrm{B}=1}^{k}n_{\mathrm{B}}\mathrm{d}X_{\mathrm{B}}=0 \tag{3.12}$$

式(3.12)再除以物质的总量 $\sum_{\mathrm{B}=1}^{k}n_{\mathrm{B}}$，则得：

$$\sum_{\mathrm{B}=1}^{k}x_{\mathrm{B}}\mathrm{d}X_{\mathrm{B}}=0 \tag{3.13}$$

式(3.13)被称为**吉布斯-杜亥姆（Gibbs-Duhem）方程**，适用于定温定压下的多组分系统。该方程表明，多组分系统中各组分偏摩尔量之间相互关联，其中某一组分的偏摩尔量改变会牵动其他组分的该偏摩尔量作相应的改变，但其变化满足吉布斯-杜亥姆方程。

还可以证明（本书从略），只要将前面讨论中所得到的适用于纯物质单相封闭系统的热力学函数关系式中的各种广度性质换成相应的偏摩尔量，就可保留原形式应用于多组分均相系统。例如：

适用于单组分系统的公式	适用于多组分系统中组分 B 的公式
$H=U+pV$	$H_{\mathrm{B}}=U_{\mathrm{B}}+pV_{\mathrm{B}}$
$A=U-TS$	$A_{\mathrm{B}}=U_{\mathrm{B}}-TS_{\mathrm{B}}$
$G=H-TS$	$G_{\mathrm{B}}=H_{\mathrm{B}}-TS_{\mathrm{B}}$
$\left(\frac{\partial G}{\partial p}\right)_T=V$	$\left(\frac{\partial G_{\mathrm{B}}}{\partial p}\right)_{T,n_1,n_2,\cdots,n_k}=V_{\mathrm{B}}$
$\left(\frac{\partial G}{\partial T}\right)_p=-S$	$\left(\frac{\partial G_{\mathrm{B}}}{\partial T}\right)_{p,n_1,n_2,\cdots,n_k}=-S_{\mathrm{B}}$

偏摩尔量概念的引入将纯物质均相封闭系统的研究成果很方便地推广到多组分系统，所以它是一个非常有用的概念。

3.3 化学势

3.3.1 化学势定义与多组分系统热力学基本方程

对于多组分均相系统，U、H、A 和 G 除了是 p、V 和 T 等变量中任意两个变量的函数外，还是各组分物质的量 n_1，n_2，…，n_k 的函数。例如：

$$U=U(S,V,n_1,n_2,\cdots,n_k)$$

其全微分为：

$$dU=\left(\frac{\partial U}{\partial S}\right)_{V,n_1,\cdots,n_k}dS+\left(\frac{\partial U}{\partial V}\right)_{S,n_1,\cdots,n_k}dV+\sum_{B=1}^{k}\left(\frac{\partial U}{\partial n_B}\right)_{S,V,n_{C(C\neq B)}}dn_B \tag{3.14}$$

式中，$(\partial U/\partial S)_{V,n_1,\cdots,n_k}$ 和 $(\partial U/\partial V)_{S,n_1,\cdots,n_k}$ 为定组成下的偏导数，分别相当于纯物质封闭系统中的 $(\partial U/\partial S)_V$ 和 $(\partial U/\partial V)_S$。参照式(2.155) 和式(2.156)，可得：

$$\left(\frac{\partial U}{\partial S}\right)_{V,n_1,\cdots,n_k}=T$$

$$\left(\frac{\partial U}{\partial V}\right)_{S,n_1,\cdots,n_k}=-p$$

将以上两关系式代入式(3.14)，得：

$$dU=TdS-pdV+\sum_{B=1}^{k}\left(\frac{\partial U}{\partial n_B}\right)_{S,V,n_{C(C\neq B)}}dn_B \tag{3.15}$$

采用类似的处理方法，还可以得到：

$$dH=TdS+Vdp+\sum_{B=1}^{k}\left(\frac{\partial H}{\partial n_B}\right)_{S,p,n_{C(C\neq B)}}dn_B \tag{3.16}$$

$$dA=-SdT-pdV+\sum_{B=1}^{k}\left(\frac{\partial A}{\partial n_B}\right)_{T,V,n_{C(C\neq B)}}dn_B \tag{3.17}$$

$$dG=-SdT+Vdp+\sum_{B=1}^{k}\left(\frac{\partial G}{\partial n_B}\right)_{T,p,n_{C(C\neq B)}}dn_B \tag{3.18}$$

而由 $H=U+pV$ 得：

$$dH=dU+pdV+Vdp$$

将式(3.15) 代入上式，得：

$$dH=TdS+Vdp+\sum_{B=1}^{k}\left(\frac{\partial U}{\partial n_B}\right)_{S,V,n_{C(C\neq B)}}dn_B \tag{3.19}$$

将式(3.16) 与式(3.19) 比较，可得：

$$\left(\frac{\partial H}{\partial n_B}\right)_{S,p,n_{C(C\neq B)}}=\left(\frac{\partial U}{\partial n_B}\right)_{S,V,n_{C(C\neq B)}}$$

同理可得：

$$\left(\frac{\partial A}{\partial n_B}\right)_{T,V,n_{C(C\neq B)}}=\left(\frac{\partial G}{\partial n_B}\right)_{T,p,n_{C(C\neq B)}}=\left(\frac{\partial U}{\partial n_B}\right)_{S,V,n_{C(C\neq B)}}$$

定义：

$$\mu_B\overset{\text{def}}{=\!=}\left(\frac{\partial U}{\partial n_B}\right)_{S,V,n_{C(C\neq B)}}\overset{\text{def}}{=\!=}\left(\frac{\partial H}{\partial n_B}\right)_{S,p,n_{C(C\neq B)}}\overset{\text{def}}{=\!=}\left(\frac{\partial A}{\partial n_B}\right)_{T,V,n_{C(C\neq B)}}\overset{\text{def}}{=\!=}\left(\frac{\partial G}{\partial n_B}\right)_{T,p,n_{C(C\neq B)}} \tag{3.20}$$

称 μ_B 为组分 B 的**化学势**（chemical potential）或**化学位**。式(3.20) 为化学势的广义定义。

化学势是一偏微商，因此，可同偏摩尔量一样按偏微商的性质理解化学势的物理意义。

需要注意：①化学势的广义定义式中四个偏微商的下标不相同；②在众多偏摩尔量中只有偏摩尔吉布斯函数是化学势，其他偏摩尔量不是化学势；③虽然 $\mu_B=G_B$，但相对于 G_B，μ_B 具有更深远的意义和更广泛的应用；④化学势是状态函数，强度性质，单位为 $J\cdot mol^{-1}$ 或 $kJ\cdot mol^{-1}$，其绝对值不能确定，应用时通常是比较物质在不同状态下化学势的差值。

将式(3.20) 代入式(3.15)～式(3.18)，得：

$$dU=TdS-pdV+\sum_{B=1}^{k}\mu_B dn_B \tag{3.21}$$

$$dH = TdS + Vdp + \sum_{B=1}^{k} \mu_B dn_B \tag{3.22}$$

$$dA = -SdT - pdV + \sum_{B=1}^{k} \mu_B dn_B \tag{3.23}$$

$$dG = -SdT + Vdp + \sum_{B=1}^{k} \mu_B dn_B \tag{3.24}$$

式(3.21)～式(3.24) 为多组分均相系统的热力学基本方程。当系统的组成不变时，式(3.21)～式(3.24) 还原成纯物质封闭系统的热力学基本方程式(2.151)～式(2.154)。

3.3.2 化学势判据

等温、等压且无非体积功条件下，系统自发过程方向与限度的判据为：

$$dG \leqslant 0$$

根据式(3.24)，对于多组分均相系统：

$$dG = \sum_B \mu_B dn_B$$

多组分多相系统的每一相均服从上式，设其中任意一相为 α，则有：

$$dG(\alpha) = \sum_B \mu_B(\alpha) dn_B(\alpha)$$

由于 G 为状态函数，广度性质，因此系统的 G 为各相 G 之和，即：

$$dG = \sum_\alpha dG(\alpha) = \sum_\alpha \sum_B \mu_B(\alpha) dn_B(\alpha)$$

于是得到等温、等压且无非体积功条件下的化学势判据：

$$\sum_\alpha \sum_B \mu_B(\alpha) dn_B(\alpha) \leqslant 0 \quad \begin{pmatrix} <0 & \text{自发} \\ =0 & \text{平衡} \end{pmatrix} \tag{3.25}$$

该判据适用于等温、等压且无非体积功条件下的相变化和化学变化。

设 A、B 二组分溶液与其蒸气相接触，如图 3.1 所示。将溶液和蒸气分别称为 α 相和 β 相，组分 A 在 α 相和 β 相中的化学势分别以 $\mu_A(\alpha)$ 和 $\mu_A(\beta)$ 表示。按照式(3.25)，如等温、等压下有 dn_A 的 A 组分自发地由 α 相转移到 β 相，则：

$$\begin{aligned} \sum_\alpha \sum_B \mu_B(\alpha) dn_B(\alpha) &= \sum_B \mu_B(\alpha) dn_B(\alpha) + \sum_B \mu_B(\beta) dn_B(\beta) \\ &= \mu_A(\alpha)(-dn_A) + \mu_A(\beta) dn_A \\ &= [\mu_A(\beta) - \mu_A(\alpha)] dn_A \leqslant 0 \end{aligned}$$

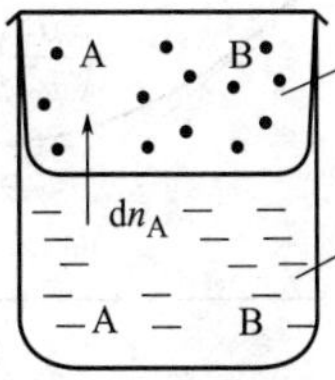

图 3.1 物质的相转移

由于 $dn_A > 0$，故有：

$$\mu_A(\beta) - \mu_A(\alpha) \leqslant 0$$

这就是说，如果 $\mu_A(\alpha) > \mu_A(\beta)$，就可以发生物质 A 由 α 相转移到 β 相的自发相变化过程。随着物质 A 由 α 相向 β 相的转移，$\mu_A(\alpha)$ 不断减小，$\mu_A(\beta)$ 不断增大，直至 $\mu_A(\alpha) = \mu_A(\beta)$，物质 A 在两相间的转移达到了限度，此时达到相平衡。

上述结果表明：等温、等压且无非体积功的条件下，物质总是自动地由化学势高的一相向化学势低的一相转移，这种相间物质的转移一直进行到该物质在两相的化学势相等时为止。所以，化学势是相间物质转移的推动力，各物质在各相的化学势相等是达到相平衡的条件。两相中某物质化学势的差别越大，该物质在相间转移的趋势也越大，各种物质在各相中的化学势相等了，宏观上看，物质的相转移就停止了，即达到了相平衡状态。

化学势也是化学反应的推动力。对于等温、等压且无非体积功条件下的任意化学反应 $0 = \sum_B \nu_B B$，B 的相态是确定的，故：

$$dG = \sum_B \mu_B dn_B$$

若发生反应，组分 B 改变了微小量 dn_B，反应进度 ξ 变成 $\xi + d\xi$，由于 dn_B 很小，可以认为系统的组成没有改变，因而各组分的化学势 μ_B 仍保持不变，系统的吉布斯函数变 dG 完全是由各组分量的变化 dn_B 引起的。将 $dn_B = \nu_B d\xi$ 代入上式，得化学反应的吉布斯函数变：

$$dG = \sum_B \nu_B \mu_B d\xi \tag{3.26}$$

因此，等温、等压且无非体积功条件下，化学反应的化学势判据为：

$$\sum_B \nu_B \mu_B d\xi \leqslant 0 \qquad \begin{pmatrix} <0 & \text{自发} \\ =0 & \text{平衡} \end{pmatrix}$$

因 $d\xi > 0$，故上式可改写成：

$$\sum_B \nu_B \mu_B \leqslant 0 \qquad \begin{pmatrix} <0 & \text{自发} \\ =0 & \text{平衡} \end{pmatrix} \tag{3.27}$$

式(3.27) 表明，等温、等压且无非体积功条件下，化学反应总是由化学势总和高的一方自发地向化学势总和低的一方转变，直到反应物化学势的总和与产物化学势的总和相等时，化学反应达到平衡。把 μ_B 称为化学势的原因就在于此。

由于反应在等温、等压下进行，式(3.26) 也可改写为：

$$\left(\frac{\partial G}{\partial \xi}\right)_{T,p} = \sum_B \nu_B \mu_B$$

定义：

$$\Delta_r G_m \xlongequal{\text{def}} \left(\frac{\partial G}{\partial \xi}\right)_{T,p} = \sum_B \nu_B \mu_B \tag{3.28}$$

称 $\Delta_r G_m$ 为化学反应的摩尔吉布斯函数变（molar Gibbs function change of the chemical reaction）。其含意为等温、等压条件下，系统中反应进度发生无限小量的变化时系统吉布斯函数随反应进度的变化率。或者理解为等温、等压的无限大系统中发生 $\Delta\xi = 1\text{mol}$ 的反应所引起的系统吉布斯函数的变化。因此，可根据化学反应的摩尔吉布斯函数变判断化学反应的方向。若 $\Delta_r G_m < 0$，反应可按正向自发进行；若 $\Delta_r G_m = 0$，达到化学平衡；若 $\Delta_r G_m > 0$，反应不能按正向自发进行，而其逆向的反应可以自发进行，有时也称“反自发”进行。反应过程中系统吉布斯函数随反应进度的变化如图 3.2 所示。

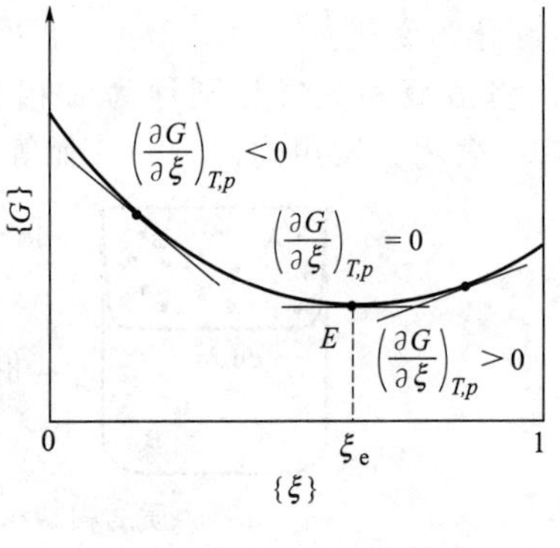

图 3.2 反应系统 G-ξ 关系

需要注意，式(3.28) 不能用于表示在有限量系统中发生 1mol 反应引起的吉布斯函数变，因为此时化学势 μ_B 不为定值。

3.4 气体的化学势

由于化学势在判断变化方向与限度中的重要地位，如何计算化学势自然是令人感兴趣的问题。然而同吉布斯函数一样，化学势的绝对值不能确定，因此热力学中选择各温度下一个公认的标准状态作为基准获得化学势的相对值，可用化学势的相对值代替其绝对值比较不同状态化学势的大小。处于标准状态下的化学势叫作标准化学势（standard chemical potential）。标准化学势是温度的函数，表示为 $\mu^{\ominus}(T)$。

气体的标准态规定为：温度 T、压力 $p^{\ominus}$（100kPa）下的纯理想气体状态。

3.4.1 理想气体的化学势

对于纯物质，$\mu^{*}=G_{m}^{*}$。等温下：

$$d\mu^{*}=dG_{m}^{*}=V_{m}^{*}dp=\frac{RT}{p}dp$$

即：

$$d\mu^{*}=RT\,d\ln p$$

对上式积分，压力从 $p^{\ominus}$ 变化到气体所处的压力 p：

$$\int_{\mu^{\ominus}(T)}^{\mu^{*}}d\mu^{*}=\int_{p^{\ominus}}^{p}RT\,d\ln p$$

积分后得到：

$$\mu^{*}=\mu^{\ominus}(T)+RT\ln\frac{p}{p^{\ominus}} \tag{3.29}$$

式(3.29) 为纯理想气体化学势的数学表达式。

虽然式(3.29) 中 $\mu^{\ominus}(T)$ 的绝对数值无法确知，但并不影响不同状态下化学势的差值。例如，比较理想气体从压力 p_1 膨胀到 p_2 的化学势变化：

$$\Delta\mu^{*}=\mu_2^{*}-\mu_1^{*}=\left[\mu^{\ominus}(T)+RT\ln\frac{p_2}{p^{\ominus}}\right]-\left[\mu^{\ominus}(T)+RT\ln\frac{p_1}{p^{\ominus}}\right]=RT\ln\frac{p_2}{p_1}$$

前已述及，只要将广度性质转换成相应的偏摩尔量，就可将适用于纯物质单相封闭系统的热力学函数关系式推广到多组分系统。因此，对于混合理想气体中任一组分 B：

$$d\mu_B=dG_B=V_B dp$$

并且在 G_B 的定义中除 n_B 外其他组分物质的量都不改变，所以，相应的分压除 p_B 外也都不改变，dp 实际上就是 dp_B。于是得到：

$$d\mu_B=V_B dp_B$$

对于理想气体，$V_B=RT/p_B$，所以：

$$d\mu_B=\frac{RT}{p_B}dp_B$$

或

$$d\mu_B=RT\,d\ln p_B$$

对上式积分，压力从 $p^{\ominus}$ 变化到气体 B 所处的压力 p_B：

$$\int_{\mu_{B(T)}^{\ominus}}^{\mu_B}d\mu_B=\int_{p^{\ominus}}^{p_B}RT\,d\ln p_B$$

$$\mu_B=\mu_B^{\ominus}(T)+RT\ln\frac{p_B}{p^{\ominus}} \tag{3.30}$$

式(3.30) 为混合理想气体系统中任一组分 B 的化学势的数学表达式，式中的 $\mu_B^{\ominus}(T)$ 为组分 B 在温度 T 下的标准状态下气体的化学势。

将分压 $p_B=y_B p$ 代入式(3.30)，得：

$$\mu_B(T,p)=\mu_B^{\ominus}(T)+RT\ln\frac{py_B}{p^{\ominus}}$$

即：

$$\mu_B(T,p)=\mu_B^{*}(T,p)+RT\ln y_B \tag{3.31}$$

式中，$\mu_B^{*}(T,p)=\mu_B^{\ominus}(T)+RT\ln(p/p^{\ominus})$，所以 $\mu_B^{*}(T,p)$ 是温度和总压的函数。当 $y_B=1$ 时，$\mu_B=\mu_B^{*}(T,p)$，所以 $\mu_B^{*}(T,p)$ 是纯理想气体在 T、p 下的化学势。

3.4.2 真实气体的化学势

理想气体的化学势是把理想气体状态方程 $pV_m=RT$ 代入 $d\mu=V_m dp$ 中积分得到的，其表达式十分简单，如式(3.29) 和式(3.30)。

真实气体的化学势也可将真实气体的状态方程代入 $d\mu=V_B dp$ 中积分得到，但由于真实气体状态方程的形式复杂，由其得到的真实气体化学势表达式也比较复杂，给应用带来不便。1901 年路易斯（G. N. Lewis）提出逸度（fugacity）$\widetilde{p}$ 和逸度因子（fugacity factor）φ 的概念，用于对真实气体的压力进行修正——以逸度 $\widetilde{p}$ 代替理想气体化学势公式中的压力，使真实气体化学势的表达式仍保留类似理想气体化学势表达式的简单形式，即：

纯真实气体 $$\mu^*(T)=\mu^\ominus(T)+RT\ln\frac{\widetilde{p}^*}{p^\ominus} \tag{3.32}$$

真实气体混合物 $$\mu_B(T)=\mu_B^\ominus(T)+RT\ln\frac{\widetilde{p}_B}{p^\ominus} \tag{3.33}$$

3.4.2.1 逸度和逸度因子

依据路易斯的思路，由式(3.32) 和式(3.33) 可分别得到纯气体和气体混合物中组分 B 的逸度定义：

纯真实气体 $$\widetilde{p}^* \xlongequal{\text{def}} p^\ominus \exp\left[\frac{\mu^*(T)-\mu^\ominus(T)}{RT}\right] \tag{3.34}$$

真实气体混合物 $$\widetilde{p}_B \xlongequal{\text{def}} p^\ominus \exp\left[\frac{\mu_B(T)-\mu^\ominus(T)}{RT}\right] \tag{3.35}$$

路易斯进一步将气体的逸度与压力之比定义为逸度因子，即：

$$\varphi^* \xlongequal{\text{def}} \frac{\widetilde{p}^*}{p} \tag{3.36}$$

$$\varphi_B \xlongequal{\text{def}} \frac{\widetilde{p}_B}{p_B} \tag{3.37}$$

当压力趋于零时，真实气体趋于理想气体，逸度趋于压力，逸度因子趋于 1，即：

$$\lim_{p\to 0}\varphi^*=\lim_{p\to 0}\frac{\widetilde{p}^*}{p}=1 \tag{3.38}$$

$$\lim_{p\to 0}\varphi_B=\lim_{p\to 0}\frac{\widetilde{p}_B}{p_B}=1 \tag{3.39}$$

这样，式(3.32) 和式(3.33) 中真实气体的标准化学势 $\mu^\ominus(T)$ 和 $\mu_B^\ominus(T)$ 所选取的标准态与理想气体的标准态就完全相同，都是温度 T、标准压力 $p^\ominus$ 下的纯理想气体状态。

实际上，式(3.34) 和式(3.35) 分别与式(3.38) 和式(3.39) 结合才是逸度的完整定义。

3.4.2.2 逸度和逸度因子的计算

计算逸度的方法很多，这里只介绍一种简便的方法——对比状态法。

(1) 纯气体 $\widetilde{p}^*$ 和 φ^* 的计算

根据对应状态原理，当各种不同的真实气体处于相同的对比状态时，它们的许多性质是相同的。例如，实践证明它们的逸度因子 φ 具有相同的数值，即 $\varphi=f(T_r,p_r)$。因此可由通用压缩因子图中的 Z 值算得 φ，从而可制成另一种对各种不同真实气体通用的牛顿图(Newton chart)，如图 3.3 所示。图中各线为不同对比温度下的 φ-p_r 曲线。由图 3.3 可以看出，$T_r>2.4$ 时，φ 随 p_r 增大而增大；$T_r<2.4$ 时，φ 随 p 增大先减小，后增大；在任何 T_r 下，$p\to 0$ 时，$Z\to 1$，则 $\varphi\to 1$，即 $\lim\limits_{p\to 0}\varphi=\lim\limits_{p\to 0}(\tilde{p}/p)=1$。实验测得任何一种真实气体的温度 T 和压力 p 后，查得它的临界参数 T_c 和 p_c，就可算出相应的 T_r 和 p_r，据其值便可从牛顿图上查出该气体的逸度因子 φ^*，代入式(3.36)，即可求得逸度。应注意，用牛顿图时，对 H_2、He 和 Ne 等气体，求 p_r 和 T_r 时要分别用式(1.23) 和式(1.24)。

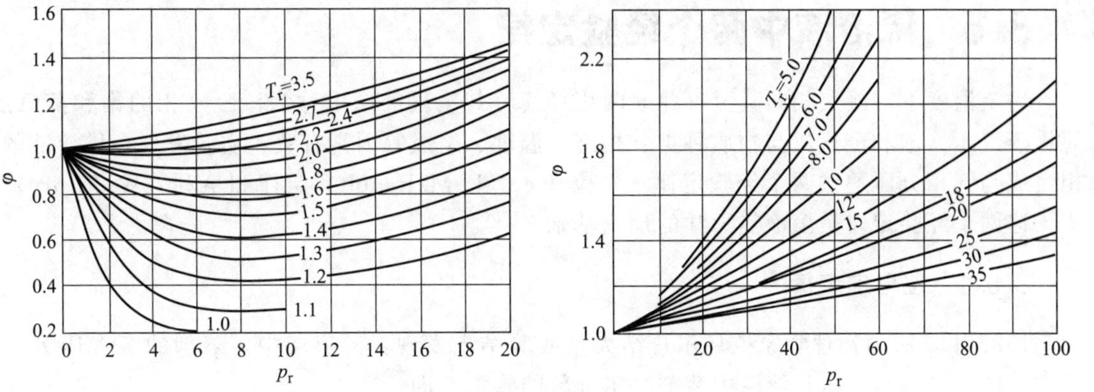

图 3.3 牛顿图

【例 3.1】 利用牛顿图求 0℃、40MPa 下 $N_2(g)$ 和 $H_2(g)$ 的逸度。

解：从数据表中查得临界参数值，对 $N_2(g)$ 应用公式 $T_r=T/T_c$ 和 $p_r=p/p_c$，对 $H_2(g)$ 应用公式 $T_r=T/(T_c+8K)$ 和 $p_r=p/(p_c+810kPa)$ 计算 T_r 及 p_r，结果列入下表。

物质	T_c/K	p_c/MPa	T_r	p_r
$N_2(g)$	126.2	3.39	2.17	11.8
$H_2(g)$	33.3	1.30	6.61	19.0

在图 3.3 上先找到 $T_r=2.17$ 的曲线，然后在曲线上查得对比压力 $p_r=11.8$ 所对应的逸度因子，即为 $N_2(g)$ 的逸度因子 φ^*，再将 $p=40$MPa 及 φ^* 值代入式(3.36) 求得逸度。同法，求得 $H_2(g)$ 的逸度，结果列入下表。

物质	φ^*	$\tilde{p}^*$/MPa
$N_2(g)$	1.09	43.6
$H_2(g)$	1.30	52.0

(2) 混合气体中组分 B 的逸度的计算

混合气体中各组分气体分子间的相互作用不同于纯气体中同类分子间的相互作用，因此存在于混合气体中某一组分的逸度不同于其纯气体的逸度。混合气体中组分 B 的逸度可根据路易斯-兰德尔（Lewis-Randell）规则计算：

$$\tilde{p}_B=y_B\tilde{p}_B^* \tag{3.40}$$

即，混合气体中某组分 B 的逸度等于 B 组分的摩尔分数与纯 B 在混合气体温度及总压下的逸度之积。

需要指出的是，路易斯-兰德尔规则成立的前提是 $\varphi_B=\varphi_B^*$：

$$\tilde{p}_B=\varphi_B p_B=\varphi_B y_B p=y_B(\varphi_B p)=y_B(\varphi_B^* p)=y_B\tilde{p}^*$$

因此，查图求 φ_B^* 所需的对比压力 p_r 应采用总压 p 除以组分 B 的临界压力 p_c，而不是用组分 B 的分压 p_B。此外，严格来讲，路易斯-兰德尔规则只适用于理想混合气体，对实际气体，在低压或中压下近似正确。

3.5　稀溶液中两个经验定律

一定温度下，凝聚相与其蒸气建立两相平衡时其蒸气的压力称为该凝聚相的**饱和蒸气压**，简称蒸气压。饱和蒸气压与物质种类、相态、温度、组成等因素有关。实验发现，稀溶液的液相组成与气相分压遵循两个经验定律——拉乌尔（F. M. Raoult）定律和亨利（W. Henry）定律。这两个经验定律是溶液热力学的理论基础。

3.5.1　拉乌尔定律

1887 年，法国物理学家拉乌尔总结大量实验结果发现：稀溶液中，溶剂的蒸气压等于同温度下纯溶剂的蒸气压与溶液中溶剂摩尔分数的乘积。即：

$$p_A=p_A^* x_A \tag{3.41}$$

式中，p_A^* 为同温度下纯溶剂的饱和蒸气压；x_A 为溶液中溶剂 A 的摩尔分数。

这一规律被称为**拉乌尔定律**或**蒸气压下降定律**。溶液越稀，按拉乌尔定律计算出的 p_A 与实测结果越符合。

3.5.2　亨利定律

1803 年，美国物理学家亨利（W. Henry）研究气体在溶液中的溶解度时发现：一定温度下，气体 B 的平衡分压 p_B 与它在溶液中的浓度成正比，比例系数为一常数。这一规律被称为**亨利定律**，该定律对稀溶液中挥发性溶质也适用。气体与挥发性溶质在溶剂中的溶解度都很小，所形成的溶液均为稀溶液。

由于溶质 B 的浓度有不同的表示方法，所以亨利定律的数学表达式有不同的形式：

$$p_B=k_x x_B \tag{3.42}$$

$$p_B=k_b b_B \tag{3.43}$$

$$p_B=k_c c_B \tag{3.44}$$

式中，k_x、k_b 和 k_c 为不同浓度单位表示的亨利常数，单位分别为 Pa、$Pa \cdot kg \cdot mol^{-1}$ 和 $Pa \cdot m^3 \cdot mol^{-1}$，其值与温度、溶质（B）及溶剂（A）的性质有关。表 3.2 列出了几种气体在 25℃下的亨利常数。

同一溶液，在相同的温度下 k_x、k_b 和 k_c 的值不同，但三者之间有一定的换算关系。因为：

$$x_B=\frac{b_B}{M_A^{-1}+b_B}$$

对稀溶液，$b_B \ll M_A^{-1}$，故 $x_B \approx M_A b_B$。将此关系式代入式(3.42)，得：

$$p_B=k_x M_A b_B$$

将此式与式(3.43) 比较，可得：

$$k_b=k_x M_A \tag{3.45}$$

同理可得：

$$k_c = \frac{k_x M_A}{\rho_A} \tag{3.46}$$

上述式中，b_B为溶质B的质量摩尔浓度，$mol \cdot kg^{-1}$；M_A为溶剂A的摩尔质量，$kg \cdot mol^{-1}$；ρ_A为溶剂A的体积质量，$kg \cdot m^{-3}$。

表3.2 几种气体在25℃下的亨利常数

气体	k_x/GPa		气体	k_x/GPa	
	水为溶剂	苯为溶剂		水为溶剂	苯为溶剂
H_2	7.12	0.367	CH_4	4.18	0.0569
N_2	8.68	0.239	C_2H_2	0.135	—
O_2	4.40	—	C_2H_4	1.16	—
CO	5.79	0.163	C_2H_6	3.07	—
CO_2	0.166	0.114			

同拉乌尔定律一样，溶液越稀，按亨利定律计算出的p_B与实测结果越符合。同一溶液，服从亨利定律的浓度范围与服从拉乌尔定律的浓度范围相同，即在某浓度下，如果溶质的蒸气压服从亨利定律，其溶剂的蒸气压必服从拉乌尔定律，反之亦然。不同物质组成的溶液符合这两个定律的浓度范围不同。

应用亨利定律时应注意以下两点。

① 溶质在气相与在溶液中的分子状态必须相同。例如，SO_2溶于CH_3Cl中，气、液相中存在状态相同，均为SO_2分子，可应用亨利定律。SO_2溶于H_2O中，会电离成H^+和SO_3^{2-}，与它在气相中的存在形式不同，因此亨利定律不适用。

② 溶剂中溶入几种挥发性溶质形成稀溶液时，各溶质组分可分别应用亨利定律。例如，空气溶于水中，可对空气中各种组分分别应用亨利定律。

【例3.2】 计算97.1℃时与质量分数为3%的乙醇溶液相平衡的水及乙醇的蒸气分压。已知97.1℃时水的蒸气压为91.3kPa，乙醇溶于水的亨利常数k_x=928kPa。

解： 由于乙醇的含量很少，可将溶液看作稀溶液，乙醇为溶质B，水为溶剂A。应用拉乌尔定律计算水的蒸气分压时需先计算溶液中水的摩尔分数：

$$x_A = \frac{m_A M_A^{-1}}{m_A M_A^{-1} + m_B M_B^{-1}} = \frac{97g \times (18.0g \cdot mol^{-1})^{-1}}{97g \times (18.0g \cdot mol^{-1})^{-1} + 3g \times (46.1g \cdot mol^{-1})^{-1}} = 0.988$$

按式(3.41)，水的蒸气分压为：

$$p_A = p_A^* x_A = 91.3kPa \times 0.988 = 90.2kPa$$

对于溶质乙醇则应使用亨利定律。按式(3.42)，乙醇的蒸气分压为：

$$p_B = k_x x_B = k_x (1 - x_A) = 928kPa \times (1 - 0.988) = 11.1kPa$$

3.5.3 拉乌尔定律和亨利定律的微观解释

拉乌尔定律和亨利定律仅适用于稀溶液，且溶液越稀，其行为与这两个定律越符合；反之，随溶液浓度增大，溶液的行为与这两个定律的偏离越大。另外，不同物质组成的溶液符合这两个定律的浓度范围不同。例如，苯-甲苯溶液能在很宽的浓度范围内符合这两个定律，但丙酮-氯仿溶液则只在很低的浓度时才能符合。这可通过对系统内质点间相互作用情况的分析得到解释。

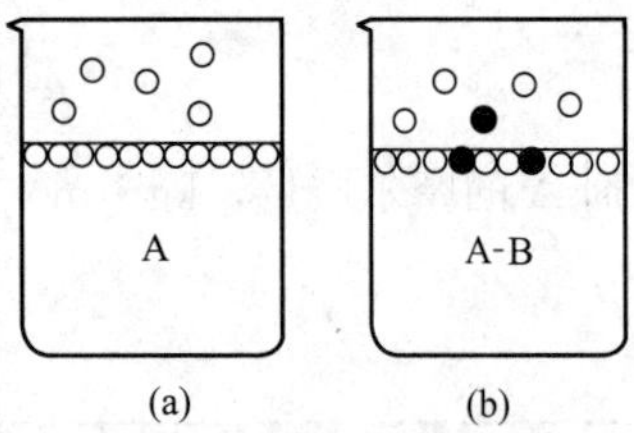

图 3.4 拉乌尔定律解释图
○—A 分子；●—B 分子

纯溶剂，如图 3.4(a) 所示。此时液面层（设为单位面积）全部为 A 分子，A 的蒸气压取决于单位时间内从液面层中净逸出的 A 分子数目，而单位时间内从液面层中逸出的 A 分子数目又正比于液面层中 A 分子的数目（严格来讲应正比于单位体积内 A 分子的数目，即 A 的浓度或密度）。溶入溶质 B 后，溶液液面上 A 的蒸气压仍取决于单位时间内从液面层中净逸出的 A 分子数目，即正比于液面层中 A 的浓度。但由于溶入溶质 B 后液面层中部分 A 分子被 B 分子所代替，如图 3.4(b)，相对于纯溶剂，溶液 A-B 的液面层中 A 的浓度下降了，故单位时间内净逸出液面的 A 分子数目减少，因此引起溶剂的蒸气压下降。由于溶液液面层中 A 分子数目的减少是溶液中 A 浓度减少的反映，因而液面上 A 的蒸气压与溶液中 A 的摩尔分数成正比，此即为拉乌尔定律。

在上述讨论中没有考虑分子间作用力的影响。实际上，液面层中的 A 分子只有克服了周围分子对它的吸引力才能逃逸出液面成为蒸气。对于纯溶剂，周围分子对液面上任何一个 A 分子作用力的矢量和为 A 分子与 A 分子相互作用而产生的指向液体内部的引力 $f_{A\text{-}A}$，液面层中的 A 分子只有克服吸引力 $f_{A\text{-}A}$ 才能逸出液面。向纯溶剂中加入溶质 B 后，A 分子周围有部分 B 分子，所以液面层中 A 分子所受的吸引力不完全来自 $f_{A\text{-}A}$，也有一部分是 B 分子对 A 分子的吸引力 $f_{A\text{-}B}$。形成溶液后，周围分子对 A 分子的吸引力可能有三种情况。

① $f_{A\text{-}B}=f_{A\text{-}A}$。由于加入组分 B 不会引起分子间作用力的改变，故加入 B 后，溶液液面上 A 蒸气压的下降只与溶液中 A 的浓度减少有关。这类溶液即便浓度很高也能符合拉乌尔定律和亨利定律。由化学组成、结构和性质相近的物质组成的溶液属于这类溶液，如苯-甲苯溶液、邻二甲苯-对二甲苯溶液及 H_2O-D_2O 溶液等。

② $f_{A\text{-}B}>f_{A\text{-}A}$。B 的溶入，一方面减少液面层中 A 分子数而引起 A 的蒸气压下降；另一方面由于周围分子对 A 的吸引力增大，使 A 分子难于逃出液面同样引起 A 的蒸气压下降。前者符合拉乌尔定律，同时有后者存在时，A 的蒸气压低于按拉乌尔定律计算的结果。这种溶液被称作**负偏差溶液**（solution of negative deviation），如氯仿-乙醚溶液。

③ $f_{A\text{-}B}<f_{A\text{-}A}$。B 的溶入，相对于纯溶剂来讲，周围分子对液面层中 A 分子的束缚力减小，使 A 分子的逃逸较为容易。这种效应可以抵消掉一部分由于液面层中 A 分子减少所产生的 A 蒸气压下降，所以实测 A 的蒸气压值高于按拉乌尔定律计算的结果。这种溶液被称作**正偏差溶液**（solution of positive deviation），如苯-丙酮溶液。

显然，不同物质组成的溶液，其 $f_{A\text{-}A}$ 与 $f_{A\text{-}B}$ 的差别不同，偏离拉乌尔定律的程度也不同。$f_{A\text{-}A}$ 与 $f_{A\text{-}B}$ 的差别越大，其溶液行为对拉乌尔定律的偏离程度越大。但是对于稀溶液，由于 A 分子周围的 B 分子很少，以致难以察觉分子间作用力改变对蒸气压的影响，所以稀溶液都能很好地符合拉乌尔定律。若 $f_{A\text{-}A}$ 与 $f_{A\text{-}B}$ 相差较大，即使溶液中只有少量 B 也会导致溶液的行为偏离拉乌尔定律，所以该溶液符合拉乌尔定律的浓度范围较窄；若 $f_{A\text{-}A}$ 与 $f_{A\text{-}B}$ 相近，溶液浓度较大时才会显示出其行为与拉乌尔定律的偏离，所以该溶液符合拉乌尔定律的浓度范围较宽。溶液行为对亨利定律的偏差也源于分子间作用力的改变，所以同一溶液符合亨利定律的浓度范围与它符合拉乌尔定律的浓度范围相同。

但拉乌尔定律与亨利定律也有不同之处：拉乌尔定律适用于稀溶液中相对含量很大的溶剂，而亨利定律适用于稀溶液中相对含量很小的溶质。拉乌尔定律中的比例常数是纯溶剂的蒸气压 p_A^*，而亨利定律中的比例常数 k_x 只是一个经验常数，通常它并不等于纯溶质的蒸气压 p_B^*。产生这种差别的原因在于：稀溶液中，只有少量溶剂分子 A 被溶质分子 B 所代替，溶剂分子 A 所处的环境与它在纯溶剂时变化不大。但对于溶质分子 B，由纯溶质变成稀溶液时，所处环境改变很大，由于周围都是 B 分子，所受的作用力均为 $f_{B\text{-}B}$，变成周围主要为 A 分子，所受的作用力以 $f_{A\text{-}B}$ 为主。虽然溶质的蒸气压 p_B 仍与它在溶液中的摩尔分数成正比，但比例常数不再是纯溶质时的蒸气压 p_B^*。只有 $f_{A\text{-}A}=f_{B\text{-}B}=f_{A\text{-}B}$ 的溶液，在任何浓度下均符合拉乌尔定律及亨利定律。对这种溶液，$k_x=p_A^*$，溶质与溶剂的区分已无意义，即为（液态）混合物。

为了建立一种简单的液态混合物模型，定义：每种组分在全部浓度范围内均符合拉乌尔定律的液态混合物为**理想液态混合物**（ideal liquid mixture）。显然，对于理想液态混合物中任一组分 B：

$$p_B=p_B^* x_B \tag{3.47}$$

与理想气体的分子本身没有体积、分子之间无相互作用力不同，理想液态混合物分子本身有体积，但各组分的体积及形状相同；分子之间有相互作用力，但不同组分之间的作用力相同。因此，由单组分混合成理想液态混合物时既无热效应，也无体积改变，而且混合后各组分的挥发能力与纯组分相同。

严格意义上讲，理想液态混合物客观不存在，但实际上一些光学异构体的混合物、结构异构体的混合物、同位素混合物等可以近似为理想液态混合物。

对于溶液，也有一种简化的模型——理想稀溶液。定义：溶剂服从拉乌尔定律，溶质服从亨利定律的溶液为**理想稀溶液**（ideal dilute solution）或**无限稀释溶液**（infinite dilute solution）。显然，对于理想稀溶液：

溶剂 $$p_A=p_A^* x_A$$

溶质 $$p_B=k_x x_B$$

3.6 液态多组分系统中各组分的化学势

3.6.1 理想液态混合物中各组分的化学势

由于混合物中各组分的地位等同，所以各组分化学势的表示方式也相同。根据相平衡条件，温度 T、压力 p 下气、液两相平衡时，混合物中任一组分 B 在液相中的化学势与它在气相中的化学势相等，即：

$$\mu_{B(l)}(T,p)=\mu_{B(g)}(T,p)$$

若与理想液态混合物相平衡的蒸气压力不大，可视为理想气体混合物，根据式(3.30) 得：

$$\mu_{B(l)}(T,p)=\mu_{B(g)}^{\ominus}(T)+RT\ln\frac{p_B}{p^{\ominus}}$$

而对于理想液态混合物，$p_B=p_B^* x_B$。将其代入上式，则得：

$$\mu_{B(l)}(T,p)=\mu_{B(g)}^{\ominus}(T)+RT\ln\frac{p_B^*}{p^{\ominus}}+RT\ln x_B \tag{3.48}$$

对纯液体 B，$x_B=1$，上式变为：

$$\mu_{B(l)}^*(T,p)=\mu_{B(g)}^{\ominus}(T)+RT\ln\frac{p_B^*}{p^{\ominus}} \tag{3.49}$$

将式(3.49) 代入式(3.48)，则得：

$$\mu_{B(l)}(T,p)=\mu_{B(l)}^{*}(T,p)+RT\ln x_{B} \tag{3.50}$$

或简写为：

$$\mu_{B(l)}=\mu_{B(l)}^{*}+RT\ln x_{B} \tag{3.51}$$

式中，$\mu_{B(l)}^{*}$是纯液体B在温度T和压力p时的化学势，而非B的标准态化学势。根据纯组分均相系统热力学基本方程，温度T下，对纯液体B：

$$d\mu_{B(l)}=dG_{m,B(l)}^{*}=V_{m,B(l)}^{*}dp$$

对上式进行积分，压力从$p^{\ominus}$到p，得到：

$$\int_{\mu_{B(l)}^{\ominus}}^{\mu_{B(l)}^{*}}d\mu_{B(l)}=\int_{p^{\ominus}}^{p}V_{m,B(l)}^{*}dp$$

$$\mu_{B(l)}^{*}=\mu_{B(l)}^{\ominus}+\int_{p^{\ominus}}^{p}V_{m,B(l)}^{*}dp \tag{3.52}$$

将式(3.52)代入式(3.51)，得到理想液态混合物中任一组分B的化学势表达式：

$$\mu_{B(l)}=\mu_{B(l)}^{\ominus}+RT\ln x_{B}+\int_{p^{\ominus}}^{p}V_{m,B(l)}^{*}dp \tag{3.53}$$

当p与$p^{\ominus}$相差不大时，式(3.53)中最后一项可忽略不计，得：

$$\mu_{B(l)}=\mu_{B(l)}^{\ominus}+RT\ln x_{B} \tag{3.54}$$

或简写作：

$$\mu_{B}=\mu_{B}^{\ominus}+RT\ln x_{B} \tag{3.55}$$

$\mu_{B}^{\ominus}$为B的标准态化学势，标准态为温度T、压力$p^{\ominus}$下纯液体B的状态。

3.6.2 真实液态混合物中各组分的化学势

真实液态混合物中各组分的蒸气压会对拉乌尔定律产生偏差，因此对真实液态混合物应用拉乌尔定律时需要修正。修正方法是将真实液态混合物中任一组分B的浓度（用摩尔分数x_{B}表示）乘以校正因子γ_{B}，即：

$$a_{B}\overset{\text{def}}{=\!=}\gamma_{B}x_{B} \tag{3.56}$$

且

$$\lim_{x_{B}\to 1}\gamma_{B}=\lim_{x_{B}\to 1}\frac{a_{B}}{x_{B}}=1 \tag{3.57}$$

式(3.56)和式(3.57)即为**活度**a（activity）和**活度因子**γ（activity factor）的定义。活度因子也称**活度系数**（activity coefficient）。

活度a的量纲为1，是系统的强度性质。活度因子γ的量纲也为1，γ与1的差别反映真实液态混合物的行为与理想液态混合物偏离的程度。理想液态混合物中任一组分B的$\gamma_{B}=1$，$a_{B}=x_{B}$，真实液态混合物任一组分B的$\gamma_{B}\neq 1$。活度及活度因子均与系统所处状态及标准态的选择有关。

按照式(3.57)，纯液体（$x_{B}=1$）的$\gamma_{B}=1$时，$a_{B}=1$。将此状态规定为液体B的标准态，即B的标准态为温度T、压力$p^{\ominus}$下的纯液体B的状态，其化学势表示为$\mu_{B}^{\ominus}$。

以活度代替式(3.51)和式(3.53)中的浓度，即可得到真实液态混合物中任一组分B的化学势表达式：

$$\mu_{B(l)}=\mu_{B(l)}^{*}+RT\ln a_{B} \tag{3.58}$$

$$\mu_{B(l)}=\mu_{B(l)}^{\ominus}+RT\ln a_{B}+\int_{p^{\ominus}}^{p}V_{m,B(l)}^{*}dp \tag{3.59}$$

当p与$p^{\ominus}$相差不大时，式(3.59)中最后一项可忽略，则：

$$\mu_{B(l)}=\mu_{B(l)}^{\ominus}+RT\ln a_{B} \tag{3.60}$$

或简写为：

$$\mu_B=\mu_B^{\ominus}+RT\ln a_B \tag{3.61}$$

式(3.58)～式(3.61) 均为真实液态混合物中任一组分 B 的化学势表达式。

有多种测定活度和活度因子的方法，这里只介绍一种比较简单的方法——蒸气压法。

将拉乌尔定律中的蒸气压力和液相浓度分别用修正量逸度和活度代替，即可应用于真实液态混合物。对真实液态混合物：

$$\tilde{p}_B=\tilde{p}_B^{*}a_B$$

压力不大时，与液态混合物呈平衡的气相可看作理想气体，则可将上式中的逸度改用气体的压力，即：

$$p_B=p_B^{*}a_B$$

$$a_B=\frac{p_B}{p_B^{*}} \tag{3.62}$$

将式(3.62) 代入式(3.56)，得：

$$\gamma_B=\frac{p_B}{p_B^{*}x_B} \tag{3.63}$$

可见，对组成为 x_B 的真实液态混合物，测定 B 的分压 p_B 及纯 B 的蒸气压 p_B^{*}，由式(3.62) 和式(3.63) 即可求得 B 的活度和活度因子。

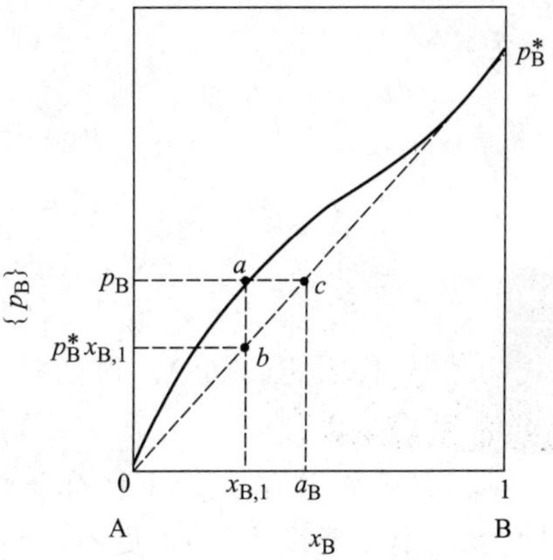

图 3.5 活度与浓度的差别

图 3.5 清楚地表现了真实液态混合物与理想规律的偏差。图中实线为实测的 p_B-x_B 曲线，虚线为 $p_B^{*}x_B$-x_B 曲线，即按拉乌尔定律计算的组分 B 的蒸气压-组成曲线，二者的差别反映了真实混合物中组分 B 的蒸气压对拉乌尔定律的偏离。由图 3.5 可见，$p_B=p_B^{*}a_B\neq p_B^{*}x_B$。因此 x_B 与 a_B 的差别就是真实混合物的浓度（用摩尔分数表示）与其活度的差别，活度相当于“校正过的浓度”的含义即在于此。

3.6.3 理想稀溶液中溶剂与溶质的化学势

由于溶液中的组分有溶剂与溶质的区分，故溶剂与溶质化学势的表达式也略有不同，下面分别进行讨论。

(1) 理想稀溶液中溶剂的化学势

因为理想稀溶液中溶剂 A 符合拉乌尔定律，故其化学势的表达式与理想混合物中任一组分的化学势相同，即：

$$\mu_{A(l)}=\mu_{A(l)}^{*}+RT\ln x_A=\mu_{A(l)}^{\ominus}+RT\ln x_A+\int_{p^{\ominus}}^{p}V_{m,A(l)}^{*}\,dp \tag{3.64}$$

p 与 $p^{\ominus}$ 相差不大时，近似为：

$$\mu_{A(l)}=\mu_{A(l)}^{\ominus}+RT\ln x_A \tag{3.65}$$

或简写作：

$$\mu_A=\mu_A^{\ominus}+RT\ln x_A \tag{3.66}$$

式中，$\mu_{A(l)}^{\ominus}$ 为溶剂 A 的标准化学势，其标准态与理想液态混合物相同，即 T、$p^{\ominus}$ 下纯液体 A 的状态。

(2) 理想稀溶液中溶质的化学势

在 T、p 下达到相平衡时，理想稀溶液中溶质 B 的化学势与其在气相中的化学势相等，将与理想稀溶液呈平衡的气相视为理想气体，则：

$$\mu_{B(l)}(T,p)=\mu_{B(g)}(T,p)=\mu_{B(g)}^{\ominus}(T)+RT\ln\frac{p_B}{p^{\ominus}} \quad (3.67)$$

理想稀溶液中溶质符合亨利定律，因此，只要将亨利定律代入上式，即可得到稀溶液中溶质组分B的化学势。由于采用不同浓度表示方法时亨利定律的表达式不同，因此可以得到不同的化学势表达式。

若溶质B的浓度用摩尔分数表示，则 $p_B=k_x x_B$，将其带入式(3.67)，得到：

$$\mu_{B(l)}(T,p)=\mu_{B(g)}^{\ominus}(T)+RT\ln\frac{k_x}{p^{\ominus}}+RT\ln x_B$$

简写为：

$$\mu_{B(l)}=\mu_{B(g)}^{\ominus}+RT\ln\frac{k_x}{p^{\ominus}}+RT\ln x_B \quad (3.68)$$

令：

$$\mu_{B(l)}^{*}=\mu_{x,B(g)}^{\ominus}+RT\ln\frac{k_x}{p^{\ominus}} \quad (3.69)$$

将式(3.69)代入式(3.68)，得：

$$\mu_{B(l)}=\mu_{B(l)}^{*}+RT\ln x_B \quad (3.70)$$

$\mu_{B(l)}^{*}$是溶质B在$x_B=1$且符合亨利定律的假想状态下的化学势。之所以称之为假想状态，是因为x_B不可能接近于1，更不可能在$x_B\to 1$时还符合亨利定律。采用推导式(3.52)的方法可推导出$\mu_{B(l)}^{*}$与$\mu_{B(l)}^{\ominus}$的关系：

$$\mu_{B(l)}^{*}=\mu_{x,B(l)}^{\ominus}+\int_{p^{\ominus}}^{p}V_{B,\infty}\,\mathrm{d}p \quad (3.71)$$

式中，$V_{B,\infty}$为理想稀溶液中溶质B的偏摩尔体积。

将式(3.71)代入式(3.70)，即得浓度采用摩尔分数表示时理想稀溶液中溶质B的化学势表达式：

$$\mu_{B(l)}=\mu_{x,B(l)}^{\ominus}+RT\ln x_B+\int_{p^{\ominus}}^{p}V_{B,\infty}\,\mathrm{d}p \quad (3.72)$$

常压下，近似为：

$$\mu_{B(l)}=\mu_{x,B(l)}^{\ominus}+RT\ln x_B \quad (3.73)$$

或简写为：

$$\mu_B=\mu_{x,B}^{\ominus}+RT\ln x_B \quad (3.74)$$

同理，分别将$p_B=k_b b_B$和$p_B=k_c c_B$代入式(3.67)，可得到浓度采用质量摩尔浓度和物质的量浓度表示时稀溶液中溶质B的化学势表达式。其简写式为：

$$\mu_{b,B}=\mu_{b,B}^{\ominus}+RT\ln\frac{b_B}{b^{\ominus}} \quad (3.75)$$

$$\mu_{c,B}=\mu_{c,B}^{\ominus}+RT\ln\frac{c_B}{c^{\ominus}} \quad (3.76)$$

式(3.74)～式(3.76)是等价的。但需要清楚，对于稀溶液中的溶质B，采用的浓度表示方法不同，其化学势表达式不同，标准态及标准态化学势不同。浓度以x_B（或b_B或c_B）表示时的标准态为：温度T，压力$p=p^{\ominus}$，$x_B=1$（或$b_B=b^{\ominus}=1\mathrm{mol\cdot kg^{-1}}$或$c_B=c^{\ominus}=1\mathrm{mol\cdot dm^{-3}}$）且服从亨利定律的假想状态。这与理想液态混合物中任一组分B所选的标准态（T、p下纯B状态）不同。

3.6.4 真实溶液中溶剂与溶质的化学势

(1) 真实溶液中溶剂的化学势

将理想稀溶液中溶剂的化学势表达式［式(3.64)～式(3.66)］中的 x_A 换成活度 a_A，即为真实溶液中溶剂 A 的化学势表达式，即：

$$\mu_A=\mu_A^*+RT\ln a_A \tag{3.77}$$

$$\mu_A=\mu_A^{\ominus}+RT\ln a_A+\int_{p^{\ominus}}^{p} V_{m,A}^* \mathrm{d}p \tag{3.78}$$

p 与 $p^{\ominus}$ 相差不大时，近似为：

$$\mu_A=\mu_A^{\ominus}+RT\ln a_A \tag{3.79}$$

式中，溶剂 A 的活度 $a_A=\gamma_A x_A$，γ_A 为活度因子。然而，有些时候，如对极稀的电解质溶液，溶质不服从亨利定律，但溶剂对拉乌尔定律的偏差却很小，此时对溶剂而言，用活度因子表达其非理想性并不十分明显。为此，贝耶伦（Bjerrum）引入渗透因子（osmotic factor）Φ（也称渗透系数）来表示稀溶液中溶剂的非理想程度。溶剂 A 的渗透因子 Φ_A 定义为：

$$\mu_A \xlongequal{\text{def}} \mu_A^*+\Phi_A RT\ln x_A \qquad (x_A\to 0 \text{ 时}, \Phi_A\to 1) \tag{3.80}$$

将 $a_A=\gamma_{x,A}x_A$ 代入式(3.77) 得：

$$\mu_A=\mu_A^*+RT\ln(\gamma_{x,A}x_A)$$

将式(3.80) 与上式比较，可得：

$$\Phi_A\ln x_A=\ln(\gamma_{x,A}x_A)$$

$$\Phi_A=\frac{\ln\gamma_{x,A}+\ln x_A}{\ln x_A} \tag{3.81}$$

(2) 真实溶液中溶质的化学势

将理想稀溶液中溶质的化学势表达式中的 x_B 换成 a_B，即为真实溶液中溶质 B 的化学势表达式：

$$\mu_B=\mu_B^{\ominus}+RT\ln a_B \tag{3.82}$$

采用不同浓度表示方法时溶质 B 的活度定义分别为：

$$a_{x,B}\xlongequal{\text{def}}\gamma_{x,B}x_B，\quad 且 \lim_{\sum_B x_B\to 0}\gamma_{x,B}=\lim_{\sum_B x_B\to 0}\frac{a_{x,B}}{x_B}=1 \tag{3.83}$$

$$a_{b,B}\xlongequal{\text{def}}\gamma_{b,B}\frac{b_B}{b^{\ominus}}，\quad 且 \lim_{\sum_B b_B\to 0}\gamma_{b,B}=\lim_{\sum_B b_B\to 0}\frac{a_{b,B}b^{\ominus}}{b_B}=1 \tag{3.84}$$

$$a_{c,B}\xlongequal{\text{def}}\gamma_{c,B}\frac{c_B}{c^{\ominus}}，\quad 且 \lim_{\sum_B c_B\to 0}\gamma_{c,B}=\lim_{\sum_B c_B\to 0}\frac{a_{c,B}c^{\ominus}}{c_B}=1 \tag{3.85}$$

将式(3.83)～式(3.85) 代入式(3.82)，即可得到采用不同浓度表示方法时真实溶液中溶质 B 的化学势表达式：

$$\mu_B=\mu_{x,B}^{\ominus}+RT\ln a_{x,B}=\mu_{x,B}^{\ominus}+RT\ln(\gamma_{x,B}x_B) \tag{3.86}$$

$$\mu_B=\mu_{b,B}^{\ominus}+RT\ln a_{b,B}=\mu_{b,B}^{\ominus}+RT\ln\frac{\gamma_{b,B}b_B}{b^{\ominus}} \tag{3.87}$$

$$\mu_B=\mu_{c,B}^{\ominus}+RT\ln a_{c,B}=\mu_{c,B}^{\ominus}+RT\ln\frac{\gamma_{c,B}c_B}{c^{\ominus}} \tag{3.88}$$

式(3.86)～式(3.88) 是等价的，但浓度表示方法不同，对应的标准态、$\mu_B^{\ominus}$、a_B、γ_B 不同。

【例 3.3】 300K 时，液体 A 和液体 B 的蒸气压分别为 37.3kPa 和 22.7kPa。1mol A 与 1mol B 混合形成液态混合物，测得混合物的蒸气压为 50.7kPa，蒸气中 $y_A=0.60$。假定蒸气为理想气体，计算：

（1）混合物中 A 和 B 的活度。

（2）混合物中 A 和 B 的活度因子。

（3）混合过程中系统的吉布斯函数变 $\Delta_{mix}G$。

解：（1）按式(1.8)：

$$p_A=y_Ap=0.60\times50.7\text{kPa}=30.4\text{kPa}$$

$$p_B=p-p_A=50.7\text{kPa}-30.4\text{kPa}=20.3\text{kPa}$$

按式(3.62)：

$$a_A=\frac{p_A}{p_A^*}=\frac{30.4\text{kPa}}{37.3\text{kPa}}=0.815$$

$$a_B=\frac{p_B}{p_B^*}=\frac{20.3\text{kPa}}{22.7\text{kPa}}=0.894$$

（2）混合物中各组分的活度因子可按式(3.63) 计算：

$$\gamma_A=\frac{a_A}{x_A}=\frac{0.815}{0.5}=1.63$$

$$\gamma_B=\frac{a_B}{x_B}=\frac{0.894}{0.5}=1.79$$

（3）混合过程系统的吉布斯函数变为 A、B 两组分的吉布斯函数变之和。而 A、B 两组分的吉布斯函数变均为其由纯液体变成混合物过程中组分的吉布斯函数变，即：

$$\Delta_{mix}G_{A/B}=\Delta_{mix}G_A+\Delta_{mix}G_B=n_A\Delta_{mix}\mu_A+n_B\Delta_{mix}\mu_B=n_A(\mu_A-\mu_A^*)+n_B(\mu_B-\mu_B^*)$$

将式(3.58) 代入上式得到：

$$\Delta_{mix}G_{A/B}=n_A(\mu_A^*+RT\ln a_A-\mu_A^*)+n_B(\mu_B^*+RT\ln a_B-\mu_B^*)=RT(n_A\ln a_A+n_B\ln a_B)$$

$$=8.314\text{J}\cdot\text{mol}^{-1}\cdot\text{K}^{-1}\times300\text{K}\times(1\text{mol}\times\ln0.815+1\text{mol}\times\ln0.894)=-790\text{J}$$

3.7 稀溶液的依数性

稀溶液的一些性质只与加入溶质的数量有关而与溶质本性无关，被称为**依数性质**（colligative property），简称**依数性**。如溶剂的蒸气压下降、溶液的凝固点降低、溶液的沸点升高、溶液的渗透压等。稀溶液中溶剂的化学势小于纯溶剂的化学势（$\mu_A<\mu_A^*$）是稀溶液产生依数性的本质原因。

3.7.1 蒸气压下降

对于稀溶液中的溶剂：

$$\mu_A=\mu_A^*+RT\ln x_A$$

由于 $x_A<1$，所以：

$$\mu_A<\mu_A^*$$

将稀溶液中溶剂的 $\mu_A=\mu_{A(g)}^{\ominus}(T)+RT\ln(p_A/p^{\ominus})$ 及纯溶剂的 $\mu_A^*=\mu_{A(g)}^{\ominus}(T)+RT\ln(p_A^*/p^{\ominus})$ 代入上式，得：

$$p_A<p_A^*$$

即稀溶液中溶剂的蒸气压低于同温度下纯溶剂的蒸气压，这种现象被称为溶剂的蒸气压下降。

根据拉乌尔定律，稀溶液：

$$p_A=p_A^*x_A$$

$$\Delta p=p_A^*-p_A=p_A^*-p_A^*x_A=p_A^*(1-x_A)=p_A^*\sum_B x_B \tag{3.89}$$

式(3.89) 表明，稀溶液中溶剂的蒸气压下降只与溶质的数量有关，是稀溶液的依数性之一。如果溶质B是非挥发性物质，则溶剂的蒸气压即为溶液的蒸气压。

3.7.2 凝固点降低

一定压力下，固态物质与液态物质呈相平衡时的温度称为该物质的凝固点（freezing point)。将溶质B溶入纯溶剂A中形成B/A稀溶液，若A与B不形成固态溶液（凝固时析出的固体为纯溶剂A)，则溶液B/A的凝固点 T_f 低于纯溶剂的凝固点 T_f^*，称这种现象为稀溶液的凝固点降低。

纯溶剂在凝固点时，$\mu_{A(s)}(T_f^*)=\mu_{A(l)}(T_f^*)$，如将溶质B溶入溶剂A中形成B/A溶液，则溶液中A的化学势降低，而固相中A的化学势不变，即 $\mu_{A(s)}(T_f^*)>\mu_{A(l)}(T_f^*)$，平衡被破坏。因 $(\partial\mu/\partial T)_p=-S$，且 $S(l)>S(s)$，即降温会使A的化学势升高，而且随温度降低 $\mu_{A(l)}$ 较 $\mu_{A(s)}$ 升高得快，所以降温到 T_f 时，$\mu_{A(l)}(T_f)=\mu_{A(s)}(T_f)$。$T_f$ 即为溶液的凝固点，$T_f<T_f^*$。从相平衡条件出发，可推导出凝固点降低的定量计算公式。

依据相平衡条件，凝固点 T 时：

$$\mu_{A(s)}=\mu_{A(l)}$$

因固相为纯A，$\mu_{A(s)}=\mu_{A(s)}^*$；溶液为稀溶液，$\mu_{A(l)}=\mu_{A(l)}^*+RT\ln x_A$。代入上式，得：

$$\mu_{A(s)}^*=\mu_{A(l)}^*+RT\ln x_A$$

等压下将上式对温度求偏导，得：

$$\left(\frac{\partial\mu_{A(s)}^*}{\partial T}\right)_p=\left(\frac{\partial\mu_{A(l)}^*}{\partial T}\right)_p+RT\left(\frac{\partial\ln x_A}{\partial T}\right)_p$$

依据单组分均相系统 $(\partial\mu/\partial T)_p=-S$ 及凝固点下 $S_{m,A(l)}^*-S_{m,A(s)}^*=\Delta_{fus}H_{m,A}^*/T$，上式可表示为：

$$d\ln x_A=\frac{\Delta_{fus}H_{m,A}^*}{RT^2}dT$$

对上式积分：

$$\int_1^{x_A}d\ln x_A=\int_{T_f^*}^{T_f}\frac{\Delta_{fus}H_{m,A}^*}{RT^2}dT$$

$$\ln x_A=\frac{\Delta_{fus}H_{m,A}^*}{R}\left(\frac{1}{T_f^*}-\frac{1}{T_f}\right)=-\frac{\Delta_{fus}H_{m,A}^*(T_f^*-T_f)}{RT_f^*T_f}=-\frac{\Delta_{fus}H_{m,A}^*\Delta T_f}{RT_f^*T_f}$$

无限稀释溶液：

$$T_f^*T_f\approx(T_f^*)^2$$

$$\ln x_A=\ln(1-x_B)\approx -x_B-\frac{x_B^2}{2}-\frac{x_B^3}{3}-\cdots\approx -x_B$$

$$x_B=\frac{n_B}{n_A+n_B}\approx\frac{n_B}{n_A}=\frac{n_B}{m_A}M_A=b_BM_A$$

所以：

$$\Delta T_f=\frac{R(T_f^*)^2M_Ab_B}{\Delta_{fus}H_{m,A}^*}$$

令：

$$K_f=\frac{R(T_f^*)^2M_A}{\Delta_{fus}H_{m,A}^*} \tag{3.90}$$

则：

$$\Delta T_f=K_fb_B \tag{3.91}$$

式(3.91) 为稀溶液凝固点降低的定量计算公式。式中，$\Delta T_f=T_f^*-T_f$，为溶液的凝固点降低值。K_f为凝固点降低常数 (freezing point depression constant)，单位为 $K\cdot kg\cdot mol^{-1}$。式(3.90) 表明 K_f只与溶剂的性质有关，与溶质的性质无关，所以稀溶液的凝固点降低也是一种依数性。常见溶剂的 K_f值见表 3.3。

3.7.3 沸点升高

沸点是液体的蒸气压等于外压时的温度。若向溶剂中加入非挥发性溶质形成稀溶液，则溶液的沸点比纯溶剂的沸点高，称这种现象为稀溶液的沸点升高。采用推导凝固点降低公式的方法可以推导出沸点升高的定量计算公式：

$$\Delta T_b=K_bb_B \tag{3.92}$$

$$K_b=\frac{R(T_b^*)^2M_A}{\Delta_{vap}H_{m,A}^*} \tag{3.93}$$

式中，$\Delta T_b=T_b-T_b^*$ 为溶液的沸点升高值。K_b为溶剂的沸点升高常数 (boiling point elevation constant)，单位为 $K\cdot kg\cdot mol^{-1}$。K_b也只与溶剂的性质有关，与溶质的性质无关，所以稀溶液的沸点升高也是一种依数性。常见溶剂的 K_b值见表 3.4。

表 3.3 一些溶剂的凝固点降低常数 K_f

溶剂	$K_f/(K\cdot kg\cdot mol^{-1})$
水	1.86
醋酸	3.90
苯	5.10
萘	7.0
氯仿	3.88
对二溴苯	12.5
三溴甲烷	14.4
樟脑	40

表 3.4 一些溶剂的沸点升高常数 K_b

溶剂	$K_b/(K\cdot kg\cdot mol^{-1})$
水	0.52
甲醇	0.80
乙醇	1.20
乙醚	2.11
丙酮	1.72
苯	2.57
氯仿	3.88
四氯化碳	5.02

3.7.4 渗透压

对于物质的透过有选择性的薄膜称为半透膜。例如动物膀胱膜可以让水透过，却能阻挡蛋白质分子或其他大分子物质，是一种天然半透膜。现代技术也能合成含一定尺寸微孔的高聚物半透膜。

如图 3.6 所示，在温度 T 下，用一种只能透过溶剂而不能透过溶质的半透膜将纯溶剂 A 与稀溶液 B/A 分隔开，则溶剂分子可以透过膜向两边渗透。以 L 表示左侧，R 表示右侧。如果两边压力相等，左侧纯溶剂 A 的化学势为 $\mu_{L,A}=\mu_A^*$，右侧稀溶液中 A 的化学势为$\mu_{R,A}=\mu_A^*+RT\ln x_A$。因 $x_A<1$，所以 $\mu_{L,A}>\mu_{R,A}$，溶剂 A 会透过半透膜向右侧渗透，右侧毛细管中的液面上升，压力增大；右侧 x_A 变大，$\mu_{R,A}$ 增大，直至 $\mu_{L,A}=\mu_{R,A}$，达到**渗透平衡**（osmotic equilibrium）。达到渗透平衡时，与溶剂液面同一高度的溶液截面上所受的压力与溶剂液面上所受压力之差称为溶液的**渗透压**（osmotic pressure），以 Π 表示，单位为 Pa。其定量计算公式可从相平衡条件推导得到。

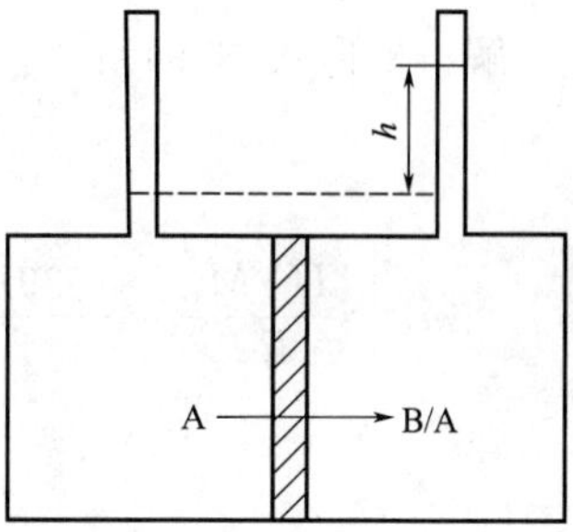

图 3.6 渗透平衡图

设温度 T 下达到渗透平衡时左侧的压力为 p，右侧的压力为 $p+\Pi$，则：

$$\mu_{L,A}=\mu_{R,A}$$

即：

$$\mu_A^*(T,p)=\mu_A^*(T,p+\Pi)+RT\ln x_A$$

$$d\mu_A^*=\mu_A^*(T,p+\Pi)-\mu_A^*(T,p)=-RT\ln x_A$$

将 $d\mu_A^*=V_{A,m}^*dp$ 及无限稀释溶液 $\ln x_A\approx -x_B$ 代入上式，得：

$$d\mu_A^*=V_{A,m}^*dp=V_{A,m}^*\Pi=RTx_B$$

将 $x_B=\dfrac{n_B}{n_A+n_B}\approx\dfrac{n_B}{n_A}$ 及 $n_AV_{A,m}^*\approx V$ 代入上式，得：

$$\Pi V=n_BRT \tag{3.94}$$

或

$$\Pi=c_BRT \tag{3.95}$$

渗透压是溶液的一种属性，无论有无半透膜，溶液的渗透压总是存在的，只是不一定表现出来。稀溶液的渗透压取决于温度和溶质的浓度，与溶质的种类无关，所以也是一种依数性质。渗透压决定了达到渗透平衡时溶液液面上升的高度，$\Pi=\rho gh$。

在图 3.6 中，如溶剂表面上的压力为 p，则施加在溶液表面上的压力小于 $p+\Pi$，会发生溶剂分子从溶剂一方向溶液一方渗透的现象；若施加在溶液表面上的压力大于 $p+\Pi$，溶液中的溶剂分子会通过半透膜进入溶剂一方，这种现象被称为**反渗透**（reverse osmosis）。反渗透最初用于海水的淡化，后来又应用于工业废水的处理等。

稀溶液的依数性取决于溶质物质的量，因此可以通过依数性的测定来检验物质的纯度，测定溶质的摩尔质量等。

【例 3.4】 在 25.0g 苯中溶入 0.245g 苯甲酸，测得凝固点下降 0.205K，试求苯甲酸在苯中的分子式。

解： 从表 3.3 中查得苯的凝固点降低常数 $K_f=5.10\text{K}\cdot\text{kg}\cdot\text{mol}^{-1}$。按式(3.91)：

$$\Delta T_f=K_fb_B=\frac{K_fm_B}{M_Bm_A}$$

$$M_B=\frac{K_fm_B}{m_A\Delta T_f}=\frac{5.10\text{K}\cdot\text{kg}\cdot\text{mol}^{-1}\times 0.245\times 10^{-3}\text{kg}}{25.0\times 10^{-3}\text{kg}\times 0.205\text{K}}=0.224\text{kg}\cdot\text{mol}^{-1}$$

$M(C_6H_5COOH)=0.122\text{kg}\cdot\text{mol}^{-1}$，而所求 M_B 为 $0.224\text{kg}\cdot\text{mol}^{-1}$，据此可判定苯甲酸在苯中是双分子缔合的，其分子式为 $(C_6H_5COOH)_2$。

【例 3.5】 实验测得 298.2K 下胰凝乳朊酶溶液的渗透压为 1539Pa，试计算 0.100dm^3 溶液中含多少该溶质。（用渗透压法测得胰凝乳朊酶的平均摩尔质量为 $25.0\text{kg}\cdot\text{mol}^{-1}$。）

解：根据式(3.94)：

$$\Pi V=n_{\mathrm{B}}RT=\frac{m_{\mathrm{B}}RT}{M_{\mathrm{B}}}$$

$$m_{\mathrm{B}}=\frac{\Pi VM_{\mathrm{B}}}{RT}=\frac{1539\mathrm{Pa}\times 0.100\times 10^{-3}\mathrm{m}^3\times 25.0\mathrm{kg}\cdot\mathrm{mol}^{-1}}{8.314\mathrm{J}\cdot\mathrm{K}^{-1}\cdot\mathrm{mol}^{-1}\times 298.2\mathrm{K}}=1.55\times 10^{-3}\mathrm{kg}$$

习题

3.1 回答下列问题并给出依据。

(1) 比较 100℃、101.3kPa 下的 $H_2O(l)$ 与 $H_2O(g)$ 的化学势大小。

(2) 比较 100℃、202.6kPa 下的 $H_2O(l)$ 与 $H_2O(g)$ 的化学势大小。

(3) 25℃、101.3kPa 下氯化钾饱和溶液（有氯化钾固体）中存在的化学势关系。

(4) 常温常压下向葡萄糖水溶液中加入少量葡萄糖，葡萄糖溶解了，说明存在的化学势关系。

3.2 写出以下各组分化学势的准确表达式和近似表达式(浓度以摩尔分数表示)。

(1) 理想液态混合物中任一组分 B。

(2) 理想稀溶液中溶剂 A。

(3) 理想稀溶液中溶质 B。

(4) 真实溶液中溶剂 A。

(5) 真实溶液中溶质 B。

3.3 写出真实溶液中溶质的化学势近似表达式。

(1) 浓度用摩尔分数表示。

(2) 浓度用质量摩尔浓度表示。

(3) 浓度用物质的量浓度表示。

3.4 298K、101.3kPa 下，将醋酸（B）溶于 1kg 水（A）中，所得溶液的体积 V 与醋酸的物质的量 n_{B} 的关系为：$V/\mathrm{cm}^3=1002.935+51.832n_{\mathrm{B}}\cdot\mathrm{mol}^{-1}+0.139n_{\mathrm{B}}^2\cdot\mathrm{mol}^{-2}$。请：

(1) 确定醋酸和水的偏摩尔体积与醋酸的物质的量的关系；

(2) $n_{\mathrm{B}}=1\mathrm{mol}$ 时醋酸和水的偏摩尔体积；

(3) 无限稀释溶液中醋酸和水的偏摩尔体积。

3.5 苯与甲苯可组成理想液态混合物，计算 80℃ 时苯的摩尔分数为 0.142 的苯（A）-甲苯（B）混合物的平衡蒸气的组成。已知 80℃ 时苯和甲苯的蒸气压分别为 100kPa 和 38.7kPa。

3.6 40℃ 时液体 A 的饱和蒸气压是液体 B 的饱和蒸气压的 2 倍。由 A 和 B 形成的理想液态混合物的蒸气中 A 和 B 的摩尔分数相等，试计算液相组成。

3.7 25℃ 时，1mol A 与 3mol B 形成的理想液态混合物的总蒸气压为 100kPa。2mol A 与 2mol B 混合而成的理想液态混合物的总蒸气压大于 100kPa，但在其中加入 6mol C 后，蒸气压可降至 100kPa。已知该温度下纯液体 C 的蒸气压为 80kPa，计算纯 A 和纯 B 的蒸气压。

3.8 45℃ 时由液体 A 和 B 混合而成的实际溶液的平衡蒸气压为 24.4kPa，液相组成为 $x_{\mathrm{A}}=0.30$，气相组成为 $y_{\mathrm{A}}=0.60$。已知 45℃ 时纯 A 和纯 B 的蒸气压分别为 23.0kPa 和 9.30kPa，计算：

(1) 溶液中 A 和 B 的活度系数；

(2) 混合形成实际溶液过程的 ΔG_{m}。

3.9 某温度下，将 I_2 溶于 CCl_4 中形成溶液。溶液中 I_2 的摩尔分数为 0.012 和 0.500 时，其蒸气中 $I_2(g)$ 的分压分别为 0.656kPa 和 16.7kPa。计算由等物质的量的 I_2 和 CCl_4 形成的溶液中I_2的活度和活度因子。

3.10 28℃时氯仿（A）与丙酮（B）组成的溶液，当$x_A=0.713$时，蒸气总压为29.4kPa，蒸气中$y_B=0.818$，计算该溶液中氯仿的活度与活度因子。已知28℃时氯仿的蒸气压为29.6kPa，蒸气可视为理想气体。

3.11 288.2K下将1mol难挥发性溶质B溶于4.559mol水中，测得溶液的蒸气压为596.5Pa，求：

（1）溶液中水的活度；

（2）由水变成水溶液，水的化学势改变。

已知288.2K时水的蒸气压为1705Pa。

3.12 20℃时乙醚的蒸气压为58.9kPa，将10.0g某非挥发性有机物溶于100g乙醚中，测得乙醚的蒸气压下降到56.7kPa，计算该有机物的摩尔质量。

3.13 已知20℃时苯的蒸气压为10.0kPa：

（1）20℃时HCl的摩尔分数为0.043的HCl-苯溶液液面上HCl的分压为100kPa，计算此溶液的蒸气中苯的分压；

（2）20℃、蒸气总压为100kPa时，计算每100g苯中可溶解多少克HCl。

3.14 计算25℃，100kPa下被空气饱和的水中O_2与N_2的物质的量之比。已知水面上O_2的分压为20.8kPa，水蒸气分压为3.16kPa。水为溶剂时O_2和N_2的亨利常数k_x分别为4.40×10^6 kPa和8.68×10^6kPa。空气可看作理想气体，除N_2、O_2和水蒸气外，空气中其他成分可忽略不计。

3.15 已知樟脑（$C_{10}H_{16}O$）的凝固点降低常数$K_f=40.0\text{K}\cdot\text{kg}\cdot\text{mol}^{-1}$：

（1）将摩尔质量为$210\text{g}\cdot\text{mol}^{-1}$的溶质溶于樟脑中形成质量分数为5%的溶液，计算凝固点降低值；

（2）某溶质溶于樟脑中形成质量分数为5%的溶液，凝固点下降0.234K，计算此溶质的摩尔质量。

3.16 将12.2g苯甲酸（C_6H_5COOH）溶入100g苯中，测得溶液的沸点较苯的沸点升高1.36K，通过计算说明苯甲酸在苯中的分子状态。已知苯的沸点升高常数$K_b=2.57\text{K}\cdot\text{kg}\cdot\text{mol}^{-1}$。

3.17 将5.126×10^{-4}kg萘溶于5.0×10^{-2}kg CCl_4中，所得溶液的沸点较CCl_4升高0.402K。而在同量CCl_4中溶入6.126×10^{-4}kg某未知物，所得溶液的沸点较CCl_4升高0.647K。求该未知物的摩尔质量。已知萘的摩尔质量为$128.16\times10^{-3}\text{kg}\cdot\text{mol}^{-1}$。

3.18 将68.4g蔗糖（$C_{12}H_{22}O_{11}$）溶于1kg水中，计算：

（1）20℃时此溶液的蒸气压。

（2）20℃时此溶液的渗透压。

已知20℃时此溶液的体积质量为$1.02\text{g}\cdot\text{cm}^{-3}$，水的蒸气压为3.08kPa。

3.19 人的血液可看作蛋白质的水溶液，其体积质量约为$1.10\text{g}\cdot\text{cm}^{-3}$。已测得在101kPa下血液可在−0.560℃下结出冰屑。估算：

（1）在正常体温（37℃）时人血的渗透压。

（2）配制1dm^3与人血等渗（即渗透压相等）的葡萄糖（$C_6H_{12}O_6$）水溶液所需葡萄糖质量。已知水的凝固点降低常数为$1.86\text{K}\cdot\text{kg}\cdot\text{mol}^{-1}$。

3.20 某难挥发性溶质溶于水形成的理想稀溶液在258.2K、100kPa与冰平衡共存，请通过计算确定该溶液在298.2K时的蒸气压和渗透压。已知冰的摩尔融化焓为$6008\text{J}\cdot\text{mol}^{-1}$，298.2K时纯水的蒸气压为3160Pa，密度为$1\times10^3\text{kg}\cdot\text{m}^{-3}$。

习题答案

4 化学平衡热力学

Thermodynamics of Chemical Equilibrium

内容提要

本章应用热力学原理讨论化学反应的平衡条件，判断化学反应的方向和限度。介绍标准平衡常数的定义和有关化学平衡的计算，分析温度、浓度和压力等因素对化学平衡的影响。

学习目标

1. 明确化学反应等温方程式的推导，并掌握气相反应、多相反应、液相反应标准平衡常数的表示方法。

2. 明确标准摩尔生成吉布斯函数的定义。掌握化学平衡的计算方法。

3. 了解范特霍夫等压方程式的推导并会用于计算不同温度的 $K_p^{\ominus}(T)$。会分析温度、压力、组成等因素对化学平衡的影响。

4. 对同时反应的化学平衡有初步认识。

前面介绍了热力学的基本概念和热力学的四个定律，并将热力学原理应用于对物理变化方向与限度的判断。本章将从热力学的基本原理出发，讨论化学反应平衡的本质及变化规律，即在一定条件下反应的方向与限度及各种因素对化学平衡的影响问题，为科学研究和生产实践提供理论依据。

4.1 气相反应的化学平衡

4.1.1 理想气体反应的标准平衡常数

等温、等压且无非体积功条件下任意理想气体化学反应 $0=\sum_{\mathrm{B}}\nu_{\mathrm{B}}\mathrm{B}$，由式(3.28)可知，反应达到化学平衡的条件为：

$$\Delta_{\mathrm{r}}G_{\mathrm{m}}=\sum_{\mathrm{B}}\nu_{\mathrm{B}}\mu_{\mathrm{B}}=0 \tag{4.1}$$

若以 $p_{\mathrm{B,e}}$ 表示化学反应达到平衡时任意反应组分 B 的分压（称为平衡分压，下标 e 表示平衡状态），根据理想气体化学势的表达式(3.30)，式(4.1)可表示为：

$$\sum_{\mathrm{B}}\nu_{\mathrm{B}}\left[\mu_{\mathrm{B}}^{\ominus}(T)+RT\ln\frac{p_{\mathrm{B,e}}}{p^{\ominus}}\right]=0 \tag{4.2}$$

$$\sum_{B}\nu_{B}RT\ln\frac{p_{B,e}}{p^{\ominus}}=-\sum_{B}\nu_{B}\mu_{B}^{\ominus}(T) \tag{4.3}$$

$$\prod_{B}\left(\frac{p_{B,e}}{p^{\ominus}}\right)^{\nu_{B}}=\exp\left[-\frac{\sum_{B}\nu_{B}\mu_{B}^{\ominus}(T)}{RT}\right] \tag{4.4}$$

式(4.4)等号右端只是温度的函数，即对于指定的化学反应，温度一定时应为常数，被定义为化学反应的标准平衡常数（standard equilibrium constant），以 $K_{p}^{\ominus}(T)$ 表示，即：

$$K_{p}^{\ominus}(T)\overset{\text{def}}{=\!=\!=}\exp\left[-\frac{\sum_{B}\nu_{B}\mu_{B}^{\ominus}(T)}{RT}\right] \tag{4.5}$$

或

$$K_{p}^{\ominus}(T)\overset{\text{def}}{=\!=\!=}\prod_{B}\left(\frac{p_{B,e}}{p^{\ominus}}\right)^{\nu_{B}} \tag{4.6}$$

例如，某化学反应 $aA+dD=lL+mM$，其标准平衡常数的具体形式为：

$$K_{p}^{\ominus}(T)=\left(\frac{p_{A,e}}{p^{\ominus}}\right)^{-a}\left(\frac{p_{D,e}}{p^{\ominus}}\right)^{-d}\left(\frac{p_{L,e}}{p^{\ominus}}\right)^{l}\left(\frac{p_{M,e}}{p^{\ominus}}\right)^{m}$$

或

$$K_{p}^{\ominus}(T)=\frac{\left(\frac{p_{L,e}}{p^{\ominus}}\right)^{l}\left(\frac{p_{M,e}}{p^{\ominus}}\right)^{m}}{\left(\frac{p_{A,e}}{p^{\ominus}}\right)^{a}\left(\frac{p_{D,e}}{p^{\ominus}}\right)^{d}}$$

由上式可以看出，标准平衡常数 $K_{p}^{\ominus}(T)$ 是各反应组分相对于标准压力的相对平衡分压（$p_{B,e}/p^{\ominus}$）乘积的商，产物的相对平衡分压乘积为分子，反应物相对平衡分压乘积为分母，各相对平衡分压的指数为化学计量数的绝对值。由于相对平衡分压的量纲是 1，所以 $K_{p}^{\ominus}(T)$ 的量纲也是 1。

同一化学反应，因其化学方程式写法不同，相应的标准平衡常数也不相同，但它们之间有简单的关系。例如合成氨反应：

$$N_2(g)+3H_2(g)=\!=\!=2NH_3(g) \qquad K_{p,1}^{\ominus}(T)=\frac{\left[\frac{p_{NH_3,e}}{p^{\ominus}}\right]^{2}}{\left[\frac{p_{N_2,e}}{p^{\ominus}}\right]\left[\frac{p_{H_2,e}}{p^{\ominus}}\right]^{3}}$$

$$\frac{1}{2}N_2(g)+\frac{3}{2}H_2(g)=\!=\!=NH_3(g) \qquad K_{p,2}^{\ominus}(T)=\frac{\left[\frac{p_{NH_3,e}}{p^{\ominus}}\right]}{\left[\frac{p_{N_2,e}}{p^{\ominus}}\right]^{1/2}\left[\frac{p_{H_2,e}}{p^{\ominus}}\right]^{3/2}}$$

$$K_{p,1}^{\ominus}(T)=[K_{p,2}^{\ominus}(T)]^{2}$$

除 $K_{p}^{\ominus}(T)$ 外，过去也用 K_p、K_y 和 K_c，它们的定义式分别为：

$$K_p=\prod_{B}p_{B,e}^{\nu_B} \tag{4.7}$$

$$K_y=\prod_{B}y_{B,e}^{\nu_B} \tag{4.8}$$

$$K_c=\prod_{B}c_{B,e}^{\nu_B} \tag{4.9}$$

K_p、K_y 和 K_c 分别称为压力平衡常数、摩尔分数平衡常数和浓度平衡常数，它们都是非标准平衡常数。$p_{B,e}$、$y_{B,e}$ 和 $c_{B,e}$ 分别表示化学平衡时系统中反应组分 B 的压力、摩尔分数和浓度。

4.1.2 化学反应等温方程式

等温、等压且无非体积功条件下任意理想气体化学反应 $0=\sum_B \nu_B B$，若以 p_B 表示任意反应组分 B 的分压，根据式(3.28) 及式(3.30)，在一个无限大的系统中进行 1mol 反应的 $\Delta_r G_m(T)$ 为：

$$\Delta_r G_m(T)=\sum_B \nu_B \mu_B=\sum_B \nu_B \mu_B^{\ominus}(T)+RT\sum_B \nu_B \ln\left(\frac{p_B}{p^{\ominus}}\right) \tag{4.10}$$

$$\Delta_r G_m(T)=\sum_B \nu_B \mu_B^{\ominus}(T)+RT\ln\left[\prod_B \left(\frac{p_B}{p^{\ominus}}\right)^{\nu_B}\right] \tag{4.11}$$

令

$$\Delta_r G_m^{\ominus}(T)=\sum_B \nu_B \mu_B^{\ominus}(T) \tag{4.12}$$

$\Delta_r G_m^{\ominus}(T)$ 是各反应组分均处于标准态时，进行 1mol 反应的吉布斯函数变，称为反应的**标准摩尔吉布斯函数（变）**[standard molar Gibbs function (change) of the reaction]，其值由反应的本性及温度决定。再令：

$$J_p^{\ominus}=\prod_B \left(\frac{p_B}{p^{\ominus}}\right)^{\nu_B} \tag{4.13}$$

$J_p^{\ominus}$ 称为**标准分压商**（standard ratio of partial pressure）。$J_p^{\ominus}$ 与 $K_p^{\ominus}(T)$ 的差别在于前者为实际反应系统中各反应组分的相对分压乘积的商（产物在分子上，反应物在分母上，各相对分压的指数为化学计量数的绝对值），而后者为反应达到平衡时各反应组分的相对分压（相对平衡分压）乘积的商。

将式(4.12) 和式(4.13) 代入式(4.11)，则得：

$$\Delta_r G_m(T)=\Delta_r G_m^{\ominus}(T)+RT\ln J_p^{\ominus} \tag{4.14}$$

此式称为**化学反应等温方程式**（chemical reaction isotherm）或**范特霍夫等温方程式**（Van't Hoff isotherm）。

当化学反应达到平衡时，各组分的分压均为平衡分压，此时的标准分压商 $J_p^{\ominus}$ 就是标准平衡分压商，即标准平衡常数 $K_p^{\ominus}(T)$。又因平衡时 $\Delta_r G_m(T)=0$，故式(4.14) 变为：

$$\Delta_r G_m^{\ominus}(T)+RT\ln K_p^{\ominus}(T)=0$$

或

$$\Delta_r G_m^{\ominus}(T)=-RT\ln K_p^{\ominus}(T) \tag{4.15}$$

将式(4.15) 代入式(4.14) 得：

$$\Delta_r G_m(T)=-RT\ln K_p^{\ominus}(T)+RT\ln J_p^{\ominus} \tag{4.16}$$

这是化学反应等温方程式的另一种形式。

根据化学反应等温方程式，可以计算化学反应系统的 $\Delta_r G_m$，进而判断化学反应的方向及限度。也可以通过比较 $J_p^{\ominus}$ 与 $K_p^{\ominus}(T)$ 判断化学反应的方向及限度。从式(4.16) 可以看出：

若 $J_p^{\ominus}<K_p^{\ominus}(T)$，$\Delta_r G_m(T)<0$，正向反应可自发进行；

若 $J_p^{\ominus}>K_p^{\ominus}(T)$，$\Delta_r G_m(T)>0$，逆向反应可自发进行；

若 $J_p^{\ominus}=K_p^{\ominus}(T)$，$\Delta_r G_m(T)=0$，反应达到化学平衡。

在温度 T 下，若 $J_p^{\ominus}<K_p^{\ominus}(T)$，则系统可以自发地进行正向反应。开始时，反应的标准分压商 $J_p^{\ominus}$ 小于标准平衡常数 $K_p^{\ominus}(T)$。随着反应的进行，产物的分压逐渐增大，反应物的分压逐渐减小，所以 $J_p^{\ominus}$ 逐渐增大，直到 $J_p^{\ominus}=K_p^{\ominus}(T)$ 时，反应达到平衡，即达到此条件下该化学反应的限度。若开始时，$J_p^{\ominus}>K_p^{\ominus}(T)$，则系统中自发进行的是逆向反应。通过调节反应系统中各反应的组分的分压或浓度来改变 $J_p^{\ominus}$ 的大小，从而可以控制化学反应进行的方向。

要注意区别 $\Delta_r G_m(T)$ 与 $\Delta_r G_m^\ominus(T)$。$\Delta_r G_m(T)$ 是化学反应系统在反应进度为 ξ 条件下的摩尔吉布斯函数变，可用于判断反应方向；而 $\Delta_r G_m^\ominus(T)$ 为反应系统中各组分均处于标准态时反应的摩尔吉布斯函数变，是衡量反应限度的量。当化学反应达到平衡时，$\Delta_r G_m(T)=0$，而 $\Delta_r G_m^\ominus(T)$ 不一定为零。只有在缺少 $\Delta_r G_m(T)$ 的数据时，才用 $\Delta_r G_m^\ominus(T)$ 来估计反应的方向。一般 $\Delta_r G_m^\ominus(T) < -40\text{kJ}\cdot\text{mol}^{-1}$，反应可能正向自发进行；$\Delta_r G_m^\ominus(T) > 40\text{kJ}\cdot\text{mol}^{-1}$，反应不能正向自发进行。

【例 4.1】 已知 973K 时，反应 $CO(g)+H_2O(g)$ ══ $CO_2(g)+H_2(g)$ 的标准平衡常数 $K_p^\ominus(T)=0.710$，计算反应的摩尔吉布斯函数变并回答下列问题：

(1) 各物质的分压均为 100kPa 时，此反应能否自发进行？

(2) 若增大反应物压力，使 $p(CO)=1\text{MPa}$，$p(H_2O)=500\text{kPa}$，$p(CO_2)=p(H_2)=152\text{kPa}$，该反应能否自发进行？

解： 该反应可视为理想气体反应。

(1) 各物质分压均为 100kPa 时，$J_p^\ominus=1$，根据式(4.14) 和式(4.15) 得：

$$\begin{aligned}\Delta_r G_m(T)&=\Delta_r G_m^\ominus(T)+RT\ln J_p^\ominus=\Delta_r G_m^\ominus(T)=-RT\ln K_p^\ominus(T)\\&=-8.314\text{J}\cdot\text{mol}^{-1}\cdot\text{K}^{-1}\times 973\text{K}\times\ln 0.710\\&=2.77\times10^3\text{J}\cdot\text{mol}^{-1}>0\end{aligned}$$

$\Delta_r G_m(T)>0$，此反应不能正向自发进行。本题因各反应组分的分压均为 $p^\ominus$，$\Delta_r G_m(T)=\Delta_r G_m^\ominus(T)$，所以也可以用 $\Delta_r G_m^\ominus(T)$ 判断反应方向，否则，只能用 $\Delta_r G_m(T)$ 判断反应方向。

(2) $$\begin{aligned}\Delta_r G_m(T)&=-RT\ln K_p^\ominus(T)+RT\ln J_p^\ominus\\&=-8.314\text{J}\cdot\text{mol}^{-1}\cdot\text{K}^{-1}\times973\text{K}\times\ln0.710+8.314\text{J}\cdot\text{mol}^{-1}\cdot\text{K}^{-1}\times\\&\quad 973\text{K}\times\ln\left[\frac{1.52\times10^5\text{Pa}\times1.52\times10^5\text{Pa}}{1.00\times10^6\text{Pa}\times5\times10^5\text{Pa}}\times(1.00\times10^5\text{Pa})^0\right]\\&=-22.1\times10^3\text{J}\cdot\text{mol}^{-1}<0\end{aligned}$$

$\Delta_r G_m(T)<0$，故在此条件下反应能正向自发进行。

4.1.3 实际气体的化学平衡

等温、等压下的实际气体反应 $0=\sum_B \nu_B B$ 达到化学平衡时，$\sum_B \nu_B\mu_B=0$。将式(3.33) 代入，则：

$$\sum_B \nu_B\left[\mu_B^\ominus(T)+RT\ln\frac{\tilde{p}_{B,e}}{p^\ominus}\right]=0 \tag{4.17}$$

$$\sum_B \nu_B\mu_B^\ominus(T)=-RT\sum_B \nu_B\ln\left(\frac{\tilde{p}_{B,e}}{p^\ominus}\right) \tag{4.18}$$

式(4.18) 左端为化学反应的标准摩尔吉布斯函数 $\Delta_r G_m^\ominus(T)$，故：

$$-\frac{\Delta_r G_m^\ominus(T)}{RT}=\ln\prod_B\left(\frac{\tilde{p}_{B,e}}{p^\ominus}\right)^{\nu_B} \tag{4.19}$$

在一定温度下，式(4.19) 左端为常数，故等式右端也应为常数，令：

$$K_{\tilde{p}}^\ominus(T)\overset{\text{def}}{=\!=}\prod_B\left(\frac{\tilde{p}_{B,e}}{p^\ominus}\right)^{\nu_B} \tag{4.20}$$

第4章

$K_{\tilde{p}}^{\ominus}(T)$ 是气体（包括理想气体与实际气体）反应用逸度表示的标准平衡常数。$K_{\tilde{p}}^{\ominus}(T)$ 只是温度的函数，为量纲1的量。由式(4.19) 和式(4.20) 可得：

$$\Delta_r G_m^{\ominus}(T) = -RT\ln K_{\tilde{p}}^{\ominus}(T) \tag{4.21}$$

式(4.21) 通用于理想气体反应和包含实际气体的反应。

将式(3.37) 代入式(4.20)，可得：

$$K_{\tilde{p}}^{\ominus}(T) = \prod_B \left(\frac{\varphi_B p_{B,e}}{p^{\ominus}}\right)^{\nu_B} = \prod_B \varphi_B^{\nu_B} \prod_B \left(\frac{p_{B,e}}{p^{\ominus}}\right)^{\nu_B} \tag{4.22}$$

将式(4.6) 代入式(4.22)，得：

$$K_{\tilde{p}}^{\ominus}(T) = K_{\varphi} K_p^{\ominus}(T) \tag{4.23}$$

$$K_{\varphi} = \prod_B \varphi_B^{\nu_B} \tag{4.24}$$

K_{φ} 是参与反应的各种气体逸度因子的组合。对于实际气体，逸度因子 φ_B 不仅是温度 T 的函数，也与压力 p 有关，所以 K_{φ} 也是与 T 和 p 均有关的函数。对于实际气体反应，只有 $K_{\tilde{p}}^{\ominus}(T)$ 才仅与温度有关。由式(4.23) 可知，实际气体反应的 $K_p^{\ominus}(T)$ 也应是 T 与 p 的函数。当温度或压力改变时，$K_p^{\ominus}(T)$ 和 K_{φ} 都会改变，它们并不是常数。

式(4.20)～式(4.23) 具有普遍意义，对理想气体和实际气体反应均适用。对于理想气体反应，因 $\varphi_B=1$，故：

$$K_{\varphi} = 1 \tag{4.25}$$

$$K_{\tilde{p}}^{\ominus}(T) = K_p^{\ominus}(T) \tag{4.26}$$

$$\Delta_r G_m^{\ominus}(T) = -RT\ln K_{\tilde{p}}^{\ominus}(T) = -RT\ln K_p^{\ominus}(T) \tag{4.27}$$

对于实际气体反应，K_{φ} 与1的差别反映了实际气体反应与理想气体反应的区别。

实际气体反应化学平衡的计算一般按以下几步进行：

① 由 $\Delta_r G_m^{\ominus}(T)$ 或其他方法算出 $K_{\tilde{p}}^{\ominus}(T)$。

② 利用牛顿图算出 K_{φ}。

③ 将 $K_{\tilde{p}}^{\ominus}(T)$ 与 K_{φ} 代入式(4.23) 算出 $K_p^{\ominus}(T)$。

④ 像理想气体反应那样，由 $K_p^{\ominus}(T)$ 计算平衡组成、转化率等。

【例 4.2】 500℃，30.4MPa 下，控制原料气中 $N_2(g)$ 与 $H_2(g)$ 的物质的量之比为 1∶3 进行合成氨反应：

$$\frac{1}{2}N_2(g) + \frac{3}{2}H_2(g) = NH_3(g)$$

计算反应的 $K_{\tilde{p}}^{\ominus}(773K)$ 及达到平衡时 $NH_3(g)$ 的含量。已知该反应的 $\Delta_r G_m^{\ominus}(773K)$ 为 $35.9kJ \cdot mol^{-1}$。

解：由式(4.21) 得：

$$K_{\tilde{p}}^{\ominus}(773K) = \exp\left[-\frac{\Delta_r G_m^{\ominus}(773K)}{RT}\right] = \exp\left(-\frac{35.9\times10^3 J\cdot mol^{-1}}{8.314J\cdot mol^{-1}K^{-1}\times773K}\right) = 3.75\times10^{-3}$$

从数据表中查得临界参数值，对 $N_2(g)$ 及 $NH_3(g)$ 用公式 $T_r=T/T_c$ 及 $p_r=p/p_c$，对 $H_2(g)$ 用公式 $T_r=T/(T_c+8K)$ 及 $p_r=p/(p_c+810kPa)$ 计算 T_r 及 p_r，并由牛顿图求得各组分的逸度因子 φ，结果列入下表。

物质	T_c/K	p_c/MPa	T_r	p_r	φ
$N_2(g)$	126.2	3.39	6.13	8.97	1.08
$H_2(g)$	33.3	1.30	18.72	14.41	1.09
$NH_3(g)$	405.5	11.28	1.91	2.70	0.94

由式(4.24) 得：

$$K_\varphi=\prod_B \varphi_B^{\nu_B}=\frac{0.94}{1.08^{1/2}\times 1.09^{3/2}}=0.795$$

将 $K_{\tilde{p}}^{\ominus}(T)$ 及 K_φ 的值代入式(4.23)，得：

$$K_p^{\ominus}(T)=\frac{K_{\tilde{p}}^{\ominus}(T)}{K_\varphi}=\frac{3.75\times 10^{-3}}{0.795}=4.72\times 10^{-3}$$

设反应前 $N_2(g)$ 的物质的量为 n_0，$H_2(g)$ 的物质的量为 $3n_0$，平衡转化率为 α，则有以下关系：

$$\frac{1}{2}N_2(g) \quad + \quad \frac{3}{2}H_2(g) = NH_3(g)$$

	$\frac{1}{2}N_2(g)$	$\frac{3}{2}H_2(g)$	$NH_3(g)$	
开始时各组分的量 $n_{B,0}$	n_0	$3n_0$	0	
平衡时各组分的量 $n_{B,e}$	$n_0(1-\alpha)$	$3n_0(1-\alpha)$	$2n_0\alpha$	总量 $n_{t,e}=n_0(4-2\alpha)$
平衡时各组分的分压 $p_{B,e}$	$\frac{1-\alpha}{4-2\alpha}p_e$	$\frac{3(1-\alpha)}{4-2\alpha}p_e$	$\frac{2\alpha}{4-2\alpha}p_e$	

根据式(4.6)，得：

$$K_p^{\ominus}(T)=\prod_B\left(\frac{p_{B,e}}{p^{\ominus}}\right)^{\nu_B}=\frac{\dfrac{2\alpha p_e}{(4-2\alpha)p^{\ominus}}}{\left[\dfrac{(1-\alpha)p_e}{(4-2\alpha)p^{\ominus}}\right]^{1/2}\left[\dfrac{3(1-\alpha)p_e}{(4-2\alpha)p^{\ominus}}\right]^{3/2}}=\frac{4\alpha(2-\alpha)p^{\ominus}}{3^{3/2}(1-\alpha)^2p_e}$$

将 $\alpha(2-\alpha)=1-(1-\alpha)^2$ 代入上式得：

$$(1-\alpha)^2=\frac{1}{1+(3^{3/2}/4)K_p^{\ominus}(p_e/p^{\ominus})}$$

将上式开平方，取正值，得：

$$\alpha=1-\frac{1}{[1+1.30K_p^{\ominus}(p_e/p^{\ominus})]^{1/2}}$$

将 $K_p^{\ominus}(T)=4.72\times 10^{-3}$、$p_e=30.4\text{MPa}$ 代入上式，得：

$$\alpha=1-\frac{1}{(1+1.30\times 4.72\times 10^{-3}\times 304)^{1/2}}=0.409$$

平衡混合气中 $NH_3(g)$ 的含量，即其摩尔分数为：

$$y(NH_3)=\frac{2\alpha}{4-2\alpha}=\frac{\alpha}{2-\alpha}=\frac{0.409}{2-0.409}=0.257$$

4.2 多相反应的化学平衡

4.2.1 多相反应的标准平衡常数

如果参加化学反应的各种物质不在同一相中，则称为多相反应（heterogeneous reaction）或复相反应。此处只介绍纯物质凝聚相（液相或固相）与理想气体间的多相反应。以碳酸钙的热分解为例：

$$CaCO_3(s) = CaO(s)+CO_2(g)$$

当反应达到平衡时：

$$\Delta_r G_m = \sum_B \nu_B \mu_B = -\mu[CaCO_3(s)] + \mu[CaO(s)] + \mu[CO_2(g)] = 0$$

若将 CO_2 气体看作理想气体：

$$\mu[CO_2(g)] = \mu^{\ominus}[CO_2(g)] + RT\ln \frac{p_e(CO_2)}{p^{\ominus}}$$

压力变化不大时，可忽略压力对固相化学势的影响，近似地认为：

$$\mu[CaCO_3(s)] = \mu^{\ominus}[CaCO_3(s)]$$

$$\mu[CaO(s)] = \mu^{\ominus}[CaO(s)]$$

从而有：

$$-\mu^{\ominus}[CaCO_3(s)] + \mu^{\ominus}[CaO(s)] + \mu^{\ominus}[CO_2(g)] + RT\ln \frac{p_e(CO_2)}{p^{\ominus}} = 0$$

即

$$\Delta_r G_m^{\ominus}(T) = -RT\ln \frac{p_e(CO_2)}{p^{\ominus}} \tag{4.28}$$

式(4.28) 与式(4.15) 比较后，可得：

$$K_p^{\ominus}(T) = \frac{p_e(CO_2)}{p^{\ominus}} \tag{4.29}$$

推广到一般的纯物质凝聚相与理想气体间的多相反应，则为：

$$K_p^{\ominus}(T) \overset{\text{def}}{=\!=\!=} \prod_{B(g)} \left[\frac{p_{B(g),e}}{p^{\ominus}}\right]^{\nu_{B(g)}} \tag{4.30}$$

式中，连乘号 $\prod_{B(g)}$ 表示只对气体反应组分的相对平衡分压的 ν_B 次方连乘，而不出现固体或液体组分的分压；$p_{B(g),e}$ 为气体组分 B 的平衡分压。

4.2.2 分解压力与分解温度

一定温度下，当碳酸钙的分解反应达到平衡时，根据式(4.28)，CO_2 的压力为定值，称为该温度下碳酸钙的**分解压力**（decomposition pressure），简称**分解压**。因 $K_p^{\ominus}(T)$ 是温度的函数，故分解压力也随温度而改变。一定温度下，系统中 $CO_2(g)$ 的分压低于该温度下碳酸钙的分解压力时，碳酸钙就要分解以增大系统中 $CO_2(g)$ 的分压，直到 $p(CO_2) = K_p^{\ominus}(T)p^{\ominus}$ 时为止。若分解产物不止一种气体，则将固体纯物质分解而产生的平衡混合气的总压称为该固体的分解压力。例如 $NH_4Cl(s)$ 的分解产物为 $NH_3(g)$ 和 $HCl(g)$，$NH_4Cl(s)$ 的分解压力为两种气体产物的平衡分压之和。

一定压力下，固体开始分解的温度称为**分解温度**（decomposition temperature），如非特别指明，一般分解温度是指分解气体的压力等于外压（通常为 101.3kPa）时固体开始分解的温度。

【例 4.3】 已知 $CaCO_3(s)$ 在 1073K 下的分解压力 $p_e(CO_2) = 22.0kPa$，通过计算回答下列问题：

(1) 在 1073K 下将 $CaCO_3$ 置于 CO_2 体积分数为 0.03%的空气中能否分解？空气压力为 101.3kPa。

(2) 若将 $CaCO_3$ 置于 101.3kPa 的纯 CO_2 气中，能否分解？

(3) 在压力为 101.3kPa 的空气中，欲使 $CaCO_3$ 不分解，空气中 CO_2 的含量至少应为多少？

解：(1) 1073K 下 $CaCO_3$ 分解反应的 $K_p^\ominus(T)$ 为：

$$K_p^\ominus(1073\text{K})=\prod_{B(g)}\left[\frac{p_{B(g),e}}{p^\ominus}\right]^{\nu_{B(g)}}=\left[\frac{p_e(CO_2)}{p^\ominus}\right]^{\nu(CO_2)}=\left(\frac{22.0\text{kPa}}{100\text{kPa}}\right)^1=0.220$$

空气中 CO_2 的分压 $p(CO_2)$ 和标准分压商 $J_p^\ominus$ 分别为：

$$p(CO_2)=y(CO_2)p=0.0003\times101.3\text{kPa}=0.0304\text{kPa}$$

$$J_p^\ominus=\frac{p(CO_2)}{p^\ominus}=\frac{0.0304\text{kPa}}{100\text{kPa}}=3.04\times10^{-4}$$

由于 $J_p^\ominus \ll K_p^\ominus(T)$，所以 $CaCO_3(s)$ 能分解。

(2) CO_2 的分压 $p(CO_2)=101.3\text{kPa}$，则：

$$J_p^\ominus=\left(\frac{101.3\text{kPa}}{100\text{kPa}}\right)^1=1.01>K_p^\ominus(T)$$

所以在此条件下，$CaCO_3$ 不能分解，相反，CaO 将与 CO_2 化合成 $CaCO_3$。

(3) 欲阻止 $CaCO_3$ 分解，需 $J_p^\ominus>K_p^\ominus(T)$，即：

$$\frac{p(CO_2)}{p^\ominus}>K_p^\ominus(T)$$

则 $p(CO_2)>K_p^\ominus(T)p^\ominus$，此时，空气中 CO_2 的含量至少应为：

$$y(CO_2)=\frac{p(CO_2)}{p}=\frac{K_p^\ominus p^\ominus}{p}=\frac{0.220\times100\text{kPa}}{101.3\text{kPa}}=0.217$$

4.3 液相反应的化学平衡

4.3.1 液态混合物的化学平衡

由于压力对液体性质的影响很小，所以在讨论常压下液相反应的化学平衡时可以忽略压力的影响。

对于液相中进行的任意化学反应 $0=\sum_B \nu_B B$，按式(3.28)，等温、等压且无非体积功条件下达到化学平衡时：

$$\Delta_r G_m=\sum_B \nu_B\mu_B=0$$

式中，μ_B 可用真实液态混合物中任一组分 B 的化学势表达式(3.61) 代入，得：

$$\sum_B \nu_B\mu_B^\ominus+RT\ln\prod_B a_{B,e}^{\nu_B}=0 \tag{4.31}$$

式中，加下标 e 表示化学平衡状态。

定义：

$$K^\ominus \stackrel{\text{def}}{=\!=} \exp\left(-\frac{\sum_B \nu_B\mu_B^\ominus}{RT}\right) \tag{4.32}$$

式中，$K^\ominus$ 为液态混合物中进行的化学反应的标准平衡常数，为量纲 1 的量。$K^\ominus$ 只取决于反应的本性和温度。对指定的化学反应，在一定的温度下，$K^\ominus$ 为常数。

将式(4.32) 代入式(4.31)，则得：

$$-RT\ln K^\ominus+RT\ln\prod_B a_{B,e}^{\nu_B}=0 \tag{4.33}$$

由式(4.33) 可得 $K^{\ominus}$ 的另一种定义式：

$$K^{\ominus} \xlongequal{\text{def}} \prod_{\text{B}} a_{\text{B,e}}^{\nu_{\text{B}}} \tag{4.34}$$

将式(3.56) 代入式(4.34)，则得：

$$K^{\ominus} = \left(\prod_{\text{B}} \gamma_{\text{B,e}}^{\nu_{\text{B}}}\right)\left(\prod_{\text{B}} x_{\text{B,e}}^{\nu_{\text{B}}}\right) \tag{4.35}$$

或

$$K^{\ominus} = K_{\gamma} K_{x} \tag{4.36}$$

式(4.36) 中的 K_{γ} 和 K_{x} 分别为：

$$K_{\gamma} = \prod_{\text{B}} \gamma_{\text{B,e}}^{\nu_{\text{B}}} \tag{4.37}$$

$$K_{x} = \prod_{\text{B}} x_{\text{B,e}}^{\nu_{\text{B}}} \tag{4.38}$$

对于在理想液态混合物中进行的化学反应，因为各组分的活度因子 $\gamma_{\text{B,e}}$ 均为 1，故 $K_{\gamma}=1$，则由式(4.36) 可得：

$$K^{\ominus} = K_{x} \tag{4.39}$$

4.3.2 液态溶液中的化学平衡

对于溶液中进行的化学反应，若溶剂 A 也参与反应且设为反应物之一，其余反应组分为溶质 B。以质量摩尔浓度来表示各组分的浓度，可将溶剂 A 及溶质 B 的化学势表达式，即将式(3.80) 和式(3.87) 代入化学平衡条件中，则达到化学平衡时：

$$\nu_{\text{A}}\mu_{b,\text{A}}^{\ominus} + \sum_{\text{B}} \nu_{\text{B}}\mu_{b,\text{B}}^{\ominus} + \nu_{\text{A}}\Phi_{\text{A,e}}RT\ln x_{\text{A}} + RT\ln \prod_{\text{B}} a_{b,\text{B,e}}^{\nu_{\text{B}}} = 0 \tag{4.40}$$

式中，$\Phi_{\text{A,e}}$为平衡时溶剂 A 的渗透因子。下标 A 表示溶剂，下标 B 表示除 A 以外的反应组分。

定义溶液中进行的化学反应的标准平衡常数为：

$$K^{\ominus} \xlongequal{\text{def}} \exp\left(-\frac{\nu_{\text{A}}\mu_{b,\text{A}}^{\ominus} + \sum_{\text{B}} \nu_{\text{B}}\mu_{b,\text{B}}^{\ominus}}{RT}\right) \tag{4.41}$$

将式(4.41) 代入式(4.40)，得：

$$-RT\ln K^{\ominus} + \nu_{\text{A}}\Phi_{\text{A,e}}RT\ln x_{\text{A}} + RT\ln \prod_{\text{B}} a_{b,\text{B,e}}^{\nu_{\text{B}}} = 0$$

此式除以 $-RT$，得：

$$\ln K^{\ominus} = \nu_{\text{A}}\Phi_{\text{A,e}}\ln x_{\text{A}} + \ln \prod_{\text{B}} a_{b,\text{B,e}}^{\nu_{\text{B}}}$$

因为 $\ln x_{\text{A}} = \ln(1-x_{\text{B}}) \approx -x_{\text{B}}$，且 $x_{\text{B}} = b_{\text{B}}M_{\text{A}}$，代入上式得：

$$\ln K^{\ominus} = -\nu_{\text{A}}\Phi_{\text{A,e}}M_{\text{A}}b_{\text{B,e}} + \ln \prod_{\text{B}} a_{b,\text{B,e}}^{\nu_{\text{B}}}$$

由此式可得 $K^{\ominus}$ 的另一定义式：

$$K^{\ominus} = \left(\prod_{\text{B}} a_{b,\text{B,e}}^{\nu_{\text{B}}}\right)\exp(-\nu_{\text{A}}\Phi_{\text{A,e}}M_{\text{A}}b_{\text{B,e}}) \tag{4.42}$$

由于许多情况下（例如水为溶剂时）$\exp(-\nu_{\text{A}}\Phi_{\text{A,e}}M_{\text{A}}b_{\text{B,e}}) \approx 1$，特别是若溶剂不参与化学反应时，则式(4.42) 成为：

$$K^{\ominus} \xlongequal{\text{def}} \prod_{\text{B}} a_{b,\text{B,e}}^{\nu_{\text{B}}} \tag{4.43}$$

以溶质活度的定义式，即式(3.84) 代入式(4.43)，则得：

$$K^{\ominus} \xlongequal{\text{def}} \prod_{B} \left(\frac{\gamma_{b,B} b_{B,e}}{b^{\ominus}} \right)^{\nu_B} \tag{4.44}$$

此为真实溶液中进行的化学反应，各反应组分均为溶质时以质量摩尔浓度表示的标准平衡常数。溶质的标准态为 T、$p^{\ominus}$ 下，$b^{\ominus}=1\text{mol}\cdot\text{kg}^{-1}$，且遵从亨利定律的假想状态。

若溶液为理想稀溶液，因为 $\gamma_{b,B}=1$，故：

$$K^{\ominus} \xlongequal{\text{def}} \prod_{B} \left(\frac{b_{B,e}}{b^{\ominus}} \right)^{\nu_B} \tag{4.45}$$

若溶质的浓度用 c_B 表示时，真实溶液中进行的化学反应以物质的量浓度表示的标准平衡常数为：

$$K^{\ominus} \xlongequal{\text{def}} \prod_{B} \left(\frac{\gamma_{c,B} c_{B,e}}{c^{\ominus}} \right)^{\nu_B} \tag{4.46}$$

此时溶质的标准态为 T、$p^{\ominus}$ 下，$c^{\ominus}=1\text{mol}\cdot\text{dm}^{-3}$，且遵从亨利定律的假想状态。
若溶液为理想稀溶液，因 $\gamma_{c,B}=1$，则

$$K^{\ominus} \xlongequal{\text{def}} \prod_{B} \left(\frac{c_{B,e}}{c^{\ominus}} \right)^{\nu_B} \tag{4.47}$$

第4章

4.4 化学反应平衡系统的计算

有关化学平衡的计算主要包括两部分内容。

① 标准平衡常数的计算。平衡常数的数据是定量讨论化学平衡的基础。平衡常数的计算有多种方法：通过测定平衡组成的数据进行计算，通过热力学基础数据进行计算等。

② 平衡组成的计算。一个化学反应达到化学平衡时，系统中任一组分的浓度或分压称为该组分的平衡浓度或平衡分压。系统中各组分均处于平衡浓度或平衡分压时，系统的组成称为平衡组成（equilibrium composition）。系统处于化学平衡时，宏观上，平衡组成不随时间而变，反应物与产物的量均无增减，化学反应达到了限度，所以平衡组成就是在此条件下反应的限度。

4.4.1 利用平衡组成的数据计算标准平衡常数

通过实验，测定所研究反应达到化学平衡时各组分的浓度、分压、总压或其他有关平衡组成的数据，再代入标准平衡常数定义式(4.6)，即可计算反应的标准平衡常数 $K_p^{\ominus}(T)$。

测定平衡组成时，视具体情况可以采用物理的或化学的方法，但不论采用哪种方法，测定时均不得扰动平衡状态，以保证测得的数据确为反应系统平衡时的组成。平衡组成应有如下特点：只要条件不变，平衡组成不随时间变化；由平衡组成的数据按正向反应或按逆向反应算得的平衡常数相同；改变原料配比不会改变标准平衡常数。

【例 4.4】 25℃时，将 $NH_4HS(s)$ 放入抽真空的瓶中，则发生分解反应：

$$NH_4HS(s) \xlongequal{\quad} NH_3(g) + H_2S(g)$$

达到化学平衡后，测得系统的压力为 66.8kPa，求上列分解反应的 $K_p^{\ominus}(298\text{K})$。若瓶中原已盛有 $NH_3(g)$，其压力为 40.0kPa，试问平衡后瓶中总压为多少？

解： 先求 $K_p^{\ominus}(298\text{K})$。设 $NH_3(g)$ 为组分 1，$H_2S(g)$ 为组分 2，则：

$$p_e = p_{1,e} + p_{2,e} = 66.8\text{kPa}$$

$$p_{1,e} = p_{2,e} = \frac{66.8\text{kPa}}{2} = 33.4\text{kPa}$$

根据式(4.30)：

$$K_p^{\ominus}(298\text{K})=\prod_{\text{B(g)}}\left[\frac{p_{\text{B(g)},\text{e}}}{p^{\ominus}}\right]^{\nu_{\text{B(g)}}}=\frac{p_{1,\text{e}}}{p^{\ominus}}\times\frac{p_{2,\text{e}}}{p^{\ominus}}=\left(\frac{33.4\text{kPa}}{100\text{kPa}}\right)^2=0.112$$

若瓶中原已盛有 $NH_3(g)$，其压力为 40.0kPa，反应存在如下平衡关系：

$$NH_4HS(s) \longrightarrow NH_3(g) + H_2S(g)$$

开始时分压 $\quad p_{1,0}=40.0\text{kPa} \quad 0$

平衡时分压 $\quad p'_{1,\text{e}}=40.0\text{kPa}+p'_{2,\text{e}} \quad p'_{2,\text{e}}$

将平衡分压及标准平衡常数数据代入该反应的标准平衡常数表达式，可得：

$$\frac{40.0\text{kPa}+p'_{2,\text{e}}}{p^{\ominus}}\times\frac{p'_{2,\text{e}}}{p^{\ominus}}=0.112$$

解之得： $\quad p'_{2,\text{e}}=18.9\text{kPa}$

故总压为： $\quad p_\text{e}=p'_{1,\text{e}}+p'_{2,\text{e}}=(40.0+18.9+18.9)\text{kPa}=77.8\text{kPa}$

4.4.2 利用反应焓变和反应熵变数据计算标准平衡常数

根据式(4.15) $\Delta_r G_m^{\ominus}(T)=-RT\ln K_p^{\ominus}(T)$，只要求得 $\Delta_r G_m^{\ominus}(T)$，代入便可算出反应的 $K_p^{\ominus}(T)$。

由吉布斯函数定义，温度 T 下，当参与反应的各组分均处于标准态时，反应的标准摩尔吉布斯函数变为：

$$\Delta_r G_m^{\ominus}(T)=\Delta_r H_m^{\ominus}(T)-T\Delta_r S_m^{\ominus}(T) \tag{4.48}$$

从热力学数据表中查出各反应组分的 $\Delta_f H_m^{\ominus}(\text{B},298\text{K})$ 和 $S_m^{\ominus}(\text{B},298\text{K})$，按式(2.81) 和式(2.128) 算出化学反应的 $\Delta_r H_m^{\ominus}(298\text{K})$ 和 $\Delta_r S_m^{\ominus}(298\text{K})$，再应用式(4.48) 和式(4.15) 便可算出 $\Delta_r G_m^{\ominus}(298\text{K})$ 和 $K_p^{\ominus}(298\text{K})$。

如温度不为 298K，可利用 $\Delta_f H_m^{\ominus}(\text{B},298\text{K})$、$S_m^{\ominus}(\text{B},298\text{K})$ 和各反应组分的 $C_{p,m}(\text{B})$ 等数据，根据式(2.90) 和式(2.129) 求得 $\Delta_r H_m^{\ominus}(T)$ 和 $\Delta_r S_m^{\ominus}(T)$，进而计算 $\Delta_r G_m^{\ominus}(T)$ 和 $K_p^{\ominus}(T)$。

【例 4.5】 反应 $MgCO_3(s) \longrightarrow MgO(s)+CO_2(g)$ 的有关热力学数据如下表：

物质	$\Delta_f H_m^{\ominus}(\text{B},298\text{K})$ /(kJ · mol^{-1})	$S_m^{\ominus}(\text{B},298\text{K})$ /(J · K^{-1} · mol^{-1})	$C_{p,m}(\text{B})$ /(J · mol^{-1} · K^{-1})
$MgCO_3(s)$	−1096.2	65.7	108.6
$MgO(s)$	−601.2	26.9	37.15
$CO_2(g)$	−393.5	213.6	37.11

(1) 计算该反应的 $\Delta_r G_m^{\ominus}(298\text{K})$ 和 $K_p^{\ominus}(298\text{K})$。

(2) 计算 298K 下 $MgCO_3(s)$ 的分解压力。

(3) 给出该反应的 $\Delta_r G_m^{\ominus}(T)$ 与 T 的关系及 $K_p^{\ominus}(T)$ 与 T 的关系的具体形式。

解： (1) 对反应 $MgCO_3(s) \longrightarrow MgO(s)+CO_2(g)$

$$\Delta_r H_m^{\ominus}(298\text{K})=\sum_{\text{B}}\nu_\text{B}\Delta_f H_m^{\ominus}(\text{B},298\text{K})$$

$$=\Delta_f H_m^{\ominus}[\text{MgO(s)},298\text{K}]+\Delta_f H_m^{\ominus}[\text{CO}_2\text{(g)},298\text{K}]-\Delta_f H_m^{\ominus}[\text{MgCO}_3\text{(s)},298\text{K}]$$

$$=[-601.2-393.5-(-1096.2)]\text{kJ}\cdot\text{mol}^{-1}=101.5\text{kJ}\cdot\text{mol}^{-1}$$

$$\Delta_r S_m^{\ominus}(298K) = \sum_B \nu_B S_m^{\ominus}(B, 298K)$$
$$= S_m^{\ominus}[MgO(s), 298K] + S_m^{\ominus}[CO_2(g), 298K] - S_m^{\ominus}[MgCO_3(s), 298K]$$
$$= (26.9 + 213.6 - 65.7) J \cdot K^{-1} \cdot mol^{-1}$$
$$= 174.8 J \cdot K^{-1} \cdot mol^{-1}$$

按式(4.48)：

$$\Delta_r G_m^{\ominus}(298K) = \Delta_r H_m^{\ominus}(298K) - T\Delta_r S_m^{\ominus}(298K)$$
$$= 101.5 kJ \cdot mol^{-1} - 298K \times 174.8 J \cdot K^{-1} \cdot mol^{-1} = 49.4 kJ \cdot mol^{-1}$$

$$\ln K_p^{\ominus}(298K) = -\frac{\Delta_r G_m^{\ominus}(298K)}{R \times 298K} = -\frac{49.4 kJ \cdot mol^{-1}}{8.314 J \cdot mol^{-1} \cdot K^{-1} \times 298K} = -19.9$$

$$K_p^{\ominus}(298K) = 2.28 \times 10^{-9}$$

(2) 298K 时 $MgCO_3(s)$ 的分解压力为：

$$p_e(CO_2) = p^{\ominus} K_p^{\ominus}(298K) = 1.00 \times 10^5 Pa \times 2.28 \times 10^{-9} = 2.28 \times 10^{-4} Pa$$

(3) 先求 ΔC_p：

$$\Delta C_p = \sum_B \nu_B C_{p,m}(B) = C_{p,m}[MgO(s)] + C_{p,m}[CO_2(g)] - C_{p,m}[MgCO_3(s)]$$
$$= (37.15 + 37.11 - 108.6) J \cdot mol^{-1} \cdot K^{-1} = -34.3 J \cdot mol^{-1} \cdot K^{-1}$$

按式(2.90)：

$$\Delta_r H_m^{\ominus}(T) = \Delta_r H_m^{\ominus}(298K) + \int_{298K}^{T} \Delta C_p dT$$
$$= 101.5 kJ \cdot mol^{-1} - 34.3 J \cdot mol^{-1} \cdot K^{-1} \times (T - 298K)$$
$$= 112 kJ \cdot mol^{-1} - 34.3 J \cdot mol^{-1} \cdot K^{-1} \times T$$

按式(2.129)：

$$\Delta_r S_m^{\ominus}(T) = \Delta_r S_m^{\ominus}(298K) + \int_{298K}^{T} \frac{\Delta C_p}{T} dT = \Delta_r S_m^{\ominus}(298K) + \Delta C_p \ln \frac{T}{298K}$$
$$= 174.8 J \cdot mol^{-1} \cdot K^{-1} - 34.3 J \cdot mol^{-1} \cdot K^{-1} \times \left[\ln \frac{T}{K} - \ln 298\right]$$
$$= 370 J \cdot mol^{-1} \cdot K^{-1} - 34.3 J \cdot mol^{-1} \cdot K^{-1} \times \ln \frac{T}{K}$$

按式(4.48)：

$$\Delta_r G_m^{\ominus}(T) = \Delta_r H_m^{\ominus}(T) - T\Delta_r S_m^{\ominus}(T)$$
$$= 112 kJ \cdot mol^{-1} - 34.3 J \cdot mol^{-1} \cdot K^{-1} \times T$$
$$- T \times \left[370 J \cdot mol^{-1} \cdot K^{-1} - 34.3 J \cdot mol^{-1} \cdot K^{-1} \times \ln \frac{T}{K}\right]$$

$$\Delta_r G_m^{\ominus}(T) = 112 kJ \cdot mol^{-1} - 404.3 J \cdot mol^{-1} \cdot K^{-1} \times T + 34.3 J \cdot mol^{-1} \cdot K^{-1} \times T \times \ln \frac{T}{K}$$

按式(4.15)：

$$\ln K_p^{\ominus}(T) = -\frac{\Delta_r G_m^{\ominus}(T)}{RT}$$
$$= -\frac{112 kJ \cdot mol^{-1} - 404.3 J \cdot mol^{-1} \cdot K^{-1} \times T + 34.3 J \cdot mol^{-1} \cdot K^{-1} \times T \times \ln \frac{T}{K}}{8.314 J \cdot mol^{-1} \cdot K^{-1} \times T}$$

$$\ln K_p^{\ominus}(T) = 48.6 - \frac{13.5 \times 10^3}{\frac{T}{K}} - 4.13 \ln \frac{T}{K}$$

4.4.3 利用标准生成吉布斯函数计算标准平衡常数

由各反应组分的标准生成焓数据 $\Delta_f H_m^\ominus(B,298K)$ 很容易计算出反应的标准摩尔焓变 $\Delta_r H_m^\ominus(298K)$。仿照此方法，也可定义物质的标准摩尔生成吉布斯函数来计算化学反应的标准摩尔吉布斯函数（变）。

一定温度 T 下，由处于标准态下的最稳定单质生成 1mol 处于标准态的物质 B 的吉布斯函数变称为物质 B 的**标准摩尔生成吉布斯函数变**（standard molar Gibbs function change of formation），简称**标准生成吉布斯函数**，以 $\Delta_f G_m^\ominus(B,T)$ 表示。显然，稳定单质的 $\Delta_f G_m^\ominus(B,T)=0$。

由各反应组分的标准生成吉布斯函数计算化学反应的标准摩尔吉布斯函数的公式为：

$$\Delta_r G_m^\ominus(T)=\sum_B \nu_B \Delta_f G_m^\ominus(B,T) \tag{4.49}$$

通常可以查到 298K 下物质的标准摩尔生成吉布斯函数 $\Delta_f G_m^\ominus(B,298K)$，如本书附录 5。由 $\Delta_f G_m^\ominus(B,298K)$ 可算出 298K 下化学反应的标准摩尔吉布斯函数：

$$\Delta_r G_m^\ominus(298K)=\sum_B \nu_B \Delta_f G_m^\ominus(B,298K) \tag{4.50}$$

按式(4.15)，由 $\Delta_r G_m^\ominus(B,298K)$ 即可算出化学反应的 $K_p^\ominus(298K)$。

4.4.4 由相关反应的热力学数据计算标准平衡常数

前已述及，因为焓是状态函数，由已知反应的标准摩尔焓变可求算相关未知反应的标准摩尔焓变。与焓类似，吉布斯函数也是状态函数，因此也可以用求 $\Delta_r H_m^\ominus(T)$ 的类似方法，由已知反应的标准摩尔吉布斯函数变求算相关未知反应的标准摩尔吉布斯函数变，再根据式(4.15)，又可求出相关未知反应的标准平衡常数 $K_p^\ominus(T)$。例如已知以下两反应的标准摩尔吉布斯函数变及标准平衡常数：

(1) $FeO(s) \longrightarrow Fe(S)+\frac{1}{2}O_2(g)$　　$\Delta_r G_{m,1}^\ominus(T), K_{p,1}^\ominus(T)$

(2) $CO_2(g) \longrightarrow CO(g)+\frac{1}{2}O_2(g)$　　$\Delta_r G_{m,2}^\ominus(T), K_{p,2}^\ominus(T)$

如欲计算反应 (3) $Fe(s)+CO_2(g) \longrightarrow FeO(s)+CO(g)$ 的 $\Delta_r G_{m,3}^\ominus(T)$ 和 $K_{p,3}^\ominus(T)$。因为用反应 (2) 减去反应 (1) 即可得反应 (3)。根据状态函数变化与途径无关的性质，可得：

$$\Delta_r G_{m,3}^\ominus(T)=\Delta_r G_{m,2}^\ominus(T)-\Delta_r G_{m,1}^\ominus(T)$$

按式(4.15)，则：

$$-RT\ln K_{p,3}^\ominus(T)=-RT\ln K_{p,2}^\ominus(T)+RT\ln K_{p,1}^\ominus(T)$$

$$K_{p,3}^\ominus(T)=\frac{K_{p,2}^\ominus(T)}{K_{p,1}^\ominus(T)}$$

除以上介绍的求算标准平衡常数的方法外，还可通过电动势测定、统计热力学计算等方法求得标准平衡常数。

4.4.5 平衡组成的计算

利用标准平衡常数的数据，可以求算平衡组成和平衡转化率等。下面举例说明。

【例 4.6】 由热力学数据表查得 $\Delta_f G_m^\ominus(NH_3,298K)=-16.6kJ \cdot mol^{-1}$，若在 298K、100kPa 下按物质的量之比 1∶3 将 $N_2(g)$ 与 $H_2(g)$ 混合，进行合成 $NH_3(g)$ 的反应。试通过计算确定反应达到平衡后反应系统中 $NH_3(g)$ 的摩尔分数、$H_2(g)$ 的平衡转化率以及 $NH_3(g)$ 的平衡产率。气体可视为理想气体。

解：合成 $NH_3(g)$ 反应为：

$$\frac{1}{2}N_2(g)+\frac{3}{2}H_2(g) \longrightarrow NH_3(g)$$

为确定平衡组成，先计算标准平衡常数。根据式(4.50)：

$$\begin{aligned}\Delta_r G_m^{\ominus}(298K)&=\sum_B \nu_B \Delta_f G_m^{\ominus}(B,298K)\\&=\Delta_f G_m^{\ominus}[NH_3(g),298K]-\frac{1}{2}\Delta_f G_m^{\ominus}[N_2(g),298K]-\frac{3}{2}\Delta_f G_m^{\ominus}[H_2(g),298K]\\&=-16.6kJ\cdot mol^{-1}\end{aligned}$$

再根据式(4.15)，得：

$$K_p^{\ominus}(298K)=\exp\left[-\frac{\Delta_r G_m^{\ominus}(298K)}{RT}\right]=\exp\left[-\frac{-16.6\times10^3 J\cdot mol^{-1}}{8.314J\cdot mol^{-1}\cdot K^{-1}\times 298K}\right]=812$$

设反应开始时 $N_2(g)$ 的物质的量为 n_0，则 $H_2(g)$ 的物质的量为 $3n_0$。在此条件下 $N_2(g)$、$H_2(g)$ 的平衡转化率与 $NH_3(g)$ 的平衡产率相等，以 α 表示，则

	$\frac{1}{2}N_2(g)$	$+\frac{3}{2}H_2(g)$	$\longrightarrow NH_3(g)$	
开始时各组分物质的量 $n_{B,0}$	n_0	$3n_0$	0	
平衡时各组分物质的量 $n_{B,e}$	$n_0(1-\alpha)$	$3n_0(1-\alpha)$	$2n_0\alpha$	$n_{t,e}=n_0(4-2\alpha)$
平衡时各组分的分压 $p_{B,e}$	$\frac{1-\alpha}{4-2\alpha}p^{\ominus}$	$\frac{3(1-\alpha)}{4-2\alpha}p^{\ominus}$	$\frac{\alpha}{2-\alpha}p^{\ominus}$	

$$K_p^{\ominus}(298K)=\frac{\left[\frac{p(NH_3)}{p^{\ominus}}\right]}{\left[\frac{p(N_2)}{p^{\ominus}}\right]^{1/2}\left[\frac{p(H_2)}{p^{\ominus}}\right]^{3/2}}=\left[\frac{\alpha}{2-\alpha}\right]\left[\frac{1-\alpha}{4-2\alpha}\right]^{-1/2}\left[\frac{3(1-\alpha)}{4-2\alpha}\right]^{-3/2}=\frac{4\alpha(2-\alpha)}{\sqrt{27}(1-\alpha)^2}$$

由上式得 $H_2(g)$ 的平衡转化率与 $NH_3(g)$ 的平衡产率：

$$\alpha=1-\frac{2}{[4+\sqrt{27}K_p^{\ominus}(298K)]^{1/2}}=1-\frac{2}{\sqrt{4+5.20\times812}}=0.969=96.9\%$$

反应系统中 NH_3 的摩尔分数为：

$$x(NH_3)=\frac{\alpha}{2-\alpha}=\frac{0.969}{2-0.969}=0.940$$

4.5 各种因素对化学平衡的影响

化学平衡是在一定条件下达到的，如果与化学平衡有关的任一条件改变，原来的平衡状态被破坏，反应将在新的条件下建立新的平衡，这就是化学平衡的移动。各种因素对化学平衡的影响可用**勒夏特列原理**（Le Chatelier principle）定性地表述：一个化学反应如果已经达到化学平衡，当改变影响化学平衡的某一因素时，则平衡向着削弱这种改变的方向移动。温度对化学平衡的影响是通过 $K_p^{\ominus}(T)$ 随温度的变化来实现的。当温度恒定时，浓度、压力、惰性气体及反应物配比的改变并不能改变 $K_p^{\ominus}(T)$，系统是在保持 $K_p^{\ominus}(T)$ 不变的情况下发生平衡移动的。

4.5.1 温度对化学平衡的影响

对确定的反应，标准平衡常数 $K_p^{\ominus}(T)$ 仅是温度的函数，当温度变化时，$K_p^{\ominus}(T)$ 也相应地变化，$K_p^{\ominus}(T)$ 的变化必然引起平衡组成的变化，即发生平衡的移动。因此，温度对化学平衡的影响实际上是温度对标准平衡常数 $K_p^{\ominus}(T)$ 的影响。为了获得任一温度 T 时化学反应的 $K_p^{\ominus}(T)$，在 4.4.2 中曾介绍利用 $\Delta_r H_m^{\ominus}$(298K) 和 $\Delta_r S_m^{\ominus}$(298K) 数据计算标准平衡常数 $K_p^{\ominus}(T)$ 的方法。这里介绍利用 $K_p^{\ominus}(T)$ 与温度的关系，由 $K_p^{\ominus}$(298K) 计算任意温度 T 下 $K_p^{\ominus}(T)$ 的方法。

4.5.1.1 标准平衡常数与温度的关系

对等温、等压下任意化学反应 $0=\sum\limits_B \nu_B B$，$\Delta_r G_m(T)=\sum\limits_B \nu_B \mu_B$，若在等压下对温度求偏导，则得：

$$\left(\frac{\partial \Delta_r G_m}{\partial T}\right)_p=\sum_B \nu_B\left(\frac{\partial \mu_B}{\partial T}\right)_p \tag{4.51}$$

而 $\mu_B=G_B$，所以上式可表示为：

$$\left(\frac{\partial \Delta_r G_m}{\partial T}\right)_p=\sum_B \nu_B\left(\frac{\partial G_B}{\partial T}\right)_p \tag{4.52}$$

根据式(2.160)，$(\partial G_B/\partial T)_p=-S_B$，代入式(4.52) 可得：

$$\left(\frac{\partial \Delta_r G_m}{\partial T}\right)_p=\sum_B \nu_B(-S_B)$$

$$\left(\frac{\partial \Delta_r G_m}{\partial T}\right)_p=-\Delta_r S_m \tag{4.53}$$

式中，$\Delta_r S_m$ 为化学反应的摩尔熵变。将 $\Delta_r S_m=(\Delta_r H_m-\Delta_r G_m)/T$ 代入式(4.53)，得：

$$\left(\frac{\partial \Delta_r G_m}{\partial T}\right)_p=\frac{\Delta_r G_m-\Delta_r H_m}{T} \tag{4.54}$$

以 $\Delta_r G_m/T$ 对 T 求偏导数，得：

$$\left[\frac{\partial(\Delta_r G_m/T)}{\partial T}\right]_p=\frac{1}{T}\left[\frac{\partial(\Delta_r G_m)}{\partial T}\right]_p-\frac{\Delta_r G_m}{T^2} \tag{4.55}$$

将式(4.54) 代入式(4.55)，得：

$$\left[\frac{\partial(\Delta_r G_m/T)}{\partial T}\right]_p=-\frac{\Delta_r H_m}{T^2} \tag{4.56}$$

若各反应组分均处于标准态，则有

$$\left[\frac{\partial(\Delta_r G_m^{\ominus}/T)}{\partial T}\right]_p=-\frac{\Delta_r H_m^{\ominus}}{T^2} \tag{4.57}$$

式(4.56) 和式(4.57) 都称为吉布斯-亥姆霍兹方程 (Gibbs-Helmholtz equation)。

对理想气体反应，$\Delta_r G_m^{\ominus}(T)=-RT\ln K_p^{\ominus}(T)$，代入式(4.57)，得：

$$\left[\frac{\partial \ln K_p^{\ominus}(T)}{\partial T}\right]_p=\frac{\Delta_r H_m^{\ominus}}{RT^2} \tag{4.58}$$

对理想气体反应，因其 $K_p^{\ominus}(T)$ 只是温度的函数而与压力无关，所以可将偏导数改为全微分。又因为理想气体的焓只是温度的函数，不受压力变化的影响，也与它是否单独存在无关，所以式(4.58) 中的 $\Delta_r H_m^{\ominus}$ 可用 $\Delta_r H_m$ 代替。从而可得：

$$\frac{\mathrm{d}\ln K_p^{\ominus}(T)}{\mathrm{d}T}=\frac{\Delta_r H_m}{RT^2} \tag{4.59}$$

式(4.58) 和式(4.59) 称为范特霍夫等压方程式(Van′t Hoff isobaric equation)。两式定量地反映了温度对标准平衡常数的影响。

温度对吸热反应和放热反应的 $K_p^{\ominus}(T)$ 的影响是不同的。对于吸热反应，$\Delta_r H_m>0$，则 $\mathrm{d}\ln K_p^{\ominus}(T)/\mathrm{d}T>0$，$K_p^{\ominus}(T)$ 随温度升高而增大。因此，升高温度使吸热反应的化学平衡正向移动，即向吸热反应方向移动。对于放热反应，$\Delta_r H_m<0$，则 $\mathrm{d}\ln K_p^{\ominus}(T)/\mathrm{d}T<0$，$K_p^{\ominus}(T)$ 随温度升高而减小。因此，升高温度使放热反应的化学平衡逆向移动，即仍是向吸热反应方向移动。总之，升温时，无论吸热反应还是放热反应，化学平衡总是向削弱升温效应的方向（吸热方向）移动。可见，由热力学原理得到的结论与从实验中归纳出来的勒夏特列原理是一致的。

由式(4.59) 还可看出，$\ln K_p^{\ominus}(T)$ 随温度的变化率 $\mathrm{d}\ln K_p^{\ominus}(T)/\mathrm{d}T$ 与 $\Delta_r H_m$ 成正比。因而，在相同温度下，$|\Delta_r H_m|$ 越大的反应，温度对 $K_p^{\ominus}(T)$ 的影响也越大。

4.5.1.2 $\Delta_r H_m$ 为常数时不同温度下标准平衡常数的计算

实际生产和实验中往往不仅需要 298K 下的平衡常数的数据，还需要其他温度下 $K_p^{\ominus}(T)$ 的数据。对范特霍夫等压方程式积分，得到的积分式可用于计算各温度下反应的标准平衡常数 $K_p^{\ominus}(T)$。对范特霍夫等压方程式积分有两种情况：一是 $\Delta_r H_m$ 可视为常数；二是 $\Delta_r H_m$ 为温度的函数。

温度变化范围不太大或反应的 $\sum\limits_B \nu_B C_{p,m}(B)$（即 ΔC_p）接近于零时，$\Delta_r H_m$ 可视为常数。对式(4.59) 进行不定积分，得：

$$\ln K_p^{\ominus}(T)=-\frac{\Delta_r H_m}{RT}+C \tag{4.60}$$

式中，C 为积分常数。由式(4.60) 可见，以 $\ln K_p^{\ominus}(T)$ 对 $1/T$ 作图可得一直线，由其斜率和截距可确定 $\Delta_r H_m$ 和 C。

将式(4.59) 在 $T_1 \sim T_2$ 进行定积分，得：

$$\ln\frac{K_p^{\ominus}(T_2)}{K_p^{\ominus}(T_1)}=\frac{\Delta_r H_m}{R}\left(\frac{1}{T_1}-\frac{1}{T_2}\right) \tag{4.61}$$

式(4.61) 也可写成如下形式：

$$\ln K_p^{\ominus}(T_2)=\ln K_p^{\ominus}(T_1)+\frac{\Delta_r H_m(T_2-T_1)}{RT_1T_2} \tag{4.62}$$

根据式(4.61) 或式(4.62)，由已知化学反应的 $\Delta_r H_m$ 和温度 T_1 时的 $K_p^{\ominus}(T_1)$，可求得另一温度 T_2 下的 $K_p^{\ominus}(T_2)$；或由两种温度 T_1 和 T_2 下的 $K_p^{\ominus}(T_1)$ 及 $K_p^{\ominus}(T_2)$，可求 $\Delta_r H_m$。

【例 4.7】 已知 Br_2(g) 在 298.2K 时的 $\Delta_f H_m^{\ominus}$ 和 $\Delta_f G_m^{\ominus}$ 分别为 30.71kJ·mol^{-1} 和 3.109kJ·mol^{-1}。试计算：

(1) Br_2(l) 在 323.2K 时的蒸气压；

(2) 标准压力下液态溴的沸点。

假设 $\Delta_f H_m^{\ominus}$ 可视为与温度无关的常数。

解：(1) 相平衡可以看成是化学平衡的特例。Br_2(l) 在 323.2K 时的蒸气压即为同温下反应 $Br_2(l) = Br_2(g)$ 达到平衡时 Br_2(g) 的压力，可通过标准平衡常数求得。根据已知条件先求出 298.2K 下的 $K_p^{\ominus}$(298.2K)。

$$\Delta_r G_m^{\ominus}(298.2\mathrm{K})=\Delta_f G_m^{\ominus}[Br_2(g,298.2\mathrm{K})]-\Delta_f G_m^{\ominus}[Br_2(l,298.2\mathrm{K})]=3.109\mathrm{kJ\cdot mol^{-1}}$$

$$\ln K_p^{\ominus}(298.2\text{K}) = -\frac{\Delta_r G_m^{\ominus}(298.2\text{K})}{RT} = -\frac{3.109\times10^3\text{J}\cdot\text{mol}^{-1}}{8.314\text{J}\cdot\text{mol}^{-1}\cdot\text{K}^{-1}\times298.2\text{K}} = -1.254$$

$$K_p^{\ominus}(298.2\text{K}) = 0.2854$$

由 $Br_2(l)$ 生成 $Br_2(g)$ 反应的 $\Delta_r H_m^{\ominus}(298.2\text{K})$ 即为 $Br_2(g)$ 的标准摩尔生成焓：

$$\Delta_r H_m^{\ominus}(298.2\text{K}) = \Delta_f H_m^{\ominus}[Br_2(g,298.2\text{K})] = 30.71\text{kJ}\cdot\text{mol}^{-1}$$

根据题意，$\Delta_r H_m^{\ominus}$ 与 T 无关，则可应用式(4.61)，得：

$$\ln\frac{K_p^{\ominus}(323.2\text{K})}{0.2854} = \frac{30.71\times10^3\text{J}\cdot\text{mol}^{-1}}{8.314\text{J}\cdot\text{mol}^{-1}\cdot\text{K}^{-1}}\times\left(\frac{1}{298.2\text{K}}-\frac{1}{323.2\text{K}}\right)$$

$$K_p^{\ominus}(323.2\text{K}) = 0.7442$$

而 $$K_p^{\ominus} = \frac{p(Br_2)}{p^{\ominus}}$$

所以 $$p(Br_2) = K_p^{\ominus}p^{\ominus} = 0.7442\times100\text{kPa} = 74.42\text{kPa}$$

(2) 标准压力下液态溴的沸点也就是液态溴的蒸气压等于 $p^{\ominus}$，即 $K_p^{\ominus}(T)=1$ 时的温度。应用式(4.61)，得：

$$\ln\frac{1}{0.2854} = \frac{30.71\times10^3\text{J}\cdot\text{mol}^{-1}}{8.314\text{J}\cdot\text{mol}^{-1}\cdot\text{K}^{-1}}\left(\frac{1}{298.2\text{K}}-\frac{1}{T}\right)$$

$$T = 331.7\text{K}$$

4.5.1.3 $\Delta_r H_m$为温度的函数时不同温度下标准平衡常数的计算

若温度变化范围较大，且反应前后系统的 $\Delta C_p = \sum_B \nu_B C_{p,m}(B) \neq 0$，反应的 $\Delta_r H_m$ 不能视为常数，此时需将 $\Delta_r H_m$ 与 T 的函数关系式代入式(4.59) 进行积分，才能得到 $K_p^{\ominus}(T)$ 与温度 T 的关系。

若反应系统中各反应组分的 $C_{p,m}(B)$ 与温度 T 的关系为：

$$C_{p,m}(B) = a_B + b_B T + c_B T^2$$

基尔霍夫公式的积分式为：

$$\Delta_r H_m^{\ominus}(T) = \Delta_r H_m^{\ominus}(0\text{K}) + \Delta a T + \frac{1}{2}\Delta b T^2 + \frac{1}{3}\Delta c T^3 \quad (4.63)$$

将式(4.63) 代入式(4.59)，并进行不定积分，可得：

$$\ln K_p^{\ominus}(T) = -\frac{\Delta_r H_m^{\ominus}(0\text{K})}{RT} + \frac{\Delta a}{R}\ln\frac{T}{K} + \frac{\Delta b}{2R}T + \frac{\Delta c}{6R}T^2 + I \quad (4.64)$$

式中，I 是积分常数，如已知某一温度下的 $K_p^{\ominus}(T)$，即可利用式(4.64) 求得 I 的数值。已知 I，就确定了 $\ln K_p^{\ominus}(T) = f(T)$ 的具体关系式。利用这个关系式，在该式适用的温度范围内便可求得任意温度下的 $K_p^{\ominus}(T)$。

通常是用从有关手册上查到的 298K 下的热力学数据求算其他温度下的 $K_p^{\ominus}(T)$，其解法一般可分七步进行：

① 由各反应组分 $\Delta_f H_m^{\ominus}(298\text{K})$ 或 $\Delta_c H_m^{\ominus}(298\text{K})$ 的数据求出化学反应的 $\Delta_r H_m^{\ominus}(298\text{K})$。

② 由各反应组分的热容求出 Δa、Δb 及 Δc。

③ 将 $\Delta_r H_m^{\ominus}(298\text{K})$、$\Delta a$、$\Delta b$ 和 Δc 代入式(4.63)，求出 $\Delta_r H_m^{\ominus}(0\text{K})$。

④ 由 $\Delta_f G_m^{\ominus}(B,298\text{K})$ 的数据求出化学反应的 $\Delta_r G_m^{\ominus}(298\text{K})$。

⑤ 由 $\Delta_r G_m^{\ominus}(298\text{K})$ 求出 $\ln K_p^{\ominus}(298\text{K})$。

⑥ 将 $\Delta_r H_m^{\ominus}(0K)$、$\Delta a$、$\Delta b$、$\Delta c$、$T=298K$ 和 $\ln K_p^{\ominus}(298K)$ 代入式(4.64)，求出积分常数 I。

⑦ 最后将 $\Delta_r H_m^{\ominus}(0K)$、$\Delta a$、$\Delta b$、$\Delta c$、$T$ 及 I 代入式(4.64)，求出 $K_p^{\ominus}(T)$。

4.5.2 浓度或分压对化学平衡的影响

反应组分的浓度或分压对化学平衡的影响可通过式(4.16) 化学反应等温方程式进行分析：

$$\Delta_r G_m(T)=-RT\ln K_p^{\ominus}(T)+RT\ln J_p^{\ominus}$$

一定温度下化学反应达到平衡时，$K_p^{\ominus}(T)=J_p^{\ominus}$。若增大平衡系统中某反应物的分压（或浓度)，则 $J_p^{\ominus}$ 的分母增大，$J_p^{\ominus}$ 减小。由于 $K_p^{\ominus}(T)$ 是定值，所以 $K_p^{\ominus}(T)>J_p^{\ominus}$。根据式(4.16)，$\Delta_r G_m(T)<0$，平衡将向正反应方向移动，即向有利于生成产物的方向移动。若增大平衡系统中某产物的分压（或浓度)，$J_p^{\ominus}$ 的分子增大，$J_p^{\ominus}$ 增大。由于 $K_p^{\ominus}(T)$ 是定值，所以 $K_p^{\ominus}(T)<J_p^{\ominus}$。根据式(4.16)，$\Delta_r G_m(T)>0$，平衡将向逆反应方向移动，即向减少产物生成的方向移动。总之，增大平衡系统中某一组分的分压（或浓度)，平衡将向减小该组分分压（或浓度）的方向移动。

【例 4.8】 反应 $C_2H_4(g)+H_2O(g) \Longrightarrow C_2H_5OH(g)$ 在 500℃时，$K_p^{\ominus}(T)=0.015$。试计算 500℃、总压恒定在 1MPa 下，以下两种情况下乙烯的转化率：

(1) $C_2H_4(g)$ 和 $H_2O(g)$ 的投料量各为 1mol。

(2) $C_2H_4(g)$ 的投料量为 1mol，$H_2O(g)$ 的投料量为 10mol。

解：(1) 第一种投料方式时，设乙烯的转化率为 α_1 各组分的平衡关系为：

	$C_2H_4(g)$ +	$H_2O(g)$ $\Longrightarrow$	$C_2H_5OH(g)$	
开始时各组分的量 $n_{B,0}$/mol	1	1	0	
平衡时各组分的量 $n_{B,e}$/mol	$1-\alpha_1$	$1-\alpha_1$	α_1	总量 $n_{t,e}=(2-\alpha_1)$mol
平衡时各组分的分压 $p_{B,e}$	$\dfrac{1-\alpha_1}{2-\alpha_1}p_e$	$\dfrac{1-\alpha_1}{2-\alpha_1}p_e$	$\dfrac{\alpha_1}{2-\alpha_1}p_e$	

根据式(4.6)：

$$K_p^{\ominus}(T)=\prod_B\left(\frac{p_e}{p^{\ominus}}\right)^{\nu_B}=\frac{\dfrac{\alpha_1 p_e}{(2-\alpha_1)p^{\ominus}}}{\left[\dfrac{(1-\alpha_1)p_e}{(2-\alpha_1)p^{\ominus}}\right]^2}=0.015$$

整理得：

$$\alpha_1^2-2\alpha_1+0.13=0$$

解方程得：

$$\alpha_1=6.73\%$$

(2) 第二种投料方式时，设乙烯的转化率为 α_2 各组分的平衡关系为：

	$C_2H_4(g)$ +	$H_2O(g)$ $\Longrightarrow$	$C_2H_5OH(g)$	
开始时各组分的量 $n_{B,0}$/mol	1	10	0	
平衡时各组分的量 $n_{B,e}$/mol	$1-\alpha_2$	$10-\alpha_2$	α_2	总量 $n_{t,e}=(11-\alpha_2)$mol
平衡时各组分的分压 $p_{B,e}$	$\dfrac{1-\alpha_2}{11-\alpha_2}p_e$	$\dfrac{10-\alpha_2}{11-\alpha_2}p_e$	$\dfrac{\alpha_2}{11-\alpha_2}p_e$	

根据式(4.6)：

$$K_p^{\ominus}(T)=\frac{\dfrac{\alpha_2 p_e}{(11-\alpha_2)p^{\ominus}}}{\left[\dfrac{(1-\alpha_2)p_e}{(11-\alpha_2)p^{\ominus}}\right]\left[\dfrac{(10-\alpha_2)p_e}{(11-\alpha_2)p^{\ominus}}\right]}=0.015$$

整理得：

$$\alpha_2^2-11\alpha_2+1.30=0$$

解方程得：

$$\alpha_2=12.0\%$$

第二种投料方式相当于向第一种投料方式的平衡系统中又加入 9mol $H_2O(g)$。计算结果表明，平衡向生成产物 C_2H_5OH 的方向移动了。由本例可见，在有两种或两种以上反应物参与化学反应时，增加价廉易得原料［如 $H_2O(g)$］的投料量可提高较贵原料［如 $C_2H_4(g)$］的转化率，以获取更好的经济效益。

4.5.3 总压对化学平衡的影响

根据式(4.6)，$K_p^{\ominus}(T)=\prod_B\left(\dfrac{p_{B,e}}{p^{\ominus}}\right)^{\nu_B}$。以 $p_{B,e}=y_B p_e$代入，得：

$$K_p^{\ominus}(T)=\left(\frac{p_e}{p^{\ominus}}\right)^{\sum_B \nu_B}\prod_B y_B^{\nu_B}$$

定温下对指定的化学反应，若 $\sum_B \nu_B=0$，则平衡总压 p_e的改变不会引起 $(p_e/p^{\ominus})^{\sum_B \nu_B}$的变化，故 $\prod_B y_B^{\nu_B}$ 不变，对平衡无影响。若 $\sum_B \nu_B>0$，p_e增大会引起 $(p_e/p^{\ominus})^{\sum_B \nu_B}$ 增大，为保持 $K_p^{\ominus}(T)$ 不变，则 $\prod_B y_B^{\nu_B}$ 下降，即平衡向逆反应方向移动，不利于产物的生成。若 $\sum_B \nu_B<0$，p_e增大会引起 $(p_e/p^{\ominus})^{\sum_B \nu_B}$ 减小，为保持 $K_p^{\ominus}(T)$ 不变，则 $\prod_B y_B^{\nu_B}$ 增大，即平衡正向移动，有利于产物的生成。

总之，对于理想气体反应，增大总压，平衡将向物质的量减少（即体积收缩）的方向进行；减小总压，平衡将向物质的量增加（即体积膨胀）的方向进行；若反应不会使物质的量或体积发生改变，总压不会影响其平衡组成。这与实验中总结出的勒夏特列原理也是一致的。

4.5.4 惰性气体及原料配比对化学平衡的影响

这里所说的惰性气体是指反应系统内不参与所研究反应的气体。在等温和总压不变的情况下，加入惰气虽不会改变 $K_p^{\ominus}(T)$，但却会使平衡发生移动。根据式(4.6)，对任意反应 $0=\sum_B \nu_B B$，有：

$$K_p^{\ominus}(T)=\prod_B\left(\frac{p_{B,e}}{p^{\ominus}}\right)^{\nu_B}=\prod_B\left(\frac{n_{B,e}}{\sum_B n_{B,e}}\times\frac{p_e}{p^{\ominus}}\right)^{\nu_B}$$

$$K_p^{\ominus}(T)=\left(\frac{p_e}{p^{\ominus}\sum_B n_{B,e}}\right)^{\sum_B \nu_B}\prod_B n_{B,e}^{\nu_B} \qquad (4.65)$$

式中，$n_{B,e}$为平衡时系统中任一组分 B 的物质的量；$\sum_B n_{B,e}$ 为平衡时系统中所有组分物质的量总和。在一定温度下 $K_p^{\ominus}(T)$ 为定值。对于 $\sum\limits_{\mathrm{B}}\nu_{\mathrm{B}}=0$ 的反应，加入惰性气体虽会增大 $\sum\limits_{\mathrm{B}}n_{\mathrm{B,e}}$，但 $[p_{\mathrm{e}}/(p^{\ominus}\sum\limits_{\mathrm{B}}n_{\mathrm{B,e}})]^{\sum_{\mathrm{B}}\nu_{\mathrm{B}}}=1$，所以 $\prod\limits_{\mathrm{B}}n_{\mathrm{B}}^{\nu_{\mathrm{B}}}$ 不变，即加入惰性气体不会影响平衡。对于 $\sum\limits_{\mathrm{B}}\nu_{\mathrm{B}}>0$ 的反应，加入惰性气体时，$\sum\limits_{\mathrm{B}}n_{\mathrm{B,e}}$ 的增大使 $[p_{\mathrm{e}}/(p^{\ominus}\sum\limits_{\mathrm{B}}n_{\mathrm{B,e}})]^{\sum_{\mathrm{B}}\nu_{\mathrm{B}}}$ 减小，由于 $K_p^{\ominus}(T)$ 为定值，所以 $\prod\limits_{\mathrm{B}}n_{\mathrm{B}}^{\nu_{\mathrm{B}}}$ 必增大，即平衡向增加产物的方向（体积膨胀方向）移动。对于 $\sum\limits_{\mathrm{B}}\nu_{\mathrm{B}}<0$ 的反应，加入惰性气体时，$\sum\limits_{\mathrm{B}}n_{\mathrm{B,e}}$ 的增大使 $[p_{\mathrm{e}}/(p^{\ominus}\sum\limits_{\mathrm{B}}n_{\mathrm{B,e}})]^{\sum_{\mathrm{B}}\nu_{\mathrm{B}}}$ 增大，所以 $\prod\limits_{\mathrm{B}}n_{\mathrm{B}}^{\nu_{\mathrm{B}}}$ 减小，即平衡向增加反应物的方向（体积膨胀方向）移动。

总之，对于理想气体反应，加入惰性气体时，平衡将向使物质的量增加（即体积膨胀）的方向进行，这与减小系统总压所产生的效果相同，也符合勒夏特列原理。

第4章

【例 4.9】 工业上采用乙苯脱氢的方法制取苯乙烯：

$$C_6H_5C_2H_5(g) \rightleftharpoons C_6H_5CH{=}CH_2(g)+H_2(g)$$

$K_p^{\ominus}(T)=1.49$。试分别计算下列情况下乙苯的平衡转化率：

（1）总压为 100kPa，原料气为纯乙苯蒸气。

（2）总压为 100kPa，原料气中水蒸气与乙苯蒸气的物质的量比为 10∶1。

（3）总压为 10kPa，原料气为纯乙苯蒸气。

解：（1）设乙苯的平衡转化率为 α_1，平衡关系如下：

	$C_6H_5C_2H_5(g)$	$C_6H_5CH{=}CH_2(g)$	$H_2(g)$
开始时各组分的量 $n_{\mathrm{B,0}}$/mol	1	0	0
平衡时各组分的量 $n_{\mathrm{B,e}}$/mol	$1-\alpha_1$	α_1	α_1

总量 $n_{\mathrm{t,e}}=(1+\alpha_1)\mathrm{mol}$

根据式(4.65) 得

$$K_p^{\ominus}(T)=\left(\frac{p_{\mathrm{e}}}{p^{\ominus}\sum\limits_{\mathrm{B}}n_{\mathrm{B,e}}}\right)^{\sum_{\mathrm{B}}\nu_{\mathrm{B}}}\prod_{\mathrm{B}}n_{\mathrm{B,e}}^{\nu_{\mathrm{B}}}=\frac{\alpha_1^2}{(1-\alpha_1)(1+\alpha_1)}\times\left(\frac{100\mathrm{kPa}}{100\mathrm{kPa}}\right)$$

$$1.49=\frac{\alpha_1^2}{(1-\alpha_1)(1+\alpha_1)}$$

$$\alpha_1^2+1.49\alpha_1^2-1.49=0$$

解方程得：

$$\alpha_1=77.4\%$$

（2）设加入惰性气体水蒸气后乙苯的平衡转化率为 α_2，平衡关系如下：

	$C_6H_5C_2H_5(g)$	$+H_2O(g) \longrightarrow C_6H_5CH{=}CH_2(g)$	$H_2(g)$	$H_2O(g)$
开始时各组分的量 $n_{\mathrm{B,0}}$/mol	1	0	0	10
平衡时各组分的量 $n_{\mathrm{B,e}}$/mol	$1-\alpha_2$	α_2	α_2	10

总量 $n_{\mathrm{t,e}}=(11+\alpha_2)\mathrm{mol}$

根据式(4.65) 得

$$K_p^{\ominus}(T)=\frac{\alpha_2^2}{(1-\alpha_2)(11+\alpha_2)}\times\left(\frac{100\mathrm{kPa}}{100\mathrm{kPa}}\right)$$

$$1.49=\frac{\alpha_2^2}{(1-\alpha_2)(11+\alpha_2)}$$

整理后得：
$$\alpha_2^2+5.98\alpha_2-6.58=0$$
解方程得：
$$\alpha_2=95.0\%$$
(3) 总压为 10kPa 时，设乙苯的平衡转化率为 α_3，平衡关系同 (1)，只是用 α_3 代替 α_1。根据式(4.65)：
$$1.49=\frac{0.1\alpha_3^2}{1-\alpha_3^2}$$
解方程得：
$$\alpha_3=96.8\%$$
由三种情况下算出的转化率可知，对这一体积膨胀的反应，加入惰性气体 $H_2O(g)$ 或降低总压都使平衡正向移动，提高了乙苯的平衡转化率。

一定温度下化学反应的 $K_p^\ominus(T)$ 为定值，不会因反应物配比的改变而改变，但反应物的转化率、产物的产率及平衡浓度与反应物的配比密切相关。用数学上求极大值的方法可以证明，对于化学反应 $a\text{A}+b\text{B}=l\text{L}+m\text{M}$，若原料气中只有反应物而无产物时，反应物的配比等于其化学计量比，即 $n_{\text{A},0}/n_{\text{B},0}=a/b$ 时，产物 L 和 M 在平衡混合气体中的含量（摩尔分数）最大，因此，合成氨反应中，通常调整原料气中氢与氮的体积比为 3：1，以使反应混合气中氨的含量最高。

4.6 同时反应系统的化学平衡

前面讨论的是只有一个反应的化学平衡，但在许多情况下，特别是在有机反应中，往往同时存在多个化学反应。若同一物质同时参与两个或两个以上的化学反应，称这些反应为**同时反应**（simultaneous reaction）。如果一个反应的产物恰为另一个反应的反应物，则常称这两个同时发生的反应为**耦合反应**（coupled reaction）。例如甲烷与水蒸气反应制氢，系统中可能同时进行下列四个反应：

(1) $CH_4(g)+H_2O(g)=CO(g)+3H_2(g)$ $\quad K_{p,1}^\ominus(T)$

(2) $CO(g)+H_2O(g)=CO_2(g)+H_2(g)$ $\quad K_{p,2}^\ominus(T)$

(3) $CH_4(g)+2H_2O(g)=CO_2(g)+4H_2(g)$ $\quad K_{p,3}^\ominus(T)$

(4) $CH_4(g)+CO_2(g)=2CO(g)+2H_2(g)$ $\quad K_{p,4}^\ominus(T)$

对同时反应系统进行化学平衡计算时，要先确定独立反应数。所谓独立反应，是指不能用线性组合的方法由其他反应导出的反应。例如在上述四个反应中存在如下关系：

反应(3)＝反应(1)＋反应(2)

反应(4)＝反应(1)－反应(2)

因此，上述反应中只有反应 (1) 和反应 (2) 是独立进行的。另外两个为非独立反应。非独立反应的标准平衡常数可通过独立反应的标准平衡常数求得：
$$K_{p,3}^\ominus(T)=K_{p,1}^\ominus(T)K_{p,2}^\ominus(T)$$
$$K_{p,4}^\ominus(T)=\frac{K_{p,1}^\ominus(T)}{K_{p,2}^\ominus(T)}$$
若系统中同时存在多个化学反应，独立反应数可由经验规则确定：

独立反应数＝系统中物质的种类数－系统中元素的种类数

例如上述反应系统中有五种物质（CH_4、H_2O、CO、CO_2、H_2）和三种元素（C、H、O）。

所以，系统中的独立反应数为 5－3＝2。每个独立反应都有自身的反应进度和标准平衡常数，非独立反应的标准平衡常数可通过独立反应的标准平衡常数算出。

一定条件下，当系统达到平衡时，其中任一组分的组成都是定值，即无论该组分同时参与几个化学反应，它在平衡时的组成总是同一数值，且满足各反应的标准平衡常数表达式。也就是说，各反应组分的平衡分压只要满足独立反应的标准平衡常数表达式，也一定满足其他非独立反应的标准平衡常数表达式，所以讨论同时反应系统的化学平衡时，一般只需考虑独立反应。

习题

4.1 已知反应 $CO(g)+H_2O(g) \longrightarrow CO_2(g)+H_2(g)$ 在 700℃ 时 $K_p^{\ominus}(T)=0.71$。

(1) 若系统中 4 种气体的分压都是 150kPa。

(2) 若 $p(CO)=1000kPa$，$p(H_2O)=500kPa$，$p(CO_2)=p(H_2)=150kPa$。

试判断哪种条件下正向反应可以自发进行？

4.2 已知理想气体反应 $2H_2(g)+O_2(g) \longrightarrow 2H_2O(g)$，在 2000K 时，$K_p^{\ominus}(T)=1.55\times10^7$。

(1) 试计算 $H_2(g)$ 和 $O_2(g)$ 分压均为 10kPa，水蒸气分压为 100kPa 的混合气中，进行上述反应的 $\Delta_r G_m(T)$，并判断自发反应的方向。

(2) 当 $H_2(g)$ 和 $O_2(g)$ 的分压仍然分别为 10kPa 时，欲使反应 $2H_2(g)+O_2(g) \longrightarrow 2H_2O(g)$ 不能自发进行，水蒸气的分压需要多少？

4.3 已知气相反应 $2SO_3(g) \longrightarrow 2SO_2(g)+O_2(g)$ 在 1000K 时，$K_p=3.45p^{\ominus}$。试计算 $p(SO_2)=0.2p^{\ominus}$，$p(O_2)=0.1p^{\ominus}$，$p(SO_3)=1.0p^{\ominus}$ 的混合气中，发生上述反应的 $\Delta_r G_m$，并判断反应进行的方向。若 $p(SO_2)=0.2p^{\ominus}$，$p(O_2)=0.1p^{\ominus}$，为使反应向 SO_3 减少的方向进行，SO_3 的分压至少应为多少？

4.4 已知反应 $N_2+3H_2 \longrightarrow 2NH_3$ 在 400℃ 时的 $K_c=0.500(mol\cdot dm^{-3})^{-2}$，计算同一温度下反应的 $K_p^{\ominus}(T)$。

4.5 已知气相反应 $2SO_3(g) \longrightarrow 2SO_2(g)+O_2(g)$ 在 1000K 时 $K_p^{\ominus}(T)=2.90\times10^5$，试计算：

(1) $2SO_2(g)+O_2(g) \longrightarrow 2SO_3(g)$ 的 $K_{p,1}^{\ominus}(1000K)$。

(2) $SO_3(g) \longrightarrow SO_2(g)+\frac{1}{2}O_2(g)$ 的 $K_{p,2}^{\ominus}(1000K)$。

4.6 873K 及 100kPa 下，反应 $CO(g)+H_2O(g) \longrightarrow CO_2(g)+H_2(g)$ 达到了平衡。若把压力从 100kPa 提高到 50MPa，问：

(1) 若各种气体均是理想气体，平衡是否会移动？

(2) 若各种气体的逸度系数分别为 $\varphi(CO_2)=1.09$，$\varphi(H_2)=1.10$，$\varphi(CO)=1.23$，$\varphi(H_2O)=0.77$，平衡向哪个方向移动？

4.7 已知 1000K 时生成水煤气的反应：$C(s)+H_2O(g) \longrightarrow CO(g)+H_2(g)$。在 101kPa 时，平衡转化率 $\alpha=0.844$。求：

(1) 标准平衡常数 $K_p^{\ominus}(T)$。

(2) 110kPa 时的平衡转化率。

4.8 450℃ 时，在一个 $5.94dm^3$ 容器中放入 $0.510mol\ NH_3(g)$，发生反应 $\frac{1}{2}N_2(g)+$

$\frac{3}{2}H_2(g) \xlongequal{} NH_3(g)$。反应到达平衡时，系统中$N_2$的物质的量为0.245mol。按上列反应方程式求其$K_p^{\ominus}(723K)$。

4.9 已知25℃时有如下数据：

物质	$\Delta_f H_m^{\ominus}(B,298K)$ /(kJ·mol^{-1})	$S_m^{\ominus}(B,298K)$ /(J·mol^{-1}·K^{-1})	物质	$\Delta_f H_m^{\ominus}(B,298K)$ /(kJ·mol^{-1})	$S_m^{\ominus}(B,298K)$ /(J·mol^{-1}·K^{-1})
$N_2(g)$	0	191.5	$SO_2(g)$	−296.9	248.5
$O_2(g)$	0	205.0	$SO_3(g)$	−395.2	256.2
NO(g)	89.86	210.2			

求下列反应的$K_p^{\ominus}(298K)$。

(1) $\frac{1}{2}N_2(g)+\frac{1}{2}O_2(g) \xlongequal{} NO(g)$

(2) $SO_2(g)+\frac{1}{2}O_2(g) \xlongequal{} SO_3(g)$

4.10 已知下列数据：

物质	$\Delta_f G_m^{\ominus}(B,298K)/(kJ\cdot mol^{-1})$
$C_4H_{10}(g)$	−15.69
$C_2H_4(g)$	68.18
$C_6H_{14}(l)$	−9.6

试求反应$C_4H_{10}(g)+C_2H_4(g) \xlongequal{} C_6H_{14}(l)$的$K_p^{\ominus}(298K)$。

4.11 25℃时反应$3NO_2(g)+H_2O(g) \xlongequal{} 2HNO_3(g)+NO(g)$的$\Delta_r G_m^{\ominus}(T)=16.255kJ\cdot mol^{-1}$，并已知各物质的标准生成吉布斯函数如下：

物质	$\Delta_f G_m^{\ominus}(B,298K)/(kJ\cdot mol^{-1})$
NO(g)	86.688
$NO_2(g)$	51.840
$H_2O(g)$	−228.593

计算：

(1) $HNO_3(g)$的$\Delta_f G_m^{\ominus}(B,298K)$。

(2) 反应$H_2O(g)+2NO_2(g)+\frac{1}{2}O_2(g) \xlongequal{} 2HNO_3(g)$的$K_p^{\ominus}(298K)$，并判断$J_p^{\ominus}=1000$时反应能否自发进行。

4.12 已知下列各物质的标准生成吉布斯函数为：

物质	$\Delta_f G_m^{\ominus}(B,298K)/(kJ\cdot mol^{-1})$	物质	$\Delta_f G_m^{\ominus}(B,298K)/(kJ\cdot mol^{-1})$
$CuSO_4\cdot 5H_2O(s)$	−1880	$CuSO_4$	−661.9
$CuSO_4\cdot 3H_2O(s)$	−1400	H_2O	−228.6
$CuSO_4\cdot H_2O(s)$	−917.1		

求下列反应在25℃时平衡的蒸气压。

(1) $CuSO_4\cdot 5H_2O(s) \xlongequal{} CuSO_4\cdot 3H_2O(s)+2H_2O(g)$

(2) $CuSO_4\cdot 3H_2O(s) \xlongequal{} CuSO_4\cdot H_2O(s)+2H_2O(g)$

(3) $CuSO_4\cdot H_2O(s) \xlongequal{} CuSO_4(s)+H_2O(g)$

4.13 250℃下，PCl_5分解成PCl_3及Cl_2的$K_p^\ominus(T)=1.78$。当0.04mol的PCl_5在含有0.20mol Cl_2的容器中蒸发时：

（1）如果反应保持在200kPa下进行，平衡时PCl_5的解离度为多少？

（2）如果体积保持$4dm^3$，平衡时PCl_5的解离度为多少？

4.14 银可能受到$H_2S(g)$的腐蚀而发生下列反应：$H_2S(g)+2Ag(s)$ ══ $Ag_2S(s)+H_2(g)$。在298.15K及100kPa下，将Ag放在等体积的H_2与H_2S组成的混合气体中。已知298.15K时，$\Delta_f G_m^\ominus(Ag_2S,s)=-40.26kJ\cdot mol^{-1}$，$\Delta_f G_m^\ominus(H_2S,g)=-33.02kJ\cdot mol^{-1}$。

（1）是否可能发生腐蚀而生成$Ag_2S(s)$？

（2）在混合气体中，H_2S的体积为何值时才不发生腐蚀？

4.15 固态NH_4HS按下列反应建立平衡：

$$NH_4HS(s) \text{ ══ } NH_3(g)+H_2S(g)$$

在一密闭容器里加入$NH_4HS(s)$，25℃下达到平衡后系统的总压是66.66kPa。如固态NH_4HS在密闭容器中分解时，其中已含有压力为45.59kPa的$H_2S(g)$，计算平衡时各气体的分压。

4.16 某温度下，一定量的$PCl_5(g)$在101.3kPa下部分分解为$PCl_3(g)$和$Cl_2(g)$。达到平衡时，混合气体体积为$1dm^3$，$PCl_5(g)$的解离度约为50%。问以下情况下，PCl_5的解离度将怎样变化？假定为理想气体系统。

（1）将气体总压降低，直至体积为$2dm^3$。

（2）总压保持在101.3kPa的条件下，通入N_2，至体积变为$2dm^3$。

（3）保持体积为$1dm^3$的条件下，通入N_2，使压力增至202.6kPa。

（4）保持体积为$1dm^3$的条件下，通入Cl_2，使压力增至202.6kPa。

（5）保持总压为101.3kPa的条件下，通入Cl_2，使体积增至$2dm^3$。

4.17 反应$N_2O_4(g)$ ══ $2NO_2(g)$在60℃时$K_p^\ominus(T)=1.33$。试求在60℃总压为100kPa的条件下：

（1）纯$N_2O_4(g)$的解离度为多少？

（2）1mol $N_2O_4(g)$与2mol惰性气体的混合气中，$N_2O_4(g)$的解离度为多少？与（1）比较，平衡向哪个方向移动？

（3）当反应系统的总压为1000kPa时，$N_2O_4(g)$的解离度又为多少？

4.18 高温下水蒸气通过灼热的煤层，按下式生成水煤气：

$$C(s)+H_2O(g) \text{ ══ } CO(g)+H_2(g)$$

已知在1000K及1200K时，$K_p^\ominus(T)$分别为2.47和37.6。

（1）试求该反应在此温度范围内的平均摩尔焓变。

（2）试求1100K的$K_p^\ominus(T)$。

4.19 由下列数据估算100kPa下碳酸钙分解制取氧化钙的分解温度。可假设$\Delta_r H_m^\ominus$为常数。

物质	$\Delta_f H_m^\ominus(B,298K)/(kJ\cdot mol^{-1})$	$\Delta_f G_m^\ominus(B,298K)/(kJ\cdot mol^{-1})$
$CaCO_3(s)$	−1206.80	−1128.8
$CaO(s)$	−635.09	−604.2
$CO_2(g)$	−393.51	−394.4

4.20 已知反应$(CH_3)_2CHOH(g)$ ══ $(CH_3)_2CO(g)+H_2(g)$的$\Delta C_p=16.7J\cdot mol^{-1}\cdot K^{-1}$；在457.4K时，$K_p^\ominus(T)=0.36$；在298K时，$\Delta_r H_m=61.5kJ\cdot mol^{-1}$。

（1）导出$\ln K_p^\ominus(T)=f(T)$的函数关系。

（2）求500K时的$K_p^\ominus(T)$。

习题答案

5 相平衡热力学

Thermodynamics of Phase Equilibrium

内容提要

本章介绍相律及其在相平衡中的应用。讨论单组分系统相平衡及平衡时温度与压力的关系，二组分系统的气-液、液-液和液-固平衡相图以及杠杆规则在两相平衡中的应用。介绍三组分系统相图的表示方法及简单的三组分系统相图。

学习目标

1. 掌握相律及其涉及的基本概念，能熟练应用相律。

2. 掌握水的相图及其应用。掌握克拉佩龙方程及克劳修斯-克拉佩龙方程的应用并注意它们的适用条件。

3. 熟练掌握各种类型二组分液态混合物的气-液平衡相图和二组分凝聚系统的液-固平衡相图及其应用，并能熟练地应用杠杆规则计算两相平衡共存时各相物质的量。理解热分析法制作相图的原理和方法，了解各类型液-液平衡相图。

4. 掌握三组分系统三角形相图的表示方法，了解三组分系统液-液平衡相图和盐类溶解度图及其应用。

许多化学反应同时伴随着物质聚集态的变化，因此研究相变化规律也是物理化学的重要内容。它是精馏、结晶、萃取和吸收等化工操作的理论基础，并可指导复合材料化学组成与性能间关系的研究。因此，相平衡研究具有重要意义。

本章将以热力学原理为基础，讨论相平衡条件下，某种化学组成的系统在不同温度和压力下的相态以及组成、温度和压力改变时，物质相态变化的规律。

5.1 相律

5.1.1 相律表达式

1876 年吉布斯根据热力学原理导出通用于所有相平衡系统的基本规律——相律（phase rule），也称吉布斯相律。相律是研究相平衡系统中各种因素对系统相态影响的规律，可表述为：相平衡系统中，系统的自由度等于系统的独立组分数减去平衡的相数，再加上可影响平衡的外界条件数。即：

$$f = C - P + b \tag{5.1}$$

式中，f 为自由度；C 为独立组分数；P 为相数；b 为可影响相平衡的外界条件数。

（1）相数

平衡系统中所含相的数目称为**相数**（number of phase），以 P 表示。由于不同的气体总能以分子为基本单元均匀地混合，故无论系统中有多少种气体，相数总为1。可以相互溶解的液体，或可以完全溶解在液体中的固体能形成以分子或离子为单元的均匀溶液，相数也为1。但是不能完全互溶的液体，例如水和苯，分成两层，$P=2$。固体混合物的基本单元是颗粒，再细小的颗粒之间都有明显的相界面，所以通常有几种固体物质便有几相。但固态溶液为一相。

（2）独立组分数

系统中所含化学物质的种类数称为**物种数**（number of substance），以 S 表示。例如，水与水蒸气两相平衡系统中只含有一种物质 H_2O，因此 $S=1$。足以形成相平衡系统中所有各相所需要的最少物种数称为**独立组分数**（number of independent component），简称**组分数**或**组元数**，以 C 表示。

若一个相平衡系统中有 S 种物质，且存在 R 个独立化学平衡及 R' 个浓度限制条件，则：

$$C=S-R-R' \tag{5.2}$$

例如，定温下由 PCl_5、PCl_3 及 Cl_2 三种气体组成的系统，$S=3$。由于系统中存在独立化学平衡：$PCl_5(g) \rightleftharpoons PCl_3(g)+Cl_2(g)$，受其制约，系统中仅有两种物质的数量可独立改变，因此独立组分数较物种数减少一个，$C=S-R-R'=3-1-0=2$。若 $[PCl_3]:[Cl_2]=1:1$，即还存在一个浓度限制条件，则独立组分数又减少一个，$C=S-R-R'=3-1-1=1$。

需要指出，计算独立组分数时所涉及的化学平衡是指在所讨论的条件下确实能实现的独立的化学平衡。例如，N_2、H_2 和 NH_3 三种气体组成的系统，常温常压且无催化剂的条件下，不能发生 $N_2(g)+3H_2(g) \rightleftharpoons 2NH_3(g)$ 的反应，所以 $R=0$。又如，某系统中发生三个反应：

① $CO(g)+H_2O(g) \rightleftharpoons CO_2(g)+H_2(g)$。

② $CO(g)+\frac{1}{2}O_2(g) \rightleftharpoons CO_2(g)$。

③ $H_2(g)+\frac{1}{2}O_2(g) \rightleftharpoons H_2O(g)$。

因为反应③=反应②-反应①，所以独立的平衡反应只有两个，$R=2$。

浓度限制条件是指同一相中的几种物质浓度之间存在的关系，如 $CaCO_3$ 于真空容器中分解：

$$CaCO_3(s) \rightleftharpoons CaO(s)+CO_2(g)$$

虽然 CaO 与 CO_2 物质的量相等，但由于二者处于不同的相，不存在浓度限制条件，$R'=0$。

若 $NH_4HCO_3(s)$ 于真空容器中分解：

$$NH_4HCO_3(s) \rightleftharpoons NH_3(g)+H_2O(g)+CO_2(g)$$

达到化学平衡时 $NH_3(g)$、$H_2O(g)$ 和 $CO_2(g)$ 在同一相中，且 $n_{NH_3}=n_{H_2O}$ 和 $n_{H_2O}=n_{CO_2}$，因此 $R'=2$。

系统的物种数 S 可因考虑问题的角度不同而异，但平衡系统中的组分数 C 固定不变。如 NaCl 饱和溶液，若不考虑 NaCl 及 H_2O 的解离，$C=S=2$；若考虑 NaCl 的解离，则 $S=4$（H_2O，NaCl，Na^+，Cl^-），然而由于存在电离平衡：$NaCl(s) \rightleftharpoons Na^+ + Cl^-$，$R=1$，且 $[Na^+]=[Cl^-]$，即 $R'=1$，所以 $C=S-R-R'=4-1-1=2$。

(3) 自由度

在一定范围内可以独立改变而不会引起相态变化的系统强度性质（如温度、压力及浓度）的数目称为系统的**自由度**（degree of freedom）或**独立变量数**，以 f 表示。例如，若系统为单组分单相的水，则在一定范围内，温度和压力这两个变量均可随意改变，而水的相态并不改变。因此，该系统有两个独立变量——温度和压力，$f=2$。若系统为水与水蒸气呈平衡的单组分两相系统，如指定压力为 101.3kPa，则为了仍保持水与水蒸气呈平衡的状态，温度只能是在此压力下水的沸点，即 100℃。温度若高于此温度，水将完全变成水蒸气；温度若低于此温度，水蒸气将完全凝结成水。反之，如果随意指定温度，则能保持水与水蒸气呈平衡状态的压力只能是水在该温度下的蒸气压，否则总会有一相消失。由此可见，对于水与水蒸气相平衡的系统，温度和压力中只有一个量是可以在一定范围内随意变动而不会改变两相平衡状态的独立变量，故 $f=1$。

(4) 可影响相平衡的外界条件数

通常情况下，能影响系统相平衡状态的外界条件是指温度和压力，即 $b=2$。所以一般情况下，相律的形式为：

$$f=C-P+2 \tag{5.3}$$

但如还需要考虑电场、磁场或重力场等因素对系统相平衡的影响，则 b 不止为 2。如指定温度或压力，则 b 应减少。此外，由于压力对固、液凝聚系统的相平衡的影响较小，常可以忽略不计，故讨论凝聚系统相平衡时常采用 $f=C-P+1$。

5.1.2 相律的推导

根据自由度的定义，其应为决定系统相态的变量总数减去关联这些变量的方程式的数目，即：

$$f=\text{总变量数}-\text{关联变量的方程式数}$$

若无特殊外力场，对由 S 种物质分布在 P 个相中所组成的相平衡系统，决定平衡系统相态的变量有温度、压力和浓度，而每一相中最少有 $S-1$ 个浓度变量，P 各相共有 $P(S-1)$ 个浓度变量，故：

$$\text{总变量数}=\text{浓度变量数}+2=P(S-1)+2$$

以 1、2、…、S 表示系统中各种物质，以Ⅰ、Ⅱ、…、P 表示各个相。根据相平衡条件：

$$\mu_{1(\text{I})}=\mu_{1(\text{II})}=\cdots=\mu_{1(\text{P})}$$
$$\mu_{2(\text{I})}=\mu_{2(\text{II})}=\cdots=\mu_{2(\text{P})}$$
$$\vdots$$
$$\mu_{\text{S}(\text{I})}=\mu_{\text{S}(\text{II})}=\cdots=\mu_{\text{S}(\text{P})}$$

共计 $S(P-1)$ 个变量关联方程。

若 S 种物质之间共存在 R 个独立化学平衡，则有 R 个 $\sum\limits_{\text{B}}\nu_{\text{B}}\mu_{\text{B}}=0$ 的方程，即 R 个变量关联方程。此外，若各物质之间还存在着 R' 个限制物质浓度比例的条件，则各变量之间又存在着 R' 个关联方程式。于是：

$$\text{关联各变量的方程式数}=S(P-1)+R+R'$$

则：
$$f=[P(S-1)+2]-[S(P-1)+R+R']=S-R-R'-P+2$$

将式(5.2) 代入上式，得到相律的数学表达式：

$$f=C-P+2$$

式中的 2 即为式(5.1) 中的 b。

相律的重要意义在于不需要详细了解系统的特性，仅由系统的组分数和相数就可确定自由度，从而确定系统的状态由几个强度性质决定。也可根据组分数及最小自由度确定系统的最多相数。但要指出，相律只适用于平衡系统。它指出组分和相的数目，而不涉及具体是何组分及何相态等。

【例 5.1】 碳酸钠与水可生成三种化合物：$Na_2CO_3 \cdot H_2O$、$Na_2CO_3 \cdot 7H_2O$、$Na_2CO_3 \cdot 10H_2O$，试说明 101.3kPa 下，与碳酸钠水溶液和冰共存的含水盐最多可以有几种。

解： 系统由 Na_2CO_3、H_2O 及三种含水盐构成，$S=5$。但每形成一种含水盐，就存在一个化学平衡，即 $C=S-R-R'=5-3-0=2$。则定压下：

$$f=C-P+1=2-P+1=3-P$$

自由度最少时，相数最多，即：

$$P_{max}=3-f_{min}=3-0=3$$

故相数最多为 3。根据题意，已有碳酸钠水溶液和冰两相，因此只可能再有一种含水盐存在，即 101.3kPa 下，与碳酸钠水溶液和冰共存的含水盐最多只能有一种。

5.2 单组分系统的相平衡

5.2.1 单组分系统的相图

表示相平衡系统的组成与温度、压力之间关系的图称为**相图**（phase diagram），又称**平衡状态图**。相图是讨论相平衡的基础，通过相图可以了解在一定温度和压力下，系统处于何种相态。如果系统处于多相平衡状态，可以从相图中得到各相的组成及相对含量。通过对相图的分析，可以知道温度和压力变化时系统相态变化的方向和限度。

单组分系统，$C=1$，故相律的形式为：

$$f=C-P+2=1-P+2=3-P$$

$P_{min}=1$，则 $f_{max}=2$，即单组分系统最多可有两个独立可变的强度性质。由于单组分系统没有组成变量，这两个独立变量只能是温度和压力。因此，单组分系统的相图可用 p-T 平面图表示。

单组分系统的相平衡可能有三种情况。

① $P=1$ 时，$f=2$。即单组分系统为单相时，p 和 T 可在有限范围内随意改变而不会产生新相，在 p-T 图上对应于一个面。

② $P=2$ 时，$f=1$。即单组分系统两相平衡时，温度与压力具有依赖关系，二者中只有一个量可以独立改变，在 p-T 图上对应于一条线。

③ $P=3$ 时，$f=0$。即单组分系统三相共存时，p 与 T 均为定值，不可随意变动，在 p-T 图上对应于一个点。

下面以水为例讨论单组分系统相平衡。相图由相平衡数据绘制而成。实验测得水的相平衡数据见表 5.1。根据表 5.1 中数据可绘制出水的相图，见图 5.1。

表 5.1 水的相平衡数据

温度/℃	系统的蒸气压 p/kPa		平衡压力 p/kPa	温度/℃	系统的蒸气压 p/kPa		平衡压力 p/kPa
	水⇌水蒸气	冰⇌水蒸气	冰⇌水		水⇌水蒸气	冰⇌水蒸气	冰⇌水
−20	0.126	0.103	193.5	80	47.343		
−15	0.191	0.165	156.0	100	101.325		
−10	0.287	0.265	110.4	150	476.02		
−5	0.422	0.414	59.8	200	1554.2		
0.01	0.610	0.610	0.610	250	3975.4		
20	2.338			300	8590.3		
40	7.376			350	16532		
60	19.196			374	22060		

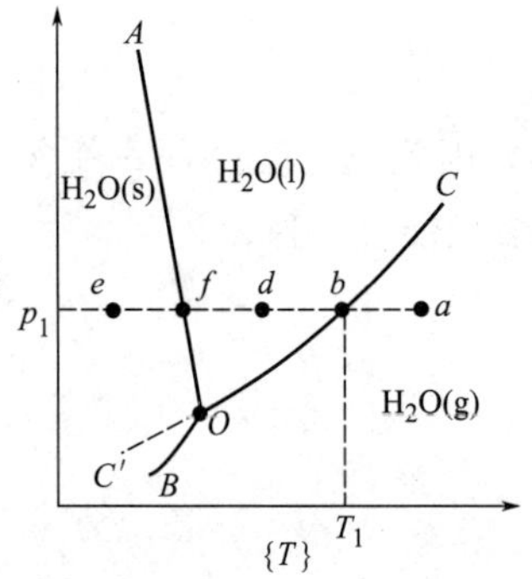

图 5.1 水的相平衡示意图

根据表 5.1 中 0.01～374℃间各温度下水的饱和蒸气压数据绘出 *OC* 线，即水与水蒸气两相平衡线，称为水的饱和蒸气压曲线（curve of saturatedvapor pressure）或蒸发曲线。因高于临界点温度时气体不能液化，因此，*OC* 线的上端止于临界点 *C*。根据表 5.1 中不同温度下冰的饱和蒸气压数据绘出 *OB* 线，即冰与水蒸气两相平衡线，称为冰的饱和蒸气压曲线或升华曲线（sublimation curve）。根据表 5.1 中不同压力下水和冰平衡共存的温度、压力数据绘出 *OA* 线，即冰与水两相平衡线，称为冰的熔点曲线（fuse point curve）。从图 5.1 可以看出，*OA* 线的斜率为负值，说明压力增大，冰的熔点降低。

OA、*OB* 和 *OC* 三条曲线将水的相图划分成三个区域：*AOB* 区为冰，以 $H_2O(s)$ 表示；*AOC* 区为水，以 $H_2O(l)$ 表示；*BOC* 区为水蒸气，以 $H_2O(g)$ 表示。在各区内，系统均为单相，$f=2$，温度和压力均为独立变量，它们可在一定范围内随意改变而不会变更系统的相态。

在 *OA*、*OB*、*OC* 三条曲线上，系统分别处于 $H_2O(s) \rightleftharpoons H_2O(l)$、$H_2O(s) \rightleftharpoons H_2O(g)$ 和 $H_2O(l) \rightleftharpoons H_2O(g)$ 三种两相平衡状态，$P=2$，$f=1$，即温度和压力中只有一个量独立可变。以 *OC* 线为例，处于此线上任何一点的系统均为 $H_2O(l)$ 与 $H_2O(g)$ 两相平衡的状态。若随意指定温度为 T_1，则在此温度下能保持 $H_2O(l)$ 与 $H_2O(g)$ 共存的压力只能是 p_1。若系统的压力高于 p_1，系统的状态进入 *AOC* 区，即所有的 $H_2O(g)$ 将转变成 $H_2O(l)$；若系统的压力低于 p_1，则系统的状态进入 *BOC* 区，即 $H_2O(l)$ 将完全转变成 $H_2O(g)$。若要保持 $H_2O(l)$ 与 $H_2O(g)$ 两相平衡的状态，在任意指定温度后，压力便随之被确定，不能随意改变，否则总会有一相消失。同样，如果将压力作为独立变量随意指定，则温度将随压力而确定，不能随意变动，否则将不能保持原有的相平衡状态。*OA* 线及 *OB* 线上的情况类似，为保持单组分系统两相平衡，温度和压力之中只有一个量可以独立改变。

OA、*OB*、*OC* 三条线的交点 *O* 被称为三相点（triple point）。处于此点的系统处于 $H_2O(l) \rightleftharpoons H_2O(g) \rightleftharpoons H_2O(s)$ 三相平衡状态，$P=3$，$f=0$，为无变量系统，即温度和压力均为定值。水的三相点温度为 0.01℃，压力为 0.610kPa。高于或低于此温度或压力，三相中总有一相或两相消失。我国物理化学家黄子卿在确定水的三相点的工作中做出杰出贡献。

水的三相点不同于其冰点。水的三相点是水在水的蒸气压下（无空气或其他气体）的凝固点。冰点则是在一定压力下被空气饱和了的水的凝固点。101.3kPa 下水的凝固点为 0℃，比水的三相点低 0.01℃。导致这一结果的原因之一是外压增大，使凝固点降低 0.00748℃；原因之二是水中溶有空气，使凝固点降低 0.00242℃。

图 5.1 中的虚线 OC' 是根据表 5.1 中 −20℃ 至 0.01℃ 间各温度下过冷水的饱和蒸气压数据绘制的过冷水的饱和蒸气压曲线。若把水的温度降低，水的蒸气压将沿着 OC 线向 O 点移动，到 O 点应当有冰出现。但是如果特别小心地冷却，到 O 点时仍无冰出现，这种现象被称为液体的过冷现象（supercooled phenomenon）。OC' 线位于 OB 线之上，表明同样温度下过冷水的蒸气压高于冰的蒸气压，则过冷水的化学势高于冰的化学势，因此，过冷水能自发地转变为冰。也就是说，过冷水与蒸汽的两相平衡是不稳定的平衡，只要稍受外界因素的干扰，如搅动或投入小冰晶，水就会转变为冰。这种不稳定的平衡称为**亚稳平衡**（metastable equilibrium）。

应用相图可以分析系统的相态变化。例如，在一带活塞的气缸中盛有 120℃、101.3kPa 的水蒸气，此系统的状态位于图 5.1 中的 a 点。a 点为表示整个系统状态的点，称为**系统点**（system point）。在 101.3kPa 下将系统冷却，系统点将沿过 a 点的横坐标平行线向左移动，至 b 点与 OC 线相交，此时系统处于 $H_2O(l) \rightleftharpoons H_2O(g)$ 两相平衡状态，温度为 100℃，压力为 101.3kPa。继续冷却，系统进入 AOC 区，在此区内系统均为水（如 d 点）。当系统点到达 OA 线上的 f 点时，系统处于 $H_2O(l) \rightleftharpoons H_2O(s)$ 两相平衡状态，此点的温度为 0.0025℃，压力为 101.3kPa。最后，冷却到 e 点（−10℃，101.3kPa）时，系统处于 AOB 区，只以冰的状态存在。

第5章

5.2.2 单组分两相平衡系统温度与压力的关系

设在温度 T 和压力 p 下，某种纯物质的 α 和 β 两相达到相平衡：

$$\alpha(T,p) \rightleftharpoons \beta(T,p)$$

根据相平衡条件，此时：

$$\mu_\alpha^* = \mu_\beta^* \tag{5.4}$$

若温度由 T 变成 $T+\mathrm{d}T$，相应地，压力将由 p 变成 $p+\mathrm{d}p$，系统重新达到相平衡：

$$\alpha(T+\mathrm{d}T, p+\mathrm{d}p) \rightleftharpoons \beta(T+\mathrm{d}T, p+\mathrm{d}p)$$

此时有：

$$\mu_\alpha^* + \mathrm{d}\mu_\alpha^* = \mu_\beta^* + \mathrm{d}\mu_\beta^* \tag{5.5}$$

式(5.5) 减去式(5.4)，得：

$$\mathrm{d}\mu_\alpha^* = \mathrm{d}\mu_\beta^* \tag{5.6}$$

将纯物质 $\mathrm{d}\mu_B^* = \mathrm{d}G_m^* = -S_m^*\mathrm{d}T + V_m^*\mathrm{d}p$ 应用于式(5.6)，得：

$$-S_{m,\alpha}^*\mathrm{d}T + V_{m,\alpha}^*\mathrm{d}p = -S_{m,\beta}^*\mathrm{d}T + V_{m,\beta}^*\mathrm{d}p$$

$$\frac{\mathrm{d}p}{\mathrm{d}T} = \frac{S_{m,\beta}^* - S_{m,\alpha}^*}{V_{m,\beta}^* - V_{m,\alpha}^*} = \frac{\Delta S_m^*}{\Delta V_m^*}$$

将 $\Delta S_m^* = \dfrac{\Delta_{pc} H_m^*}{T}$ 代入上式，得：

$$\frac{\mathrm{d}p}{\mathrm{d}T} = \frac{\Delta_{pc} H_m^*}{T\Delta V_m^*} \tag{5.7}$$

或

$$\frac{\mathrm{d}T}{\mathrm{d}p} = \frac{T\Delta V_m^*}{\Delta_{pc} H_m^*} \tag{5.8}$$

式中，$\Delta_{pc}H_m^*$ 为 T、p 下 1mol 物质由 α 相转移到 β 相的摩尔相变焓；ΔV_m^* 为 T、p 下 1mol 物质由 α 相转移到 β 相引起的摩尔相变体积变。

该式最早由克拉佩龙（B. P. E. Clapeyron）导出，称之为克拉佩龙方程（Clapeyron equation）。此方程给出了纯物质两相平衡时压力与温度之间的函数关系，表明改变单位平衡温度引起系统平衡压力的变化。由于推导过程中对 α 和 β 两相无任何限制，该式适用于任何单组分两相平衡。

固体熔化过程，$\Delta_{fus}H_m^* > 0$，根据式(5.8)，若 $\Delta V_m^* = V_{m,(l)}^* - V_{m,(s)}^* < 0$，压力增大，将导致熔点降低，图 5.1 中冰的熔点曲线 OA 就反映了这种情况。大多数物质 $\Delta V_m^* = V_{m,(l)}^* - V_{m,(s)}^* > 0$，所以压力增大，熔点升高。

【例 5.2】 0℃时，冰的熔化焓为 $6008\text{J}\cdot\text{mol}^{-1}$，冰和水的摩尔体积分别为 $19.652\text{cm}^3\cdot\text{mol}^{-1}$ 和 $18.018\text{cm}^3\cdot\text{mol}^{-1}$。试计算欲使冰点降低 1K，如何改变压力。

解：根据式(5.7)：

$$\frac{dp}{dT} = \frac{\Delta_{fus}H_{m,H_2O(s)}^*}{T[V_{m,H_2O(l)}^* - V_{m,H_2O(s)}^*]} = \frac{6008\text{J}\cdot\text{mol}^{-1}}{273.2\text{K}\times(18.018-19.652)\times10^{-6}\text{m}^3\cdot\text{mol}^{-1}}$$

$$= -1.346\times10^7\text{Pa}\cdot\text{K}^{-1}$$

即欲使冰点下降 1K，压力需增大 13.46MPa。

对于包含气相的两相平衡系统，如 $g \rightleftharpoons l$ 或 $g \rightleftharpoons s$ 两相平衡系统，由于 $V_{m,(g)}^* \gg V_{m,(l)}^*$ 或 $V_{m,(g)}^* \gg V_{m,(s)}^*$，$\Delta V_m^* \approx V_{m,(g)}^*$。若将蒸气视为理想气体，则 $\Delta V_m^* \approx RTp^{-1}$，克拉佩龙方程简化为：

$$\frac{dp}{p} = \frac{\Delta_{pc}H_m^*}{RT^2}dT \tag{5.9}$$

或

$$d\ln\frac{p}{[p]} = \frac{\Delta_{pc}H_m^*}{RT^2}dT \tag{5.10}$$

式(5.9)和式(5.10)被称为克劳修斯-克拉佩龙方程（Clausius-Clapeyron equation）。此方程适用于非高压下的气、液或气、固两相平衡。

若温度变化范围不大，$\Delta_{pc}H_m^*$ 可看作与温度无关，此时将式(5.10)积分，得：

$$\ln\frac{p}{[p]} = -\frac{\Delta_{pc}H_m^*}{R}\times\frac{1}{T} + I \tag{5.11}$$

式中，$[p]$ 为压力的单位；I 为积分常数。该式表明，$\ln\{p/[p]\}$-$1/T$ 图为直线，其斜率为 $-\Delta_{pc}H_m^*/R$。

对式(5.10)进行定积分，则得：

$$\int_{p_1}^{p_2} d\ln\frac{p}{[p]} = \frac{\Delta_{pc}H_m^*}{R}\int_{T_1}^{T_2}\frac{1}{T^2}dT$$

$$\ln\frac{p_2}{p_1} = \frac{\Delta_{pc}H_m^*(T_2 - T_1)}{RT_1T_2} \tag{5.12}$$

此式为常用的积分形式克劳修斯-克拉佩龙方程。已知 T_1、T_2、p_1、p_2 及 $\Delta_{pc}H_m^*$ 五个物理量中任意四个，即可通过式(5.12)求得另外一个量。

当缺少 $\Delta_{vap}H_m^*$ 数据时，可以用特鲁顿规则（Trouton rule）估算其值：

$$\Delta_{vap}H_m^* = T_b\Delta_{vap}S_m^* \approx T_b\times88\text{J}\cdot\text{K}^{-1}\cdot\text{mol}^{-1} \tag{5.13}$$

式中，T_b为物质的正常沸点；$\Delta_{vap}S_m^*$ 为摩尔气化熵。

【例 5.3】 试估算液体丙烯贮存罐应具备的耐压值。已知丙烯的沸点为 225.7K，存放地夏季阳光照射下的最高温度为 60℃。

解： 因为液体丙烯在贮存罐中与其饱和蒸气呈平衡状态，因此贮存罐应具备的耐压值是 60℃时丙烯的饱和蒸气压 p_2。根据特鲁顿规则，丙烯的汽化焓：

$$\Delta_{vap}H_m^* = T_b\Delta_{vap}S_m^* \approx 225.7\text{K} \times 88\text{J}\cdot\text{K}^{-1}\cdot\text{mol}^{-1} = 19.9\text{kJ}\cdot\text{mol}^{-1}$$

将 $T_1=225.7\text{K}$，$p_1=101.3\text{kPa}$，$T_2=333.2\text{K}$ 及 $\Delta_{vap}H_m^* \approx 19.9\text{J}\cdot\text{mol}^{-1}$代入式(5.12)，得：

$$\ln\frac{p_2}{101.3\times10^3\text{Pa}} = \frac{19.9\times10^3\text{J}\cdot\text{mol}^{-1}\times(333.2\text{K}-225.7\text{K})}{8.314\text{J}\cdot\text{mol}^{-1}\cdot\text{K}^{-1}\times225.7\text{K}\times333.2\text{K}}$$

解得：

$$p_2=3.10\text{MPa}$$

即贮存罐应具备的最低耐压值为 3.10MPa。

若上例中温度变化范围较大，$\Delta_{vap}H_m^*$ 不能视为常数，则需将 $\Delta_{vap}H_m^*=f(T)$ 的函数式代入式(5.10) 进行积分。但这样得到的方程式比较复杂，应用频率不高。目前工程上常用安托万（Antoine）经验方程：

$$\ln\frac{p}{[p]} = A - \frac{B}{T+C} \tag{5.14}$$

式中，A、B 及 C 均为物质的特性常数，称为安托万常数（Antoine constant），可查。

第5章

5.3 二组分液态完全互溶系统的气-液相平衡

二组分系统，$C=2$，按相律：

$$f=C-P+2=2-P+2=4-P$$

因 $p_{min}=1$，故 $f_{max}=3$，即二组分系统最多可有三个独立变量。所以要用三维相图才能完整地描述其相平衡关系。方便起见，通常固定一个变量，得到三维相图的截面图（平面图），供相平衡研究。随固定量不同，二组分系统的气-液平衡相图有以下三种类型。

固定温度（T 一定）：压力-组成图，即 p-x_B图；

固定压力（p 一定）：温度-组成图，即 T-x_B图；

固定组成（x_B一定）：温度-压力图，即 T-p 图。

在截面图上，$f_{max}=2$，系统最多有 3 相平衡共存。

5.3.1 二组分理想液态混合物的气-液相平衡图

以甲苯（A)-苯（B）二组分混合物为例。因为一定温度下二组分在全部浓度范围内均符合拉乌尔定律，故：

$$p_A=p_A^*x_A=p_A^*(1-x_B) \tag{5.15}$$

$$p_B=p_B^*x_B \tag{5.16}$$

$$p=p_A+p_B=p_A^*(1-x_B)+p_B^*x_B=p_A^*+(p_B^*-p_A^*)x_B \tag{5.17}$$

根据式(5.15)～式(5.17)，分别以 p_A、p_B及 p 对液相组成 x_B作图，则可得到三条直线。

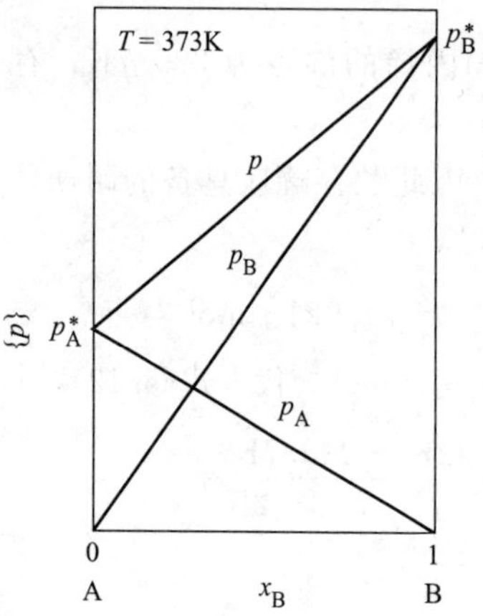

图 5.2 甲苯(A)-苯(B)二组分系统的蒸气压-液相组成图

图 5.2 为 373K 时甲苯(A)-苯(B)二组分系统的蒸气压-液相组成图。图中 $p_A^*=74.17\text{kPa}$，为 373K 时甲苯的蒸气压；$p_B^*=180.1\text{kPa}$，为 373K 时苯的蒸气压。标以 p_A、p_B 及 p 的三条直线分别为 p_A-x_B、p_B-x_B、p-x_B 图，其与式(5.15)～式(5.17)相吻合，可作为二组分理想混合物蒸气压-组成图的代表。由图 5.2 可以看出，二组分理想混合物的蒸气压 p 总介于两个纯组分的蒸气压 p_A^* 与 p_B^* 之间，即若 $p_A^*<p_B^*$，则：

$$p_A^*<p<p_B^*$$

p-x_B 线表示系统的蒸气总压与液相组成的关系，称为**液相线**(line of liquid phase)。液相线上任何一点所代表的系统均处于气、液两相平衡状态，$f=2-2+1=1$，p 与 x_B 中只有一个独立变量。即若任意指定系统的压力 p，则组成 x_B 随之被确定；若任意指定 x_B，则溶液的蒸气压 p 随之被确定。

若以 y_A 和 y_B 分别表示气相中 A 和 B 的摩尔分数，通常与理想混合物呈平衡的蒸气为理想气体混合物，按分压定律及拉乌尔定律：

$$y_A=\frac{p_A}{p}=\frac{p_A^* x_A}{p} \tag{5.18}$$

$$y_B=\frac{p_B}{p}=\frac{p_B^* x_B}{p} \tag{5.19}$$

若此系统中 $p_B^*>p_A^*$，则 $p_B^*>p>p_A^*$。从式(5.18)和式(5.19)可以看出：

$$y_A<x_A$$

$$y_B>x_B$$

通常，称二组分混合物中纯组分蒸气压较大的组分为易挥发组分，纯组分蒸气压较小的组分为难挥发组分。如甲苯-苯二组分系统中，同温度下纯苯的蒸气压比纯甲苯的蒸气压大，故苯(B)为易挥发组分，甲苯(A)为难挥发组分。所得到的 $y_A<x_A$ 及 $y_B>x_B$ 的结果表明：由蒸气压不同的两种液体组成的理想混合物达到气-液平衡时，两相的组成不同。易挥发组分在气相中的相对含量大于它在液相中的相对含量；难挥发组分在液相中的相对含量大于它在气相中的相对含量。即二组分理想混合物达到气-液平衡时，由于两组分的挥发性不同，挥发性较大的组分较多地进入气相，留在液相中的较少；挥发性较小的组分进入气相的较少，留在液相中的较多。此为通过精馏将两种组分分离的理论根据。

以二组分理想混合物的蒸气总压 p 对气相中 B 的摩尔分数 y_B 作图，得到的 p-y_B 线叫作**气相线**(line of gas phase)。将 p-x_B 线(液相线)和 p-y_B 线(气相线)绘制在同一张相图上，且为区分，分别用实线和虚线表示液相线和气相线，便可得到如图 5.3 所示的甲苯(A)-苯(B)混合物的压力-组成图。

二组分理想混合物的压力-组成图有两个特点。其一，液相线位于气相线之上，系统处于液相线之上时呈液态；系统处于气相线以下时则呈气态；系统处于气相线与液相线之间及两条线上为气、液两相平衡状态。通常分别以 g、l 及 g+l 表示气相区、液相区和气-液两相共存区。其二，液相线为直线，该直线符合式(5.17)，而气相线则为曲线。气相线和液相线上各点的压力 p 均介于两种纯组分蒸气压 p_A^* 与 p_B^* 之间。

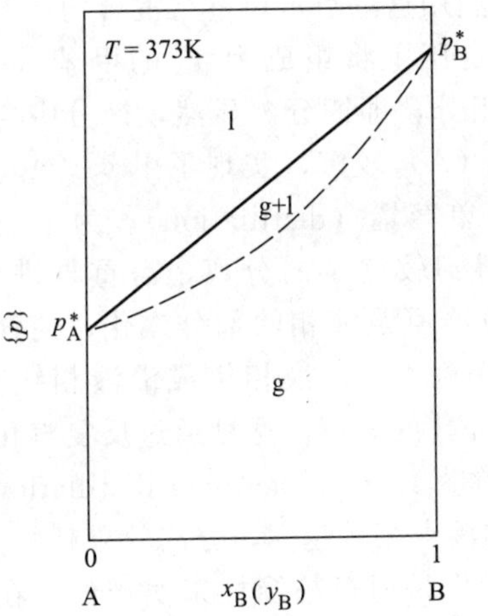

图 5.3 甲苯（A）-苯（B）系统的压力-组成图

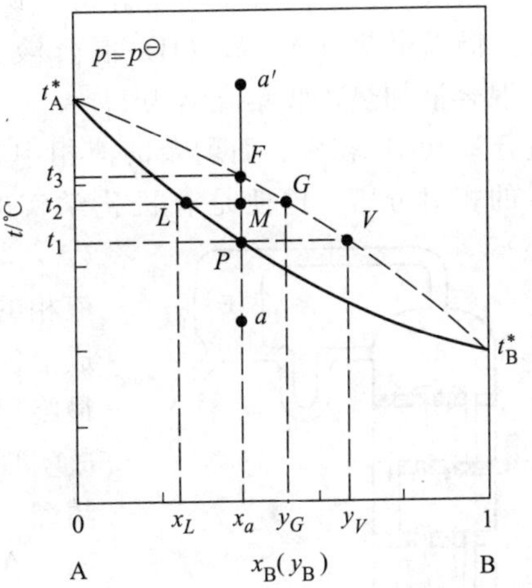

图 5.4 甲苯（A）-苯（B）系统的温度-组成图

固定系统的压力 p，以甲苯（A）-苯（B）混合物的沸点 t 对液相组成 x_B 作图，得到温度-组成图的液相线，以沸点 t 对气相组成 y_B 作图，得到温度-组成图的气相线，如图 5.4 所示。将图 5.4 与图 5.3 比较，可以总结出二组分理想混合物气-液平衡温度-组成图的以下规律：

① A、B 二组分混合物，若 $p_B^* > p_A^*$，则其沸点 $t_B^* < t < t_A^*$。即易挥发组分的沸点较低，难挥发组分的沸点较高，混合物的沸点介于两个纯组分的沸点之间。

② 压力-组成图上，液相线为直线，气相线为曲线，液相线在气相线之上。而温度-组成图上，气相线、液相线均为曲线，气相线在液相线之上。在温度-组成图上，气、液相线仍将相图划分为气相、液相和气-液两相共存三个相区，它们分别在气相线之上、液相线之下和气、液相线之间。

通过相图可以分析外界条件改变时系统相态的变化。仍以甲苯（A）-苯（B）系统为例。若 A-B 混合物的状态如图 5.4 中 a 点所示。由于 a 点处于液相区，故此时混合物为液态。等压下加热此混合物，系统点 a 将垂直上升。升温至 t_1 时，系统点到达液相线上的 P 点。此时混合物开始沸腾，有大量气泡产生，故称温度 t_1 为此混合物的**泡点**（bubble point）。液相线表示不同组成的液态混合物的泡点与液相组成的关系，所以液相线也称**泡点线**。系统在 P 点处开始出现气、液两相，不过气相刚出现，量很少。气相的组成为 V 点相应的横坐标读数 y_V。V 点是 t_1P 线的延长线与气相线的交点。

继续升温，系统点进入气-液两相平衡区，例如 t_2 时到达 M 点。M 点为表示系统总组成的点，即**系统点**（system point）。此时系统实际上分成气、液两相，表示各相状态和组成的点叫**相点**（phase point）。G 和 L 即为 t_2 时的气相点和液相点，这两点对应的横坐标读数 y_G 和 x_L 分别代表呈平衡的气、液两相的组成。呈平衡的两个相点的联线称为**结线**（tie line），这两个相点也称为**结点**（tie point）。

继续升温，系统点垂直上升，气相点和液相点分别沿气相线和液相线上升。升温至 t_3 时系统点到达 F，此时气相点也汇合于此，系统几乎完全化为蒸气。温度高于 t_3，液相完全消失，系统进入气相区，系统点与相点合为一点。

若将状态为 a' 的系统等压降温，则系统点垂直下降。系统点到达 F 点时，蒸汽开始凝结而析出液滴。与 F 点相应的温度 t_3 称为二组分混合蒸汽的**露点**（dew point）。气相线表示露点与气相组成的关系，也叫**露点线**（dew point line）。

与上述分析类似，利用图 5.3 也可分析等温下加压或降压时二组分混合物的相态变化。

第5章

气、液两相平衡时，气相组成一般不同于液相组成，利用这一点可以进行混合物或溶液的分离。仍以甲苯（A)-苯（B）混合液为例。如图 5.4，定压下将组成为 x_a 的甲苯（A)-苯（B）混合液加热，收集温度为 $t_1 \sim t_2(t_2 < t_3)$ 间的气相组分，即馏分。显然，馏分中含低沸点组分苯（B）较多，而剩余的液相中含高沸点组分甲苯（A）较多，实现了甲苯（A）与苯（B）的相对分离。这便是有机化学实验中常常采用的简单**蒸馏**（distillation)。为了使甲苯（A）与苯（B）混合液得到较完全的分离，需重复进行气、液相的分离和气相的部分冷凝及液相的部分汽化，使气相组成沿气相线变化，最终得到纯 B；液相组成沿液相线变化，最终得到纯 A，实现 A 与 B 的分离。这种通过反复汽化与冷凝实现组分分离的操作称为**分馏**（fractional distillation）或**精馏**。两种纯液体组分的沸点相差越大，分离效果越好。

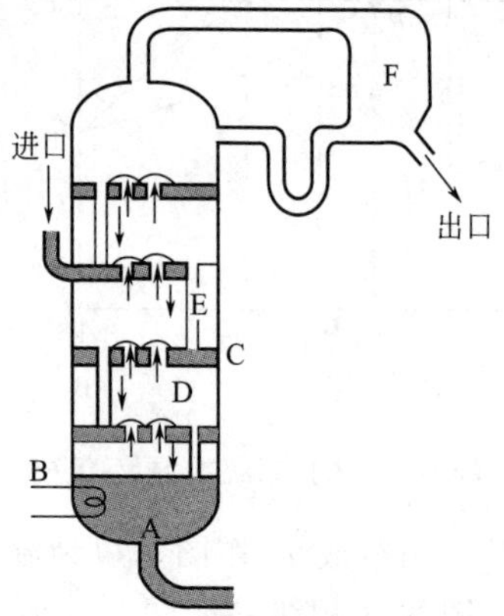

图 5.5　精馏装置示意图

在实验室中，精馏操作是通过精馏柱来实现的。在工业生产中精馏操作则在精馏塔中进行。精馏塔式样繁多，最常见的如图 5.5 所示。

精馏塔由三部分构成：①加热釜 A。内有加热器 B。②塔身 C。塔身是隔热的，其内排列着多块塔板，塔板上有多个小孔 D，供气流通过。小孔上盖有泡罩，泡罩边缘浸在液体中。塔板上还有溢流管 E，以便回流液流入下层塔板。③冷凝器 F。位于塔的顶部，上升到塔顶的蒸气在这里被冷凝，冷凝液部分回到塔内，以保持正常操作，其余作为分离出的低沸点产品被收集。

稳定操作时，精馏塔内各塔板上液体的温度是恒定的，且自下而上逐步降低。通常从塔的中部加入经过预热的物料，物料在塔内经加热而蒸发。蒸气由下一块塔板上升到上一块塔板时通过泡罩与向下流动的液体充分接触，并以鼓泡形式冲出。在蒸气与液体充分接触中，蒸气中难挥发组分冷凝，冷凝过程中放出的热使液体中易挥发组分蒸发。冷凝液经溢流管流向下一块塔板，蒸气则上升到上一块塔板，重复进行部分蒸发与部分冷凝过程。显然，在每块塔板上进行着易挥发组分与难挥发组分在气、液两相间的再分配，经过足够多的塔板后，上升到塔顶的几乎全部是易挥发（低沸点）组分，下降到塔釜的几乎全部是难挥发（高沸点）组分，从而实现了易挥发组分与难挥发组分的分离。

5.3.2 杠杆规则

在相图中任何两相平衡区域内，呈平衡的两个相的数量分配符合**杠杆规则**（lever rule)：若以摩尔分数（或质量分数）表示系统及各相的组成，则呈平衡两相的物质的量（或质量）反比于系统点到两个相点的线段长度。以图 5.4 中 M 点所代表的系统为例。液相组成为 x_a 的系统在温度 t_2 下的系统点为 M。此时系统实际上分成平衡的两相——以相点 L 代表的液相和以相点 G 代表的气相。液相组成为 x_L，气相组成为 y_G。若以 n_L 和 n_G 分别表示液相和气相物质的量，系统中组分 B 在两相中的物质的量之和必等于它在整个系统中 B 的物质的量，即：

$$n_L x_L + n_G y_G = (n_L + n_G) x_a$$

$$n_L x_a - n_L x_L = n_G y_G - n_G x_a$$

$$\frac{n_L}{n_G} = \frac{y_G - x_a}{x_a - x_L} \tag{5.20}$$

从相图上看，$y_G - x_a = \overline{GM}$，$x_a - x_L = \overline{ML}$，因此式(5.20）也可表示为：

$$\frac{n_L}{n_G}=\frac{\overline{GM}}{\overline{ML}} \tag{5.21}$$

以上二式即为杠杆规则的数学表达式。若将系统点 M 比作杠杆的支点，相点 L 与 G 比作两个力点，n_L 和 n_G 好像悬挂在两个力点上的重物，组成杠杆，因此被称为杠杆规则。

杠杆规则源于质量守恒原理，因此它不仅适用于二组分理想混合物系统的气-液两相平衡共存区，也适用气-固、液-液、液-固、固-固两相平衡共存区。组分浓度表示也不限于摩尔分数 x_B。当浓度用质量分数 w_B 表示时，杠杆规则的形式为：

$$\frac{m_L}{m_G}=\frac{w_G-w_a}{w_a-w_L} \tag{5.22}$$

式中，m_L 和 m_G 分别为组分 B 在液相和气相中的质量；w_a、w_L 和 w_G 分别为组分 B 的系统、平衡液相和平衡气相的质量分数，即与系统点 M、液相点 L 和气相点 G 对应的横坐标读数。

【例 5.4】 标准压力下，甲苯（A）和苯（B）组成理想混合物，其温度-组成图如图 5.4。现有 10.0mol 甲苯-苯混合物，在 373K（图上 t_2）时系统中苯的摩尔分数为 0.40。计算在此条件下，该混合物达到气-液平衡时气、液各相物质的量。

解：设液相和气相物质的量分别为 n_L 和 n_G。从相图上可以找到系统点、液相点和气相点分别为 M、L、和 G，对应的组成为 $x_a=0.40$、$x_L=0.25$、$y_G=0.50$，而 $n_G=10.0\text{mol}-n_L$。将以上数据代入式(5.20)，得：

$$\frac{n_L}{10.0\text{mol}-n_L}=\frac{0.50-0.40}{0.40-0.25}$$

解得：

$$n_L=4.0\text{mol}$$

$$n_G=10.0\text{mol}-4.0\text{mol}=6.0\text{mol}$$

5.3.3 二组分真实液态混合物的气-液相平衡图

大多数二组分混合物属于真实混合物，其压力-组成图与理想混合物最大的差别是液相线不再是直线。这是因为真实混合物各组分的蒸气压只在其摩尔分数接近于 1 的很小范围内符合拉乌尔定律，而在其他的浓度时偏离拉乌尔定律，故其 p-x 关系不再符合直线方程式(5.17)，而成为曲线。

根据压力-组成图上液相线与理想行为（按拉乌尔定律算出的 p-x_B 直线）的偏离情况，将二组分真实混合物分为四种类型，其 p-x 图见图 5.6～图 5.9。

(1) 一般正偏差混合物

蒸气压高于按拉乌尔定律计算的结果，但在全部浓度范围内混合物的蒸气总压均介于两个纯组分的蒸气压之间。如四氯化碳-苯、水-甲醇、苯-丙酮系统。图 5.6 为苯-丙酮二组分混合物的蒸气压-液相组成图。图中标以 p、p_A 和 p_B 的三条实线分别为蒸气总压、气相中苯的分压和丙酮的分压对液相中丙酮摩尔分数 x_B 的关系。各实线下的虚线为按拉乌尔定律计算的相应蒸气压与液相组成的关系。

(2) 一般负偏差混合物

蒸气压低于按拉乌尔定律计算的结果，但在全部浓度范围内，混合物的蒸气总压均介于两个纯组分的蒸气压之间。如氯仿-乙醚混合物即属这种类型，其蒸气压-液相组成图如图 5.7 所示。

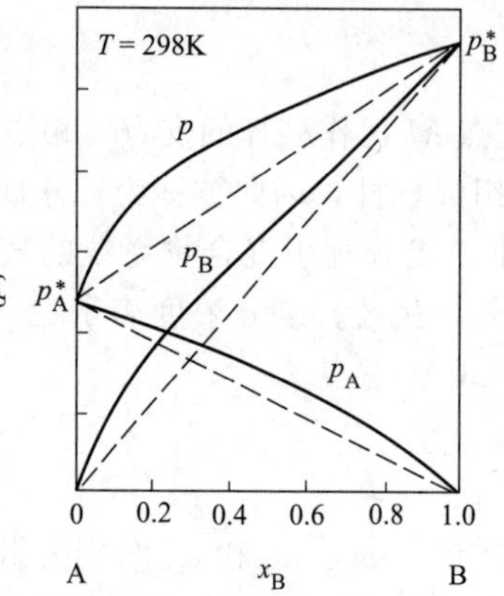

图 5.6　苯（A）-丙酮（B）二组分系统的蒸气压-液相组成图

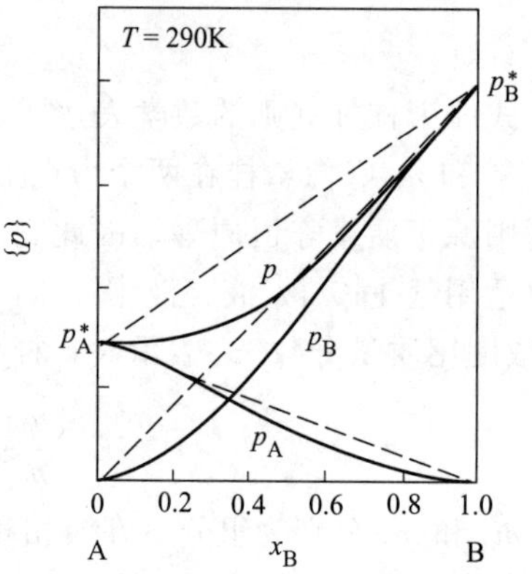

图 5.7　氯仿（A）-乙醚（B）二组分系统的蒸气压-液相组成图

（3）最大正偏差混合物

蒸气压高于按拉乌尔定律计算的结果，且在一定浓度范围内混合物的蒸气压高于易挥发组分的蒸气压，其蒸气压-组成图出现最高点。如苯-环己烷、水-乙醇、甲醇-苯、乙醇-苯、甲醇-氯仿、二硫化碳-丙酮系统。图 5.8 为甲醇-氯仿混合物的蒸气压-液相组成图。

（4）最大负偏差混合物

蒸气压低于按拉乌尔定律计算的结果，且在一定浓度范围内混合物的蒸气压低于难挥发组分的蒸气压，其蒸气压-组成图出现最低点。如盐酸-丙酮、甲醛-水、硝酸-水、盐酸-水、乙酸-氯仿、氯仿-丙酮系统。图 5.9 为氯仿-丙酮混合物的蒸气压-液相组成图。

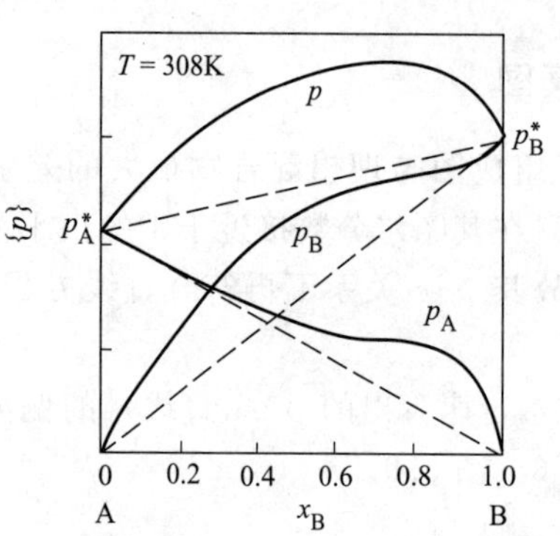

图 5.8　甲醇（A）-氯仿（B）二组分系统的蒸气压-液相组成图

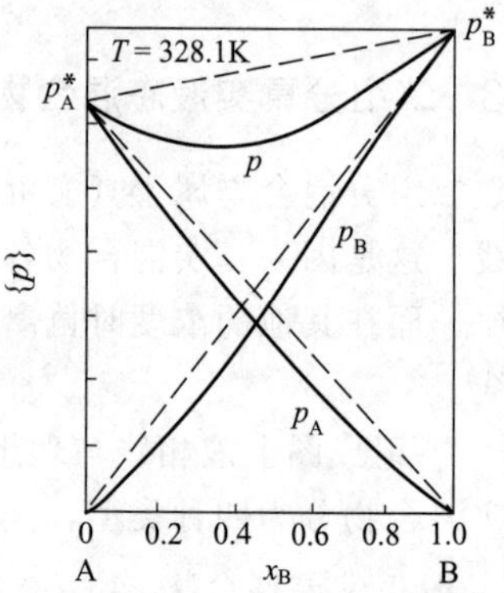

图 5.9　氯仿（A）-丙酮（B）二组分系统的蒸气压-液相组成图

二组分真实混合物产生与理想行为偏差的根源在于分子间作用力 $f_{A\text{-}A}$、$f_{B\text{-}B}$与 $f_{A\text{-}B}$之间的差别。若 $f_{A\text{-}B}<f_{A\text{-}A}$和 $f_{A\text{-}B}<f_{B\text{-}B}$，则形成混合物后，分子较纯组分时更容易逸出液面，故产生正偏差；若 $f_{A\text{-}B}>f_{A\text{-}A}$和 $f_{A\text{-}B}>f_{B\text{-}B}$则形成混合物后，分子较纯组分时难于逸出液面，故产生负偏差。

图 5.6～图 5.9 只绘制出了液相线。图 5.10 则将液相线和气相线都绘制在一个图上。图 5.10 中，第一列为不同类型二组分完全互溶系统的压力-组成图，第二列为其温度-组成图。从上到下各行分别为二组分理想、一般正偏差、一般负偏差、最大正偏差和最大负偏差混合物系

统。图中实线代表液相线，虚线代表气相线。将不同类型二组分系统的温度-组成图与其相应的压力-组成图比较，可以发现以下规律。

① 在压力-组成图上，易挥发纯组分 B 的蒸气压 p_B^* 较高，则在温度-组成图上它的沸点 t_B^* 较低；难挥发组分 A 则相反。

② 压力-组成图上，液相线总在气相线之上；而温度-组成图上，气相线总在液相线之上。

③ 若压力-组成图上有最高点，则在温度-组成图上出现最低点；反之，则相反。在最高点或最低点处，气相线与液相线相交。

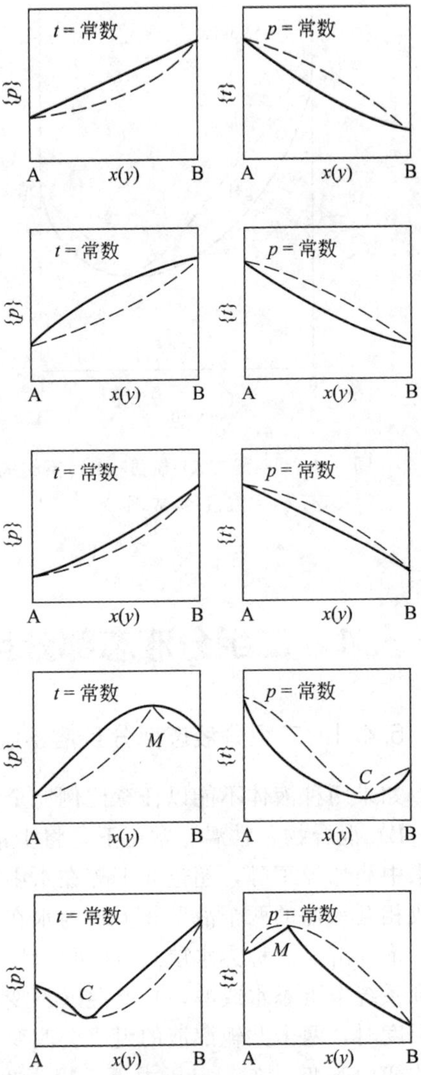

图 5.10 二组分完全互溶系统各种类型混合物的压力-组成图和温度-组成图

图 5.11 为甲醇-氯仿二组分混合物的温度-组成图。在图中 $x_B=0.7$ 处出现最低点，则该混合物的压力-组成图上出现最高点，所以甲醇-氯仿混合物属最大正偏差的混合物。在其 T-x 图上，气相线和液相线将相图划分成 4 个区域：气相线以上为气相区，以 g 表示；液相线以下为液相区，以 l 表示；气相线与液相线所夹的左、右两个区均为气、液两相共存区，以 g+l 表示。在最低点 C 处，气相线与液相线相交。与 C 点对应的系统气相组成与液相组成相同。即与最低点相应组成的液体沸腾时，产生的平衡蒸气的组成与液相组成相同，因此在一定压力下，沸点恒定不变。又由于是液态混合物的最低沸点，故与 C 点对应的温度称为**最低恒沸点**（minimum azeotropic point），与 C 点对应组成的混合物称为**恒沸混合物**（azeotrope）。

氯仿-丙酮为产生最大负偏差的二组分系统，其压力-组成图上出现最低点，因此在温度-组成图上会出现最高点，如图 5.12 所示。与温度-组成图上最高点相应组成的混合物也称为**恒沸混合物**，与最高点对应的温度称为**最高恒沸点**（maximum azeotropic point）。

在一定压力下，恒沸混合物的沸点不变，这似乎像纯化合物，但它并不是化合物。因为从微观上看，恒沸混合物的两组分其分子之间并没有形成化学键；从宏观上看，压力改变时，恒沸混合物的组成将改变，沸点也将改变，而化合物的化学组成却不会因压力改变而改变。

对能形成恒沸混合物的二组分系统，用普通精馏方法不能将液态混合物分离成两个纯组分，只能得到一个纯组分和恒沸混合物。如二组分混合物有最低恒沸点，则进入精馏塔的混合物组成位于恒沸点以左时，塔底得纯 A，塔顶得恒沸混合物；进入精馏塔的混合物组成位于恒沸点以右时，塔底得纯 B，塔顶得恒沸混合物。如二组分混合物有最高恒沸点，则进入精馏塔的混合物组成位于恒沸点以左或以右时，塔底总是得到恒沸混合物，塔顶分别得到纯 A 和纯 B。

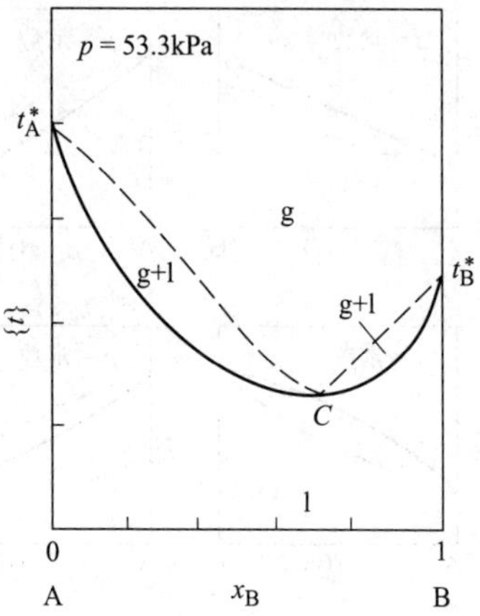

图 5.11 甲醇 (A)-氯仿 (B) 系统的温度-组成图

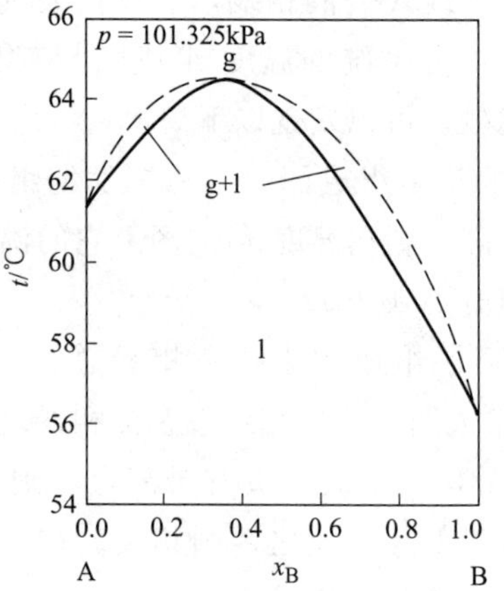

图 5.12 氯仿 (A)-丙酮 (B) 系统的温度-组成图

5.4 二组分液态部分互溶系统的液-液相平衡和气-液相平衡

5.4.1 二组分液态部分互溶系统的液-液相平衡图

如果两种液体不能以任意比例完全混溶，则形成部分互溶二组分混合物，如水 (A)-异丁醇 (B) 混合物。常温、常压下，将少量异丁醇加到水中，搅动后它可完全溶解于水中。继续往水中滴加异丁醇，超过异丁醇在水中的溶解度后，多加的异丁醇将不再溶解于水中，静置后分成相互平衡的两个液层。上层为水在异丁醇中的饱和溶液（称为醇层），下层为异丁醇在水中的饱和溶液（称为水层）。这两个呈平衡的液层称为共轭溶液（conjugate solution）。无论往这种系统中再添水或醇，只要温度不变，这两层溶液的组成不变，改变的只是两液层的量。改变温度时，两个共轭溶液的组成会改变，即水在醇中的溶解度及醇在水中的溶解度同时随温度的改变而改变。在一定压力下，以温度对两层共轭溶液的浓度（即两种液体的相互溶解度）作图，得到如图 5.13 所示的水 (A)-异丁醇 (B) 混合物的温度-溶解度图。随温度升高，水层中异丁醇的溶解度沿溶解度曲线 CK 上升，异丁醇层中水的溶解度沿溶解度曲线 $C'K$ 上升。温度为 132.8℃时，两条溶解度曲线相交于一点 K。称 K 点为高临界会溶点（maxmum critical consolute point），简称高会溶点。与高会溶点相应的温度称为高会溶温度（maximum consolute temperature）或高临界溶解温度（temperature of maxmum ctitical solubilty）。温度高于高会溶温度，水和异丁醇可以完全互溶，两液层合并成一相。两条溶解度曲线以上的区域均为完全互溶的液态混合物，为单相区，$f=2$。由溶解度曲线与横坐标轴包围的区域内为两液层共存区，即两相区，$f=1$。连接两个共轭相相点的直线（如图中 C_0C_0' 线）为结线。

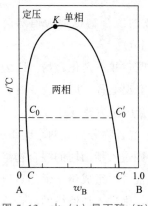

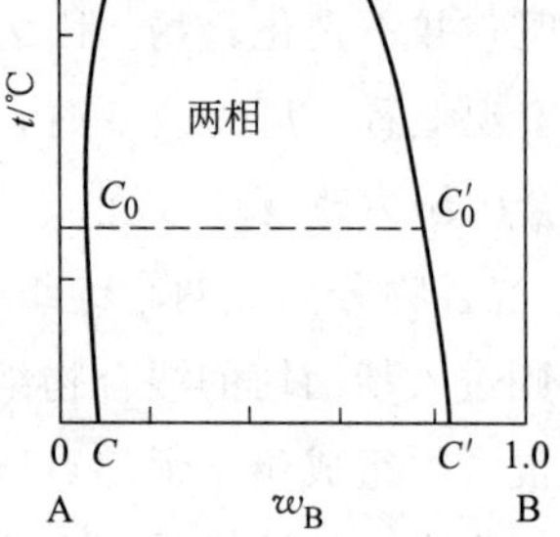

图 5.13 水 (A)-异丁醇 (B) 系统的温度-组成图

有些系统，两种液体的相互溶解度随温度降低而增大，例如水 (A)-三乙基胺 (B) 系统，其温度-溶解度图如图 5.14 所示。此类系统的温度-溶解度图上会出现低临界会溶点（minimum critical consolute point)，相应的温度称为**低会溶温度**（minimum consolute temperature）或低临界溶解温度（temperature of minimum critical solubility）。

还有些系统，同时具有高会溶温度和低会溶温度，如水（A)-烟碱（B）系统，其相图如图 5.15 所示。相图上的溶解度曲线为环形封闭曲线，有高会溶温度 T_C 和低会溶温度 $T_{C'}$。在高会溶温度以上和低会溶温度以下水与烟碱可以任何比例互溶；环形溶解度曲线以外，为完全互溶的单相区。环形溶解度曲线以内，为互不相溶两液层共存区，即两相区。

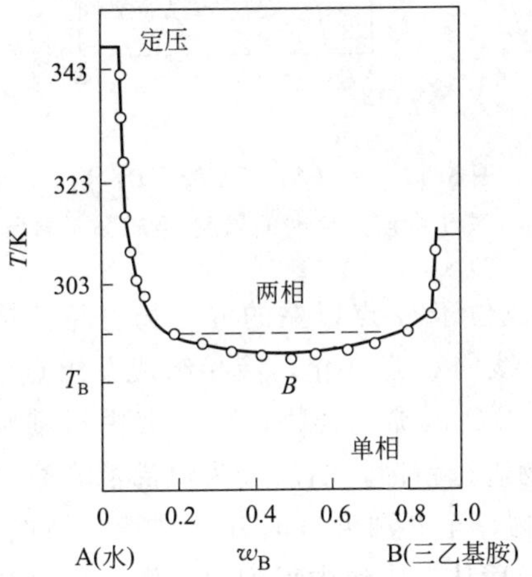

图 5.14 水(A)-三乙基胺(B)系统的温度-溶解度图

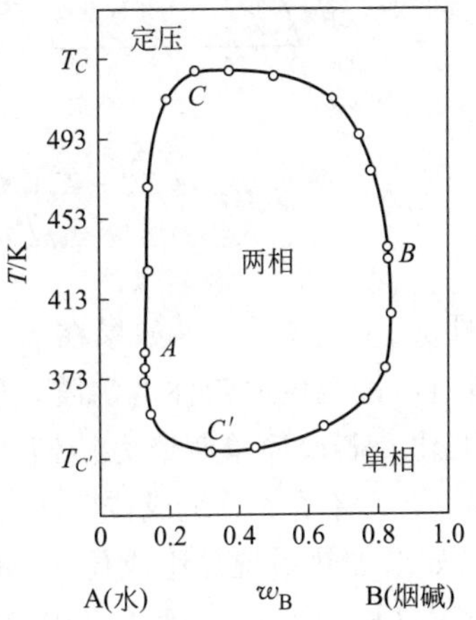

图 5.15 水(A)-烟碱(B)系统的温度-溶解度图

部分互溶的二组分系统两相共存（系统处于两相区）时，两液相的量符合杠杆规则。

5.4.2 二组分液态部分互溶系统的气-液相平衡图

二组分部分互溶系统的气-液相平衡图包括压力-组成图和温度-组成图，本书只讨论温度-组成图。同为部分互溶二组分混合物，其温度-组成图也不尽相同。

100kPa 下，水（A)-正丁醇（B）混合物的温度-组成图如图 5.16 所示。在较低温度下水与正丁醇部分互溶形成两液层，温度升高到高会溶温度之前液体已经转变成蒸气。

图 5.16 中 C 点和 D 点所对应的温度分别为水和正丁醇的沸点。GE 线和 HF 线分别为正丁醇在水中的溶解度曲线和水在正丁醇中的溶解度曲线。CG 线为正丁醇溶于水中所形成的溶液的沸点-液相组成关系线（液相线），CO 线为该溶液的沸点与气相组成的关系线（气相线）。DH 线为水溶于正丁醇中所形成的溶液的沸点-液相组成关系线（液相线），DO 线为该溶液的沸点与气相组成的关系线（气相线）。

以上曲线将相图划分为 6 个区，各区的相态如下：COD 线以上为气相区。CGE 线以左为正丁醇在水中的溶液 l_1，单相区；DHF 线以右为水在正丁醇中的溶液 l_2，单相区。$EGHF$ 区为水溶液层 l_1 与正丁醇溶液层 l_2 两相共存区。CGO 区为水溶液层 l_1 与蒸气两相平衡区；DHO 区为正丁醇溶液层 l_2 与蒸气两相平衡区。O 点为 G 点所代表的溶液（正丁醇在水中的饱和溶液）、H 点所代表的溶液（水在正丁醇中的饱和溶液）和蒸气三相共存，$f=C-P+1=2-3+1=0$。该点所对应的温度为两个液层同时沸腾的温度，称为共沸温度（azeotropic temperature）。显然，定压下共沸温度及三个平衡相的组成保持不变。连结 G、O 和 H 三个相点的直线称为三相平衡线。系统点位于三相平衡线上的系统都是三相共存的系统，三个相的相点分别为 G、O 和 H。

第5章

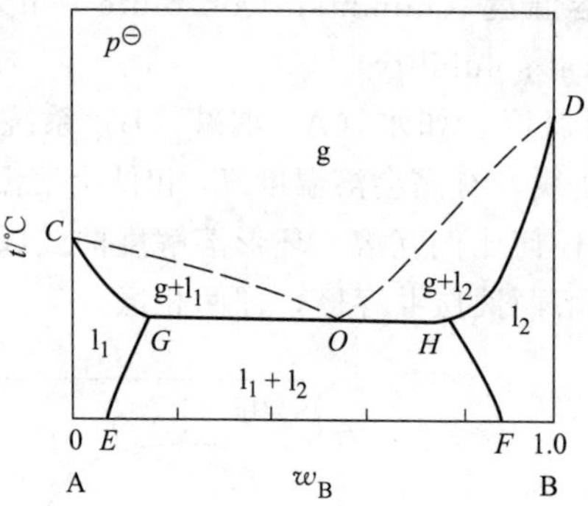

图 5.16 水 (A)-正丁醇 (B) 系统的温度-组成图

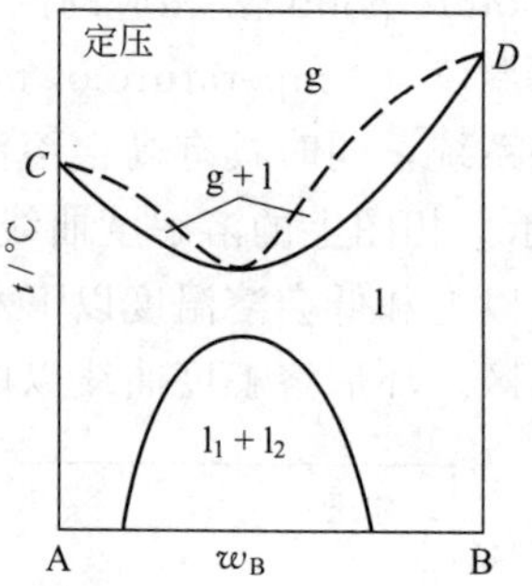

图 5.17 水 (A)-正丁醇 (B) 系统泡点高于会溶温度时的温度-组成图 (高压)

由图 5.16 可以看出，如果在 $p^\ominus$ 下将系统总组成位于 G 点以左的混合物进行蒸馏，到达 GC 线所对应的温度时液体 l_1 沸腾，气相组成沿 OC 线向 C 点变化，液相组成及沸点沿 GC 线向 C 点变化。若改简单蒸馏为精馏，则从馏出液中得到恒沸混合物，残留液中得到纯 A。同样道理，$p^\ominus$ 下将系统总组成位于 H 点以右的混合物进行精馏，馏出液为恒沸混合物，残留液为纯 B。如果加热系统总组成位于 GO 之间的混合物，至共沸温度时开始沸腾。精馏过程中，气相组成沿 OC 线变化，液相组成沿 GC 线变化，最后从馏出液中得到恒沸混合物，残留液中得到纯 A。同理精馏总组成在 OH 之间的混合物，从馏出液中得到恒沸混合物，残留液中得到纯 B。

压力增高，则两液体的沸点及共沸温度均升高，图 5.16 的上半部分向上移动。如果压力足够高，系统的泡点温度高于高会溶温度，此时系统的相图分为两部分，如图 5.17 所示。上半部分为具有低恒沸点的气-液平衡相图，下半部分为具有高会溶温度的液相部分互溶系统的液-液平衡相图。即其相图为气-液和液-液平衡相图的组合，相图分析便可参照气-液和液-液平衡相图进行。

5.5 二组分液态完全不互溶系统的气-液平衡相图

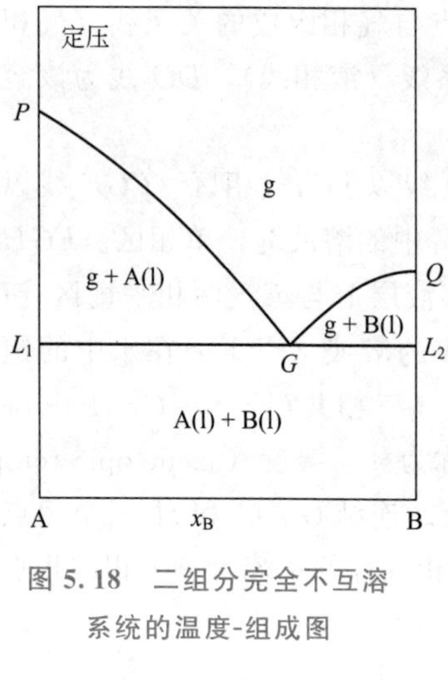

图 5.18 二组分完全不互溶系统的温度-组成图

若两种液体的相互溶解度非常小，以致可以忽略，这便是二组分液态完全不互溶系统，如 H_2O-CS_2、H_2O-Hg 均属于此类系统，此外水与许多有机物可形成此类系统。

在液相完全不互溶的 A-B 二组分系统中，系统的总压等于各纯组分的蒸气压之和，即 $p=p_A^*+p_B^*$，由于混合物的蒸气压高于两纯组分的蒸气压，因此，混合物的沸点较两种纯组分的沸点都低。将完全不互溶的混合液体加热至此温度时，两液体同时沸腾，故称之为共沸点。此时液体 A、液体 B 及蒸气三相平衡共存。若 $p_A^*<p_B^*$，则该系统的温度-组成图如图 5.18 所示。各区相态已在图中标出。单相区，$f=2$；两相区，$f=1$。图中 P、

Q、G 点分别对应纯 A、纯 B 的沸点及共沸点，$f=0$。PG 线为 A 的沸点降低曲线，QG 线为 B 的沸点降低曲线，均为两相平衡线，线上 $f=1$。L_1GL_2 线为液体 A、液体 B 及蒸气三相平衡线，线上 $f=0$。

根据相律，定压下两液体共沸时 $f=C-P+1=2-3+1=0$。这表明，定压下完全不互溶的混合液体的共沸点及共沸时平衡气相的组成不会因混合液体的总组成的改变而改变，结合分压定律可确定平衡气相的组成为：

$$y_B=\frac{p_B^*}{p_A^*+p_B^*} \tag{5.23}$$

利用完全不互溶的二组分液体混合物的共沸点低于每一纯组分的沸点的原理，把不溶于水的高沸点液体与水一起蒸馏，混合物可在低于水的沸点温度下共沸并进入气相。收集馏出物并冷却，得到被提纯的液体和水。由于两者完全不互溶，很容易分离出被提纯物。这种蒸馏方法被称为**水蒸气蒸馏**（steam distillation）。采用水蒸气蒸馏可避免因蒸馏温度过高而导致被提纯液体分解，是常用的有机物提纯方法。进行水蒸气蒸馏时，分离单位质量有机物 B 所需消耗的水蒸气的质量被称为水蒸气消耗系数。显然，水蒸气消耗系数越小，水蒸气蒸馏效率越高。根据分压定律可得到：

$$\frac{p_{H_2O}^*}{p_B^*}=\frac{n_{H_2O}}{n_B}=\frac{m_{H_2O}/M_{H_2O}}{m_B/M_B}=\frac{m_{H_2O}}{m_B}\times\frac{M_B}{M_{H_2O}}$$

则水蒸气消耗系数为：

$$\frac{m_{H_2O}}{m_B}=\frac{p_{H_2O}^*M_{H_2O}}{p_B^*M_B} \tag{5.24}$$

5.6 二组分系统的液-固相平衡

不包括气体的系统称为凝聚系统。由于压力对凝聚系统的相态变化影响很小，讨论二组分凝聚系统的相平衡时通常不考虑压力的变化，此情况下，$f=C-P+1=2-P+1=3-P$。$P_{min}=1$，$f_{max}=2$，定压下两个自由度分别为温度和组成。

二组分凝聚系统有多种类型，本节只讨论定压下几种典型的液态完全互溶的二组分系统的液-固相平衡图。

5.6.1 简单二组分凝聚系统的液-固相平衡图

前面已经指出，相图是根据实验数据绘制的，绘制二组分凝聚系统相图常用的方法有热分析法和溶解度法。

热分析法（thermal analysis）的基本原理是将混合系统均匀地冷却或加热，测定过程中系统温度随时间的变化，据此判断系统中相态的变化，制作相图。

例，用热分析法绘制 Bi-Cd 相图。按一定比例混合固体铋 Bi(s) 和固体镉 Cd(s)，加热使混合物熔化，然后缓慢而均匀地冷却熔化物系统，记录系统的温度和冷却时间，以温度为纵坐标，时间为横坐标作图，所得 T-t 曲线叫**冷却曲线**（cooling curve）或**步冷曲线**。由冷却曲线上的转折点可以判断系统中发生了相变化，依据若干条不同组成的系统的冷却曲线就可以绘制出相图，见图 5.19。

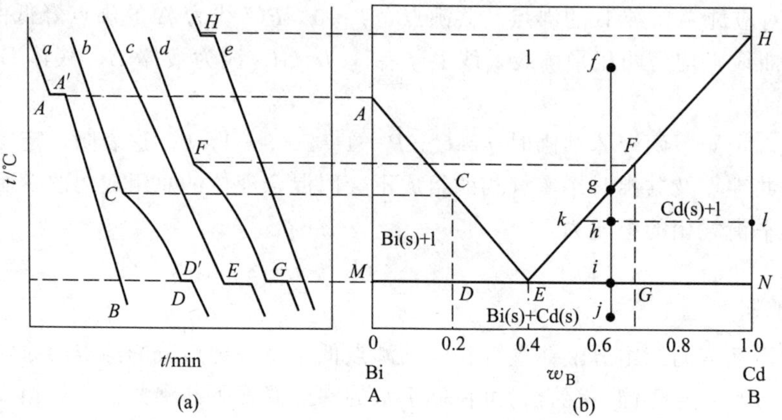

图 5.19 热分析法绘制 Bi-Cd 混合物相图

图 5.19(a) 中线 a 是纯 Bi（$w_B=0$）的冷却曲线。将纯 Bi(s) 熔化成 Bi(l) 后均匀冷却，系统温度沿 aA 下降。到 A 点时达到 Bi(l) 的凝固点（273℃），Bi(s) 开始析出。在 Bi(l) 全部凝固之前，Bi(l) 凝固所放出的热量可以抵消冷却散热，所以到 Bi(l) 完全凝固为止，系统的温度不变，冷却曲线上出现 AA' 水平线段。Bi(l) 完全凝固后，系统的温度沿 $A'B$ 线下降。

线 b 是 $w_B=0.2$ 的 Bi-Cd 混合物的冷却曲线。Bi-Cd(l) 从 b 点开始均匀冷却，冷至纯 Cd 的凝固点（323℃）及纯 Bi 的凝固点（273℃）时并无固体析出，这是因为溶有 Cd 的 Bi 溶液的凝固点比纯 Bi(l) 的凝固点低。直至冷却到 C 点所对应的温度时才开始有 Bi(s) 析出。随着 Bi(s) 不断析出，液相中 Cd 含量不断增加，即 Bi-Cd(l) 的浓度不断加大，所以系统的凝固点也不断降低，故不会出现像线 a 那样的水平线段，而是沿曲线 CD 下降。在此冷却阶段中，由于 Bi(s) 的不断析出，释放的凝固热可以补偿部分冷却散热，从而使系统的降温速率减慢，冷却曲线的斜率减小。当系统温度降至 140℃时，Cd 也达到饱和而析出，而且系统的温度（凝固点）保持不变，表明系统的组成不变，冷却曲线出现了 DD' 水平线段。直到所有液相全部凝固后，系统的温度才继续下降。

线 c 是 $w_B=0.4$ 的 Bi-Cd(l) 混合物的冷却曲线。测定结果显示，在 140℃以前，均匀冷却时系统降温，冷却曲线无转折点出现，表明无固体析出。降温到 140℃时，有固体析出，而且随着冷却时间延长，析出固体增多，但温度（凝固点）不变，出现了水平段，表明系统组成一定，且固、液相组成相同。此组成的混合物称为低共熔混合物。Bi(s)、Cd(s) 按最低共熔混合物组成的比例同时析出，因为液相组成不会因固体析出而改变，所以系统的凝固温度也不会改变，冷却曲线上出现一段水平线。直至所有的 Bi-Cd(l) 均凝固后，系统的温度才重新下降。由此可以判断 $w_B=0.2$ 的 Bi-Cd(l) 冷却到 140℃时系统的固、液相组成也都为 $w_B=0.4$。

线 d 是 $w_B=0.7$ 的 Bi-Cd(l) 混合物的冷却曲线。冷却过程中系统温度的变化情况与线 b 类似，只是系统冷至 F 点时，首先析出的是 Cd(s)，冷至 G 点时，Bi(s) 与 Cd(s) 按最低共熔混合物组成的比例同时析出，冷却曲线出现一水平线段。

线 e 是纯 Cd（$w_B=1.0$）的冷却曲线，其形状与线 a 相似，只是转折温度为 Cd(l) 的凝固点 323℃。

在图 5.19(b) 中与 Cd 的质量分数为 $w_B=0$、$w_B=0.2$、$w_B=0.4$、$w_B=0.7$ 和 $w_B=1.0$ 相对应的各位置上，按线 a～线 e 上的转折点，找到 A、C、D、E、F、G 和 H 各点。连 A、C 和 E，连 H、F 和 E，连 D、E 和 G，并延长至与两个纵坐标轴相交，便绘制出Bi-Cd 二组分系统的温度-组成图，该相图与液态完全不互溶二组分系统的气-液平衡相图（图 5.18）图形相似。

相图 5.19(b) 中，$w_B=0$ 表示纯 Bi，A 点所对应的温度为纯 Bi 的熔点。$w_B=1.0$ 表示纯 Cd，H 所对应的温度为纯 Cd 的熔点。ACE 线表示从 Bi-Cd(l) 混合物中析出固体 Bi 的温度（凝固点）与液相组成的关系。由于 Cd 的加入，使固体 Bi 的析出温度（凝固点）降低，故称 ACE 线为 Bi 的凝固点降低曲线。ACE 线也可表示固、液两相呈平衡时系统温度与液相组成的关系，所以也可将 ACE 线看作固体 Bi 的溶解度曲线。同理，HFE 线为 Cd 的凝固点降低曲线，或固体 Cd 在 Bi 中的溶解度曲线。在这两条曲线以上的区域内，两种液态组分完全互溶，为液相区 (l)。在 MN 线以下区域为完全不互熔的固态 Bi 和固态 Cd 的混合物，以 Bi(s)+Cd(s) 表示。AEM 区内两相共存，固相是纯 Bi(s)，液相是 Bi 在 Cd 中的饱和溶液，以 Bi(s)+l 表示。HEN 区内纯 Cd(s) 与 Cd 在 Bi 中的饱和溶液共存，以 Cd(s)+l 表示。两条凝固点曲线交于 E 点，该点为三相点。与 E 点所对应的状态是 Bi(s)、Cd(s) 和对 Bi(s)、Cd(s) 均达到饱和的液体 (l) 三相呈平衡。根据相律，在三相点处，$f=2-P+1=2-3+1=0$，说明定压下保持三相共存的温度及三个相的组成都是固定的。与三相点 E 对应的温度是混合的 Bi(s) 与Cd(s) 可以同时熔化的最低温度，也是液相能存在的最低温度，故称为**最低共熔点**或**低共熔点**(eutectic point)。与 E 点对应的 Bi-Cd 混合物称为**最低共熔混合物**或**低共熔混合物**（eutectic mixture)。固态完全不互熔、液态完全互溶的二组分凝聚系统在温度-组成图上只出现一个低共熔点，这种系统称为简单二组分凝聚系统。

第5章

根据相图可以分析相态变化。如，混合物的系统点在图中 f 点处，此时系统为完全互溶的 Bi-Cd 液态混合物。冷却此系统时，系统点垂直下降，当落到 HE 线上（g 点）时，开始有 Cd(s) 析出。继续冷却，系统点进入两相平衡区。例如，到达 h 点时系统分为两相，一相为纯 Cd(s)，相点为 l，与之相平衡的另一相为 Cd 的饱和溶液，相点为 k。在两相区 HEN 内，冷却过程中系统点垂直下降，与此同时，固相相点沿 HN 线下降，液相相点沿 HE 线下降。冷却至 i 点时，液相相点刚好达到 E 点。此时液相对 Bi(s) 和 Cd(s) 均达到饱和，Bi(s)、Cd(s) 与低共熔混合物 (l) 三相共存。继续冷却，液相以不变的最低共熔混合物组成凝固，系统的组成不变，温度也不变，直至液相完全凝固后，系统点才离开 i 点进入 Bi(s)-Cd(s) 两相区。此后系统点仍垂直下降，两个相点分别沿 $M0$ 线和 $N1.0$ 线下降，系统始终是 Bi(s) 和 Cd(s) 两相共存。

无机盐与水组成的系统称为水盐系统，其相图常用溶解度法制作，下面以 H_2O(A)-$(NH_4)_2SO_4$(B) 系统的温度-组成图为例说明。

表 5.2 为不同温度下测得的与固相呈平衡的液相中 $(NH_4)_2SO_4$ 的质量分数 w_B。利用表中数据可绘制出 H_2O(A)-$(NH_4)_2SO_4$(B) 系统的温度-组成图，如图 5.20 所示。

表 5.2 不同温度下 H_2O(A)-$(NH_4)_2SO_4$(B) 系统的液-固相平衡数据

t/℃	平衡液相组成 $w[(NH_4)_2SO_4]$/%	平衡固相	t/℃	平衡液相组成 $w[(NH_4)_2SO_4]$/%	平衡固相
−5.5	16.7	H_2O(s)	40.0	44.8	$(NH_4)_2SO_4$(s)
−16.0	28.6	H_2O(s)	50.0	45.8	$(NH_4)_2SO_4$(s)
−18.0	37.5	H_2O(s)	60.0	46.8	$(NH_4)_2SO_4$(s)
−19.1	38.4	H_2O(s)+$(NH_4)_2SO_4$(s)	70.0	47.8	$(NH_4)_2SO_4$(s)
0.0	41.4	$(NH_4)_2SO_4$(s)	80.0	48.8	$(NH_4)_2SO_4$(s)
10.0	42.2	$(NH_4)_2SO_4$(s)	90.0	49.8	$(NH_4)_2SO_4$(s)
20.0	43.0	$(NH_4)_2SO_4$(s)	100.0	50.8	$(NH_4)_2SO_4$(s)
30.0	43.8	$(NH_4)_2SO_4$(s)	108.9	51.8	$(NH_4)_2SO_4$(s)

图 5.20 中，C 点是水的凝固点，CO 线是由于 $(NH_4)_2SO_4$溶于水中引起的水的凝固点降低曲线。OD 线是不同温度下 $(NH_4)_2SO_4$的溶解度曲线。D 点为 $p^{\ominus}$下 $(NH_4)_2SO_4$饱和溶液可能存在的最高温度，高于此温度，液相就会消失成为水蒸气和 $(NH_4)_2SO_4(s)$，因此相图中无 $(NH_4)_2SO_4$的凝固点。如果增大外压，OD 线还可向上延长。O 点为 $H_2O(s)$、$(NH_4)_2SO_4(s)$ 和饱和溶液 (l) 共存的三相点。O 点对应的温度（-19.1℃）即为$H_2O(A)$-$(NH_4)_2SO_4(B)$ 系统的**最低共熔点**，它是压力 $p^{\ominus}$下液相能存在的最低温度。与最低共熔点对应的饱和溶液为**低共熔混合物**，其中 $(NH_4)_2SO_4$的质量分数为 0.384。冷却至最低共熔点时，$H_2O(s)$ 和 $(NH_4)_2SO_4(s)$ 按与液相组成相同的比例同时析出，得到的固体称为**低熔冰盐合晶**。

这类水-盐系统相图广泛应用于盐类分离。例如，欲从 40℃、$(NH_4)_2SO_4$的质量分数为 0.2 的 $(NH_4)_2SO_4$溶液中结晶出纯 $(NH_4)_2SO_4$晶体，从 H_2O-$(NH_4)_2SO_4$系统的温度-组成图上看，光靠降温是不行的。此系统处于图 5.20 中 a 点，降温时系统点沿 abc 线垂直下降，进入 COE 区时，析出的是冰而不是盐。温度降至 c 点以下，冰和盐的晶体同时析出，亦无法获得纯盐晶体。要想得到纯盐晶体，可在 40°C 下蒸发浓缩盐溶液，使系统点从 a 向右移至 d 点，然后将此浓缩液降温，系统点将垂直下降。当系统点进入 DOF 区时，例如到达 e 点，此时从饱和溶液中析出纯 $(NH_4)_2SO_4$晶体。由于 e 点处于两相平衡区，因此可应用杠杆规则计算析出 $(NH_4)_2SO_4$晶体的量。

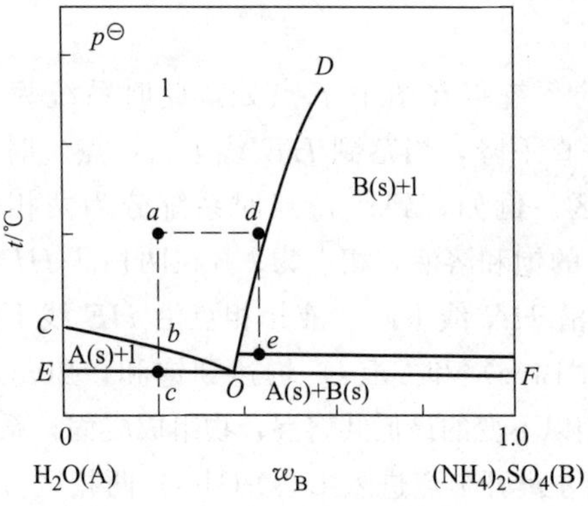

图 5.20 H_2O-$(NH_4)_2SO_4$ 系统的温度-组成图

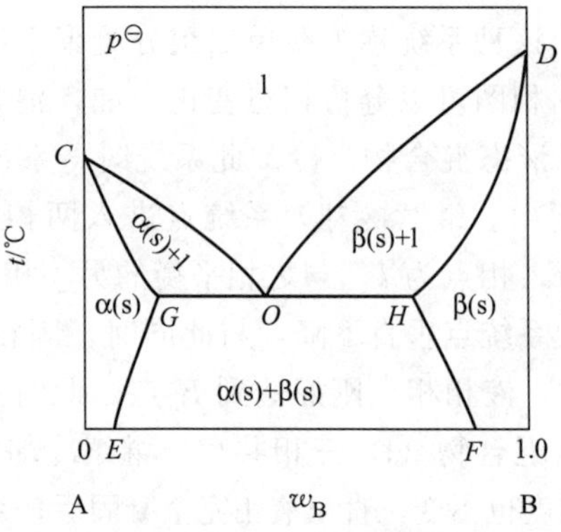

图 5.21 固态部分互溶二组分系统的温度-组成图

与 H_2O-$(NH_4)_2SO_4(s)$ 系统类似的相图很多，如 H_2O-NaCl、H_2O-$CaCl_2$、H_2O-NH_4Cl 和 H_2O-Li_2SO_4系统，其低共熔点分别为-55.0℃、-15.4℃、-23.0℃和-21.1℃。

液态完全互溶、固态部分互溶的二组分系统，如 KNO_3-$TiNO_3$、AgCl-$CuCl_2$、Sn-Pb、Ag-Cu 和 Zn-Cd 等系统。该类型系统的液-固平衡相图如图 5.21 所示，其形状与液态部分互溶二组分系统的气-液平衡相图（图 5.16）相似，但 CO 线及 DO 线为液相线，COD 线以上为液相区，以 l 表示。CGE 线以左为 B 溶于 A 中的固熔体 α(s)，单相区；DHF 线以右为 A 溶于 B 中的固熔体 β(s)，也是单相区。CGO 区为固熔体 α(s) 与溶液的两相共存区；DHO 区为固熔体 β(s) 与溶液的两相共存区。$GEFH$ 区为固熔体 α(s) 和固熔体 β(s) 两相共存区。GOH 线为三相线，位于此线上的任何系统均为固熔体 α(s)、固熔体 β(s) 和饱和溶液 (l) 三相共存。与三相线相应的温度为**低共熔温度**，O 点对应的混合物为**低共熔混合物**。此图的分析和应用与先前介绍的相图（图 5.16 和图 5.19）有许多类似之处，不再赘述。

二组分液态及固态均能完全互溶的系统，如 Au-Ag、NH_4SCN-KSCN、$PbCl_2$-$PbBr_2$、Cu-Ni、Co-Ni、Sb-Bi 系统，其相图与前面介绍的液态完全互溶二组分系统的气-液相平衡图

（图 5.9）相似。图 5.22 为定压下 Au(A)-Ag(B) 系统的温度-组成图。图中上面一条曲线为液相线，下面一条曲线为固相线。液相线以上的区域为 Au-Ag 液态混合物（l），单相区；固相线以下的区域为 Au-Ag 固熔体（s），也是单相区。两条曲线之间的区域为 Au-Ag 固熔体（s）与 Au-Ag 液态混合物（l）两相共存区。

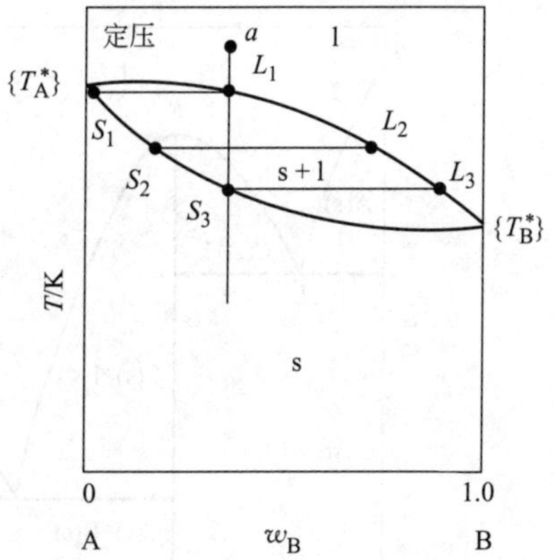

图 5.22 Au（A）-Ag（B）系统的温度-组成图

将系统点为 a 的 Au-Ag 液态混合物冷却时，系统点垂直下降。到达 L_1 点时开始有固体析出，系统分成以相点 S_1 和 L_1 表示的固、液两相。继续冷却，系统点仍垂直下降，固相相点和液相相点分别沿 $S_1S_2S_3$ 和 $L_1L_2L_3$ 下降，固相量渐多，液相量渐少。各温度下两相的量可按杠杆规则计算。系统点到达 S_3 时，系统中最后一滴液体也将凝固。此后系统进入固相区，系统点与相点合并为一点，系统以 Au-Ag 固熔体的形式存在。

由图 5.22 可以看出，一定温度下系统内平衡共存的两相的组成不同，高熔点组分 Au(A) 在固相中的含量大于其在液相中的含量，而低熔点组分 Ag(B) 在液相中的含量大于其在固相中的含量，据此可通过分步结晶实现某一组分的浓缩。其操作方法是将二组分液相系统冷却，并不断分离出析出的固体，使液相中低熔点组分 Ag(B) 的含量越来越高，随着温度降低，液相组成越来越接近低熔点组分纯 Ag(B)；再将分离出的固体熔化，重结晶，如此多次重复，使固相中高熔点 Au(A) 含量越来越高，最终接近纯 Au(A)。

有的固态完全互溶的二组分系统的温度-组成图具有最低熔点或最高熔点，如 Cs-K、Rb-K、Na_2CO_3-K_2CO_3、KCl-KBr 和 Cu-Au 等系统具有最低熔点，而 d-$C_{10}H_{14}NOH$-l-$C_{10}H_{14}NOH$ 系统具有最高熔点。这些系统相图的形状与形成低恒沸点和高恒沸点的气-液平衡相图（图 5.11 和图 5.12）相似。

5.6.2 形成化合物的二组分系统的液-固相平衡图

5.6.2.1 形成稳定化合物的二组分系统的液-固相平衡图

二组分形成化合物，且所形成的化合物直到熔点时还是稳定的，称该化合物为稳定化合物（stable compound）。稳定化合物的熔点称为相合熔点（congruent melting point）。该化合物熔化时所产生的液相组成与化合物相同。如 C_6H_5OH(A)-$C_6H_5NH_2$(B) 系统形成一种稳定化合物 $C_6H_5OH \cdot C_6H_5NH_2$(C)，该化合物的组成为 $x_B=0.5$，其相图如图 5.23 所示。其相图可看做是由 A-C 二组分相图与 C-B 二组分相图组合而成，L 点是 A 与 C 的低共熔点，L' 点是 C 与 B 的低共熔点，点 R 所对应的温度为化合物 C 的熔点，各区域的相态已在图上标明。

H_2O(A)-H_2SO_4(B) 系统有三种稳定化合物形成，分别为 $H_2SO_4 \cdot 4H_2O$(C)、$H_2SO_4 \cdot 2H_2O$(D) 和 $H_2SO_4 \cdot H_2O$(E)，其相图如图 5.24 所示。其相图可看成是由 A-C、C-D、D-E 和 E-B 四个二组分相图组合而成，E_1、E_2、E_3、E_4 点分别是 A 与 C、C 与 D、D 与 E 和 E 与 B 二组分混合物的低共熔点，点 R_1、R_2、R_3 所对应的温度分别为化合物 C、D 和 E 的熔点。

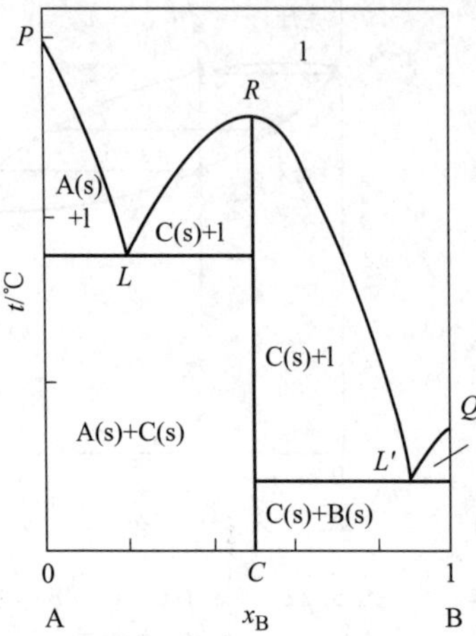

图 5.23　C_6H_5OH(A)-$C_6H_5NH_2$(B) 系统的温度-组成图

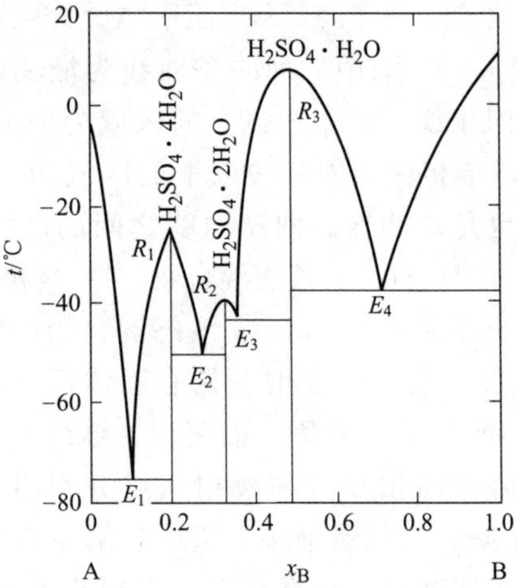

图 5.24　H_2O(A)-H_2SO_4(B) 系统的温度-组成图

二组分能形成化合物的系统还有很多，如 Mg-Si、Au-Fe、Al-Se、Au-Te、CuCl-$FeCl_3$ 等系统与 C_6H_5OH-$C_6H_5NH_2$ 相似，二组分能形成一种稳定化合物；H_2O-$Mn(NO_3)_2$ 系统二组分能形成两种稳定化合物形；H_2O-Fe_2Cl_6 系统有四种稳定化合物形成，它们的相图不再一一列举。总结图 5.23 和图 5.24 不难发现，如果二组分形成 n 种化合物，其相图可看作由（$n+1$）个简单低共熔系统相图组成，图中会有（$n+1$）个低共熔点。

5.6.2.2　形成不稳定化合物的二组分系统的液-固相平衡图

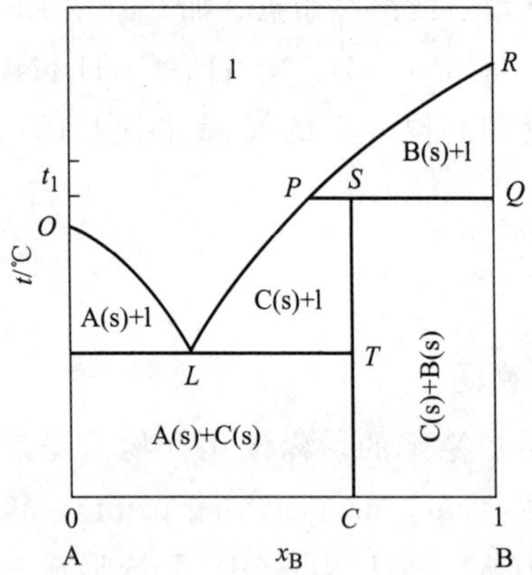

图 5.25　形成不稳定化合物的二组分系统的温度-组成图

在较低温度下形成但升温时尚未熔化便分解的化合物称为不稳定化合物（unstable compound），称其分解温度为转熔温度（peritectic temperature）或不相合熔点（noncongruent melting point）。例如 Na_2SO_4-H_2O、NaCl-H_2O、CaF_2-$CaCl_2$、$AgNO_3$-AgCl、SiO_2-Al_2O_3、K-Na 和 Au-Sb 等系统，两种组分能形成一种不稳定化合物。这些二组分凝聚系统的温度-组成图如图 5.25 所示。组分 A 和 B 在低温下可形成化合物 C，但温度高于 t_1 时该化合物分解。相图上，在与化合物成分对应的 C 点的垂直线上 S 处出现一条水平线 PQ。在 PQ 线上，化合物 C 分解成 B(s) 和溶液 l，故 C(s)、B(s) 和 l 三相共存，$f=0$。在此线以上的 PQR 区内，B(s) 和溶液 l 两相共存。在 PQ 线以下，A 与 B 形成化合物 C，故 $PSTL$ 区内为 C(s) 与饱和溶液 l 两相共存；在 $SCBQ$ 区内为 C(s) 与 B(s) 两相共存。除此以外，本相图的其他分析与形成稳定化合物的简单二组分凝聚系统相图（图 5.23）相似。

5.7　三组分系统相图简介

根据相律，三组分系统的最大自由度 $f_{max}=C-P_{min}+2=3-1+2=4$。这四个自由度为温度、压力和任意两个组分的浓度（如 x_1 和 x_2）。尽管通常可以在恒定压力下讨论三组分系统的相平衡，但此时仍有三个变量 T、x_1 和 x_2。这样就需要用三维的立体图来表示相图，很不方便。但是，定温定压下，$f_{max}=C-P=3-1=2$，即定温定压下三组分系统相图可用平面坐标图表示。本节将介绍定温定压下部分三组分系统的相图。

5.7.1 三组分系统相图的表示方法

最常用的三组分平面相图是等边三角形相图。用三角形的三个顶点代表组成系统的三种纯液体 A、B 和 C。每条边代表由两种组分组成的系统。每条边上的坐标刻度为三组分系统中一种组分的浓度，例如以质量分数表示浓度，则 AB、BC 和 CA 三条边上的刻度分别为 w_B、w_C 和 w_A。越靠近某顶点的系统中含该顶点表示的物质越多，如图 5.26 所示。三角形内任意一点代表 A-B-C 三组分系统的组成，读取图中任意一系统点 P 的组成的方法：过点 P 分别作三角形三边的平行线 Pa、Pb 和 Pc，交 CA、AB 和 BC 于 a、b 和 c 三点。a、b 与 c 点的刻度即为系统 P 中 A、B 与 C 的含量，即 P 中 A、B、C 的含量分别为 $a\%$、$b\%$ 与 $c\%$。

如要考虑温度对相平衡的影响，则要将表示组成的等边三角形平放，在三个顶点作三角形平面的垂线，形成三维的等边三角棱柱体，以垂直轴的高度表示温度。立体的相图被三维空间的曲面划分成不同的相区。

5.7.2 三组分系统的液-液相平衡图

在氯仿（A）-水（B）-醋酸（C）三种液体组成的三组分系统中，A 和 C、B 和 C 均可以任何比例完全混溶，而 A 与 B 则为部分互溶，其液-液平衡相图如图 5.27 所示。在图中 AB 边上，B 在 A 中的含量（均为质量分数，下同）小于 L_1，则 B 可完全溶于 A 中成为 B/A 不饱和溶液。故系统总组成若在 AL_1 段，均为一相。系统总组成落于 BL_2 段，则表示少量 A 溶于大量的 B 中，形成 A/B 不饱和溶液，也为一相。系统点落于 L_1L_2 段的任何系统均分成两层液体，一层为 B 在 A 中的饱和溶液（B/A 饱和溶液），浓度为 L_1 所示；另一层为 A 在 B 中的饱和溶液（A/B 饱和溶液），浓度为 L_2 所示。例如，某系统的总组成为 e 点所示，在此温度下该组成的系统实际上分成组成为 L_1 和 L_2 的两层溶液（共轭溶液）。相平衡的两层溶液的量符合杠杆规则。

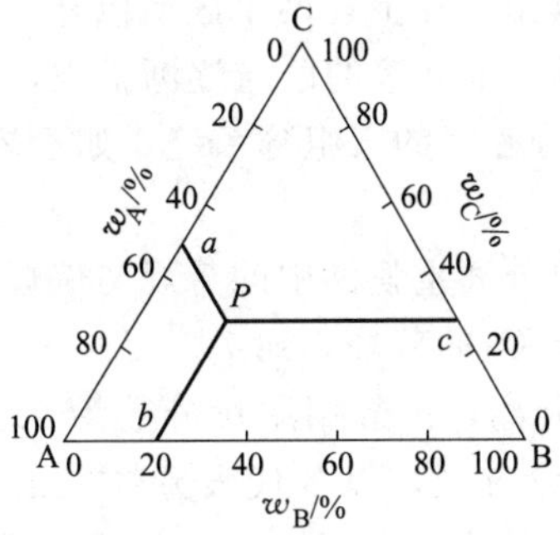

图 5.26　三角形相图的表示方法

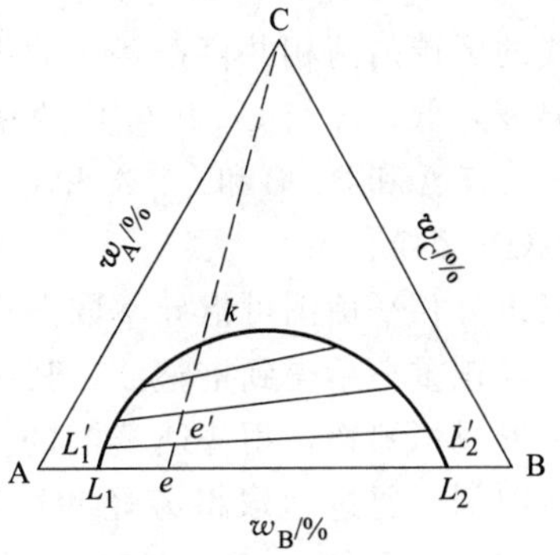

图 5.27　等温等压下氯仿（A）-水（B）-醋酸（C）三组分系统液-液平衡相图

当向 e 点表示的 A-B 混合物中加入第三组分 C 时，系统点将沿 eC 连线向 C 点方向移动，并进入三角形内。例如到达 e' 点时，系统分成组成为 L_1' 和 L_2' 的两层共轭溶液。继续往 A-B 混合物中添加第三组分C，随系统点越来越靠近 C 点，相平衡的两层共轭溶液的组成越来越接近，连接两共轭溶液的相点的结线越来越短。由图5.27不难看出，结线不一定是平行于三角形一边的直线，结线的倾斜度取决于组分C在两相中的相对含量。当系统点到达 k 时，两层共轭溶液的组成相同，两层溶液合并为一个液层。此后继续增加组分C，系统点进入A、B与C完全相互混溶的单相区。相图上表示两层共轭溶液合并成一层的点——k 点，称为**会溶点**。会溶点不一定是溶解度曲线的最高点。曲线 L_1kL_2 与三角形底边 AB 包围的区域内为液-液两相平衡区，此区域以外为A、B与C三组分完全互溶的单相区。

将图5.27平放作为底面，以垂直于底面的 AA'、BB'和 CC'作为温度坐标，则得到三维的三组分系统温度-组成图，如图5.28所示。由图5.28可见，随温度升高，曲面内的区域越来越小，最后归于一点 k'，此点为高临界会溶点，相应的温度为高临界会溶温度。高于高临界会溶温度，三个组分完全互溶。

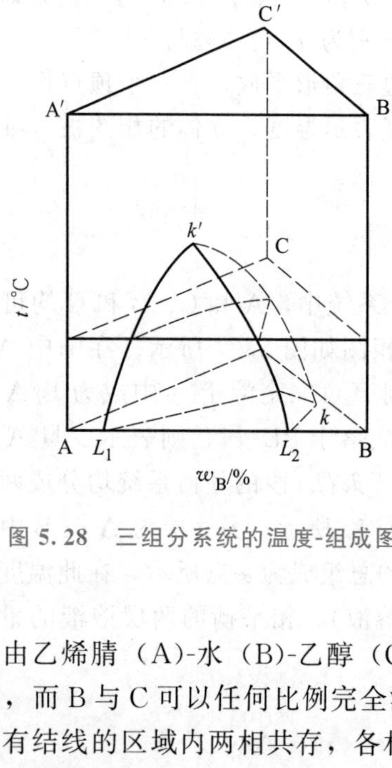

图5.28 三组分系统的温度-组成图

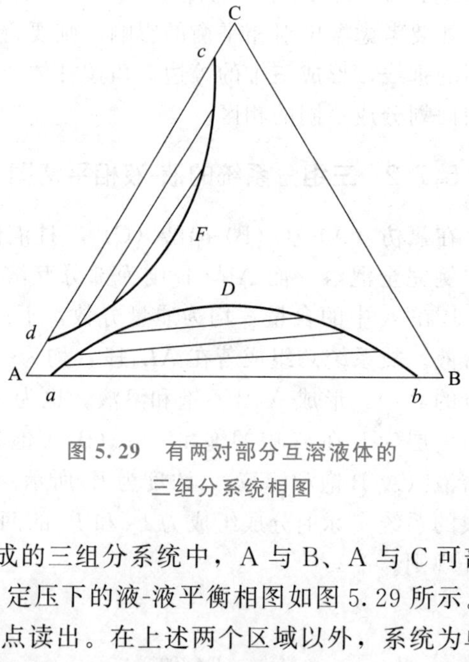

图5.29 有两对部分互溶液体的三组分系统相图

由乙烯腈(A)-水(B)-乙醇(C)三种液体组成的三组分系统中，A与B、A与C可部分互溶，而B与C可以任何比例完全混溶，其定温、定压下的液-液平衡相图如图5.29所示。图中画有结线的区域内两相共存，各相的组成可由结点读出。在上述两个区域以外，系统为单相区。随着温度降低，A与C、B与C的相互溶解度降低，不互溶的区域逐渐扩大，甚至互相叠合。此外，还有A和B、B和C、A和C三对液体均部分互溶的三组分系统，如乙烯腈(A)-水(B)-乙醚(C)系统。

应用三组分相平衡图可指导萃取操作。例如，萃取分离重整油中的芳烃与烷烃。石油中含大量烷烃，经铂重整后得到重整油，其中含约30%C_6～C_8的芳烃，约70%C_6～C_9的烷烃。芳烃与烷烃常形成恒沸物，用普通蒸馏的方法无法完全分离，一般用质量分数为92%的二甘醇水溶液为萃取剂，通过萃取将芳烃和烷烃分离。为讨论方便，以苯代表芳烃，正庚烷代表烷烃，二甘醇作为萃取剂。$p^\ominus$、398K下苯(A)-二甘醇(B)-正庚烷(C)三组分系统的液-液平衡相图如图5.30所示。

设待分离的原料液的系统点为 F，加入萃取剂二甘醇后系统点沿 FB 线向 B 移动，至 O_1 点时，二甘醇与料液的数量比为 $\overline{O_1F}:\overline{O_1B}$，此时系统分为两相，相点分别为 α_1 和 β_1，将两相分离。再向 β_1 相中加二甘醇，进行二次分离，系统分为 α_2 和 β_2 两相。显然，正庚烷在 β_2 相

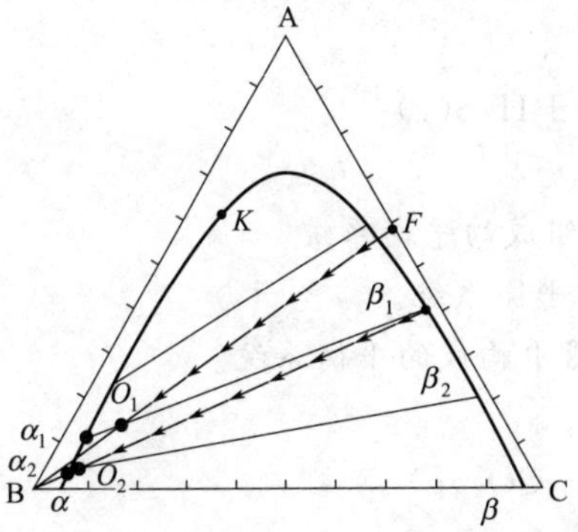

图 5.30 苯(A)-二甘醇(B)-正庚烷(C)三组分液-液平衡相图

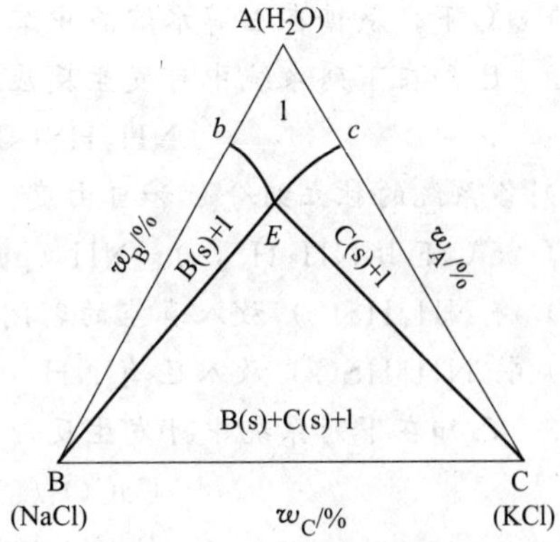

图 5.31 H_2O(A)-KCl(B)-NaCl(C)三组分系统的溶解度图

中的含量较 β_1 相中多，如此反复多次，可使 β 相中基本不含芳烃，实现芳烃与烷烃的分离。

5.7.3 三组分系统的液-固相平衡图

H_2O(A)-NaCl(B)-KCl(C) 系统是由两种固体和一种液体组成的盐水系统。表 5.3 中所列为 25℃下 KCl 和 NaCl 在水中的溶解度数据，利用这些数据可制作 25℃下 H_2O(A)-NaCl(B)-KCl(C) 系统的溶解度图，如图 5.31 所示。

表 5.3 25℃下 KCl 和 NaCl 在水中的溶解度

液相组成 w_B%			固相	液相组成 w_B%			固相
H_2O	NaCl	KCl		H_2O	NaCl	KCl	
73.52	26.48	0	NaCl(s)	70.84	13.45	15.71	NaCl(s)+KCl(s)
72.08	24.58	3.34	NaCl(s)	71.12	12.30	16.58	NaCl(s)+KCl(s)
69.73	22.11	8.16	NaCl(s)	73.48	0	26.52	KCl(s)
68.44	20.42	11.14	NaCl(s)+KCl(s)				

图 5.31 中 *AbEc* 区为两种盐在水中的不饱和溶液 l，是单相区。*b* 点为 NaCl 在水中的溶解度，*bE* 线为水中溶有 KCl 后，NaCl 在此溶液中的溶解度曲线。*c* 点为 KCl 在水中的溶解度，*cE* 线为水中溶有 NaCl 后，KCl 在此溶液中的溶解度曲线。*bBE* 区为 NaCl 结晶与 NaCl 饱和溶液（该溶液中含 KCl）的两相共存区，以 B(s)+l 表示；*cCE* 区为 KCl 结晶与 KCl 饱和溶液（该溶液中含 NaCl）的两相共存区，以 C(s)+l 表示。在这两个区域内都可以利用杠杆规则计算盐晶体与饱和溶液的量，饱和溶液的组成可从 *bE* 线或 *cE* 线上读出。*ECB* 区为 KCl 晶体、NaCl 晶体与饱和溶液三相共存区，饱和溶液的组成可由 *E* 点的坐标读出，该溶液对两种盐均达到饱和。*E* 点叫共饱和点。

三组分系统的液-固相平衡图还有多种其他类型，篇幅所限，不再一一介绍。

习题

5.1 指出下列系统的独立组分数和自由度：

(1) 标准压力下水与水蒸气呈平衡的系统。

(2) 乙醇水溶液与其蒸气呈平衡的系统。

(3) 0℃下，蔗糖在乙醇水溶液中溶解达到饱和并有蔗糖及冰析出的系统。

5.2 已知在下列系统中可发生反应：

$$NH_4HS(s) \rightleftharpoons NH_3(g) + H_2S(g)$$

指出下列各系统的独立组分数和自由度。

(1) 25℃下由 $NH_4HS(s)$、$NH_3(g)$ 和 $H_2S(g)$ 组成的平衡系统。

(2) 将 $NH_4HS(s)$ 放入真空的密闭容器中形成的平衡系统。

(3) 将 $NH_4HS(s)$ 放入已有 $NH_3(g)$ 的密闭容器中构成的平衡系统。

5.3 已知在下列系统中可发生反应：

$$CaCO_3(s) \rightleftharpoons CaO(s) + CO_2(g)$$

$$BaCO_3(s) \rightleftharpoons BaO(s) + CO_2(g)$$

指出下列各系统的独立组分数和自由度：

(1) 由 $CaCO_3(s)$、$CaO(s)$ 和 $CO_2(g)$ 组成的平衡系统。

(2) 将 $CaCO_3(s)$ 放入真空的密闭容器中形成的平衡系统。

(3) 由 $CaCO_3(s)$、$CaO(s)$、$BaCO_3(s)$、$BaO(s)$ 和 $CO_2(g)$ 构成的平衡系统。

(4) 将 $CaCO_3(s)$ 和 $BaCO_3(s)$ 放入真空的密闭容器中形成的平衡系统。

5.4 $CaCO_3(s)$ 在高温下分解为 $CaO(s)$ 和 $CO_2(g)$，请应用相律解释下列事实。

(1) 在定压的 $CO_2(g)$ 中加热 $CaCO_3(s)$，实验证明在一定温度范围内 $CaCO_3$ 不分解；

(2) 保持 $CO_2(g)$ 压力恒定，实验证明只在一个确定的温度下能使 $CaCO_3$ 和 CaO 的混合物不发生变化。

5.5 已知 CO_2 的临界温度为 304.3K，临界压力为 $73p^{\ominus}$，三相点为 216.6K、$5.11p^{\ominus}$，其摩尔体积 $V_{m,g} > V_{m,l} > V_{m,s}$。

(1) 请画出 CO_2 的示意相图，并注明各区相态；

(2) 指出室温常压下迅速与缓慢打开液态 CO_2 钢瓶的阀门时，出来的 CO_2 的相态；

(3) 估计 CO_2 能以液态出现的温度范围。

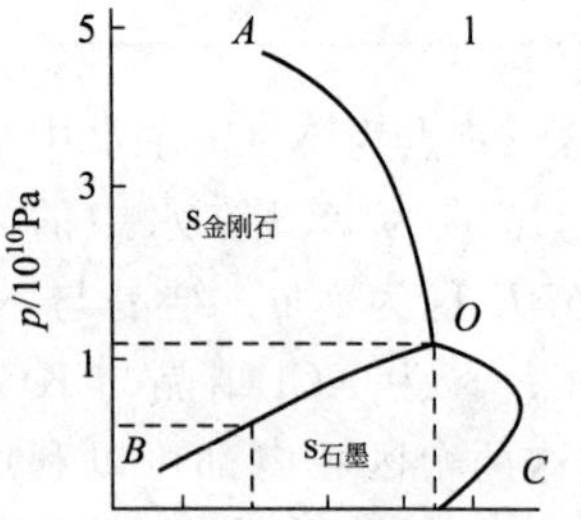

习题 5.6 C 的相图

5.6 如图所示，请根据 C 的相图回答：

(1) O 点的含意；

(2) OA、OB、OC 线的意义、相数及自由度；

(3) 常温常压下稳定存在的碳的相态；

(4) 石墨与金刚石摩尔体积的相对大小（2000K 下加压，石墨→金刚石，放热）。

(5) 2000K 时，将石墨转变成金刚石所需要的压力。

5.7 当温度从 99.5℃增加到 100.5℃时，水的蒸气压增加 3.62kPa。已知 100℃时水和水蒸气的摩尔体积分别为 0.019 $dm^3 \cdot mol^{-1}$ 和 29.65$dm^3 \cdot mol^{-1}$，估算 100℃时水的摩尔汽化焓。

5.8 若滑冰运动员的体重为 75.0kg，所穿冰鞋的冰刀与地面接触的面积为 0.1cm^2，试估算冰刀下冰的熔点。已知此时冰的熔化焓 $\Delta_{fus}H_m = 6.00kJ \cdot mol^{-1}$，水与冰的体积质量分别为 1.00$g \cdot cm^{-3}$ 和 0.917$g \cdot cm^{-3}$。

5.9 已知乙醇的标准沸点是 78℃，$\Delta_{vap}H_m^{\ominus} = 38.6kJ \cdot mol^{-1}$，计算 10.0kPa 时乙醇的沸点。

5.10 精制苯乙烯需用减压蒸馏的方法。已知苯乙烯的标准沸点为 145℃，$\Delta_{vap}H_m = 40.3kJ \cdot mol^{-1}$。欲控制蒸馏温度不超过 30℃，计算蒸馏塔中应控制的压力。

5.11 SO_2固体和液体的蒸气压分别以 p_s^* 和 p_l^* 表示，它们与温度 T 的关系为：

$$\lg(p_s/\text{Pa}) = -1871\text{K}/T + 12.7$$

$$\lg(p_l/\text{Pa}) = -1426\text{K}/T + 10.4$$

计算：

(1) SO_2固、液和气三相共存时的温度和压力。

(2) 在三相点时 SO_2的摩尔熔化焓。

5.12 正己烷的正常沸点是 69℃，试用特鲁顿规则估算 25℃时正己烷的蒸气压。

5.13 Hg 的标准沸点为 357℃，100℃时 Hg 蒸气压为 34.0Pa，估算 Hg 的摩尔气化焓。

5.14 在标准压力下蒸馏乙酸乙酯（A）和乙醇（B）混合物，得到如下数据：

t/℃	x_B	y_B	t/℃	x_B	y_B
77.2	0.000	0.000	72.8	0.710	0.600
75.0	0.100	0.164	76.4	0.942	0.880
71.8	0.360	0.398	78.3	1.000	1.000
71.6	0.462	0.462			

(1) 利用以上数据绘制乙酸乙酯-乙醇系统的温度-组成图并标出图上各区域的相态。

(2) 从图上读出乙酸乙酯摩尔分数为 0.25 的液态混合物蒸馏时最初馏出物的组成。

5.15 标准压力下测得乙酸（HAc）与水系统的气、液平衡数据如下：

t/℃	x_{HAc}	y_{HAc}	t/℃	x_{HAc}	y_{HAc}
118.1	1.000	1.000	104.4	0.500	0.374
113.8	0.900	0.833	102.1	0.300	0.185
107.5	0.700	0.575	100.0	0	0

(1) 绘制 HAc-H_2O 系统气-液平衡的温度-组成图。

(2) 从相图上读出 $x(\text{HAc})=0.800$ 溶液的泡点和 $y(\text{HAc})=0.800$ 蒸气的露点。

(3) 读出 108℃时呈平衡的气、液两相组成。

(4) 计算 100g、$x(\text{HAc})=0.60$ 的溶液在 106℃时气、液相的物质的量。

5.16 标准压力下测得水（A）-苯酚（B）系统的相平衡数据如下：

t/℃	w_1/%	w_2/%	$0.5(w_1+w_2)$/%	t/℃	w_1/%	w_2/%	$0.5(w_1+w_2)$/%
2.6	6.9	75.6	41.3	50.0	11.5	62.0	36.8
23.9	7.8	71.2	39.5	55.5	12.0	60.0	36.0
29.6	7.5	70.7	39.1	59.8	13.6	57.7	35.7
32.5	8.0	69.0	38.5	60.5	14.0	55.5	34.8
38.8	7.8	66.6	37.2	61.8	15.0	54.0	34.5
45.7	9.7	64.4	37.1	65.0	18.5	50.0	34.3

表中 w_1 为苯酚在水层中的质量分数，w_2 为苯酚在苯酚层中的质量分数。

(1) 根据表中数据绘制水-苯酚系统的温度-溶解度图。

(2) 确定临界溶解度和会溶点相应的组成。

(3) 38.8℃下将 50.0kg 水和 50.0kg 苯酚相混组成平衡系统，计算水层和苯酚层的组成和质量。

5.17 在汞面上加一层水能否减少汞的蒸气压？说明理由。

5.18 某有机物（B）与水（A）完全不互溶，在101.3kPa下用水蒸气蒸馏时，系统于90℃沸腾，馏出物中水的质量分数 $w_A=0.24$。已知90℃时纯水的蒸气压为70.13kPa，请估算该有机物的摩尔质量。

5.19 $p^{\ominus}$下，$H_2O(l,A)$ 的沸点为373K，$C_6H_5Cl(l,B)$ 的沸点为403K，此二组分在液态时完全不互溶，它们的共沸点为364K。现将 $w_B=0.2$ 的 H_2O-C_6H_5Cl 双液系统加热至共沸，完成下列问题。

（1）画出 H_2O-C_6H_5Cl 系统的 T-w_B 图的示意图。

（2）指出在各相区中平衡共存的相态及三相线上是由哪些相平衡共存。

（3）说明该相图的实际应用。

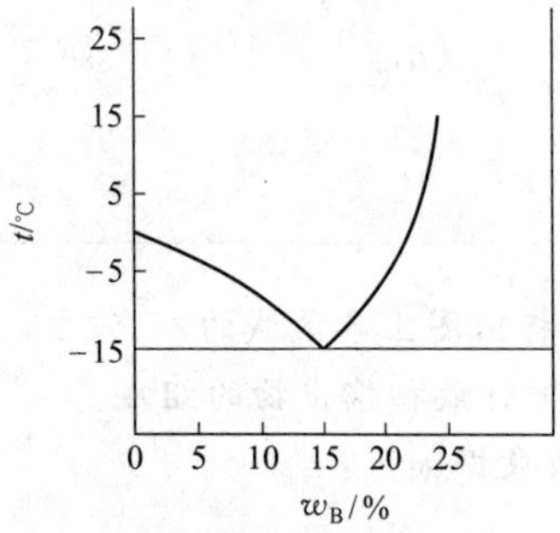

习题 5.20 附图

5.20 常压下 $H_2O(A)$-$NH_4Cl(B)$ 系统的相图如图所示，请根据相图说明：

（1）将一小块儿冰放入−5℃、NH_4Cl 质量分数为25%的 NH_4Cl 水溶液中，可能发生的现象。

（2）12℃时，将一小块儿 NH_4Cl 晶体置于 NH_4Cl 质量分数为2.5%的 NH_4Cl 水溶液中，可能发生的现象。

（3）从500g NH_4Cl 的质量分数为5%的 NH_4Cl 溶液中，最多可得到低共熔混合物的量。

5.21 $p^{\ominus}$下，液体A、B的沸点分别为373K和390K，液体A与液体B部分互溶且随温度升高相互溶解度增大。液体A和B混合物的最低恒沸点为363K，恒沸混合物的组成为 $w_B=0.7$。A-B二组分系统气-液相平衡的 T-w_B 图与其液-液平衡的 T-w_B 图的帽形区在363K时重叠，在363K的水平线上有三相共存：溶液 l_1，其 $w_B=0.1$；溶液 l_2，其 $w_B=0.85$；以及组成为 $w_B=0.7$ 的恒沸混合物。根据这些数据完成以下问题。

（1）画出液体A与液体B在等压下的 T-w_B 的相图示意图。

（2）在各相区中，标明平衡共存的相态和自由度。

（3）$p^{\ominus}$下，将由350g液体A和150g液体B组成的物系缓缓加热，在加热到接近363K时，分别计算液体 l_1 和 l_2 的质量。

5.22 在实验中，常用冰与盐的混合物作为致冷剂。试解释，为什么把食盐放入0℃的冰-水平衡系统中时会自动降温？降温的程度是否有限制，为什么？这种致冷系统最多有几相？

5.23 $p^{\ominus}$下，Mg和Cu形成两种稳定的化合物 $MgCu_2$ 和 Mg_2Cu。已知Mg、Cu、$MgCu_2$ 和 Mg_2Cu 的标准熔点分别为648℃、1085℃、800℃和580℃。三个低共熔点分别为含Mg 9.4%（质量分数，下同），580℃；含Mg 34.0%，530℃和含Mg 65.0%，380℃。

（1）试根据以上数据示意地画出标准压力下Cu-Mg二组分凝聚系统的温度-组成图（以Mg的质量分数为横坐标）并标示各区域的相态。

（2）示意地画出含50%Mg的Cu-Mg系统从800℃冷却到200℃过程的步冷曲线并简述此过程的相态变化。

（3）计算1kg含90%Mg的Cu-Mg熔化液冷却到500℃和200℃时，分别析出多少千克的Mg(s)。

5.24 如图所示KBr(B)与 $H_2O(A)$ 的二组分系统相图，将100g的KBr饱和溶液从100℃冷却到20℃，得到第一批KBr晶体。过滤后，将晶体与母液分别做如下处理：

（1）滤出的晶体溶于水，加热 KBr 溶液至 100℃并蒸发到饱和。将此饱和溶液冷却到 20℃，计算可得到的重结晶 KBr 质量。

（2）滤出的母液加热到 100℃并蒸发至饱和，然后冷却到 20℃，计算可得结晶 KBr 质量。

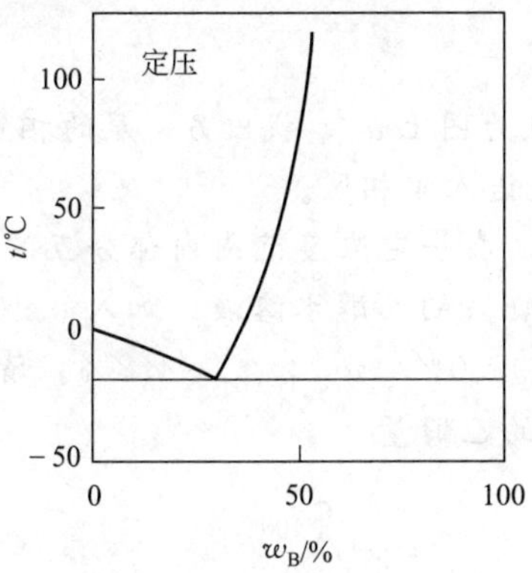

习题 5.24 附图

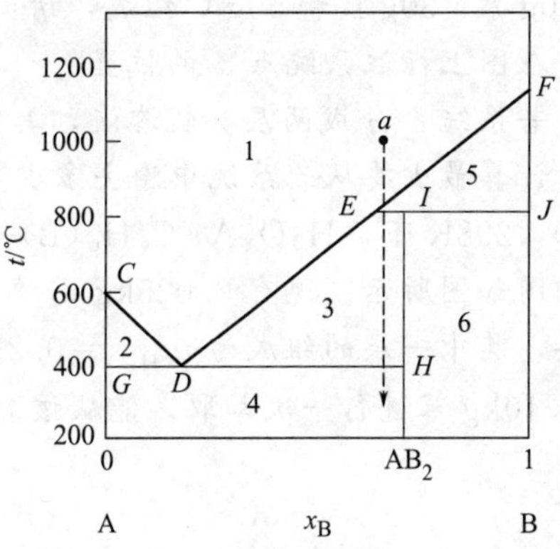

习题 5.25 附图

5.25　A 和 B 的熔点分别为 600℃和 1100℃，该二组分凝聚系统的温度-组成图如图所示。800℃以下，A 和 B 可形成化合物 AB_2，A 与 AB_2 的低共熔点为 400℃，组成为 $x_B=0.2$。700℃时与 AB_2(s) 共存的溶液组成为 $x_B=0.5$。请：

（1）指出相图中各区域的相态及自由度。

（2）计算将 10mol 组成为 $x_A=0.1$ 的 A-B 系统冷却至 300℃最多可析 B(s) 的物质的量。

5.26　水(A)-NaCl(B) 系统的相图如图所示。C 表示不稳定化合物 $NaCl \cdot 2H_2O$(s)，其在 264K 时分解为 NaCl(s) 和组成为 F 的水溶液。

（1）指出各相区所存在的相和自由度。

（2）指出 FG 线上平衡共存的相和自由度。

（3）指出欲采用冷却方法得到纯的 $NaCl \cdot 2H_2O$(s)，溶液组的浓度范围。

（4）说明在冰水平衡系统中，加入 NaCl(s) 后可以获得低温的原因。

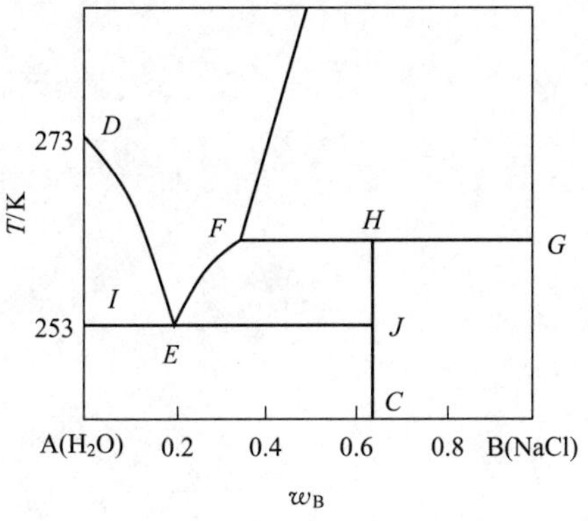

习题 5.26 附图

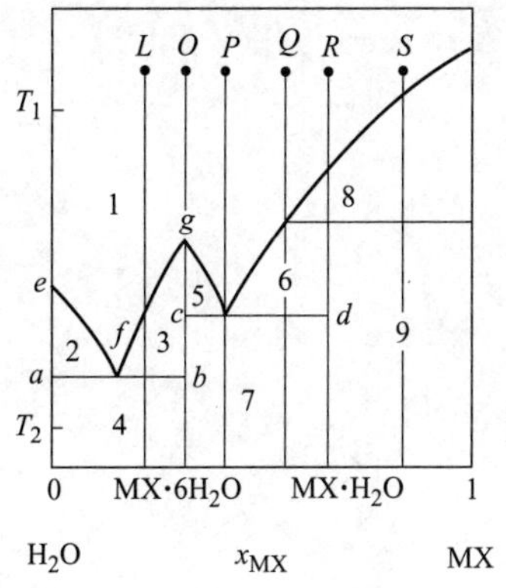

习题 5.27 附图

5.27　标准压力下，盐 MX 与水构成的平衡系统的温度-组成图如图所示。请：

（1）指出图中各区域的相态和自由度。

（2）指出相图中 e、f 和 g 点以及 ab、cd 和 cb 各线上系统的相态及自由度。

（3）分别画出 P、Q、R 和 S 各点所代表的系统从 T_1 冷却至 T_2 过程的步冷曲线。

5.28 请根据 H_2O-H_2SO_4 系统的相图说明冬季（-35℃）运输硫酸的适宜浓度及蓄电池中硫酸浓度较低是否适合。

5.29 20℃下由甲醇（A）、乙醚（B）和水（C）组成的三组分系统相图如图所示。某系统 a 由 20g A、30g B 和 50g C 组成，请：

（1）在图上标注系统点 a 的位置。

（2）若系统 a 分成两层共轭溶液，其中一层的相点为图上 a_1，找出另一层的相点的位置。

（3）计算最少要从此系统中除去多少水才能使系统进入单相区。

5.30 298K 下，$H_2O(A)$-$C_6H_6(B)$-$C_2H_5OH(C)$ 在一定浓度范围内部分互溶而分为两层，其相图如图所示。现有 0.025kg 乙醇质量分数为 46%的乙醇水溶液，加入 0.10kg 苯后，分为两层，其中一层的组成为 $w_{H_2O}=0.2\%$，$w_{C_6H_6}=95.0\%$，$w_{C_2H_5OH}=4.8\%$。请通过计算说明用 0.10kg 苯进行一次萃取，能从该溶液中萃取出的乙醇量。

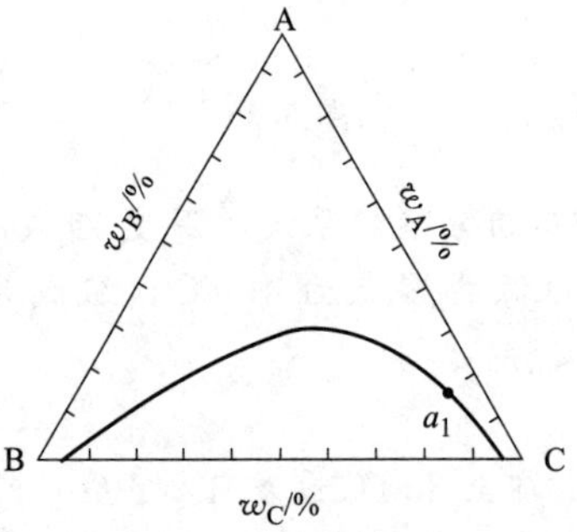

习题 5.29 附图

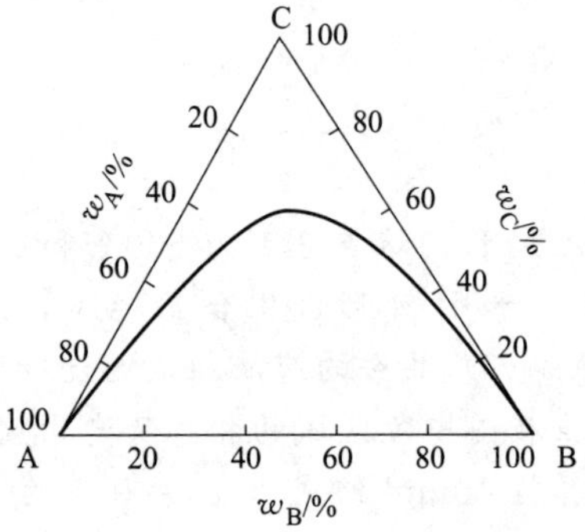

习题 5.30 附图

习题
答案

6 非平衡态热力学

Thermodynamics of Non-equilibrium State

内容提要

本章介绍了非平衡态热力学理论，包括线性非平衡态理论中的局域平衡假设，熵产生和熵流的概念，熵产生原理与熵平衡方程，热力学热与流的概念及昂萨格倒易关系。对非线性非平衡态理论中的耗散结构也进行了简单介绍。

学习目标

1. 了解平衡态热力学和非平衡热力学的区别和联系，非平衡热力学研究的内容。了解局域平衡假设的内容。
2. 掌握熵产生和熵流的概念，了解熵产生原理与熵平衡方程。
3. 了解热力学热与流的概念，昂萨格倒易关系。
4. 对耗散结构有一般的了解。

前面各章讨论的热力学规律是建立在平衡态基础上的。但平衡态热力学有着很大的局限性，因为它只研究平衡态及其过程，而实际中，非平衡态及由其组成的不可逆过程却具有普遍性。作为平衡态热力学的继承和发展，非平衡热力学从 20 世纪 60 年代以来有了突破性的发展。非平衡态热力学指出了不可逆过程并不是单纯破坏宏观有序结构，在远离平衡态的条件下，非平衡态和不可逆过程在建立有序方面起到积极的作用。本章主要介绍非平衡态热力学中的线性热力学和非线性热力学中的若干问题。

6.1 从平衡态热力学到非平衡态热力学

热力学系统的宏观状态可分为平衡态和非平衡态。平衡态热力学（thermodynamics of equilibrium state），又称可逆过程热力学（thermodynamics of reversible processes），以处于平衡态的宏观物质系统为对象，研究其物理性质和系统变化，以及可逆过程中的热运动规律。理想化的可逆过程中的每一个状态都是平衡态，事实上只有在满足状态的变化远远慢于由此变化而导致的系统状态趋于平衡态的条件下，才能进行理想化的抽象。而抽象的结果就是在平衡态热力学理论中，不涉及时间的问题。非平衡态热力学（thermodynamics of non-equilibrium state），即不可逆过程热力学（thermodynamics of irreversible processes），以开放的非平衡系统及不可逆过程为研究对象，它们随时间的推移而改变状态，其方向总是从非平衡态趋向平衡态。

平衡态热力学是一种宏观的理论。整个热力学的内容都是在四个完全由宏观现象归纳总结出来的定律的基础上，运用数理逻辑方法演绎得出的各种宏观性质间的普遍联系。由于前提是确定无疑的，演绎的方法也合乎科学，因而所得到的各种普遍联系非常可靠。这些定律形式虽然简单，但其含义是巨大的。它们为我们提供了研究处于平衡状态体系的行为及其稳定性的重要工具，在某些情况下甚至可以预测远离平衡状态体系的行为。

然而，平衡态热力学有着很大的局限性，因为它只研究了平衡态及可逆过程。而实际过程中的任何一个状态都是偏离平衡态的，因此非平衡态及不可逆过程具有普遍性。可逆过程只是一种理想化的抽象，任何宏观过程的本质都具有不可逆性。例如，我们遇到的各种输运过程，诸如热传导、物质扩散、动电现象、电极过程以及实际进行的化学反应过程等。这些实际过程都是处在非平衡态下进行的不可逆过程。它们具有共同的特征，即随着时间的推移，系统均不断地改变其状态，并且总是自发地从非平衡态趋向于平衡态。由于对这些实际发生的不可逆过程进行了持续不断地和非常深入地研究，促进了热力学从平衡态向非平衡态的发展。

非平衡系统的基本特点是内部不均匀，这种不均匀性自发地趋于消除，这就是不可逆性的根源，系统必然处于变化之中。因此，时间是非平衡态热力学的一个基本因素。系统趋于平衡的过程，就是能量耗散（dissipation）的过程，这就是一种不可逆过程。一个孤立系统趋于平衡的过程，称为弛豫（relaxation）。而一个存在外加约束条件的系统，其内部存在各种输运过程，以及热力学量的涨落过程。这些都是主要的不可逆过程。

非平衡态热力学相比平衡态热力学，数学处理要复杂得多，但物理内涵却更丰富、更深刻、更普遍。但是不能将非平衡态热力学和平衡态热力学对立起来。平衡态只是非平衡态的一种极限状况，是一种理想化的状态。平衡态的规律有助于非平衡态理论的建立和深化。

非平衡态热力学的研究始于 19 世纪中期。1931 年，昂萨格（Onsager）提出了线性唯象系数的对称原理——昂萨格倒易关系，它是非平衡态热力学最早的理论。1945 年，普里戈金（Prigogine）将热力学第二定律推广到开放系统，提出了最小熵产生原理，并发展成近代热力学的一个分支——非平衡态热力学。非平衡态热力学虽然在理论系统上还不够完善和成熟，但目前在一些领域中，如物质扩散、热传导、跨膜输运、动电现象、热电效应、电极过程、化学反应等领域中已获得初步应用，显示出广阔的发展和应用前景，已成为新世纪物理化学发展中一个新的增长点。

6.2 局域平衡假设

在平衡态热力学中，常用到两类热力学状态函数：一类如体积 V、物质的量 n 等，它们可以用于任何系统，不管系统内部是否处于平衡；另一类如温度 T、压力 p、熵 S 等，在平衡态中有明确意义，用它们去描述非平衡态就非常困难。为了能继续保持热力学含义，而又可以绕过定义非平衡态热力学函数的困难，非平衡态热力学提出了局域平衡假设（assumption of local equilibrium）。

首先把所要讨论的非平衡态热力学系统分成许多小体积单元，简称系统元（system element）。每一个系统元在宏观上足够小，可以用其中任一点的性质来代表该单元的性质；在微观上仍然包含大量粒子，能表达宏观统计的性质（如温度、压力、熵等）。在某个时刻 t，把系统元与周围环境隔离，那么在 t 时刻处于非平衡状态的系统元内的分子在经过 $\mathrm{d}t$ 时间间隔后会达到平衡状态。于是在 $t+\mathrm{d}t$ 时刻每个系统元内的一切热力学变量，例如压力、温度和熵等，都可以按平衡态热力学处理。$\mathrm{d}t$ 和整个宏观变化的时间标尺相比很小，那么可以假定

t 时刻任何一个系统元的热力学变量可以用 $t+\mathrm{d}t$ 时刻达到平衡的相应的系统元内的热力学量来表达。就是说，处于非平衡态系统的热力学量可以用局域平衡的热力学量来描述。另外，假定上述近似定义的热力学变量之间仍然满足在平衡体系中所满足的热力学关系。上述两个假设合起来称为局域平衡假设。整个系统的某一广度性质 X 是所有子系统该广度性质 x_i 的加和：

$$X=\sum_i x_i \tag{6.1}$$

各子系统均处于热力学平衡状态，各子系统之间存在宏观性质的连续变化且各子系统间的差别不随时间而改变，这种非平衡态系统称为稳态系统（steady state system）或连续系统（continuous system）。稳态平衡只有在一定的边界条件（限制条件）下才能维持，一旦失去边界条件，稳态平衡即被打破，各子系统的宏观性质自动地趋于一致，整个系统自动地趋向于热力学平衡。

应特别指出，局域平衡假设只适用于离平衡态不远的非平衡体系。例如扰动不大、分子碰撞传能速率大于某不可逆过程速率，对化学反应则应符合 $\dfrac{E_a}{RT}\gg 5$（E_a 代表化学反应的活化能），对大多数 273K～1000K 间发生的化学反应是能满足这一条件的。

6.3 熵产生与熵流

6.3.1 熵产生与熵流的概念

非平衡态热力学所讨论的中心问题是熵产生。普里戈金将孤立系统中的熵增原理推广到任意系统。任意系统处于平衡状态时熵 S 有一确定值，当状态发生变化后，系统的熵变 $\mathrm{d}S$ 可分为内熵变 $\mathrm{d_{in}}S$ 和外熵变 $\mathrm{d_{ex}}S$ 两部分，则：

$$\mathrm{d}S=\mathrm{d_{in}}S+\mathrm{d_{ex}}S \tag{6.2}$$

内熵变 $\mathrm{d_{in}}S$ 是系统内部发生自发变化而引起的，称为熵产生（entropy production）。$\mathrm{d_{in}}S\geqslant 0$（不可逆过程：$\mathrm{d_{in}}S>0$；可逆过程：$\mathrm{d_{in}}S=0$）。外熵变 $\mathrm{d_{ex}}S$ 是系统与环境通过热交换和物质交换而进入或流出系统的熵流（entropy flux）所引起的，它可为正数、负数或零。熵产生与熵流关系如图 6.1 所示。

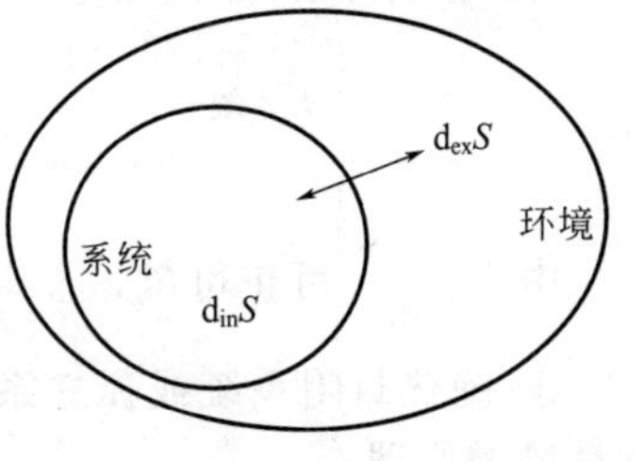

图 6.1 熵产生与熵流关系示意图

6.3.2 熵产生原理与熵平衡方程

熵产生原理：任意系统中，如果发生不可逆过程，系统的熵产生增大；如果发生可逆过程，熵产生为零。由于孤立系统不与环境产生热交换和物质交换，$\mathrm{d_{ex}}S=0$，所以孤立系统 $\mathrm{d}S=\mathrm{d_{in}}S\geqslant 0$。可见孤立系统的熵增原理只不过是熵产生原理的特例而已。对于非孤立系统，由于可能出现 $-\mathrm{d_{ex}}S>\mathrm{d_{in}}S$，所以这种系统可以发生熵下降的情况，从而解释了为什么自然界中会出现许多由无序状态变为较有序状态的现象。

在非平衡态中，系统的广度性质 X 一般符合平衡方程，即：

$$\frac{\mathrm{d}X}{\mathrm{d}t}=\frac{\mathrm{d_{in}}X}{\mathrm{d}t}+\frac{\mathrm{d_{ex}}X}{\mathrm{d}t} \tag{6.3}$$

式中，t 为时间；$\dfrac{\mathrm{d}X}{\mathrm{d}t}$ 为系统性质 X 的变化速率；$\dfrac{\mathrm{d_{ex}}X}{\mathrm{d}t}$ 为 X 通过边界进入系统内的速率；$\dfrac{\mathrm{d_{in}}X}{\mathrm{d}t}$ 为 X 在系统内部产生的速率。这种平衡方程对孤立、封闭、开放系统以及 X 是否为守恒量都

适用。

广度性质熵的平衡方程为：

$$\frac{dS}{dt}=\frac{d_{in}S}{dt}+\frac{d_{ex}S}{dt} \tag{6.4}$$

作功可以引起熵产生，但不引起熵流。因此，只有热流和物质流可能产生熵流。所以熵流相的一般形式为：

$$\frac{d_{ex}S}{dt}=\sum_i \frac{1}{T_i}\frac{\delta Q_i}{dt}+\sum_j S_j\frac{dn_j}{dt} \tag{6.5}$$

式中，$\frac{\delta Q_i}{dt}$为T_i时热量流入系统的速率；$\frac{dn_j}{dt}$为物质j流入系统的速率；S_j为物质j的偏摩尔熵。熵平衡方程可写成：

$$\frac{dS}{dt}=\sum_i \frac{1}{T_i}\frac{\delta Q_i}{dt}+\sum_j S_j\frac{dn_j}{dt}+\frac{d_{in}S}{dt} \tag{6.6}$$

表 6.1 给出各种系统的熵平衡方程。

表 6.1 各种系统的熵平衡方程

系统	熵平衡方程
任意系统	$\frac{dS}{dt}=\sum_i \frac{1}{T_i}\frac{\delta Q_i}{dt}+\sum_j S_j\frac{dn_j}{dt}+\frac{d_{in}S}{dt}$
封闭系统	$\frac{dS}{dt}=\sum_i \frac{1}{T_i}\frac{\delta Q_i}{dt}+\frac{d_{in}S}{dt}$
绝热开放系统	$\frac{dS}{dt}=\sum_j S_j\frac{dn_j}{dt}+\frac{d_{in}S}{dt}$
绝热封闭系统或孤立系统	$\frac{dS}{dt}=\frac{d_{in}S}{dt}\geqslant 0$
定态系统	$\frac{dS}{dt}=\sum_i \frac{1}{T_i}\frac{\delta Q_i}{dt}+\sum_j S_j\frac{dn_j}{dt}+\frac{d_{in}S}{dt}=0$

由于$\frac{d_{ex}S}{dt}$可正可负，而$\frac{d_{in}S}{dt}\geqslant 0$，因此可以得到以下结论：

① 绝热封闭系统或孤立系统的熵永远不减少，可逆过程熵不变，不可逆过程熵增加。这就是熵增原理。

② 当系统处于定态时，系统向外流出的熵（即系统得负熵流）刚好抵消系统内的熵产生，即$-\frac{d_{ex}S}{dt}=\frac{d_{in}S}{dt}$。

③ 当负熵流大于熵产生时，即$-\frac{d_{ex}S}{dt}>\frac{d_{in}S}{dt}$，此时系统的熵减少。根据熵的统计意义，系统将变得更加有序。

熵产生原理不仅包括作为特例的熵增原理，更重要的是它已经成为广义热力学派创建非平衡热力学的出发点。

6.4 昂萨格倒易关系

6.4.1 热力学力和流

自发过程总是受某种势（potential）（或力）的驱动，例如电动势可引起电流，温度势

(差) 引起热传导，化学势可推动化学反应的进行等。以 X_i 表示某种势，它所引起的不可逆过程的不可逆程度和速率用相应的流 (flux) J_i 来表示，如电流、热流和反应进度等。若体系内部同时存在两种以上的不可逆过程，无论是哪一种性质的力与流，在耦合过程中，流与力的作用具有对易性质，互相交换位置而不改变结果。描述各种不可逆过程的流和力之间的线性唯象关系的唯象系数之间满足一种对称关系。流 J_i 的方向由势 X_i 来决定，X_i 越小，系统越接近于平衡状态。$X_i=0$ 时，J_i 为零，系统达到平衡，宏观上看变化就停止了。在平衡态附近，X_i 较小，此时 J_i 与 X_i 呈线性关系：

$$J_i=L_{ii}X_i \tag{6.7}$$

L_{ii} 是量纲 1 的量，称为唯象系数 (phenomenological coefficient)。表 6.2 给出几种常见的力与流的关系。

表 6.2 几种力和流的关系

热力学力 X_i	流 J_i	线性规律	唯象系数 L_{ii}
电动势 E	电流 I	欧姆定律 $I=GE$	电导 G
温度梯度 $-\nabla\left(\frac{1}{T}\right)$	热流 J_Q	傅里叶定律 $J_Q=-\kappa\left(\frac{dT}{dZ}\right)$	热导率 κ
化学势负梯度 $-\nabla\left(\frac{\mu_i}{T}\right)$	扩散流 J_D	菲克定律 $J_D=-D\left(\frac{d\rho}{dZ}\right)$	扩散系数 D

6.4.2 昂萨格倒易关系式

如果系统内部存在几种不可逆过程，且彼此影响，则不可逆过程力和流之间的线性关系可表示为：

$$J_1=L_{11}X_1+L_{12}X_2+\cdots+L_{1n}X_n$$
$$J_2=L_{21}X_1+L_{22}X_2+\cdots+L_{2n}X_n$$
$$\cdots$$
$$J_n=L_{n1}X_1+L_{n2}X_2+\cdots+L_{nn}X_n$$

昂萨格通过论证提出，在唯象系数之间存在如下关系：

$$L_{ik}=L_{ki}(i,k=1,2,3,\cdots,n) \tag{6.8}$$

式(6.8) 称为昂萨格倒易关系式。其物理意义是第 i 个流的 J_i 与第 k 个力 X_k 之间的唯象系数 L_{ik} 和第 k 个流的 J_k 与第 i 个力 X_i 之间的唯象系数 L_{ki} 相等。如果式中有多个唯象系数，有了昂萨格倒易关系式后，可以将唯象系数的个数减少一半，简化了求解不可逆过程中物理量的计算。昂萨格倒易关系式表明：无论是哪种性质的力与流，在耦合的过程中，流与力的作用具有对应的性质，互相交换位置，不会引起结果的变化。昂萨格倒易关系可以通过热力学、统计热力学、动力学等方法得到证明，它是不可逆过程热力学中的一个基本关系。

6.5 耗散结构

6.5.1 耗散结构理论

前面的讨论已将热力学从平衡态推广到非平衡态的开放系统，但所研究的对象是在接近平衡态的领域。不可逆过程是在某种势 X_i 的驱动下产生了相应的流 J_i，在近平衡态领域 J_i 与 X_i 呈线性关系。后来，普里戈金学派将不可逆过程热力学推广到远离平衡态的领域，该领域的特点是 J_i 与 X_i 呈现非线性关系，因此也称为**非线性非平衡态热力学**。处于近平衡态的线性非平衡系统的状态随时间延长趋于定态，此时系统的熵产生率达到最低值。处于远离平衡态的非线性非平衡态系统随时间延长，有可能建立一种有序结构，被称作**耗散结构**（dissipation structure）。在开放系统和远离平衡的条件下，在与外界环境交换能量和物质的过程中，通过能量的耗散过程和内部非线性的动力学关系来形成和维持宏观有序的时空结构。这种建立在不稳定基础上的、新的有序结构是依靠系统与环境交换物质与能量来维持的，一旦切断了这种交换，耗散结构也将终止。

耗散结构理论指出，系统从无序状态过渡到这种耗散结构有四个必要条件。第一，产生耗散结构的系统包含有大量的系统基元甚至多层次的组分。如：贝纳德效应中的液体包含大量分子。贝洛索夫-恰鲍廷斯基化学振荡反应，其中不仅含有大量分子、原子和离子，并且有许多化学成分。第二，系统必须是开放的，即系统必须与外界进行物质、能量的交换。第三，系统必须是远离平衡状态的，系统中物质、能量流和热力学力的关系是非线性的。第四，在产生耗散结构的系统中，基元间以及不同的组分和层次间通常存在着错综复杂的相互作用，其中最重要的是正反馈机制和非线性作用。**正反馈**可以看作自我复制、自我放大的机制，是“序”产生的重要因素，而非线性可以使系统在热力学分支失稳的基础上重新稳定到耗散结构分支上，并且需要不断输入能量来维持。

耗散结构的特征主要包括以下几点：

① 耗散结构主要存在于开放系统中，依靠外界供应能量和物质来维持。耗散结构的形成，意味着从无序到有序，即熵值需要降低。根据 $dS = d_{in}S + d_{ex}S$，产生耗散结构，必然有熵产生 $d_{in}S > 0$，如果使 $dS < 0$，必须存在负熵流，即 $d_{ex}S < 0$，且 $|d_{ex}S| > d_{in}S$ 。

② 只有当某些参量条件超过某一临界值时，耗散结构才能出现。耗散结构的形成远离热力学平衡态，超出不可逆过程线性规律适用的范围，进入非线性区域的非平衡态。由于引入时间变量，又被称作**非线性动力学**。

③ 耗散结构具有时空结构。例如，化学振荡反应，将溴酸钾、硫酸铈、丙二酸和硫酸混合，容器内混合物的颜色会出现周期性变化，还看到反应系统中形成漂亮的图案。前者是反应系统中某组分的浓度随时间有规则周期性变化，后者是反应系统中某组分在空间上呈周期性分布，称为**空间形态现象**。如果二者同时出现成为时空有序结构，称为**化学波**。

④ 耗散结构虽然远离平衡态，但它是相对稳定的，不受小干扰的影响。远离平衡态是产生不稳定的必要条件，对于描述非线性的动力学方程，既有不稳定的解，可以描述失稳现象，又有稳定的解，可以描述在宏观时间间隔内观察到的时空有序状态。

6.5.2 耗散结构的应用

耗散结构通常表现为，接近平衡时耗散结构的有序性趋向瓦解；远离平衡时耗散结构的有序性得以保持，而新的结构也得以形成。从无序中生成有序的概率完全依赖于所谓的机会定则。有序且逐渐耗散的系统的形成过程表明，有可能从无序中创造有序。

耗散结构概念的提出扩展了人们对热力学第二定律和对自然界中各种有序现象的认识，特别推动了对诸如高度有序的生命现象的研究。地球上的生命体都是远离平衡状态的非平衡的开放系统，它们通过与外界不断地进行物质和能量交换，经自组织而形成一系列的有序结构。可以认为这就是解释生命过程的热力学现象和生物进化的热力学理论基础之一。

耗散结构理论除了在化学、物理学、生物学以及其他自然科学中都有重要的应用外，甚至对社会科学的发展产生了重大的影响。耗散结构理论自提出以来，一直在理论和实际应用两个方面同时拓展。但是并非一切远离平衡的复杂性开放体系的行为都可以归纳为耗散结构。所以，作为更高层次研究复杂体系的系统科学的一个分支理论，面对纷繁复杂的实际世界，其未来充满挑战，也面临机会，可谓任重道远。

以上概要地介绍了非平衡态热力学的研究方法和已取得的重要成果，有关非平衡态热力学的研究尚在迅速成长期。高新技术的发展，仍在继续推动着热力学的发展。如超快速过程和空间微型技术的发展，对非平衡性和非线性的影响加剧，对非平衡态热力学的研究将会加快热力学发展。非平衡态热力学并不抛弃经典热力学的基本结论，如热力学第二定律，而是给予新的解释和重要的补充，从而得到一个较完整的认识：在平衡态附近，发展过程主要表现为趋向平衡态或与平衡态有类似行为的非平衡定态，并总是伴随着无序的增加和宏观结构的破坏。而在远离平衡的条件下，非平衡定态可以变得不稳定，发展过程可以经受突变，并导致宏观结构的形成和宏观有序的增加。这种认识不仅为弄清物理学和化学中的各种有序现象的起因指明了方向，更有助于人们对宏观过程不可逆性的本质及其作用的认识。可以预言，未来非平衡态热力学在理论和应用上将会有突破性进展。

习题

6.1 非平衡态热力学研究系统的特点有哪些，与经典热力学系统有哪些区别和联系？

6.2 熵增原理与熵产生原理有哪些区别和联系？

6.3 如何理解昂萨格倒易关系？

6.4 耗散结构理论可以应用于哪些方面？

习题答案

7 统计热力学

Statistical Thermodynamics

内容提要

本章介绍统计热力学的一些基本内容：玻耳兹曼分布、微粒的配分函数、独立子系统热力学函数与微粒配分函数之间的关系、理想气体反应平衡常数的统计热力学表达式等。

学习目标

1. 掌握统计热力学的基本概念，并了解统计热力学的基本假定。

2. 理解玻耳兹曼分布并掌握玻耳兹曼分布公式的运用。

3. 明确微粒配分函数的意义并掌握微粒配分函数的计算方法。

4. 了解热力学函数与微粒配分函数的关系以及独立定域子系统与独立离域子系统的热力学函数统计表达式的区别。

5. 掌握用吉布斯函数及焓函数计算理想气体反应的 $K_p^\ominus$ 的方法。

热力学以四个基本定律为基础，讨论平衡系统的宏观性质，所得到的规律对于大量分子组成的宏观系统具有高度的可靠性和普遍性。热力学不涉及物质的微观结构及微观运动，所以热力学只能得到联系各种宏观性质的一般规律而不能指出微观性质与宏观性质之间的关系。统计力学（statistical mechanics）就是在解决这一基本问题中建立和发展起来的一门理论科学。统计力学是用分子的微观性质，从理论上计算出物质的宏观性质，进而解释体系的宏观性质之间规律性的本质。统计力学是联系物质的微观结构和宏观性质的桥梁。按照物质所处平衡态还是非平衡态，相应地建立了平衡态统计力学（equilibrium statistical mechanics）和非平衡态统计力学（nonequilibrium statistical mechanics）。平衡态统计力学也被称为统计热力学（statistical thermodynamics）。

7.1 统计热力学概论

7.1.1 统计热力学的内容和方法

统计热力学的研究对象也是包含大量微粒的宏观系统。宏观系统的热力学性质是所有微粒运动的综合表现。统计热力学是从系统所含微粒的微观性质出发，以单个微粒所遵循的运动规律为基础，用统计学的方法来推求极大数目微粒运动的统计平均值，从而得出系统的宏观性质。统计热力学与热力学互相渗透，相辅相成，已成为解决化学反应的方向性和限度等问题不可缺少的部分。

历史上最早用的统计方法是根据经典力学建立的，称之为经典统计法（classic statistics），又称玻耳兹曼统计法（Boltzmann statistics）。随着量子论和量子力学的建立，发展了以量子力学为基础的量子统计法（quantum statistics）。经典统计法和量子统计法在统计原理上并无差别，不同之处在于描述分子运动时，前者用经典力学模型，后者用量子力学模型。本章主要介绍按照量子力学作了某些修正的经典统计法，它是统计热力学必不可少的理论基础。在经典统计法中，以微粒作为基本统计单元。对于温度不太低、压力不太高的气体，用经典统计法得到的结果与用量子统计法实际上没有什么区别。

7.1.2 统计系统的分类

在统计热力学中把构成气体、液体或晶体的分子、原子或离子统称为微观粒子（microscopic particle），简称为微粒、粒子或子。统计热力学所研究的系统按照可否忽略微粒之间的相互作用可以分为独立粒子系统（system of independent particles）和相依粒子系统（system of interacting particles）。独立粒子系统简称独立子系统，系统中微粒之间的相互作用微小到可以忽略不计的程度。由于这种系统中不考虑微粒间的相互吸引和排斥作用，所以系统的总能量就是组成该系统的所有微粒的能量之和。设系统包含 N 个微粒，第 i 个微粒的能量为 ε_i，则独立子系统的总能量为：

$$U=\sum_i \varepsilon_i \tag{7.1}$$

理想气体、光子气、金属中的电子气等都可以近似地视为独立子系统。理想晶体中，假设每个微粒在它的平衡位置附近作微小的简谐振动，且各个微粒的振动互不影响，则理想晶体也属于独立子系统。

相依粒子系统简称相依子系统，是指微粒间的相互作用不能忽略的系统。相依子系统的能量除了包括各个微粒的能量外，还包括微粒间的相互作用势能。其总能量可表示为：

$$U=\sum_i \varepsilon_i + V(x_1, y_1, z_1, \cdots, x_N, y_N, z_N) \tag{7.2}$$

式中，ε_i 为第 i 个微粒的动能；V 是系统的势能，它表征微粒间的相互作用，是各微粒坐标的函数。真实气体和液体的分子间的相互作用不可忽视，因此它们属于相依子系统。

根据微粒运动的特点，可以将统计系统分为离域子系统和定域子系统。离域子系统（non-localized system）是指各个微粒可在整个空间运动，本身无固定位置，彼此也无法分辨的系统。定域子系统（localized system）是指各个微粒只能在固定位置附近的小范围内运动的系统，各微粒是可以分辨的。理想气体是独立的离域子系统；实际气体和液体是相依的离域子系统；而晶体则是定域子系统。

作为统计热力学基础，本章主要讨论独立子系统。

7.1.3 统计热力学的基本假定

统计热力学的基本理论构建在三个基本假定的基础之上。

① 某种宏观状态对应着巨大数目的微观状态（microscopic state），简称微态。各种微观状态按一定的概率出现。

大量微粒所组成的系统中，任何微粒的坐标或动量的微小改变或量子态的任何变化，都意味着系统的微观状态发生改变。因此一个宏观系统对应着非常巨大数目的微观状态。在众多的微观状态中，只有符合宏观状态条件的微观状态才有可能出现。在一定条件下，每种微观状态出现的概率是一定的。

② 宏观力学量是宏观系统对应的所有微观状态相应微观量的统计平均值。

系统的宏观性质有两类：一类性质在分子水平上有相应的微观量，如能量、密度、压力等，称为力学量；另一类性质没有明显对应的微观量，如温度、熵、吉布斯函数、化学势等，称为非力学量。如果一个力学量 B，对某一微观状态 i，它相应的微观量为 B_i，则：

$$B=\langle B_i \rangle=\sum_i B_i P_i \tag{7.3}$$

式中，$\langle\ \rangle$ 表示统计平均；P_i 是该微观状态 i 出现的数学概率，$\sum\limits_i P_i=1$，$\sum\limits_i$ 是对所有可能出现的微观状态求和。该假定给出了由微观量计算宏观量的途径，便将宏观性质与微观性质联系起来了。

③ 孤立系统中每一种微观状态出现的概率相等。

孤立系统的特征是微粒数 N、能量 U 和体积 V 保持恒定。一个 N、U 和 V 确定的平衡系统，任何一种可能出现的微观状态都具有相同的概率。这个基本假定称为等概率原理(principle of equal a priori probabilities)。这个原理由玻耳兹曼于 1868 年提出，虽然无法直接证明，但由此原理得出的大量统计力学推论均已被实践证明是正确的，因此其正确性已得到检验。直观上很容易理解该假设，因为在完全隔绝了外界影响的孤立系统中，哪一种微观状态都没有理由优先出现。根据等概率原理，如果系统的总微态数是 Ω，则每种可能的微观状态出现的数学概率是：

$$P=\frac{1}{\Omega} \tag{7.4}$$

7.2 玻耳兹曼分布

7.2.1 能级分布和状态分布

微粒总是处在不停地运动状态。根据量子力学，微观粒子的运动实际上是量子化的，微粒的运动状态可用一套量子数来表示，称为处于一定的量子状态。每个处于特定运动状态（量子状态）下的微粒都具有确定的能量，称为处于一定的能级。一个能级可以对应多种量子状态，对应两种或两种以上量子状态的能级称为多重能级（multiple energy level），多重能级对应的量子状态数目称为多重度（multipicity），也称简并度（degeneracy），通常以 g 表示。一个能级只对应一种量子状态，即 $g=1$ 时，这种能级称为非多重能级（non-multiple energy level）或非简并能级（degenerate energy level）。

在一个微粒总数 N，热力学能 U，体积 V 完全确定的平衡系统中，微粒的能级 ε_0，ε_1，…，ε_i，…和相应的多重度 g_0，g_1，…，g_i，…是完全确定的。一个含 N 个微粒的系统在每个能级上各分布了一定数目的微粒，分布在能级 i 上的微粒数 n_i 称为能级 i 的能级分布数（distribution number of energy level），简称分布数。一套能级的分布数 n_0，n_1，…，n_i，…组成系统的一种能级分布方式(distribution way of energy level)，简称能级分布。由于微粒不停地运动并彼此交换着能量，总能量确定的系统，各能级的分布数瞬息万变，因此可能有各种不同的能级分布方式。

由于一个能级可能对应多种量子状态，一个 N、U 和 V 确定的平衡系统，分布在某量子状态 j 的微粒数叫作状态分布数（distribution number of state），用 n_j 表示。由各量子状态的状态分布数组成的一套状态分布数表示一种状态分布方式（distribution way of state），简称状态分布。当各能级多重度均为 1 时，一种能级分布只对应着一种状态分布；当各能级中有的能级多重度不为 1 时，一种能级分布就对应着多种状态分布。

能级分布和状态分布是从两种不同的角度讨论系统中微粒的分布状况，两种分布是等效的。对一个 N、U 和 V 确定的平衡系统，所有能级分布之和与所有状态分布之和相等，且同时满足微粒数守恒和能量守恒两个条件：

$$\sum_i n_i = \sum_j n_j = N \tag{7.5}$$

$$\sum_i n_i \varepsilon_i = \sum_j n_j \varepsilon_j = U \tag{7.6}$$

以下将着重从能级分布的角度来讨论微粒的分布。讨论在以上两个条件限制下，N、U、V 确定的平衡系统可以有哪些能级分布方式是完全确定的。

【例 7.1】 某定域子系统由三个一维谐振子组成，它们分别在 A、B 和 C 三个定点上振动，总能量 $U=(9/2)h\nu$，写出可能出现的能级分布方式。

解： 由题意可知，总微粒数 $\sum_i n_i = 3$，总能量 $\sum_i n_i \varepsilon_i = (9/2)h\nu$，根据一维谐振子能级公式 $\varepsilon_v = (v+1/2)h\nu$ $(v=0,1,2\cdots)$，可得出几个一维谐振子较低能级的能量值。三个一维谐振子能符合总能量公式的能级分布方式如下表：

能级	分布数	分布 1	分布 2	分布 3
$\varepsilon_0=(1/2)h\nu$	n_0	2	1	0
$\varepsilon_1=(3/2)h\nu$	n_1	0	1	3
$\varepsilon_2=(5/2)h\nu$	n_2	0	1	0
$\varepsilon_3=(7/2)h\nu$	n_3	1	0	0

7.2.2 微态数

在统计热力学中，将微粒所处的量子状态叫作微粒的微观状态（microscopic state of particle），简称微态。一个系统的微观状态（microscopic state of system）也叫系统的微态。系统的微态可以用系统内各个微粒的量子状态来描述，即用各微粒的微态来描述。只有系统中全部微粒的微态都确定后，该系统的微态才能确定。如果系统内任何一个微粒所处的量子状态改变了，就意味着整个系统的微态发生了改变。在 N、U 和 V 确定时，系统具有很多种分布方式。相应于某一能级分布 D，有一套确定的能级分布数 n_0，n_1，…，n_i，…等。由于能级的多重性及微粒可否区别等原因，相应于某种能级分布 D，系统可有多种不同的微态。系统某种能级分布 D 所拥有的微态数称为**分布 D 的微态数**，以 Ω_{D} 表示。根据排列组合原理，可以算出与某种能级分布相应的微态数。对于不同的系统，能级分布 D 的微态数的计算方法不同。

对定域子系统：

$$\Omega_{\mathrm{D,L}} = N! \prod_i \frac{g_i^{n_i}}{n_i!} \tag{7.7}$$

对离域子系统：

$$\Omega_{\mathrm{D,N}} = \prod_i \frac{(n_i+g_i-1)!}{n_i!\,(g_i-1)!} \tag{7.8}$$

第7章

式中，n_i 是能级 i 的能级分布数；g_i 为能级 i 的多重度；N 为整个系统的微粒总数。只要离域子系统的温度不太低的话，g_i 约为 n_i 的 10^5 倍，因此 $n_i \ll g_i$。在此条件下，

$$\Omega_{D,N} = \prod_i \frac{(n_i+g_i-1)!}{n_i!\ (g_i-1)!}$$
$$=\prod_i \frac{(n_i+g_i-1)(n_i+g_i-2)\cdots(n_i+g_i-n_i)(n_i+g_i-n_i-1)\cdots\times3\times2\times1}{n_i!\ (g_i-1)!}$$
$$=\prod_i \frac{(n_i+g_i-1)(n_i+g_i-2)\cdots(n_i+g_i-n_i)(g_i-1)!}{n_i!\ (g_i-1)!}$$

所以 $n_i \ll g_i$ 的条件下，离域子系统能级分布 D 的微态数：

$$\Omega_{D,N} \approx \prod_i \frac{g_i^{n_i}}{n_i!} \tag{7.9}$$

对比式(7.7) 和式(7.9) 可见，总微粒数相同的定域子系统和离域子系统在同一套能级分布数与能级多重度条件下，前者所拥有的微态数为后者微态数的 $N!$倍。这是由于离域子系统中的微粒不可分辨，交换微粒并不产生新的量子态，因此微观状态数比定域子系统少。定域子系统中的微粒进行交换可以有 $N!$ 种变化方式，因此其微态数为离域子系统微态数的 $N!$ 倍。气体是离域子系统，气体的能级分布的微态数可用式(7.9) 近似计算；晶体是定域子系统，晶体的能级分布的微态数要用式(7.7) 计算。

N、U 和 V 确定的条件下，一个系统所有能级分布方式的微态数总和叫作系统的总微态数，以 Ω 表示，则：

$$\Omega = \sum_D \Omega_D \tag{7.10}$$

式中，Ω_D 为与能级分布 D 相应的微观状态数。

根据等概率原理，某一能级分布 Ω_D 的数学概率定义为：

$$P_D = \frac{\Omega_D}{\Omega} \tag{7.11}$$

【例 7.2】 设由 10 个独立可分辨微粒构成一系统，其总能量为 3ε，每个微粒所允许的能级为 0，ε，2ε 和 3ε，各能级皆是简并的。试问共有多少种分布类型？每种分布类型所拥有的微观状态数是多少？每种分布类型出现的概率是多少？

解： 共有三种分布类型，各种类型的分布方式如下：

能级	分布数	分布 1	分布 2	分布 3
$\varepsilon_0=0$	n_0	9	8	7
$\varepsilon_1=\varepsilon$	n_1	0	1	3
$\varepsilon_2=2\varepsilon$	n_2	0	1	0
$\varepsilon_3=3\varepsilon$	n_3	1	0	0

可分辨微粒系统按定域子系统的计算公式(7.7) 计算 Ω_D：

$$\Omega_1 = N!\ \prod_i \frac{g_i^{n_i}}{n_i!} = 10!\ \times \frac{1^9}{9!} \times \frac{1^1}{1!} = 10$$

$$\Omega_2 = N!\ \prod_i \frac{g_i^{n_i}}{n_i!} = 10!\ \times \frac{1^8}{8!} \times \frac{1^1}{1!} \times \frac{1^1}{1!} = 90$$

$$\Omega_3 = N!\ \prod_i \frac{g_i^{n_i}}{n_i!} = 10!\ \times \frac{1^7}{7!} \times \frac{1^3}{3!} = 120$$

系统总微态数：

$$\Omega=\sum_{\mathrm{D}}\Omega_{\mathrm{D}}=\Omega_1+\Omega_2+\Omega_3=10+90+120=220$$

根据等概率原理，各种分布出现的概率为：

$$P_1=\frac{\Omega_1}{\Omega}=\frac{10}{220}=0.045$$

$$P_2=\frac{\Omega_2}{\Omega}=\frac{90}{220}=0.409$$

$$P_3=\frac{\Omega_3}{\Omega}=\frac{120}{220}=0.545$$

7.2.3 最概然分布与平衡分布

各种能级分布具有的微态数是不同的，任何一种可能的微观状态出现的概率相等，所以各种分布出现的概率也各不相同。一种分布具有的微态数越多，则该分布出现的概率也就越大。因此，可以将分布 D 所具有的微态数 Ω_{D} 称为分布 D 的**热力学概率**（thermodynamic probability）。系统所有各种分布所具有的总微态数称为 N、U 和 V 确定条件下**系统的总热力学概率**（total thermodynamic probability of the system），也用 Ω 表示。

在系统可能出现的各种分布中，出现概率最大的分布称为**最概然分布**（most probable distribution）。由式(7.7) 和式(7.8) 可以看出，系统的某种分布所拥有的微态数 Ω_{D} 是能级分布数 n_i 的函数。最概然分布就是微态数最大的分布，这种分布的微态数也叫**最大热力学概率**(maximum thermodynamic probability)，常用 $\Omega_{\max}$ 表示。

N、U 和 V 确定的系统达到平衡时，系统中微粒的分布方式称为**平衡分布**（equilibrum distribution）。对于微粒数十分大的系统，最概然分布及其附近极小范围内各种分布所具有的微态数之和几乎就等于系统的总微态数。通常研究的系统约有 10^{23} 个微粒，因此均可以看成这种系统。尽管微粒的分布方式可以千变万化，但绝大部分时间里系统的分布方式实际上仅在最概然分布附近极小范围内变化，处于其他分布方式的机会微乎其微。所以最概然分布足以代表微粒的平衡分布。或者说，平衡分布就是最概然分布所代表的分布。

对于大量微粒构成的系统，在计算宏观平衡状态所拥有的总微态数（总热力学概率）Ω 时，可以用最概然分布的微态数 $\Omega_{\max}$ 来代替，其余各种分布的微态数可以忽略不计，这称作**摘取最大项原理**（principle of picking the maximum term）。

7.2.4 玻耳兹曼分布与玻耳兹曼熵定理

玻耳兹曼确定独立子系统的平衡分布具有这样的性质：在系统的 N 个微粒中，分布在能级 i 上的微粒数（即能级 i 的分布数）n_i 正比于该能级的多重度 g_i 与玻耳兹曼因子 $\exp[-\varepsilon_i/(kT)]$ 的乘积，写成数学表达式，则称为**玻耳兹曼分布公式**（Boltzmann distribution formula)：

$$n_i=\lambda g_i\exp\left(-\frac{\varepsilon_i}{kT}\right) \tag{7.12}$$

式中，λ 为比例常数；ε_i 为能级 i 的能量；k 为玻耳兹曼常数，$k=1.38\times10^{-23}\mathrm{J\cdot K^{-1}}$。

符合玻耳兹曼分布公式的分布方式称为**玻耳兹曼分布**。可以证明，独立子系统的最概然分布就是玻耳兹曼分布。

由于系统的微粒总数为各能级分布数之和，故：

第7章

$$N=\sum_i n_i=\sum_i \lambda g_i \exp\left(-\frac{\varepsilon_i}{kT}\right)$$

$$\lambda=\frac{N}{\sum_i g_i \exp\left(-\frac{\varepsilon_i}{kT}\right)}$$

式中，$g_i \exp[-\varepsilon_i/(kT)]$ 称作能级 i 的有效容量（effective capacity）或有效状态数（effective state number）。

定义：

$$q \overset{\text{def}}{=\!=} \sum_i g_i \exp\left(-\frac{\varepsilon_i}{kT}\right) \tag{7.13}$$

式中，q 是一个微粒拥有的各能级的有效容量的总和，称为微粒的配分函数（partition function)，是量纲为 1 的量。

将 q 引入 $\lambda=\dfrac{N}{\sum_i g_i \exp\left(-\frac{\varepsilon_i}{kT}\right)}$，则：

$$\lambda=\frac{N}{q}$$

将此式代入式(7.12)，玻耳兹曼分布公式也可表示为：

$$n_i=\left(\frac{N}{q}\right) g_i \exp\left(-\frac{\varepsilon_i}{kT}\right) \tag{7.14}$$

或

$$\frac{n_i}{N}=\frac{g_i \exp\left(-\frac{\varepsilon_i}{kT}\right)}{q} \tag{7.15}$$

式(7.15) 表示，按玻耳兹曼分布，分布在任一能级上的微粒数与系统微粒总数之比为该能级的有效容量与所有能级有效容量总和之比，即该能级的有效容量与微粒的配分函数之比。

按玻耳兹曼分布，在任意两个能级 i 和 k 上分布的微粒数之比为：

$$\frac{n_i}{n_k}=\frac{g_i \exp\left(-\frac{\varepsilon_i}{kT}\right)}{\sum_i g_i \exp\left(-\frac{\varepsilon_i}{kT}\right)} \times \frac{\sum_k g_k \exp\left(-\frac{\varepsilon_k}{kT}\right)}{g_k \exp\left(-\frac{\varepsilon_k}{kT}\right)}$$

由于 $\sum_i g_i \exp\left(-\frac{\varepsilon_i}{kT}\right)$ 和 $\sum_k g_k \exp\left(-\frac{\varepsilon_k}{kT}\right)$ 都是一个微粒所有能级的有效容量的总和，所以实质上完全等同，故：

$$\frac{n_i}{n_k}=\frac{g_i \exp\left(-\frac{\varepsilon_i}{kT}\right)}{g_k \exp\left(-\frac{\varepsilon_k}{kT}\right)} \tag{7.16}$$

此式说明，两能级的分布数之比等于其有效容量之比。

式(7.12)、式(7.14)～式(7.16) 都是玻耳兹曼分布的数学表达式，它们都是等同的。需要指出的是，上面所指的能级能量 ε_i 和 ε_k 包括微粒各种运动形式(平动、转动、振动、电子运动和核运动等）的能量。如果微粒的各种运动可看作相互独立的，则玻耳兹曼公式可分别适用于各种运动形式。

根据经典热力学，一个孤立系统达到平衡时，系统内的 N、U 和 V 均已确定，系统的熵值必然也确定，即 $S=S(N,U,V)$。而根据统计力学，一个 N、U 和 V 确定的系统，系统的总微态数 Ω 也有确定值，即 $\Omega=\Omega(N,U,V)$。因此，反映宏观性质的熵 S 与反映微观性质的总微态数 Ω 之间必然存在着一定的函数关系，玻耳兹曼提出如下的熵与系统总微态数之间的关系式：

$$S=k\ln\Omega \tag{2.106}$$

这个关系式就是第 2 章介绍熵的微观意义时提到过的玻耳兹曼熵定理。它成为将宏观量——熵与微观量——系统的总微态数关联起来的桥梁。

对于微粒数非常大的系统，平衡分布可用最概然分布来代表，根据摘取最大项原理，玻耳兹曼熵定理可以改写成：

$$S=k\ln\Omega_{\max} \tag{7.17}$$

7.3 微粒配分函数及其计算

7.3.1 微粒配分函数的析因子性质

微粒配分函数 q 是微粒在各个能级的有效容量之和，按式(7.13)：

$$\begin{aligned} q &= \sum_i g_i \exp\left(-\frac{\varepsilon_i}{kT}\right) \\ &= g_0 \exp\left(-\frac{\varepsilon_0}{kT}\right) + g_1 \exp\left(-\frac{\varepsilon_1}{kT}\right) + g_2 \exp\left(-\frac{\varepsilon_2}{kT}\right) + \cdots \end{aligned}$$

在基态能级上有 g_0 个量子态，在第一激发态上有 g_1 个量子态……，因此上式也可以展开为：

$$\begin{aligned} q = &\exp\left(-\frac{\varepsilon_0}{kT}\right)_1 + \exp\left(-\frac{\varepsilon_0}{kT}\right)_2 + \cdots + \exp\left(-\frac{\varepsilon_0}{kT}\right)_{g_0} \\ &+ \exp\left(-\frac{\varepsilon_1}{kT}\right)_1 + \exp\left(-\frac{\varepsilon_1}{kT}\right)_2 + \cdots + \exp\left(-\frac{\varepsilon_1}{kT}\right)_{g_1} + \cdots \end{aligned}$$

这实际上是按状态分布来进行加和。所以，若以量子态 j 表示任一量子态，则得到：

$$q = \sum_j \exp\left(-\frac{\varepsilon_j}{kT}\right) \tag{7.18}$$

对一个 N、U 和 V 完全确定的系统，微粒的能级能量 ε_i 和相应的多重度 g_i 都是定值，因而 q 是确定的。式(7.13) 与式(7.18) 分别是按能级求和与按量子态求和，都是所有状态的总和，所以两种加和的结果必然相同。因此，式(7.13) 和式(7.18) 是微粒配分函数的等效定义式。

微粒配分函数 q 在统计热力学中具有重要意义，其数值决定于构成系统的微粒的性质及系统的温度和体积。q 可以由微粒的基本物质结构常数计算。系统的各种热力学量都可以通过微粒配分函数 q 来计算。这样一来，系统的各种热力学量（宏观量）都可以间接地由组成系统的微粒的物质结构常数（微观量）来计算。

一个微粒的总能量包括微粒的平动能、围绕质心转动的转动能、微粒中各原子之间相对位置变化的振动能、微粒中电子运动的能量和原子核运动的能量等五部分。假设可以忽略这些运动形式间的相互作用，则总能量 ε 为：

$$\varepsilon=\varepsilon_t+\varepsilon_r+\varepsilon_v+\varepsilon_e+\varepsilon_n \tag{7.19}$$

式中，下标 t、r、v、e 和 n 分别代表平动、转动、振动、电子运动和核运动。

以上各种运动形式的能量除平动能外，其余的能量都与微粒的内部结构有关，所以它们的和叫作内部结构能（internal structure energy）ε_{I}，即：

$$\varepsilon_{\mathrm{I}}=\varepsilon_{\mathrm{r}}+\varepsilon_{\mathrm{v}}+\varepsilon_{\mathrm{e}}+\varepsilon_{\mathrm{n}} \tag{7.20}$$

将能量公式代入玻耳兹曼因子 $\exp[-\varepsilon_i/(kT)]$，并展开为：

$$\exp\left(-\frac{\varepsilon_i}{kT}\right)=\exp\left(-\frac{\varepsilon_{i,\mathrm{t}}}{kT}\right)\exp\left(-\frac{\varepsilon_{i,\mathrm{r}}}{kT}\right)\exp\left(-\frac{\varepsilon_{i,\mathrm{v}}}{kT}\right)\exp\left(-\frac{\varepsilon_{i,\mathrm{e}}}{kT}\right)\exp\left(-\frac{\varepsilon_{i,\mathrm{n}}}{kT}\right) \tag{7.21}$$

配分函数中的多重度应该是各种运动形式多重度的乘积，即：

$$g_i=g_{i,\mathrm{t}}g_{i,\mathrm{r}}g_{i,\mathrm{v}}g_{i,\mathrm{e}}g_{i,\mathrm{n}} \tag{7.22}$$

将式(7.21) 和式(7.22) 代入式(7.13)，则微粒的配分函数为：

$$q=\sum_i g_{i,\mathrm{t}}\exp\left(-\frac{\varepsilon_{i,\mathrm{t}}}{kT}\right)\sum_i g_{i,\mathrm{r}}\exp\left(-\frac{\varepsilon_{i,\mathrm{r}}}{kT}\right)\sum_i g_{i,\mathrm{v}}\exp\left(-\frac{\varepsilon_{i,\mathrm{v}}}{kT}\right)$$
$$\sum_i g_{i,\mathrm{e}}\exp\left(-\frac{\varepsilon_{i,\mathrm{e}}}{kT}\right)\sum_i g_{i,\mathrm{n}}\exp\left(-\frac{\varepsilon_{i,\mathrm{n}}}{kT}\right)$$

每项求和都是一种能量形式的所有量子态的加和。将它们按运动形式分别定义为：

$$q_{\mathrm{t}}\overset{\mathrm{def}}{=\!=\!=}\sum_i g_{i,\mathrm{t}}\exp\left(-\frac{\varepsilon_{i,\mathrm{t}}}{kT}\right) \tag{7.23}$$

$$q_{\mathrm{r}}\overset{\mathrm{def}}{=\!=\!=}\sum_i g_{i,\mathrm{r}}\exp\left(-\frac{\varepsilon_{i,\mathrm{r}}}{kT}\right) \tag{7.24}$$

$$q_{\mathrm{v}}\overset{\mathrm{def}}{=\!=\!=}\sum_i g_{i,\mathrm{v}}\exp\left(-\frac{\varepsilon_{i,\mathrm{v}}}{kT}\right) \tag{7.25}$$

$$q_{\mathrm{e}}\overset{\mathrm{def}}{=\!=\!=}\sum_i g_{i,\mathrm{e}}\exp\left(-\frac{\varepsilon_{i,\mathrm{e}}}{kT}\right) \tag{7.26}$$

$$q_{\mathrm{n}}\overset{\mathrm{def}}{=\!=\!=}\sum_i g_{i,\mathrm{n}}\exp\left(-\frac{\varepsilon_{i,\mathrm{n}}}{kT}\right) \tag{7.27}$$

q_{t}、q_{r}、q_{v}、q_{e}和 q_{n}分别称为粒子的平动配分函数（translational partition function）、转动配分函数（rotational partition function）、振动配分函数（vibrational partition function）、电子运动配分函数（partition function of electronic movement）和核运动配分函数（partition function of nuclear movement）。电子运动配分函数简称电子配分函数，核运动配分函数简称核配分函数。则：

$$q=q_{\mathrm{t}}q_{\mathrm{r}}q_{\mathrm{v}}q_{\mathrm{e}}q_{\mathrm{n}} \tag{7.28}$$

此式表明：微粒配分函数等于微粒各种运动形式配分函数的乘积，这一性质称为微粒配分函数的析因子性（factorial characteristics）。相对于各种独立运动形式的配分函数，q 称为微粒的全配分函数，简称为微粒的配分函数。根据微粒配分函数的析因子性，只要计算出各种运动形式的配分函数后，就可以算出微粒的全配分函数。

7.3.2 平动配分函数

根据量子力学，在某一边长为 a、b、c 的方盒中微粒沿 x 轴方向运动的平动能分量为：

$$E_{\mathrm{t}(x)}=\frac{h^2}{8m}\times\frac{n_x^2}{a^2} \tag{7.29}$$

式中，h 是普朗克常数（Planck constant），$h=6.63\times10^{-34}\,\mathrm{J\cdot s}$；$n_x$ 是沿 x 轴方向平动的量

子数，取值1，2，3，…；m 是微粒的质量。

平动能的能级差非常小，所以可以将平动能看作是连续变化的。这样，在用式(7.23)计算 q_t 时，可以把加和运算换成积分，即：

$$q_{t(x)}=\sum_i g_{t(x),i}\exp\left(-\frac{\varepsilon_{t(x),i}}{kT}\right)=\sum_{n=1}^{\infty}\exp\left(-\frac{h^2}{8m}\times\frac{n_x^2}{a^2kT}\right)\approx\int_0^{\infty}\exp\left(-\frac{h^2}{8m}\times\frac{n_x^2}{a^2kT}\right)\mathrm{d}n_x$$

式中，已对所有状态求和或积分，所以求和或积分号后面不再出现 $g_{t(x),i}$。利用积分公式 $\int_0^{\infty}\exp(-A^2x^2)\mathrm{d}x=\sqrt{\pi}/(2A)$，得：

$$q_{t(x)}=\frac{(2\pi mkT)^{1/2}}{h}a \tag{7.30}$$

式(7.30)是沿 x 轴方向上平动的一维平动子的平动配分函数。同理可得：

$$q_{t(y)}=\frac{(2\pi mkT)^{1/2}}{h}b \tag{7.31}$$

$$q_{t(z)}=\frac{(2\pi mkT)^{1/2}}{h}c \tag{7.32}$$

可以证明，一个三维平动子的平动配分函数是沿 x、y、z 轴三个方向上的一维平动子配分函数之积，即：

$$q_t=q_{t(x)}q_{t(y)}q_{t(z)} \tag{7.33}$$

于是：

$$q_t=\frac{(2\pi mkT)^{3/2}}{h^3}V \tag{7.34}$$

式中，V 为微粒运动空间的体积，$V=abc$。

【例7.3】 计算1mol N_2在298K、100kPa下 N_2分子的平动配分函数。

解：N_2分子的质量：

$$m=\frac{0.028\text{kg}\cdot\text{mol}^{-1}}{6.02\times10^{23}\ \text{mol}^{-1}}=4.65\times10^{-26}\text{kg}$$

运动空间的体积：

$$V=\frac{nRT}{p}=\frac{1\text{mol}\times8.314\text{J}\cdot\text{mol}^{-1}\cdot\text{K}^{-1}\times298\text{K}}{100\times10^3\text{Pa}}=0.0248\text{m}^3$$

将以上条件代入式(7.34)，即：

$$q_t=\frac{(2\pi mkT)^{3/2}}{h^3}V$$
$$=\frac{(2\times3.14\times4.65\times10^{-26}\text{kg}\times1.38\times10^{-23}\text{J}\cdot\text{K}^{-1}\times298\text{K})^{3/2}}{(6.63\times10^{-34}\text{J}\cdot\text{s})^2}\times0.0248\text{m}^3$$
$$=1.43\times10^{32}$$

7.3.3 转动配分函数

对双原子分子，如果看作刚性转子，根据量子力学原理，刚性转子绕质心转动的转动能为：

$$E_r=\frac{h^2}{8\pi^2I}J(J+1) \tag{7.35}$$

式中，I 为转动惯量；J 为转动量子数，取值为 0，1，2，3，…。转动能级的多重度 $g_{r,J}=2J+1$。将 E_r 及 $g_{r,J}$ 的计算公式代入式(7.24)，得：

$$q_r=\sum_J(2J+1)\exp\left[-\frac{J(J+1)h^2}{8\pi^2 IkT}\right]$$

以上是刚性非对称线性分子的转动配分函数。对称型分子具有旋转轴，分子绕轴旋转一定角度便可复原，因此状态数比非对称型分子的状态数少。如果分子围绕着通过质心并沿着垂直于分子键的轴旋转一周会出现 σ 次不可分辨的几何位置，σ 就称为分子的对称数（symmetry number）。例如同核双原子分子与异核双原子分子的区别在于：同核分子具有二重旋转轴，分子绕轴旋转 180°便可复原，因此对称数 $\sigma=2$；而异核双原子分子旋转 180°不能复原，是一个不同的状态，只有旋转一周后才能复原，因此异核双原子分子的对称数 $\sigma=1$。

考虑到分子的对称性，q_r 应为：

$$q_r=\frac{1}{\sigma}\sum_J(2J+1)\exp\left[-\frac{J(J+1)h^2}{8\pi^2 IkT}\right]$$

令

$$\Theta_r=\frac{h^2}{8\pi^2 Ik} \tag{7.36}$$

Θ_r 称为微粒的转动特征温度（characteristic rotational temperature），具有温度的量纲，其值与微粒的转动惯量 I 有关。表 7.1 为一些线型分子的转动特征温度。

表 7.1 一些线型分子的转动特征温度

异核分子	Θ_r/K	同核分子	Θ_r/K	异核分子	Θ_r/K	同核分子	Θ_r/K
HD	60.4	H_2	85.4	HI	9.0	Br_2	0.116
HF	30.3	D_2	42.7	CO	2.77	I_2	0.054
HCl	15.2	N_2	2.89	NO	2.42	O_2	2.07
HBr	12.1	Cl_2	0.36				

微粒的转动特征温度可由光谱数据得出。在通常条件下，$T\gg\Theta_r$，因此在计算 q_r 时，求和运算也可用积分来代替，即：

$$\begin{aligned}q_r&=\frac{1}{\sigma}\sum_{J=0}^{\infty}(2J+1)\exp\left[-\frac{J(J+1)h^2}{8\pi^2 IkT}\right]\\&\approx\frac{1}{\sigma}\int_0^{\infty}(2J+1)\exp\left[-\frac{J(J+1)\Theta_r}{T}\right]dJ\end{aligned}$$

设 $J(J+1)=x$，则 $(2J+1)dJ=dx$，则：

$$q_r\approx\frac{1}{\sigma}\int_0^{\infty}\exp\left(-\frac{\Theta_r x}{T}\right)dx$$

$$q_r=\frac{T}{\sigma\Theta_r} \tag{7.37}$$

或

$$q_r=\frac{8\pi^2 IkT}{\sigma h^2} \tag{7.38}$$

需要注意的是，式(7.38) 适用于双原子分子和线型多原子分子。对于非线型多原子分子，可以证明（证明略）其转动配分函数为：

$$q_r=\frac{8\pi^2(2\pi kT)^{3/2}}{\sigma h^3}(I_x\cdot I_y\cdot I_z)^{1/2} \tag{7.39}$$

式中，I_x，I_y，I_z 分别为 x，y，z 三个轴上的转动惯量。

【例 7.4】 已知 N_2 分子中两原子的平衡核间距为 1.10×10^{-10} m，计算 25℃时在 $J=3$ 能级上的分子数与在 $J=0$ 能级上的分子数之比、N_2 的转动特征温度 Θ_r 及 N_2 分子的转动配分函数 q_r。

解：N 原子的摩尔质量 $M=14.0\times10^{-3}\,\text{kg}\cdot\text{mol}^{-1}$，$N_2$ 分子的折合质量 $\mu=M/(2L)$，N_2 分子的转动惯量为：

$$I=\mu R_e^2=\frac{14.0\times10^{-3}\,\text{kg}\cdot\text{mol}^{-1}}{2\times6.02\times10^{23}\,\text{mol}^{-1}}\times(1.10\times10^{-10}\,\text{m})^2=1.41\times10^{-46}\,\text{kg}\cdot\text{m}^2$$

根据式(7.35)，$J=3$ 能级与 $J=0$ 能级的能量差为：

$$\Delta\varepsilon=\varepsilon_{r,3}-\varepsilon_{r,0}=\frac{[3\times(3+1)-0]h^2}{8\pi^2 I}=\frac{12h^2}{8\pi^2 I}$$

根据式(7.16)，$J=3$ 能级上的分子数与 $J=0$ 能级上的分子数之比为：

$$\frac{n_3}{n_0}=\frac{g_3}{g_0}\exp\left(-\frac{\varepsilon_{r,3}-\varepsilon_{r,0}}{kT}\right)=\frac{g_3}{g_0}\exp\left(-\frac{12h^2}{8\pi^2 IkT}\right)$$

$$=\frac{2\times3+1}{2\times0+1}\exp\left[-\frac{12\times(6.63\times10^{-34}\,\text{J}\cdot\text{s})^2}{8\times3.14^2\times1.41\times10^{-46}\,\text{kg}\cdot\text{m}^2\times1.38\times10^{-23}\,\text{J}\cdot\text{K}^{-1}\times298\text{K}}\right]$$

$$=6.23$$

N_2 分子的转动特征温度按式(7.36) 计算，为：

$$\Theta_r=\frac{h^2}{8\pi^2 Ik}=\frac{(6.63\times10^{-34}\,\text{J}\cdot\text{s})^2}{8\times3.14^2\times1.41\times10^{-46}\,\text{kg}\cdot\text{m}^2\times1.38\times10^{-23}\,\text{J}\cdot\text{K}^{-1}}=2.86\text{K}$$

N_2 分子是对称的线型分子，$\sigma=2$，故：

$$q_r=\frac{T}{\sigma\Theta_r}=\frac{298\text{K}}{2\times2.86\text{K}}=52.1$$

7.3.4 振动配分函数

如果把双原子分子沿键轴方向的振动看作谐振子的振动，按照量子力学原理，一维谐振子能级为$\varepsilon_v=(\upsilon+1/2)h\nu$，其中 υ 为振动量子数，$\upsilon=0$，1，2，…；ν 为固有频率。一维谐振子各能级的多重度均为 1，因此振动配分函数为：

$$q_v=\sum_{\upsilon=0}^{\infty}\exp\left(-\frac{\varepsilon_v}{kT}\right)=\sum_{\upsilon=0}^{\infty}\exp\left[-\frac{(\upsilon+1/2)h\nu}{kT}\right]$$

$$=\exp\left(-\frac{h\nu}{2kT}\right)\sum_{\upsilon=0}^{\infty}\exp\left(-\frac{\upsilon h\nu}{kT}\right)$$

令

$$\Theta_v=\frac{h\nu}{k}\qquad(7.40)$$

Θ_v 称为微粒的振动特征温度（characteristic vibrational temperature），它是一个与微粒的振动频率有关的特性常数，具有温度的量纲，可由光谱数据获得。表 7.2 中列出了部分物质的 Θ_v。

引入 Θ_v 后，微粒的振动配分函数为：

$$q_v=\exp\left(-\frac{\Theta_v}{2T}\right)\sum_{\upsilon=0}^{\infty}\exp\left(-\frac{\upsilon\Theta_v}{T}\right)$$

通常温度下，$\Theta_v\gg T$。这样在 q_v 的求和式中，各项的数值相差显著，表明振动能量的量

表 7.2 某些双原子分子的振动特征温度

分子	Θ_v/K	分子	Θ_v/K
H_2	6320	HCl	4330
N_2	3390	HBr	3820
O_2	2278	Cl_2	810
CO	3120	Br_2	470
NO	2745	I_2	309

子化效应很明显，所以上式的求和运算不能用积分来代替。

设 $x=\exp(-\Theta_v/T)$，则上式可展开成：

$$q_v=\exp\left(-\frac{\Theta_v}{2T}\right)\left[1+\exp\left(-\frac{\Theta_v}{T}\right)+\exp\left(-\frac{2\Theta_v}{T}\right)+\cdots\right]$$

$$=\exp\left(-\frac{\Theta_v}{2T}\right)(1+x+x^2+\cdots)$$

因为 $0<x<1$，故级数 $1+x+x^2+\cdots=1/(1-x)$，所以：

$$q_v=\frac{\exp\left(-\frac{\Theta_v}{2T}\right)}{1-x}=\frac{\exp\left(-\frac{\Theta_v}{2T}\right)}{1-\exp\left(-\frac{\Theta_v}{T}\right)}$$

$$q_v=\frac{1}{\exp\left(\frac{\Theta_v}{2T}\right)-\exp\left(-\frac{\Theta_v}{2T}\right)} \tag{7.41}$$

或

$$q_v=\frac{1}{\exp\left(\frac{h\nu}{2kT}\right)-\exp\left(-\frac{h\nu}{2kT}\right)} \tag{7.42}$$

7.3.5 电子运动和核运动的配分函数

由于电子运动能级及核运动能级的间隔很大，通常微粒的电子运动和核运动都处于基态，因此按式(7.26) 和式(7.27) 所表示的 q_e 和 q_n 的计算式中，等式右端的加和项自第二项起均可忽略，故：

$$q_e=g_{e,0}\exp\left(-\frac{\varepsilon_{e,0}}{kT}\right) \tag{7.43}$$

$$q_n=g_{n,0}\exp\left(-\frac{\varepsilon_{n,0}}{kT}\right) \tag{7.44}$$

式中，$g_{e,0}$ 和 $\varepsilon_{e,0}$ 分别为电子运动基态能级的多重度和基态能级的能量；$g_{n,0}$ 和 $\varepsilon_{n,0}$ 分别为核运动基态能级的多重度和基态能级的能量。对于一般饱和分子（除 NO 和 O_2 等少数分子外），电子运动基态能级的多重度为 1。由于一般物理变化和化学变化不涉及原子核的变化，因此在多数场合，核运动配分函数可以不必考虑。

7.4 热力学函数与微粒配分函数的关系

系统的各种热力学性质都可以通过配分函数来计算，这也是统计热力学的重要任务之一。

7.4.1 热力学能与微粒配分函数的关系

对于 N、U 和 V 一定的独立子系统，任何微观状态都必须满足能量守恒条件，即：

$$U=\sum_i n_i\varepsilon_i$$

将玻耳兹曼分布公式即式(7.14) 代入上式，则得：

$$U=\frac{N}{q}\sum_i \varepsilon_i g_i\exp\left(-\frac{\varepsilon_i}{kT}\right) \tag{7.45}$$

因为 ε_i 的大小与体积 V 有关，所以当系统的体积 V 不变时，能量 ε_i 和多重度 g_i 可视为常数，由此可得：

$$\frac{\partial}{\partial T}\left[g_i\exp\left(-\frac{\varepsilon_i}{kT}\right)\right]_V=g_i\left(-\frac{\varepsilon_i}{k}\right)\times\left(-\frac{1}{T^2}\right)\exp\left(-\frac{\varepsilon_i}{kT}\right)=\frac{g_i\varepsilon_i}{kT^2}\exp\left(-\frac{\varepsilon_i}{kT}\right)$$

故

$$g_i\varepsilon_i\exp\left(-\frac{\varepsilon_i}{kT}\right)=kT^2\frac{\partial}{\partial T}\left[g_i\exp\left(-\frac{\varepsilon_i}{kT}\right)\right]_V$$

$$\sum_i g_i\varepsilon_i\exp\left(-\frac{\varepsilon_i}{kT}\right)=\sum_i kT^2\frac{\partial}{\partial T}\left[g_i\exp\left(-\frac{\varepsilon_i}{kT}\right)\right]_V$$

$$=kT^2\frac{\partial}{\partial T}\sum_i\left[g_i\exp\left(-\frac{\varepsilon_i}{kT}\right)\right]_V$$

$$\sum_i\varepsilon_i g_i\exp\left(-\frac{\varepsilon_i}{kT}\right)=kT^2\left(\frac{\partial q}{\partial T}\right)_V \tag{7.46}$$

将式(7.46) 代入式(7.45)，则得：

$$U=\frac{N}{q}kT^2\left(\frac{\partial q}{\partial T}\right)_V$$

或

$$U=NkT^2\left(\frac{\partial \ln q}{\partial T}\right)_V \tag{7.47}$$

式(7.47) 中的 U 是系统的热力学能，而 q 是微粒配分函数，该式将独立子系统的热力学能与微粒配分函数联系起来了，前者是系统的宏观性质，后者则为组成系统的微观粒子的性质。

7.4.2 热容与微粒配分函数的关系

物质的摩尔等容热容 $C_{V,\mathrm{m}}$ 可在微粒数 $N=L$ 的情况下由 $(\partial U/\partial T)_V$ 导出：

$$C_{V,\mathrm{m}}=\left(\frac{\partial U}{\partial T}\right)_V=\frac{\partial}{\partial T}\left[LkT^2\left(\frac{\partial \ln q}{\partial T}\right)_V\right]_V$$

$$C_{V,\mathrm{m}}=\frac{\partial}{\partial T}\left[RT^2\left(\frac{\partial \ln q}{\partial T}\right)_V\right]_V \tag{7.48}$$

即：

$$C_{V,\mathrm{m}}=R\left[T^2\left(\frac{\partial^2 \ln q}{\partial T^2}\right)_V+2T\left(\frac{\partial \ln q}{\partial T}\right)_V\right] \tag{7.49}$$

理想气体是独立子系统。如果温度不太高，电子运动和核运动不会被激发，q_{e} 和 q_{n} 不予考虑，则配分函数 $q=q_{\mathrm{t}}q_{\mathrm{r}}q_{\mathrm{v}}$，代入式(7.48)，可得气体的摩尔等容热容如下：

$$C_{V,\mathrm{m}}=\frac{R}{T^2}\left[\frac{\partial^2\ln q_{\mathrm{t}}}{\partial\left(\frac{1}{T}\right)^2}+\frac{\partial^2\ln q_{\mathrm{r}}}{\partial\left(\frac{1}{T}\right)^2}+\frac{\partial^2\ln q_{\mathrm{v}}}{\partial\left(\frac{1}{T}\right)^2}\right]_V=C_{V,\mathrm{m,t}}+C_{V,\mathrm{m,r}}+C_{V,\mathrm{m,v}}$$

即摩尔热容为平动、转动和振动三种运动形式贡献之和。单原子分子只有平动运动，其等容热容为：

$$C_{V,\mathrm{m}}=C_{V,\mathrm{m,t}}=\frac{R}{T^2}\left[\frac{\partial^2\ln\dfrac{(2\pi mkT)^{3/2}V}{h^3}}{\partial\left(\dfrac{1}{T}\right)^2}\right]_V=\frac{3R}{2}$$

对于双原子分子，根据式(7.34)、式(7.37) 和式(7.41)，可得三种运动形式对等容热容的贡献分别为：

$$C_{V,\mathrm{m,t}}=\frac{R}{T^2}\left[\frac{\partial^2\ln\dfrac{(2\pi mkT)^{3/2}V}{h^3}}{\partial\left(\dfrac{1}{T}\right)^2}\right]_V=\frac{3R}{2}$$

$$C_{V,\mathrm{m,r}}=\frac{R}{T^2}\left[\frac{\partial^2\ln\dfrac{T}{\sigma\Theta_\mathrm{r}}}{\partial\left(\dfrac{1}{T}\right)^2}\right]_V=R$$

$$C_{V,\mathrm{m,v}}=\frac{R}{T^2}\left[\frac{\partial^2\ln q_\mathrm{v}}{\partial\left(\dfrac{1}{T}\right)^2}\right]_V=R\left(\frac{\Theta_\mathrm{v}}{T}\right)^2\frac{\exp\left(\dfrac{\Theta_\mathrm{v}}{T}\right)}{\left[\exp\left(\dfrac{\Theta_\mathrm{v}}{T}\right)-1\right]^2}$$

由于振动能级间隔较大，只有在很高的温度下才会有较多的分子被激发，所以振动对热容的贡献需要相当高的温度才体现出来。在一般的温度下，双原子分子的等容热容为：

$$C_{V,\mathrm{m}}=C_{V,\mathrm{m,t}}+C_{V,\mathrm{m,r}}=\frac{3}{2}R+R=\frac{5}{2}R$$

只有当温度很高时 $T\gg\Theta_\mathrm{v}$，$\Theta_\mathrm{v}/T\ll1$，此种情况下：

$$\exp\left(\frac{\Theta_\mathrm{v}}{T}\right)\approx1+\frac{\Theta_\mathrm{v}}{T}$$

$$C_{V,\mathrm{m,v}}\approx R\left(1+\frac{\Theta_\mathrm{v}}{T}\right)\approx R$$

$$C_{V,\mathrm{m}}=C_{V,\mathrm{m,t}}+C_{V,\mathrm{m,r}}+C_{V,\mathrm{m,v}}=\frac{7}{2}R$$

7.4.3 熵与微粒配分函数的关系

对于定域子系统和离域子系统，分布的微态数计算公式不同，所以这两类系统的熵的统计力学表达式也不相同。

对于定域子系统 $\Omega_{\max}=N!\prod_i\dfrac{g_i^{n_i}}{n_i!}$，其中 $n_i=\left(\dfrac{N}{q}\right)g_i\exp\left(-\dfrac{\varepsilon_i}{kT}\right)$，根据玻耳兹曼熵定理 $S=k\ln\Omega_{\max}$，因此有：

$$S=k\ln\left(N!\prod_i\frac{g_i^{n_i}}{n_i!}\right)=k(\ln N!+\sum_i n_i\ln g_i-\sum_i\ln n_i!)$$

由于微粒数 N 非常大，因此可以用斯特林近似公式 $\ln N!=N\ln N-N$ 将上式展开：

$$S=k(N\ln N-N+\sum_i n_i\ln g_i-\sum_i n_i\ln n_i+\sum_i n_i)$$

$$=k\left(N\ln N-N+\sum_i n_i\ln\frac{g_i}{n_i}+N\right)$$

$$=k\left(N\ln N+\sum_i n_i\ln\frac{g_i}{n_i}\right)$$

由式(7.14)得$\frac{g_i}{n_i}=\frac{q}{N}\exp\left(\frac{\varepsilon_i}{kT}\right)$，将此式代入上式，则得：

$$S=k\left[N\ln N+\sum_i n_i\left(\ln q-\ln N+\frac{\varepsilon_i}{kT}\right)\right]$$

$$=k\left[N\ln N+(\ln q-\ln N)\sum_i n_i+\sum_i\left(\frac{n_i\varepsilon_i}{kT}\right)\right]$$

$$=k\left(N\ln N+N\ln q-N\ln N+\frac{U}{kT}\right)$$

$$=k\left(N\ln q+\frac{U}{kT}\right)$$

故

$$S=k\ln q^N+\frac{U}{T} \tag{7.50}$$

将式(7.47) 代入式(7.50)，即得：

$$S=k\ln q^N+NkT\left(\frac{\partial\ln q}{\partial T}\right)_V \tag{7.51}$$

对于离域子系统，$\Omega_{\max}=\prod_i g_i^{n_i}/n_i!$，经过类似的推导，可以得到：

$$S=k\ln\frac{q^N}{N!}+\frac{U}{T} \tag{7.52}$$

$$S=k\ln\frac{q^N}{N!}+NkT\left(\frac{\partial\ln q}{\partial T}\right)_V \tag{7.53}$$

7.4.4 亥姆霍兹函数与微粒配分函数的关系

利用熵与微粒配分函数的关系，可以得到亥姆霍兹函数与微粒配分函数的关系。

对于定域子系统，将式(7.47) 和式(7.51) 代入 $A=U-TS$，即得：

$$A=NkT^2\left(\frac{\partial\ln q}{\partial T}\right)_V-kT\ln q^N-NkT^2\left(\frac{\partial\ln q}{\partial T}\right)_V=-kT\ln q^N$$

$$A=-NkT\ln q \tag{7.54}$$

对于离域子系统，用式(7.47) 和式(7.53) 代入 $A=U-TS$，经整理后可得：

$$A=-kT\ln\frac{q^N}{N!} \tag{7.55}$$

7.4.5 其他热力学函数与微粒配分函数的关系

其他热力学函数都可用 A 或 A 对 T、V 的偏导数来表示，再将 A 用微粒配分函数关系式代入，从而可以得到它们与微粒配分函数的关系。

(1) 压力与微粒配分函数的关系

根据式(2.158) $p=-(\partial A/\partial V)_T$，对于定域子系统：

$$p=-\frac{\partial}{\partial V}(-NkT\ln q)_T$$

$$p = NkT\left(\frac{\partial \ln q}{\partial V}\right)_T \tag{7.56}$$

对于离域子系统：

$$p = -\frac{\partial}{\partial V}\left(-kT\ln\frac{q^N}{N!}\right)_T = kT\left(\frac{\partial \ln q^N}{\partial V}\right)_T - \left(\frac{\partial \ln N!}{\partial V}\right)_T$$

$$p = NkT\left(\frac{\partial \ln q}{\partial V}\right)_T$$

这与定域子系统得到的结果相同。

(2) 焓与微粒配分函数的关系

由 $H = U + pV$，将式(7.47) 和式(7.56) 代入，则得：

$$H = NkT^2\left(\frac{\partial \ln q}{\partial T}\right)_V + NkTV\left(\frac{\partial \ln q}{\partial V}\right)_T \tag{7.57}$$

这个公式无论对于定域子系统还是离域子系统，都是适用的。

(3) 吉布斯函数与微粒配分函数的关系

根据 $G = A + pV$，对于定域子系统用式(7.54) 和式(7.56) 代入，即得：

$$G = -NkT\left[\ln q - V\left(\frac{\partial \ln q}{\partial V}\right)_T\right] \tag{7.58}$$

对于离域子系统，用式(7.55) 和式(7.56) 代入，可得

$$G = -NkT\left[\ln\frac{q}{N} + 1 - V\left(\frac{\partial \ln q}{\partial V}\right)_T\right] \tag{7.59}$$

热力学函数与微粒配分函数的关系式也称为热力学函数的统计表达式（statistic expression of thermodynamic function）。各种热力学函数的统计表达式汇总在表 7.3 中。可以看出，熵 S 和在复合函数中包含 S 的热力学函数对于定域子系统和离域子系统，它们的表达式不相同，如亥姆霍兹函数 A 和吉布斯函数 G。

表 7.3 热力学函数统计表达式

热力学函数	离域子系统	定域子系统
U	$NkT^2\left(\frac{\partial \ln q}{\partial T}\right)_V$	$NkT^2\left(\frac{\partial \ln q}{\partial T}\right)_V$
$C_{V,m}$	$R\left[T^2\left(\frac{\partial^2 \ln q}{\partial T^2}\right)_V + 2T\left(\frac{\partial \ln q}{\partial T}\right)_V\right]$	$R\left[T^2\left(\frac{\partial^2 \ln q}{\partial T^2}\right)_V + 2T\left(\frac{\partial \ln q}{\partial T}\right)_V\right]$
H	$NkT^2\left(\frac{\partial \ln q}{\partial T}\right)_V + NkTV\left(\frac{\partial \ln q}{\partial V}\right)_T$	$NkT^2\left(\frac{\partial \ln q}{\partial T}\right)_V + NkTV\left(\frac{\partial \ln q}{\partial V}\right)_T$
S	$k\ln\frac{q^N}{N!} + NkT\left(\frac{\partial \ln q}{\partial T}\right)_V$	$k\ln q^N + NkT\left(\frac{\partial \ln q}{\partial T}\right)_V$
A	$-kT\ln\frac{q^N}{N!}$	$-kT\ln q^N$
G	$-NkT\left[\ln\frac{q}{N} + 1 - V\left(\frac{\partial \ln q}{\partial V}\right)_T\right]$	$-NkT\left[\ln q - V\left(\frac{\partial \ln q}{\partial V}\right)_T\right]$

7.4.6 能量零点的选择对微粒配分函数的影响

微粒配分函数的数值与各能级的能量有关，而任一能级 i 的能量的绝对值是无法确定的，

但可以设定一个能量零点作为基准来确定相对值，因此各能级的能量 ε 值与能量零点的选择有关，这样，q 的数值也必然与能量零点的选择有关。通常对能量的零点有两种规定。

第一种规定是把微粒基态能级的能量值定为 ε_0。于是：

$$q=g_0\exp\left(-\frac{\varepsilon_0}{kT}\right)+g_1\exp\left(-\frac{\varepsilon_1}{kT}\right)+g_2\exp\left(-\frac{\varepsilon_2}{kT}\right)+\cdots$$

第二种规定是把微粒基态能级的能量值定为零，其他能级的能量为相对于基态能级能量的相对值。选取这种能量零点时通常用符号 ε_i^0 表示能级 i 的能量，即：

$$\varepsilon_i^0=\varepsilon_i-\varepsilon_0 \tag{7.60}$$

按第二种规定时，微粒配分函数也改用 q^0 表示，因此：

$$q^0=g_0+g_1\exp\left(-\frac{\varepsilon_1^0}{kT}\right)+g_2\exp\left(-\frac{\varepsilon_2^0}{kT}\right)+\cdots \tag{7.61}$$

显然，q 与 q^0 之间的关系为：

$$q=q^0\exp\left(-\frac{\varepsilon_0}{kT}\right) \tag{7.62}$$

这表明选择不同的能量零点会影响配分函数的值，但是可以证明，能量零点的选择对计算玻耳兹曼分布中任一能级上微粒的分布数 n_i 没有影响。

对于振动来说，因零点能不为零，不同的能量零点选择方式所得振动配分函数的值不同。对于平动和转动，因平动零点能近似为零，转动零点能为零，所以在一般温度下，两种选择方式下配分函数的值相同。电子运动和核运动的基态能量相对都很大，所以能量零点选择方式不同，电子运动和核运动的配分函数是不同的。

在热力学函数的计算中，通常是计算它们的改变量，一般遇到的问题是计算能量差而不是能量本身，所以无论采用哪种能量零点的规定，所得的结果是一样的。不过要由微粒配分函数计算 U、H、A 或 G 的数值时，选用不同的能量零点，所得结果就不一样了。能量零点的选择对热力学函数值的影响如下。

(1) 对于热力学能的影响

根据式(7.47)，对于两种能量零点的规定可以写出：

$$U=NkT^2\left(\frac{\partial \ln q}{\partial T}\right)_V$$

$$U^0=NkT^2\left(\frac{\partial \ln q^0}{\partial T}\right)_V$$

因为 $q=q^0\exp[-\varepsilon_0/(kT)]$，所以：

$$\begin{aligned}U^0&=NkT^2\left(\frac{\partial \ln q^0}{\partial T}\right)_V\\&=NkT^2\left(\frac{\partial \ln q}{\partial T}\right)_V+NkT^2\left[\frac{\partial}{\partial T}\left(\frac{\varepsilon_0}{kT}\right)\right]\\&=NkT^2\left(\frac{\partial \ln q}{\partial T}\right)_V+NkT^2\left(-\frac{\varepsilon_0}{kT^2}\right)\\&=NkT^2\left(\frac{\partial \ln q}{\partial T}\right)_V-N\varepsilon_0\end{aligned}$$

$$U^0=U-N\varepsilon_0 \tag{7.63}$$

$N\varepsilon_0$ 是所有微粒均处于基态时系统的总能量，可以认为是系统在 0K 时的热力学能 U(0K)，所以式(7.63) 可以写成：

$$U^0 = U - U(0\text{K}) \tag{7.64}$$

由此可见，能量零点的选择不同，热力学能的值是不同的。

(2) 对热容的影响

将式(7.64)代入 $C_{V,\text{m}} = \left(\frac{\partial U}{\partial T}\right)_V$，得：

$$C_{V,\text{m}}^0 = \left(\frac{\partial U^0}{\partial T}\right)_V = \frac{\partial}{\partial T}[U - U(0\text{K})]_V = \left(\frac{\partial U}{\partial T}\right)_V = C_{V,\text{m}}$$

可见，能量零点的选择对热容是没有影响的。

(3) 对其他热力学函数的影响

同样可以分别证明：

$$S^0 = S \tag{7.65}$$

$$A^0 = A - U(0\text{K}) \tag{7.66}$$

$$H^0 = H - U(0\text{K}) \tag{7.67}$$

$$G^0 = G - U(0\text{K}) \tag{7.68}$$

由此可见，热容和熵的值与能量零点的选择无关；而热力学能、焓、亥姆霍兹函数和吉布斯函数的值则与能量零点的选择有关。即当复合的热力学函数中包括热力学能项 U 时，此复合函数的数值必定与能量零点的选择有关。这些与能量零点选择有关的热力学函数按两种能量零点规定算出的值均相差 $U(0\text{K})$。

7.4.7 统计熵

热力学中熵是一个重要的函数，物质的规定熵就是以热力学第三定律为基础，通过由量热实验测得的热容和相变焓数据计算出来的，所以也叫量热熵（calorimetric entropy）。它是物质在升温或降温过程中得失的那部分熵，与分子热运动能相对应。统计热力学中可以根据物质的微观特性来求得熵。

对于离域子系统，由式(7.52)：

$$S = k\ln\frac{q^N}{N!} + \frac{U}{T}$$

因为

$$U = U_\text{t} + U_\text{r} + U_\text{v} + U_\text{e} + U_\text{n} \tag{7.69}$$

$$q = q_\text{t} q_\text{r} q_\text{v} q_\text{e} q_\text{n}$$

所以

$$S = k\ln\frac{(q_\text{t} q_\text{r} q_\text{v} q_\text{e} q_\text{n})^N}{N!} + \frac{U_\text{t} + U_\text{r} + U_\text{v} + U_\text{e} + U_\text{n}}{T}$$

$$S = \left(k\ln\frac{q_\text{t}^N}{N!} + \frac{U_\text{t}}{T}\right) + \left(Nk\ln q_\text{r} + \frac{U_\text{r}}{T}\right) + \left(Nk\ln q_\text{v} + \frac{U_\text{v}}{T}\right) + \left(Nk\ln q_\text{e} + \frac{U_\text{e}}{T}\right) + \left(Nk\ln q_\text{n} + \frac{U_\text{n}}{T}\right) \tag{7.70}$$

$$S = S_\text{t} + S_\text{r} + S_\text{v} + S_\text{e} + S_\text{n} \tag{7.71}$$

式(7.71)中的 S_t、S_r、S_v、S_e 和 S_n 分别称为平动熵（translational entropy）、转动熵（rotational entropy）、振动熵（vibrational entropy）、电子运动熵（entropy of electronic movement）和核运动熵（entropy of nuclear movement），分别代表各种运动形式对系统的熵的贡献。各种运动形式的熵可以表示为：

$$S_\text{t} = k\ln\frac{q_\text{t}^N}{N!} + \frac{U_\text{t}}{T} \tag{7.72}$$

$$S_r = Nk\ln q_r + \frac{U_r}{T} \tag{7.73}$$

$$S_v = Nk\ln q_v + \frac{U_v}{T} \tag{7.74}$$

$$S_e = Nk\ln q_e + \frac{U_e}{T} \tag{7.75}$$

$$S_n = Nk\ln q_n + \frac{U_n}{T} \tag{7.76}$$

应当注意的是，熵的统计热力学表达式中的 $k\ln(1/N!)$ 项已经放在 S_t 的表达式中，其他各运动形式的熵中不再包括这一项。

通常电子运动和核运动都处于基态，在一般物理化学变化过程中，S_e 和 S_n 不发生改变，所以 ΔS 只是由于 S_t、S_r 和 S_v 发生变化而引起的，于是便把用统计热力学方法算出的 S_t、S_r 和 S_v 之和称为统计熵（statistical entropy）。只有在所研究的状态下电子运动受激发或它对系统熵的贡献与基态时不同的情况下，才把 S_e 也包括进去。

气体（尤其是理想气体）可视为独立的离域子系统，其统计熵可以按照平动、转动和振动三种运动形式的贡献来计算。根据式(7.72)，平动熵为：

$$S_t = Nk\ln\frac{q_t}{N!} + \frac{U_t}{T} = Nk\ln q_t - Nk\ln N + Nk + \frac{U_t}{T}$$

将式(7.34) 和式(7.47) 代入上式，可得平动熵的计算公式：

$$S_t = \frac{5Nk}{2} + Nk\ln\frac{(2\pi mkT)^{3/2}V}{h^3N} \tag{7.77}$$

此式称为沙克尔-特鲁德方程（Sackur-Tetrode equation）。

对于线型分子，可将式(7.47) 和式(7.37) 代入式(7.73)，即得转动熵的计算公式：

$$S_r = Nk\left(1+\ln\frac{T}{\sigma\Theta_r}\right) \tag{7.78}$$

将式(7.47) 和式(7.41) 代入式(7.74)，可得振动熵的计算公式：

$$S_v = \frac{\Theta_v}{T}\times\frac{Nk}{\exp\frac{\Theta_v}{T}-1} - Nk\ln\left[1-\exp\left(-\frac{\Theta_v}{T}\right)\right] \tag{7.79}$$

【例 7.5】 计算 O_2 在 298.2K 时的标准摩尔熵 $S_m^\ominus$，已知摩尔电子运动熵为 $9.1\text{J}\cdot\text{K}^{-1}\cdot\text{mol}^{-1}$。

解： O_2 分子的质量 $m=[2\times16.00\times10^{-3}/(6.02\times10^{23})]\text{kg}=5.314\times10^{-26}\text{kg}$，1mol O_2 气体在 $p=p^\ominus=100\text{kPa}$、298.2K 时的体积为：

$$V=\frac{nRT}{p}=\frac{1\text{mol}\times8.314\text{J}\cdot\text{mol}^{-1}\cdot\text{K}^{-1}\times298.2\text{K}}{100\times10^3\text{Pa}}=0.0248\text{m}^3$$

代入式(7.77) 中，得平动熵：

$$S_{m,t}^\ominus=\frac{5R}{2}+R\ln\frac{(2\pi mkT)^{3/2}V}{h^3L}$$

$$=8.314\times\left[\frac{5}{2}+\ln\frac{(2\times3.14\times5.314\times10^{-26}\times1.38\times10^{-23}\times298.2)^{3/2}\times0.0248}{(6.63\times10^{-34})^3\times6.02\times10^{23}}\right]$$

$$\text{J}\cdot\text{K}^{-1}\cdot\text{mol}^{-1}=152.1\text{J}\cdot\text{K}^{-1}\cdot\text{mol}^{-1}$$

O_2 分子的 $\Theta_r=2.07\text{K}$，$\sigma=2$，代入式(7.78)，得转动熵：

$$S_{m,r}^\ominus=R\left(1+\ln\frac{T}{\sigma\Theta_r}\right)=8.314\times\left(1+\ln\frac{298.2}{2\times2.07}\right)\text{J}\cdot\text{K}^{-1}\cdot\text{mol}^{-1}=43.9\text{J}\cdot\text{K}^{-1}\cdot\text{mol}^{-1}$$

O_2 分子的 $\Theta_v=2278K$，代入式(7.79)，得振动熵：

$$S_{m,r}^{\ominus}=R\left\{\left(\frac{\Theta_v}{T}\right)\frac{1}{\exp(\Theta_v/T)-1}-\ln\left[1-\exp\left(-\frac{\Theta_v}{T}\right)\right]\right\}$$

$$=8.314\times\left\{\left(\frac{2278}{298.2}\right)\times\frac{1}{\exp(2278/298.2)-1}-\ln\left[1-\exp\left(-\frac{2278}{298.2}\right)\right]\right\}J\cdot K^{-1}\cdot mol^{-1}$$

$$=0.0346J\cdot K^{-1}\cdot mol^{-1}$$

由于 O_2 分子中有未成对电子，因此其电子运动对熵的贡献不能忽略，因此：

$$S_m^{\ominus}(298.2K)=S_{m,t}^{\ominus}+S_{m,r}^{\ominus}+S_{m,v}^{\ominus}+S_{m,e}^{\ominus}$$

$$=(152.1+43.9+0.0346+9.1)J\cdot K^{-1}\cdot mol^{-1}=205.1J\cdot K^{-1}\cdot mol^{-1}$$

计算统计熵时用到物质的光谱数据，因此统计熵又称为光谱熵（spectral entropy）。尽管对于大多数物质，统计熵与规定熵的数值十分接近，但统计熵与规定熵的定义、计算依据、使用的数据及计算方法是有区别的。

表 7.4 中列出了几种物质的统计熵和规定熵。对比两种数据可知，多数分子的统计熵与规定熵的差别在实验误差之内，规定熵与统计熵的差值称为残余熵（remainder entropy）。

表 7.4 某些物质的统计熵 $S^{\ominus}$(统,298K)与规定熵 $S^{\ominus}$(规,298K)

物质	$S_m^{\ominus}$(统,298K)/($J\cdot K^{-1}\cdot mol^{-1}$)	$S_m^{\ominus}$(规,298K)/($J\cdot K^{-1}\cdot mol^{-1}$)
H_2	130.6	124.0
CO	198.0	193.3
Ne	146.2	146.5
O_2	205.1	205.0
HCl	186.8	186.2
HI	206.7	206.5
Cl_2	223.0	220.9

7.5 用配分函数计算反应标准平衡常数

从统计热力学的观点来看，化学平衡是系统中不同粒子的运动状态之间达成的平衡，宏观状态的改变必定伴随着能量的变化。因此，化学平衡的计算在统计力学中归结为计算粒子的各种运动状态和能量的问题，而配分函数正是反映了粒子的各种运动状态和能量的分布。粒子之间的相互作用是十分复杂的，为简化起见，本书只讨论理想气体化学反应的情况。

7.5.1 理想气体的标准摩尔吉布斯函数

理想气体是独立离域子系统，根据式(7.59)，理想气体的标准摩尔吉布斯函数为：

$$G_m^{\ominus}(T)=-LkT\left[\ln\frac{q}{L}+1-V_m\left(\frac{\partial\ln q}{\partial V_m}\right)_T\right]$$

$G_m^{\ominus}$（T）也称标准摩尔吉布斯自由能（standard molar Gibbs free energy）。

因为配分函数可以写成平动配分函数及与内部结构能有关的配分函数 q_I 之乘积，即 $q=q_tq_I$，所以：

$$\ln q=\ln q_{\mathrm{t}}+\ln q_{\mathrm{I}}$$
$$=\ln\left(\frac{2\pi mkT}{h^2}\right)^{3/2}+\ln V_{\mathrm{m}}+\ln q_{\mathrm{I}}$$

此式中右端第一项和第三项均与体积 V 无关，故：

$$\left(\frac{\partial\ln q}{\partial V_{\mathrm{m}}}\right)_T=\frac{\partial\ln V_{\mathrm{m}}}{\partial V_{\mathrm{m}}}=\frac{1}{V_{\mathrm{m}}}$$

则：

$$G_{\mathrm{m}}^{\ominus}(T)=-LkT\left[\ln\frac{q}{L}+1-V_{\mathrm{m}}\left(\frac{1}{V_{\mathrm{m}}}\right)\right]$$

$$G_{\mathrm{m}}^{\ominus}(T)=-RT\ln\frac{q}{L} \tag{7.80}$$

为将 $G_{\mathrm{m}}^{\ominus}(T)$ 表示成 q^0 的表达式，可将式(7.80) 中的 q 以式(7.62) 代替，即得：

$$G_{\mathrm{m}}^{\ominus}(T)=-RT\ln\left[\frac{q^0\exp\left(-\frac{\varepsilon_0}{kT}\right)}{L}\right]$$
$$=-RT\ln\frac{q^0}{L}-LkT\left(-\frac{\varepsilon_0}{kT}\right)$$
$$=-RT\ln\frac{q^0}{L}+L\varepsilon_0$$

$$G_{\mathrm{m}}^{\ominus}(T)=-RT\ln\frac{q^0}{L}+U_{\mathrm{m}}(0\mathrm{K}) \tag{7.81}$$

式中，$U_{\mathrm{m}}(0\mathrm{K})$ 为 1mol 纯理想气体在 0K 时的热力学能。式(7.81) 为纯理想气体在温度 T 下 $G_{\mathrm{m}}^{\ominus}(T)$ 的统计热力学表达式。

7.5.2 理想气体的吉布斯函数和焓函数

第7章

(1) 吉布斯函数

将式(7.81) 整理，得：

$$\frac{G_{\mathrm{m}}^{\ominus}(T)-U_{\mathrm{m}}(0\mathrm{K})}{T}=-R\ln\frac{q^0}{L} \tag{7.82}$$

等式左端的 $[G_{\mathrm{m}}^{\ominus}(T)-U_{\mathrm{m}}(0\mathrm{K})]/T$ 称为物质在温度 T 时的标准摩尔吉布斯函数（standard molar Gibbs function）。因为等式右端的 q^0 可通过光谱数据算出，所以各物质在不同温度时的吉布斯函数就可以由光谱数据一一算出并制成表，供人们使用。

由于 0K 时物质的热力学能与焓几近相等，即 $U_{\mathrm{m}}(0\mathrm{K})\approx H_{\mathrm{m}}(0\mathrm{K})$，所以标准摩尔吉布斯函数也可以用 $[G_{\mathrm{m}}^{\ominus}(T)-H_{\mathrm{m}}(0\mathrm{K})]/T$ 表示。

(2) 焓函数

计算理想气体化学平衡常数时还需要一种基础数据——焓函数（enthalpy function）。若物质在温度 T 时的标准摩尔焓为 $H_{\mathrm{m}}^{\ominus}(T)$，则定义 $[H_{\mathrm{m}}^{\ominus}(T)-U_{\mathrm{m}}(0\mathrm{K})]/T$ 为物质在 T 时的标准摩尔焓函数（standard molar enthalpy function）。根据式(7.57)，对于 1mol 理想气体：

$$H_{m}^{\ominus}(T)=LkT^{2}\left(\frac{\partial \ln q}{\partial T}\right)_{V}+LkTV_{m}\left(\frac{\partial \ln q}{\partial V_{m}}\right)_{T}$$

因为$(\partial \ln q/\partial V_{m})_{T}=1/V_{m}$,故:

$$\begin{aligned}H_{m}^{\ominus}(T)&=RT^{2}\left(\frac{\partial \ln q}{\partial T}\right)_{V}+RTV_{m}\left(\frac{1}{V_{m}}\right)\\&=RT^{2}\left(\frac{\partial \ln q}{\partial T}\right)_{V}+RT\\&=RT^{2}\left(\frac{\partial \ln q^{0}}{\partial T}\right)_{V}+U_{m}(0\mathrm{K})+RT\end{aligned}$$

将上式中$U_{m}(0\mathrm{K})$项移至左端，则得：

$$H_{m}^{\ominus}(T)-U_{m}(0\mathrm{K})=RT^{2}\left(\frac{\partial \ln q^{0}}{\partial T}\right)_{V}+RT \tag{7.83}$$

由此可见，通过光谱数据可以算出q^{0}，因此可将不同温度时各种物质的$[H_{m}^{\ominus}(T)-U_{m}(0\mathrm{K})]$分别计算出来并列成表，以供使用。通常$[H_{m}^{\ominus}(T)-U_{m}(0\mathrm{K})]$也称为标准摩尔焓函数。

式(7.83)也可写成：

$$\frac{H_{m}^{\ominus}(T)-U_{m}(0\mathrm{K})}{T}=RT\left(\frac{\partial \ln q^{0}}{\partial T}\right)_{V}+R \tag{7.84}$$

因0K时$H_{m}(0\mathrm{K})\approx U_{m}(0\mathrm{K})$，所以标准摩尔焓函数也可以表示为：$[H_{m}^{\ominus}(T)-H_{m}(0\mathrm{K})]/T$或$[H_{m}^{\ominus}(T)-H_{m}(0\mathrm{K})]$。

7.5.3 统计热力学方法计算标准平衡常数

对于任意的理想气体反应$0=\sum_{B}\nu_{B}B$，当温度为T时，反应的标准平衡常数$K_{p}^{\ominus}(T)$与反应的$\Delta_{r}G_{m}^{\ominus}(T)$之间有关系式(4.15)，因此：

$$-R\ln K_{p}^{\ominus}(T)=\frac{\Delta_{r}G_{m}^{\ominus}(T)}{T}$$

$\Delta_{r}G_{m}^{\ominus}(T)$用标准吉布斯函数代换，可得：

$$-R\ln K_{p}^{\ominus}(T)=\Delta_{r}\left[\frac{G_{m}^{\ominus}(T)-H_{m}(0\mathrm{K})}{T}\right]+\frac{\Delta_{r}H_{m}(0\mathrm{K})}{T} \tag{7.85}$$

式中，$\Delta_{r}H_{m}(0\mathrm{K})$可由298K时反应的标准摩尔焓$\Delta_{r}H_{m}^{\ominus}(298\mathrm{K})$及各物质的标准摩尔焓函数计算：

$$\Delta_{r}H_{m}(0\mathrm{K})=\Delta_{r}H_{m}^{\ominus}(298\mathrm{K})-\Delta_{r}[H_{m}^{\ominus}(298\mathrm{K})-H_{m}(0\mathrm{K})] \tag{7.86}$$

$$\Delta_{r}[H_{m}^{\ominus}(298\mathrm{K})-H_{m}(0\mathrm{K})]=\sum_{B}\nu_{B}[H_{m}^{\ominus}(298\mathrm{K})-H_{m}(0\mathrm{K})]_{B} \tag{7.87}$$

式(7.85)中$\Delta_{r}\{[G_{m}^{\ominus}(T)-H_{m}(0\mathrm{K})]/T\}$为反应的标准摩尔吉布斯函数变值，可按下式计算：

$$\Delta_{r}\left[\frac{G_{m}^{\ominus}(T)-H_{m}(0\mathrm{K})}{T}\right]=\sum_{B}\nu_{B}\left[\frac{G_{m}^{\ominus}(T)-H_{m}(0\mathrm{K})}{T}\right]_{B} \tag{7.88}$$

各种物质在不同温度下的标准摩尔吉布斯函数和标准摩尔焓函数可查有关手册，由此可算出反应的$\Delta_{r}\{[G_{m}^{\ominus}(T)-H_{m}(0\mathrm{K})]/T\}$和$\Delta_{r}H_{m}(0\mathrm{K})/T$，从而由式(7.85)可求得化学反应的$K_{p}^{\ominus}(T)$。

【例 7.6】 500K 时 CO(g)、H_2O(g)、CO_2(g) 和 H_2(g) 的标准摩尔吉布斯函数、标准摩尔焓函数和标准生成焓的数据如下表：

物质 B	$-[G_m^\ominus(500K)-H_m(0K)]T^{-1}$ /($J\cdot mol^{-1}\cdot K^{-1}$)	$H_m^\ominus(298K)-H_m(0K)$ /($kJ\cdot mol^{-1}$)	$\Delta_f H_m^\ominus(298K)$ /($kJ\cdot mol^{-1}$)
CO(g)	183.5	8.67	−110.5
H_2O(g)	172.8	9.91	−241.9
CO_2(g)	199.5	9.36	−393.5
H_2(g)	117.1	8.47	0

反应 $CO(g)+H_2O(g) = CO_2(g)+H_2(g)$看作理想气体反应，计算此反应在 500K 时的标准平衡常数。

解：由式(7.85) 得：

$$\ln K_p^\ominus(T)=-\frac{1}{R}\left\{\Delta_r\left[\frac{G_m^\ominus(T)-H_m(0K)}{T}\right]+\frac{\Delta_r H_m(0K)}{T}\right\}$$

$$\Delta_r\left[\frac{G_m^\ominus(T)-H_m(0K)}{T}\right]=\left[\frac{G_m^\ominus(500K)-H_m(0K)}{500K}\right](CO_2)+\left[\frac{G_m^\ominus(500K)-H_m(0K)}{500K}\right](H_2)-\left[\frac{G_m^\ominus(500K)-H_m(0K)}{500K}\right](CO)-\left[\frac{G_m^\ominus(500K)-H_m(0K)}{500K}\right](H_2O)$$

$$=(-199.5-117.1+183.5+172.8)J\cdot mol^{-1}\cdot K^{-1}$$

$$=39.7J\cdot mol^{-1}\cdot K^{-1}$$

$$\begin{aligned}\Delta_r H_m(0K)&=\Delta_r H_m^\ominus(298K)-\Delta_r[H_m^\ominus(298K)-H_m(0K)]\\&=\Delta_f H_m^\ominus(CO_2,298K)+\Delta_f H_m^\ominus(H_2,298K)-\Delta_f H_m^\ominus(CO,298K)-\Delta_f H_m^\ominus(H_2O,298K)-[H_m^\ominus(298K)-H_m(0K)](CO_2)-[H_m^\ominus(298K)-H_m(0K)](H_2)+[H_m^\ominus(298K)-H_m(0K)](CO)+[H_m^\ominus(298K)-H_m(0K)](H_2O)\\&=(-393.5-0+110.5+241.9-9.36-8.47+8.67+9.91)kJ\cdot mol^{-1}\\&=-40.4kJ\cdot mol^{-1}\end{aligned}$$

$$\ln K_p^\ominus(500K)=-\frac{1}{8.314J\cdot mol^{-1}\cdot K^{-1}}\left(39.7J\cdot mol^{-1}\cdot K^{-1}+\frac{-40.4\times10^3J\cdot mol^{-1}}{500K}\right)=4.94$$

$$K_p^\ominus(500K)=139.8$$

7.5.4 标准平衡常数的统计表达式

任意理想气体反应 $0=\sum_B \nu_B B$，因为是离域子系统，任意组分 B 的吉布斯函数可用式(7.59) 表示：

$$G_B=-N_B kT\left[\ln\frac{q_B}{N_B}+1-V\left(\frac{\partial \ln q_B}{\partial V}\right)_T\right]$$

由于$(\partial \ln q/\partial V_m)_T=(\partial \ln V_m/\partial V_m)=1/V_m$，故：

$$G_B=-N_B kT\ln\frac{q_B}{N_B}$$

式中，N_B 为反应系统中组分 B 的微粒数。因为理想气体的摩尔吉布斯函数就是化学势，即：

$$\mu_B = -LkT\ln\frac{q_B}{N_B} = -RT\ln\frac{q_B}{N_B}$$

将此式代入到化学反应平衡条件 $\sum_B \nu_B\mu_B = 0$，则得：

$$\sum_B (-RT)\ln\left(\frac{q_{B,e}}{N_{B,e}}\right)^{\nu_B} = 0$$

$$\sum_B \ln q_{B,e}^{\nu_B} = \sum_B \ln N_{B,e}^{\nu_B}$$

或可写作：

$$\prod_B q_{B,e}^{\nu_B} = \prod_B N_{B,e}^{\nu_B} \qquad (7.89)$$

等式右端为平衡时系统中反应组分微粒数 ν_B 次幂的乘积，可令：

$$K_N = \prod_B N_{B,e}^{\nu_B} \qquad (7.90)$$

K_N 可看作以微粒数表示的非标准平衡常数。若以平衡时微粒配分函数代入式(7.90)，则得：

$$K_N = \left[\prod_B (q_{B,e}^0)^{\nu_B}\right]\exp\left(-\sum_B \frac{\nu_B\varepsilon_{0,B}}{kT}\right) \qquad (7.91)$$

式中，$q_{B,e}^0$ 为以微粒基态能级的能量为零点时的 B 的微粒配分函数。

令 $\Delta\varepsilon_0 = \sum_B \nu_B\varepsilon_{0,B} = \Delta_r U_m(0K)/L$。在计算 $\Delta\varepsilon_0$ 时，选取参与反应的各分子共同解离为相距无限远的基态原子作为各分子的公共能量零点，代入式(7.91)，则得 K_N 的统计热力学表达式：

$$K_N = \left[\prod_B (q_{B,e}^0)^{\nu_B}\right]\exp\left(-\frac{\Delta\varepsilon_0}{kT}\right) \qquad (7.92)$$

或

$$K_N = \left[\prod_B (q_{B,e}^0)^{\nu_B}\right]\exp\left(-\frac{\Delta_r U_m(0K)}{RT}\right) \qquad (7.93)$$

反应系统的体积为 V 时，根据理想气体状态方程 $p_B = N_B kT/V$，则可导出标准平衡常数的统计热力学表达式：

$$K_p^{\ominus}(T) = \prod_B\left(\frac{p_{B,e}}{p^{\ominus}}\right)^{\nu_B} = \prod_B\left(\frac{N_{B,e}kT}{Vp^{\ominus}}\right)^{\nu_B} = \left(\frac{kT}{Vp^{\ominus}}\right)^{\sum_B \nu_B}\prod_B N_{B,e}^{\nu_B}$$

以式(7.90) 代入，得：

$$K_p^{\ominus}(T) = K_N\left(\frac{kT}{Vp^{\ominus}}\right)^{\sum_B \nu_B} \qquad (7.94)$$

以式(7.92) 或式(7.93) 代入式(7.94)，可得到标准平衡常数的统计热力学表达式：

$$K_p^{\ominus}(T) = \left[\prod_B (q_{B,e}^0)^{\nu_B}\right]\left(\frac{kT}{Vp^{\ominus}}\right)^{\sum_B \nu_B}\exp\left(-\frac{\Delta\varepsilon_0}{kT}\right) \qquad (7.95)$$

或

$$K_p^{\ominus}(T) = \left[\prod_B (q_{B,e}^0)^{\nu_B}\right]\left(\frac{kT}{Vp^{\ominus}}\right)^{\sum_B \nu_B}\exp\left[-\frac{\Delta_r U_m(0K)}{RT}\right] \qquad (7.96)$$

例如对于理想气体反应：

$$a\text{A} + d\text{D} = l\text{L} + m\text{M}$$

其标准平衡常数的统计热力学表达式为：

$$K_p^{\ominus}(T) = \frac{(q_{L,e}^0)^l(q_{M,e}^0)^m}{(q_{A,e}^0)^a(q_{D,e}^0)^d}\left(\frac{kT}{Vp^{\ominus}}\right)^{l+m-a-d}\exp\left[-\frac{\Delta_r U_m(0K)}{RT}\right]$$

由于从分子的质量、转动惯量和基本振动频率等物质结构基础数据可以计算微粒配分函数，再加上解离能的数据，用式(7.95)或式(7.96)即可计算理想气体反应的标准平衡常数。用微观的分子特性数据计算宏观的标准平衡常数是统计热力学的重要成果。

习题

7.1 某定域子系统，微粒总数为6，微粒的许可能级为0，ω，2ω，3ω，…，而且是非多重的，与总能量3ω相联系的是哪些分布？每一种分布的微态数及概率为多少？

7.2 一个由6个一维谐振子组成的系统，总能量为$8h\nu$。6个谐振子分别在6个定点附近振动，系统有几种分布类型？各分布的能级分布数和微观状态数Ω_D以及系统的总微观状态数Ω是多少？

7.3 设有一个微粒系统由3个一维谐振子组成。系统总能量为$(11/2)h\nu$，3个振子分别绕定点a、b和c振动，求各种分布的能级分布数、微观状态数及微粒系统的总微态数。

7.4 一个独立子体系，低能级上分配的粒子数目可以小于高能级上的粒子数目吗？

7.5 在分子Z组成的微粒数很大的系统中，分子Z的两个能级的能量为$\varepsilon_1=6.1\times10^{-21}$J和$\varepsilon_2=8.4\times10^{-21}$J，相应的多重度为$g_1=3$和$g_2=5$，求下面两种温度下分布数之比$n_1/n_2$各为多少？(1) 300K时；(2) 3000K时。

7.6 计算300K时HBr分子在$J=1$、3、5和7转动能级上的相对分子数n_J/n_0。已知HBr分子的转动惯量$I=33.16\times10^{-48}\text{kg}\cdot\text{m}^2$。

7.7 HCl分子的振动能级间隔$\Delta\varepsilon_v=5.94\times10^{-20}$J，计算在25℃时某能级和其较低一能级上分子数的比值。

7.8 试说明同一物质自固态到液态到气态其熵值变化的情况。

7.9 有1mol Kr，温度为300K、体积为V，有1mol He具有同样的体积V，如要使这两种气体具有相同的熵值（忽略电子运动的贡献），则He的温度应多高？已知摩尔质量$M(\text{Kr})=83.8\times10^{-3}\text{kg}\cdot\text{mol}^{-1}$，$M(\text{He})=4.003\times10^{-3}\text{kg}\cdot\text{mol}^{-1}$。

7.10 从熵的统计意义定性判断下列过程中系统的熵变情况：

(1) 水蒸气冷凝为水；

(2) $CaCO_3(s)\longrightarrow CaO(s)+CO_2(g)$；

(3) 乙烯聚合成聚乙烯；

(4) 气体在固体催化剂上吸附。

7.11 计算25℃、0.1m边长的立方容器中，H_2、CH_4和C_4H_{10}气体的平动配分函数。

7.12 已知HBr分子在振动基态时的核间距离$R_e=1.432\times10^{-10}$m，求HBr的转动惯量I、转动特征温度Θ_r及HBr在25℃时的转动配分函数q_r的值。

7.13 证明1mol理想气体向真空膨胀从V_1到V_2时，$\Omega_2/\Omega_1=(V_2/V_1)^L$。

7.14 将$N_2(g)$在电弧中加热，从光谱中观察到，处于振动量子数$\upsilon=1$的第一激发态上的分子数$N(\upsilon=1)$与处于振动量子数$\upsilon=0$的基态上的分子数$N(\upsilon=0)$之比为0.26。已知$N_2(g)$的振动频率为$6.99\times10^{13}\text{s}^{-1}$。试计算：

(1) $N_2(g)$的温度；

(2) $N_2(g)$分子的平动、转动和振动能量；

(3) 振动能量在总能量中所占的分数。

7.15 一维谐振子的配分函数可写成：

$$q_v=\frac{\exp\left(-\dfrac{h\nu}{2kT}\right)}{1-\exp\left(-\dfrac{h\nu}{kT}\right)} \tag{a}$$

$$q_v^0=\frac{1}{1-\exp\left(-\dfrac{h\nu}{kT}\right)} \tag{b}$$

(1) 说明这两个公式的能量零点各是如何选取的。

(2) 写出式(a) 的推导过程，并利用公式 $e^x=1+x+x^2/2!+\cdots$ 证明当 $h\nu \ll kT$（即 T 足够高时）的 $q_v=\dfrac{kT}{h\nu}$。

7.16 已知CO分子的基态振动波数 $\tilde{\nu}=\nu/c=2.168\times10^5\,m^{-1}$，求算CO的振动特征温度 Θ_v 及25℃时振动配分函数 q_v 及 q_v^0。

7.17 求NO(g) 在298K及100kPa时的摩尔熵。已知NO的 $\Theta_r=2.42K$，$\Theta_v=2690K$，电子基态和第一激发态简并度都为2，两能级间隔 $\Delta\varepsilon=2.473\times10^{-21}J$。

7.18 Si(g) 在5000K有下列数据：

能级	简并度	ε_j/kT	能级	简并度	ε_j/kT
$^3P_0$	1	0	$^1D_2$	5	1.812
$^3P_1$	3	0.022	$^1S_0$	1	4.430
$^3P_2$	5	0.064			

试求5000K时：(1) Si(g) 的电子配分函数；(2) 在 $^1D_2$ 能级上最概然的原子分布分数。

7.19 有一假想的气体，气体的分子分布在两个能级上，其中一个能级是多重度为1的基态能级，另一个能级的多重度为3，能量比基态能级高 $\Delta\varepsilon$。

(1) 写出温度为 T 时此气体分子的配分函数 q^0。

(2) 当 $T\to\infty$ 时，计算此气体分子的配分函数 q^0。

7.20 在298.15K和 10^5Pa下，1mol氧气在体积为 V 的容器中。

(1) 求氧分子的平动配分函数 q_t 值；

(2) 氧分子核间距 $r=1.207\times10^{-10}m$，计算 q_r 值；

(3) 电子基态 $g_{e,0}=3$，在298.15K时，可忽略电子激发态和振动激发态，计算 q_e 值；

(4) 求298.15K时的标准摩尔熵。

7.21 证明对于1mol理想气体有：$H_m=RT^2(\partial \ln q/\partial T)_p$。

7.22 理想气体A、B和C的热力学数据如下：

物质	$-[G_m^\ominus(T)-U_m(0K)]\cdot T^{-1}/(J\cdot mol^{-1}\cdot K^{-1})$			$\Delta U_m^\ominus(0K)/(kJ\cdot mol^{-1})$
	298K	500K	1000K	
A(g)	102.2	117.1	137.0	0
B(g)	226.7	244.6	269.5	65.52
C(g)	177.4	192.5	213.0	28.0

试计算 $2C(g)=\!=\!=A(g)+B(g)$ 在298K、500K和1000K时反应的标准平衡常数 $K_p^\ominus(T)$。

7.23 由 $A=-kT\ln Z$，$S=-(\partial A/\partial T)_{V,N}$ 及 $p=-(\partial A/\partial V)_{T,N}$ 推导出：

(1) $S=kT(\partial \ln Z/\partial T)_{V,N}+k\ln Z$；

(2) $G=-kT\ln Z+VkT(\partial \ln Z/\partial V)_{T,N}$。

习题答案

8 电化学

Electrochemistry

内容提要

本章首先介绍电解质溶液的电解、电导及活度因子等性质并扼要阐述了强电解质溶液的离子互吸理论。重点介绍可逆电极、电池电动势和电极电势等概念及相关计算。简略介绍电化学系统的不可逆电极过程及电化学的应用。

学习目标

1. 了解电解质溶液的导电机理并掌握法拉第电解定律。理解离子电迁移和电迁移率的含义。

2. 理解电导、电导率和摩尔电导率的定义，掌握三者的换算关系。理解离子独立运动定律。掌握电导的测定及其应用。

3. 掌握离子强度的定义和计算方法。理解电解质活度、离子平均活度及平均活度因子的概念。了解离子互吸理论中离子氛的概念并会应用德拜-休克尔极限公式。

4. 明确可逆电池的含义。能够写出给定电池的电极反应和电池反应，并能把简单的反应设计成电池。

5. 了解电动势产生的原理，掌握对消法测定电动势的原理及其应用。明确电动势 E 与电池反应 $\Delta_r G_m$ 的关系及掌握由 E 和 $(\partial E/\partial T)_p$ 计算电池反应 $\Delta_r G_m$、$\Delta_r H_m$、$\Delta_r S_m$ 和 $Q_{r,m}$ 的方法。

6. 掌握电极电势和标准电极电势等概念。能熟练地应用能斯特方程计算各类电极的电极电势和电池的电动势。

7. 明确分解电压和析出电势的含义。掌握电极极化和超电势的概念及其应用。

8. 了解电化学在电冶金、防腐、化学电源、水处理及电合成等方面的应用。

电化学是研究化学现象与电现象之间关系的学科。更具体地说，电化学主要研究化学能与电能的相互转换及转换时应遵循的规律。电化学所涉及的内容有热力学问题也有动力学问题，是物理化学的重要组成部分。

化学能与电能的相互转换可在电化学系统中实现。电化学系统分为原电池和电解池两类。将化学能转变为电能的装置称为原电池（primary cell）；将电能转换为化学能的装置称为电解池（electrolytic cell）。不论是原电池还是电解池，都由两个电极和电解质溶液组成。

电化学在国民经济中起着重要的作用。如电解法是许多有色金属和基本化工产品的主要工业生产方法，有机电合成是合成许多有机化合物简便、少污染的新途径。研究金属的电化学腐蚀和防腐可以减少物资的损失。化学电池与人们的日常生活和工作密切相关，而新型燃料电池的研制可以满足尖端科学技术新的要求。电化学不仅有广泛的实用价值，而且是电解、电镀、电冶金、电合成、化学电源和金属防腐及电化学分析等的理论基础。近年来，电化学与其他学科交叉发展，形成了生物电化学、光谱电化学和环境电化学等新的分支学科。

8.1 电解与电迁移

8.1.1 电解质溶液的导电机理

按导电机理，电导体可分为两类。第一类导体是金属、合金和石墨等物质，靠自由电子在电场作用下的定向运动来导电，称为电子导体（electronic conductor）。这类导体导电时可能出现温度变化，但本身不会发生化学变化。第二类导体是电解质溶液和熔融电解质，靠离子在电场中的迁移和在电极上发生得失电子的电化学反应来导电，称为离子导体（ionic conductor）。通常第二类导体的导电过程包括溶液中离子的迁移和电极与溶液界面处的电化学反应。现以电解 $CuCl_2$ 溶液为例来说明。

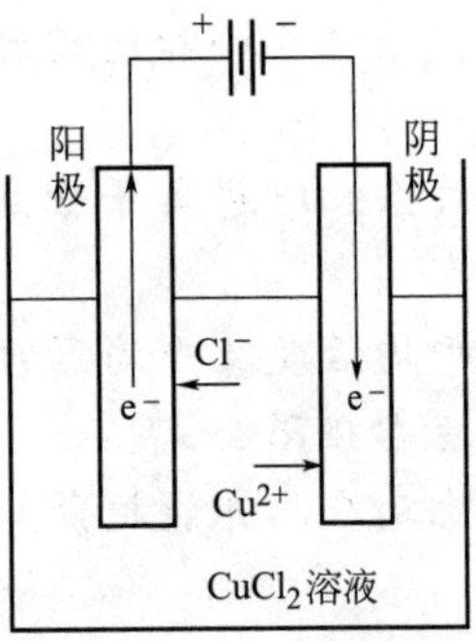

图 8.1 电解质溶液的导电机理

图 8.1 是一个电解池，插入 $CuCl_2$ 溶液的两个惰性电极 Pt 与外电源连接。电解池的阴极与电源的负极相连，阳极与电源的正极相连。通电后溶液中的正离子 Cu^{2+} 向阴极迁移，负离子 Cl^- 向阳极迁移。电流在溶液中的流通正是靠正、负离子向相反方向的迁移来实现的。为了使电流在整个回路中连续流过，还必须使电流穿越电极与溶液的界面，这就要靠离子在电极上的电化学反应来实现。在阴极极板与溶液界面处，Cu^{2+} 从电极上获得电子，发生还原反应：

$$\text{阴极} \qquad Cu^{2+} + 2e^- \longrightarrow Cu$$

而在阳极极板与溶液的界面处，Cl^- 向电极放出电子，发生氧化反应：

$$\text{阳极} \qquad 2Cl^- \longrightarrow Cl_2 + 2e^-$$

阴、阳极上得失电子的反应使电流穿越界面而连续通过回路。

在电化学中规定：发生氧化反应的电极称为**阳极**（anode），发生还原反应的电极称为**阴极**（cathode）。习惯上还按电势高低将电极电势较高的电极叫做**正极**（positive electrode），电极电势较低的电极叫做**负极**（negative electrode）。这两种定义对电解池和电池都是适用的。不过在电解池中与电源负极相连的电极上发生还原反应，与电源正极相连的电极上发生氧化反应，所以电解池的负极是阴极，正极是阳极。而在电池中则相反，正极是阴极，负极是阳极。常将电极上发生的有电子得失的化学反应称为**电极反应**（electrode reaction）。正、负两极上发生的电极反应的总和称为**电池反应**（reaction of cell）。

上面的例子说明，当电解池中有电流通过时，外电源消耗了电功 $W'=QV$（Q 为通过的电量，V 为外电压），将电能转变成了化学能。电解池发生如下的化学反应：

$$\text{阴极} \qquad \frac{1}{2}Cu^{2+} + e^- \longrightarrow \frac{1}{2}Cu$$

$$\text{阳极} \qquad Cl^- \longrightarrow \frac{1}{2}Cl_2 + e^-$$

$$\text{电池} \qquad \frac{1}{2}Cu^{2+} + Cl^- = \frac{1}{2}Cu + \frac{1}{2}Cl_2$$

8.1.2 法拉第电解定律

1883年，法拉第（M. Faraday）等通过实验发现，当电流通过电解质溶液时，物质在电极上发生化学变化的物质的量与通过的电量成正比，与电极反应中转移的电荷数成反比，这个规律被称为法拉第电解定律（Faraday's law of electolysis）。其数学表达式为：

$$n_B = \frac{Q}{z_B F} \tag{8.1}$$

或

$$Q = n_B z_B F \tag{8.2}$$

式中，n_B 为物质B发生电极反应的物质的量；z_B 为电极反应中电子的化学计量数的绝对值，即发生单位电极反应（$\Delta\xi = 1\text{mol}$）时转移的电子数，总取正值；F 是1mol元电荷所带的电量，称为法拉第常数（Faraday constant），即：

$$F = Le = 6.0221367 \times 10^{23}\text{mol}^{-1} \times 1.60217733 \times 10^{-19}\text{C} = 9.6485309 \times 10^4\text{C} \cdot \text{mol}^{-1}$$

式中，L 为阿伏伽德罗常数；e 为元电荷的电量。通常近似取 $F = 9.65 \times 10^4\text{C} \cdot \text{mol}^{-1}$。

式(8.1) 还可以表示为：

$$m_B = \frac{QM_B}{z_B F} \tag{8.3}$$

式中，m_B 为物质B发生变化的质量；M_B 为物质B的摩尔质量，其值随所取物质B的基本单元而定。例如，当 $9.65 \times 10^4\text{C}$ 的电量通过图8.1所示的电解池时，若铜的基本单元取为 $\frac{1}{2}\text{Cu}$，阴极反应写为 $\frac{1}{2}\text{Cu}^{2+} + \text{e}^- \longrightarrow \frac{1}{2}\text{Cu}$，则 $z\left(\frac{1}{2}\text{Cu}^{2+}\right) = 1$，$M\left(\frac{1}{2}\text{Cu}\right) = \frac{1}{2} \times 63.5 \times 10^{-3}\text{kg} \cdot \text{mol}^{-1} = 31.8 \times 10^{-3}\text{kg} \cdot \text{mol}^{-1}$。析出铜的质量为：

$$\begin{aligned} m(\text{Cu}) &= \frac{Q}{z\left(\frac{1}{2}\text{Cu}\right)F} M\left(\frac{1}{2}\text{Cu}\right) \\ &= \frac{9.65 \times 10^4\text{C}}{1 \times 9.65 \times 10^4\text{C} \cdot \text{mol}^{-1}} \times 31.8 \times 10^{-3}\text{kg} \cdot \text{mol}^{-1} \\ &= 31.8 \times 10^{-3}\text{kg} \end{aligned}$$

若铜的基本单元取为Cu，阴极反应写为 $\text{Cu}^{2+} + 2\text{e}^- \longrightarrow \text{Cu}$，则 $z(\text{Cu}^{2+}) = 2$，$M(\text{Cu}) = 63.5 \times 10^{-3}\text{kg} \cdot \text{mol}^{-1}$。析出铜的质量为：

$$\begin{aligned} m(\text{Cu}) &= \frac{Q}{z(\text{Cu})F} M(\text{Cu}) \\ &= \frac{9.65 \times 10^4\text{C}}{2 \times 9.65 \times 10^4\text{C} \cdot \text{mol}^{-1}} \times 63.5 \times 10^{-3}\text{kg} \cdot \text{mol}^{-1} \\ &= 31.8 \times 10^{-3}\text{kg} \end{aligned}$$

可见，基本单元的选取虽不同，但析出物质质量的计算结果是一样的。为了讨论问题方便和公式形式简单，人们常以相当于元电荷所带电量的电解质作为基本单元。例如，1mol的 H^+、Ag^+、$\frac{1}{2}\text{Cu}^{2+}$ 或 $\frac{1}{3}\text{Au}^{3+}$ 等都带有1mol电子的电量，即约 $9.65 \times 10^4\text{C}$ 的电量。反过来，当1mol电子的电量分别通过含上述离子的各电解质溶液（用惰性电极）时，在相应的阴极上析出的物质将分别为1mol $\frac{1}{2}\text{H}_2$、1mol Ag、1mol $\frac{1}{2}\text{Cu}$ 和1mol $\frac{1}{3}\text{Au}$。

法拉第电解定律不仅适用于任何温度和压力，而且适用于水、非水溶液和熔融盐中的电解。既适用于电解池，又适用于原电池。电化学中常用的银电量计和铜电量计等正是根据法拉第电解定律制成的。应当注意的是，在实际电解过程中，电极上常伴随着副反应的发生。此时，按法拉第电解定律计算的理论电量往往比实际所消耗的电量要少，二者之比称为电流效率 η，即：

$$\eta=\frac{Q_t}{Q_r}\times 100\% \tag{8.4}$$

式中，Q_t 和 Q_r 分别为按法拉第电解定律计算的理论电量和实际消耗的电量。

【例 8.1】 在 $CuSO_4$ 溶液中用 Pt 作电极，通以 0.100A 电流 10min。(1) 试求阴极上析出 Cu 的质量和阳极上放出 $O_2(g)$ 的质量。(2) 实际测得阴极上析出的 Cu 为 1.91×10^{-5}kg，计算电流效率。

解：(1) 溶液中通过的电量为：

$$Q=It=0.100\text{A}\times10\times60\text{s}=60\text{C}$$

电极反应如下：

阴极 $\frac{1}{2}Cu^{2+}+e^-\longrightarrow\frac{1}{2}Cu$

阳极 $OH^-\longrightarrow\frac{1}{4}O_2+\frac{1}{2}H_2O+e^-$

取带元电荷的物质为基本单元，阴、阳极上析出物质的量相等，根据式 (8.1)，

$$n\left(\frac{1}{2}Cu\right)=n\left(\frac{1}{4}O_2\right)=\frac{Q}{z_BF}=\frac{Q}{z\left(\frac{1}{2}Cu\right)F}=\frac{60\text{C}}{1\times9.65\times10^4\text{C}\cdot\text{mol}^{-1}}=6.22\times10^{-4}\text{mol}$$

析出 Cu 和 O_2 的质量应为：

$$m(Cu)=n\left(\frac{1}{2}Cu\right)M\left(\frac{1}{2}Cu\right)=6.22\times10^{-4}\text{mol}\times\frac{1}{2}\times63.5\times10^{-3}\text{kg}\cdot\text{mol}^{-1}$$
$$=1.97\times10^{-5}\text{kg}$$

$$m(O_2)=n\left(\frac{1}{4}O_2\right)M\left(\frac{1}{4}O_2\right)=6.22\times10^{-4}\text{mol}\times\frac{1}{4}\times32.0\times10^{-3}\text{kg}\cdot\text{mol}^{-1}$$
$$=4.98\times10^{-6}\text{kg}$$

(2) 电流效率

$$\eta=\frac{Q_t}{Q_r}\times100\%=\frac{1.91\times10^{-5}\text{kg}}{1.97\times10^{-5}\text{kg}}\times100\%=97.0\%$$

8.1.3 离子的电迁移现象

当电流通过电解质溶液时，在电极上将发生电极反应，相应地在溶液中将发生正、负离子分别向阴、阳极的移动。这种在电场作用下发生的正、负离子的定向移动称为离子的电迁移(electromigration)。电解质溶液的导电任务正是由正、负离子的电迁移共同分担的。发生电迁移时，遵从以下规律。

① 向阴、阳两极迁移的正、负离子的电荷量之和等于通过溶液的总电荷量。

② 正、负离子所传导的电荷量之比等于正、负离子的迁移速率之比，即：

$$\frac{Q_+}{Q_-}=\frac{v_+}{v_-} \tag{8.5}$$

式中，Q_+ 和 Q_- 分别为正离子和负离子迁移的电量；v_+ 和 v_- 分别为正、负离子的迁

移速率。

离子在电场中的迁移速率除了与离子本性（离子半径、电荷量及溶剂化程度等）及溶剂性质（如黏度）有关外，还与电场强度有关。在一定温度和浓度下，离子在电场中的迁移速率与电场强度成正比。单位电场强度下离子的迁移速率叫作离子的电迁移率（electric mobility），用符号 u_B 表示：

$$u_B \stackrel{\text{def}}{=\!=\!=} \frac{v_B}{E} \tag{8.6}$$

式中，E 为电场强度，单位为 $V \cdot m^{-1}$；u_B 的单位为 $m^2 \cdot V^{-1} \cdot s^{-1}$。由于离子的电迁移率是单位场强下离子的迁移速率，因而它是直接反映离子运动本性的物理量。

8.2 电导及电导测定的应用

8.2.1 电导和电导率

导体的导电能力常以电导 G 表示，电导（electric conductance）是电阻 R 的倒数，即：

$$G \stackrel{\text{def}}{=\!=\!=} \frac{1}{R} \tag{8.7}$$

电导的单位是西门子（Siemens），符号 S，$S=\Omega^{-1}$。

均匀导体的电阻与其长度 l 成正比，与其截面积 A 成反比，即：

$$R=\frac{\rho l}{A} \tag{8.8}$$

式中，比例常数 ρ 为电阻率，它是单位截面积、单位长度的导体所具有的电阻。根据式(8.7) 和式(8.8)，可得：

$$G=\frac{1}{R}=\frac{A}{\rho l} \tag{8.9}$$

定义：

$$\kappa \stackrel{\text{def}}{=\!=\!=} \frac{1}{\rho} \tag{8.10}$$

κ 称为导体的电导率（electrical conductivity），是单位截面积、单位长度的导体所具有的电导。将 κ 代入式(8.9)，则有：

$$G=\frac{\kappa A}{l} \tag{8.11}$$

对电解质溶液来说，电导率是相距单位长度的两电极间单位体积电解质溶液所具有的电导（参见图 8.2）。电导率的单位为$S \cdot m^{-1}$。

由于电导 G 与极板面积 A 和极间距 l 有关，用电导难以比较不同电解质溶液的导电能力。而电导率 κ 的大小与 A 和 l 无关，可用来比较不同溶液的导电能力。

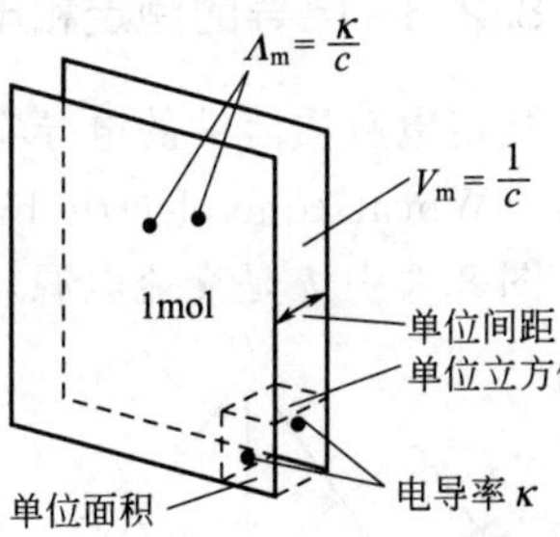

图 8.2 电导率与摩尔电导率的示意图

8.2.2 摩尔电导率

电解质溶液的电导率与温度、电解质种类和溶液浓度有关，为了比较不同浓度电解质溶液的导电能力，定义物质的量浓度为单位浓度的电解质溶液的电导率为摩尔电导率（molar conductivity）Λ_m，即：

$$\Lambda_m \xlongequal{\text{def}} \frac{\kappa}{c} \tag{8.12}$$

Λ_m 的单位为 $S \cdot m^2 \cdot mol^{-1}$。也可以将摩尔电导率理解为把含有 1mol 电解质的溶液置于极板间距为单位距离的电导池中所具有的电导，如图 8.2 所示。由于 $V_m = 1/c$，因此：

$$\Lambda_m = V_m \kappa \tag{8.13}$$

摩尔电导率的值与物质基本单元的选取有关。例如，$\Lambda_m(CuSO_4) = 2\Lambda_m\left(\frac{1}{2}CuSO_4\right)$。因此，在提到 Λ_m 时必须指明物质的基本单元。对于强电解质，若电离式为：

$$M_{\nu^+}X_{\nu^-} \longrightarrow \nu^+ M^{z^+} + \nu^- X^{z^-}$$

式中，ν^+ 和 ν^- 分别为正、负离子的数目；z^+ 和 z^- 分别为正、负离子的价数。则电解质及离子的基本单元分别指定为 $[1/(\nu^+ z^+)]M_{\nu^+}X_{\nu^-}$、$(1/z^+)M^{z^+}$ 和 $(1/z^-)X^{z^-}$。如对 $Al_2(SO_4)_3$，其电解质及正、负离子的基本单元分别取为 $\frac{1}{6}Al_2(SO_4)_3$、$\frac{1}{3}Al^{3+}$ 和 $\frac{1}{2}SO_4^{2-}$。在书写电解质的 Λ_m 时，应把基本单元置于 Λ_m 后的括号内，即 $\Lambda_m\left[\frac{1}{6}Al_2(SO_4)_3\right]$、$\Lambda_m\left(\frac{1}{3}Al^{3+}\right)$ 和 $\Lambda_m\left(\frac{1}{2}SO_4^{2-}\right)$ 等。

【例 8.2】 298K时，$5mol \cdot m^{-3}$ 的 $CaCl_2$ 溶液的电导率为 $0.1194S \cdot m^{-1}$，试求 $\Lambda_m\left(\frac{1}{2}CaCl_2\right)$。

解： $c\left(\frac{1}{2}CaCl_2\right) = 2c(CaCl_2) = 2 \times 5mol \cdot m^{-3} = 10mol \cdot m^{-3}$

根据式(8.12)，得：

$$\Lambda_m\left(\frac{1}{2}CaCl_2\right) = \frac{\kappa\left(\frac{1}{2}CaCl_2\right)}{c\left(\frac{1}{2}CaCl_2\right)} = \frac{0.1194S \cdot m^{-1}}{10mol \cdot m^{-3}} = 0.01194S \cdot m^2 \cdot mol^{-1}$$

8.2.3 电导的测定和电导率的计算

测定电解质溶液的电导实际上是测定它的电阻。溶液电阻的测定也采用电学中的惠斯顿电桥法（Wheatstone electric bridge method），见图 8.3。

图 8.3 中 I 是交流电源，AB 是均匀滑线电阻，R 是电阻箱，R_x 为待测溶液的电阻，G 为检零器（如耳机、阴极示波器、检流计等），K 是可变电容器，用来抵消电导池的电容。测定时，接通电源，选定 R 值，滑动接触点 C，直到检零器中电流为零。此时，CD 两点电位相等，电桥达到平衡，则有：

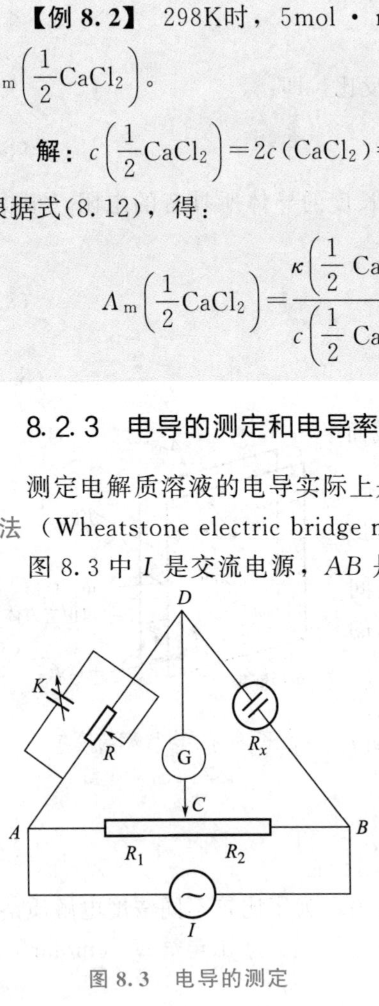

图 8.3 电导的测定

$$\frac{R_x}{R_2} = \frac{R}{R_1}$$

R_1、R_2 分别为滑线电阻 AC、CB 段的电阻，它们与 AC、CB 段的长度之间的关系为：

$$\frac{R_2}{R_1} = \frac{\overline{CB}}{\overline{AC}}$$

所以 $$R_x=\left(\frac{R_2}{R_1}\right)R=\left(\frac{\overline{CB}}{\overline{AC}}\right)R$$

实验测得 R 的阻值和 AC、CB 的长度后，即可求得溶液的电导：

$$G=\frac{1}{R_x}=\left(\frac{\overline{AC}}{\overline{CB}}\right)R^{-1}$$

然后根据式(8.11) 和式(8.12) 即可求得溶液的摩尔电导率 Λ_m。式(8.10) 可改写为：

$$\kappa=G\left(\frac{l}{A}\right)$$

$$\kappa=GK \tag{8.14}$$

或 $$\kappa=\frac{K}{R} \tag{8.15}$$

式中，$K=\frac{l}{A}$，称为电导池常数 (cell constant)。由式(8.14) 可知，为了求得 κ，须先准确测定电导池的 l 和 A，但直接测准 l 和 A 很难。通常是先测定一个电导率 κ 已知的标准溶液（如 KCl 溶液）的电导，根据式(8.14) 算得电导池常数 K。然后将待测溶液装入已测得 K 的电导池中，由测得的电导计算电导率 κ 及摩尔电导率 Λ_m。KCl 溶液的电导率精确测定值列于表 8.1。

表 8.1 几种浓度 KCl 溶液的电导率（298K 和 $p^{\ominus}$ 下）

$c/(mol\cdot dm^{-3})$	$\kappa/(S\cdot m^{-1})$	$c/(mol\cdot dm^{-3})$	$\kappa/(S\cdot m^{-1})$
0.001	0.0147	0.1	1.289
0.01	0.1411	1.0	11.17

8.2.4 摩尔电导率与浓度的关系

科尔劳施（F. Kohlrausch）曾对电解质溶液的电导与浓度的关系进行过广泛而深入的实验研究。根据电导与浓度的关系可将电解质分为强电解质和弱电解质两大类，见图 8.4。

① 强电解质如 HCl、NaOH、$AgNO_3$ 等，它们的电导率较高，且随溶液的稀释而缓慢地增大。1900 年科尔劳施从实验数据得出：在浓度较低时，强电解质摩尔电导率与它的物质的量浓度的平方根成直线关系。在浓度小于 $0.001mol\cdot dm^{-3}$ 的溶液中，这一关系可用经验式概括为：

$$\Lambda_m=\Lambda_{m,\infty}-A\sqrt{c} \tag{8.16}$$

式中，A 为与温度和溶剂性质有关的常数；$\Lambda_{m,\infty}$ 为溶液无限稀释时的摩尔电导率，称为无限稀释摩尔电导率 (molar conductivity at infinite dilution)。

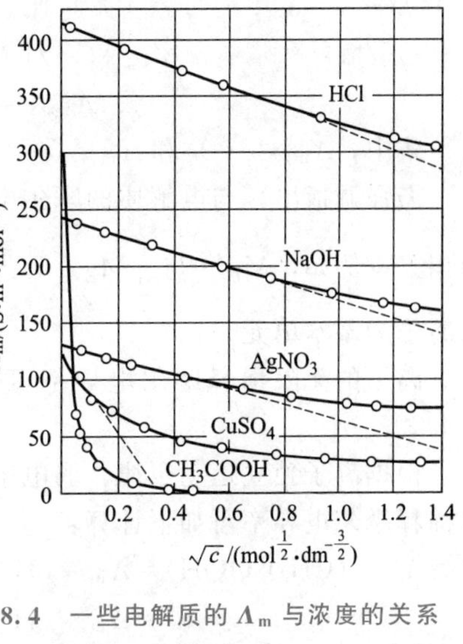

图 8.4 一些电解质的 Λ_m 与浓度的关系

强电解质摩尔电导率随着浓度降低而增大，其原因是，根据阿伦尼乌斯（S. Arrhenius）电离理论，强电解质是全部电离的。但是，离子间的引力却随溶液稀释而减小，离子运动速度随之增大，因此溶液导电能力增强。若将图 8.4 中强电解质的 Λ_m-$\sqrt{c}$ 直线外推至$\sqrt{c}\to 0$，即可求得无限稀释摩尔电导率 $\Lambda_{m,\infty}$。

② 弱电解质如醋酸和其他有机酸等的摩尔电导率较小，而且在一定的稀释范围内随浓度降低而急剧增大。按阿伦尼乌斯电离理论，弱电解质是部分电离的，其解离度随溶液稀释而增大。在较稀的溶液中，有较多的可导电离子，因而溶液的导电能力明显增强。弱电解质的 Λ_m 与$\sqrt{c}$的关系不符合式(8.16)，它们的 Λ_m 无法用外推法求得，但是科尔劳施的离子独立运动定律提供了解决这一问题的途径。

8.2.5 离子独立运动定律

科尔劳施在研究了大量强电解质溶液的无限稀释摩尔电导率之后发现，具有相同负离子的钾盐和锂盐，其无限稀释摩尔电导率 $\Lambda_{m,\infty}$ 之差相等且与负离子的种类无关（表 8.2），例如：

$$\Lambda_{m,\infty}(KCl)-\Lambda_{m,\infty}(LiCl)=\Lambda_{m,\infty}(KNO_3)-\Lambda_{m,\infty}(LiNO_3)=0.00349\,S\cdot m^2\cdot mol^{-1}$$

同样，具有相同正离子的氯化物和硝酸盐，其无限稀释摩尔电导率 $\Lambda_{m,\infty}$ 之差相等且与正离子种类无关，例如：

$$\Lambda_{m,\infty}(HCl)-\Lambda_{m,\infty}(HNO_3)=\Lambda_{m,\infty}(KCl)-\Lambda_{m,\infty}(KNO_3)=0.00049\,S\cdot m^2\cdot mol^{-1}$$

表 8.2 一些强电解质的无限稀释摩尔电导率（298K）

电解质	电导率 $\Lambda_{m,\infty}$ /($S\cdot m^2\cdot mol^{-1}$)	差值 /($S\cdot m^2\cdot mol^{-1}$)	电解质	电导率 $\Lambda_{m,\infty}$ /($S\cdot m^2\cdot mol^{-1}$)	差值 /($S\cdot m^2\cdot mol^{-1}$)
KCl	0.014986	34.83×10^{-4}	HCl	0.042616	4.9×10^{-4}
LiCl	0.011503		HNO_3	0.04213	
$KClO_4$	0.014004	35.06×10^{-4}	KCl	0.014986	4.9×10^{-4}
$LiClO_4$	0.010598		KNO_3	0.014496	
KNO_3	0.01450	34.9×10^{-4}	LiCl	0.011503	4.9×10^{-4}
$LiNO_3$	0.01101		$LiNO_3$	0.01101	

根据以上实验结果，科尔劳施提出了离子独立运动定律（law of independent migration of ions）：在无限稀释溶液中，无论强电解质还是弱电解质都是全部电离的，离子间的相互作用力可忽略不计，离子的运动彼此独立，互不影响。此时电解质的无限稀释摩尔电导率为正、负离子无限稀释摩尔电导率之和。对 $M_{\nu+}X_{\nu-}$ 型电解质，离子独立运动定律的数学表达式为：

$$\Lambda_{m,\infty}=\nu_+\Lambda_{m,\infty}(+)+\nu_-\Lambda_{m,\infty}(-) \tag{8.17}$$

式中，$\Lambda_{m,\infty}(+)$ 和 $\Lambda_{m,\infty}(-)$ 分别表示正、负离子 M^{z+} 和 X^{z-} 的无限稀释摩尔电导率。

需强调指出，与电解质的摩尔电导率类似，离子的摩尔电导率与它们的基本单元的选取密切相关。例如，Mg^{2+} 与$\frac{1}{2}Mg^{2+}$ 以及 Al^{3+} 与$\frac{1}{3}Al^{3+}$ 的摩尔电导率不同。本书取带元电荷电量的离子为基本单元。

离子的无限稀释摩尔电导率可以通过实验测定，一些离子的无限稀释摩尔电导率列于表 8.3。

根据离子独立运动定律，弱电解质的 $\Lambda_{m,\infty}$ 可由强电解质的 $\Lambda_{m,\infty}$ 求得。例如，醋酸的无限稀释摩尔电导率可如下计算：

$$\begin{aligned}\Lambda_{m,\infty}(CH_3COOH)&=\Lambda_{m,\infty}(H^+)+\Lambda_{m,\infty}(CH_3COO^-)\\&=\Lambda_{m,\infty}(H^+)+\Lambda_{m,\infty}(Cl^-)+\Lambda_{m,\infty}(Na^+)+\Lambda_{m,\infty}(CH_3COO^-)-\end{aligned}$$

$$[\Lambda_{m,\infty}(Cl^-)+\Lambda_{m,\infty}(Na^+)]$$
$$=\Lambda_{m,\infty}(HCl)+\Lambda_{m,\infty}(CH_3COONa)-\Lambda_{m,\infty}(NaCl)$$
$$=(0.04263+0.00910-0.01265)S\cdot m^2\cdot mol^{-1}$$
$$=0.03908S\cdot m^2\cdot mol^{-1}$$

表 8.3 一些离子的无限稀释摩尔电导率（298K）

阳离子	$\Lambda_{m,\infty}(+)\times10^4$ /$(S\cdot m^2\cdot mol^{-1})$	阴离子	$\Lambda_{m,\infty}(-)\times10^4$ /$(S\cdot m^2\cdot mol^{-1})$	阳离子	$\Lambda_{m,\infty}(+)\times10^4$ /$(S\cdot m^2\cdot mol^{-1})$	阴离子	$\Lambda_{m,\infty}(-)\times10^4$ /$(S\cdot m^2\cdot mol^{-1})$
H^+	349.82	OH^-	198.0	$\frac{1}{2}Ca^{2+}$	59.50	ClO_4^-	68.0
Li^+	38.69	Cl^-	76.34	$\frac{1}{2}Ba^{2+}$	63.64	$\frac{1}{2}SO_4^{2-}$	79.8
Na^+	50.11	Br^-	78.4	$\frac{1}{2}Sr^{2+}$	59.46		
K^+	73.52	I^-	76.8	$\frac{1}{2}Mg^{2+}$	53.06		
NH_4^+	73.4	NO_3^-	71.44	$\frac{1}{3}La^{3+}$	69.6		
Ag^+	61.92	CH_3COO^-	40.9				

8.2.6 电导测定的应用

(1) 计算弱电解质的解离度和解离常数

一定浓度下，弱电解质的摩尔电导率反映了该电解质部分解离且离子间存在一定相互作用时的导电能力；而无限稀释摩尔电导率 $\Lambda_{m,\infty}$ 则是电解质全部解离且离子间没有相互作用情况下的导电能力。不过，一般浓度下弱电解质的解离度小，离子浓度低，离子间相互作用力可以忽略不计，因此 Λ_m 与 $\Lambda_{m,\infty}$ 的差别可近似地看成是由于电解质部分解离与全部解离所产生的离子数目不同而造成的，即由于解离度不同而造成的，所以解离度可表示为：

$$\alpha=\frac{\Lambda_m}{\Lambda_{m,\infty}} \tag{8.18}$$

以 1-1 型电解质为例，设 CH_3COOH 的初始浓度为 c，解离度为 α，当达到解离平衡时，有如下关系：

$$\begin{array}{ccccc} CH_3COOH & = & H^+ & + & CH_3COO^- \\ c(1-\alpha) & & c\alpha & & c\alpha \end{array}$$

其解离常数为：

$$K_c^\ominus=\frac{[c(H^+)/c^\ominus][c(CH_3COO^-)/c^\ominus]}{[c(CH_3COOH)/c^\ominus]}=\frac{(\alpha c/c^\ominus)^2}{(1-\alpha)c/c^\ominus}$$

$$K_c^\ominus=\frac{\alpha^2}{1-\alpha}\left(\frac{c}{c^\ominus}\right) \tag{8.19}$$

将式(8.18) 代入式(8.19)，得：

$$K_c^\ominus=\frac{\Lambda_m^2}{\Lambda_{m,\infty}(\Lambda_{m,\infty}-\Lambda_m)}\left(\frac{c}{c^\ominus}\right) \tag{8.20}$$

此式称为奥斯特瓦尔德稀释定律 (Ostwald dilution law)。测定一定浓度下弱电解质的 Λ_m，由表 8.3 的数据算得其 $\Lambda_{m,\infty}$，再根据式(8.18) 和式(8.20) 即可计算该电解质的 α 和 $K_c^\ominus$。

式(8.20) 也可改写为

$$\frac{1}{\Lambda_m}=\frac{1}{\Lambda_{m,\infty}}+\frac{\Lambda_m c/c^\ominus}{K_c^\ominus\Lambda_{m,\infty}^2} \tag{8.21}$$

若以 $1/\Lambda_m$ 对 $\Lambda_m c$ 作图，应得一条直线，由直线的截距和斜率可求得 $\Lambda_{m,\infty}$ 和 $K_c^\ominus$。

(2) 计算难溶盐的溶解度

一些难溶盐如 AgCl、$BaSO_4$ 等在水中的溶解度很小，难以用普通滴定法准确测定，但可用电导法方便地测得。

【例 8.3】 298K 时测得 $SrSO_4$ 饱和水溶液及配制此溶液的纯水的电导率分别为 $1.48\times10^{-2}S\cdot m^{-1}$ 和 $1.60\times10^{-4}S\cdot m^{-1}$。试计算 $SrSO_4$ 在水中的溶解度（以 $g\cdot dm^{-3}$ 表示）。

解： 难溶盐的溶解度很小，可将其溶液作为无限稀释溶液来处理。由于难溶盐溶液的电导率很小，溶剂水对溶液电导的贡献不可忽略，因此计算难溶盐溶液的电导率必须从溶液的电导率中扣除水的电导率。所以：

$$\begin{aligned}\kappa\left(\frac{1}{2}SrSO_4\right)&=\kappa(\text{溶液})-\kappa(\text{水})\\&=(1.48\times10^{-2}-1.60\times10^{-4})S\cdot m^{-1}\\&=1.46\times10^{-2}S\cdot m^{-1}\end{aligned}$$

取 $\frac{1}{2}SrSO_4$ 为基本单元，查表 8.3 可算得：

$$\begin{aligned}\Lambda_{m,\infty}\left(\frac{1}{2}SrSO_4\right)&=\Lambda_{m,\infty}\left(\frac{1}{2}Sr^{2+}\right)+\Lambda_{m,\infty}\left(\frac{1}{2}SO_4^{2-}\right)\\&=(59.5+79.8)\times10^{-4}S\cdot m^2\cdot mol^{-1}\\&=139.3\times10^{-4}S\cdot m^2\cdot mol^{-1}\end{aligned}$$

根据式(8.12)：

$$\Lambda_{m,\infty}\left(\frac{1}{2}SrSO_4\right)=\frac{\kappa\left(\frac{1}{2}SrSO_4\right)}{c\left(\frac{1}{2}SrSO_4\right)}$$

$$\begin{aligned}c\left(\frac{1}{2}SrSO_4\right)&=\frac{\kappa\left(\frac{1}{2}SrSO_4\right)}{\Lambda_{m,\infty}\left(\frac{1}{2}SrSO_4\right)}=\frac{1.46\times10^{-2}S\cdot m^{-1}}{139.3\times10^{-4}S\cdot m^2\cdot mol^{-1}}\\&=1.05mol\cdot m^{-3}\end{aligned}$$

硫酸锶的溶解度为：

$$\begin{aligned}S&=M\left(\frac{1}{2}SrSO_4\right)\times c\left(\frac{1}{2}SrSO_4\right)\\&=\frac{1}{2}M(SrSO_4)\times c\left(\frac{1}{2}SrSO_4\right)\\&=\frac{1}{2}\times183.6g\cdot mol^{-1}\times1.05\times10^{-3}mol\cdot dm^{-3}\\&=9.64\times10^{-2}g\cdot dm^{-3}\end{aligned}$$

(3) 电导滴定

利用滴定过程中溶液电导率（或电导）变化的转折点来确定终点的方法称为电导滴定法(conductometric titration)。以 NaOH 滴定 HCl 为例。滴定前，溶液中只有 H^+ 和 Cl^-，由于 H^+ 的电导率很大，所以溶液的电导率也很大。加入 NaOH 溶液后，发生中和反应：

$$HCl+NaOH=\!=\!=NaCl+H_2O$$

虽然 Cl^- 的量不变，但 H^+ 与 OH^- 反应生成几乎不导电的 H_2O，而所增加 Na^+ 的电导率比 H^+ 小得多，所以随着滴定进行，溶液的电导率逐渐减小。到达终点时，溶液的电导最小。越过终点，由于加入过量 NaOH，具有较大电导率的 OH^- 浓度增大，溶液的电导又急剧增大，如图 8.5。图 8.5 中转折点就是滴定终点。

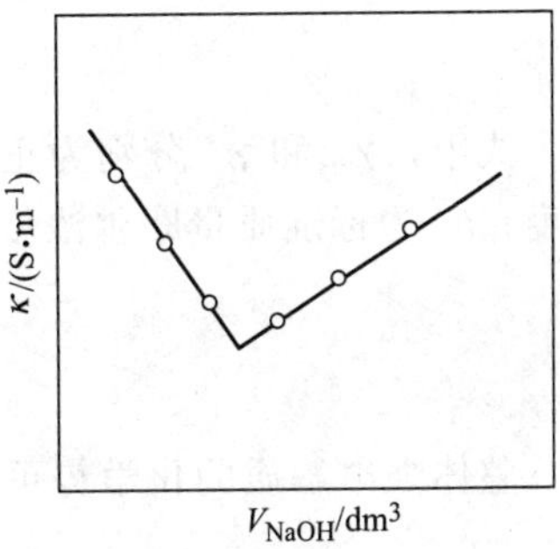

图 8.5 强酸强碱的电导滴定图

通常，只要滴定终点前、后溶液的电导有明显变化的反应，例如沉淀反应、氧化还原反应等也都可以采用电导滴定。

(4) 检验水的纯度

普通蒸馏水的电导率为 $1\times10^{-3}\,S\cdot m^{-1}$，去离子水和重蒸馏水（蒸馏水经用 $KMnO_4$ 和 KOH 溶液处理除去 CO_2 和有机杂质，然后在石英器皿中重新蒸馏 1～2 次）的电导率可小于 $1\times10^{-4}\,S\cdot m^{-1}$。由于水本身有微弱的解离，所以虽经过反复蒸馏，仍有一定的电导。理论计算纯水的电导率应为 $5.5\times10^{-6}\,S\cdot m^{-1}$。在半导体工业上或涉及电导测定的研究中，需要高纯度的水，即所谓的“电导水”，水的电导率要求在 $1\times10^{-4}\,S\cdot m^{-1}$ 以下。只要测定水的电导率，就可以知道其纯度是否符合要求。

电导测定的应用还很多，如在化学动力学中常通过测定反应系统电导随时间的变化来建立动力学方程和测定反应速率常数等。

8.3 强电解质溶液理论简介

以上讨论了电解质溶液的动力学性质，即导电性。本节将讨论电解质溶液中溶质的热力学性质。与非电解质相比，电解质有两方面的特点：一是电解质溶液中的任何一种离子都不可单独存在，我们无法配制一个单离子溶液；二是强电解质在溶液中可完全解离为带电的离子，离子间的静电作用力比分子间作用力要大得多，即使在较稀的溶液中，强电解溶液的行为与理想稀溶液的行为也有明显的偏差。

8.3.1 强电解质溶液的活度和活度因子

根据式(3.82)，电解质溶液中溶质 B 的化学势可表示为：

$$\mu_B=\mu_B^{\ominus}+RT\ln a_B \tag{8.22}$$

这里是像非电解质溶液那样，将电解质溶液作为一个整体来考虑它与理想稀溶液的偏差，a_B 称为电解质 B 的整体活度。

设强电解质 B 的化学式为 $M_{\nu_+}X_{\nu_-}$，在溶液中完全解离，即：

$$M_{\nu_+}X_{\nu_-}=\nu_+M^{z+}+\nu_-X^{z-}$$

所以溶液中实际存在的溶质是电离后生成的正离子 M^{z+} 和负离子 X^{z-}，M^{z+} 和 X^{z-} 也有各自的化学势 μ_+、μ_- 和活度 a_+、a_-。可分别表示为：

$$\mu_+=\mu_+^{\ominus}+RT\ln a_+ \tag{8.23}$$

$$\mu_-=\mu_-^{\ominus}+RT\ln a_- \tag{8.24}$$

式中，$\mu_+^{\ominus}$ 和 $\mu_-^{\ominus}$ 分别为正、负离子的标准化学势。

a_+ 和 a_- 可表示为：

$$a_+=\frac{\gamma_+b_+}{b^{\ominus}} \tag{8.25}$$

$$a_{-}=\frac{\gamma_{-}b_{-}}{b^{\ominus}} \tag{8.26}$$

式中，γ_{+}和γ_{-}分别为正、负离子的活度因子；b_{+}和b_{-}分别表示正、负离子的质量摩尔浓度；$b^{\ominus}$为标准质量摩尔浓度，而且：

$$b_{+}=\nu_{+}b_{\mathrm{B}}$$

$$b_{-}=\nu_{-}b_{\mathrm{B}}$$

整体强电解质的化学势可由组成它的正、负离子的化学势之和表示，即：

$$\mu_{\mathrm{B}}=\nu_{+}\mu_{+}+\nu_{-}\mu_{-}$$

$$\mu_{\mathrm{B}}=(\nu_{+}\mu_{+}^{\ominus}+\nu_{-}\mu_{-}^{\ominus})+RT\ln(a_{+}^{\nu_{+}}a_{-}^{\nu_{-}}) \tag{8.27}$$

将式(8.27) 与式(8.22) 比较可得到电解质的整体活度：

$$\mu_{\mathrm{B}}^{\ominus}=\nu_{+}\mu_{+}^{\ominus}+\nu_{-}\mu_{-}^{\ominus} \tag{8.28}$$

$$a_{\mathrm{B}}=a_{+}^{\nu_{+}}a_{-}^{\nu_{-}} \tag{8.29}$$

这就是电解质的整体活度与各离子活度间的关系。

由于溶液中正、负离子总是相伴而存的，目前还无法分离出只含单种离子的溶液，因此无法通过实验测得正离子或负离子的活度，而只能测得正、负离子共存时的平均行为。为此，引入平均活度（mean activity）$a_{\pm}$、平均活度因子（mean activity factor）$\gamma_{\pm}$和平均质量摩尔浓度（mean molarity）$b_{\pm}$等概念，并分别定义为：

$$a_{\pm}^{\nu}\overset{\mathrm{def}}{=\!=}a_{+}^{\nu_{+}}a_{-}^{\nu_{-}} \tag{8.30}$$

$$\gamma_{\pm}^{\nu}\overset{\mathrm{def}}{=\!=}\gamma_{+}^{\nu_{+}}\gamma_{-}^{\nu_{-}} \tag{8.31}$$

$$b_{\pm}^{\nu}\overset{\mathrm{def}}{=\!=}b_{+}^{\nu_{+}}b_{-}^{\nu_{-}} \tag{8.32}$$

其中$\nu=\nu_{+}+\nu_{-}$。

将式(8.28) 和式(8.30) 代入式(8.27)，则得：

$$\mu_{\mathrm{B}}=\mu_{\mathrm{B}}^{\ominus}+RT\ln a_{\pm}^{\nu} \tag{8.33}$$

将式(8.25) 和式(8.26) 代入式(8.30)，得：

$$a_{\pm}=(a_{+}^{\nu_{+}}a_{-}^{\nu_{-}})^{1/\nu}=\left[\left(\frac{\gamma_{+}b_{+}}{b^{\ominus}}\right)^{\nu_{+}}\left(\frac{\gamma_{-}b_{-}}{b^{\ominus}}\right)^{\nu_{-}}\right]^{1/\nu}$$

$$=(\gamma_{+}^{\nu_{+}}\gamma_{-}^{\nu_{-}})^{1/\nu}(b_{+}^{\nu_{+}}b_{-}^{\nu_{-}})^{1/\nu}\left(\frac{1}{b^{\ominus}}\right)$$

即

$$a_{\pm}=\frac{\gamma_{\pm}b_{\pm}}{b^{\ominus}} \tag{8.34}$$

此式表示$a_{\pm}$、$\gamma_{\pm}$和$b_{\pm}$之间的关系。

将式(8.34) 代入式(8.33)，得：

$$\mu_{\mathrm{B}}=\mu_{\mathrm{B}}^{\ominus}+RT\ln\left(\frac{\gamma_{\pm}b_{\pm}}{b^{\ominus}}\right)^{\nu} \tag{8.35}$$

由式(8.29) 和式(8.30) 可得a_{B}与$a_{\pm}$的关系：

$$a_{\mathrm{B}}=a_{\pm}^{\nu} \tag{8.36}$$

将式(8.34) 代入式(8.36)，得：

$$a_B=\gamma_{\pm}^{\nu}\left(\frac{b_{\pm}}{b^{\ominus}}\right)^{\nu} \tag{8.37}$$

这样，利用式(8.34) 和式(8.37) 就能计算强电解质的平均活度 $a_{\pm}$ 和活度 a_B。通常，$\gamma_{\pm}$ 可由实验测定，$b_{\pm}$ 则需按式(8.32) 计算。表 8.4 列出了一些电解质溶液的平均活度因子的实验数值。

表 8.4　一些电解质溶液的平均活度因子 (298K)

项目	$b_B/(mol \cdot kg^{-1})$											
	0.001	0.002	0.005	0.010	0.020	0.050	0.100	0.200	0.500	1.00	2.00	4.00
HCl	0.966	0.952	0.928	0.904	0.875	0.830	0.796	0.767	0.758	0.809	1.01	1.76
HNO_3	0.965	0.951	0.927	0.902	0.871	0.823	0.785	0.748	0.715	0.720	0.783	0.982
H_2SO_4	0.830	0.757	0.639	0.544	0.453	0.340	0.265	0.209	0.154	0.130	0.124	0.171
NaOH						0.82		0.73	0.69	0.68	0.70	0.89
$AgNO_3$			0.92	0.90	0.86	0.79	0.72	0.64	0.51	0.40	0.28	
$CaCl_2$	0.887	0.85	0.785	0.725	0.66	0.57	0.515	0.48	0.52	0.71		
$CuSO_4$	0.74		0.53	0.41	0.31	0.21	0.16	0.11	0.068	0.047		
KCl	0.965	0.952	0.927	0.901		0.815	0.769	0.719	0.651	0.606	0.576	0.579
KBr	0.965	0.952	0.927	0.903	0.872	0.822	0.777	0.728	0.665	0.625	0.602	0.622
KI	0.965	0.951	0.927	0.905	0.88	0.84	0.80	0.76	0.71	0.68	0.69	0.75
LiCl	0.963	0.948	0.921	0.89	0.86	0.82	0.78	0.75	0.73	0.76	0.91	1.46
NaCl	0.966	0.953	0.929	0.904	0.875	0.823	0.780	0.730	0.68	0.66	0.67	0.78
$ZnSO_4$	0.734	0.610	0.477	0.387		0.202	0.148	0.110	0.063	0.043	0.035	

综上所述，强电解质的化学势可以用式(8.22)、式(8.33) 和式(8.35) 等形式来表示，即：

$$\mu_B=\mu_B^{\ominus}+RT\ln a_B \tag{8.22}$$

$$\mu_B=\mu_B^{\ominus}+RT\ln a_{\pm}^{\nu} \tag{8.33}$$

$$\mu_B=\mu_B^{\ominus}+RT\ln\left(\frac{\gamma_{\pm}b_{\pm}}{b^{\ominus}}\right)^{\nu} \tag{8.35}$$

【例 8.4】 计算 298K 时，下列各电解质溶液的平均活度。

(1) $0.2mol \cdot kg^{-1}$ HBr 溶液，该溶液中电解质的 $\gamma_{\pm}=0.782$；

(2) $0.02mol \cdot kg^{-1}$ Na_2SO_4 溶液，该溶液中电解质的 $\gamma_{\pm}=0.641$；

(3) $1.0mol \cdot kg^{-1}$ $Al_2(SO_4)_3$ 溶液，该溶液中电解质的 $\gamma_{\pm}=0.0175$。

解：(1) 先求正、负离子的浓度。

$$b_+=0.2mol \cdot kg^{-1}$$

$$b_-=0.2mol \cdot kg^{-1}$$

$$b_{\pm}=(b_+b_-)^{1/2}=(0.2\times0.2)^{1/2}\ mol \cdot kg^{-1}=0.2mol \cdot kg^{-1}$$

按式(8.34) $a_{\pm}=\frac{\gamma_{\pm}b_{\pm}}{b^{\ominus}}$，因 $b^{\ominus}=1mol \cdot kg^{-1}$，所以：

$$a_{\pm}=\frac{\gamma_{\pm}b_{\pm}}{b^{\ominus}}=\frac{0.782\times0.2\text{mol}\cdot\text{kg}^{-1}}{1\text{mol}\cdot\text{kg}^{-1}}=0.156$$

(2)
$$b_{+}=2\times0.02\text{mol}\cdot\text{kg}^{-1}=0.04\text{mol}\cdot\text{kg}^{-1}$$
$$b_{-}=1\times0.02\text{mol}\cdot\text{kg}^{-1}=0.02\text{mol}\cdot\text{kg}^{-1}$$
$$b_{\pm}=(b_{+}^{2}b_{-})^{1/3}=[(0.04)^{2}\times0.02]^{1/3}\text{mol}\cdot\text{kg}^{-1}=0.0317\text{mol}\cdot\text{kg}^{-1}$$
$$a_{\pm}=\frac{\gamma_{\pm}b_{\pm}}{b^{\ominus}}=\frac{0.641\times0.0317\text{mol}\cdot\text{kg}^{-1}}{1\text{mol}\cdot\text{kg}^{-1}}=0.0203$$

(3)
$$b_{+}=2\times1.0\text{mol}\cdot\text{kg}^{-1}=2.0\text{mol}\cdot\text{kg}^{-1}$$
$$b_{-}=3\times1.0\text{mol}\cdot\text{kg}^{-1}=3.0\text{mol}\cdot\text{kg}^{-1}$$
$$b_{\pm}=(b_{+}^{2}b_{-}^{3})^{1/5}=[(2.0)^{2}\times(3.0)^{3}]^{1/5}\text{mol}\cdot\text{kg}^{-1}=2.55\text{mol}\cdot\text{kg}^{-1}$$
$$a_{\pm}=\frac{\gamma_{\pm}b_{\pm}}{b^{\ominus}}=\frac{0.0175\times2.55\text{mol}\cdot\text{kg}^{-1}}{1\text{mol}\cdot\text{kg}^{-1}}=0.0446$$

8.3.2 离子强度

从表 8.4 的数据可以看出，电解质的平均活度因子 $\gamma_{\pm}$ 与浓度有关，在稀溶液范围内，$\gamma_{\pm}$ 随浓度减小而增大。溶液无限稀释时，$\gamma_{\pm}$ 趋近于 1。溶液浓度相同时，同一价型电解质的 $\gamma_{\pm}$ 大体相同，而不同价型电解质的 $\gamma_{\pm}$ 相差较大，价型越高 $\gamma_{\pm}$ 越小。这些实验事实说明，在稀溶液中，强电解质的 $\gamma_{\pm}$ 主要受浓度和离子电荷数两种因素的影响，而且离子电荷数的影响比浓度的影响更大。为了表征强电解质的这一性质，路易斯（N. Lewis）提出了离子强度（ionic strength）的概念，其定义为：

$$I\overset{\text{def}}{=\!=\!=}\frac{1}{2}\sum_{\text{B}}b_{\text{B}}z_{\text{B}}^{2} \tag{8.38}$$

需要注意，不论是计算 $b_{\pm}$ 还是计算离子强度，都必须用与该电解质对应的正、负离子的真实浓度，参见例 8.5。

【例 8.5】 计算下列各电解质溶液的离子强度。

（1）$0.1\text{mol}\cdot\text{kg}^{-1}$ KCl 溶液；

（2）$0.01\text{mol}\cdot\text{kg}^{-1}$ $BaCl_2$；

（3）含 $0.1\text{mol}\cdot\text{kg}^{-1}$ KCl 和 $0.01\text{mol}\cdot\text{kg}^{-1}$ $BaCl_2$ 的溶液；

（4）含 $0.01\text{mol}\cdot\text{kg}^{-1}$ $Al_2(SO_4)_3$ 的溶液。

解：（1）$I=\frac{1}{2}[0.1\times1^{2}+0.1\times(-1)^{2}]\text{mol}\cdot\text{kg}^{-1}=0.1\text{mol}\cdot\text{kg}^{-1}$

（2）$I=\frac{1}{2}[0.01\times2^{2}+2\times0.01\times(-1)^{2}]\text{mol}\cdot\text{kg}^{-1}=0.03\text{mol}\cdot\text{kg}^{-1}$

（3）该溶液中 Cl^- 的浓度应当是 KCl 和 $BaCl_2$ 两者所含 Cl^- 浓度之总和，即：

$$b(\text{Cl}^{-})=(0.1+2\times0.01)\text{mol}\cdot\text{kg}^{-1}=0.12\text{mol}\cdot\text{kg}^{-1}$$

$$I=\frac{1}{2}[0.1\times1^{2}+0.01\times2^{2}+0.12\times(-1)^{2}]\text{mol}\cdot\text{kg}^{-1}=0.13\text{mol}\cdot\text{kg}^{-1}$$

（4）$I=\frac{1}{2}[2\times0.01\times3^{2}+3\times0.01\times(-2)^{2}]\text{mol}\cdot\text{kg}^{-1}=0.15\text{mol}\cdot\text{kg}^{-1}$

路易斯根据大量的实验事实总结出电解质的平均活度因子与离子强度的经验关系式：

$$\lg\gamma_{\pm} = -K\sqrt{I} \tag{8.39}$$

式中，K 为常数，其值由温度和溶剂的性质决定。该式称为**路易斯经验关系**（Lewis limiting formula），只适用于 $I < 0.01\text{mol}\cdot\text{kg}^{-1}$ 的强电解质稀溶液。

8.3.3 强电解质溶液理论

研究强电解质溶液理论主要是为了解释强电解质溶液与理想稀溶液行为发生偏差的原因，并从理论出发计算电解质的活度因子。

最早的电解质溶液理论是阿伦尼乌斯的部分电离学说。该学说认为电解质在溶液中部分电离，未电离的电解质分子与已电离的正、负离子处于动态平衡。部分电离学说能较好地应用于弱电解质。但是对于强电解质不适用，如强电解质不服从奥斯特瓦尔德稀释定律，强电解质溶液的摩尔电导率与浓度的关系也不能用部分电离学说解释。

阿伦尼乌斯部分电离学说的主要缺陷是没有认识到强电解质在水中是完全电离的，更没有考虑到离子间不可忽略的相互作用对溶液性质的影响。

1923 年，德拜（P. Debye）和休克尔（E. Hückel）为了克服阿伦尼乌斯理论的局限性，提出了强电解质的**离子互吸理论**（ion-attraction theory）。其要点是：强电解质在稀溶液中是完全电离的，强电解质溶液与理想稀溶液之间的偏差主要是由于正、负离子之间的静电作用所引起的。并提出了一个重要概念——**离子氛**（ion atmosphere）。

离子互吸理论认为，强电解质溶液中正、负离子同时受静电作用和热运动的制约，静电作用倾向于使离子像在晶体中那样有规则地排列，而热运动力图打破这种倾向使其在溶液中均匀地分布。为便于研究，在溶液中任选一个离子（如正离子）作为中心离子，则在它周围统计分布着其他正、负离子。由于中心正离子对正离子的排斥和对负离子的吸引，距离中心离子越近，正离子出现的概率越小，负离子出现的概率越大。总的效果是中心离子周围负电荷超过正电荷，因为溶液是电中性的，所以电荷为 $+z$ 的中心离子周围溶液的净电荷为 $-z$，中心离子就好像被一层异性电荷的离子所包围。中心离子周围这层异性电荷离子所构成的对称球体称为**离子氛**，见图 8.6。溶液中的各个离子是等同的，同一离子既可看作是中心离子，又可看作是另一离子氛的成员。由于热运动，离子氛是瞬息万变的，但是若把中心离子和离子氛作为一个整体看待，则应是电中性的。这个整体与溶液的其他部分之间不再有静电作用。这样，以离子氛模型为基础，可以把离子间复杂的作用归结为中心离子与离子氛之间的静电作用，从而使强电解质溶液理论的研究大大简化。

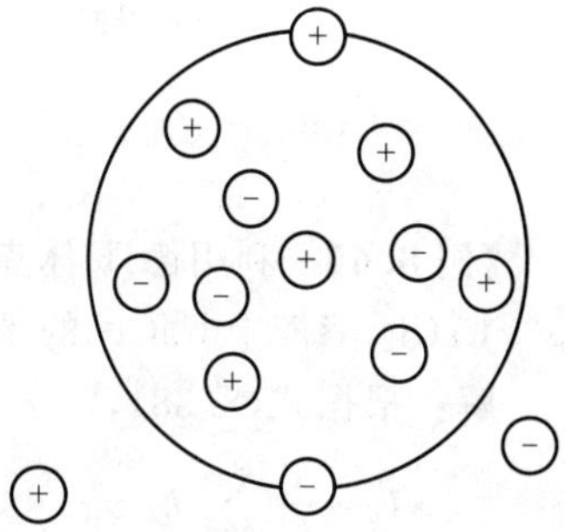

图 8.6 离子氛模型

根据离子氛模型，德拜和休克尔认为造成强电解质溶液与理想稀溶液之间发生偏差的主要原因是正、负离子间的静电作用，更具体地说就是中心离子与离子氛之间的静电作用。电解质溶液中离子 B 的化学势 $\mu_{b,\text{B}}$（电）与理想稀溶液中 B 作为不带电的质点时的化学势 $\mu_{b,\text{B}}$ 是不同的，其差值 $\Delta\mu$ 为：

$$\Delta\mu = \mu_{b,\text{B}}(\text{电}) - \mu_{b,\text{B}}$$

这个差值就是离子间的静电作用引起的吉布斯函数变化值（$\Delta G = \Delta\mu$），也就是拆散离子氛、消除中心离子与离子氛之间的静电作用所需耗用的电功（$W' = \Delta\mu$）。根据式(3.75)，理想稀溶液中不带电的质点 B 的化学势为：

$$\mu_{b,B}=\mu_{b,B}^{\ominus}+RT\ln\frac{b_B}{b^{\ominus}}$$

而强电解质溶液中离子B的化学势可在此基础上引入离子的活度因子$\gamma_{b,B}$来校正，其表达式为：

$$\mu_{b,B}(电)=\mu_{b,B}^{\ominus}+RT\ln(\gamma_{b,B}b_B/b^{\ominus})=\mu_{b,B}^{\ominus}+RT\ln(b_B/b^{\ominus})+RT\ln\gamma_{b,B}$$

差值$\Delta\mu$为：

$$\Delta\mu=\mu_{b,B}(电)-\mu_{b,B}=RT\ln\gamma_{b,B}$$

因此只要能求得拆散离子氛所需消耗的电功，就可得到强电解质溶液与理想稀溶液中质点B的化学势的差值$\Delta\mu$，从而就可以计算强电解质离子的活度因子$\gamma_{b,B}$。

德拜和休克尔根据静电理论和统计规律计算出了拆散离子氛所需的功，从而导出了计算单个离子活度因子的公式，即德拜-休克尔极限公式(Debye-Hückel limiting formula)：

$$\lg\gamma_{b,B}=-Az_B^2\sqrt{I} \tag{8.40}$$

式中，I为离子强度；A为常数，其值由温度及溶剂所确定，298K的水溶液中$A=0.509\text{mol}^{-1/2}\cdot\text{kg}^{1/2}$。从德拜-休克尔理论出发导出的这个结果与路易斯从实验中总结出的式(8.39)是吻合的。

由于任何电解质溶液中正、负离子总是相伴存在的，所以单个离子的活度因子无法测得，而只能测得离子的平均活度因子$\gamma_{\pm}$。根据式(8.31)和式(8.40)，再结合$\nu_+z_+=\nu_-|z_-|$可得：

$$\lg\gamma_{\pm}=-A|z_+z_-|\sqrt{I} \tag{8.41}$$

式(8.41)也称为德拜-休克尔极限公式。根据式(8.41)，若以$\lg\gamma_{\pm}$对$\sqrt{I}$作图，应得一直线，这是检验离子互吸理论的依据。图8.7是一些电解质溶液$\lg\gamma_{\pm}$与$\sqrt{I}$关系图，图8.7中虚线是按德拜-休克尔极限公式计算的理论直线，实线是实验结果。在稀溶液范围内理论线与实验线是吻合的。可见，德拜-休克尔离子互吸理论在稀电解质溶液中是符合实验事实的。

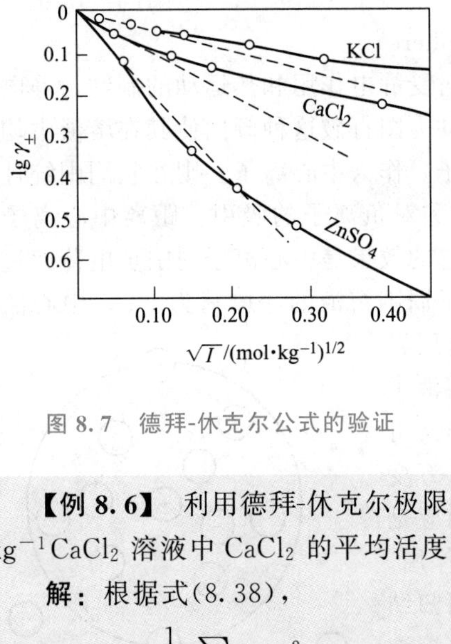

图8.7 德拜-休克尔公式的验证

【例8.6】 利用德拜-休克尔极限公式计算298K时$0.01\text{mol}\cdot\text{kg}^{-1}$的KCl和$0.001\text{mol}\cdot\text{kg}^{-1}$ $CaCl_2$溶液中$CaCl_2$的平均活度因子。

解：根据式(8.38)，

$$I=\frac{1}{2}\sum_B b_Bz_B^2$$

$$=\frac{1}{2}\times[0.01\times1^2+0.01\times(-1)^2+0.001\times2^2+2\times0.001\times(-1)^2]\text{mol}\cdot\text{kg}^{-1}$$

$$=0.013\text{mol}\cdot\text{kg}^{-1}$$

根据式(8.41)，

$$\lg\gamma_{\pm}=-A|z_+z_-|\sqrt{I}$$

$$=-0.509(\text{mol}^{-1/2}\cdot\text{kg}^{1/2})|2\times(-1)|\sqrt{0.013\text{mol}\cdot\text{kg}^{-1}}$$

$$=-0.116$$

$$\gamma_{\pm}=0.766$$

8.4 电池及其电动势的测定

前面我们讨论的化学平衡，都是在没有非体积功的情况下的平衡。在化学反应过程中，反应系统的能量大部分以热的形式与环境交换。而本章所讨论的化学平衡是在有电功情况下的平衡，即定量地研究化学能与电能的转换关系。这里所说的“化学能”是指在等温等压下化学反应可以全部变作非体积功的那部分能量，即化学反应做非体积功的最大本领。根据热力学的观点，它应该是反应过程中系统吉布斯函数的减少，即$-\Delta G=-W'_{\max}$。

通过电池可以将化学能转变为电能。为此首先应了解可逆电池的相关知识。

8.4.1 可逆电池与不可逆电池

如果化学能与电能之间的转换以热力学可逆的方式进行，称为可逆电池（reversible cell）。可逆电池必须同时具备以下两个条件：

① 放电时的电池反应与充电时的电池反应互为逆反应。例如，图 8.8 所示的丹尼尔电池（Daniell cell）放电反应为：

$$\text{Cu 极}\quad Cu^{2+}+2e^{-}\longrightarrow Cu$$

$$\text{Zn 极}\quad Zn\longrightarrow Zn^{2+}+2e^{-}$$

$$\text{电池}\quad Cu^{2+}+Zn=\!=\!=Cu+Zn^{2+}$$

充电反应如下：

$$\text{Cu 极}\quad Cu\longrightarrow Cu^{2+}+2e^{-}$$

$$\text{Zn 极}\quad Zn^{2+}+2e^{-}\longrightarrow Zn$$

$$\text{电池}\quad Cu+Zn^{2+}=\!=\!=Cu^{2+}+Zn$$

将充、放电反应比较可知，电池充电反应与放电反应正好是正反应与逆反应。

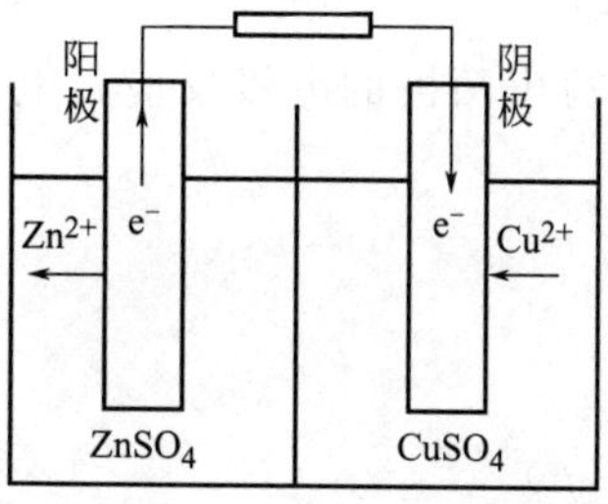

图 8.8　丹尼尔电池示意图

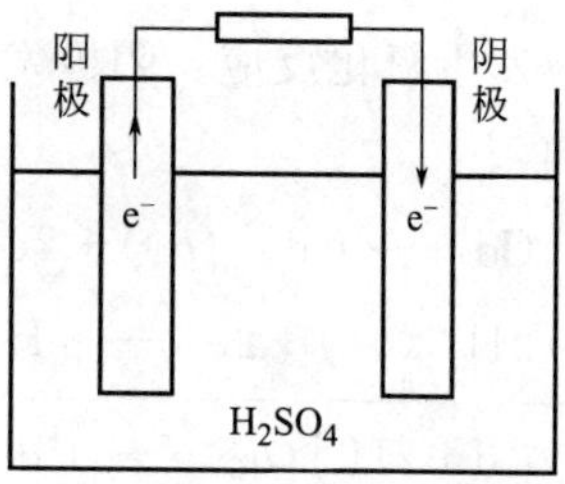

图 8.9　不可逆电池示意图

而图 8.9 所示的电池放电反应如下：

$$\text{Zn 极}\quad Zn\longrightarrow Zn^{2+}+2e^{-}$$

$$\text{Cu 极}\quad 2H^{+}+2e^{-}\longrightarrow H_2$$

$$\text{电池}\quad Zn+2H^{+}=\!=\!=Zn^{2+}+H_2$$

充电反应如下：

$$\text{Zn 极}\quad 2H^{+}+2e^{-}\longrightarrow H_2$$

$$\text{Cu 极}\quad Cu\longrightarrow Cu^{2+}+2e^{-}$$

$$\text{电池}\quad 2H^{+}+Cu=\!=\!=Cu^{2+}+H_2$$

可见，充、放电的反应不为互逆反应，所以这种电池不是可逆电池。

② 无论放电或充电，通过电池的电流必须无限小，电池总是在接近于热力学平衡的状态下工作，它所包含的其他过程也必须是可逆的。丹尼尔电池只有在同时满足这个条件时才是可逆电池。

正如没有完全可逆的过程一样，完全可逆的电池也是不存在的。例如，尽管丹尼尔电池充、放电反应互为可逆反应，但是充、放电时两溶液界面处离子的扩散过程却是不可逆的。所以严格地讲，丹尼尔电池也不是可逆电池。尽管完全的可逆电池并不存在，但可逆电池能做的电功却为电池做电功的最大限度，即化学能与电能转换的最大限度，因此研究可逆电池具有重要意义。

8.4.2 电池表达式

电池的组成和结构可以用电池表达式方便地表示，其书写方法如下。

① 左边写出发生氧化反应的阳极，即负极，右边写出发生还原反应的阴极，即正极。气体作电极时，要写出代替它作导体的惰性金属（通常为 Pt）。

② 从左到右依次写出构成电池的各种物质的化学式并注明它们的相态。对溶液和气体要分别注明活度（或浓度）和逸度（或压力）。还需注明电池的温度和压力，若未注明，一般指的是 298K 和标准压力 $p^{\ominus}$。

③ 用单竖线“|”表示各相间的接界面（有时也用逗号“,”表示），用双竖线“‖”表示盐桥。

【例 8.7】 写出下列电池的电池反应：

(1) $Cd|Cd^{2+}(b_1)\|HCl(b_2)|H_2(p)|Pt$

(2) $Pt|H_2(p^{\ominus})|HCl(b)|AgCl(s)|Ag$

(3) $Pt|H_2[p(H_2)]|NaOH(b)|O_2[p(O_2)]|Pt$

解：按阳极发生氧化反应、阴极发生还原反应写出两极的电极反应，电池反应则是阴、阳极反应的加和。

(1) 阳极：$Cd \longrightarrow Cd^{2+}(b_1)+2e^-$

阴极：$2H^+(b_2)+2e^- \longrightarrow H_2(p)$

电池：$Cd+2H^+(b_2) = Cd^{2+}(b_1)+H_2(p)$

(2) 阳极：$\frac{1}{2}H_2(p^{\ominus}) \longrightarrow H^+(b)+e^-$

阴极：$AgCl(s)+e^- \longrightarrow Ag+Cl^-(b)$

电池：$\frac{1}{2}H_2(p^{\ominus})+AgCl(s) = HCl(b)+Ag$

(3) 阳极：$H_2[p(H_2)]+2OH^-(b) \longrightarrow 2H_2O(l)+2e^-$

阴极：$\frac{1}{2}O_2[p(O_2)]+H_2O(l)+2e^- \longrightarrow 2OH^-(b)$

电池：$H_2[p(H_2)]+\frac{1}{2}O_2[p(O_2)] = H_2O(l)$

8.4.3 电动势的测定

电池的电动势（electromotive force，简称 EMF）是当通过电池的电流趋于无限小时电池两极的电势差，因此电动势是电池进行可逆过程时表现出的特性。如果用伏特计测量电池两极间的电势差，只有当适量电流通过时才能显示，即伏特计测得的结果不是可逆电池的电动势，而是不可逆电池的端电压，因此不能用伏特计测定电动势。通常测电动势是用根据波根多夫对消法（Poggendorff compensation method）原理设计的电位差计。波根多夫对消法的基本原理是在电池的外电路上加一个反向电动势来对消待测电池的电动势，在保证通过电池的电流为零的情况下测定电池两极的电势差，即为电池的电动势。

如图 8.10 所示，BD 为一均匀滑线电阻，工作电池 W 的电流 I 流经 BD 后，产生一均匀电势降，其值由滑动触点 C_x 的位置决定。测定时将工作电池与待测电池 E_x 反向相连，按下电键 K，便在待测电池的外电路上加上一个反向的电势降。调节滑动触点的位置至 C_x 点时，检流计 G 的指针不偏转，表示通过待测电池的电流为零。在此平衡条件下，BC_x 段的电势差就等于电流为零时待测电池两端的电势差，即待测电池的电动势 E_x。为确定 BC_x 段的电势差，可再次采用对消法，即把待测电池换成电动势 E_s 已知的标准电池，按下电键 K，移动滑动触点至检流计中无电流，设此时滑点位置为 C_s。显然，BC_s 两端的电势降就等于标准电池的电动势 E_s。由于 BD 段电阻是均匀的，所以可以用两电阻线长度之比表示它们的电势差之比，即：

$$\frac{E_x}{E_s}=\frac{\overline{BC_x}}{\overline{BC_s}} \quad 或 \quad E_x=E_s\left(\frac{\overline{BC_x}}{\overline{BC_s}}\right)$$

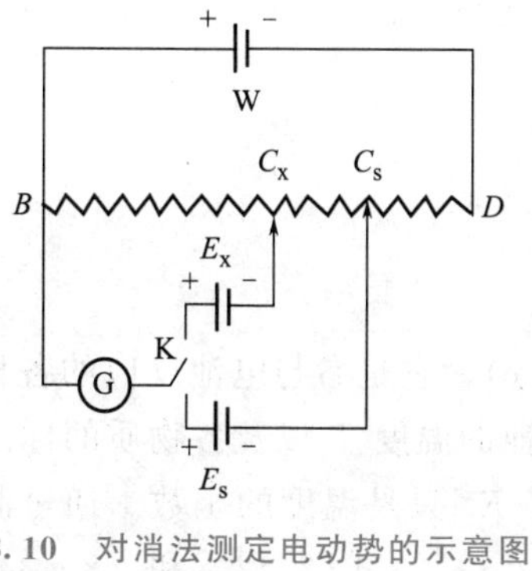

图 8.10 对消法测定电动势的示意图

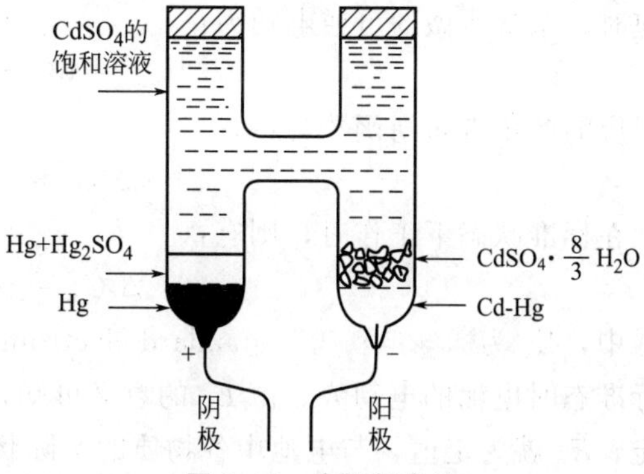

图 8.11 韦斯顿电池

8.4.4 标准电池

测定电池电动势时，需要配备一个电动势已知且稳定不变的标准电池。韦斯顿电池（Weston cell）（图 8.11）就是能满足这种要求的、常用的电池。

韦斯顿电池是镉-汞电池。电池的阴极是汞和硫酸亚汞的糊状混合物。为了使糊状物与引线接触紧密，电极下部放少量 Hg。糊状物上放有 $CdSO_4 \cdot \frac{8}{3}H_2O$ 晶体和它的饱和溶液。阳极是 Cd 的质量分数为 12.5％的镉汞齐，也浸在 $CdSO_4 \cdot \frac{8}{3}H_2O$ 晶体的饱和溶液中。韦斯顿电池表达式如下：

$$Cd(Hg)(12.5\%)|CdSO_4 \cdot \frac{8}{3}H_2O(s)|CdSO_4(饱和)|Hg_2SO_4(s)|Hg(l)$$

该电池放电时的反应为：

$$Cd(Hg)+Hg_2SO_4(s)+\frac{8}{3}H_2O(s) = CdSO_4 \cdot \frac{8}{3}H_2O(s)+2Hg(l)$$

标准电池内的反应是可逆的且电动势很稳定，其电动势只与镉汞齐的活度有关，而用于制备标准电池的镉汞齐的活度在定温下为定值。298K 时，该电池的电动势为 1.01832V，电动势受温度的影响很小。

8.5 可逆电池热力学

由于可逆电池工作时满足了热力学可逆过程的条件，所以有关可逆过程的热力学关系可应用于可逆电池。

8.5.1 计算 $\Delta_r G_m$、$\Delta_r H_m$、$\Delta_r S_m$ 和 $Q_{r,m}$

可逆电池化学能与电能之间的转换按热力学可逆方式进行，根据式(2.148)，等温、等压下系统摩尔吉布斯函数的减少应等于系统对环境所做的可逆非体积功，即：

$$-\Delta G_{T,p}=-W'_r$$

这里的非体积功 $-W'_r$ 就是可逆电功。它等于电池的电动势 E 与所通过的电量 Q 的乘积。对 1mol 电池反应，若转移的电子数以 z 表示，则所通过的电量 $Q=zF$，因此，发生每摩尔电池反应时，系统所做的可逆电功为：

$$-W'_r=zFE$$

反应的摩尔吉布斯函数为：

$$\Delta_r G_m=-zFE \tag{8.42}$$

当电池在标准状态下工作时，则有：

$$\Delta_r G_m^{\ominus}=-zFE^{\ominus} \tag{8.43}$$

式中，$E^{\ominus}$ 为标准电动势（standard electromotive force），它是参与电池反应的各种物质均处于标准态时电池的电动势。由 $E^{\ominus}$ 的意义可知，一个电池的温度 T 以及各物质的标准状态一旦指定，$E^{\ominus}$ 就为定值，与电池中各物质的实际状态无关，$E^{\ominus}$ 只是温度的函数。通过测定电动势得到 E 和 $E^{\ominus}$ 后，就可以算得相应电池反应的 $\Delta_r G_m$ 和 $\Delta_r G_m^{\ominus}$，式(8.42) 和 (8.43) 是联系电化学与化学热力学的桥梁。

电动势的温度系数（temperature coefficient）是等压下温度改变 1K 时所引起的电动势变化值，用 $(\partial E/\partial T)_p$ 表示。将吉布斯-亥姆霍兹方程式［式(4.53)］与式(8.42) 结合，得：

$$\Delta_r S_m=-\left(\frac{\partial \Delta_r G_m}{\partial T}\right)_p=zF\left(\frac{\partial E}{\partial T}\right)_p \tag{8.44}$$

$(\partial E/\partial T)_p$ 可通过实验测得，方法是在不同的温度下测定电动势 E，以 E 为纵坐标、T 为横坐标作图，得一条直线，直线的斜率就是 $(\partial E/\partial T)_p$。

对等温、等压下的电池反应，有：

$$\Delta_r H_m=\Delta_r G_m+T\Delta_r S_m$$

将式(8.42) 和式(8.44) 代入上式，得：

$$\Delta_r H_m = -zFE + zFT\left(\frac{\partial E}{\partial T}\right)_p \tag{8.45}$$

根据热力学第二定律数学表达式［式(2.101)］，可求得等温、等压下可逆电池反应的热效应：

$$Q_{r,m} = T\Delta_r S_m$$

$$Q_{r,m} = zFT\left(\frac{\partial E}{\partial T}\right)_p \tag{8.46}$$

【例 8.8】 实验测得 298K 下韦斯顿电池的电动势 $E=1.01832\text{V}$，电动势的温度系数 $(\partial E/\partial T)_p=-5.00\times10^{-5}\text{V}\cdot\text{K}^{-1}$，试计算电池反应的 $\Delta_r G_m$、$\Delta_r H_m$、$\Delta_r S_m$ 和 $Q_{r,m}$。

解：韦斯顿电池反应为 $\text{Cd(Hg)} + \text{Hg}_2\text{SO}_4\text{(s)} + \frac{8}{3}\text{H}_2\text{O(s)} = \text{CdSO}_4\cdot\frac{8}{3}\text{H}_2\text{O(s)} + 2\text{Hg(l)}$，每进行 1mol 电池反应，将交换 2mol 电子，故 $z=2$。根据式(8.42) 可得：

$$\begin{aligned}\Delta_r G_m &= -zFE \\ &= -2\times9.65\times10^4\text{C}\cdot\text{mol}^{-1}\times1.01832\text{V} \\ &= -1.97\times10^5\text{J}\cdot\text{mol}^{-1} \\ &= -197\text{kJ}\cdot\text{mol}^{-1}\end{aligned}$$

根据式(8.44)～式(8.46)，$\Delta_r H_m$、$\Delta_r S_m$ 和 $Q_{r,m}$ 分别为：

$$\begin{aligned}\Delta_r S_m &= zF\left(\frac{\partial E}{\partial T}\right)_p = 2\times9.65\times10^4\text{C}\cdot\text{mol}^{-1}\times(-5.00\times10^{-5}\text{V}\cdot\text{K}^{-1}) \\ &= -9.65\text{J}\cdot\text{mol}^{-1}\cdot\text{K}^{-1}\end{aligned}$$

$$\begin{aligned}\Delta_r H_m &= -zFE + zFT\left(\frac{\partial E}{\partial T}\right)_p \\ &= -2\times9.65\times10^4\text{C}\cdot\text{mol}^{-1}\times1.01832\text{V} + \\ &\quad 2\times9.65\times10^4\text{C}\cdot\text{mol}^{-1}\times298\text{K}\times(-5.00\times10^{-5}\text{V}\cdot\text{K}^{-1}) \\ &= -1.99\times10^5\text{J}\cdot\text{mol}^{-1} = -199\text{kJ}\cdot\text{mol}^{-1}\end{aligned}$$

$$\begin{aligned}Q_{r,m} &= zFT\left(\frac{\partial E}{\partial T}\right)_p \\ &= 2\times9.65\times10^4\text{C}\cdot\text{mol}^{-1}\times298\text{K}\times(-5.00\times10^{-5}\text{V}\cdot\text{K}^{-1}) \\ &= -2.88\text{kJ}\cdot\text{mol}^{-1}\end{aligned}$$

8.5.2 电动势与各反应组分活度的关系——能斯特方程

将化学反应等温方程式应用于电池反应 $0=\sum_B \nu_B \text{B}$，得：

$$\Delta_r G_m = \Delta_r G_m^\ominus + RT\ln\prod_B a_B^{\nu_B}$$

式中，a_B 为任意组分 B 的活度。对于有气体参与的多相反应，凝聚相物质仍用 a_B，而气相物质则用 $\tilde{p}_B/p^\ominus$。若压力不高，气体可视为理想气体，即以 $p_B/p^\ominus$ 代替 $\tilde{p}_B/p^\ominus$。将式(8.42) 和式(8.43) 代入上式，得：

$$E = E^\ominus - \frac{RT}{zF}\ln\prod_B a_B^{\nu_B} \tag{8.47}$$

式(8.47) 表示可逆电池电动势与参加电池反应的各物质的活度（或分压）以及温度间的关系，称为电池反应的能斯特方程（Nernst equation of cell reaction）。定温下 $E^\ominus$ 和 $RT/(zF)$ 均为常数，所以，E 仅是参与电池反应的各种物质活度（或分压）的函数。所以要想改变一个电池的电动势，就需要改变制作电池的物质的状态。

第8章

8.6 电池电动势的产生与电极电势

8.6.1 电池电动势的产生

前面有关电动势的概念来自化学能与电能之间的转换关系，下面将从电池的内部结构来探讨产生电动势的原因。

根据电学原理，电池的电动势等于通过电池的电流趋于零时电池中各界面处的电势差之和。仍以图 8.8 所示的丹尼尔电池为例，由于进行电池电动势的测定时一般要用两根铜线将两极与电位差计相连，所以丹尼尔电池表达式可写作：

$$\mathrm{Cu}|\mathrm{Zn}|\mathrm{ZnSO_4}(a_1)|\mathrm{CuSO_4}(a_2)|\mathrm{Cu}$$

由此电池表达式可见，电池内部包括三种类型相界面，即金属/金属（如 Cu/Zn）、金属/溶液（如 Zn/Zn^{2+} 和 Cu/Cu^{2+}）、溶液/溶液（如 Zn^{2+}/Cu^{2+}）界面。相应地产生三种类型的界面电势差。

(1) 接触电势

不同金属接触时，由于相互逸入的电子数不相同，界面两侧将出现相对过剩的正、负电荷，从而产生电势差，这种电势差就叫**接触电势**（contact potential），以 $\Delta_{\mathrm{M}}^{\mathrm{N}}\phi$ 表示，其中 N 和 M 代表相互接触的两种金属。如丹尼尔电池中，铜导线与锌电极接触处有 $\Delta_{\mathrm{Cu}}^{\mathrm{Zn}}\phi=\phi(\mathrm{Zn})-\phi(\mathrm{Cu})$。接触电势是由物理作用引起的，通常很小，可忽略不计。

(2) 电极的电势差

金属 M 插入含该金属离子 M^{z+} 的溶液中时，将发生金属离子进入溶液和离子从溶液中沉积到金属上的电化学过程。当此过程达到平衡时，金属与溶液之间产生的电势差就是金属/溶液电势差，简称**电极的电势差**（potential difference of electrode），用 $\Delta_{\mathrm{M}^{z+}}^{\mathrm{M}}\phi$ 表示。如丹尼尔电池中两个电极的电势差为：

$$\Delta_{\mathrm{ZnSO_4(aq)}}^{\mathrm{Zn}}\phi=\phi(\mathrm{Zn})-\phi(\mathrm{ZnSO_4},\mathrm{aq})$$

$$\Delta_{\mathrm{CuSO_4(aq)}}^{\mathrm{Cu}}\phi=\phi(\mathrm{Cu})-\phi(\mathrm{CuSO_4},\mathrm{aq})$$

电极的电势差是由电化学过程引起的，其数值不仅与电极种类有关，而且与溶液中金属离子的浓度有关。

(3) 液接电势

两种不同电解质溶液或同种但不同浓度的电解质溶液接触时，接触界面处产生的电势差称为**液接电势**（liquid junction potential）。液接电势是由离子迁移速率不同引起的。如图 8.12(a) 所示，在浓度相同的 $ZnSO_4$ 与 $CuSO_4$ 溶液接触界面上，两种溶液中的阳离子会向对方扩散，由于 Cu^{2+} 的扩散速率较 Zn^{2+} 的扩散速率大，使得界面上 $ZnSO_4$ 一侧正电荷过剩，而 $CuSO_4$ 一侧负电荷过剩，产生电势差。该电势差加速了 Zn^{2+} 的扩散而减缓了 Cu^{2+} 的扩散，两者扩散速率相等时达到平衡，此时界面上形成的稳定的电势差就是液接电势。图 8.12(b) 是两种浓度不同的 HCl 溶液界面上形成液接电势的示意图。因为 H^+ 的扩散速率比 Cl^- 大，所以界面两侧的 H^+ 和 Cl^- 相互扩散并达到平衡后，在稀 HCl 溶液一侧（左侧）将有过剩的 H^+，而浓 HCl 溶

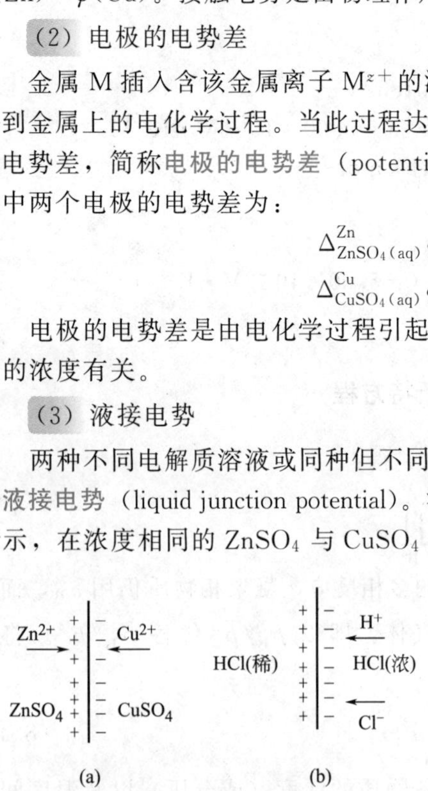

图 8.12 液接电势示意图

(a) 同浓度不同种类溶液的液接电势；

(b) 同种类不同浓度溶液的液接电势

液一侧（右侧）则有过剩的 Cl^-，从而在液-液界面处产生电势差，即为液接电势。

液接电势是不可逆电势，一般为 10～20mV，在精确测定中不容忽视，所以精确测定电动势时总是避免使用有液体接触界面的电池，无法避免时，常在两个溶液之间架一个盐桥以尽量减少液接电势。**盐桥**（salt bridge）通常是在一个 U 形管内装入用凝胶固定的饱和 KCl 溶液而构成的。使用时将盐桥倒置在两种溶液中，由于盐桥中 KCl 的浓度高，它与两种溶液形成的新界面处的液接电势主要由 K^+ 和 Cl^- 的扩散来决定。K^+ 和 Cl^- 的电迁移率几乎相等，它们以几乎相同的速率向溶液扩散，使盐桥两端形成的两个新界面处的电势差基本抵消，所以新界面产生的液接电势很小，一般可以忽略。

具备以下条件的电解质溶液才可以用作盐桥：

① 正、负离子的电迁移率近似相等；

② 高浓度，一般用饱和溶液；

③ 所用电解质为常见物质，且不能与电池的溶液发生反应，例如溶液中若含 Ag^+，则要改用 NH_4NO_3 或 KNO_3 等。

综上所述，丹尼尔电池各界面处电势差的总和为：

$$E=\lim_{I\to 0}(\Delta_{Cu}^{Zn}\phi+\Delta_{Zn}^{ZnSO_4,aq}\phi+\Delta_{ZnSO_4,aq}^{CuSO_4,aq}\phi+\Delta_{CuSO_4,aq}^{Cu}\phi) \tag{8.48}$$

上式也可改写为：

$$E=\lim_{I\to 0}(\Delta_{Cu}^{Zn}\phi-\Delta_{ZnSO_4,aq}^{Zn}\phi+\Delta_{ZnSO_4,aq}^{CuSO_4,aq}\phi+\Delta_{CuSO_4,aq}^{Cu}\phi) \tag{8.49}$$

若使用饱和 KCl 盐桥消除了液接电势并忽略接触电势，则式(8.49)可简化为：

$$E=\lim_{I\to 0}(\Delta_{CuSO_4,aq}^{Cu}\phi-\Delta_{ZnSO_4,aq}^{Zn}\phi) \tag{8.50}$$

略去 $\lim\limits_{I\to 0}$ 并写成通式，则为：

$$E=\Delta\phi(\mathrm{R})-\Delta\phi(\mathrm{L}) \tag{8.51}$$

式中，R 和 L 分别代表电池表达式中右方电极和左方电极。

8.6.2 电极电势和标准电极电势

根据式(8.51)，消除液接电势并忽略接触电势后，电池的电动势应当等于右、左两个电极电势差的差值。虽然单个电极的电势差数值（可称为**绝对电极电势**）无法测得，但只要选定一个电极作为统一的比较基准，把所有其他电极的电势差与基准电极的电势差比较，即可得到各种电极的相对电极电势差，被称作**电极电势**（electrode potential）。用 $E(\mathrm{R})$ 和 $E(\mathrm{L})$ 分别代表电池表达式中右方电极和左方电极的电极电势并用以代替式(8.51)中电极的电势差，则式(8.51)成为：

$$E=E(\mathrm{R})-E(\mathrm{L}) \tag{8.52}$$

此式表明，在消除液接电势和忽略接触电势的情况下，由电池两个电极的电极电势就可以计算出电池的电动势。

按 IUPAC（国际纯粹与应用化学联合会）规定，采用标准氢电极作为标准电极。标准氢电极的结构见图 8.13，即将镀有铂黑的铂片插入 $a(H^+)=1$ 的溶液中，并不断通入压力为 $p^{\ominus}$ 的纯 H_2 拍打铂黑片。其电极反应为：

$$2H^+[a(H^+)=1]+2e^-\longrightarrow H_2(g,p^{\ominus})$$

标准氢电极的电极电势 $E^{\ominus}[H^+/H_2(g)]=0$。按国际惯例，将标准氢电极作为阳极，待测电极作为阴极，构成如下电池：

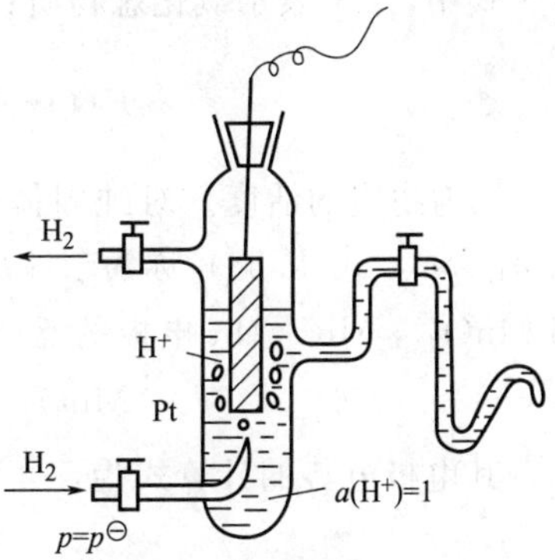

图 8.13 标准氢电极

标准氢电极 ‖ 待测电极

由于标准氢电极的电极电势为零，所以消除了液接电势后，该电池的电动势就是待测电极的电极电势。由于在此电池中待测电极上发生的是还原反应，所以待测电极的电极电势也称还原电极电势，用 E（电极，还原）表示，简写为 E（电极）。若构成待测电极的各种物质均处于标准态，则此时确定的电极电势就是该电极的标准电极电势（standard electrode potential），用 $E^{\ominus}$（电极，还原）表示，简写为 $E^{\ominus}$（电极）。例如，为了确定 $Cu^{2+}[a(Cu^{2+})]/Cu$ 的电极电势，可组成如下电池：

$$\mathrm{Pt}|\mathrm{H_2}(\mathrm{g},p^{\ominus})|\mathrm{H^+}[a(\mathrm{H^+})=1]\|\mathrm{Cu^{2+}}[a(\mathrm{Cu^{2+}})]|\mathrm{Cu}$$

电池内发生的反应为：

阳极 $\mathrm{H_2}(\mathrm{g},p^{\ominus})\longrightarrow 2\mathrm{H^+}[a(\mathrm{H^+})=1]+2\mathrm{e^-}$

阴极 $\mathrm{Cu^{2+}}[a(\mathrm{Cu^{2+}})]+2\mathrm{e^-}\longrightarrow \mathrm{Cu}$

电池 $\mathrm{H_2}(\mathrm{g},p^{\ominus})+\mathrm{Cu^{2+}}[a(\mathrm{Cu^{2+}})]=\!=\!=2\mathrm{H^+}[a(\mathrm{H^+})=1]+\mathrm{Cu}$

根据式(8.47)，该电池的电动势为：

$$E=E^{\ominus}-\frac{RT}{zF}\ln\frac{a(\mathrm{H^+})^2a(\mathrm{Cu})}{[p(\mathrm{H_2})/p^{\ominus}]a(\mathrm{Cu^{2+}})}$$

由于 $a(\mathrm{H^+})=1$，$p(\mathrm{H_2})=p^{\ominus}$ 及 $a(\mathrm{Cu})=1$，所以上式变为：

$$E=E^{\ominus}-\frac{RT}{zF}\ln\frac{1}{a(\mathrm{Cu^{2+}})}$$

按规定，该电池的电动势 E 就是铜电极的电极电势 $E(\mathrm{Cu^{2+}}|\mathrm{Cu})$。若铜电极中 $a(\mathrm{Cu^{2+}})=1$，该电池的电动势 E 就是铜电极的标准电极电势 $E^{\ominus}(\mathrm{Cu^{2+}}|\mathrm{Cu})$。因此，铜电极的电极电势可表示为：

$$E(\mathrm{Cu^{2+}}|\mathrm{Cu})=E^{\ominus}(\mathrm{Cu^{2+}}|\mathrm{Cu})-\frac{RT}{zF}\ln\frac{1}{a(\mathrm{Cu^{2+}})}$$

在 $a(\mathrm{Cu^{2+}})=1$ 的情况下，测得上述电池的电动势数值为 0.3400V，即 $E^{\ominus}(\mathrm{Cu^{2+}}|\mathrm{Cu})=+0.3400\mathrm{V}$。

以标准氢电极作为参比标准，所得到的各种电极的电极电势称为氢标电极电势，常以 $E(\mathrm{SHE})$ 表示。

对于任意给定电极，其电极反应通式可写为：

$$\mathrm{Ox}+z\mathrm{e^-}\longrightarrow \mathrm{Red}$$

式中，Ox 表示氧化态物质；Red 表示还原态物质。计算此电极的电极电势的通式为：

$$E(\mathrm{Ox}|\mathrm{Red})=E^{\ominus}(\mathrm{Ox}|\mathrm{Red})-\frac{RT}{zF}\ln\frac{a(\mathrm{Red})}{a(\mathrm{Ox})}\tag{8.53}$$

a 为物质的活度。对纯固体和纯液体，$a=1$；对气体，a 为相对分逸度 $\tilde{p}_{\mathrm{B}}/p^{\ominus}$ 或相对分压 $p_{\mathrm{B}}/p^{\ominus}$。式(8.53) 称为电极反应的能斯特方程（Nernst equation of electrode reaction）。例如 $\mathrm{MnO_4^-}$，$\mathrm{Mn^{2+}}$/Pt 电极的反应为：

$$\mathrm{MnO_4^-}+8\mathrm{H^+}+5\mathrm{e^-}\longrightarrow \mathrm{Mn^{2+}}+4\mathrm{H_2O}\ (\mathrm{l})$$

其电极电势的计算式为：

$$E(\mathrm{MnO_4^-}|\mathrm{Mn^{2+}})=E^{\ominus}(\mathrm{MnO_4^-}|\mathrm{Mn^{2+}})-\frac{RT}{5F}\ln\frac{a(\mathrm{Mn^{2+}})}{a(\mathrm{MnO_4^-})\cdot a(\mathrm{H^+})^8}$$

298K 和 100kPa 下一些常用电极在水溶液中的标准电极电势见表 8.5。

表 8.5 298K，100kPa 下常用电极在水溶液中的标准电极电势

电极	电极反应	$E^\ominus$(电极)/V
	第一类电极	
$Li^+ \mid Li$	$Li^+ + e^- \rightleftharpoons Li$	−3.045
$K^+ \mid K$	$K^+ + e^- \rightleftharpoons K$	−2.924
$Ba^{2+} \mid Ba$	$Ba^{2+} + 2e^- \rightleftharpoons Ba$	−2.90
$Ca^{2+} \mid Ca$	$Ca^{2+} + 2e^- \rightleftharpoons Ca$	−2.76
$Na^+ \mid Na$	$Na^+ + e^- \rightleftharpoons Na$	−2.7111
$Mg^{2+} \mid Mg$	$Mg^{2+} + 2e^- \rightleftharpoons Mg$	−2.375
$OH^-, H_2O \mid H_2(g) \mid Pt$	$2H_2O + 2e^- \rightleftharpoons H_2(g) + 2OH^-$	−0.8277
$Zn^{2+} \mid Zn$	$Zn^{2+} + 2e^- \rightleftharpoons Zn$	−0.7630
$Cr^{3+} \mid Cr$	$Cr^{3+} + 3e^- \rightleftharpoons Cr$	−0.74
$Cd^{2+} \mid Cd$	$Cd^{2} + 2e^- \rightleftharpoons Cd$	−0.4028
$Co^{2+} \mid Co$	$Co^{2+} + 2e^- \rightleftharpoons Co$	−0.28
$Ni^{2+} \mid Ni$	$Ni^{2+} + 2e^- \rightleftharpoons Ni$	−0.23
$Sn^{2+} \mid Sn$	$Sn^{2+} + 2e^- \rightleftharpoons Sn$	−0.1366
$Pb^{2+} \mid Pb$	$Pb^{2+} + 2e^- \rightleftharpoons Pb$	−0.1265
$Fe^{3+} \mid Fe$	$Fe^{3+} + 3e^- \rightleftharpoons Fe$	−0.036
$H^+ \mid H_2(g) \mid Pt$	$2H^+ + 2e^- \rightleftharpoons H_2(g)$	0.0000
$Cu^{2+} \mid Cu$	$Cu^{2+} + 2e^- \rightleftharpoons Cu$	+0.3400
$OH^-, H_2O \mid O_2(g) \mid Pt$	$O_2(g) + 2H_2O + 4e^- \rightleftharpoons 4OH^-$	+0.401
$Cu^+ \mid Cu$	$Cu^+ + e^- \rightleftharpoons Cu$	+0.522
$I^- \mid I_2(s) \mid Pt$	$I_2(s) + 2e^- \rightleftharpoons 2I^-$	+0.535
$Hg_2^{2+} \mid Hg$	$Hg_2^{2+} + 2e^- \rightleftharpoons 2Hg$	+0.7959
$Ag^+ \mid Ag$	$Ag^+ + e^- \rightleftharpoons Ag$	+0.7994
$Hg^{2+} \mid Hg$	$Hg^{2+} + 2e^- \rightleftharpoons Hg$	+0.851
$Br^- \mid Br_2(l) \mid Pt$	$Br_2(l) + 2e^- \rightleftharpoons 2Br^-$	+1.065
$H^+, H_2O \mid O_2(g) \mid Pt$	$O_2(g) + 4H^+ + 4e^- \rightleftharpoons 2H_2O$	+1.229
$Cl^- \mid Cl_2(g) \mid Pt$	$Cl_2(g) + 2e^- \rightleftharpoons 2Cl^-$	+1.3580
$Au^+ \mid Au$	$Au^+ + e^- \rightleftharpoons Au$	+1.68
$F^- \mid F_2(g) \mid Pt$	$F_2(g) + 2e^- \rightleftharpoons 2F^-$	+2.87
	第二类电极	
$SO_4^{2-} \mid PbSO_4(s) \mid Pb$	$PbSO_4(s) + 2e^- \rightleftharpoons Pb + SO_4^{2-}$	−0.356
$I^- \mid AgI(s) \mid Ag$	$AgI(s) + e^- \rightleftharpoons Ag + I^-$	−0.1521
$Br^- \mid AgBr(s) \mid Ag$	$AgBr(s) + e^- \rightleftharpoons Ag + Br^-$	+0.0711
$Cl^- \mid AgCl(s) \mid Ag$	$AgCl(s) + e^- \rightleftharpoons Ag + Cl^-$	+0.2221

续表

电极	电极反应	$E^{\ominus}$(电极)/V
	氧化还原电极	
$Cr^{3+}, Cr^{2+} \mid Pt$	$Cr^{3+} + e^- \rightleftharpoons Cr^{2+}$	−0.41
$Sn^{4+}, Sn^{2+} \mid Pt$	$Sn^{4+} + 2e^- \rightleftharpoons Sn^{2+}$	+0.15
$Cu^{2+}, Cu^{+} \mid Pt$	$Cu^{2+} + e^- \rightleftharpoons Cu^{+}$	+0.158
H^+,醌,氢醌$\mid Pt$	$C_6H_4O_2 + 2H^+ + 2e^- \rightleftharpoons C_6H_4(OH)_2$	+0.6993
$Fe^{3+}, Fe^{2+} \mid Pt$	$Fe^{3+} + e^- \rightleftharpoons Fe^{2+}$	+0.770
$Tl^{3+}, Tl^{+} \mid Pt$	$Tl^{3+} + 2e^- \rightleftharpoons Tl^{+}$	+1.247
$Ce^{4+}, Ce^{3+} \mid Pt$	$Ce^{4+} + e^- \rightleftharpoons Ce^{3+}$	+1.61
$Co^{3+}, Co^{2+} \mid Pt$	$Co^{3+} + e^- \rightleftharpoons Co^{2+}$	+1.808

为准确测定电极电势，应尽量设计单液电池以避免产生液接电势。例如，欲测定电极为$Cl^- \mid AgCl(s) \mid Ag$的标准电极电势，可设计如下电池：

$$Pt \mid H_2(g, p^{\ominus}) \mid HCl(b) \mid AgCl(s) \mid Ag$$

其电池反应如下：

$$\text{阳极}\quad \frac{1}{2}H_2(g, p^{\ominus}) \longrightarrow H^+(b) + e^-$$

$$\text{阴极}\quad AgCl(s) + e^- \longrightarrow Ag + Cl^-(b)$$

$$\text{电池}\quad \frac{1}{2}H_2(g, p^{\ominus}) + AgCl(s) = Ag + H^+(b) + Cl^-(b)$$

根据式(8.47)，此电池的电动势为：

$$E = E^{\ominus} - \frac{RT}{F}\ln\frac{a(Ag)a(H^+)a(Cl^-)}{[p(H_2)/p^{\ominus}]^{1/2}a(AgCl)}$$

因 $a(Ag)=1$，$a(AgCl)=1$，$p(H_2)=p^{\ominus}$ 及 $a(H^+)\cdot a(Cl^-)=a_{\pm}^2$，上式可写为：

$$E = E^{\ominus} - \frac{RT}{F}\ln a_{\pm}^2$$

将式(8.34) 代入，并考虑到 HCl 的 $b_{\pm}=b$，则：

$$E = E^{\ominus} - \frac{RT}{F}\ln(\gamma_{\pm}b/b^{\ominus})^2 \tag{8.54}$$

上式可改写为：

$$E + \frac{2RT}{F}\ln\frac{b}{b^{\ominus}} = E^{\ominus} - \frac{2RT}{F}\ln\gamma_{\pm} \tag{8.55}$$

对 1-1 价型电解质，$I=b$，$z_+ = |z_-| = 1$，当 HCl 的浓度很稀时，按德拜-休克尔极限公式，可得 $\ln\gamma_{\pm} = -A\sqrt{I} = -A\sqrt{b}$。将其代入式(8.55)，可得：

$$E + \frac{2RT}{F}\ln\frac{b}{b^{\ominus}} = E^{\ominus} + \frac{2RTA}{F}\sqrt{b} \tag{8.56}$$

用不同浓度的 HCl 溶液构成电池，测得相应电动势 E，以 $E+(2RT/F)\ln(b/b^{\ominus})$对$\sqrt{b}$作图，在稀溶液范围内应得一条直线，将其外推至 $b\to 0$，所得截距就是该电池的标准电动势 $E^{\ominus}$，也就是 $E^{\ominus}[Cl^- \mid AgCl(s) \mid Ag(s)]$。另外，已知 $E^{\ominus}$ 和测得不同浓度的 HCl 溶液的 E 后，根据式(8.54) 就可算出不同浓度 HCl 溶液的 $\gamma_{\pm}$。可见，测定电池标准电动势 $E^{\ominus}$ 的方法也是实验测定标准电极电势 $E^{\ominus}$（电极）和平均活度因子 $\gamma_{\pm}$ 的方法。

8.6.3 各类电极

构成电池的电极大致可分为三类。

(1) 第一类电极

第一类电极包括金属电极和气体电极。将金属 M 插入含该金属离子 M^{z+} 的溶液中构成的电极称为金属电极（metal electrode）$M^{z+}|M$，如铜电极 $Cu^{2+}|Cu$、锌电极 $Zn^{2+}|Zn$ 等。电极中金属本身参与电极反应：

$$M^{z+}+ze^{-}\longrightarrow M$$

因纯固体金属 $a(M)=1$，根据式(8.53)，其电极电势可表示为

$$E(M^{z+}|M)=E^{\ominus}(M^{z+}|M)+\frac{RT}{zF}\ln a(M^{z+})$$

此式表明，一定温度下，金属电极的电极电势只与金属离子的活度有关。

气体电极与金属电极的不同之处仅仅是由于气体本身不导电，所以需用惰性金属（如 Pt）作为导电材料，如氢电极 $H^{+}|H_2|Pt$、氧电极 $OH^{-}, H_2O|O_2(g)|Pt$ 和氯电极 $Cl^{-}|Cl_2(g)|Pt$ 等。

氧电极的电极电势与溶液的酸碱性有关。酸性溶液中的氧电极是 $H^{+}, H_2O|O_2(g)|Pt$，其电极反应为：

$$O_2[p(O_2)]+4H^{+}[a(H^{+})]+4e^{-}\longrightarrow 2H_2O(l)$$

电极电势可表示为：

$$E[H^{+},H_2O|O_2(g)]=E^{\ominus}[H^{+},H_2O|O_2(g)]-\frac{RT}{4F}\ln\frac{a(H_2O)^2}{[p(O_2)/p^{\ominus}]a(H^{+})^4} \tag{8.57}$$

若 $p(O_2)=p^{\ominus}$，且 $a(H_2O)=1$，则：

$$E[H^{+},H_2O|O_2(g)]=E^{\ominus}[H^{+},H_2O|O_2(g)]+\frac{RT}{F}\ln a(H^{+}) \tag{8.58}$$

式中，$E^{\ominus}[H^{+},H_2O|O_2(g)]=1.229V$。

碱性溶液中的氧电极是 $OH^{-}, H_2O|O_2(g)|Pt$，其电极反应为：

$$O_2[p(O_2)]+2H_2O(l)+4e^{-}\longrightarrow 4OH^{-}[a(OH^{-})]$$

电极电势可表示为：

$$E[OH^{-},H_2O|O_2(g)]=E^{\ominus}[OH^{-},H_2O|O_2(g)]-\frac{RT}{4F}\ln\frac{a(OH^{-})^4}{[p(O_2)/p^{\ominus}]a(H_2O)^2} \tag{8.59}$$

若 $p(O_2)=p^{\ominus}$，且 $a(H_2O)=1$，则：

$$E[OH^{-},H_2O|O_2(g)]=E^{\ominus}[OH^{-},H_2O|O_2(g)]-\frac{RT}{F}\ln a(OH^{-}) \tag{8.60}$$

式中 $E^{\ominus}[OH^{-},H_2O|O_2(g)]=0.401V$。

(2) 第二类电极

在电极表面上覆盖一层电极金属的难溶盐，并把电极插入含有该难溶盐负离子的溶液中就构成了第二类电极，也称为难溶盐电极（insoluble salt electrode）。最常见的第二类电极是银-氯化银电极和甘汞电极（calomel electrode），分别表示为 $Cl^{-}|AgCl(s)|Ag$ 和 $Cl^{-}|Hg_2Cl_2(s)|Hg$。以甘汞电极为例，其反应为：

$$Hg_2Cl_2(s)+2e^{-}=2Hg+2Cl^{-}$$

电极电势为：

$$E[Cl^-,Hg_2Cl_2(s)|Hg]=E^{\ominus}[Cl^-,Hg_2Cl_2(s)|Hg]-\frac{RT}{2F}\ln\frac{a(Hg)^2a(Cl^-)^2}{a[Hg_2Cl_2(s)]}$$

由于 $a(Hg)=1$，$a[Hg_2Cl_2(s)]=1$，故：

$$E[Cl^-,Hg_2Cl_2(s)|Hg]=E^{\ominus}[Cl^-,Hg_2Cl_2(s)|Hg]-\frac{RT}{F}\ln a(Cl^-) \quad (8.61)$$

可见，一定温度下甘汞电极的电极电势只与溶液中 $a(Cl^-)$ 有关，三种常用甘汞电极的电极电势见表 8.6。

表 8.6 三种常用甘汞电极的电极电势

KCl 溶液浓度/$(mol \cdot dm^{-3})$	$E(298K)/V$
0.1	0.3337
1.0	0.2807
饱和溶液	0.2415

饱和甘汞电极用 SCE 标记，其结构如图 8.14 所示。由于标准氢电极难以制得，而甘汞电极和银-氯化银电极制作简便，电极电势稳定，其相对于氢电极的电极电势可精确测定，故常用它们代替氢电极作为二级参比电极。也有选用饱和甘汞电极作为参照标准，这样得到的电极电势以 $E(SCE)$ 表示。

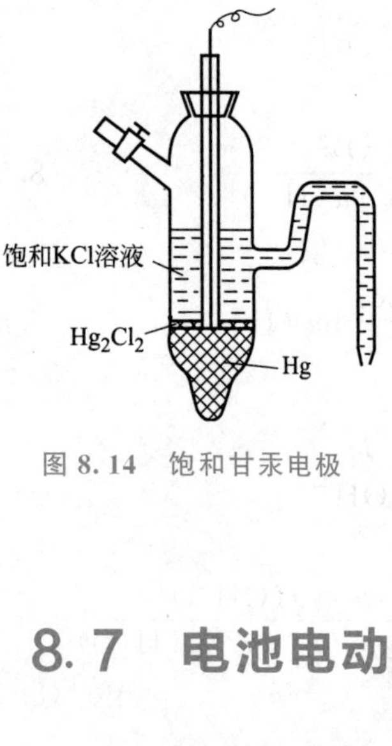

图 8.14 饱和甘汞电极

难溶氧化物电极，如 $OH^-,H_2O|Ag_2O(s)|Ag$ 电极、$OH^-,H_2O|Sb_2O_3(s)|Sb$ 电极等也属于第二类电极。

(3) 第三类电极

第三类电极是将惰性金属（如 Pt 片，只起导电作用）插入含有不同价态的某种离子的溶液中构成的电极，称为氧化还原电极（redox electrode），如 Fe^{3+}，Fe^{2+} | Pt、MnO_4^-，Mn^{2+} | Pt 和 Cu^{2+}，Cu^+ | Pt 等电极。电极 Fe^{3+}，Fe^{2+} | Pt 的电极反应为：

$$Fe^{3+}+e^- \longrightarrow Fe^{2+}$$

8.7 电池电动势的计算

8.7.1 电池电动势的计算方法

可采用下列两种方法计算电池的电动势：

(1) 由电池两极的电极电势计算电池的电动势

根据式(8.52)，电池电动势等于两个电极的电极电势之差，因此若按电极反应的能斯特方程式——式(8.53) 分别计算出左、右两电极的电极电势，便可计算出电池的电动势。

【例 8.9】 用电极反应的能斯特方程计算 298K 时下列电池的电动势：

$$Zn|ZnSO_4(0.10mol \cdot kg^{-1})\|CuSO_4(0.20mol \cdot kg^{-1})|Cu$$

解：根据电极反应的能斯特方程式(8.53)，298K 时：

$$E(Cu^{2+}|Cu)=E^{\ominus}(Cu^{2+}|Cu)-\frac{RT}{zF}\ln\frac{a(Cu)}{a(Cu^{2+})}$$

$$=E^{\ominus}(Cu^{2+}|Cu)+\frac{8.314J\cdot mol^{-1}\cdot K^{-1}\times 298K}{2\times 9.65\times 10^{4}C\cdot mol^{-1}}\ln\frac{\gamma(Cu^{2+})b(Cu^{2+})}{b^{\ominus}}$$

$$=0.340V+0.0128V\times\ln\frac{0.11\times 0.20mol\cdot kg^{-1}}{1mol\cdot kg^{-1}}$$

$$=0.29V$$

$$E(Zn^{2+}|Zn)=E^{\ominus}(Zn^{2+}|Zn)-\frac{RT}{zF}\ln\frac{a(Zn)}{a(Zn^{2+})}$$

$$=E^{\ominus}(Zn^{2+}|Zn)+\frac{8.314J\cdot mol^{-1}\cdot K^{-1}\times 298K}{2\times 9.65\times 10^{4}C\cdot mol^{-1}}\ln\frac{\gamma(Zn^{2+})b(Zn^{2+})}{b^{\ominus}}$$

$$=-0.763V+0.0128V\times\ln\frac{0.148\times 0.10mol\cdot kg^{-1}}{1mol\cdot kg^{-1}}$$

$$=-0.82V$$

再根据式(8.52)，该电池的电动势为：

$$E=E(R)-E(L)=E(Cu^{2+}|Cu)-E(Zn^{2+}|Zn)$$

$$=0.29V-(-0.82V)=1.11V$$

在上述计算中出现了单离子的活度系数 γ_B。由于 γ_B 不能测得，一般也难准确计算，所以需近似处理。本例中，$CuSO_4$ 和 $ZnSO_4$ 均为 1-1 型化合物，$\gamma_{\pm}=(\gamma_{+}\gamma_{-})^{1/2}$。计算中假设 $\gamma_{+}\approx\gamma_{-}=\gamma_{\pm}$，用可测量的 $\gamma_{\pm}$ 代替 γ_B 并由表 8.4 查得 $\gamma_{\pm}(ZnSO_4)=0.148$，$\gamma_{\pm}(CuSO_4)=0.11$。

(2) 由电池反应的能斯特方程式计算电池的电动势

也可利用电池反应的能斯特方程式来计算电池的电动势。

【例 8.10】 用电池反应的能斯特方程式计算 298K 时下列电池的电动势：

$$Pt|H_2(g,p^{\ominus})|HCl(0.1mol\cdot kg^{-1})|AgCl(s)|Ag$$

解： 阳极 $\frac{1}{2}H_2(g,p^{\ominus})\longrightarrow H^{+}(a_{+})+e^{-}$

阴极 $AgCl(s)+e^{-}\longrightarrow Ag+Cl^{-}(a_{-})$

电池 $\frac{1}{2}H_2(g,p^{\ominus})+AgCl(s)=\!=\!=Ag+H^{+}(a_{+})+Cl^{-}(a_{-})$

根据式(8.47)，

$$E=E^{\ominus}-\frac{RT}{zF}\ln\frac{a(Ag)a_{+}a_{-}}{[p(H_2)/p^{\ominus}]^{1/2}a(AgCl)}$$

因 $a(Ag)=a(AgCl)=1$，$p(H_2)=p^{\ominus}=100kPa$，$a_{+}a_{-}=a_{\pm}^{2}=(\gamma_{\pm}b_{\pm}/b^{\ominus})^{2}$，且由表 8.4 查得 $\gamma_{\pm}(HCl)=0.796$，因此：

$$E=0.2221V-\frac{8.314J\cdot mol^{-1}\cdot K^{-1}\times 298K}{1\times 9.65\times 10^{4}C\cdot mol^{-1}}\ln\left(\frac{0.796\times 0.1mol\cdot kg^{-1}}{1mol\cdot kg^{-1}}\right)^{2}=0.352V$$

8.7.2 浓差电池

前面所讨论的电池，电池反应是物质发生了化学变化，称为化学电池（chemical cell）。另

第8章

有一类电池，总的电池反应是物质由一种浓度或压力向另一种浓度或压力的转移，这种电池称为浓差电池（concentration cell）。

若浓度或压力的变化出现在电极上，这种浓差电池称为电极浓差电池（electrode concentration cell），例如电池 Cd(汞齐,a_1)|$CdSO_4$(b)|Cd(汞齐,a_2)，其电池反应为：

$$\begin{array}{ll} \text{阳极} & Cd(a_1) \longrightarrow Cd^{2+} + 2e^- \\ \text{阴极} & Cd^{2+} + 2e^- \longrightarrow Cd(a_2) \\ \hline \text{电池} & Cd(a_1) = Cd(a_2) \end{array}$$

根据式(8.47)，该电池的电动势为：

$$E = E^{\ominus} - \frac{RT}{2F}\ln\frac{a_2}{a_1}$$

因 $E^{\ominus}(R) = E^{\ominus}(L)$，故 $E^{\ominus} = E^{\ominus}(R) - E^{\ominus}(L) = 0$，则：

$$E = \frac{RT}{2F}\ln\frac{a_1}{a_2} \tag{8.62}$$

此式表明，电极浓差电池的电动势与电解液的活度无关，仅取决于电极反应物质在电极上的活度。若 $a_1 > a_2$，$E > 0$，电池反应为 Cd 从高活度汞齐一方向低活度一方转移。反之，若 $a_1 < a_2$，$E < 0$，电池反应将向相反方向进行，其效果仍然是 Cd 从高活度汞齐一方向低活度一方转移。

Ag|$AgNO_3$(b_1)‖$AgNO_3$(b_2)|Ag 和 Pt|H_2(g,p)|HCl(b_1)‖HCl(b_2)|H_2(g,p)|Pt 也是浓差电池，但与电极浓差电池不同，这两种电池由两个完全相同的电极插入种类相同而浓度不同的两种溶液中组成，称为溶液浓差电池（solution concentration cell)。前一电池的电池反应如下：

$$\begin{array}{ll} \text{阳极} & Ag \longrightarrow Ag^+(b_1) + e^- \\ \text{阴极} & Ag^+(b_2) + e^- \longrightarrow Ag \\ \hline \text{电池} & Ag^+(b_2) = Ag^+(b_1) \end{array}$$

其电动势为：

$$E = E^{\ominus} - \frac{RT}{F}\ln\frac{a_1(Ag^+)}{a_2(Ag^+)}$$

因 $E^{\ominus} = E^{\ominus}(R) - E^{\ominus}(L) = 0$，故：

$$E = \frac{RT}{F}\ln\frac{a_2(Ag^+)}{a_1(Ag^+)}$$

以式(8.25) 代入上式，得：

$$E = \frac{RT}{F}\ln\frac{\gamma_2(Ag^+)b_2}{\gamma_1(Ag^+)b_1} \tag{8.63}$$

式中，$\gamma_1(Ag^+)$ 和 $\gamma_2(Ag^+)$ 分别为 Ag^+ 在浓度为 b_1 和 b_2 的 $AgNO_3$ 溶液中的活度因子。式(8.63) 说明，溶液浓差电池的电动势取决于两种溶液中参与电极反应的离子的活度。

8.8 根据反应设计电池

以上各节中，我们重点讨论了如何正确书写电池反应和电极反应，以及根据这些反应计算电池电动势、电极电势和相关热力学量。在实际工作中，还经常需要以电动势或电极电势为手段来解决许多化学反应的热力学问题，这就需要把化学反应设计成电池。本节讨论如何根据化学反应设计电池。

设计电池时首先由给定的化学反应出发，设法找到其中所包含的氧化反应和还原反应，从而确定出阳极和阴极，然后将阳极和阴极组合在一起构成电池。一般可先写出一个电极反应，然后从总反应中减去这个电极反应，即可得到另一个电极反应。注意写出的电极应符合三类电极的特征，书写时可参考表 8.5 中列出的电极。另外，若设计的电池中有液体接界，注意使用盐桥消除液接电势。

氧化还原反应从总反应方程式中就可以很容易地看出哪些物质发生了氧化反应，哪些物质发生了还原反应，设计电池时相对容易。

【例 8.11】 将反应 $Zn + Cd^{2+} \longrightarrow Zn^{2+} + Cd$ 设计成电池。

解：由方程式很容易看出，Cd^{2+} 变为 Cd 是还原反应，Zn 变为 Zn^{2+} 是氧化反应。

$$\overset{\text{氧化}}{\underset{\text{还原}}{Zn + Cd^{2+} \longrightarrow Zn^{2+} + Cd}}$$

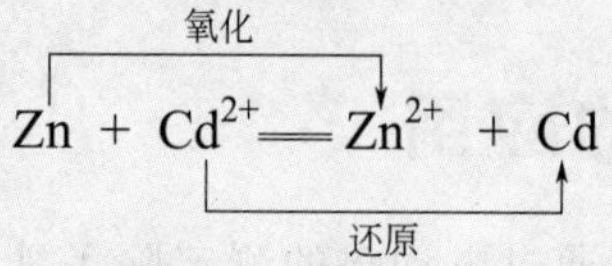

即镉电极 $Cd^{2+} \,|\, Cd$ 是阴极，锌电极 $Zn^{2+} \,|\, Zn$ 是阳极。所以电池设计为：

$$Zn \,|\, Zn^{2+} [a(Zn^{2+})] \,\|\, Cd^{2+} [a(Cd^{2+})] \,|\, Cd$$

对于非氧化还原反应，难以直接确定阳极和阴极。为此，在设计时可将方程式的两端同时加上等量的且状态完全相同的同种物质，使其中元素的价数发生变化。以下举例说明：

【例 8.12】 根据反应方程式 $AgCl + I^- \longrightarrow AgI + Cl^-$ 设计电池。

解：此反应为非氧化还原反应，在方程式两端同时加上等量的 $Ag(s)$，即

$$Ag(s) + AgCl + I^- \longrightarrow AgI + Cl^- + Ag(s)$$

这个反应与原反应等价，很容易可以找到反应的氧化过程和还原过程：

$$\overset{\text{氧化}}{\underset{\text{还原}}{Ag(s) + AgCl + I^- \longrightarrow AgI + Cl^- + Ag(s)}}$$

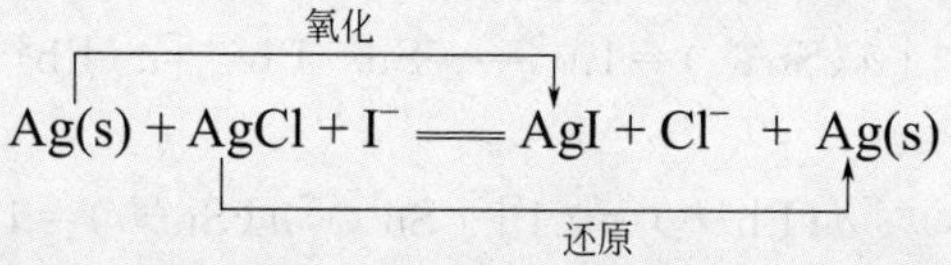

根据电极的组成，阳极设计为 $I^- \,|\, AgI \,|\, Ag$，阴极设计为 $Cl^- \,|\, AgCl \,|\, Ag$，所以电池为：

$$Ag(s) \,|\, AgI(s) \,|\, I^- [a(I^-)] \,\|\, Cl^- [a(Cl^-)] \,|\, AgCl(s) \,|\, Ag(s)$$

反应为：

阳极	$Ag(s) + I^- [a(I^-)] \longrightarrow AgI(s) + e^-$
阴极	$AgCl(s) + e^- \longrightarrow Cl^- [a(Cl^-)] + Ag(s)$

电池反应　　$AgCl(s) + I^- [a(I^-)] \longrightarrow AgI(s) + Cl^- [a(Cl^-)]$

因此设计的电池是合理的。

一个指定的化学反应方程式，只表明物质的转换关系即反应物和产物的状态而设计的电池只不过是完成这个反应的一个具体途径，同一个状态变化是可能通过多种途径来实现的，所以根据同一个化学反应有可能设计出多个电池。

【例 8.13】 将反应 $H^+ + OH^- \longrightarrow H_2O$ 设计成电池。

解：反应为酸碱中和反应，可设计为两个电池。

如用氢电极，有

阳极：　　　　　　　　$\dfrac{1}{2}H_2(g, p) + OH^- \longrightarrow H_2O + e^-$

阴极： $$H^+ + e^- \longrightarrow \frac{1}{2}H_2(g,p)$$

电池可表示为：$Pt|H_2(g,p)|OH^-[a(OH^-)] \| H^+[a(H^+)]|H_2(g,p)|Pt$

如用氧电极，则应为：

阳极： $$OH^- \longrightarrow \frac{1}{4}O_2(g,p)+\frac{1}{2}H_2O+e^-$$

阴极： $$\frac{1}{4}O_2(g,p)+H^+ + e^- \longrightarrow \frac{1}{2}H_2O$$

电池表示为：$Pt|O_2(g,p)|OH^-[a(OH^-)] \| H^+[a(H^+)]|O_2(g,p)|Pt$

8.9 电动势测定的应用

电动势是重要的电化学数据，通过电动势的测定除了能够计算电池反应的热力学函数外，还可以判断反应的趋势、求算电解质溶液的平均活度因子和平均活度等。

8.9.1 判断氧化还原反应的方向

等温、等压且无非体积功的条件下，$E>0$，则 $\Delta_r G_m = -zFE<0$，反应正向自发进行；$E<0$，反应逆向自发进行。

【例 8.14】 25℃下，将 Pb 放入含有 $Pb^{2+}[a(Pb^{2+})=0.1]$和 $Sn^{2+}[a(Sn^{2+})=1.0]$ 的混合液中，试判断 Pb 能否从混合液中置换出 Sn。

解：Pb 置换 Sn 的反应为：

$$Pb+Sn^{2+}[a(Sn^{2+})=1.0] = Sn+Pb^{2+}[a(Pb^{2+})=0.1]$$

将其设计为电池：

$$Pb|Pb^{2+}[a(Pb^{2+})=0.1] \| Sn^{2+}[a(Sn^{2+})=1.0]|Sn$$

则：

$$E=E^{\ominus}-\frac{RT}{zF}\ln\frac{a(Pb^{2+})}{a(Sn^{2+})}=E^{\ominus}(Sn^{2+}|Sn)-E^{\ominus}(Pb^{2+}|Pb)-\frac{RT}{2F}\ln\frac{a(Pb^{2+})}{a(Sn^{2+})}$$

由表 8.5 查得 $E^{\ominus}(Pb^{2+}|Pb)=-0.1265V$，$E^{\ominus}(Sn^{2+}|Sn)=-0.1366V$，代入上式，得：

$$E=-0.1366V-(-0.1265V)-\frac{8.314J \cdot mol^{-1} \cdot K^{-1}\times 298K}{2\times 9.65\times 10^4 C \cdot mol^{-1}}\ln\frac{0.1}{1.0}=0.0195V$$

$E>0$，说明等温、等压且无非体积功的条件下置换反应能够自发进行，即 Pb 能从混合液中置换出 Sn。

8.9.2 电解质的平均活度因子与平均活度的计算

因电动势与构成电池各物质的活度有关，因此可通过测定电动势计算电解质溶液的活度。

【例 8.15】 25℃下，测得电池 $Pt|H_2(g,p^{\ominus})|HCl(b=0.07503mol \cdot kg^{-1})|Hg_2Cl_2(s)|Hg$ 的电动势为 0.4119V，求 $0.07503mol \cdot kg^{-1}$ HCl 溶液的平均活度因子 $\gamma_{\pm}$。已知 $E^{\ominus}[Cl^-|Hg_2Cl_2|Hg]=0.2676V$。

解：电池中发生的反应如下：

阳极 $\frac{1}{2}H_2(g,p^{\ominus}) \longrightarrow H^+(b)+e^-$

阴极 $\frac{1}{2}Hg_2Cl_2(s)+e^- \longrightarrow Hg+Cl^-(b)$

电池 $\frac{1}{2}H_2(g,p^{\ominus})+\frac{1}{2}Hg_2Cl_2(s) = Hg+H^+(b)+Cl^-(b)$

根据电池的能斯特方程式(8.47)，

$$E=E^{\ominus}[Cl^-|Hg_2Cl_2|Hg]-E^{\ominus}[H^+|H_2(g)|Pt]-\frac{RT}{F}\ln[a(H^+)a(Cl^-)]$$

将已知数据及 $a(H^+)a(Cl^-)=a_{\pm}^2$ 代入上式，得：

$$0.4119V=0.2676V-0-\frac{8.314J\cdot mol^{-1}\cdot K^{-1}\times 298K}{9.65\times 10^4 C\cdot mol^{-1}}\ln a_{\pm}^2$$

解得：

$$a_{\pm}=0.0603$$

再由 $a_{\pm}=\gamma_{\pm}b_{\pm}/b^{\ominus}$ 及 1-1 型电解质 $b_{\pm}=b$，得：

$$\gamma_{\pm}=\frac{a_{\pm}b^{\ominus}}{b_{\pm}}=\frac{0.0603\times 1mol\cdot kg^{-1}}{0.07503mol\cdot kg^{-1}}=0.804$$

8.9.3 氧化还原反应的标准平衡常数的计算

将氧化还原反应设计成电池，根据式(4.15) 和式(8.43) 可得：

$$\Delta_r G_m^{\ominus}=-RT\ln K_a^{\ominus}=-zFE^{\ominus}$$

即：

$$\ln K_a^{\ominus}(T)=\frac{zFE^{\ominus}}{RT} \tag{8.64}$$

从而可由电池标准电动势 $E^{\ominus}$ 计算电池反应的标准平衡常数 $K_a^{\ominus}(T)$。这是获取化学反应标准平衡常数的重要方法。

【例 8.16】 某电池反应可用如下两个方程表示，分别写出其对应的 $\Delta_r G_m$，$K_a^{\ominus}$ 和 E 的表达式，并找出两组物理量之间的关系。

① $H_2(p_{H_2})+Cl_2(p_{Cl_2}) \longrightarrow 2H^+(a_{H^+})+2Cl^-(a_{Cl^-})$

② $\frac{1}{2}H_2(p_{H_2})+\frac{1}{2}Cl_2(p_{Cl_2}) \longrightarrow H^+(a_{H^+})+Cl^-(a_{Cl^-})$

解：$E_1=E_1^{\ominus}-\frac{RT}{2F}\ln\frac{a_{H^+}^2 a_{Cl^-}^2}{\frac{p_{H_2}}{p^{\ominus}}\cdot\frac{p_{Cl_2}}{p^{\ominus}}}$　　$E_1=E_1^{\ominus}-\frac{RT}{F}\ln\frac{a_{H^+}a_{Cl^-}}{\left(\frac{p_{H_2}}{p^{\ominus}}\right)^{\frac{1}{2}}\left(\frac{p_{Cl_2}}{p^{\ominus}}\right)^{\frac{1}{2}}}$

因为是同一电池，$E_1^{\ominus}=E_2^{\ominus}$，代入以上两式可得：$E_1=E_2$。

由式(8.43) 得：$\Delta_r G_{m,1}=2\Delta_r G_{m,2}$

根据式(8.64) 可得：

$$\ln K_{a,1}^{\ominus}(T)=\frac{2FE_1^{\ominus}}{RT}\qquad \ln K_{a,2}^{\ominus}(T)=\frac{FE_2^{\ominus}}{RT}$$

第8章

所以 $K^{\ominus}_{a,1}=(K^{\ominus}_{a,2})^2$

可见，电池电动势 E 的值取决于电池本身的性质，与电池反应的计量方程写法无关；而电池反应的 $\Delta_r G_m$ 和 $K^{\ominus}_a$ 与反应的计量方程写法有关。

8.9.4 难溶盐的活度积的计算

难溶盐的活度积 $K^{\ominus}_{sp}$ 实际上就是难溶盐解离平衡的平衡常数。虽然难溶盐的解离不是氧化还原反应，但是某些电池反应正好是难溶盐的解离反应，因此可以把该电池的 $E^{\ominus}$ 与难溶盐解离平衡的平衡常数联系起来，从而利用电池反应的 $E^{\ominus}$ 求算难溶盐的活度积 $K^{\ominus}_{sp}$ 或计算难溶盐的溶解度。

【例 8.17】 利用标准电极电势的数据计算 298K 时 AgCl 的溶度积 $K^{\ominus}_{sp}$。

解：AgCl 的解离反应为：

$$AgCl(s) = Ag^+ + Cl^-$$

上述反应可设计为下列电池：

$$Ag|Ag^+ \| Cl^- |AgCl(s)|Ag$$

该电池的电极反应和电池反应如下：

$$\begin{array}{ll} \text{阳极} & Ag \longrightarrow Ag^+ + e^- \\ \text{阴极} & AgCl(s) + e^- \longrightarrow Ag + Cl^- \\ \hline \text{电池} & AgCl(s) = Ag^+ + Cl^- \end{array}$$

显然，$K^{\ominus}_a = K^{\ominus}_{sp}$。查表 8.5 得 $E^{\ominus}[Cl^-|AgCl(s)|Ag]=0.222V$，$E^{\ominus}[Ag^+|Ag]=0.799V$，根据式(8.52) 及式(8.64)，得：

$$\lg K^{\ominus}_a(298K) = \frac{zF\{E^{\ominus}[Cl^-|AgCl(s)|Ag] - E^{\ominus}(Ag^+|Ag)\}}{RT}$$

$$= \frac{1 \times 9.65 \times 10^4 C \cdot mol^{-1} \times (0.222V - 0.799V)}{8.314 J \cdot mol^{-1} \cdot K^{-1} \times 298K} = -22.47$$

$$K^{\ominus}_a(298K) = 1.74 \times 10^{-10}$$

即 $$K^{\ominus}_{sp}(AgCl, 298K) = 1.74 \times 10^{-10}$$

用类似的方法还可以求得弱电解质的解离平衡常数、水的离子积及络离子的不稳定常数。

8.9.5 pH 值的测定

用电动势法测定溶液的 pH 值，既不像滴定法那样会破坏电离平衡，也不像比色法那样会受到有色溶液的干扰，是一种比较准确的方法。用电动势法测定 pH 值时，需用一个对 H^+ 可逆的指示电极和一个参比电极与待测溶液组成一个电池。氢电极对 pH 值在 0～14 范围内的溶液均可使用，但由于制作困难，使用不方便，通常只用于 pH 值的标定及核对工作，而醌氢醌电极和玻璃电极才是常用的指示电极。参比电极常选择甘汞电极。

(1) 醌氢醌电极

醌氢醌电极（quinhydrone electrode）是氧化还原电极，由于制作简单，使用方便，被广泛用于溶液 pH 的测定。醌氢醌是等分子的醌（$C_6H_4O_2$，常以 Q 表示）和氢醌［$C_6H_4(OH)_2$，常以 H_2Q 表示］的复合物，它在水中溶解度很小，且易达到如下解离平衡：

$$C_6H_4O_2 \cdot C_6H_4(OH)_2 \longrightarrow C_6H_4O_2 + C_6H_4(OH)_2$$

或

$$Q \cdot H_2Q \longrightarrow Q + H_2Q$$

在含有 H^+ 的溶液中加入少许 $Q \cdot H_2Q$ 形成过饱和溶液，再插入惰性金属 Pt 即构成了醌氢醌电极，其电极反应为：

$$Q + 2H^+ + 2e^- \longrightarrow H_2Q$$

电极电势为：

$$E(Q|H_2Q) = E^{\ominus}(Q|H_2Q) - \frac{RT}{2F}\ln\frac{a(H_2Q)}{a(Q) \cdot a(H^+)^2}$$

由于醌氢醌的溶解度很小，其解离产物 Q 和 H_2Q 的活度因子均可视为 1，又由于两者浓度相等，故 $a(H_2Q)/a(Q)=1$。查表 8.5 知 298K 下 $E^{\ominus}(Q/H_2Q)=0.6993V$，故：

$$E(Q|H_2Q) = E^{\ominus}(Q|H_2Q) - (RT/F) \times 2.303 \times pH$$
$$= 0.6993V - 0.05916V \times pH$$

通常将醌氢醌电极和摩尔甘汞电极放到待测溶液中组成如下电池：

摩尔甘汞电极‖被醌氢醌饱和的待测溶液($pH<7.1$)|Pt

298K 下，该电池的电动势为：

$$E = E(R) - E(L) = (0.6993 - 0.05916pH - 0.2807)V$$

$$pH = \frac{0.4186 - E/V}{0.05916} \quad (8.65)$$

若溶液 $pH>7.1$，醌氢醌电极应为阳极，位于电池的左方。此时，待测溶液的 pH 值为：

$$pH = \frac{0.4186 + E/V}{0.05916} \quad (8.66)$$

醌氢醌电极不能在碱溶液中使用，因 $pH>8.5$ 时，氢醌将发生解离，使 $a(H_2Q)/a(Q)\neq 1$，上述 pH 值的计算式不再成立。

(2) 玻璃电极

玻璃电极 (glass electrode) 是测定溶液 pH 值常用的电极，其构造如图 8.15 所示。电极的主要部分是一个由特殊原料制作的玻璃球，球下端是极薄的玻璃膜，球内装有 $0.1mol \cdot kg^{-1}$ 的 HCl 溶液（或已知 pH 值的其他缓冲溶液），溶液中插入一支 Ag-AgCl 电极。玻璃电极的电极电势 $E(Gls)$ 与玻璃膜厚度及所浸入的待测溶液的 pH 值等因素有关，298K 下：

$$E(Gls) = E^{\ominus}(Gls) - 0.05916V \times pH$$

若以摩尔甘汞电极作为参比电极与玻璃电极同时插入待测溶液中组成电池，其电动势为：

$$E = E(R) - E(L) = E(SCE) - E(Gls)$$
$$= 0.2807V - E^{\ominus}(Gls) + 0.05916V \times pH$$

故

$$pH = \frac{E + E^{\ominus}(Gls) - 0.2807V}{0.05916V} \quad (8.67)$$

对一个确定的玻璃电极，$E^{\ominus}(Gls)$ 是常数，可通过一个已知 pH 值的溶液予以标定。

实际上已设计成用玻璃电极测定溶液 pH 值的专用仪器——pH 计，使用起来十分方便。玻璃电极不受溶液中存在的氧化剂、还原剂以及各种毒物的影响，这是醌氢醌电极所不及的。

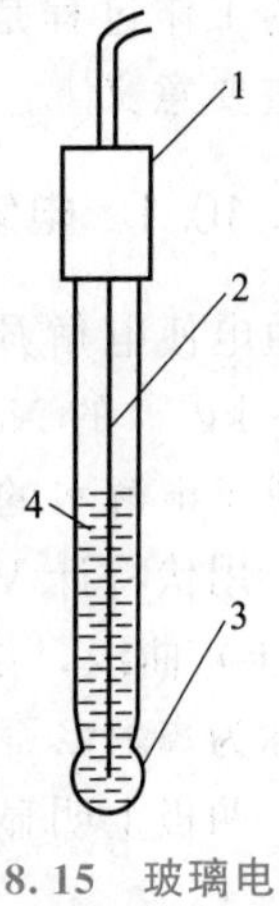

图 8.15 玻璃电极的构造

1—绝缘套；
2—Ag-AgCl 电极；
3—玻璃膜；
4—$0.1mol \cdot kg^{-1}$ HCl 溶液

8.9.6 电势滴定

在滴定中，溶液中离子浓度随试剂的加入而变化。如果插入一个能与该离子进行可逆反应的指示电极，再放入一个参比电极组成电池，测定电池电动势 E 随加入试剂量变化的曲线，就可以利用滴定过程中电池电动势 E 的突变来指示滴定终点。此种滴定分析方法，即称为电势滴定法。以 $AgNO_3$ 溶液滴定 NaI 溶液为例说明。

在待测的 NaI 溶液中插入银-碘化银电极作为电池的负极，用饱和甘汞电极作参比电极组成如下电池：

$$Ag(s)|AgI(s)|I^-[a(I^-)]\|\text{饱和甘汞电极}$$

在 298.15K 时：

$$E=E(R)-E(L)=0.2415V-[-0.1519V-0.05916V\lg a(I^-)]$$
$$=0.3934V-0.05916V\lg a(I^-)$$

随着 $AgNO_3$ 溶液的滴入，待测溶液中的 I^- 浓度逐渐变小，电池电动势也随之发生变化。接近化学计量点时，滴入少量 $AgNO_3$ 溶液，便可以使 I^- 的浓度急剧变化，使电动势也发生突变。根据电动势的突变指示滴定终点，即根据电动势突变时已加入的 $AgNO_3$ 溶液的体积，确定被滴定溶液中 I^- 的浓度。

电势滴定法具有分析准确度高、适用范围广等优点，广泛用于氧化还原滴定、酸碱滴定、配位滴定和沉淀滴定等方法中。特别是对于一些滴定突跃小，不能应用指示剂准确指示终点的情况，或一些有色、浑浊使得指示剂不适用的情况以及对多种组分进行连续、分别滴定的情况，用电势滴定法可获得理想的结果。

8.10 电解与极化作用

此前讨论的都是可逆电池，所得到的是没有电流通过时电化学系统的热力学性质，即平衡性质。而在实际应用中，无论原电池还是电解池均有一定电流通过，因此实际电化学系统的工作过程是不可逆的，所以研究不可逆电极反应过程的现象及规律对电化学的应用具有重要意义。

8.10.1 电解与分解电压

通电使电解质溶液发生化学变化的过程称为电解，实现电解的装置为电解池。如在 $1mol\cdot kg^{-1}$ 的 NaOH 溶液中插入两个 Pt 电极，按图 8.16 分别与直流电源的正、负极相接，就构成了电解水的电解池。通过调节可变电阻 R，使加在两个 Pt 电极上的电压从零开始逐渐加大，用伏特计 V 测量其电压值，用安培计 G 记录通过电解池的电流值，从而绘制 I-V（电流-电压）曲线，如图 8.17 所示。实验结果表明，外加电压很小时，电解池中只有微小电流通过，称为残余电流，此时观测不到电解反应发生。当电压增加到 D 点后，电流随着电压直线上升，两极上明显地有气泡析出，即发生了如下的电解过程：

阳极 $$2OH^-\longrightarrow\frac{1}{2}O_2+H_2O+2e^-$$

阴极 $$2H_2O+2e^-\longrightarrow 2OH^-+H_2$$

阳极上析出的 O_2 与阴极上析出的 H_2 组成如下电池：

$$Pt|H_2[p(H_2)]|NaOH(a)|O_2[p(O_2)]|Pt$$

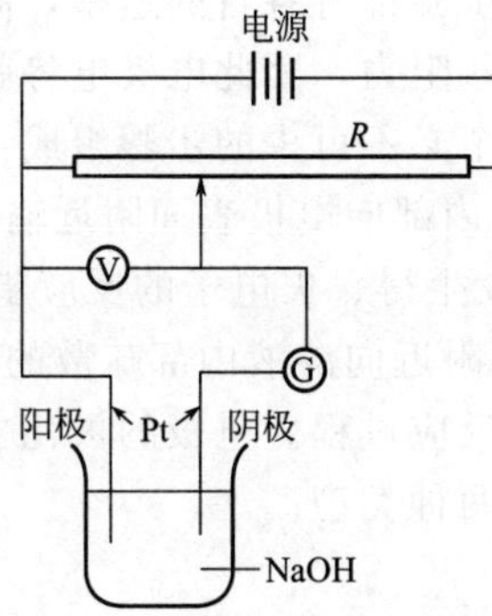

图 8.16 测定分解电压的装置

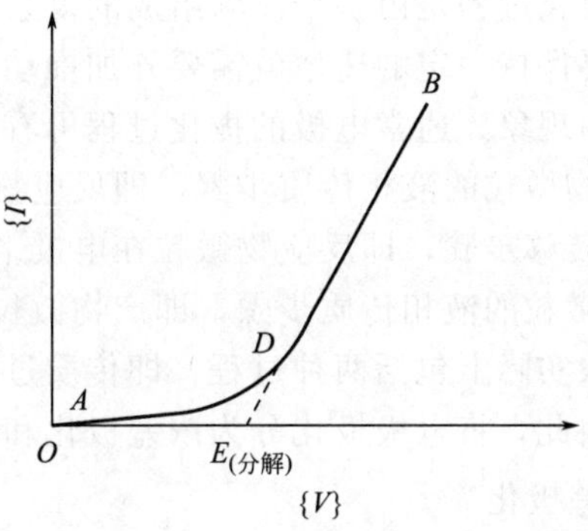

图 8.17 电解水过程的 *I-V* 曲线

其电池反应为：

$$H_2[p(H_2)]+\frac{1}{2}O_2[p(O_2)] = H_2O(l)$$

开始时，由于产生的 O_2 和 H_2 的量很小，该电池的电动势很小。当增加电压时，电极表面上产生的 O_2 和 H_2 逐渐增多，形成一个与外电压方向相反的反电动势（back electromotive force），记为 E_b。初期，由于 O_2 和 H_2 的压力远小于大气的压力，电解产生的少量气体不能在电极上以气泡冒出，而向溶液内部溶解扩散。为了补充产物的扩散消耗，需增加电压，电流也相应有微小增加。这相当于图 8.17 中曲线的 *AD* 段。随着电压的继续增加，H_2 和 O_2 的压力不断增大，E_b 也不断增大。当 H_2 和 O_2 的压力增大到 101.3kPa 时，电极上开始有气泡逸出，E_b 达到最大值而不再增大。此时若再增加电压，电流将随着电压按欧姆定律直线上升，这就是 *I-V* 曲线上 *DB* 段的情况。

将 *DB* 线外延到电流为零处的电压就是 NaOH 水溶液连续不断发生电解所需要的最小电压，称为实际分解电压（real decomposition voltage），简称分解电压，用 $E_{d,r}$ 表示。与电解产物所组成的电池的最大反电动势 $E_{b,max}$ 数值相等而方向相反的外加电压就是 H_2O 的理论分解电压（theoretical decomposition voltage），用 $E_{d,t}$ 表示。取 $p(H_2)=p(O_2)=101.3kPa$ 及 $a(H_2O)=1$ 时，可算出 $E_{b,max}=1.229V$，此即为 H_2O 的理论分解电压 $E_{d,t}=1.229V$，但是由于实际电解过程的不可逆性，实际分解电压 $E_{d,r}$ 常大于理论分解电压 $E_{d,t}$，例如电解 NaOH 溶液时，H_2O 的实际分解电压约为 1.67V。

当外加电压达到分解电压时，电解池电极的电极电势称为电极反应产物的析出电势（seperate out potential）。实际分解电压比理论分解电压高的原因就在于析出电势是在偏离可逆条件下的电极电势，它不同于平衡电极电势。

8.10.2 电极的极化与超电势

电流通过电化学系统时，实际电极电势偏离平衡电极电势的现象称为电极的极化（polarization of electrode）。电极的极化程度可用超电势（overpotential）η 表示。超电势总取正值，因此阴极超电势 η_c 和阳极超电势 η_a 分别定义为：

$$\eta_c \xlongequal{\text{def}} E_{c,e}-E_{c,i} \tag{8.68}$$

$$\eta_a \xlongequal{\text{def}} E_{a,i}-E_{a,e} \tag{8.69}$$

式中，$E_{c,i}$ 和 $E_{c,e}$ 分别为阴极的不可逆电极电势和平衡电极电势；$E_{a,i}$ 和 $E_{a,e}$ 分别为阳极的不可逆电极电势和平衡电极电势。

第8章

电极的极化过程是由多个步骤组成的复杂过程，每一步骤都有各自的速率，同时也存在一定的阻力。要保持一定的速率就需要外加推动力去克服这些阻力，因此电极电势就出现偏离平衡电极电势的现象。通常电极的极化过程可看作由以下三个必不可少的步骤组成：

① 反应物微粒的液相传质步骤，即反应物微粒自溶液内部向电极表面附近输送的步骤；

② 电子转移步骤，即反应物微粒在电极-溶液界面上发生得、失电子的反应步骤；

③ 产物微粒的液相传质步骤，即产物微粒自电极表面附近向溶液内部疏散的步骤。

三个步骤实际上包括两种过程，即传质过程和电化学反应过程。电极的极化主要与这两种过程有关。因此，将电极极化分为浓差极化和电化学极化两种类型。

(1) 浓差极化

如果电化学反应速率较快而传质过程较慢，则有电流通过时，电极表面附近反应物或产物微粒得不到及时的补充或疏散，其浓度将与溶液本体浓度产生差别，由此而产生的极化现象称为浓差极化（concentration polarization)，相应的超电势称为浓差超电势（concentration overpotential)。由于液相传质步骤主要是指扩散传质，所以浓差极化也称为扩散极化（diffusion polarization)，浓差超电势也称为扩散超电势（diffusion overpotential)。以铜电极为例，当铜电极作为阴极电解时，其附近的 Cu^{2+} 将不断沉积到 Cu 上。若本体溶液的 Cu^{2+} 向电极表面扩散的速度小于它在电极上的消耗速度，则 Cu^{2+} 在电极表面附近的浓度 $c_s(Cu^{2+})$ 小于本体浓度 $c_0(Cu^{2+})$。由能斯特方程可知，其电极电势将小于平衡电极电势，即 $E_{c,i}<E_{c,e}$。当铜电极作为阳极电解时，Cu 将发生氧化而不断产生 Cu^{2+}。若电极表面附近的 Cu^{2+} 来不及向溶液本体扩散，则 Cu^{2+} 将在电极表面聚集，导致表面浓度 $c_s(Cu^{2+})$ 大于本体浓度 $c_0(Cu^{2+})$，电极电势将出现与阴极电解相反的情况，即 $E_{a,i}>E_{a,e}$。

(2) 电化学极化

由于电化学反应的迟缓而引起的极化称为电化学极化（electrochemical polarization)。其超电势称为电化学超电势（electrochemical overpotential)。电化学超电势是为了克服电极反应的活化能而提供的额外电压，所以也称为活化超电势（active overpotential)。以氢电极为例，当它作为阴极通电时，由于电极反应迟缓，H^+ 还原消耗电子的速度小于外电源向电极提供电子的速度，结果使电极上积累了比平衡状态更多的负电荷，从而使 $E_{c,i}<E_{c,e}$。当氢电极作为阳极时，若电极反应速率慢，由于 H_2 氧化向电极提供电子的速度小于从阳极流出电子的速度，导致电极带有比平衡状态更多的正电荷，从而使 $E_{a,i}>E_{a,e}$。

上述分析表明，电极不论发生浓差极化还是电化学极化，其极化的结果都是阴极的电极电势变得更负，而阳极的电极电势变得更正。

电极材料和电流密度是影响超电势的主要因素，此外，电极的表面状态、温度、电解质的性质和浓度及溶液中的杂质等因素也会改变超电势的值。一般析出金属的超电势较小，可忽略不计。而析出气体，特别是析出 $H_2(g)$、$O_2(g)$ 时，超电势较大，不能忽略。表 8.7 中列出了 $H_2(g)$、$O_2(g)$、$Cl_2(g)$ 在不同金属电极上的超电势。

高电流密度时，氢的电化学超电势与电流密度的关系可用塔菲尔（J. Tafel）总结出的经验公式表示：

$$\eta=a+b\lg\frac{J}{[J]} \tag{8.70}$$

式中，a、b 为塔菲尔常数（Tafel constant)。常数 a 是单位电流密度（$J=1\mathrm{A\cdot cm^{-2}}$）时的超电势，其数值取决于电极材料、电极表面状态、溶液组成及温度。a 值越大，氢的超电势越大。根据 a 值的大小常把金属分为低超电势金属、中超电势金属和高超电势金属三大类，见表 8.8。这种分类只适合析出氢的情况。对大多数金属来说，b 的数值差不多，常温若取以 10 为底的对数，则 b=0.116V，即电流密度增大 10 倍，超电势增大 0.116V。

表 8.7 298K 下 $H_2(g)$、$O_2(g)$、$Cl_2(g)$ 在不同金属电极上的超电势

电极	电流密度 $J/(A \cdot m^{-2})$					
	10	100	1000	5000	10000	50000
H_2（1mol·dm^{-3} H_2SO_4 溶液）						
Ag	0.097	0.13	0.3	—	0.48	0.69
Al	0.3	0.83	1.00	—	1.29	—
Au	0.017	—	0.1	—	0.24	0.33
Fe	—	0.56	0.82	—	1.29	—
C(石墨)	0.002	—	0.32	—	0.60	0.73
Hg	0.8	0.93	1.03	—	1.07	—
Ni	0.14	0.3	—	—	0.56	0.71
Pb	0.40	0.4	—	—	0.52	1.06
Pt(光滑)	0.0000	0.16	0.29	—	0.68	—
Pt(镀黑)	0.0000	0.030	0.041	—	0.048	0.051
Zn	0.48	0.75	1.06	—	1.23	—
O_2（1mol·dm^{-3} NaOH 溶液）						
Ag	0.58	0.73	0.98	—	1.13	—
Au	0.67	0.96	1.24	—	1.63	—
Cu	0.42	0.58	0.66	—	0.79	—
C(石墨)	0.53	0.90	1.06	—	1.24	—
Ni	0.36	0.52	0.73	—	0.85	—
Pt(光滑)	0.72	0.85	1.28	—	1.49	
Pt(镀黑)	0.40	0.52	0.64	—	0.77	—
Cl_2（饱和 NaCl 溶液）						
C(石墨)	—	—	0.25	0.42	0.53	—
Pt(光滑)	0.008	0.03	0.054	0.161	0.236	—
Pt(镀黑)	0.006	—	0.026	0.05	—	—

表 8.8 金属按塔菲尔常数 a 的分类

金属类型	a/V	举例
低超电势金属	0.1～0.3	Pt 族
中超电势金属	0.5～0.7	Fe、Co、Ni、Cu、W、Au 等
高超电势金属	1.0～1.5	Pb、Cd、Hg、Zn、Ga、Sn 等

8.10.3 超电势的测定

测定超电势实际上就是测定有电流通过时电极的电极电势，图 8.18 是超电势测定装置的示意图。电极 W 为面积已知的待测电极，电极 C 为辅助电极，两个电极分别经安培计 A 和滑线电阻 R 与直流电源构成回路。调节滑线电阻 R 的接触点使待测电极保持一定的电极电势，同时测定相应的电流密度。待测电极的电极电势是用对消法测定的。整个装置包括两个回路：一个是由待测电极 W 和辅助电极 C 组成的回路，这是实际电解过程的回路，其间有电流通过，待测电极的电极电势可以按需要而改变；另一个是由待测电极 W 和参比电极构成的回路，它是在无电流通过的条件下测定电极电势用的，这样测得的电极电势就是待测 A、电极 W 在有电流通过时发生了极化的不可逆电极电势 E_i（电极）。按式(8.68）或式(8.69)，就可得到包括浓差超电势和电化学超电势在内的超电势。若测定时充分搅拌，尽可能消除了浓差超电势，所测值就是电化学超电势。

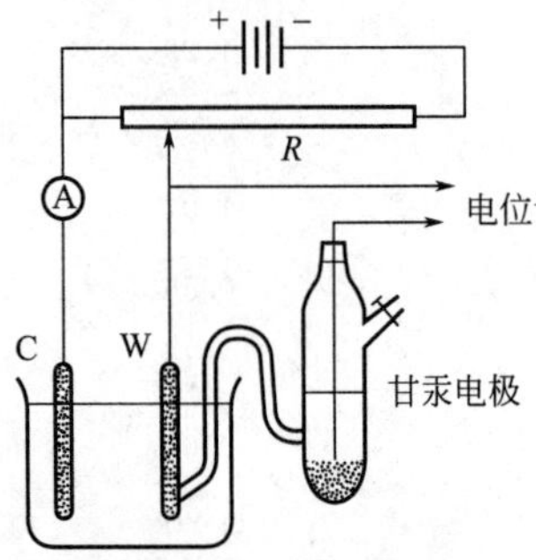

图 8.18 超电势测定装置示意图

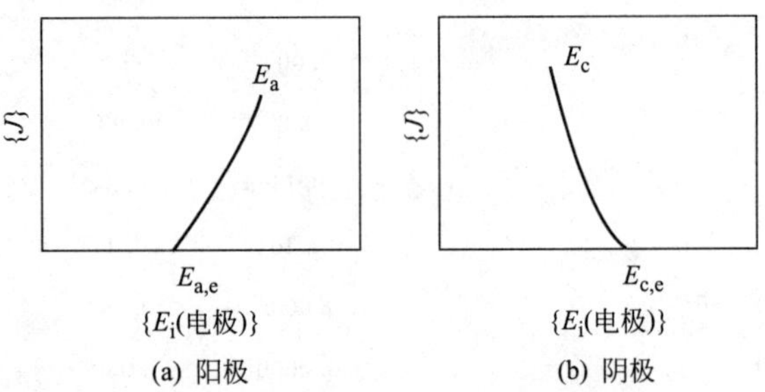

图 8.19 电极的极化曲线

8.10.4 电解池和原电池的极化曲线

将图 8.18 中滑线电阻 R 的接触点调节到不同的位置，可测得待测电极在不同电极电势下的电流密度 J。以电流密度 J 对电极电势作图，所得曲线称为电极的**极化曲线**（polarization curve)。图 8.19 是实验测得的阴极和阳极的极化曲线。由图 8.19 可见，阴极的电极电势 $E_{c,i}$ 比 $E_{c,e}$ 更负，而阳极的电极电势 $E_{a,i}$ 比 $E_{a,e}$ 更正。这与前面分析所得到的结论一致。

测定极化曲线对研究电极过程动力学、金属防腐、电镀及有机电合成等都有很重要的价值。当两个电极组成电解池或电池时，两极电势差的大小与两极极化程度的关系不同。在电解池中，阳极是正极，阴极是负极，阳极电势比阴极电势正，因此对于电解池的极化曲线[图 8.20(a)]，阳极极化曲线在上，阴极极化曲线在下。由图 8.20(a) 可见，通过电解池的电

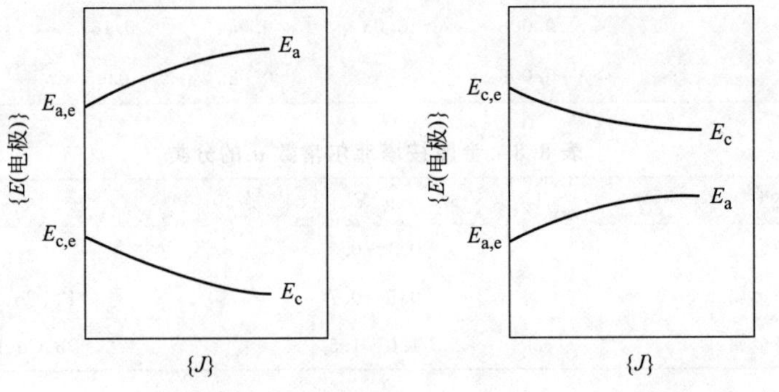

图 8.20 电解池和原电池的极化曲线

流密度越大，两极的极化程度越大，分解电压越大，电解池工作时消耗的电能越多。在原电池中，阴极是正极，阳极是负极，阴极电势比阳极电势正，因此对于原电池的极化曲线［图8.20(b)］，阴极的极化曲线在上，阳极的极化曲线在下。通过电池的电流密度越大，原电池的端电压越小，原电池工作时所做的电功越小。

8.10.5 电解时电极上的反应

电解过程中，若外加电压达到分解电压时，电解将以一定的速度进行。此时各电极的电极电势也达到有关物质的析出电势，阴极上将发生还原反应，阳极上将发生氧化反应。若电解质溶液中共存有几种可能发生反应的物质，究竟哪种物质优先还原或优先氧化将取决于极化以后的不可逆电极电势，即析出电势的大小。按照氧化还原反应难易与电极电势的关系：析出电势高的氧化态物质优先在阴极上还原；析出电势低的还原态物质优先在阳极上氧化。

电解时，在阴极上主要是金属离子和 H^+ 发生还原反应。由于金属离子的超电势均很小，所以它们的析出电势与按能斯特方程计算得到的平衡电极电势相差不多，即可用 $E_{c,e}$ 代替 $E_{c,i}$。而氢气在金属电极上析出的超电势较大，不能忽略，需按式(8.68)计算。

【例 8.18】 298K 时，用铜作阴极电解 $ZnSO_4$ 溶液［$a(Zn^{2+})=0.1$］，电流密度 $J=0.01A\cdot cm^{-2}$。已知在该电流密度下氢在铜上的超电势 η_c 为 0.584V。设溶液 pH=5.00，H_2 析出时 $p(H_2)=p^\ominus$，试问电解时在阴极上首先析出的是哪种物质？

解：锌在铜电极上析出的超电势很小，其析出电势可用 $E_{c,e}$ 代替，即：

$$
\begin{aligned}
E_{c,i}(Zn^{2+}|Zn) &= E_{c,e}(Zn^{2+}|Zn) \\
&= E^\ominus(Zn^{2+}|Zn)+\frac{RT}{zF}\ln a(Zn^{2+}) \\
&= -0.763V+\frac{8.314J\cdot mol^{-1}\cdot K^{-1}\times 298K}{2\times 9.65\times 10^4 C\cdot mol^{-1}}\ln 0.1 \\
&= -0.793V
\end{aligned}
$$

氢的平衡电极电势为：

$$
\begin{aligned}
E_{c,e}(H^+|H_2) &= E^\ominus(H^+|H_2)+\frac{RT}{F}\ln\frac{a(H^+)}{[p(H_2)/p^\ominus]^{1/2}} \\
&= -0.0592V\times pH = -0.0592V\times 5.00 = -0.296V
\end{aligned}
$$

若不考虑 H_2 析出时的超电势，由于 $E_{c,e}(H^+|H_2)>E_{c,e}(Zn^{2+}|Zn)$，所以电解时 H_2 优先从水溶液中析出，铜电极上不可能镀上 Zn，然而实际情况并非如此，因为 H_2 在铜上的超电势较大，其析出电势应为：

$$
E_{c,i}(H^+|H_2)=E_{c,e}(H^+|H_2)-\eta_c=-0.296V-0.584V=-0.880V
$$

由于 $E_{c,i}(H^+|H_2)<E_{c,i}(Zn^{2+}|Zn)$，所以 Zn 将优先于 H_2 在铜电极上析出。

虽然一般情况下超电势的存在会多消耗电能，对电解过程不利，但是由本例可见，正是由于超电势的存在，才使某些本来不能在阴极上进行的反应能优先进行。例如，由于氢超电势的存在，使一些活泼金属如 Zn、Cd、Sn 等的电镀变为可能。又如，由于氢在汞上的超电势很大，使金属电化序中氢以上的金属，即便是 Na，也可以采用汞电极将 Na^+ 以钠汞齐的形式从溶液中分离出来，而不会析出氢气。

电解时阳极上的反应与电极材料有关。若阳极以惰性金属（如 Pt）作材料，则只有负离子才能在其上放电氧化，如 Cl^-、Br^-、I^- 和 OH^- 等放电后分别产生 Cl_2、Br_2、I_2 和 O_2。含

氧酸离子如 SO_4^{2-}、PO_4^{3-} 和 NO_3^- 等的析出电势很高，一般不可能在阳极上发生电极反应。如果阳极是活泼金属，如 Zn、Cu 等，则金属的溶解将与 OH^- 等负离子的放电竞争，通过比较它们的析出电势才能判断谁先析出。判断方法与例 8.18 类似。

8.11 电化学的应用

电化学原理是湿法电冶金、金属电解精炼、电铸、电镀、金属腐蚀与防护、材料表面处理、水处理、电合成、电分析化学和化学电源等的理论基础，因此电化学的应用领域广泛，对国民经济发展的作用重大。

8.11.1 湿法电冶金与金属的电解精炼

通过电解来提取金属被称为湿法电冶金，它是冶金工业中提取金属的重要方法。与火法冶金相比，湿法冶金具有产品纯度高，并且能处理低品位矿石和多金属矿的优点。目前已有 30 多种金属实现了工业化湿法电冶金生产，如 Cu、Zn、Co、Ni、Fe、Cr、Mn、Cd、Pb、Sb、Sn、In、Au、Ag 等。其中 Cu 的湿法电冶金应用最广。

铜矿石用硫酸溶解并经处理后得到的 Cu^{2+} 溶液，用不溶性阳极（常用 Pb），控制槽电压为 1.8～2.5V 条件下，进行电解。电解反应为：

阴极 $$Cu^{2+} + 2e^- \longrightarrow Cu$$

阳极 $$H_2O \longrightarrow \frac{1}{2}O_2(g) + 2H^+ + 2e^-$$

电解 $$Cu^{2+} + H_2O = Cu + \frac{1}{2}O_2(g) + 2H^+$$

以精制金属为阳极，该金属的盐类溶液为电解液，通过电解，可在阴极上制备纯度更高的金属，这种工艺称为金属的电解精炼。电解精炼是一种既有效又经济的精炼金属的方法。例如冶金工业制得的粗铜中常含有 Au、Ag、As、Sb、Bi、Se 等杂质，通过电解精炼不仅可除去杂质，改善 Cu 的力学性能，同时还可回收经济价值很高的贵金属。电解精炼几乎成为铜生产中不可缺少的一道工序，据统计，世界上 85%的铜需要电解精炼。

8.11.2 金属的电化学腐蚀与防腐

金属表面与外界介质发生化学作用或电化学作用而遭到破坏的过程叫做**金属的腐蚀**(corrosion of metal)。根据腐蚀机理不同可将金属的腐蚀分为化学腐蚀和电化学腐蚀两种类型。金属表面与非电解质溶液或干燥的气体发生化学作用而引起的腐蚀称为**化学腐蚀**（chemical corrosion)，其特点是腐蚀过程无电流通过。金属与潮湿空气、电解质溶液等发生电化学作用而引起的腐蚀称**电化学腐蚀**（electrochemical corrosion)，金属发生电化学腐蚀时有局部电流通过。全世界每年由于腐蚀报废大量的金属材料和设备，因此研究金属的腐蚀和防腐是一项很有意义的工作。金属的腐蚀以电化学腐蚀情况最为严重，本书只讨论电化学腐蚀的机理与防腐措施。

(1) 金属的电化学腐蚀机理

当两种或两种以上的金属制件相接触，同时又与其他介质（如潮湿的空气、水或电解质溶液）相接触时，就形成了一个电池，并发生电化学作用。例如，铜板上的铁铆钉若长期暴露在潮湿的空气中，其表面会凝结一层薄薄的水膜，O_2、CO_2、SO_2 和 NaCl 等溶解到水膜中形成电解质溶液，从而构成了一个以 Fe 为阳极（－）、Cu 为阴极（＋）的腐蚀电池，进行如下电极反应：

阳极（－）　$Fe \longrightarrow Fe^{2+} + 2e^-$

阴极（＋）　$\frac{1}{2}O_2 + 2H^+ + 2e^- \longrightarrow H_2O$

铁与铜紧密相连，形成短路，电池反应不断地进行，Fe 变成 Fe^{2+} 溶入水膜，放出的电子移向铜板而被 O_2 所消耗，生成水。Fe^{2+} 又与溶液中的 OH^- 结合生成 $Fe(OH)_2$，然后又与潮湿的空气作用最后生成铁锈而遭到腐蚀：

$$4Fe(OH)_2 + O_2 + 2H_2O \longrightarrow 4Fe(OH)_3$$

根据氧化还原的原理，在金属起氧化作用被腐蚀时，必有另一个与之共轭的氧化剂起还原作用，该氧化剂称为去极剂（depolarizer）。显然，不管金属多么活泼，如果没有去极剂的存在，金属是不会遭到腐蚀的。在金属腐蚀中，常遇到的去极剂是溶液中的氢离子或溶解的氧。

(2) 金属的钝化

金属由易腐蚀的活性状态变为耐腐蚀的钝化状态称为金属的钝化（passivation of metal）。图 8.21 是金属的阳极极化曲线，它反映了金属钝化的一些特征。曲线可分为四段：AB 段，阳极电流密度 J_a 随电极电势 E_a 增大而增大，金属因阳极溶解而遭腐蚀，为活化区；BC 段，J_a 随电极电势 E_a 增大而突然减小，以致几乎停止溶解，出现钝化现象，为钝化过渡区；CD 段，J_a 几乎不随 E_a 而变化，金属完全处于钝化状态，为金属的钝化区；DE 段，J_a 又开始随 E_a 增大而增大，即金属又发生氧化作用，此为超钝化区。由图 8.21 可以看出，只要金属的电极电势维持在钝化区（即 CD 段），金属就处于稳定的钝化状态。

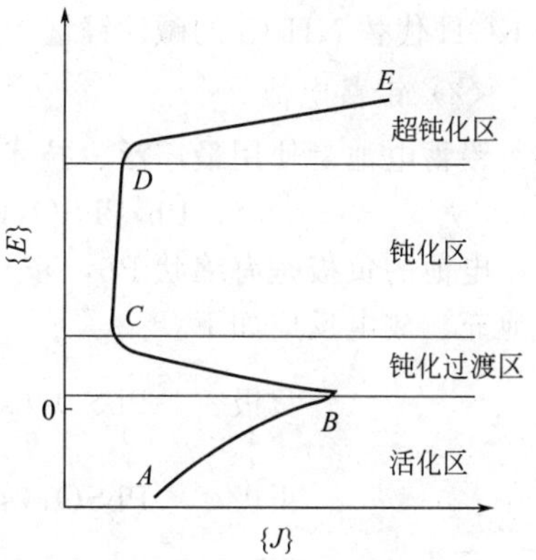

图 8.21　金属的阳极极化曲线

(3) 金属的电化学防腐

金属的防腐蚀通常有三种方法：制备非金属表面覆盖层、电化学保护和缓蚀剂保护。其中电化学保护包括阴极保护法和阳极保护法，是防止或减少金属腐蚀的非常有效的措施。

阴极保护法又可分为外加电流法和牺牲阳极法。外加电流法是把直流电源的负极与被保护的金属相接（阳极为不溶性辅助电极），利用外加电流使阴极极化，从而使被保护金属的电极电势变得更负。金属由溶解状态进入电化学稳定状态，部分或完全地抑制金属的腐蚀，以达到保护金属的目的。牺牲阳极法是在被保护的金属上连接一块电极电势更负的金属，它与被保护金属构成电池时将作为阳极而被腐蚀，原来的金属则作为阴极而受到保护。例如，为了保护船体不受海水腐蚀，可把 Zn 块焊在船体外壳上作为牺牲阳极。这样，船体的钢板得到保护，而被腐蚀的 Zn 块可以随时更换。牺牲阳极法的优点是不用外加电流。

阳极保护法是让被保护的金属作为阳极与外加电源的正极相连，辅助电极作为阴极与外加电源的负极相连，通电后被保护金属发生阳极极化，到达钝化区。由于钝化后金属的电极电势升高，变得稳定，其腐蚀速度明显降低。

8.11.3 化学电源

化学电源也就是电池。化学电源分为一次电池（primary cell，即干电池）、二次电池（secondary cell，也称蓄电池 accumulator 或再生电池 reborn battery）和燃料电池（fuel cell）

三大类。一次电池不能再生；二次电池使用后可充电使活性物再生，以反复使用。燃料电池是将一种燃料的燃烧反应安排成可以转变为电能的装置，也称为连续电池（continuous cell）。下面介绍几种常见的化学电池。

(1) 锌锰干电池

锌锰干电池是主要的民用干电池，也是普遍使用的一次电池，其电池表达式为：

$$Zn|NH_4Cl(aq)+ZnCl_2(aq)|MnO_2|C$$

一般认为电池中发生的反应为：

$$\text{阳极}\quad Zn+2NH_4Cl \longrightarrow Zn(NH_3)_2Cl_2+2H^++2e^-$$

$$\text{阴极}\quad 2MnO_2+2H^++2e^- \longrightarrow 2MnOOH$$

$$\text{电池}\quad 2MnO_2+Zn+2NH_4Cl = Zn(NH_3)_2Cl_2+2MnOOH$$

上述氯化铵型锌锰干电池中电解液是酸性的（pH=5），所以称为酸性锌锰干电池。其开路电压为1.45～1.50V，有效放电期间电压稳定、造价低，但电容量小，使用温度范围窄。现已有以 KOH 代替 NH_4Cl 的碱性锌锰干电池出现，以满足大电量、大容量和宽使用温度范围的要求。

(2) 铅蓄电池

铅蓄电池是使用最广泛、技术最成熟的二次电池，其电池表达式为：

$$Pb|PbSO_4(s)|H_2SO_4(aq)|PbSO_4(s)|PbO_2,Pb$$

电池的负极是海绵状 Pb，正极为多孔 PbO_2，硫酸溶液的密度 $\rho=1.22\sim1.28g\cdot cm^{-3}$。电池充、放电反应如下：

$$\text{负极}\quad PbSO_4(s)+2H^++2e^- \underset{\text{放电}}{\overset{\text{充电}}{\rightleftharpoons}} Pb+H_2SO_4$$

$$\text{正极}\quad PbSO_4(s)+2H_2O \underset{\text{放电}}{\overset{\text{充电}}{\rightleftharpoons}} PbO_2+H_2SO_4+2H^++2e^-$$

$$\text{电池}\quad 2PbSO_4(s)+2H_2O \underset{\text{放电}}{\overset{\text{充电}}{\rightleftharpoons}} PbO_2+Pb+2H_2SO_4$$

该电池的电动势为2V。放电时，两极的活性物质都与 H_2SO_4 作用逐渐转化为 $PbSO_4$，电解液中 H_2SO_4 的密度 ρ 逐渐降低，电动势也因电极表面被不导电的 $PbSO_4$ 覆盖而迅速下降。当电动势下降到约1.9V时，应充电使活性物质恢复到原始状态才能重新使用。铅蓄电池稳定可靠，价格便宜，所以被广泛使用。

(3) 锂离子电池

锂离子二次电池（lithium ion secondary battery）是近年来发展起来的高能二次电池，具有比能量高（相当于 Pb-PbO_2 电池的3倍）、电压高和循环寿命长（1000～1200h）等优点。是移动电话和笔记本电脑等轻、小型电子设备的理想电源。

锂离子电池采用两种能够可逆地嵌入和脱出锂离子的材料作为正极和负极，充电时锂离子从正极脱嵌经电解质进入负极，放电时锂离子则从负极脱嵌经电解质进入正极。目前，负极主要使用碳素材料，正极则为 $LiCoO_2$、$LiNiO_2$、$LiNi_xCo_{1-x}O_2$ 或 $Li_xMn_2O_4$。负极为C、正极为 $LiCoO_2$ 的锂离子电池的充、放电反应如下。

$$\text{负极}\quad 6C+xLi^++xe^- \underset{\text{放电}}{\overset{\text{充电}}{\rightleftharpoons}} Li_xC_6$$

$$\text{正极}\quad LiCoO_2 \underset{\text{放电}}{\overset{\text{充电}}{\rightleftharpoons}} Li_{1-x}CoO_2+xLi^++xe^-$$

$$\text{电池}\quad 6C+LiCoO_2 \underset{\text{放电}}{\overset{\text{充电}}{\rightleftharpoons}} Li_{1-x}CoO_2+Li_xC_6$$

(4) 氢氧燃料电池

图 8.22 是氢氧燃料电池的示意图。以酸为电解质时电池内发生的反应如下：

阳极 $2H_2 \longrightarrow 4H^+ + 4e^-$

阴极 $4H^+ + O_2 + 4e^- \longrightarrow 2H_2O$

电池 $2H_2 + O_2 = 2H_2O$

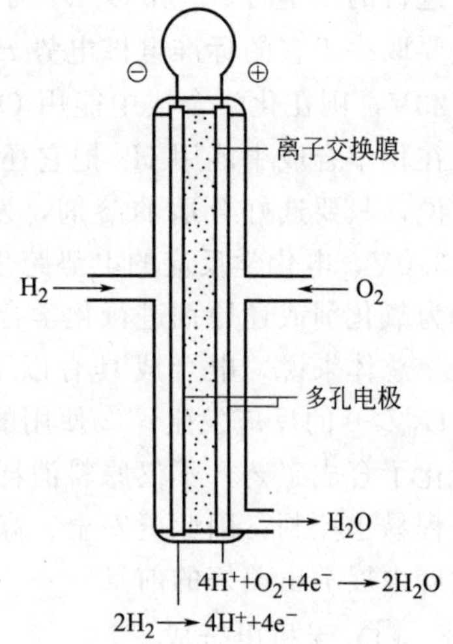

图 8.22 氢氧燃料电池示意图

实际上这是将氢氧燃烧反应安排在电池中以电化学方式进行。该电池的电动势为 1.23V，工作电压 0.8V，具有电池制作简单、寿命长并能以大功率放电等特点，尤其因电池反应能提供饮用水，已被用于宇宙航行和潜艇中。

燃料电池与热机不同，它是将化学能直接转变为电能的装置，没有中间热步骤，所以能量利用率不受卡诺定理限制。在理论上，能量利用率可达 100%，环境污染少。燃料电池作为一种高效且对环境友好的发电方式备受国际社会的重视，已被作为电动车动力源、可移动电源、分散电站等。目前燃料电池使用的电极材料价格比较昂贵，电解液的腐蚀性也比较强，这些是亟待解决的问题。

8.11.4 水处理

用电化学方法进行水处理的研究始于 20 世纪 40 年代，但由于当时电力缺乏，用电化学方法进行水处理的成本较高，因此发展缓慢。近年来大力发展水力发电和核电，电能成本降低，电化学法水处理技术引起了人们的关注，已应用于电镀、化工、染料、造纸、皮革、生化和制药等的废水处理。

用于废水处理的电化学方法有内电解法、电凝聚法、电解法、电气浮法和电渗析法等，此处只以内电解法为例进行简单介绍。

内电解法也称电池法，一般是以颗粒炭、煤渣或其他导电惰性物质为阴极，铁屑为阳极，废水为电解质溶液构成电池。电池反应如下：

阳极 $Fe \longrightarrow Fe^{2+} + 2e^-$

阴极 $2H^+ + 2e^- \longrightarrow H_2$ （酸性条件）

$\frac{1}{2}O_2 + H_2O + 2e^- \longrightarrow 2OH^-$ （碱性或中性条件）

阳极生成的 Fe^{2+} 是较强的还原剂，可将废水中的一些氧化性污染物还原。此外，Fe^{2+} 在溶液中还可发生以下反应：

$$Fe^{2+} + 2OH^- = Fe(OH)_2$$

$$2Fe(OH)_2 + \frac{1}{2}O_2 + H_2O = 2Fe(OH)_3$$

$Fe(OH)_2$ 和 $Fe(OH)_3$ 具有絮凝和吸附作用，也可起到除去水中污物的作用，并且电池的微电流具有氧化还原作用，还能刺激水中微生物的代谢，从而有促进微生物处理废水的作用。

8.11.5 电合成

用电化学方法制备物质称为电合成（electrosynthesis）。合成产物是无机物的电合成称无机电合成（inorganic electrosynthesis），如众所周知的电解食盐制氯碱，电解水制氢和氧，电解硫酸铵制过硫酸铵等。合成产物是有机物的电合成称为有机电合成（organic electrosynthesis），例如在阴极上电还原草酸可制得精细化工中间体——乙醛酸。

无论从热力学还是从动力学原理看，电合成均比传统的化学合成有优势。利用氧化还原反应进行的化学合成一般以 O_2 为氧化剂，以 H_2 为还原剂。一种物质能否发生氧化或还原反应主要取决于它的标准电极电势 $E^{\ominus}$（电极）。若一种物质的 $E^{\ominus}$(电极)$<E^{\ominus}(H^+,H_2O|O_2)=1.23V$，则在化学合成中能用 O_2 把它氧化；若一种物质的 $E^{\ominus}$(电极)$>E^{\ominus}(H^+|H_2)=0V$，则在化学合成中能用 H_2 把它还原，因此，化学合成反应的电势跨度为 0～1.23V。对电合成来说，只要选好合适的溶剂，发生电氧化的电势可提高到＋3.0V，而电还原的电势可达到－3.0V，电化学反应的电势跨度为－3.0～3.0V，因此，用电化学方法可完成许多用氧或氢作为氧化剂或还原剂进行化学合成所不能实现的反应。

总体来说，电合成具有以下优点：①可以制得普通化学反应难以制得的产品，可以使 $\Delta_r G_m>0$ 的反应发生；②使用的是最清洁的试剂——电子，因此环境污染小；③反应步骤少，简化了合成工艺，不仅原料消耗少，也简化了反应后的物料分离过程；④反应条件温和且反应过程易于控制，因此更安全、高效；⑤设备通用性好。正是这些优点，使电合成将在化学工业发展中展示出美好的前景。

(1) 无机电合成

高锰酸钾的电合成可作为无机电合成的成功实例。合成高锰酸钾的原料是富含 MnO_2 的天然软锰矿。由于 $E^{\ominus}(MnO_4^-,H^+|MnO_2)=1.695V$，大于 $E^{\ominus}(H^+,H_2O|O_2)=1.23V$，所以用化学方法以 O_2 为氧化剂不能将 MnO_2 氧化为 $KMnO_4$。联合法生产 $KMnO_4$ 利用化学法和电化学法相结合，分两步进行。

化学氧化： $2MnO_2+4KOH+O_2 \longrightarrow 2K_2MnO_4+2H_2O$

电化学氧化：阳极 $2K_2MnO_4+2OH^- \longrightarrow 2KMnO_4+2KOH+2e^-$

阴极 $2H_2O+2e^- \longrightarrow H_2+2OH^-$

电合成 $2K_2MnO_4+2H_2O = 2KMnO_4+2KOH+H_2$

电解过程中 K_2MnO_4 不断转变为 $KMnO_4$，后者以结晶形式沉淀于电解槽底部而得以分离。

(2) 有机电合成

合成己二腈是最早实现工业化的有机电合成工艺之一。己二腈是制造尼龙-66 的原料。传统的化学合成是从乙炔和甲醛开始，经多步合成才制得己二腈。后来改用丁二烯为原料，虽简化了合成步骤，但需使用剧毒的原料氢氰酸。电合成方法以丙烯腈为原料，铅阴极上直接电还原丙烯腈制得己二腈，反应为：

阴极 $2CH_2=CHCN+2H^++2e^- \longrightarrow NC(CH_2)_4CN$

阳极 $H_2O \longrightarrow \frac{1}{2}O_2(g)+2H^++2e^-$

电解 $2CH_2=CHCN+H_2O = NC(CH_2)_4CN+\frac{1}{2}O_2(g)$

除直接电合成外，尚有间接电合成、配对电合成和自发电合成等技术不断涌现，显示出电合成技术的良好发展前景。

习题

8.1 用电流强度为 5A 的直流电在 300K 和 101.3kPa 下电解稀 H_2SO_4 溶液，计算 50min 后阳极和阴极上分别能析出 O_2 和 H_2 的体积。已知在该温度下水的蒸气压为 3.57×10^3 Pa。

8.2 298K 和 101.3kPa 下电解硫酸铜溶液，通入的电量为 965C 时，在阴极上沉淀出 2.85×10^{-4}kg 的铜，计算在阴极上析出氢气的体积。

8.3 在某个电导池中装有 0.100mol·dm^{-3} KCl 水溶液，在 298K 下测得其电阻为 28.65Ω。在同一电导池中再装入相同体积的 0.100mol·dm^{-3} HAc 水溶液，在同样温度下测得其电阻为 703Ω。试计算 HAc 水溶液的电导率和摩尔电导率。已知 298K 时，0.100mol·dm^{-3} KCl 溶液的电导率为 1.289S·m^{-1}。

8.4 298K 时，在某电导池中装有 0.010mol·dm^{-3} 的 KCl 水溶液，测得其电阻为 484Ω。当分别装入不同浓度的 NaCl 水溶液时，测得电阻数据如下：

c_B/(mol·dm^{-3})	R/Ω	c_B/(mol·dm^{-3})	R/Ω
0.0005	10910	0.0020	2772
0.0010	5494	0.0050	1128.9

已知 298K 时，0.01mol·dm^{-3} KCl 水溶液的电导率为 0.1411S·m^{-1}，试求：

（1）NaCl 溶液在不同浓度时的摩尔电导率 Λ_m。

（2）用外推法求 NaCl 的无限稀释摩尔电导率 $\Lambda_{m,\infty}$。

8.5 下表列出 298K 时一些电解质的无限稀释摩尔电导率数据：

溶剂	电解质	$\Lambda_{m,\infty}\times10^4$/(S·m^2·mol^{-1})	溶剂	电解质	$\Lambda_{m,\infty}\times10^4$/(S·m^2·mol^{-1})
水	HCl	426	甲醇	KNO_3	114.5
水	NaCl	126	甲醇	KCl	105.0
水	NaAc	91	甲醇	LiCl	90.9

试求 298K 下：

（1）HAc 水溶液的 $\Lambda_{m,\infty}$；

（2）$LiNO_3$ 甲醇溶液的 $\Lambda_{m,\infty}$。

8.6 298K 时，将某电导池充以 0.1000mol·dm^{-3} 的 KCl 溶液，测得其电阻为 23.78Ω；若换装以 0.002414mol·dm^{-3} 的 HAc 溶液，则电阻为 3942Ω，试计算该 HAc 溶液的解离度和解离平衡常数。所需数据可查表 8.1 和表 8.3。

8.7 已知 298K 时 NaCl、NaOH 和 NH_4Cl 的 $\Lambda_{m,\infty}$ 分别为 108.6×10^{-4}S·m^2·mol^{-1}，217.2×10^{-4}S·m^2·mol^{-1} 和 129.8×10^{-4}S·m^2·mol^{-1}。0.01mol·dm^{-3} 和 0.1mol·dm^{-3} 的 $NH_3\cdot H_2O$ 的 Λ_m 分别为 9.62×10^{-4}S·m^2·mol^{-1} 和 3.09×10^{-4}S·m^2·mol^{-1}。试根据上述数据求两种不同浓度 $NH_3\cdot H_2O$ 溶液的解离度和解离常数。

8.8 已知 298K 时饱和 AgCl 水溶液的电导率比纯水的电导率大 1.810×10^{-4}S·m^{-1}。试计算该温度下 AgCl 在水中的溶解度和活度积 K_{sp}。所需数据可在本章查找。

8.9 已知 298K 时 AgCl(s) 的活度积 $K_{sp}=1.71\times10^{-10}$ 和纯水的电导率 5.50×10^{-6}S·m^{-1}，计算该温度下 AgCl(s) 饱和水溶液的电导率。所需数据可查表 8.3。

8.10 求纯水在 298K 时的解离度和水的离子积。已知 298K 时纯水的电导率 $\kappa=5.50\times10^{-6}$S·m^{-1}，纯水的密度 $\rho=997$kg·m^{-3}。其他所需数据可查表 8.3。

8.11 设下列 4 种水溶液的质量摩尔浓度 b_B 和离子平均活度因子 $\gamma_\pm$ 为已知值，试分别导出下列各电解质的 $b_\pm$、$a_\pm$ 和 a_B 的计算式。

（1）KNO_3；（2）K_2SO_4；（3）$FeCl_3$；（4）$Al_2(SO_4)_3$。

8.12 计算下列表中各电解质溶液的离子强度。

溶液	$b_B/(mol \cdot kg^{-1})$	溶液	$b_B/(mol \cdot kg^{-1})$
NaCl	0.0250	$LaCl_3$	0.0250
$CuSO_4$	0.0250	$LaCl_3$+NaCl	0.0250+0.0250

8.13 298K 时，TlCl 在纯水中的溶解度为 3.855×10^{-3}（质量分数），而在 $0.1000mol \cdot kg^{-1}$ NaCl 溶液中的溶解度为 9.476×10^{-4}（质量分数）。TlCl 在水中的活度积为 2.022×10^{-4}。试分别求在不含 NaCl 和含有 $0.1000mol \cdot kg^{-1}$ NaCl 的 TlCl 饱和溶液中离子的平均活度因子。

8.14 试用德拜-休克尔极限公式计算 298K 时下列电解质的 $\gamma_{\pm}$。

(1) $5.00\times10^{-3} mol \cdot kg^{-1}$ NaBr；

(2) $1.00\times10^{-3} mol \cdot kg^{-1}$ $ZnSO_4$；

(3) $2.50\times10^{-3} mol \cdot kg^{-1}$ YCl_3。

8.15 应用德拜-休克尔极限公式计算 298K 时 $0.002mol \cdot kg^{-1}$ $CaCl_2$ 和 $0.002mol \cdot kg^{-1}$ $ZnSO_4$ 混合液中 Zn^{2+} 的活度系数。

8.16 写出下列电池的电极反应和电池反应：

(1) $Pt|H_2[p(H_2)]|HCl(a)|Cl_2[p(Cl_2)]|Pt$；

(2) $Cd|Cd^{2+}[a(Cd^{2+})]\|H^+[a(H^+)]|H_2[p(H_2)]|Pt$；

(3) $Pt|H_2[p(H_2)]|H^+[a(H^+)]\|Ag^+[a(Ag^+)]|Ag$；

(4) $Cd|CdI_2(b)|AgI(s)|Ag$；

(5) $Ag|AgI(s)|I^-[a(I^-)]\|Cl^-[a(Cl^-)]|AgCl(s)|Ag$。

8.17 已知 298K 时，电池 $Pt|H_2(p^{\ominus})|H_2SO_4(0.01mol \cdot kg^{-1})|O_2(p^{\ominus})|Pt$ 的电动势为 1.228V，已知 $H_2O(l)$ 的标准生成焓 $\Delta_f H_m^{\ominus}$ 为 $-286.1kJ \cdot mol^{-1}$，试求：

(1) 该电池的温度系数；

(2) 该电池在 273K 时的电动势。设反应焓在 273～298K 间为常数。

8.18 电池 $Zn|ZnCl_2(0.05mol \cdot kg^{-1})|AgCl(s)|Ag$ 的电动势与温度的关系为：

$$E/V=1.015-4.92\times10^{-4}(T/K-298)$$

试计算在 298K，当电池有 2mol 电子的电量通过时，电池反应的 $\Delta_r G_m$、$\Delta_r H_m$、$\Delta_r S_m$ 和此过程的可逆热效应 $Q_{r,m}$。

8.19 已知电池 $Zn|Zn^{2+}(a=1)\|Cd^{2+}(a=1)|Cd$ 在 298K 时的电动势为 0.360V，试计算电池 $Zn|Zn^{2+}(a=4.00\times10^{-4})\|Cd^{2+}(a=0.200)|Cd$ 在 298K 时的电动势。

8.20 指出下列各电极属哪类电极，并写出其电极反应和电极电势的能斯特方程：

(1) $Cu^{2+}|Cu$　　(2) $I^-|I_2(s)|Pt$

(3) $OH^-|Ag_2O(s)|Ag$　　(4) $Br^-|AgBr(s)|Ag$

(5) $Ti^{3+},Ti^+|Pt$　　(6) $Cr_2O_7^{2-},Cr^{3+},H^+|Pt$

8.21 298K 时，测得下列电池的电动势：

(1) $Cu|CuBr(s)|KBr(5\times10^{-2} mol \cdot kg^{-1})\|KCl(1mol \cdot kg^{-1})|Hg_2Cl_2(s)|Hg(l)$，$E_1=0.1545V$；

(2) $Hg(l)|Hg_2Cl_2(s)|KCl(1mol \cdot kg^{-1})\|KBr(5\times10^{-2} mol \cdot kg^{-1})+CuSO_4(5\times10^{-2} mol \cdot kg^{-1})|CuBr(s)|Pt$，$E_2=0.1605V$；

(3) 如果忽略生成配合物的可能性和活度因子变化的影响，试计算下列电池的电动势 E_3：

$Hg(l)|Hg_2Cl_2(s)|KCl(1mol·kg^{-1})\|CuSO_4(5\times10^{-2}mol·kg^{-1})|Cu$。

8.22 试利用表 8.5 的数据计算下列电池在 298K 时的电动势：

(1) $Pt|H_2(p^{\ominus})|H_2SO_4(b=0.05mol·kg^{-1},\gamma_{\pm}=0.340)|Hg_2SO_4(s)|Hg(l)$

(2) $Pt|H_2(50.65kPa)|H_2SO_4(b=0.01mol·kg^{-1})|O_2(p^{\ominus})|Pt$

(3) $Zn|Zn^{2+}[a(Zn^{2+})=0.01]|Fe^{3+}[a(Fe^{3+})=0.1],Fe^{2+}[a(Fe^{2+})=0.001]|Pt$

(4) $Pt|H_2(150kPa)|HCl(b=0.1mol·kg^{-1})|H_2(50kPa)|Pt$

8.23 试利用表 8.5 的数据计算下列电池在 298K 时的电动势：

(1) $Pt|H_2(10kPa)|HCl(b=0.001mol·kg^{-1},\gamma_{\pm}=0.9)|Cl_2(20kPa)|Pt$

(2) $Ag|AgBr(s)|Br^-[a(Br^-)=0.10]\|Cl^-[a(Cl^-)=0.01]|AgCl(s)|Ag$

(3) $Hg(l)|Hg_2Cl_2(s)|Cl^-[a(Cl^-)=1.0]\|Fe^{3+}[a(Fe^{3+})=0.1],Fe^{2+}[a(Fe^{2+})=0.1]|Pt$

(4) $Pb|PbSO_4(s)|CdSO_4(b=0.2mol·kg^{-1},\gamma_{\pm}=0.11)\|CdSO_4(b=0.02mol·kg^{-1},\gamma_{\pm}=0.32)|PbSO_4(s)|Pb$

8.24 计算 298K 时电池的电动势。

$$Ag|AgCl(s)|NaCl(a=1)|Hg_2Cl_2(s)|Hg(l)$$

已知 $AgCl(s)$ 和 $Hg_2Cl_2(s)$ 的标准生成吉布斯函数分别为 $-109.5kJ·mol^{-1}$ 和 $-210.35kJ·mol^{-1}$。

8.25 将下列化学反应设计成电池：

(1) $Zn+Cd^{2+}[a(Cd^{2+})]=\!=\!=Zn^{2+}[a(Zn^{2+})]+Cd$；

(2) $Cl_2[p(Cl_2)]+2I^-[a(I^-)]=\!=\!=I_2(s)+2Cl^-[a(Cl^-)]$；

(3) $Pb+2HCl(a)=\!=\!=PbCl_2(s)+H_2[p(H_2)]$；

(4) $\frac{1}{2}H_2[p(H_2)]+AgCl(s)=\!=\!=Ag+HCl(a)$；

(5) $H_2[p(H_2)]+I_2(s)=\!=\!=2HI(a)$。

8.26 298K 下，分别将金属 Fe 和 Cd 插入下述溶液中组成电池，试判断何种金属首先被氧化？(假设各离子的活度因子等于 1，所需数据可查表 8.5)。

(1) 溶液中含 Fe^{2+} 和 Cd^{2+} 的浓度都是 $0.1mol·kg^{-1}$。

(2) 溶液中 $b(Fe^{2+})=0.1mol·kg^{-1}$，$b(Cd^{2+})=0.0036mol·kg^{-1}$。

8.27 写出下列各电池的电池反应，计算 298K 时各电池的电动势 E 及各电池反应的 Δ_rG_m，并指明各电池反应能否自发进行。所需数据可查表 8.5。

(1) $Pt|H_2(p^{\ominus})|HCl[a(HCl)=1.0]|Cl_2(p^{\ominus})|Pt$

(2) $Zn|ZnCl_2[a(ZnCl_2)=0.5]|AgCl(s)|Ag$

8.28 试设计合适的电池，判断在 298K 时，将金属银插在碱溶液中，在通常的空气中银是否会被氧化（空气中氧气分压为 21kPa)?

8.29 试利用标准电极电势的数据（表 8.5）计算 298K 时反应 $2Hg+2Fe^{3+}=\!=\!=Hg_2^{2+}+2Fe^{2+}$ 的平衡常数 $K_a^{\ominus}$。

8.30 298K 时，电池 $Ag|AgCl(s)|HCl(b^{\ominus})|Cl_2(p^{\ominus})|Pt$ 的电动势为 1.1362V，电动势的温度系数为 $-5.95\times10^{-4}V·K^{-1}$。

(1) 写出电池反应；

(2) 计算 298K 时该反应的 Δ_rG_m、Δ_rH_m、Δ_rS_m 和标准平衡常数 $K_a^{\ominus}(T)$。

8.31 (1) 将反应设计为电池：$Cd+I_2(s)=\!=\!=Cd^{2+}[a(Cd^{2+})=1.0]+2I^-[a(I^-)=$

1.0]，求该电池在 298K 时的 $E^{\ominus}$，反应的 $\Delta_r G_m^{\ominus}$ 和 $K_a^{\ominus}$（所需数据可查表 8.5）。

(2) 若将上述反应写为 $\frac{1}{2}Cd+\frac{1}{2}I_2(s) = \frac{1}{2}Cd^{2+}[a(Cd^{2+})=1.0]+I^-[a(I^-)=1.0]$，计算 $E^{\ominus}$ 及此反应的 $\Delta_r G_m^{\ominus}$ 和 $K_a^{\ominus}$。

(3) 将 (2) 与 (1) 对比，说明反应方程式的写法对 $E^{\ominus}$、$\Delta_r G_m^{\ominus}$ 和 $K_a^{\ominus}$ 的影响。

8.32 (1) 应用标准电极电势数据计算 298K 下反应 $Ag+Fe^{3+} = Ag^+ + Fe^{2+}$ 的平衡常数 $K_a^{\ominus}$。

(2) 设实验开始时将过量的 Ag 放入 $0.100mol \cdot kg^{-1}$ 的 $Fe(NO_3)_3$ 溶液中进行反应，假设各离子的活度因子等于 1，求平衡时溶液中 Ag^+ 的浓度。

8.33 298K 时测得电池 $Ag|AgCl(s)|HCl(b)|Cl_2(p^{\ominus})|Pt$ 的电动势 $E=1.136V$，$E^{\ominus}(Cl^-|Cl_2)$ 和 $E^{\ominus}(Ag^+|Ag)$ 可查表 8.5。

(1) 求 298K 时 $E^{\ominus}[Cl^-|AgCl(s)|Ag]$；

(2) 计算 AgCl(s) 的活度积。

8.34 求 298K 时下列电池中待测液的 pH_x 值，所需数据可查表 8.5。

(1) $Pt|H_2(p^{\ominus})|$待测液$(pH_x)\|KCl(0.1mol \cdot kg^{-1})|Hg_2Cl_2(s)|Hg(l)$，$E=0.7940V$

(2) $Hg(l)|Hg_2Cl_2(s)|KCl$(饱和溶液)$\|$待测液$(pH_x)|Q, H_2Q|Pt$，$E=0.2310V$

8.35 298K，缓冲溶液的 $pH_S=4.00$ 时测得电池"玻璃电极|缓冲溶液|饱和甘汞电极"的电动势 $E_S=0.1120V$，若换另一种缓冲溶液，测得 $E_x=0.3865V$。试求该待测溶液的 pH_x 值。

8.36 计算在 298K 和 $p^{\ominus}$ 下，下列电解池的理论分解电压：

(1) $Pt|HBr(0.0500mol \cdot kg^{-1}, \gamma_{\pm}=0.860)|Pt$

(2) $Ag|AgNO_3(0.0100mol \cdot kg^{-1}, \gamma_{\pm}=0.902)\|AgNO_3(0.500mol \cdot kg^{-1}, \gamma_{\pm}=0.526)|Ag$

8.37 298K 时，用 Pb 电极电解 H_2SO_4 溶液（$0.10mol \cdot kg^{-1}$，$\gamma_{\pm}=0.258$）。若在电解过程中把 Pb 阴极与摩尔甘汞电极相连组成电池，测得其电动势 $E=1.0685V$。试求 $H_2(g)$ 在 Pb 阴极上的超电势（只考虑 H_2SO_4 的一级电离）。

8.38 298K 和 $p^{\ominus}$ 下，用 Pt 电极电解 $0.5mol \cdot kg^{-1}$ $CuSO_4$ 溶液。若 H_2 在 Cu 上的超电势为 0.230V。通过计算说明：

(1) 在阴极上优先析出的物质。

(2) 阴极上析出 H_2 时残留的 Cu^{2+} 的浓度。

8.39 求在 Fe 电极上自 $1.00mol \cdot dm^{-3}$ KOH 溶液中，每小时电解出 $1.00\times10^{-4}kg \cdot cm^{-2}$ 的 H_2 时应维持的电极电势。已知 298K 下，H_2 在铁电极上析出超电势的塔菲尔公式 $\eta=a+b\lg\frac{J}{[J]}$ 中 $a=0.76V$，$b=0.11V$。

8.40 在 298K 时要从某溶液中电沉积出 Zn，直到溶液中的 Zn^{2+} 含量不超过 $10^{-4}mol \cdot kg^{-1}$，同时，在析出 Zn 的过程中又没有氢气逸出，电解液的 pH 值至少应控制为多少？在此工作电流密度下，氢在锌上的超电势为 0.7V，锌的析出超电势可忽略不计。

习题答案

9 化学动力学

Chemical Kinetics

内容提要

本章介绍化学动力学的基本概念、研究方法和速率方程的确定。讨论浓度、温度及催化剂等因素对反应速率的影响。对反应速率理论，链反应、溶液反应、光化学反应、催化反应及态-态反应的动力学作了简单介绍。

学习目标

1. 明确反应速率、消耗速率和生成速率的定义。掌握速率常数、反应级数、反应分子数及基元反应等基本概念。

2. 理解质量作用定律及其适用范围，能根据反应机理建立速率方程并了解反应级数的测定方法。掌握简单级数反应的动力学处理方法及计算方法。

3. 理解典型复合反应的动力学处理方法并会用复合反应动力学处理的近似方法。了解链反应的特点及爆炸的原因。

4. 掌握温度对反应速率的影响及阿伦尼乌斯方程的应用。明确活化能的物理意义。了解简单碰撞理论及过渡态理论的基本观点及所获得的结果。

5. 对溶液反应、光化反应和催化反应的动力学以及微观反应动力学有一定的了解，并掌握催化作用的特点。

9.1 反应速率和速率方程

9.1.1 化学动力学的内容

化学动力学和化学热力学是物理化学两大重要分支学科，它们各有不同的研究内容。化学热力学的任务是讨论化学反应过程中能量的转化以及解决在一定条件下进行某一化学反应的方向和限度问题。在化学热力学的研究中没有考虑时间因素，即没有考虑化学反应进行的速率及化学反应达到最大限度（平衡）所需的时间。考虑时间因素通常也是至关重要的。例如，在热力学基本概念一节曾经提到的反应：

$$C(s)+O_2(g) = CO_2(g)$$

298K、100kPa 下，该反应的 $\Delta_r G_m^{\ominus}$（298K）$=-394.36\text{kJ}\cdot\text{mol}^{-1}$。很负的 $\Delta_r G_m^{\ominus}$（298K）表明在此条件下该反应有很大的趋势生成 $CO_2(g)$。根据化学热力学的计算，平衡时系统中 CO_2 的分压约为 O_2 的 10^{69} 倍，可实际上很难见到室温下煤在空气中自燃，其原因是

该反应在室温和常压下进行得很慢，以致无从察觉。这个例子说明，化学热力学只回答了化学反应是否可能发生和可能进行到什么程度，即可能性问题，而不能回答反应能否以实际上有意义的速率来进行，即没有回答反应的现实性问题。后一问题正是化学动力学要研究的内容。

化学反应的速率由许多因素决定，其中主要的是反应组分的浓度、温度、压力和催化剂性质等。明确反应速率与这些因素之间的关系，无论在理论上或实践中都很有意义。例如，在化工生产上，反应器中通常有多种反应同时发生，根据各种因素对各个反应速率的影响，可确定最佳的温度、压力和催化剂等条件，以提高所需主反应的反应速率，降低副反应的反应速率，从而增加产量和提高产品纯度。因此，研究各种因素对反应速率的影响是化学动力学研究的主要内容。

化学动力学除了研究化学反应的速率以及各种因素对反应速率的影响外，还探讨化学反应进行的机理。**反应机理**（mechanism of reaction）也称**反应历程**，是化学反应实际经历的步骤。一个化学反应以何种反应机理进行，对反应的快慢起着决定性作用。大多数化学反应的化学计量式只表示反应物与产物之间的化学计量关系，并不代表反应的真实机理，它只是一系列化学反应步骤的总结果。当然，有的化学反应是一步完成的。只有在这种情况下，化学计量式才能反映其反应机理。例如下列两个反应：

（1）$CH_3COOC_2H_5 + NaOH = CH_3COONa + C_2H_5OH$

（2）$H_2 + Br_2 = 2HBr$

反应（1）的确按所写的化学计量式一步完成。而反应（2）的反应机理为以下一系列连续步骤：

$$Br_2 \longrightarrow 2Br\cdot$$

$$\left.\begin{aligned} Br\cdot + H_2 &\longrightarrow HBr + H\cdot \\ H\cdot + Br_2 &\longrightarrow HBr + Br\cdot \end{aligned}\right\}\text{反复进行}$$

$$H\cdot + HBr \longrightarrow H_2 + Br\cdot$$

$$2Br\cdot \longrightarrow Br_2$$

化学反应的速率与反应机理密切相关。弄清反应机理可以更彻底地了解影响反应速率的因素，从而完全把握反应速率的变化规律。

通过两个或多个反应步骤而完成的反应叫**复合反应**（composite reaction）或**复杂反应**（complex reaction）。复合反应的每一个反应步骤为一个**基元反应**（elementary reaction）。基元反应是组成一切化学反应的基本单元。通常确定反应机理就是确定化学反应由哪些基元反应组成。像上面所举的酯的皂化反应，该反应一步完成，所写的化学计量式就是反应的实际步骤。这种一步完成的反应称为**简单反应**（simple reaction），即总反应为基元反应的反应。而 H_2 与 Br_2 的反应则由多个基元反应组成，即为复合反应。$H_2 + Br_2 = 2HBr$ 是总反应的化学计量式，它是多个基元反应按一定规律组合后的总结果。

如果深入到分子水平上去看基元反应，基元反应的反应组分为大量宏观性质相同、但所处的微观状态（量子状态）却不相同的微粒（分子、原子、原子团等）。将分别处于某一微观状态的反应物微粒生成分别处于一定微观状态的产物微粒的反应称为**态-态反应**（state-state reaction）或**基元化学物理反应**（elementary chem-physical reaction）。例如，由分别处于量子状态 i 和 j 的反应物 $A(i)$ 和 $B(j)$ 生成分别处于量子状态 k 和 l 的产物 $C(k)$ 和 $D(l)$ 的态-态反应式如下：

$$A(i) + B(j) \longrightarrow C(k) + D(l)$$

基元反应为各反应组分处于各种可能量子状态的态-态反应的统计综合。

9.1.2 反应速率的表示方法

任意化学反应 $0=\sum_{B}\nu_B B$ 的反应速率（rate of reaction）$\dot{\xi}$ 定义为：

$$\dot{\xi} \xlongequal{\text{def}} \frac{d\xi}{dt} \tag{9.1}$$

式中，ξ 为反应进度；t 为反应时间；$\dot{\xi}$ 为单位时间内的反应进度变，单位是 $mol \cdot s^{-1}$。用反应进度表示的反应速率 $\dot{\xi}$ 又称作转化速率（rate of conversion）。

将反应进度的定义式 $d\xi=dn_B/\nu_B$ 代入上式，则：

$$\dot{\xi}=\frac{1}{\nu_B}\left(\frac{dn_B}{dt}\right) \tag{9.2}$$

此式说明，转化速率是任一反应组分物质的量随时间的变化率。

对于等容反应，反应系统的体积不变，单位体积的反应速率 v，简称反应速率，定义为：

$$v \xlongequal{\text{def}} \frac{\dot{\xi}}{V} \tag{9.3}$$

或

$$v \xlongequal{\text{def}} \frac{1}{\nu_B V}\left(\frac{dn_B}{dt}\right) \tag{9.4}$$

式中，V 为反应系统的体积。多数液相反应和在密闭容器中进行的气相反应均为等容反应，V 为常数。如非特别说明，本章所讨论的反应均为等容反应。

用 [B] 表示反应系统中任一反应组分 B 的浓度，则 $dn_B/V=d[B]$。因此式(9.4) 可变为：

$$v \xlongequal{\text{def}} \frac{1}{\nu_B}\times\frac{d[B]}{dt} \tag{9.5}$$

化学反应的快慢也可用某种反应物的消耗速率或某种产物的生成速率来表示。单位体积、单位时间内，某反应物 A 物质的量的减少为反应物 A 的消耗速率（rate of consumption）v_A，即：

$$v_A \xlongequal{\text{def}} -\frac{1}{V}\left(\frac{dn_A}{dt}\right) \tag{9.6}$$

此式等号右端加负号是因为 $dn_A<0$，加负号后可使 v_A 为正值。

单位体积、单位时间内，某反应产物 P 物质的量的增加为产物 P 的生成速率（rate of production）v_P，即：

$$v_P \xlongequal{\text{def}} \frac{1}{V}\left(\frac{dn_P}{dt}\right) \tag{9.7}$$

如果将式(9.6)、式(9.7) 中的 V 放入括号内，则消耗速率及生成速率均可用单位时间内反应物或产物浓度的变化来表示，即以上两式变为：

$$v_A=-\frac{d[A]}{dt} \tag{9.8}$$

$$v_P=\frac{d[P]}{dt} \tag{9.9}$$

式中，[A] 和 [P] 分别代表反应物 A 和产物 P 的浓度。本章用加括号的物质化学式代表该物质的浓度或活度。

转化速率 $\dot{\xi}$ 和反应速率 v 是用化学反应的反应进度来定义的，所以它们与选用哪种反应组分无关，但应指明所写的化学计量式；而消耗速率 v_A 和生成速率 v_P 则需指明是以哪种反应物或产物表示的消耗速率和生成速率。对同一反应，在同一反应时刻，v 是唯一的，而对不同的反应组分，v_A、v_P 则会有不同的数值。不过用不同反应组分浓度变化表示的 v_A 或 v_P 之间有简单的比例关系，其比例关系与化学计量式中各反应组分的化学计量数有关。如将任意化学反应写成如下形式：

$$-\nu_A A - \nu_D D - \cdots = \nu_L L + \nu_M M + \cdots$$

对此反应，反应速率、消耗速率和生成速率之间的关系为：

$$v = \frac{1}{\nu_A} \times \frac{d[A]}{dt} = \frac{1}{\nu_D} \times \frac{d[D]}{dt} = \cdots = \frac{1}{\nu_L} \times \frac{d[L]}{dt} = \frac{1}{\nu_M} \times \frac{d[M]}{dt} = \cdots$$

根据式(9.8)，消耗速率 $v_A = -d[A]/dt$，$v_D = -d[D]/dt \cdots$；根据式(9.9)，生成速率 $v_L = d[L]/dt$，$v_M = d[M]/dt \cdots$。将这些关系式代入上式得：

$$v = \frac{v_A}{-\nu_A} = \frac{v_D}{-\nu_D} = \cdots = \frac{v_L}{\nu_L} = \frac{v_M}{\nu_M} = \cdots$$

推广到任一反应 $0 = \sum_B \nu_B B$，有：

$$v = \frac{v_B}{|\nu_B|} \tag{9.10}$$

由此式可见，对指定的化学反应，用不同反应组分浓度表示的消耗速率或生成速率与反应组分的化学计量数绝对值的比值相等，且等于该化学反应的反应速率。以合成氨反应为例：

$$N_2 + 3H_2 = 2NH_3$$

该反应有两种消耗速率，N_2 的消耗速率：

$$v_{N_2} = -\frac{d[N_2]}{dt}$$

H_2 的消耗速率：

$$v_{H_2} = -\frac{d[H_2]}{dt}$$

产物的生成速率只有一种：

$$v_{NH_3} = \frac{d[NH_3]}{dt}$$

几种速率与相应反应组分的化学计量数绝对值之比相等，且等于该反应的反应速率，即：

$$v = \frac{1}{|\nu_B|} \times \frac{d[B]}{dt} = \frac{1}{1} \times \left\{-\frac{d[N_2]}{dt}\right\} = \frac{1}{3} \times \left\{-\frac{d[H_2]}{dt}\right\} = \frac{1}{2} \times \left\{\frac{d[NH_3]}{dt}\right\}$$

$$v = \frac{v_{N_2}}{1} = \frac{v_{H_2}}{3} = \frac{v_{NH_3}}{2}$$

反应速率、消耗速率和生成速率的单位都是浓度·时间$^{-1}$，如 $mol \cdot dm^{-3} \cdot s^{-1}$、$mol \cdot m^{-3} \cdot s^{-1}$、$mol \cdot dm^{-3} \cdot min^{-1}$ 等。

9.1.3 反应速率的测定方法

欲测定反应速率，要测定一定温度下不同反应时间 t 时某反应组分 B 的浓度 [B]。以 [B] 对 t 作图，得到反应组分浓度随时间变化的曲线，这种曲线称为反应的**动力学曲线**

(kinetic curve)，如图 9.1 所示。反应物 A，动力学曲线向下弯曲，由线上各点的斜率确定消耗速率 $v_A=-d[A]/dt$；产物 P，动力学曲线向上弯曲，由线上各点的斜率确定生成速率 $v_P=d[P]/dt$。

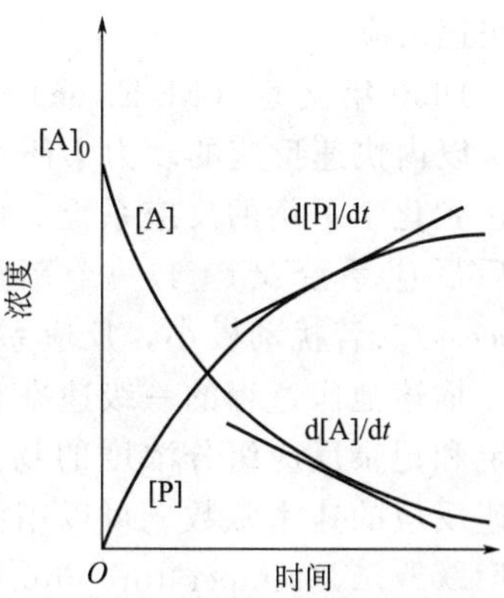

图 9.1 反应动力学曲线示意图

原则上，各种测定物质浓度的方法均可用于反应速率的测定，并可分为化学方法和物理方法两大类。

用化学方法测定反应速率时，一般要从反应系统取样，然后用化学分析方法测定某反应组分的浓度。为保证试样中的化学反应中止于取样的那个瞬间，需用适当的方法将试样的反应状态固定下来。常用的方法有骤冷、稀释、加入阻化剂及除去催化剂等。

物理方法是观测与物质浓度有确定关系的某种物理性质，如体积、压力、折射率、吸光度、旋光度及电导率等，以间接获得反应过程中反应组分浓度变化的信息。使用物理方法测定反应速率通常不必从反应系统中取样，可以让反应系统一边进行化学反应，一边对它进行观测。正因为有这种优点，所以物理方法在反应速率的测定中被广泛采用。

上述方法只能用于普通的慢速反应，即半衰期在秒以上反应的动力学测定。20 世纪对于半衰期在秒以下的快速反应（fast reaction）开发了许多有效的动力学测定方法。连续流动法（continuous flow method）简称连流法，其装置如图 9.2 所示。测定 $A+B \longrightarrow P$ 反应时，利用活塞 1 同时快速地（0.5～1s 内）将反应物 A 和 B 推入混合室 2 并发生反应。反应混合液一边反应一边连续地流经观测管 3。采用某种与浓度有线性关系的物理性质，如光吸收来测定反应组分的浓度。若在观测管 N 处进行吸光度的测量，反应混合液的流速为 v，混合室与观测点间的距离 MN 为 s，则反应混合液流过 MN 所经历的时间 $t=s/v$。保持稳定连续流动的条件下，改变流速 v 与距离 s 进行吸光度的测量，就可以测定不同反应时间反应组分的浓度，从而可以测出反应速率。

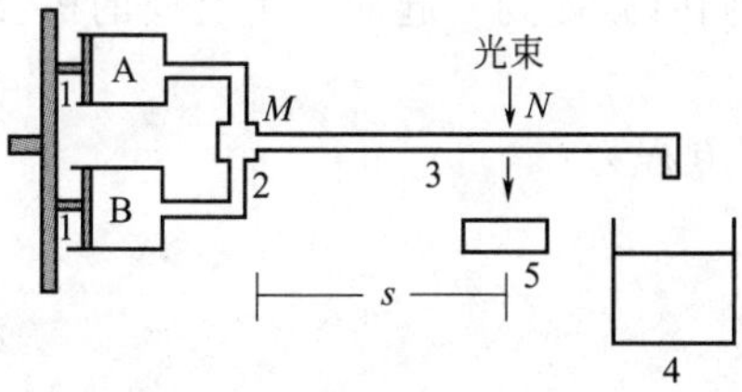

图 9.2 连流法装置示意图

1—活塞；2—混合室；3—观测管；4—接收池；5—光谱仪

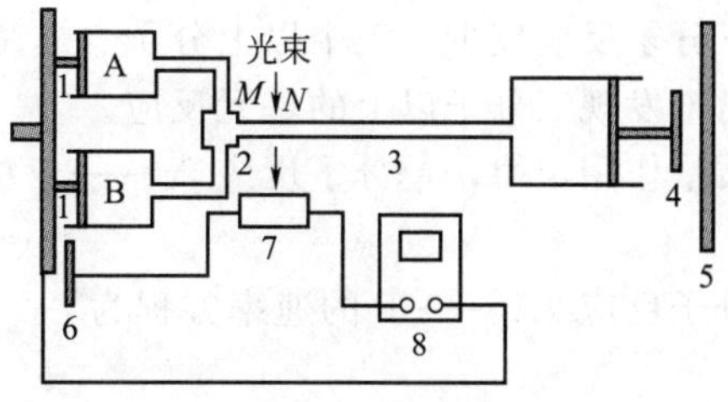

图 9.3 停流法装置示意图

1—注射活塞；2—混合室；3—观测管；4—止推活塞；5—挡板；6—电键；7—光电池；8—示波器

另一种研究快速反应动力学的方法是停流法（stopped flow method），其装置如图 9.3 所示。实验时开动注射活塞 1，将反应物 A 和 B 同时快速地射入混合室 2 中混合并发生反应。反应混合液流经观测管 3 后推动止推活塞 4 并被挡板 5 止停住。与此同时，按下电键 6，开通光电池 7 和示波器 8 的电路，在靠近混合室的观测点 N 处，光电池接收穿过反应混合液的光信号。借助计算机的帮助，在极短的时间内收集不同时间穿过反应混合液的光信号，并在示波器上显示出反应的动力学曲线。用连流法或停流法已成功地测定了许多半衰期在 1ms～10s 范围的快速反应。

1950 年艾京（M. Eigen）等最先开发的弛豫法（relaxation method）可用于半衰期在 1ms 以内快速反应的动力学研究。此法的原理简介如下：快速地（例如在 1μs 内）扰动一个已达到化学平衡的反应系统。由于反应组分浓度变化的滞后，反应系统原有的平衡被打破，随后反应系统又趋于一个新的平衡，这个趋于新平衡的过程称为弛豫过程（relaxation process）。若扰动极小，反应系统只是稍稍地偏离旧的平衡，所以可认为弛豫过程是线性的。描述弛豫过程的一级速率常数的倒数被称为弛豫时间（relaxation time）。用一种能快速测定和记录反应组分浓度的物理性质，如光吸收或电导，就可以观测弛豫时间，从而算出快速反应的速率常数。可以用温度、压力、电场和超声波等手段扰动平衡系统，分别称为温度跃升法（temperature jump method）、压力跃升法（pressure jump method）等。停流法和弛豫法已成功地应用于许多重要的快速反应的动力学研究，如酸碱中和反应、氧化还原反应和酶催化反应等。

闪光光解法（flash photolysis method）或激光脉冲光解法（laser pulse photolysis method）是用持续时间极短（约 1μs）的可见和紫外闪光或持续时间约 1ps（10^{-12} s）的激光脉冲来扰动平衡系统，所以可测定更快速反应的反应速率，如血红蛋白结合氧的反应和光合作用等。这些快速反应的动力学研究方法在生命科学等高科技领域发挥了重要作用。

9.1.4 质量作用定律

一定温度下，反应速率与反应组分或其他组分（如催化剂）浓度的关系式称为反应的速率方程（rate equation）。

基元反应的速率方程比较简单，通常符合经验规律——质量作用定律（mass action law）。质量作用定律表述为：基元反应的反应速率与各反应物浓度幂的乘积成正比，各浓度的幂次为基元反应方程式中相应组分化学计量数的绝对值。

基元反应可按参与一次基元反应（态-态反应）的反应物分子（或其他微粒）的数目而分为单分子反应（unimolecular reaction）、双分子反应（bimolecular reaction）和三分子反应（trimolecular reaction）。大多数基元反应为双分子反应；有些分解反应或异构化反应为单分子反应；三分子反应较少。三个以上分子（或微粒）同时碰撞到一起而发生反应的机会极少，所以至今尚未发现三分子以上的基元反应。

按质量作用定律，单分子反应 $A \longrightarrow P$ 的速率方程为：

$$v=k[A]$$

双分子反应 $2A \longrightarrow P$ 的速率方程为：

$$v=k[A]^2$$

双分子反应 $A+B \longrightarrow P$ 的速率方程为：

$$v=k[A][B]$$

以上各式中的 k 为比例常数，称为反应速率常数（rate constant of reaction），简称速率常数。确定的反应在一定温度下，k 为常数，与反应组分的浓度无关。当各种反应物的浓度均为单位浓度时，反应速率数值上与速率常数相等，故速率常数也称比速率（specific rate）。比较不同反应的 k，也就是在相同反应组分浓度的条件下比较各反应进行的快慢，k 大的反应，反应进行得快。k 的大小除取决于反应本性外，还受温度、溶剂和催化剂等因素的影响。有时为强调 k 是温度的函数，将速率常数写作 $k(T)$。由于 k 是反应组分浓度在指定条件下的反应速率，所以改变反应物浓度不会改变 k，这也正是将它叫作速率常数的原因。

通常速率方程左端不是用反应进度变化率表示的反应速率 v，而是用某反应组分浓度变化

率表示的消耗速率 v_A 或生成速率 v_P。在一定温度下，对某化学反应来说，采用不同反应组分浓度变化表示的 v_A 或 v_P 并不一定相同，它们符合式(9.10）的简单比例关系，因此，相应的速率方程中的速率常数也不一定相同，它们之间也有类似于式(9.10）的简单比例关系。例如某基元反应：

$$A+2B=\!=\!=3C$$

按质量作用定律，用不同反应组分浓度表示的速率方程为：

$$v_A=-\frac{d[A]}{dt}=k_A[A][B]^2$$

$$v_B=-\frac{d[B]}{dt}=k_B[A][B]^2$$

$$v_C=\frac{d[C]}{dt}=k_C[A][B]^2$$

根据式(9.10)，$v=v_A=v_B/2=v_C/3$，故：

$$k_A=\frac{k_B}{2}=\frac{k_C}{3}$$

写成通式为：

$$k=\frac{k_B}{|\nu_B|} \tag{9.11}$$

式中，k 为以反应进度表示的速率常数；k_B 为以任一反应组分 B 的浓度表示的速率常数。当反应式中各反应组分的化学计量数不同时，要注明是用哪种组分浓度表示的速率常数。

复合反应由多个基元反应组成，尽管各步基元反应都符合质量作用定律，但复合反应的总反应一般不符合质量作用定律。例如反应 $H_2+Cl_2=\!=\!=2HCl$ 的速率方程为：

$$\frac{d[HCl]}{dt}=k[H_2][Cl_2]^{1/2}$$

反应 $2O_3=\!=\!=3O_2$ 的速率方程为：

$$\frac{d[O_2]}{dt}=\frac{k[O_3]^2}{[O_2]}$$

反应 $H_2+Br_2=\!=\!=2HBr$ 的速率方程就更为复杂，经测定为：

$$-\frac{d[H_2]}{dt}=\frac{k[H_2][Br_2]^{1/2}}{1+k'[HBr][Br_2]^{-1}}$$

9.1.5 速率方程

速率方程是由实验测量确定的反应速率与物质浓度间的关系式。许多化学反应的速率方程可以表示成如下形式：

$$v=k[A]^{\alpha}[B]^{\beta}[C]^{\gamma}\cdots \tag{9.12}$$

式中，α、β、γ 等分别称为组分 A、B、C 等的**反应级数**（order number of reaction）或**分级数**（partial order number)。各反应组分的反应级数之和 $n=\alpha+\beta+\gamma+\cdots$ 称为反应的**总级数**(overall order number)，简称**级数**。n 可以为整数、分数、负数或零。反应级数是由实验确定的常数，其大小反映了物质浓度对反应速率影响的程度。式中的 k，对于基元反应，称作**速率常数**；对于复合反应，称为**速率系数**（rate coefficient)。

反应级数与基元反应的分子数是两个不同的概念。反应级数是由实测数据归纳速率方程而得到的经验常数，是宏观量，它可以是整数、分数、零或负数。而反应分子数是在分子水平上看的微观量，它是参与一次基元反应（态-态反应）的分子（或其他微粒）的数目，只有单、双和三分子反应。尽管有少数复合反应总反应的级数与总反应的反应物分子数目相等，例如复合反应 $H_2+I_2 = 2HI$ 的级数为 2，但这不是普遍规律。仅对基元反应有分子数的概念，就复合反应而言，很难说分子数为几，但复合反应总反应的级数总是可以通过实验测定的。此外，在复合反应总反应的速率方程中，有时不仅有反应物的浓度项，还可能包含产物、催化剂或不直接参与反应的惰性组分的浓度项。

根据质量作用定律，通常基元反应中反应的级数与反应分子数相等，即几分子反应就是几级反应，但是也有例外的情况，例如双分子反应 $A+B = C$，若反应系统中 $[B] \gg [A]$，则反应过程中 [B] 可近似看作常数并可归并到速率常数中，即：

$$v_A = k_A[A][B] = k'_A[A]$$

式中，$k'_A = k_A[B]$。这种情况下，二级反应可近似地按一级反应来处理，这样的反应称为**准一级反应**（pseudo first order reaction）。k'_A近似为常数，称为**准速率常数**（pseudo rate constant）。

速率方程通过积分处理后，可以得到反应组分浓度与反应时间的关系式 $[B] = f(t)$，这种关系式称为**动力学方程**（kinetic equation）或**速率方程的积分形式**（integral rate equation），与速率方程的微分形式相区别。动力学方程除了可通过速率方程的数学处理获得外，也可通过实测的浓度和时间数据归纳出来。利用反应的动力学方程可以计算反应过程中任一时刻反应组分的浓度或计算反应组分达到某浓度所需的反应时间等。

9.2 简单级数反应

本节讨论速率方程形式比较简单的反应，其中包括基元反应和级数简单的复合反应的总反应。讨论在一定温度下，这类反应的反应组分浓度与反应时间之间的关系。

9.2.1 零级反应

反应速率与物质浓度无关的反应为**零级反应**（zero order reaction），其速率方程为：

$$v_A = k$$

对零级反应来讲，反应速率是常数，因此无论反应物的浓度如何，单位时间内物质发生化学反应的数量总相同。例如一些光化学反应，它们的反应速率仅取决于照射光的强度，而与反应物的浓度无关。光强度恒定的情况下，这些光化学反应即为零级反应。还有些气-固相催化反应，在一定条件下其反应速率只与固体催化剂的表面状态有关，与气体反应物的浓度（或分压）无关，也为零级反应。

零级反应的反应物消耗速率为：

$$-\frac{d[A]}{dt} = k$$

此式移项并积分：

$$-\int_{[A]_0}^{[A]} d[A] = k\int_0^t dt$$

式中，$[A]_0$ 和 [A] 分别为反应开始时与反应到 t 时刻系统中反应物 A 的浓度。

积分后则得到零级反应的动力学方程：

$$[A]_0-[A]=kt \tag{9.13}$$

利用式(9.13)，可由 $[A]_0$ 及 t 求算 $[A]$，或由 $[A]_0$ 及 $[A]$ 确定反应时间 t。此式改写成 $[A]=[A]_0-kt$，则为一直线方程。以 $[A]$ 对 t 作图可得到直线，其截距为 $[A]_0$，斜率为 $-k$。

反应物的初始浓度消耗掉一半，所需的反应时间称为**半衰期**（half life）或**半寿期**，以 $t_{1/2}$ 表示。将 $[A]=[A]_0/2$ 带入式(9.13)中，得到零级反应的半衰期为：

$$t_{1/2}=\frac{[A]_0}{2k}$$

零级反应具有以下特征：

① 反应速率与反应物浓度无关，所以单位时间内发生反应的物质数量（或单位时间内反应物浓度的变化）总是恒定的；

② 反应掉的反应物浓度 $[A]_0-[A]$ 与反应时间 t 成正比，以 $[A]$ 对 t 作图得直线；

③ 速率常数的单位为浓度·时间$^{-1}$，如 $mol\cdot m^{-3}\cdot s^{-1}$；

④ 反应物的半衰期与反应物的初始浓度成正比。

根据这些特征可以判断反应是否为零级反应。

9.2.2 一级反应

反应速率与物质浓度成正比的反应为**一级反应**（first order reaction），其速率方程为：

$$v_A=k[A]$$

单分子基元反应为一级反应，如分解反应、异构化反应和放射性元素蜕变反应等。有些反应虽然是复合反应，但其总反应仍可能表现为一级反应。

一级反应的反应物消耗速率为：

$$-\frac{d[A]}{dt}=k[A]$$

移项并积分：

$$-\int_{[A]_0}^{[A]}\frac{d[A]}{[A]}=k\int_0^t dt$$

则得到一级反应的动力学方程：

$$\ln\frac{[A]_0}{[A]}=kt \tag{9.14}$$

或

$$[A]=[A]_0\exp(-kt) \tag{9.15}$$

此式的对数形式为：

$$\ln\{[A]\}=\ln\{[A]_0\}-kt \tag{9.16}$$

式中以加大括号表示物理量的值。根据此式，若以 $\ln\{[A]\}$ 对 t 作图可得一条直线，其截距为 $\ln\{[A]_0\}$，斜率为 $-k$。

反应物 A 的**转化率**（degree of conversion）x_A 规定为：

$$x_A=\frac{[A]_0-[A]}{[A]_0}$$

则 $[A]=[A]_0(1-x_A)$，代入式(9.14)后，得：

$$\ln\frac{1}{1-x_A}=kt \tag{9.17}$$

这是用转化率来表示的一级反应动力学方程。将 $t=t_{1/2}$ 及 $[A]=[A]_0/2$ 代入式(9.14)，得到一级反应的半衰期为：

$$t_{1/2}=\frac{\ln 2}{k}=\frac{0.6932}{k} \tag{9.18}$$

此式表明，反应物的半衰期与反应物的初始浓度无关，这也是一级反应的重要特征。

一级反应具有以下特征：

① 反应速率与物质的浓度成正比；

② 以 $\ln\{[A]\}$ 对 t 作图得直线；

③ 反应物的半衰期与反应物的初始浓度无关，为常数；

④ 速率常数的单位为时间$^{-1}$，如 s^{-1}。

【例 9.1】 已测得 20℃时乳酸在酶的作用下，氧化反应过程中不同反应时间 t 的乳酸浓度 [A] 的数据如下：

t/min	$[A]/(mol\cdot dm^{-3})$	t/min	$[A]/(mol\cdot dm^{-3})$
0	0.3200	10	0.3149
5	0.3175	13	0.3133
8	0.3159	16	0.3113

(1) 考察此反应是否为一级反应。

(2) 计算反应的速率常数及半衰期。

解：

(1) 根据一级反应的特征，若以 $\ln\{[A]\}$-t 作图应为一直线。由实验数据对 [A] 取对数，得到如下数据：

t/min	$\ln\{[A]\}$	t/min	$\ln\{[A]\}$
0	−1.139	10	−1.156
5	−1.147	13	−1.161
8	−1.152	16	−1.167

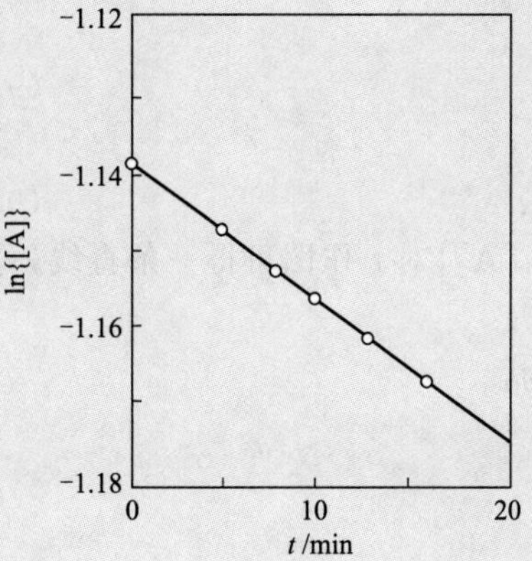

图 9.4 乳酸氧化反应的 $\ln\{[A]\}$-t 图

用以上数据作 $\ln\{[A]\}$-t 图，得到图 9.4 中所示的直线，说明此反应确为一级反应。

(2) 由图 9.4 的直线读出斜率：

$$b=\frac{-1.173-(-1.139)}{(20-0)\text{min}}=-1.70\times10^{-3}\text{min}^{-1}$$

根据一级反应的动力学方程，即式(9.16)，该反应的速率常数为：

$$k=-b=1.70\times10^{-3}\text{min}^{-1}$$

将 k 代入式(9.18)，反应的半衰期为：

$$t_{1/2}=\frac{0.6932}{1.70\times10^{-3}\text{min}^{-1}}=408\text{min}$$

9.2.3 二级反应

反应速率与两种物质浓度的乘积或一种物质浓度的平方成正比的反应称为**二级反应**(second order reaction)。二级反应较为普遍，除双分子基元反应外，许多复合反应的总反应亦为二级反应。

若反应速率与两种物质浓度的乘积成正比，如双分子基元反应 $A+B \longrightarrow P$，则速率方程为：

$$v_A = k_A[A][B] \tag{9.19}$$

设反应开始时 A 和 B 的初始浓度分别为 $[A]_0$ 和 $[B]_0$，反应 t 时间后消耗掉的 A 浓度为 y，则有如下的比例关系：

	A	+	B	$\longrightarrow$	P
$t=0$	$[A]_0$		$[B]_0$		0
$t=t$	$[A]=[A]_0-y$		$[B]=[B]_0-y$		y

A 的消耗速率为：

$$-\frac{d[A]}{dt} = k[A][B]$$

$$-\frac{d([A]_0-y)}{dt} = k([A]_0-y)([B]_0-y)$$

移项：

$$\frac{dy}{\{[A]_0-y\}\{[B]_0-y\}} = k\,dt$$

$$\frac{1}{[A]_0-[B]_0}\left(\frac{dy}{[B]_0-y} - \frac{dy}{[A]_0-y}\right) = k\,dt$$

积分：

$$\frac{1}{[A]_0-[B]_0}\left\{\int_0^y \frac{dy}{[B]_0-y} - \int_0^y \frac{dy}{[A]_0-y}\right\} = k\int_0^t dt$$

从而得到二级反应的动力学方程：

$$\frac{1}{[A]_0-[B]_0}\ln\frac{[B]_0\{[A]_0-y\}}{[A]_0\{[B]_0-y\}} = kt \tag{9.20}$$

利用此式，可由 $[A]_0$、$[B]_0$ 和 t 求 y，再由 y、$[A]_0$ 及 $[B]_0$ 可求得 $[A]$ 和 $[B]$；也可由 y、$[A]_0$ 和 $[B]_0$（或 $[A]$ 和 $[B]$）求 t。

式(9.20) 也可写成：

$$\frac{1}{[A]_0-[B]_0}\ln\frac{[A][B]_0}{[B][A]_0} = kt \tag{9.21}$$

或

$$\ln\frac{[A]}{[B]} = \ln\frac{[A]_0}{[B]_0} + \{[A]_0-[B]_0\}kt \tag{9.22}$$

或

$$\ln\frac{[A]_0-y}{[B]_0-y} = \ln\frac{[A]_0}{[B]_0} + \{[A]_0-[B]_0\}kt \tag{9.23}$$

可见，若以 $\ln\{[A]/[B]\}$ 对 t 作图可得一直线，由直线的斜率可确定 k。

【例 9.2】 乙酸乙酯皂化反应：

$$CH_3COOC_2H_5 + NaOH \longrightarrow CH_3COONa + C_2H_5OH$$

在 298K 下测得如下动力学数据：

t/s	$[A]\times10^3$ /(mol·dm^{-3})	$[B]\times10^3$ /(mol·dm^{-3})	t/s	$[A]\times10^3$ /(mol·dm^{-3})	$[B]\times10^3$ /(mol·dm^{-3})
0	9.80	4.86	866	7.24	2.30
178	8.92	3.98	1510	6.45	1.51
273	8.64	3.70	1918	6.03	1.09
531	7.92	2.97	2401	5.74	0.80

注：[A] 为 NaOH 的浓度，[B] 为 $CH_3COOC_2H_5$ 的浓度。

(1) 考察该反应是否为二级反应。

(2) 计算反应的速率常数。

解：

(1) 若此反应为二级反应且对 NaOH 及 $CH_3COOC_2H_5$ 分别为一级，则按式(9.22)，以 $\ln\{[A]/[B]\}$ 对 t 作图应为直线。由本题提供的实验数据可得如下数据：

t/s	$\ln\{[A]/[B]\}$	t/s	$\ln\{[A]/[B]\}$
0	0.701	866	1.147
178	0.807	1510	1.452
273	0.848	1918	1.711
531	0.981	2401	1.971

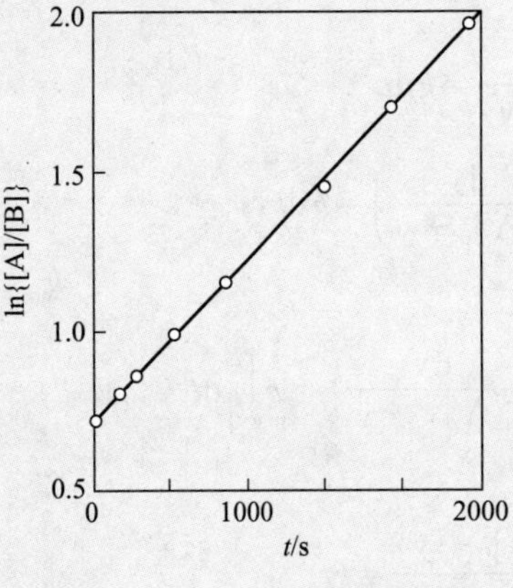

图 9.5 乙酸乙酯皂化反应的 $\ln\{[A]/[B]\}$-t 图

以 $\ln\{[A]/[B]\}$ 对 t 作图，可得如图 9.5中所示的直线，因此反应确为二级反应。

(2) 图 9.5 中直线的斜率为：

$$b=\frac{1.971-0.701}{(2401-0)\mathrm{s}}=5.29\times10^{-4}\mathrm{s}^{-1}$$

根据式(9.22)，速率常数为：

$$k=\frac{b}{[A]_0-[B]_0}=\frac{5.29\times10^{-4}\mathrm{s}^{-1}}{(9.80-4.86)\times10^{-3}\mathrm{mol\cdot dm^{-3}}}=0.107\mathrm{dm^3\cdot mol^{-1}\cdot s^{-1}}$$

如果二级反应为 $2A\longrightarrow P$，则速率方程为：

$$v_A=k[A]^2 \tag{9.24}$$

复合反应的总反应 $A+B\longrightarrow P$，若反应物初始浓度相等，即 $[A]_0=[B]_0$。在此情况下，反应过程中 A 与 B 总是以相同的比例被消耗，所以任何时间反应系统中总能保持 $[A]=[B]$。将此关系代入式(9.19)，则得：

$$v_A=k_A[A][B]=k_A[A][A]=k_A[A]^2$$

反应的速率方程也具有式(9.24) 的形式，例如乙酸乙酯的皂化反应，当酯与碱的初始浓度相等时，即属于这种情况。

对于反应速率与一种物质浓度的平方成正比的二级反应，A 的消耗速率为：

$$-\frac{d[A]}{dt}=k[A]^2$$

移项并积分：

$$-\int_{[A]_0}^{[A]}\frac{d[A]}{[A]^2}=k\int_0^t dt$$

得到该类二级反应的动力学方程：

$$\frac{1}{[A]}-\frac{1}{[A]_0}=kt \tag{9.25}$$

根据式(9.25)，若以 $1/[A]$ 对 t 作图，可得一条直线，由直线的斜率可得 k。二级反应 k 的单位为浓度$^{-1}$·时间$^{-1}$，如 $m^3\cdot mol^{-1}\cdot s^{-1}$。

如以 $t=t_{1/2}$ 及$[A]=[A]_0/2$ 代入式(9.25)，可得二级反应的半衰期为：

$$t_{1/2}=\frac{1}{k[A]_0} \tag{9.26}$$

此式表明，对于二级反应，半衰期与反应物的初始浓度成反比，即反应物的初始浓度越大，消耗掉一半所需的时间越短。

二级反应具有以下特征：

① 反应速率与两种物质浓度的乘积或一种物质浓度的平方成正比；

② 以 $\ln\{[A]/[B]\}$ 对 t 或以 $1/[A]$ 对 t 作图得直线；

③ 只有一种反应物的二级反应，半衰期与反应物的初始浓度成反比；

④ 速率常数的单位为浓度$^{-1}$·时间$^{-1}$，如 $m^3\cdot mol^{-1}\cdot s^{-1}$。

9.2.4 n 级反应

反应速率与某种物质浓度的 n 次方成正比的反应为 **n 级反应**（n order reaction），速率方程为：

$$v=k[A]^n \tag{9.27}$$

式中，n 为反应级数，可为零、整数、分数或负数。

在下面几种情况下，反应的速率方程会具有式(9.27)的形式。

① 只有一种反应物的反应，如 $nA\longrightarrow P$ 型反应。

② 两种或两种以上反应物的反应，如 $aA+bB+\cdots\longrightarrow P$ 型反应，但除一种反应物（例如A）以外，其余组分的量远大于 A，则在反应过程中这些组分的浓度几乎不变。此种情况下，可将其余组分的浓度视为常数并与 k 归并到一起，从而使反应的速率方程呈式(9.27)的形式。例如反应 $aA+bB+\cdots\longrightarrow P$，若 $[B]_0\gg[A]_0\cdots$，则：

$$v_A=k_A[A]^\alpha[B]^\beta\cdots=\{k_A[B]^\beta\cdots\}[A]^\alpha$$

令 $k'_A=k_A[B]^\beta\cdots$，则：

$$v_A=k'_A[A]^\alpha$$

注意区分化学计量数绝对值 a、$b\cdots$与分级数 α、$\beta\cdots$。除基元反应外，一般情况下化学计量数的绝对值不一定与各物质相应的级数相等。

③ 对 $aA+bB+\cdots\longrightarrow P$ 型的反应，若各反应物初始浓度之比等于各反应物化学计量数绝对值之比，即 $[A]_0/a=[B]_0/b=\cdots$，则反应过程中各反应物的浓度始终保持 $[A]/a=[B]/b=\cdots$。在此情况下，速率方程为：

$$v_A=k_A[A]^\alpha[B]^\beta\cdots=k_A[A]^\alpha\left\{\frac{b[A]}{a}\right\}^\beta\cdots=k_A\left(\frac{b}{a}\right)^\beta\cdots[A]^{\alpha+\beta+\cdots}$$

令 $k'_A=k_A(b/a)^\beta\cdots$ 及 $n=\alpha+\beta+\cdots$，代入上式后，则得：

$$v_A = k'_A[A]^n$$

因此，这种情况下，反应的速率方程也呈式(9.27)的形式。

速率方程为式(9.27)形式的反应可根据 n 的值分成两类。若 $n=1$，即为一级反应，其动力学方程如式(9.14)，这类反应已讨论过。若 $n\neq1$，A 的消耗速率为：

$$-\frac{d[A]}{dt} = k[A]^n$$

移项并积分，得：

$$-\int_{[A]_0}^{[A]} \frac{d[A]}{[A]^n} = k\int_0^t dt$$

则得 n 级反应（$n\neq1$）的动力学方程：

$$\frac{1}{n-1}\left\{\frac{1}{[A]^{n-1}} - \frac{1}{[A]_0^{n-1}}\right\} = kt \tag{9.28}$$

由式(9.28)可见，n 级反应 k 的单位为浓度$^{1-n}$·时间$^{-1}$，如 $mol^{1-n}\cdot m^{3(n-1)}\cdot s^{-1}$。

以 $t=t_{1/2}$ 及 $[A]=[A]_0/2$ 代入上式，则得 n 级（$n\neq1$）反应的半衰期为：

$$t_{1/2} = \frac{2^{n-1}-1}{(n-1)k[A]_0^{n-1}} \tag{9.29}$$

式(9.29)表明，对于只有一种反应物 A 的 n 级反应，半衰期与 $[A]_0^{n-1}$ 成反比。

具有简单级数反应的速率方程、动力学方程及半衰期汇总于表 9.1 中。

表 9.1 简单级数反应的动力学关系

级数	反应类型	速率方程	动力学方程	半衰期	k 的单位
0	$A \longrightarrow P$	$v_A = k$	$[A]_0 - [A] = kt$	$t_{1/2} = \frac{[A]_0}{2k}$	浓度·时间$^{-1}$
1	$A \longrightarrow P$	$v_A = k[A]$	$\ln\frac{[A]_0}{[A]} = kt$	$t_{1/2} = \frac{\ln 2}{k}$	时间$^{-1}$
2	$A+B \longrightarrow P$	$v_A = k[A][B]$	$\frac{1}{[A]_0-[B]_0}\ln\frac{[A][B]_0}{[A]_0[B]} = kt$	—	浓度$^{-1}$·时间$^{-1}$
2	$2A \longrightarrow P$	$v_A = k[A]^2$	$\frac{1}{[A]} - \frac{1}{[A]_0} = kt$	$t_{1/2} = \frac{1}{k[A]_0}$	浓度$^{-1}$·时间$^{-1}$
n	$aA \longrightarrow P$	$v_A = k[A]^n$	$\frac{1}{n-1}\left(\frac{1}{[A]^{n-1}} - \frac{1}{[A]_0^{n-1}}\right) = kt$	$t_{1/2} = \frac{2^{n-1}-1}{(n-1)k[A]_0^{n-1}}$	浓度$^{1-n}$·时间$^{-1}$

等温、等容下进行的气相反应常用某反应组分分压随时间的变化率来表示消耗速率或生成速率。在温度 T 与体积 V 下，进行某气相反应 $0=\sum_B \nu_B B$，若反应系统为理想气体混合物，则其中任一组分 B 的分压为：

$$p_B = \frac{n_B RT}{V} = [B]RT$$

$$[B] = \frac{p_B}{RT}$$

对反应物 A，则有：

$$[A] = \frac{p_A}{RT}$$

若反应为 n 级，则可将此式代入式(9.27)，得：

$$v_A = -\frac{d[A]}{dt} = -\frac{1}{RT}\left(\frac{dp_A}{dt}\right) = k_c[A]^n = k_c\left(\frac{p_A}{RT}\right)^n$$

$$-\frac{dp_A}{dt}=k_c(RT)^{1-n}p_A^n$$

以上两式中以 k_c 代表用浓度表示的反应速率常数。若以 k_p 代表用压力表示的速率常数，则：

$$-\frac{dp_A}{dt}=k_p p_A^n \tag{9.30}$$

$$k_p=k_c(RT)^{1-n} \tag{9.31}$$

式(9.31) 为等温、等容下进行理想气体反应时，k_p 与 k_c 的关系。显然，对一级反应，$k_p=k_c$；其他级反应，k_p 与 k_c 有正比关系，因此，等温、等容下的气相反应既可用某组分浓度的变化率，也可用它的分压变化率来表示消耗速率或生成速率。

【例 9.3】 910K 下，乙烷脱氢反应：

$$C_2H_6(g) \longrightarrow C_2H_4(g)+H_2(g)$$

在反应开始阶段，反应速率只与 $[C_2H_6]$ 有关，且为 1.5 级反应。若反应开始时系统中只有 C_2H_6，压力 $p_0=13.3kPa$。反应 10s 后，C_2H_6 的分压降至 $p=8.70kPa$，计算此反应的 k 及 $t_{1/2}$。

解：此反应系统的压力不高，可将各气体当作理想气体处理，则：

$$[C_2H_6]=\frac{n(C_2H_6)}{V}=\frac{p}{RT}$$

反应级数 $n=1.5\neq1$，可用式(9.28) 计算 k，即：

$$k=\frac{1}{(n-1)t}\left\{\frac{1}{[A]^{n-1}}-\frac{1}{[A]_0^{n-1}}\right\}=\frac{1}{(n-1)t}\left[\left(\frac{RT}{p}\right)^{n-1}-\left(\frac{RT}{p_0}\right)^{n-1}\right]$$

$$=\frac{1}{(1.5-1)\times10s}\left[\left(\frac{8.314J\cdot mol^{-1}\cdot K^{-1}\times910K}{8.70\times10^3Pa}\right)^{1.5-1}-\left(\frac{8.314J\cdot mol^{-1}\cdot K^{-1}\times910K}{13.3\times10^3Pa}\right)^{1.5-1}\right]$$

$$=0.0358m^{3/2}\cdot mol^{-1/2}\cdot s^{-1}$$

按式(9.29) 计算半衰期：

$$t_{1/2}=\frac{2^{n-1}-1}{(n-1)k[A]_0^{n-1}}=\frac{2^{n-1}-1}{(n-1)k[p_0/(RT)]^{n-1}}$$

$$=\frac{(2^{1.5-1}-1)\times(8.314J\cdot mol^{-1}\cdot K^{-1}\times910K)^{1.5-1}}{(1.5-1)\times0.0358m^{3/2}\cdot mol^{-1/2}\cdot s^{-1}\times(13.3\times10^3Pa)^{1.5-1}}=17.4s$$

9.3 速率方程的确定

从上面的讨论可以看出，具有简单级数的反应只要确定了微分形式的反应速率方程就可以导出相应的动力学方程（即速率方程的积分形式），从而反应过程中物质浓度与反应时间的关系也就确定了，浓度、时间与速率常数之间的动力学计算也就可以进行。此外，确定反应的速率方程也是确定反应机理的第一步。因此，确定化学反应的速率方程是了解化学反应动力学的基础。

由反应过程中物质浓度与时间的关系确定反应级数的方法有多种，下面介绍常用的方法。

9.3.1 尝试法

尝试法（attempt method）是将实验测得的任一组分 A 的浓度 [A] 和时间 t 的数据逐一代入不同级数反应的动力学方程中，计算出一系列 k 值。看看用哪种级数反应的动力学方程算出的 k 相同，反应即为此种级数的反应。一组 [A] 与 t 的数据逐个代入不同级数反应的动力学方程计算 k，这样做比较麻烦，最好用计算机来完成。

此外，也可通过作图的方法来确定反应级数。根据各级反应的特征，如果用 $\ln\{[A]\}$对 t 作图得到一条直线，则反应为一级反应。否则就要逐一用 $[A]^{1-n}$ 对 t 作图（n 为 1 以外的数），直到某 n 值能使 $[A]^{1-n}$与 t 呈直线关系，则反应级数可以确定。通过计算机，分别对 $\ln\{[A]\}$与 t 或 $[A]^{1-n}$与 t 的数据进行线性拟合，根据线性拟合的情况，确定 n 为何值时能得到良好的线性关系（由相关系数是否接近于 1 及标准差的大小可以判断）。

用尝试法确定反应级数比较麻烦。当反应级数为整数时，用这种方法尚可；如果反应级数为分数时，或 [A] 与 t 的数据测定范围不大时，用这种方法难以奏效。

9.3.2 微分法

当测定某反应物的分级数时，速率方程总可简化成如下形式：

$$v_A = k[A]^\alpha$$

对此式取对数，得：

$$\ln\{v_A\} = \ln\{k\} + \alpha\ln\{[A]\} \tag{9.32}$$

一定温度下，k 及 α 均为常数，如果用 $\ln\{v_A\}$对 $\ln\{[A]\}$作图应得到直线，由直线的斜率可确定级数 α。这种确定级数的方法叫微分法（differential method）。

用微分法确定反应级数时，先测定 [A] 与 t 的数据。用 [A] 对 t 作图，得到一条动力学曲线。然后在动力学曲线上求各点的斜率 $d[A]/dt$，从而可得到一系列 [A] 与 v_A 的数据[图 9.6(a)]。以 $\ln\{-d[A]/dt\}$对 $\ln\{[A]\}$作图，可得一条直线，此直线的斜率即为 α [图 9.6(b)]。

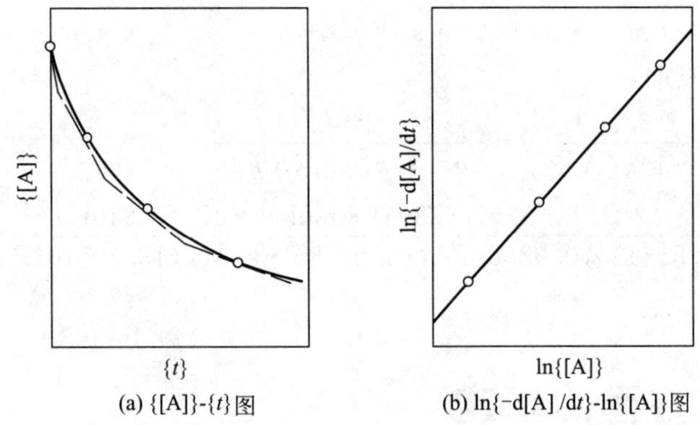

图 9.6 微分法求反应级数示意图

有时反应产物对反应速率也有影响，这种情况下需要采用初始浓度法（initial concentration method）。

用初始浓度法时，要选用不同的初始浓度 $[A]_0$ 分别做几次动力学实验。用每次实验测出的 [A] 与 t 的数据作图，得到几条动力学曲线。在每条动力学曲线的初始浓度处求曲线的斜率 $d[A]_0/dt$。然后以 $\ln\{-d[A]_0/dt\}$对 $\ln\{[A]_0\}$作图，由直线的斜率确定反应级数。

当实验数据较少时，如果有两组 v_A 和 [A] 的数据，也可用微分法求出反应级数。两组数据记作 v_1、$[A]_1$ 和 v_2、$[A]_2$，将它们代入式(9.32)，得：

$$\ln\{v_1\}=\ln\{k\}+\alpha\ln\{[A]_1\}$$
$$\ln\{v_2\}=\ln\{k\}+\alpha\ln\{[A]_2\}$$

两式相减并整理后，即得：

$$\alpha=\frac{\ln\{v_1\}-\ln\{v_2\}}{\ln\{[A]_1\}-\ln\{[A]_2\}} \tag{9.33}$$

【例 9.4】 373K 下，草酸钾与氯化汞进行如下反应：

$$K_2C_2O_4+2HgCl_2 = Hg_2Cl_2+2KCl+2CO_2$$

已测得如下动力学数据：

实验编号	$[A]_0/(mol\cdot dm^{-3})$	$[B]_0/(mol\cdot dm^{-3})$	$-d[A]_0/dt/(mol\cdot dm^{-3}\cdot min^{-1})$
1	0.404	0.0836	1.035×10^{-4}
2	0.202	0.0836	2.583×10^{-5}
3	0.404	0.0418	5.161×10^{-5}

注：A 代表 $K_2C_2O_4$，B 代表 $HgCl_2$。

试确定此反应的速率方程。

解：可将此反应的速率方程写成如下形式：

$$v_A=k_A[A]^\alpha[B]^\beta$$

(1) 确定 α

为此先将 1、2 两次实验数据代入速率方程并相除：

$$\frac{v_{A,1}}{v_{A,2}}=\frac{k_A[A]_{0,1}^\alpha[B]_{0,1}^\beta}{k_A[A]_{0,2}^\alpha[B]_{0,2}^\beta}=\frac{[A]_{0,1}^\alpha[B]_{0,1}^\beta}{[A]_{0,2}^\alpha[B]_{0,2}^\beta}$$

将实验数据代入：

$$\frac{1.035\times10^{-4}mol\cdot dm^{-3}\cdot min^{-1}}{2.583\times10^{-5}mol\cdot dm^{-3}\cdot min^{-1}}=\frac{(0.404mol\cdot dm^{-3})^\alpha\times(0.0836mol\cdot dm^{-3})^\beta}{(0.202mol\cdot dm^{-3})^\alpha\times(0.0836mol\cdot dm^{-3})^\beta}$$

$$4.007=2^\alpha$$
$$\alpha=2.00$$

(2) 确定 β

为此将 1、3 两次实验数据代入速率方程并相除：

$$\frac{v_{A,1}}{v_{A,3}}=\frac{k_A[A]_{0,1}^\alpha[B]_{0,1}^\beta}{k_A[A]_{0,3}^\alpha[B]_{0,3}^\beta}=\frac{[A]_{0,1}^\alpha[B]_{0,1}^\beta}{[A]_{0,3}^\alpha[B]_{0,3}^\beta}$$

将实验数据代入：

$$\frac{1.035\times10^{-4}mol\cdot dm^{-3}\cdot min^{-1}}{5.161\times10^{-5}mol\cdot dm^{-3}\cdot min^{-1}}=\frac{(0.404mol\cdot dm^{-3})^\alpha\times(0.0836mol\cdot dm^{-3})^\beta}{(0.404mol\cdot dm^{-1})^\alpha\times(0.0418mol\cdot dm^{-3})^\beta}$$

$$2.005=2^\beta$$
$$\beta=1.00$$

由此可确定反应的速率方程为：

$$v_A=k_A[K_2C_2O_4]^2[HgCl_2]$$

9.3.3 半衰期法

半衰期法（half life method）是用半衰期的数据确定反应级数的方法。

用两种不同初始浓度 $[A]_{0,1}$ 和 $[A]_{0,2}$ 分别进行两次动力学测定，得到两个半衰期 $t_{1/2,1}$ 和 $t_{1/2,2}$。如果 $t_{1/2,1}=t_{1/2,2}$，则反应为一级反应。若 $t_{1/2,1}\neq t_{1/2,2}$，则按式(9.29) 可得：

$$\frac{t_{1/2,1}}{t_{1/2,2}}=\frac{2^{n-1}-1}{(n-1)k[A]_{0,1}^{n-1}}\times\frac{(n-1)k[A]_{0,2}^{n-1}}{2^{n-1}-1}$$

$$\frac{t_{1/2,1}}{t_{1/2,2}}=\frac{[A]_{0,2}^{n-1}}{[A]_{0,1}^{n-1}}$$

取对数并整理后，可得：

$$n=1+\frac{\ln\{t_{1/2,1}\}-\ln\{t_{1/2,2}\}}{\ln\{[A]_{0,2}\}-\ln\{[A]_{0,1}\}} \tag{9.34}$$

按此式，只要有两组 $[A]_0$ 及 $t_{1/2}$ 的数据即可算出反应级数。

如果对式(9.29) 取对数，整理后可得：

$$\ln\{t_{1/2}\}=a+(1-n)\ln\{[A]_0\}$$

式中，$a=\ln(2^{n-1}-1)-\ln(n-1)-\ln\{k\}$，为一常数。因此若有多组 $t_{1/2}$ 和 $[A]_0$ 的数据，以 $\ln\{t_{1/2}\}$ 对 $\ln\{[A]_0\}$ 作图应得一条直线，由直线的斜率可确定 n。对于分数级反应，用作图法求级数比只用两组数按式(9.34) 计算 n 更准确。

如果反应产物对反应速率无影响，也可由一次实验的 $[A]$ 与 t 数据确定两组或多组 $t_{1/2}$ 和 $[A]_0$ 的数据。方法是在 $[A]$-t 曲线上取一系列点作为初始浓度 $[A]_{0,1}$、$[A]_{0,2}$…（图 9.7），再在纵坐标上找到 $[A]_{0,1}/2$、$[A]_{0,2}/2$…并在动力学曲线上找到相应的点 a、b…。由 a 点的横坐标读数可确定 $t_{1/2,1}$；由 b 点与 c 点横坐标的读数可确定 $t_{1/2,2}$，…。由这些初始浓度与半衰期的数据即可确定反应级数 n。

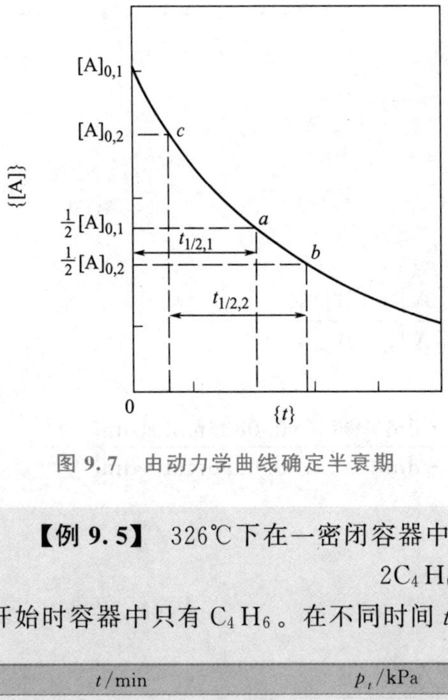

图 9.7 由动力学曲线确定半衰期

【例 9.5】 326℃下在一密闭容器中进行 1,3-丁二烯的二聚反应：

$$2C_4H_6(g) = C_8H_{12}(g)$$

开始时容器中只有 C_4H_6。在不同时间 t 测得容器中气体总压 p_t，数据如下：

t/min	p_t/kPa	t/min	p_t/kPa
0	84.23	42.50	67.88
8.02	79.89	55.08	65.34
12.18	77.86	68.05	63.25
17.30	75.61	90.05	60.42
24.55	72.88	119.0	57.68
33.00	70.34		

试用半衰期法确定此反应的级数。

解： 因为反应在密闭容器中进行，故为等容反应。若以 A 代表 C_4H_6，并将气体当作理想气体，则可用 p_A 对 t 作图来代替 $[A]$ 对 t 作图。

由于实测的是总压 p_t，因此要求出 p_t 与 p_A 的关系。按反应计量式可建立以下关系：

$$2C_4H_6(g) \xlongequal{} C_8H_{12}(g)$$

$$t=0 \qquad p_{A,0} \qquad 0 \qquad p_t=p_{A,0}=p_{t,0}$$

$$t=t \qquad p_A \qquad \frac{1}{2}(p_{A,0}-p_A) \qquad p_t=p_A+\frac{1}{2}(p_{A,0}-p_A)=\frac{1}{2}(p_{A,0}+p_A)$$

故

$$p_A=2p_t-p_{A,0}$$

根据此关系可计算出如下数据：

t/min	p_A/kPa
0	84.23
8.02	75.55
12.18	71.49
17.30	66.99
24.55	61.55
33.00	56.45
42.50	51.53
55.08	46.45
68.05	42.27
90.05	36.61
119.0	31.13

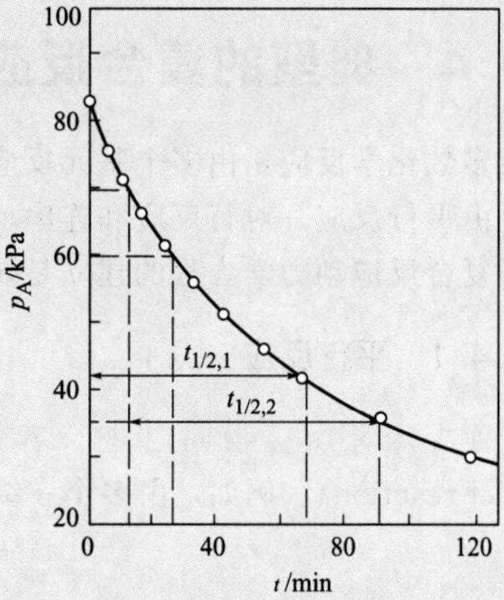

图 9.8 丁二烯二聚反应的 p_A-t 图

利用以上数据作 p_A-t 图，如图 9.8。在图中，从 $p_{A,0,1}=84.23\text{kPa} \sim p_{A,0,1}/2=42.12\text{kPa}$，读出 $t_{1/2,1}=(69.0-0)\text{min}=69.0\text{min}$。从 $p_{A,0,2}=70.0\text{kPa} \sim p_{A,0,2}/2=35.0\text{kPa}$，读出 $t_{1/2,2}=(98.0-14.0)\text{min}=84.0\text{min}$。将以上两组数据代入式(9.34)，得：

$$n=1+\frac{\ln\{t_{1/2,1}\}-\ln\{t_{1/2,2}\}}{\ln\{p_{A,0,2}\}-\ln\{p_{A,0,1}\}}=1+\frac{\ln 69.0-\ln 84.0}{\ln 70.0-\ln 84.23}=2.06\approx 2$$

此反应为二级反应。

9.3.4 孤立法

速率方程要通过动力学数据的测定来建立。大多数反应的速率方程可归纳成如下形式：

$$v_A=k_A[A]^{\alpha}[B]^{\beta}\cdots$$

如果能通过实验测定 k、α、β 等动力学参数，速率方程也就确定下来了。因此，要确定速率方程，首先要确定各分级数 α、β 等。

某化学反应 $a\text{A}+b\text{B}+\cdots \longrightarrow \text{P}$，如果反应速率与各反应物 A、B、C…的浓度均有关。为测定各分级数，可设计这样的实验：首先在 B、C 等反应物大大过量的情况下进行反应并测定反应过程中 [A] 与 t 的关系。由于 [B]、[C] 等远比 [A] 大，故反应过程中可将 [B]、

[C] 等视为常数并归并到速率常数中，即：

$$v_A = k_A[A]^{\alpha}[B]^{\beta}[C]^{\gamma}\cdots \approx k'_A[A]^{\alpha}$$

通过 [A] 与 t 数据的测定可确定分级数 α（确定 α 的方法可见前面介绍的方法）。然后在 A、C 等大大过量的情况下进行反应，并测定 [B] 与 t 的关系。由于 [A]、[C] 等远大于 [B]，故反应过程中可将 [A]、[C] 等视为常数，通过 [B] 与 t 的数据可确定分级数 β。按类似的方法进行实验，可确定其他分级数 γ 等。待 α、β、γ 等分别确定后，反应的总级数也就确定下来了。这种除某组分外，其余各组分均大大过量的条件下测定某组分分级数的方法叫孤立法（isolation method）。

9.4 典型的复合反应

大多数化学反应是由多个基元反应组合而成的复合反应。尽管复合反应的机理千差万别，但都是由平行反应、对行反应和连串反应这三种典型的复合反应组合而成的。因此，讨论这三种典型复合反应动力学方程的建立是研究各类复合反应动力学的基础。

9.4.1 平行反应

一种或几种反应物同时进行着几种不同的基元反应，这种复合反应称为**平行反应**（parallel reaction）。例如，由多个一级基元反应组成的平行反应：

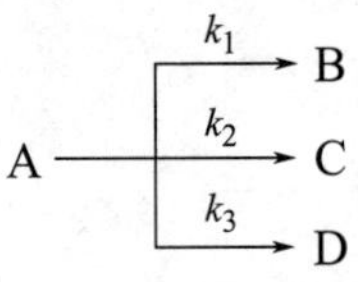

由不同级基元反应组成的平行反应：

$$A \xrightarrow{k_1} C$$

$$A + B \xrightarrow{k_2} D$$

在化工生产中有许多平行反应的实例，如苯酚的硝化反应：

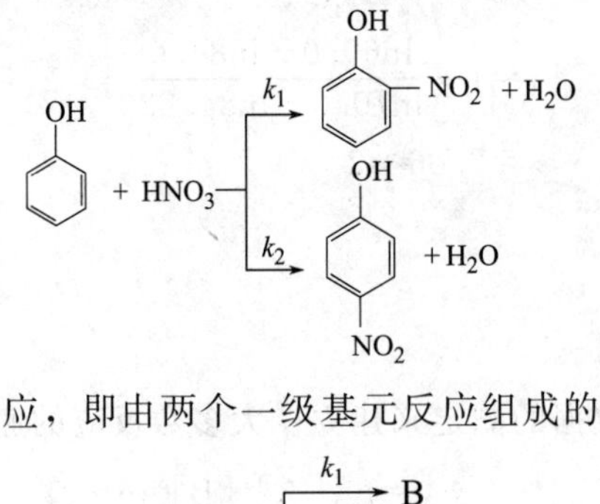

现在讨论最简单的平行反应，即由两个一级基元反应组成的平行反应：

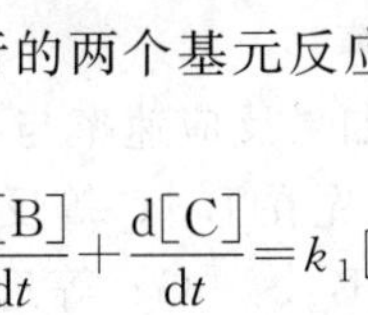

反应物 A 的总消耗速率为同时进行的两个基元反应中 A 的消耗速率之和，所以此平行反应的速率方程为：

$$-\frac{d[A]}{dt} = \frac{d[B]}{dt} + \frac{d[C]}{dt} = k_1[A] + k_2[A]$$

$$-\frac{d[A]}{dt}=(k_1+k_2)[A] \tag{9.35}$$

由此可见，由两个一级反应组成的平行反应，其总反应仍为一级反应，总反应的速率系数为两个基元反应速率常数之和。将式(9.35) 移项并积分后，可得与简单一级反应相类似的动力学方程：

$$[A]=[A]_0\exp[-(k_1+k_2)t] \tag{9.36}$$

或

$$\ln\frac{[A]_0}{[A]}=(k_1+k_2)t \tag{9.37}$$

将 $d[B]/dt=k_1[A]$与 $d[C]/dt=k_2[A]$ 相除，得：

$$\frac{d[B]}{d[C]}=\frac{k_1}{k_2}$$

若反应开始时系统中只有反应物 A，即 $[B]_0=[C]_0=0$，则上式移项并积分后，得：

$$\frac{[B]}{[C]}=\frac{k_1}{k_2} \tag{9.38}$$

这表明，在任何时刻，反应系统中两种产物浓度之比等于生成这两种产物的基元反应的速率常数之比，因此，反应快的基元反应所生成的产物浓度大。这一结果适用于反应开始时只有反应物且由相同级数（不限于一级，也不限于两个基元反应）基元反应组成的平行反应。但如果平行反应是由不同级数的基元反应组成的，情况较为复杂，上面的结论不成立。

由于两种产物的浓度比例取决于 k_1 和 k_2 的相对大小，因此若能改变反应条件，调节 k_1 和 k_2，则可改变 [B] 和 [C] 的比例。改变温度时，k_1 和 k_2 的变化不同，生产上常选择适当的温度以加速主反应，抑制副反应，以得到较多的主产物。此外，也可选用合适的催化剂以加速主反应的进行。

9.4.2 对行反应

正向和逆向同时进行的反应称为**对行反应**（opposing reaction）或**对峙反应**。所有反应都可同时向正、逆两方向进行，但许多反应正、逆两向的速率相差太大，从而只考虑某一方向的反应。这里所讨论的对行反应是指正、逆两向的速率相差不大，因而正、逆两向需同时考虑的反应。例如通常条件下，醋酸和乙醇的酯化反应及其逆反应的速率常数在同一数量级，可作为对行反应的一个例子：

$$CH_3COOH+C_2H_5OH \underset{k_{-1}}{\overset{k_1}{\rightleftharpoons}} CH_3COOC_2H_5+H_2O$$

下面讨论最简单的一级对一级的对行反应：

$$A \underset{k_{-1}}{\overset{k_1}{\rightleftharpoons}} B$$

反应物 A 的总消耗速率为正反应消耗 A 的速率减去逆反应生成 A 的速率，故总反应的速率方程为：

$$-\frac{d[A]}{dt}=k_1[A]-k_{-1}[B] \tag{9.39}$$

若反应开始时只有 A，即 $[B]_0=0$，则反应到 t 时$[B]=[A]_0-[A]$，代入式(9.39)后：

$$-\frac{d[A]}{dt}=k_1[A]-k_{-1}\{[A]_0-[A]\}$$

$$-\frac{d[A]}{dt}=(k_1+k_{-1})[A]-k_{-1}[A]_0 \tag{9.40}$$

当达到化学平衡时，正、逆两向反应的速率相等，则：

$$k_1[A]_e=k_{-1}[B]_e$$

这里加下标 e 表示平衡浓度。由上式得：

$$k_1[A]_e=k_{-1}\{[A]_0-[A]_e\}$$

$$k_{-1}[A]_0=(k_1+k_{-1})[A]_e \tag{9.41}$$

将式(9.41) 代入式(9.40)，得：

$$-\frac{d[A]}{dt}=(k_1+k_{-1})\{[A]-[A]_e\} \tag{9.42}$$

移项并积分：

$$-\int_{[A]_0}^{[A]}\frac{d[A]}{[A]-[A]_e}=\int_0^t(k_1+k_{-1})dt$$

因 d[A]=d([A]-[A]$_e$)，故：

$$\ln\frac{[A]_0-[A]_e}{[A]-[A]_e}=(k_1+k_{-1})t \tag{9.43}$$

此为一级对行反应的动力学方程。这种对行反应的浓度-时间关系如图 9.9 所示。其特点是经过足够长时间后，反应物和产物都分别趋近于各自的平衡浓度，系统中反应物浓度与产物浓度之比不再改变，反应达到了限度。

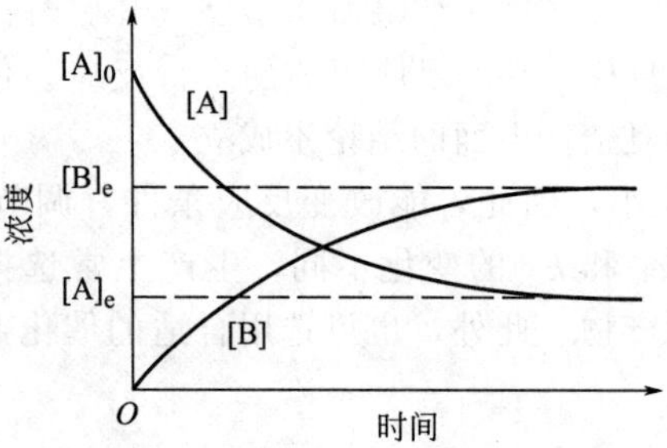

图 9.9 一级对行反应的动力学曲线

由式(9.43) 可见，若以 ln{[A]-[A]$_e$}对 t 作图，所得直线的斜率为$-(k_1+k_{-1})$。再结合浓度平衡常数 $K_c=k_1/k_{-1}$，即可求得 k_1 和 k_{-1}。

其他类型的对行反应动力学方程较为复杂，但动力学处理的方法类似。

9.4.3 连串反应

由几个连续的基元反应所组成的反应称为**连串反应**（consecutive reaction）或**连续反应**。这类反应相当普遍，如苯和乙烯的反应：

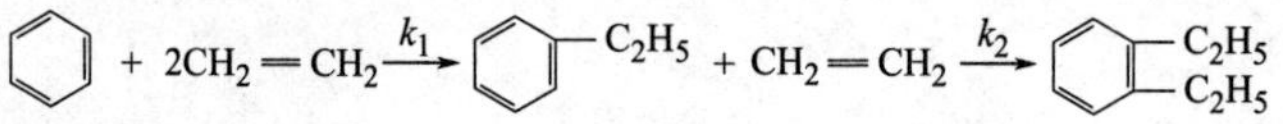

现在讨论最简单的一级连串反应：

$$A\xrightarrow{k_1}B\xrightarrow{k_2}C$$

速率方程为：

$$-\frac{d[A]}{dt}=k_1[A] \tag{9.44}$$

$$\frac{d[B]}{dt}=k_1[A]-k_2[B] \tag{9.45}$$

$$\frac{d[C]}{dt}=k_2[B] \tag{9.46}$$

解上列微分方程组即可得动力学方程。为此，先将式(9.44) 移项并积分，得：

$$[A]=[A]_0\exp(-k_1t) \tag{9.47}$$

将式(9.47) 代入式(9.45)，得：

$$\frac{d[B]}{dt}=k_1[A]_0\exp(-k_1t)-k_2[B] \quad (9.48)$$

此为一阶线性微分方程，其解为：

$$[B]=\frac{[A]_0k_1}{k_2-k_1}[\exp(-k_1t)-\exp(-k_2t)] \quad (9.49)$$

若反应开始时只有反应物 A，且因反应系统内保持质量守恒，因此任何时刻均应满足如下关系：

$$[A]+[B]+[C]=[A]_0$$

将式(9.47) 及式(9.49) 代入上式，则得：

$$[C]=[A]_0\left[1-\frac{k_2\exp(-k_1t)-k_1\exp(-k_2t)}{k_2-k_1}\right] \quad (9.50)$$

式(9.47)、式(9.49) 及式(9.50) 即为由两个一级反应组成的连串反应的动力学方程。用各反应组分的浓度对反应时间作图，如图 9.10 所示。图中，[A] 沿指数曲线下降，这和简单一级反应的反应物浓度变化规律相同。产物浓度 [C] 从零开始逐渐上升，直至 $[C]_\infty=[A]_0$。B 为中间产物，反应开始时及反应终止时均无 B，$[B]_0=[B]_\infty=0$。在反应过程中，[B] 先逐渐增大，达到最高点 m 后，又逐渐下降。中间物达到最大浓度所需的反应时间称为生成中间物的**最佳时间**（best time），以 t_m 表示。将式(9.49) 对 t 求导并令导数为零，即可求得 t_m：

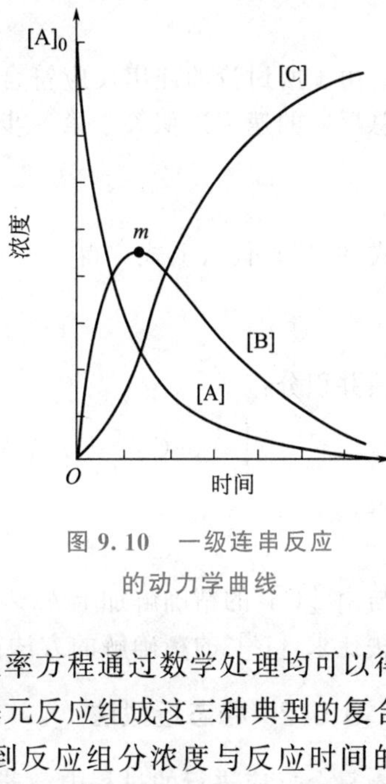

图 9.10 一级连串反应的动力学曲线

$$t_m=\frac{1}{k_1-k_2}\ln\frac{k_1}{k_2} \quad (9.51)$$

将式(9.51) 代入式(9.49)，可求得中间物能达到的**最大浓度**（maximum concentration）$[B]_m$：

$$[B]_m=[A]_0\left(\frac{k_1}{k_2}\right)^{\frac{k_2}{k_2-k_1}} \quad (9.52)$$

以上讨论了三种典型复合反应最简单的情况。由它们的速率方程通过数学处理均可以得到微分方程的解析解，即它们的动力学方程。但若由不同级的基元反应组成这三种典型的复合反应，就不一定能由速率方程得到微分方程的解析解。为了得到反应组分浓度与反应时间的关系，可采用微分方程的近似解法，以求反应组分浓度的数值解，借助于计算机可以迅速地获得满足计算精度要求的近似解。

9.5 复合反应动力学处理中的近似方法

从上节的讨论可以看出，对一个化学反应进行动力学处理的一般程序是：先根据反应机理建立起反应的速率方程（微分方程），再设法解微分方程得到反应组分浓度与反应时间的关系式，即反应的动力学方程。利用动力学方程就可以进行反应过程中组分浓度、反应时间或速率系数的运算。如果组成复合反应的基元反应级数不同，步骤较多，则解微分方程组就变得很困难了。不过可以根据反应的具体情况，采用适当的近似简化反应的动力学处理。常用的近似方法有选取控制步骤法、稳态近似法和平衡态近似法。

9.5.1 选取控制步骤法

连串反应或包含连串反应的复合反应中，如果连串的各基元反应的速率相差很大，则总反应速率近似等于最慢一步基元反应的速率。**最慢的一个基元反应步骤控制了整个反应的速率，被称为反应速率的控制步骤**（determining step）。在反应的动力学处理中引用总反应速率近似等于控制步骤反应速率的方法称为**选取控制步骤法**（selecting determining step method）。控制步骤与其他各连串步骤的速率相差越大，则此近似方法越可靠。

在一定条件下，引用选取控制步骤法可简化复合反应的动力学处理。例如上节在讨论一级连串反应 $A \xrightarrow{k_1} B \xrightarrow{k_2} C$ 中，要得到［C］的精确解是比较麻烦的。已导出的［C］的精确解为：

$$[C]=[A]_0\left[1-\frac{k_2\exp(-k_1t)-k_1\exp(-k_2t)}{k_2-k_1}\right]$$

若 $k_2 \gg k_1$，则可简化为：

$$[C]=[A]_0[1-\exp(-k_1t)] \tag{9.53}$$

由于所讨论的连串反应符合 $k_2 \gg k_1$ 的条件，故在动力学处理中可采用选取控制步骤法，即总反应的速率近似等于第一步基元反应的速率：

$$\frac{d[C]}{dt}\approx-\frac{d[A]}{dt}=k_1[A]$$

将式(9.47) 代入上式，得：

$$\frac{d[C]}{dt}\approx k_1[A]_0\exp(-k_1t)$$

移项并积分：

$$\int_0^{[C]}d[C]=\int_0^t k_1[A]_0\exp(-k_1t)dt=-[A]_0\int_0^t\exp(-k_1t)d(-k_1t)$$

即得：

$$[C]=[A]_0[1-\exp(-k_1t)]$$

这与由［C］的精确解加上 $k_2 \gg k_1$ 条件得到的结果相同，但引用选取控制步骤法得到此式的方法比求［C］的精确解的方法简便。

9.5.2 稳态近似法

复合反应进行的过程中，若某种中间物 M 生成的速率很慢，而一旦生成后很快便被消耗掉，在反应过程中有相当长的一段时间内，M 的浓度很低而且变化很小，则 $d[M]/dt\approx0$。反应系统中某中间物的浓度近似不随时间变化的状态称为**稳态**（steady state）、**静态**或**定态**。在反应的动力学处理中，引用稳态下 $d[M]/dt\approx0$ 的近似方法称为**稳态近似法**（steady state approximation method），简称**稳态法**。

稳态法是反应动力学处理中常用的近似方法，可大大简化复合反应的动力学处理。仍以前面讨论的一级连串反应 $A \xrightarrow{k_1} B \xrightarrow{k_2} C$ 为例，当 $k_2 \gg k_1$ 时，则中间物 B 一旦生成，立即被消耗掉。这种情况下，在较长的一段时间内，可认为 $d[B]/dt\approx0$。若引用此条件，则：

$$\frac{d[B]}{dt}=k_1[A]-k_2[B]\approx0$$

$$[B]=\frac{k_1[A]}{k_2}$$

将式(9.47)代入上式，可得：

$$[B]=\left(\frac{k_1}{k_2}\right)[A]_0\exp(-k_1 t) \tag{9.54}$$

如果将 $k_2 \gg k_1$ 条件代入［B］的精确解，即式(9.49)中，也可得到与上式相同的结果。这说明在所讨论的条件下，引用稳态法的近似处理是合理的，而用这种近似方法不需要先求［B］的精确解就可得到式(9.54)，因此简便得多。

9.5.3 平衡态近似法

由对行和连串反应组成的复合反应，如：

$$A+B \underset{k_{-1}}{\overset{k_1}{\rightleftharpoons}} C \xrightarrow{k_2} D$$

若 $k_1 \gg k_2$ 且 $k_{-1} \gg k_2$，则最后一步为控制步骤，总反应的速率近似地等于该步的速率，即：

$$\frac{d[D]}{dt} \approx k_2[C]$$

这种情况下，由于前面的对行反应进行得很快，所以很快就接近于平衡，则可近似地当作平衡状态来处理，即：

$$\frac{[C]}{[A][B]}=\frac{k_1}{k_{-1}}$$

将此式代入总反应的速率，得：

$$\frac{d[D]}{dt} \approx \frac{k_1 k_2}{k_{-1}}[A][B]$$

$$\frac{d[D]}{dt} \approx k[A][B] \tag{9.55}$$

式中，$k=k_1 k_2/k_{-1}$，为总反应的速率系数。

在由对行反应和连串反应组成的复合反应中，若对行的两步基元反应的速率均很快，则可认为对行反应近似地达到了化学平衡，这种反应动力学处理的近似方法称为**平衡态近似法**(equilibrium state approximation method)，简称**平衡态法**。由于只是近似于化学平衡状态，所以也称**准平衡态**（quasi-equilibrium state）。引用平衡态近似法也可简化复合反应的动力学处理。

9.6 链反应

9.6.1 链反应的动力学处理

链反应（chain reaction）又称**连锁反应**，它是包括大量反复循环的连串反应的复合反应。这类反应又分**直链反应**（straight chain reaction）和**支链反应**（branched chain reaction）两大类。链反应过程中出现一些不稳定的中间物，它们是活泼的离子、原子或自由基（也称游离基）。链反应一般包括**链引发**（chain initiation）、**链传递**（chain transfer，又称链增长）和**链终止**（chain termination）三个阶段。现以 HBr 生成反应为例，介绍链反应的机理及如何由反应机理建立速率方程。

1906 年波登斯坦（M. Bodenstein）和林德（S. C. Lind）测得反应 $H_2+Br_2 = 2HBr$ 的

速率方程为：

$$\frac{d[HBr]}{dt}=\frac{k[H_2][Br_2]^{1/2}}{1+k'[HBr][Br_2]^{-1}}$$

1919 年克里斯坦森（J. A. Christainsen）等人经实验研究后，提出如下的链反应机理：

链引发：

$$Br_2 \xrightarrow{k_1} 2Br\cdot \qquad (1)$$

链传递：

$$Br\cdot + H_2 \xrightarrow{k_2} HBr + H\cdot \qquad (2)$$

$$H\cdot + Br_2 \xrightarrow{k_3} HBr + Br\cdot \qquad (3)$$

……

$$H\cdot + HBr \xrightarrow{k_4} H_2 + Br\cdot \qquad (4)$$

链终止：

$$2Br\cdot \xrightarrow{k_5} Br_2 \qquad (5)$$

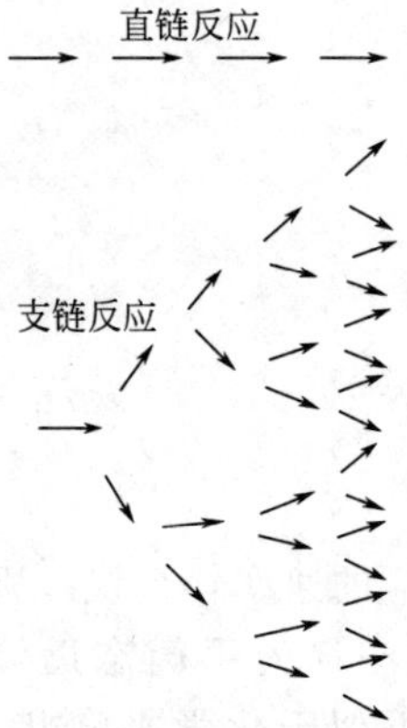

图 9.11　两类链反应示意图

在链传递阶段中，反应步骤（2）和步骤（3）反复进行。每进行一步，消耗掉一个自由基 Br· 或 H·，同时又生成一个自由基H· 或 Br·，所以在引发阶段中产生的自由基总数在传递阶段中不会减少。在传递阶段中，通过反应（2）或反应（3），不断生成最终产物 HBr。上述机理中，反应步骤（4）虽然不会改变反应系统中的自由基总数，但此步反应与步骤（3）同时消耗 H·，因此步骤（4）的进行将减少步骤（3）发生的机会，减缓了产物 HBr 的生成速率，故步骤（4）称为链阻滞（chain block）。当发生反应步骤（5）时，自由基被消耗，形成稳定分子，故可终止链反应，此阶段为链终止阶段。

如果在链传递阶段中，每进行一步反应，消耗掉的活泼微粒数目与新生成的活泼微粒数目相等，则反应像链条一样连续地传递下去，这种链反应称为直链反应，如这里讨论的 HBr 生成反应。另有一类链反应，在链传递阶段，每进行一步反应，生成的活泼微粒数多于消耗掉的活泼微粒数，则反应系统中的活泼微粒将迅速增多，传递阶段的基元反应数目以几何级数迅速增加，如图 9.11 所示，这种链反应叫支链反应。

根据上面提出的 HBr 生成反应机理，产物 HBr 的生成速率：

$$\frac{d[HBr]}{dt}=k_2[Br\cdot][H_2]+k_3[H\cdot][Br_2]-k_4[H\cdot][HBr] \qquad (9.56)$$

由于 Br· 与 H· 是不稳定中间物，可对它们应用稳态近似法：

$$\frac{d[H\cdot]}{dt}=k_2[Br\cdot][H_2]-k_3[H\cdot][Br_2]-k_4[H\cdot][HBr]=0 \qquad (9.57)$$

$$\frac{d[Br\cdot]}{dt}=2k_1[Br_2]-k_2[Br\cdot][H_2]+k_3[H\cdot][Br_2]+$$

$$k_4[H\cdot][HBr]-2k_5[Br\cdot]^2=0 \qquad (9.58)$$

式中，右端第一项出现系数 2 的原因是，速率常数 k_1 是用 Br_2 的消耗速率表示的，即 $-d[Br_2]/dt=k_1[Br_2]$。在第一个反应步骤中 Br· 的生成速率应为 Br_2 消耗速率的 2 倍，即

$d[Br\cdot]/dt=-2d[Br_2]/dt=2k_1[Br_2]$。反应步骤（5）其实为反应步骤（1）的逆反应，此步骤的 k_5 是按 Br_2 的生成速率来考虑的，因此对于 Br· 的消耗速率来讲，$-d[Br\cdot]/dt=2d[Br_2]/dt=2k_5[Br\cdot]^2$。将式(9.57) 与式(9.58) 相加，得：

$$k_1[Br_2]-k_5[Br\cdot]^2=0$$

故

$$[Br\cdot]=\left(\frac{k_1}{k_5}\right)^{1/2}[Br_2]^{1/2} \tag{9.59}$$

将式(9.59) 代入式(9.57)，得：

$$[H\cdot]=\frac{k_2(k_1/k_5)^{1/2}[H_2][Br_2]^{1/2}}{k_3[Br_2]+k_4[HBr]} \tag{9.60}$$

将式(9.59) 及式(9.60) 代入式(9.56)，得

$$\frac{d[HBr]}{dt}=k_2(k_1/k_5)^{1/2}[Br_2]^{1/2}[H_2]+\{k_3[Br_2]-k_4[HBr]\}\frac{k_2(k_1/k_5)^{1/2}[H_2][Br_2]^{1/2}}{k_3[Br_2]+k_4[HBr]}$$

$$=\frac{2k_2(k_1/k_5)^{1/2}[H_2][Br_2]^{1/2}}{1+(k_4/k_3)[HBr][Br_2]^{-1}}$$

令 $k=2k_2(k_1/k_5)^{1/2}$ 及 $k'=k_4/k_3$，代入上式，则得：

$$\frac{d[HBr]}{dt}=\frac{k[H_2][Br_2]^{1/2}}{1+k'[HBr][Br_2]^{-1}}$$

这正是波登斯坦等用实验测得的 HBr 生成反应的速率方程。

由所提出的反应机理可以导出与实测速率方程一致的结果，这只是证明所提出的反应机理正确性的必要条件，但并非是充分条件。要证明所提出的反应机理，除此必要条件外，还需要辅以其他的实验证据（例如检测中间物的存在等），才能最终建立正确的反应机理。

9.6.2 支链反应与爆炸

研究化学反应引起爆炸的原因并采取防爆对策是十分重要的研究课题。按引起爆炸的原因可将爆炸分为热爆炸（heat explosion）和链爆炸（chain explosion）两种类型。热爆炸是由于在密闭的容器内进行放热反应，如果放出的热量不能迅速传出，就会使反应系统的温度升高。随温度升高，反应速率增大，因而有更多的反应热放出。放热越多，温度越高；温度越高，反应越快，放热越多。如此反复，从而使反应速率在短时间内增大到无法控制的程度，引起爆炸，这就是热爆炸。

链爆炸是由支链反应引起的。在支链反应的链传递阶段，每进行一步反应，生成的链传递物数目多于消耗的链传递物数目，反应系统中链传递物以几何级数的方式增加，使反应速率在短时间内增大到无法控制的地步，从而引起链爆炸。

$2H_2+O_2 \xlongequal{} 2H_2O$ 可作为支链反应的例子。该反应的机理较复杂，基本上是如下的链反应机理。

链引发：

$$H_2+O_2 \xrightarrow{k_1} 2OH\cdot \tag{1}$$

$$H_2+O_2 \xrightarrow{k_2} HO_2\cdot+H\cdot \tag{2}$$

链传递：

$$OH\cdot+H_2 \xrightarrow{k_3} H_2O+H\cdot \quad (直链) \tag{3}$$

$$H\cdot + O_2 \xrightarrow{k_4} OH\cdot + O\cdot \quad (4)$$

$$O\cdot + H_2 \xrightarrow{k_5} OH\cdot + H\cdot \quad (5)$$

（支链）

链终止：

$$H\cdot + H\cdot \xrightarrow{k_6} H_2 \quad (6)$$

$$H\cdot + OH\cdot \xrightarrow{k_7} H_2O \quad (7)$$

$$H\cdot + O_2 + M \xrightarrow{k_8} HO_2\cdot + M \quad (8)$$

M代表不参与反应的物质，称为第三体，如惰性气体、器壁等。$HO_2\cdot$ 虽是自由基，但很不活泼，所以步骤（8）仍起终止链反应的作用。

图 9.12 为 H_2 和 O_2 按物质的量之比 2∶1 混合时，气体压力与温度的关系。图中阴影区为发生爆炸的区域。由图可见，低于 400℃时，即便有火花引发反应，反应也平缓地进行，不会发生爆炸。温度高于 400℃时是否会发生爆炸，取决于支链传递反应步骤与链终止反应步骤的快慢。以 480℃为例，气体压力低于第一爆炸界限（下限，约 0.25kPa）时，反应比较平缓，不会发生爆炸。压力超过第一爆炸界限而又低于第二爆炸界限（上限，405kPa）时将发生爆炸。压力高于第二爆炸界限时，反应又能平缓地进行而不发生爆炸。如果气体的压力高于第三爆炸界限（第三限，约 600kPa）时，又将发生爆炸。其他温度下也有类似的情况。一条爆炸曲线将 H_2 和 O_2 混合气的压力-温度图分成两半，左半空白区为无爆炸区，右半带斜线区为爆炸区。上面所提出的 H_2 和 O_2 反应的机理可以解释观测到的爆炸现象。在链引发阶段，由稳定分子 H_2 和 O_2 生成活泼的自由基 $OH\cdot$ 和 $H\cdot$，成为链反应的传递物。在链传递阶段，既有像步骤（3）那样的直链反应，又有反复进行的支链反应步骤（4）和步骤（5）。是否发生爆炸，一方面取决于链传递阶段中的支链反应，另一方面与链终止反应进行的情况有关。

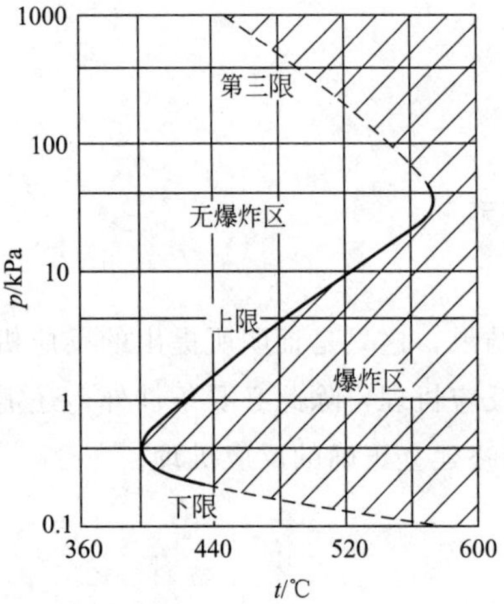

图 9.12 H_2 和 O_2 混合气的压力-温度图

步骤（3）为慢步骤，而步骤（4）进行得很快。每进行一次步骤（4），由一个链传递物 $H\cdot$ 生成两个链传递物 $OH\cdot$ 和 $O\cdot$，链传递物的数目加倍。生成的 $O\cdot$ 很快地通过步骤（5）生成两个新的链传递物 $OH\cdot$ 和 $H\cdot$。有了 $H\cdot$ 又重新开始支链反应（4），所以反应系统中链传递物的数目迅速增加。但在压力很低（第一爆炸界限以下）时，$H\cdot$ 与其他分子的碰撞机会很少，有利于 $H\cdot$ 扩散到器壁，发生如步骤（8）那样的终止反应。此外，低压下 O_2 的浓度很小，也不利于支链传递步骤（4）的进行。所以在第一爆炸界限以下，即便用火花引发反应，一般也不发生爆炸。实验表明，第一爆炸界限压力的高低与容器器壁的性质（材质及面积等）有关。图 9.12 为在直径 7.4cm、内壁涂有 KCl 的球形反应器中测得的结果。如果内壁上涂有对 $H\cdot$ 为惰性的物质，如硼酸，$H\cdot$ 就难以在器壁上销毁，480℃时就会在 0.25kPa 以下发生爆炸。

压力在第一与第二爆炸界限之间时，$H\cdot$ 在扩散到器壁之前已发生支链传递反应。此外，链传递物在气相中发生终止反应的机会不多，所以支链反应的速率迅速增大，使反应失去控制而发生爆炸。

压力高于第二爆炸界限后，由于链传递物在气相中碰撞的机会增多，有利于链终止反应的发生，链反应重新得到控制，反应变得平缓。

压力超过第三爆炸界限后发生爆炸，其原因一方面是热爆炸，另一方面会发生链传递反应 $HO_2\cdot + H_2 \longrightarrow H_2O + OH\cdot$，这就可以减少因发生反应（8）而使链终止的机会，不利于对支链反应的控制。

9.7 温度对反应速率的影响

除浓度外，温度也是影响反应速率的重要因素。同一反应，在不同温度下反应速率不同。大多数反应，温度升高，反应加快。因此利用升、降温来调节化学反应的速率是化工生产及科学研究中常用的措施。

9.7.1 阿伦尼乌斯方程

为了讨论问题的方便，在研究温度对反应速率的影响时，要将各组分的浓度固定。由于速率常数在数值上等于各组分浓度均为单位浓度时的反应速率，因此比较某化学反应在不同温度下的速率常数，就相当于比较各组分浓度均已指定为单位浓度时不同温度下的反应速率。

大多数反应，温度升高时，速率常数增大，速率常数 k 与温度 T 的关系如图 9.13(a)，但也有一些反应，k 与 T 的关系呈现其他形式，如图 9.13(b)～图 9.13(e)。如不特别指明，下面有关温度对反应速率影响的讨论仅限于图 9.13 中（a）型的反应，因为这类反应最为普遍。

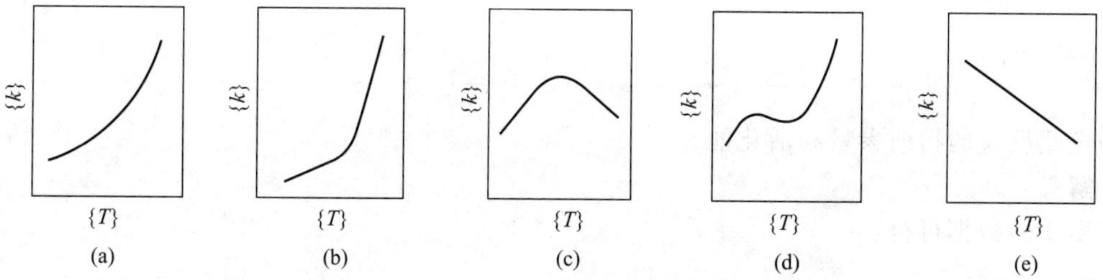

图 9.13 温度对速率常数的影响

在室温附近，温度每升高 10K，反应速率常数约增加 2～4 倍，这条经验规则称为范特霍夫规则（Van't Hoff rule）。用公式表示为：

$$\frac{k(T+10\text{K})}{k(T)}=\gamma$$

式中，$k(T+10\text{K})$ 和 $k(T)$ 分别是温度 $T+10\text{K}$ 和 T 时的速率常数；γ 为反应速率常数的温度系数，$\gamma=2\sim4$。范特霍夫规则比较简单，但比较粗糙。在缺少其他数据时，常可用此规则估算不同温度下的反应速率。

1889 年阿伦尼乌斯（S. Arrhenius）总结大量实验数据，归纳出比较准确的速率常数与温度关系的经验公式——阿伦尼乌斯方程（Arrhenius equation）：

$$k=A\exp\left(-\frac{E_a}{RT}\right) \tag{9.61}$$

第9章

式中，A 为由反应所决定的经验常数，称为指前参量（pre-exponential parameter）或指前因子（pre-exponential factor）；E_a 也是由反应所决定的经验常数，称作活化能（activation energy）。

式(9.61) 表明，A 越大和 E_a 越小，k 越大，即指前参量大和活化能小的反应进行得快。事实表明，只要温度变化范围不太宽（约在 100K 以内），基元反应和大多数复合反应都能符合阿伦尼乌斯方程。通常将符合阿伦尼乌斯方程的化学反应称为阿伦尼乌斯型反应（Arrhenius type of reaction）。图 9.13(a) 就是按式(9.61) 作图所得的 k-T 关系线的一部分（除去了 T 过大与过小的部分）。k 与 T 的关系不符合阿伦尼乌斯方程的化学反应称为非阿伦尼乌斯型反应（non-Arrhenius type of reaction），其 k-T 关系如图 9.11(b)～图 9-11(e)。如非特别指明，以下的讨论仅限于阿伦尼乌斯型反应。

可将阿伦尼乌斯方程写成对数形式：

$$\ln\{k\}=\ln\{A\}-\frac{E_a}{RT} \tag{9.62}$$

按此式，若以 $\ln\{k\}$ 对 $1/T$ 作图（这种图称为阿伦尼乌斯图），可得一条直线，由直线的截距和斜率分别可确定 A 和 E_a。

【例 9.6】 反应 $CH_3CH(OH)CH=CH_2 \longrightarrow CH_2=CHCH=CH_2+H_2O$

（3-羟基丁烯）　　　　（1,3-丁二烯）

测得不同温度下速率常数的数据如下：

T/K	$k\times10^3/s^{-1}$	T/K	$k\times10^3/s^{-1}$
773.5	1.63	810	8.13
786	2.95	824	14.9
797.5	4.17	834	22.2

试确定此反应的指前参量和活化能。

解：

由实验数据可得：

$T^{-1}\times10^3$/ K^{-1}	$\ln(k/s^{-1})$
1.29	−6.42
1.27	−5.83
1.25	−5.48
1.23	−4.81
1.21	−4.21
1.20	−3.81

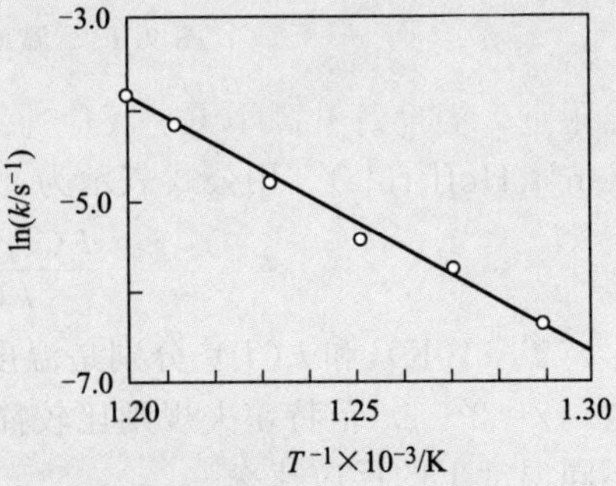

图 9.14　3-羟丁烯脱水反应的阿伦尼乌斯图

以 $\ln(k/s^{-1})$ 对 $1/T$ 作图，得一条直线（图 9.14）。读图得直线的斜率为：

$$b=\frac{-6.00-(-4.00)}{(1.275-1.204)\times10^{-3}\text{K}^{-1}}=-28.2\times10^3\text{K}$$

按式(9.62)，反应的活化能为：

$$E_a=-bR=28.2\times10^3\text{K}\times8.314\text{J}\cdot\text{mol}^{-1}\cdot\text{K}^{-1}=234.5\text{kJ}\cdot\text{mol}^{-1}$$

选取直线上某点的 k 值及求出的 E_a 代入式(9.62)，则可计算 A。如选 $1/T=1.21\times10^{-3}\text{K}^{-1}$处的$\ln(k/\text{s}^{-1})$为$-4.21$，代入式(9.62)，则得：

$$\ln(A/\text{s}^{-1})=\ln(k/\text{s}^{-1})+E_a/(RT)$$

$$=-4.21+234.5\times10^3\text{J}\cdot\text{mol}^{-1}\times1.21\times10^{-3}\text{K}^{-1}/8.314\text{J}\cdot\text{mol}^{-1}\cdot\text{K}^{-1}=29.9$$

$$A=9.7\times10^{12}\text{s}^{-1}$$

为了求 A 更准确，可在直线上多取几个点，按上述方法计算几个 A，求取平均值。

式(9.62) 对 T 求导，可得阿伦尼乌斯方程的微分形式：

$$\frac{\text{d}\ln\{k\}}{\text{d}T}=\frac{E_a}{RT^2} \tag{9.63}$$

式(9.63) 表明，E_a 越大，则 $\ln\{k\}$ 随 T 的变化率越大，即活化能大的反应对温度比较敏感。如果一个反应系统中，同时进行几个平行的基元反应，则升温时活化能大的反应，其反应速率增加得快，即升温有利于活化能大的反应。反之，降温时活化能大的反应，其反应速率下降得快，活化能小的反应反应速率下降得慢，即降温有利于活化能小的反应。对于平行反应来说，生成产物的主反应活化能一般较小，故降温对主反应有利。升温虽能同时加快主、副反应的速率，但副反应（活化能较大的反应）速率的增加比主反应快。生产上根据这个原理，选择适宜的反应温度，以加速主反应，抑制副反应。

式(9.63) 移项并积分：

$$\int_{k_1}^{k_2}\text{d}\ln\{k\}=\int_{T_1}^{T_2}\frac{E_a}{RT^2}\text{d}T$$

则得：

$$\ln\frac{k_2}{k_1}=\frac{E_a}{R}\left(\frac{1}{T_1}-\frac{1}{T_2}\right) \tag{9.64}$$

或

$$\ln\frac{k_2}{k_1}=\frac{E_a(T_2-T_1)}{RT_1T_2} \tag{9.65}$$

或

$$\lg\frac{k_2}{k_1}=\frac{E_a(T_2-T_1)}{2.303RT_1T_2} \tag{9.66}$$

利用式(9.64)～式(9.66) 中任一式，可由两种温度下的速率常数 k_1 和 k_2 计算活化能 E_a。如果已知 E_a，则可由一种温度 T_1 下的 k_1，求算另一温度 T_2 下的 k_2。

【例 9.7】 $CO(CH_2COOH)_2$ 在水溶液中的分解反应在 283K 和 333K 下的速率常数分别为 $1.08\times10^{-4}\text{s}^{-1}$和 $5.48\times10^{-2}\text{s}^{-1}$。计算：(1) 反应的活化能；(2) 303K 下该分解反应的半衰期。

解：按式(9.65)：

$$E_a=\frac{RT_1T_2}{T_2-T_1}\ln\frac{k_2}{k_1}$$

$$=\frac{8.314\text{J}\cdot\text{mol}^{-1}\cdot\text{K}^{-1}\times 283\text{K}\times 333\text{K}}{333\text{K}-283\text{K}}\ln\frac{5.48\times10^{-2}\text{s}^{-1}}{1.08\times10^{-4}\text{s}^{-1}}$$

$$=97.6\text{kJ}\cdot\text{mol}^{-1}$$

为求 303K 下反应的半衰期，首先需求出此反应在 303K 下的速率常数。为此，将 283K 下的 k 及已求得的 E_a 代入式(9.65) 中：

$$\ln\frac{k_2}{\text{s}^{-1}}=\ln\frac{k_1}{\text{s}^{-1}}+\frac{E_a(T_2-T_1)}{RT_1T_2}$$

$$=\ln(1.08\times10^{-4})+\frac{97.6\times10^3\text{J}\cdot\text{mol}^{-1}\times(303-283)\text{K}}{8.314\text{J}\cdot\text{mol}^{-1}\cdot\text{K}^{-1}\times 283\text{K}\times 303\text{K}}=-6.40$$

$$k_2=1.66\times10^{-3}\text{s}^{-1}$$

由 k 的单位可以判断此反应为一级反应，故按式(9.18)，则得：

$$t_{1/2}=\frac{0.6932}{k_2}=\frac{0.6932}{1.66\times10^{-3}\text{s}^{-1}}=418\text{s}$$

9.7.2 活化能

由于在阿伦尼乌斯方程中，E_a 处于指数位置上，所以 E_a 的大小对 k 有很大的影响。下面举一例说明 E_a 对 k 的影响。

【例 9.8】 某反应的活化能为 85.0kJ · mol^{-1}。若该反应的指前参量不变，只是活化能下降 5.0kJ · mol^{-1}，计算 300K 下该反应的速率常数的变化。

解：分别以 $E_{a,1}$ 和 $E_{a,2}$ 表示下降前和后的活化能，300K 下与活化能下降前和后相应的速率常数以 k_1 和 k_2 表示。根据式(9.61)：

$$\frac{k_2}{k_1}=\exp\frac{E_{a,1}-E_{a,2}}{RT}=\exp\frac{(85.0-80.0)\times10^3\text{J}\cdot\text{mol}^{-1}}{8.314\text{J}\cdot\text{mol}^{-1}\cdot\text{K}^{-1}\times 300\text{K}}=7.42$$

这说明，活化能下降 5.0kJ · mol^{-1}后，反应速率常数增大到原来的 7.42 倍。

在例 9.8 中，活化能下降 5.0kJ · mol^{-1}只不过相当于下降了 6%左右，可是速率常数却提高到 7 倍多。可见活化能略有降低，反应速率即可明显提高。

E_a 只是阿伦尼乌斯方程中的一个经验常数，但后来提出的反应速率理论阐明了它的物理意义。下面先讨论基元反应活化能的物理意义。

各种反应速率理论都认为，发生化学反应的第一步是两个反应物分子要发生碰撞，但碰撞理论认为：并非每次碰撞都能引起化学反应，只有某些能量较高分子的碰撞才能发生反应。这些能量较高、碰撞后能引起化学反应的分子叫作**活化分子** (activated molecule)。一个化学反应就是旧化学键断裂和新化学键形成的过程，因此只有能量较高的活化分子的碰撞才能引起化学反应。

某基元反应：

$$\text{A—A}+\text{B—B}\longrightarrow 2\text{A—B}$$

A_2 和 B_2 分子必须具有足够的能量才能在碰撞时克服 A—A 间和 B—B 间的引力，使旧键断裂。要使碰撞后能发生化学反应，反应物分子最少需要的能量，即活化分子的最低能量称为临界能（critical energy），可用 ε_c 表示。通常研究的反应系统中包含数量极大（10^{23} 数量级）的反应物分子。其中能量大于或等于 ε_c 的活化分子的平均能量可用 $\langle E_A \rangle$ 表示。而反应系统中所有反应物分子的平均能量可用 $\langle E \rangle$ 表示。托尔曼（R. C. Tolman）用统计力学的方法证明：活化能等于活化分子的平均能量和反应物分子平均能量的差值，即：

$$E_a = \langle E_A \rangle - \langle E \rangle$$

因此，经验常数 E_a 就有了明确的物理意义。

对于前面列举的基元反应，反应过程中系统能量的变化可用图 9.15 来示意说明。反应物状态 $A_2 + B_2$ 在发生化学反应之前，必须有足够的能量到达活化状态 X。处于活化状态的反应物分子的平均能量 $\langle E_A \rangle$ 与反应物分子的平均能量 $\langle E \rangle$ 的差值即为正向反应的活化能 E_a(正)。由能量较高的活化状态到达产物状态 2AB 时，将会释放出一定能量。活化状态分子的平均能量与产物分子平均能量的差值为逆反应的活化能 E_a(逆)。正、逆向反应活化能的差值就是从反应物到产物过程中系统热力学能的变化，即：

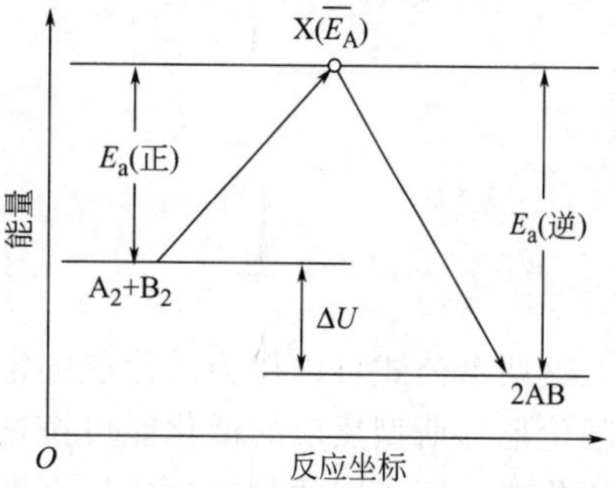

图 9.15　反应过程中系统能量变化示意图

$$\Delta_r U = E_a(\text{正}) - E_a(\text{逆})$$

因此，如图 9.15 所示，E_a(正)$<E_a$(逆)，则 $\Delta_r U < 0$，即由能量较高的反应物状态变成能量较低的产物状态时放出能量。反之，若 E_a(正)$>E_a$(逆)，则为由能量较低的反应物状态变成能量较高的产物状态，$\Delta_r U > 0$，反应过程中需要吸收能量。这就是活化能与反应的热力学能变之间的关系。

对活化能的物理意义有所了解后，也就可以解释活化能对速率常数的影响。根据统计热力学原理，处于热平衡的系统可以用玻耳兹曼能量分布来描述反应物分子的能量分布，如图 9.16 为某一温度下反应物分子的能量分布曲线。分别用 $\varepsilon_{c,1}$ 和 $\varepsilon_{c,2}$ 代表两种临界能，且 $\varepsilon_{c,1} > \varepsilon_{c,2}$。在所有反应物分子中凡能量 $\varepsilon \geqslant \varepsilon_{c,1}$ 的分子为活化分子，它们经碰撞后可以发生化学反应。这种情况下，这些活化分子的平均能量用 $E_{a,1}$ 表示，在图 9.16 中以向右下斜线的面积代表可发生化学反应的活化分子数目。当活化能减小到 $E_{a,2}$ 时，相当于凡能量 $\varepsilon \geqslant \varepsilon_{c,2}$ 的反应物分子碰撞后均能发生化学反应。在图中向左下斜线的面积代表活化分子的数目。这样，从图上可以看出，活化能减少后（由 $E_{a,1}$ 降到 $E_{a,2}$，临界能相应地由 $\varepsilon_{c,1}$ 降到 $\varepsilon_{c,2}$），活化分子的数目明显增多，这就使反应速率大大加快。

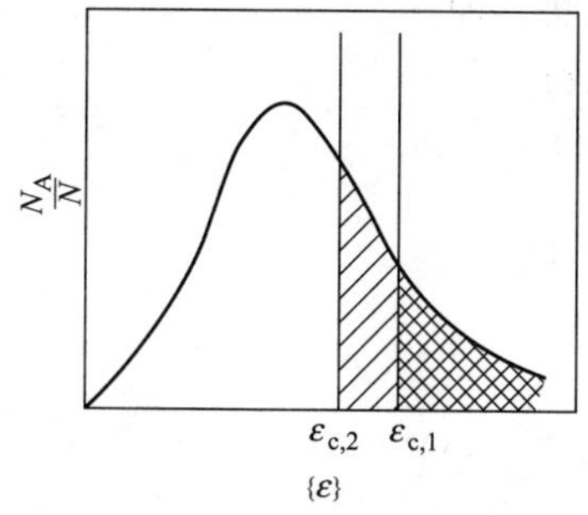

图 9.16　反应物分子的能量分布

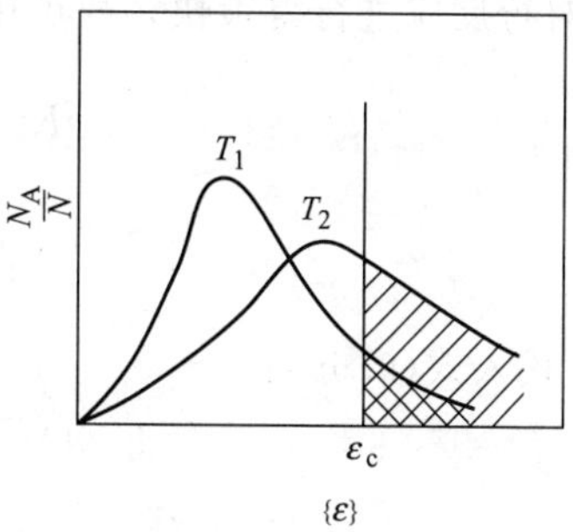

图 9.17　温度对分子能量分布的影响

图 9.17 用两条曲线分别表示两种温度下反应物分子的能量分布，$T_2 > T_1$。以向右下斜线

第9章

的面积代表较低温度（T_1）下活化分子的数目；以向左下斜线的面积代表较高温度（T_2）下活化分子的数目。从图上看出，对于活化能一定的反应（临界能 ε_c 也为定值），当温度升高后，能量 $\varepsilon \geqslant \varepsilon_c$ 的活化分子数目明显增多，所以反应速率明显提高。

9.7.3 总活化能

将式(9.62) 的阿伦尼乌斯方程对温度求导：

$$\frac{\mathrm{d}\ln\{k\}}{\mathrm{d}T}=\frac{E_a}{RT^2}$$

则

$$E_a=RT^2\ \frac{\mathrm{d}\ln\{k\}}{\mathrm{d}T} \tag{9.67}$$

或

$$E_a=-R\ \frac{\mathrm{d}\ln\{k\}}{\mathrm{d}T^{-1}} \tag{9.68}$$

这两个公式可以作为活化能的定义式。按这种定义的活化能也称作**阿伦尼乌斯活化能**。不仅阿伦尼乌斯型反应的活化能可按这两个公式来定义，非阿伦尼乌斯型反应也按这两个公式定义活化能。所不同的是，阿伦尼乌斯型反应的 E_a 为与温度无关的常数，而非阿伦尼乌斯型反应的 E_a 随温度而改变。

上面关于活化能的讨论不限于基元反应，大多数复合反应的总反应也符合阿伦尼乌斯方程，所以关于基元反应活化能的结论基本也适用于这类复合反应。复合反应总反应的活化能称为**总活化能**（overall activation energy）或**表观活化能**（apparent activation energy）。总活化能与组成复合反应的各基元反应的活化能有关，它们之间的关系由反应机理而定。如果总反应及各基元反应均符合阿伦尼乌斯方程，则根据反应机理可以导出复合反应的总活化能与组成复合反应的各基元反应活化能之间的关系。例如反应：

$$2NO+O_2 \xlongequal{\quad} 2NO_2 \qquad\qquad 总活化能\ E_a$$

反应机理为：

$$2NO \underset{k_{-1},E_{a,-1}}{\overset{k_1,E_{a,1}}{\rightleftharpoons}} N_2O_2 \qquad\qquad (快)$$

$$O_2+N_2O_2 \xrightarrow{k_2,E_{a,2}} 2NO_2 \qquad\qquad (慢)$$

按上列机理，产物的生成速率为：

$$\frac{\mathrm{d}[NO_2]}{\mathrm{d}t}=k_2[O_2][N_2O_2] \tag{9.69}$$

由于前两步对行反应进行得很快，故可用平衡态近似法，即：

$$K_c=\frac{k_1}{k_{-1}}=\frac{[N_2O_2]}{[NO]^2}$$

$$[N_2O_2]=\frac{k_1}{k_{-1}}[NO]^2 \tag{9.70}$$

将式(9.70) 代入式(9.69)：

$$\frac{\mathrm{d}[NO_2]}{\mathrm{d}t}=k_2\ \frac{k_1}{k_{-1}}[O_2][NO]^2 \tag{9.71}$$

令

$$k=\frac{k_1k_2}{k_{-1}} \tag{9.72}$$

式中，k 为总反应的速率系数或称表观速率系数。将式(9.61) 代入式(9.72)，则得：

$$A\exp\left(-\frac{E_a}{RT}\right)=\frac{A_1\exp\left(-\frac{E_{a,1}}{RT}\right)A_2\exp\left(-\frac{E_{a,2}}{RT}\right)}{A_{-1}\exp\left(-\frac{E_{a,-1}}{RT}\right)}$$

$$A\exp\left(-\frac{E_a}{RT}\right)=\frac{A_1A_2}{A_{-1}}\exp\left(-\frac{E_{a,1}+E_{a,2}-E_{a,-1}}{RT}\right) \tag{9.73}$$

式中，A_1、A_2 及 A_{-1} 分别为各基元反应的指前参量；$E_{a,1}$、$E_{a,2}$ 及 $E_{a,-1}$ 分别为各基元反应的活化能。

由式(9.73) 可得到以下关系：

$$A=\frac{A_1A_2}{A_{-1}}$$

$$E_a=E_{a,1}+E_{a,2}-E_{a,-1}$$

此结果说明，由对行反应与连串反应组成的复合反应，总反应及各基元反应均符合阿伦尼乌斯方程时，总活化能为正向基元反应活化能的总和减去逆向基元反应的活化能；总反应的指前参量为正向基元反应指前参量之积除以逆向基元反应的指前参量。其他类型复合反应总活化能与各步基元反应活化能之间的关系也可按反应机理导出。

【例 9.9】　由两个一级基元反应组成的平行反应：

$$A\ \overset{k_1,E_{a,1}}{\underset{k_2,E_{a,2}}{\longrightarrow}}\ \begin{matrix}B\\C\end{matrix}$$

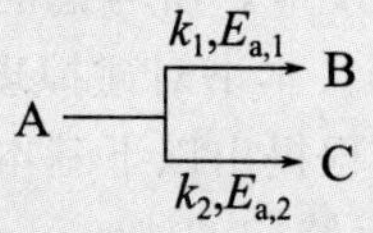

若总反应及各基元反应均为阿伦尼乌斯型反应，导出总反应的活化能 E_a 与各基元反应活化能 $E_{a,1}$、$E_{a,2}$ 间的关系。

解：按式(9.63)，第一步基元反应的活化能为：

$$E_{a,1}=RT^2\frac{\text{d}\ln\{k_1\}}{\text{d}T}=\frac{RT^2}{k_1}\left(\frac{\text{d}k_1}{\text{d}T}\right)$$

移项后得：

$$\frac{\text{d}k_1}{\text{d}T}=\frac{k_1E_{a,1}}{RT^2} \tag{1}$$

同理，对第二步反应则有：

$$\frac{\text{d}k_2}{\text{d}T}=\frac{k_2E_{a,2}}{RT^2} \tag{2}$$

对总反应则有：

$$\frac{\text{d}k}{\text{d}T}=\frac{kE_a}{RT^2} \tag{3}$$

对于一级平行反应：

$$-\frac{\text{d}[A]}{\text{d}t}=k[A]=(k_1+k_2)[A]$$

$$k=k_1+k_2 \tag{4}$$

上式对温度求导：

$$\frac{\text{d}k}{\text{d}T}=\frac{\text{d}(k_1+k_2)}{\text{d}T}=\frac{\text{d}k_1}{\text{d}T}+\frac{\text{d}k_2}{\text{d}T} \tag{5}$$

将式(1)、式(2) 及式(3) 代入式(5)，则得：

$$\frac{kE_a}{RT^2}=\frac{k_1E_{a,1}}{RT^2}+\frac{k_2E_{a,2}}{RT^2}$$

$$(k_1+k_2)E_a=k_1E_{a,1}+k_2E_{a,2}$$

此反应的总活化能与各步基元反应活化能的关系为：

$$E_a=\frac{k_1E_{a,1}+k_2E_{a,2}}{k_1+k_2}$$

9.8　反应速率理论简介

基元反应是构成各种化学反应的基本单元。反应速率理论就是提出基元反应进行的理论模型，并从所提出的反应模型出发，计算基元反应的速率常数。判断所提出的反应速率理论是否正确，是看由理论假设出发能否导出实验所总结出的反应动力学规律，如质量作用定律和阿伦尼乌斯方程等。尽管已提出多种反应速率理论，但比较重要的是碰撞理论和过渡态理论。

9.8.1　碰撞理论

最初提出的碰撞理论讨论的是气相反应，所考虑的反应模型也比较简单，所以称为**简单碰撞理论**（simple collision theory，SCT）。本书对碰撞理论的介绍仅限于此。

简单碰撞理论对基元反应的进行过程提出以下基本假设：

① 分子（或其他微粒）看作无内部结构的刚性球，不考虑分子间的相互作用。分子的速度（或能量）分布符合麦克斯韦-玻耳兹曼速度（或能量）分布。

② 反应物分子必须通过碰撞才可能发生化学反应，相互碰撞的两个分子称为相撞分子对(molecule pair of collision)，简称**分子对**。

③ 并非所有的碰撞都能发生化学反应。只有分子对的能量达到或超过某一临界能 ε_c 时，碰撞才能引起反应。这种能引起化学反应的碰撞称为**活化碰撞**（activated collision）或**有效碰撞**（effective collision）。

④ 反应速率等于单位时间、单位体积内发生活化碰撞的次数。以气相双分子反应 A＋B ⟶ P为例，A 的消耗速率为：

$$-\frac{dn_A}{dt}=Z_{AB}q \tag{9.74}$$

式中，n_A 为单位体积内 A 分子的数目，即用分子个数表示 A 的浓度。Z_{AB} 为单位时间、单位体积内 A 与 B 的碰撞次数，称为**碰撞频率**（collision frequency）。q 为活化碰撞在全部碰撞中所占的比例，称为**活化碰撞分数**（collision fraction）或**有效分数**（effective fraction）。

简单碰撞理论根据以上基本假设导出基元反应速率常数的计算公式。下面作简要介绍。由气体分子运动论导出：

$$Z_{AB}=\sigma_{AB}\left(\frac{8kT}{\pi\mu}\right)^{1/2}n_An_B \tag{9.75}$$

式中，σ_{AB}称为**碰撞截面**（collision cross section），$\sigma_{AB}=\pi(r_A+r_B)^2$；$r_A$ 和 r_B 分别为相撞分子 A 和 B 的有效半径；μ 为折合质量，$\mu=m_Am_B/(m_A+m_B)$；m_A 和 m_B 为相撞分子 A 和 B 的质量；n_A 和 n_B 分别为单位体积内分子 A 和分子 B 的数目；k 为玻耳兹曼常数。

式(9.75) 也可写作：

$$Z_{AB}=(r_A+r_B)^2\left(\frac{8\pi kT}{\mu}\right)^{1/2}n_An_B \tag{9.76}$$

由于只有能量在 ε_c 到∞之间的分子对才可以发生活化碰撞，所以：

$$q=\frac{\int_{\varepsilon_c}^{\infty}f(\varepsilon)\mathrm{d}\varepsilon}{\int_0^{\infty}f(\varepsilon)\mathrm{d}\varepsilon}$$

$f(\varepsilon)$ 为能量处于 ε 的分子对的概率密度，此函数由能量分布所决定。由于分子符合麦克斯韦-玻耳兹曼能量分布，故可将此种分布的 $f(\varepsilon)$ 代入上式，得：

$$q=\frac{\int_{\varepsilon_c}^{\infty}g_i\exp[-\varepsilon_i/(kT)]\mathrm{d}\varepsilon}{\int_0^{\infty}g_i\exp[-\varepsilon_i/(kT)]\mathrm{d}\varepsilon}$$

$$q=\exp\left(-\frac{\varepsilon_c}{kT}\right) \tag{9.77}$$

式中，g_i 为能级 i 的多重度；ε_i 为能级 i 的能量。

令 $E_c=L\varepsilon_c$（L 为阿伏伽德罗常数），则：

$$q=\exp\left(-\frac{E_c}{RT}\right) \tag{9.78}$$

将式(9.76) 和式(9.78) 代入式(9.74)，得：

$$-\frac{\mathrm{d}n_A}{\mathrm{d}t}=(r_A+r_B)^2\left(\frac{8\pi kT}{\mu}\right)^{1/2}\exp\left(-\frac{E_c}{RT}\right)n_An_B \tag{9.79}$$

以 $[A]=n_A/L$ 和 $[B]=n_B/L$ 代入式(9.79)，得：

$$-\frac{\mathrm{d}[A]}{\mathrm{d}t}=L(r_A+r_B)^2\left(\frac{8\pi kT}{\mu}\right)^{1/2}\exp\left(-\frac{E_c}{RT}\right)[A][B] \tag{9.80}$$

若令

$$k(T)=L(r_A+r_B)^2\left(\frac{8\pi kT}{\mu}\right)^{1/2}\exp\left(-\frac{E_c}{RT}\right) \tag{9.81}$$

将式(9.81) 代入式(9.80)，则得：

$$-\frac{\mathrm{d}[A]}{\mathrm{d}t}=k(T)[A][B]$$

此式符合由质量作用定律得到的结果。式中的 $k(T)$ 就是反应的速率常数，加（T）是为了与玻耳兹曼常数相区别。

式(9.81) 也就是简单碰撞理论计算速率常数的基本公式。若令：

$$A_c=L(r_A+r_B)^2\left(\frac{8\pi kT}{\mu}\right)^{1/2} \tag{9.82}$$

将式(9.82) 代入式(9.81)，则得：

$$k(T)=A_c\exp\left(-\frac{E_c}{RT}\right) \tag{9.83}$$

这正是阿伦尼乌斯方程。式中的 A_c 为阿伦尼乌斯方程中的指前参量，E_c 与阿伦尼乌斯方程中的活化能 E_a 相当。因此，碰撞理论不但得到了符合阿伦尼乌斯方程的结果，而且给方程中两个经验常数——指前参量和活化能赋予了明确的物理意义。

活化能 E_a 与反应物分子发生活化碰撞所需的摩尔临界能 E_c 相当。可以证明：

$$E_a=E_c+\frac{1}{2}RT \tag{9.84}$$

当温度不高时，$E_c \gg RT$，则 $E_a=E_c$。

需要指出，在阿伦尼乌斯方程中出现的 E_a 只是一个经验常数，而碰撞理论基本公式中出现的 E_c 是摩尔临界能。二者之间有一定的联系，且在一定条件下二者的数值近似相等，但它们在意义上是有区别的。

为了定量地考察碰撞理论与实验结果的相符程度，可比较碰撞理论计算的指前参量 A_c 与实测指前参量 A。表 9.2 中列举了一些气相双分子反应按式(9.82) 计算的 A_c 与 A 的数据。

表 9.2 一些气相反应的动力学参数

反应	$A/(dm^3 \cdot mol^{-1} \cdot s^{-1})$	$A_c/(dm^3 \cdot mol^{-1} \cdot s^{-1})$	$A_t/(dm^3 \cdot mol^{-1} \cdot s^{-1})$	$E_a/(kJ \cdot mol^{-1})$	$P=A/A_c$
$NO+O_3 \longrightarrow NO_2+O_2$	7.94×10^{8}	5.01×10^{10}	3.98×10^{8}	10.5	1.6×10^{-2}
$2NO_2 \longrightarrow 2NO+O_2$	2.00×10^{9}	3.98×10^{10}	5.01×10^{9}	111.0	5×10^{-2}
$F_2+ClO_2 \longrightarrow FClO_2+F$	3.16×10^{7}	5.01×10^{10}	7.94×10^{7}	35.6	6.3×10^{-4}
$2NOCl \longrightarrow 2NO+Cl_2$	1.00×10^{10}	6.31×10^{10}	3.98×10^{8}	103.0	0.16
$2ClO \longrightarrow Cl_2+O_2$	6.31×10^{7}	2.51×10^{10}	1×10^{7}	0.0	2.5×10^{-3}
$K+Br_2 \longrightarrow KBr+Br$	1.0×10^{12}	2.1×10^{10}	—	0.0	4.8

注：表中 A、A_c 及 A_t 分别为实测指前参量、按碰撞理论计算的指前参量和按过渡态理论计算的指前参量。

从表 9.2 中数据可以看出，除少数反应的 A_c 与 A 比较接近外，大多数反应的 A_c 与 A 相差甚远。为此，碰撞理论引入一个校正因子，即令：

$$A=PA_c \tag{9.85}$$

式中，P 称为概率因子（probability factor）或称方位因子（steric factor），大多数反应 $P<1$。

碰撞理论对 P 的解释如下：简单碰撞理论将化学反应看作是刚性球的碰撞，而实际上反应物分子并不是无结构的刚性球。如果考虑到反应物分子有一定的结构，即便是活化碰撞也只有在特定的方位上碰撞才有可能断裂旧键并形成新键。尤其是如果能发生反应的部位受到其他原子团的屏蔽时，由活化碰撞引起化学反应的概率就更加小了。此外，分子间及分子内能量的传递需要一定的时间，相撞分子的平动能转化成键能也需要一定的时间，凡此种种可能使碰撞不引起化学反应的因素，碰撞理论都归结于概率因子中，以此来校正碰撞理论基本公式计算结果与实验结果之间的偏差。式(9.81) 引入概率因子后，则碰撞理论的基本公式成为如下形式：

$$k(T)=PL(r_A+r_B)^2\left(\frac{8\pi kT}{\mu}\right)^{1/2}\exp\left(-\frac{E_c}{RT}\right) \tag{9.86}$$

【例 9.10】 已知反应 $CO+O_2 \longrightarrow CO_2+O$ 的动力学数据：$A=3.60\times10^9 dm^3 \cdot mol^{-1} \cdot s^{-1}$，$r_{CO}=1.58\times10^{-10}m$ 及 $r_{O_2}=1.48\times10^{-10}m$，计算 700K 下进行该反应的概率因子。

解： 由式(9.85) 及式(9.82) 可得：

$$P=\frac{A}{A_c}=A\frac{\mu^{1/2}}{L(r_A+r_B)^2(8\pi kT)^{1/2}}$$

其中 $\mu=\dfrac{28\times10^{-3}kg \cdot mol^{-1}\times32\times10^{-3}kg \cdot mol^{-1}}{(28+32)\times10^{-3}kg \cdot mol^{-1}\times6.02\times10^{23}mol^{-1}}=2.48\times10^{-26}kg$

将已知数据代入，可求得：

$$P=\frac{3.60\times10^9 dm^3 \cdot mol^{-1} \cdot s^{-1}\times(2.48\times10^{-26}kg)^{1/2}}{6.02\times10^{23}mol^{-1}\times[(1.58+1.48)\times10^{-10}m]^2\times(8\times3.14\times1.38\times10^{-23}J \cdot K^{-1} \cdot mol^{-1}\times700K)^{1/2}}$$
$$=2.05\times10^{-2}$$

碰撞理论的成功之处在于提出了反应必须先发生碰撞，引入临界能的概念并赋予活化能及指前参量一定的物理意义。碰撞理论虽然导出了计算速率常数的基本公式，但其中的临界能仍有赖于实验测定，所以这种计算也只是半经验的。为了解释许多反应速率常数的计算结果与实测值的偏差，碰撞理论引入了概率因子。但该理论无法推算概率因子，而且许多反应对于概率因子的解释也难以令人信服，这些都是碰撞理论的不足之处。

9.8.2 势能面

另一个重要的反应速率理论是**过渡态理论**（transition state theory，TST），又称**活化络合物理论**（activated complex theory，ACT）。该理论建立在反应系统**势能面**（potential energy surface）的基础上，因此在介绍过渡态理论之前，先对势能面的表示方法、制作原理及形状加以介绍。

讨论原子 A 取代双原子分子 BC 的基元反应：$A+BC \longrightarrow AB+C$。按过渡态理论的观点，该反应经过如下过程：

$$A+B—C \rightleftharpoons (A\cdots B\cdots C)^{\neq} \longrightarrow A—B+C$$

该过程首先是原子 A 与分子 BC 沿 BC 键的轴线相互靠近，最初的相互作用力是较弱的范德华力，随着它们相互靠近，分子对的势能略有下降。当 A 与 BC 足够逼近时，它们的电子云部分重叠而产生很强的斥力，使反应系统的势能迅速提高。若分子对的能量足以克服电子云重叠所产生的斥力，A 和 BC 就可继续趋近。在此阶段，A 与 B 逐渐趋近，而原有的 B—C 键逐渐拉开，以至于达到新键（A—B）将成及旧键（B—C）将断的一种**过渡状态**（transition state），也叫**活化络合物**（activated complex），常用 $(A\cdots B\cdots C)^{\neq}$ 表示。由于 $(A\cdots B\cdots C)^{\neq}$ 处于相对高势能的状态，所以很不稳定，也就是 A…B 键及 B…C 键分别比正常的 A—B 键及 B—C 键弱。如果 A…B 键进一步缩短，B…C 键进一步伸长，则最终可形成产物 AB 和 C。当然，$(A\cdots B\cdots C)^{\neq}$ 也可能发生 A…B 键伸长及 B…C 键缩短，这样，活化络合物就会返回反应物状态。这就是过渡态理论对基元反应模型的描述。

过渡态理论将反应过程中 A、B 和 C 三个原子看作一个整体，随着反应过程的进行，它们之间的相对距离发生改变，同时该系统的势能也不断发生变化。若在反应过程中，这三个原子保持在一条直线上，则系统的势能 E 可表示为 A、B 间的距离 r_{AB} 与 B、C 间的距离 r_{BC} 的函数，即 $E=f(r_{AB}, r_{BC})$。用 E 对 r_{AB}、r_{BC} 作图，为三维空间的一个曲面，称为**势能面**。图 9.18 为 A、B 和 C 三原子系统势能面的示意图。该图的底面为 XY 平面，X 轴表示 r_{BC}，Y 轴表示 r_{AB}。与 XY 面垂直的 Z 轴表示势能 E。A、B 与 C 的某一构型（即 A、B 与 C 固定在某一相对位置）有一定的 r_{AB}、r_{BC} 及 E。在 XY 面上找到（r_{AB}，r_{BC}）的位置，并在空间找到与 E 相当的高度，从而可以确定一个坐标点。该点的坐标与该构型的势能相对应。变更反应系统的构型，即改变 r_{AB} 及 r_{BC}，势能有相应的改变，在空间可以得到一系列的坐标点。将这些点连起来，便成为图 9.18 中的曲面，即势能面。

立体势能面图的表示及使用都不方便，因此可仿照地形图上绘制等高线的方法来绘制等势能线表示的**平面势能面图**（plane of potential energy），也称**等势能线投影图**（projection drawing of potential energy contour），如图 9.19 所示。该图的绘制方法如下：在不同高度（即不同 E 值）作与底面（XY 面）平行的平面与势能面相截，各平面与势能面的交线为一系列曲线。将这些曲线投影到底面上，即得到如图 9.19 的等势能线表示的平面势能面图，该图一般也叫作势能面图。平面势能面图上每条曲线代表某一势能 E 值的平面与势能面交线的投影，所以曲线上各点的势能相等，为等势能线。等势能线两端标注的数字代表势能值，数字越大，势能越高。

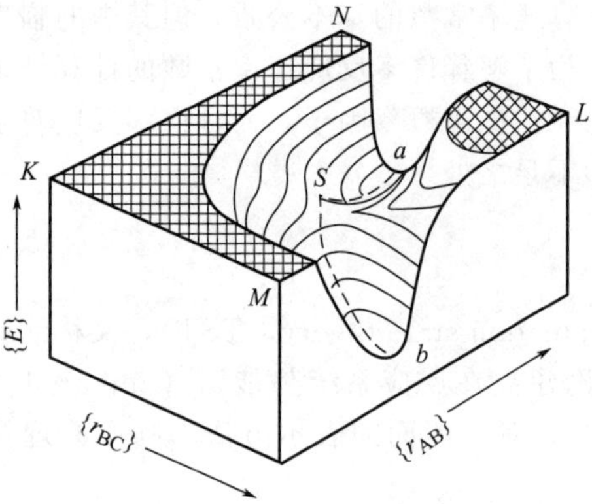

图 9.18 三原子系统的势能面

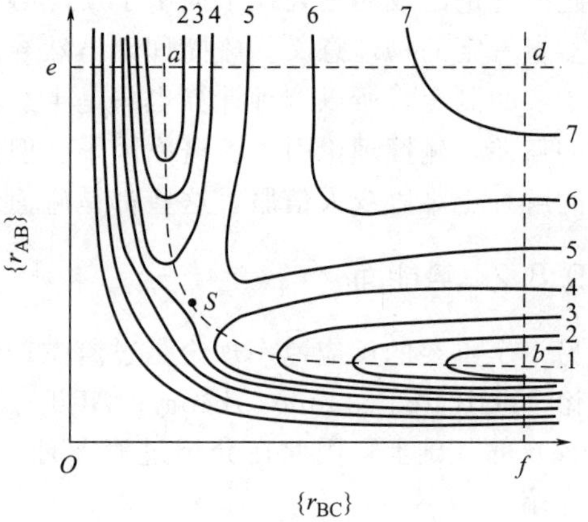

图 9.19 等势能线表示的势能面

对照图 9.18 及图 9.19，看三原子系统势能面的形状。在图 9.18 上，若从 K 向 L 的方向上看，势能面为一山谷，两边高，中间低。在图 9.19 上相当于从 0 向 d 的方向上看，两边曲线标注的数字大，越往中央，数字越小，经过势能最低的线后，又逐渐升高。在图 9.18 上，若从 M 向 N 的方向看，则两边低，中央高。在图 9.19 上相当于从 f 向 e 看，各曲线标注的数字先由小到大，至中央达到最大，然后又逐渐减小。因此，从整体看，势能面好像两座山头（K 与 L）中间的一道狭谷，而这条狭谷又是两头低（b 和 a），在中央隆起，呈马鞍形。谷底中央的最高点 S 称为**鞍点**（saddle point）。

从反应物 A+BC 的状态变成产物 AB+C 状态的过程，系统势能的变化相当于从 a 点变到 b 点。从图 9.18 或图 9.19 看，a 点相当于 r_{AB} 很大（即 A 与 B 相距很远），r_{BC} 则为 B—C 键的长度；b 点相当于 r_{BC} 很大（即 B 与 C 相距很远），r_{AB} 则为 A—B 键的长度。从 a 到 b 自然有很多条路径，其中有一条是使（A、B、C）系统始终保持最低能量的途径，即图 9.18 及图 9.19 上的虚线 aSb。这条途径相当于反应系统由 a 点出发，始终沿着谷底前进，翻过中央的鞍点 S，然后沿谷底下坡，最后到达 b 点。由 a 到 b，其他各条途径与这条途径相比，系统的能量总要高些。这条在反应过程中系统始终保持最低势能的途径称为**反应途径**（reaction path）。化学反应沿反应途径进行的概率最大，但并非是唯一途径。其他实现化学反应的途径可能偏离反应途径，但大都在其附近。

在反应途径中，鞍点处系统的势能最高，与鞍点对应系统的构型为过渡态，即活化络合物 $(A\cdots B\cdots C)^{\neq}$。鞍点处系统的势能与反应物势能之差称为反应的**能垒**（energy barrier）。由反应物变成产物，系统必须越过鞍点，即必须克服能垒。能垒越高，反应越困难，反应速率也就越小。反应系统到达鞍点处，系统处于反应过程中势能最高的状态，这是不稳定状态。存在两种可能：一种是反应系统向产物方向滑下去，实现取代反应；另一种是反应系统返回反应物状态，则反应未能实现。

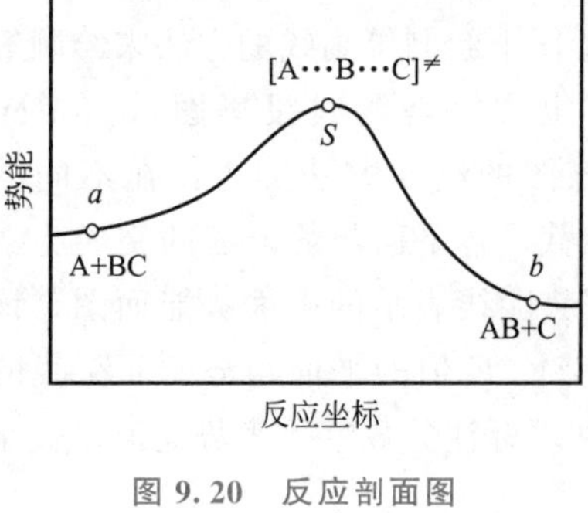

图 9.20 反应剖面图

反应系统在反应过程中势能的变化情况可用反应剖面图来表示。该图相当于在立体势能面图上，沿反应途径作一与底面垂直的剖面，势能面被剖面割出一条曲线。将剖面拉直，则成为图 9.20 那样的反应剖面图。图 9.20 上纵坐标为系统的势能，横坐标即为 $a \to S \to b$

的反应过程，称为反应坐标。图 9.20 中的曲线即为反应途径。

9.8.3 经典过渡态理论

过渡态理论出现于 1932 年，后经艾林（H. Eyring）等人的发展和完善，形成所谓的经典过渡态理论（classic transition state theory）。在此基础上，后来又出现许多过渡态理论的新流派。本书仅对经典过渡态理论作简要介绍。

在介绍势能面时已涉及过渡态理论假设的反应模型。过渡态理论的基本假设概括为：由反应物变成产物的过程是反应系统由反应物状态经过过渡态到达产物状态的过程。在这一过程中，系统处于过渡态时势能最高。过渡态时系统为一活化络合物，它可能分解为产物，也可能返回反应物状态。活化络合物与反应物之间很快达到化学平衡（称为活化平衡）。活化络合物沿反应途径方向的振动引起它分解为产物，因此活化络合物分解成产物的振动频率即为基元反应的反应速率。

任意双分子基元反应：

$$A+B \longrightarrow C+D$$

按过渡态理论的观点，该反应的过程为：

$$A+B \xrightleftharpoons{K_{\neq}} AB^{\neq} \xrightarrow{k_1} C+D$$

式中，$AB^{\neq}$代表活化络合物；$K_{\neq}$为活化平衡的浓度平衡常数。

由于反应物与活化络合物之间存在快速平衡，则总反应的速率由活化络合物分解成产物的慢步骤控制，即总反应速率近似等于慢步骤的反应速率。用公式表示则为：

$$-\frac{d[A]}{dt}=k_1[AB^{\neq}] \tag{9.87}$$

式中，k_1 为 $AB^{\neq}$分解成产物的反应速率常数。

按过渡态理论的假设，k_1 等于 $AB^{\neq}$沿反应途径方向的振动频率 ν。即 $AB^{\neq}$每沿反应途径方向振动一次，就有一个 $AB^{\neq}$分解成产物。将 $k_1=\nu$ 代入式(9.87)，则：

$$-\frac{d[A]}{dt}=\nu[AB^{\neq}] \tag{9.88}$$

由于存在活化平衡，则：

$$K_{\neq}=\frac{[AB^{\neq}]}{[A][B]}$$

或

$$[AB^{\neq}]=K_{\neq}[A][B] \tag{9.89}$$

将式(9.89) 代入式(9.88)，则得：

$$-\frac{d[A]}{dt}=\nu K_{\neq}[A][B] \tag{9.90}$$

按质量作用定律，基元反应的速率方程为：

$$-\frac{d[A]}{dt}=k(T)[A][B] \tag{9.91}$$

对比式(9.90) 与式(9.91)，得：

$$k(T)=\nu K_{\neq} \tag{9.92}$$

根据统计热力学可得：

$$K_{\neq}=\frac{Lq_{\neq}^{*}}{q_A^{*}q_B^{*}}\exp\left(-\frac{\Delta E_{0,\neq}}{RT}\right) \tag{9.93}$$

式中，q_A^*、q_B^* 和 $q_{\neq}^*$分别为单位体积内 A、B 和 $AB^{\neq}$的配分函数；$\Delta E_{0,\neq}$为 0K 时反应

的摩尔热力学能变，即 0K 时 $AB^{\neq}$ 的基态摩尔热力学能与反应物的基态热力学能之差。

将式(9.93) 代入式(9.92)，得：

$$k(T)=\frac{L\nu q_{\neq}^{*}}{q_{A}^{*}q_{B}^{*}}\exp\left(-\frac{\Delta E_{0,\neq}}{RT}\right) \tag{9.94}$$

为将式(9.94) 中的 ν 消去，可将 $q_{\neq}^{*}$ 中沿反应途径方向上的振动配分函数 $f_{v,\neq}$ 从 $q_{\neq}^{*}$ 中分离出来，即写作：

$$q_{\neq}^{*}=f_{v,\neq}q_{\neq}^{*\prime} \tag{9.95}$$

式中，$q_{\neq}^{*\prime}$ 为分离掉一个振动自由度配分函数后 $q_{\neq}^{*}$ 中剩余的部分。

根据统计热力学，一个振动自由度的配分函数为：

$$f_{v,\neq}=\left[1-\exp\left(-\frac{h\nu}{kT}\right)\right]^{-1} \tag{9.96}$$

因为 ν 是沿反应途径方向上的振动频率，而这个方向上的键很弱，ν 应很小，所以 $h\nu \ll kT$，$\exp[-h\nu/(kT)]\approx 1-h\nu/(kT)$。将此关系代入式(9.96)，则：

$$f_{v,\neq}\approx\frac{kT}{h\nu} \tag{9.97}$$

将式(9.97) 代入式(9.95)，得：

$$q_{\neq}^{*}=\frac{kT}{h\nu}q_{\neq}^{*\prime} \tag{9.98}$$

将式(9.98) 代入式(9.94) 即可消去 ν，得：

$$k(T)=\left(\frac{LkT}{h}\right)\frac{q_{\neq}^{*\prime}}{q_{A}^{*}q_{B}^{*}}\exp\left(-\frac{\Delta E_{0,\neq}}{RT}\right) \tag{9.99}$$

若令

$$K_{\neq}^{\prime}=\frac{Lq_{\neq}^{*\prime}}{q_{A}^{*}q_{B}^{*}}\exp\left(-\frac{\Delta E_{0,\neq}}{RT}\right) \tag{9.100}$$

$K_{\neq}^{\prime}$ 为分离出一个振动自由度配分函数后 $K_{\neq}$ 的剩余部分。将式(9.100) 代入式(9.99)，即得：

$$k(T)=\frac{kT}{h}K_{\neq}^{\prime} \tag{9.101}$$

式(9.99) 及式(9.101) 即为过渡态理论导出的计算速率常数的公式，称为艾林方程（Eyring equation）。

因为可由物质结构数据计算微粒的配分函数，所以应用艾林方程可由物质结构数据计算化学反应的速率常数。但实际上由于活化络合物很不稳定，其寿命一般小于等于 10^{-14}s，因此目前还无法测其结构参数。解决这一困难的办法是假定一个与活化络合物类似结构的稳定化合物，用稳定化合物的结构参数作为活化络合物的结构参数来计算 $q_{\neq}^{*}$。多数情况下，这样计算的 $k(T)$ 比简单碰撞理论计算的结果更接近于实测值。

9.8.4 艾林方程的热力学表达式

仍讨论双原子结合反应。对于活化平衡：

$$A+B \rightleftharpoons AB^{\neq}$$

以浓度表示的标准平衡常数为：

$$K_{c,\neq}^{\ominus}=\frac{\dfrac{[AB^{\neq}]}{c^{\ominus}}}{\dfrac{[A]}{c^{\ominus}}\dfrac{[B]}{c^{\ominus}}}=\frac{[AB^{\neq}]}{[A][B]}c^{\ominus} \tag{9.102}$$

式中，$c^{\ominus}$ 为标准态的浓度，$c^{\ominus}=1\text{mol}\cdot\text{dm}^{-3}$。

由热力学关系可得：

$$RT\ln K^{\ominus}_{c,\neq}=-\Delta_r G^{\ominus}_{c,\neq} \tag{9.103}$$

式中，$\Delta_r G^{\ominus}_{c,\neq}$为以 $c=c^{\ominus}$ 作为标准态时，生成活化络合物反应的标准摩尔吉布斯函数。为了简化，以下略去下标 c，写作 $\Delta_r G^{\ominus}_{\neq}$。以 $K^{\ominus'}_{c,\neq}$ 和 $\Delta_r G^{\ominus'}_{\neq}$分别代表分离出一个振动自由度配分函数后 $K^{\ominus}_{c,\neq}$ 和 $\Delta_r G^{\ominus}_{\neq}$ 的剩余部分，则：

$$K^{\ominus'}_{c,\neq}=\exp\left(-\frac{\Delta_r G^{\ominus'}_{\neq}}{RT}\right) \tag{9.104}$$

以 $\Delta_r G^{\ominus'}_{\neq}=\Delta_r H^{\ominus}_{\neq}-T\Delta_r S^{\ominus'}_{\neq}$代入上式，得：

$$K^{\ominus'}_{c,\neq}=\exp\frac{\Delta_r S^{\ominus'}_{\neq}}{R}\exp\left(-\frac{\Delta_r H^{\ominus}_{\neq}}{RT}\right) \tag{9.105}$$

式中，$\Delta_r S^{\ominus'}_{\neq}$为分出一个振动自由度配分函数后 $\Delta_r S^{\ominus}_{\neq}$ 的剩余部分。

$\Delta_r G^{\ominus'}_{\neq}$、$\Delta_r S^{\ominus'}_{\neq}$和 $\Delta_r H^{\ominus}_{\neq}$ 分别称为标准摩尔活化吉布斯函数（standard molar activated Gibbs function）、标准摩尔活化熵（standard molar activated entropy）和标准摩尔活化焓（standard molar activated enthalpy），简称作活化吉布斯函数、活化熵和活化焓，统称活化参量（activated parameter）。

将式(9.102)、式(9.104) 和式(9.105) 代入式(9.101) 中，得：

$$k(T)=\frac{kT}{hc^{\ominus}}\exp\left(-\frac{\Delta_r G^{\ominus'}_{\neq}}{RT}\right) \tag{9.106}$$

或

$$k(T)=\frac{kT}{hc^{\ominus}}\exp\frac{\Delta_r S^{\ominus'}_{\neq}}{R}\exp\left(-\frac{\Delta_r H^{\ominus}_{\neq}}{RT}\right) \tag{9.107}$$

式(9.106) 和式(9.107) 为双原子结合反应的艾林方程热力学表达式（thermodynamic expression of Eyring equation）。它们建立起速率常数与基本热力学函数的联系，为化学动力学与化学热力学架起了一座桥梁，为用热力学数据计算反应速率常数提供了方法。

用过渡态理论计算的 $k(T)$ 通常比用简单碰撞理论计算的结果更接近于实测值。例如表 9.2 中用过渡态理论计算的指前参量 A_t 就比用碰撞理论算出的指前参量 A_c 更接近于实测值 A。在过渡态理论中无需引入概率因子 P，这也是该理论比碰撞理论高明之处。

利用式(9.63)、式(9.92) 和式(9.107) 可以导出（导法略）阿伦尼乌斯方程中的指前参量为：

$$A=PA_c=\frac{kT}{hc^{\ominus}}\exp(2)\exp\left(\frac{\Delta_r S^{\ominus'}_{\neq}}{R}\right) \tag{9.108}$$

此式中 A_c 与$\frac{kT}{hc^{\ominus}}\exp(2)$相当，$P$ 与 $\exp\left(\frac{\Delta_r S^{\ominus'}_{\neq}}{R}\right)$相当。因此，过渡态理论提供了估算概率因子的方法。原则上，过渡态理论用反应组分分子的物质结构参数即可计算化学反应的速率常数，而且对于简单分子参与的反应，计算结果也比较令人满意，这是该理论的成功之处。不足的是，如果参与反应的分子太复杂，则计算上尚有困难，所以目前仍限于对简单反应系统进行计算。

9.9 溶液反应动力学

9.9.1 溶液反应动力学的特点

以上的讨论大都基于气相化学反应的动力学研究结果。在液相中进行的化学反应也称溶液反应（solution reaction）。与气相反应一样，溶液反应也是均相反应。但与气相反应不同的是，在液相中进行化学反应时，通常将反应物、中间物和产物均看作溶质，它们都处于溶剂分子的包围之中，因此在讨论溶液反应时，通常要考虑溶剂对反应动力学的影响。这种影响主要表现在两方面：一是反应组分的微粒不能像在气相反应中那样自由地运动和相互碰撞，它们在溶剂中的扩散行为是溶液反应动力学必须考虑的因素；二是液体中分子间的距离比气体分子间的距离近得多，所以反应组分与溶剂间的相互作用不可忽视。不同的溶剂为反应组分提供了不同的反应环境，因而在不同溶剂中进行同一反应，其动力学行为可能有很大的差异。

可按溶剂的存在对反应动力学影响的程度，将溶液反应分成溶剂无明显影响的反应和溶剂有影响的反应两大类。前一类反应为数不多，在溶液中进行化学反应时，速率常数、反应机理、活化能和指前参量等与该反应在气相中进行时基本相同。后一类反应较普遍，它们在溶液中进行与在气相中进行不仅速率常数、活化能和指前参量有明显差别，甚至反应机理和最终产物也可能不同。

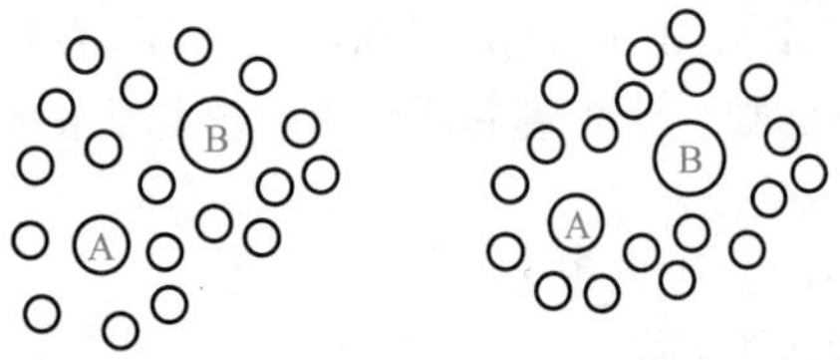

图 9.21　笼效应示意图

由于静电场和热运动的综合作用，反应组分（溶质）分子好像被溶剂分子组成的笼子罩住，如图 9.21 所示。局限在某一笼中的反应组分分子 A 或 B 不断地与构成笼的溶剂分子碰撞，类似于分子的振动。据估算，反应组分分子在笼中的平均停留时间约 10^{-11} s。在此期间内笼中的反应组分分子要与周围溶剂分子发生 $10\sim10^5$ 次碰撞。此后，笼中的分子才有机会冲出笼，扩散到笼外。但反应组分分子从一个笼中冲出来，立即又陷入其他溶剂分子构成的笼中。两种反应物分子 A 和 B 扩散到同一笼中并相互碰撞称为遭遇（encounter）。两种反应物分子只有发生遭遇才有可能进行反应。由于笼的存在对溶液反应动力学的影响叫笼效应（cage effect）。笼效应是溶液反应不同于气相反应的重要特征。

溶液中进行反应可分为两个连续步骤：首先是两个反应物分子 A 和 B 扩散到同一笼中形成遭遇对。然后是同一笼中的两个反应物分子相互碰撞进行反应，形成产物。如果化学反应的活化能很小，反应进行得很快，而扩散速率较慢，此时扩散成为控制步骤，称为扩散控制（diffusive determination）。如果反应活化能很高，反应步骤进行得很慢，则溶液中进行的反应由化学反应步骤控制，称为反应控制（reaction determination）或活化控制（active determination）。扩散速率与温度的关系也符合阿伦尼乌斯方程。通常扩散活化能较低，溶液反应多数为反应控制。

9.9.2 溶剂无明显影响的溶液反应

有些化学反应在溶液中进行与气相反应时的动力学行为无明显区别，如 N_2O_5 的热解反应：$N_2O_5 \longrightarrow N_2O_3 + O_2$。表 9.3 为该反应在气相及不同溶剂中进行时的动力学参数。表 9.3 中数据表明，在四氯化碳和三氯甲烷等溶剂中进行 N_2O_5 热解反应的速率常数、指前参量和活化能与气相反应时无明显区别。对这种反应，溶剂的存在并没有影响到化学反应的进行。也正因为如此，更换溶剂也不会对反应的动力学行为产生什么影响。究其原因有以下三方面：

① 在气相和溶液中进行的反应，其反应机理相同且反应活化能远大于扩散活化能，反应步骤为控制步骤，扩散显得不是很重要。

② 笼效应虽然减少了反应物分子与较远处分子碰撞（远程碰撞）的机会，但在同一笼中反应物分子相互碰撞（近程碰撞）的机会增加了。两种效应大致可以抵消，总的来看，笼效应并没有明显地改变反应物分子间的总碰撞频率。

表 9.3 N_2O_5 热解反应的动力学数据（25℃）

溶剂	$k\times10^5/s^{-1}$	$\lg(A/s^{-1})$	$E_a/(kJ\cdot mol^{-1})$	溶剂	$k\times10^5/s^{-1}$	$\lg(A/s^{-1})$	$E_a/(kJ\cdot mol^{-1})$
气相	3.38	13.6	103.3	二氯乙烷	4.79	13.6	102.1
四氯化碳	4.69	13.6	101.3	硝基甲烷	3.13	13.5	102.5
三氯甲烷	3.72	13.6	102.5	溴	4.27	13.3	100.4

③ 笼的存在既可使某些活化的反应物分子因与溶剂分子碰撞而失活，但也有些反应物分子通过与溶剂分子的碰撞而活化。当失活与活化的分子数目大致相等时，笼效应也不会对反应的动力学行为有很大的影响。

9.9.3 溶剂有影响的溶液反应

多数在溶液中进行的化学反应，其动力学行为与气相反应时有明显不同，这主要是由于溶剂的影响。溶剂对反应动力学的影响包括改变反应速率和改变反应机理两个方面。如果溶剂的存在使反应机理改变了，则不但会改变反应速率，有时还可能改变所生成的产物。例如溴与甲苯的反应，在二硫化碳中进行时，主产物为溴甲基苯；若用硝基苯作为溶剂，主产物为邻溴甲苯及对溴甲苯。此外，有些情况下溶剂参与化学反应，这时溶剂的影响属于化学效应。溶剂不直接参与化学反应时对反应动力学行为的影响属于物理效应。溶剂的物理效应包括以下几方面：

（1）静电效应和盐效应

溶剂分子电离或极化成为带电的离子或偶极子。由这些带电微粒形成一个包围反应组分的静电场，从而影响反应的动力学行为，这种效应叫**动力学静电效应**（electrostatic effect of kinetics），简称**静电效应**。除溶剂外，反应系统中存在的某些不参与化学反应的电解质也起类似的作用。这些外加电解质统称为盐，故后一种作用也称**盐效应**（salt effect）。

（2）笼效应

笼的存在对于反应物分子碰撞频率及反应物分子的活化或失活会产生影响，从而影响了反应的动力学行为，这种效应称为**动力学笼效应**（kinetic cage effect），简称**笼效应**。

（3）溶剂化效应

由于溶剂分子与溶质分子间的相互作用，每个反应组分分子的周围都结合了一定数目的溶剂分子，这种现象叫**溶剂化**（solvation）。由于溶剂化而牵制了反应组分分子的行动，从而影响到反应的动力学行为，这种效应叫**溶剂化效应**（solvation effect）。

（4）氢键效应

反应组分分子与溶剂分子之间如能形成氢键，则将明显地影响反应的动力学行为，这种效应称为**氢键效应**（hydrogen bond effect）。

（5）表面张力效应

若反应物液体的表面张力与产物液体的表面张力不同，则使用不同表面张力的溶剂，反应速率将有很大的差别。溶液反应的速率受溶剂表面张力的影响称为**表面张力效应**（surface tension effect）。

溶剂对溶液反应动力学的影响通常是以上各种效应综合作用的结果，不过对不同的溶液反应，起主导作用的效应不同。

一些快速进行的溶液反应，由于反应步骤的活化能很低，所以扩散成为控制步骤。这种扩散控制的溶液反应，其反应总速率约等于扩散速率。扩散速率可按扩散定律计算。

有关扩散的**菲克第一定律**（Fick first law）：一定温度下，单位时间内扩散过截面积 S 的物质 B 的物质的量，即流量 q 正比于截面积 S 和浓度梯度，即：

$$q=-DS\frac{\mathrm{d}[\mathrm{B}]}{\mathrm{d}x} \tag{9.109}$$

式中，流量 $q=\mathrm{d}n_{\mathrm{B}}/\mathrm{d}t$；$x$ 为物质 B 扩散的距离；$\mathrm{d}[\mathrm{B}]/\mathrm{d}x$ 为浓度梯度；D 为比例系数，称为扩散系数（diffusion coefficient）。扩散系数等于单位浓度梯度时，物质 B 扩散通过单位截面积的扩散速率，单位为 $\mathrm{m}^2\cdot\mathrm{s}^{-1}$。由于扩散总是物质由高浓度处向低浓度处迁移，所以当 $\mathrm{d}x$ 为正值时，$\mathrm{d}[\mathrm{B}]$ 为负值。在上式右端加负号可使扩散速率总为正值。

溶液中进行的双分子反应 $\mathrm{A}+\mathrm{B}\longrightarrow\mathrm{P}$。若 A 与 B 分子可看作半径分别为 r_{A} 和 r_{B} 的刚性球，其扩散系数分别为 D_{A} 和 D_{B}。当此反应为扩散控制时，可以导出此反应的速率常数为：

$$k=4\pi L(D_{\mathrm{A}}+D_{\mathrm{B}})r_{\mathrm{AB}}f \tag{9.110}$$

式中，$r_{\mathrm{AB}}=r_{\mathrm{A}}+r_{\mathrm{B}}$；$f$ 为静电因子。当反应物的电性相反时，相互吸引而使反应加速，$f>1$；当反应物的电性相同时，相互排斥而使反应减慢，$f<1$；若无静电效应时，$f=1$。

在溶液中进行的双分子反应，最快反应的速率也不会超过扩散控制反应的速率，故扩散控制反应的速率常数为溶液中双分子反应速率常数的上限，在 25℃的水溶液中约为 $10^{10}\sim10^{11}\,\mathrm{dm}^3\cdot\mathrm{mol}^{-1}\cdot\mathrm{s}^{-1}$。

9.10 光化学反应动力学

9.10.1 光化学反应的特点

在光的作用下发生的化学反应称为光化学反应（photochemical reaction），简称光化反应，如胶片的感光、植物的光合作用等均涉及光化学反应。前面所讨论的化学反应是靠分子热运动聚积足够的碰撞动能而引起的化学反应，这可称为热化学反应（thermo-chemical reaction），简称热反应。此外，通过电流引起的化学反应称为电化学反应（electro-chemical reaction），简称电化反应。热是系统与环境交换的无序能量，电和光则是系统与环境交换的有序能量。热反应只能在 $\Delta_{\mathrm{r}}G_{T,p}<0$ 的条件下自发进行，而在电流或光的作用下，一些 $\Delta_{\mathrm{r}}G_{T,p}>0$ 的反应也能发生。有些自发进行的化学反应可以发光，将化学能转化成光能；反之，在光的照射下，某些非自发反应可以进行，此时光能转化成化学能。常温下化学能转化成光能的现象称为化学发光（chemiluminescence），如萤火虫尾部的荧光素被氧化时即可发光，黄磷在空气中氧化时的发光等均为化学发光。

光化学反应是通过吸收光量子（light quantum）［也称光子（photon）］使分子活化，从而引起化学反应，如：

$$\mathrm{NO_2}\xrightarrow{h\nu}\mathrm{NO_2^*}\longrightarrow\mathrm{NO}+\frac{1}{2}\mathrm{O_2}$$

式中，$h\nu$ 表示每个光量子的能量；h 为普朗克常数；ν 为光的振动频率。在 $\mathrm{NO_2}$ 上加星号表示为活化分子。

发生光化反应时，反应物分子先吸收光量子的能量从基态被激发到激发态，这一过程称为光化反应的初级过程（primary process）。处于激发态的活化分子接下来发生的一系列过程称为次级过程（secondary process）。由于反应物分子吸收光子的能量后变成能量较高的活化分子，所以有些不能自发进行的热反应可以通过光化反应而实现。

热反应的速率受温度的影响较大，即热反应速率的温度系数较大。光化反应的反应速率取决于活化分子的数目，而活化分子的数目又与吸收的光子数目有关，所以光化反应的速率取决于光的强度，很少受温度影响。每个光子的能量为：

$$\varepsilon = h\nu = \frac{hc}{\lambda} \tag{9.111}$$

式中，c 为光速；λ 为光的波长。

式(9.111）表明，光的波长越短，每个光子的能量越高。许多光化反应只对特定波长范围的光敏感，即对光有选择性。因此，降低温度，选用适当波长的光，往往可以有效地抑制副反应，提高主产物的产率。

9.10.2 光化学定律

1818 年格鲁西斯（C. J. D. Grothus）和特拉帕（F. Draper）提出光化学第一定律（first law of photochemistry)：只有被系统吸收的光才可能引起光化反应。未被吸收的光，如透射光及反射光等均不对光化反应起作用。

1908～1912 年，爱因斯坦（A. Einstein）等又总结出光化学第二定律（second law of photochemistry)：在光化反应初级过程中，系统每吸收一个光子则可活化一个分子（或原子)。按照此定律，系统每吸收 1mol 光子则可活化 1mol 分子。1mol 光子的能量称为 1 爱因斯坦，用 E_m 表示。

$$E_m = Lh\nu = \frac{Lhc}{\lambda} \tag{9.112}$$

式(9.112）表明，E_m 的光能与光的波长有关。波长越短，每个光子的能量越高，E_m 越大。例如 $\lambda = 0.40\mu m$ 的紫外线：

$$E_m = \frac{Lhc}{\lambda} = \frac{6.02\times10^{23}\,mol^{-1}\times6.63\times10^{-34}\,J\cdot s\times3.00\times10^{8}\,m\cdot s^{-1}}{0.40\times10^{-6}\,m}$$
$$= 2.99\times10^{5}\,J\cdot mol^{-1}$$

分子吸收一个光子后被激发到较高能态，当分子由高能态返回低能态时将放出光子。分子吸收或放出光子的能量恰好等于高、低两能态的能量差。波长越短的光，光子的能量越高，因而能使分子激发到更高的能态，甚至导致分子解离。由于分子能态之间能量差的限制，反应物分子只能吸收一定波长的光子，所以光化反应对光的波长有一定的选择性。

虽然根据光化学第二定律，每吸收一个光子只能使一个分子活化，但这并不是说只有一个分子发生光化反应。事实上，在随后进行的一系列次级过程中可能只有一部分活化分子发生化学反应，但也可能由一个活化分子引发产生更多的活泼微粒（分子、原子或自由基等)，从而可使多个分子发生化学反应。因此定义：光化反应中，吸收一个光子所能发生化学反应的分子数目为量子效率（quantum efficiency)，以 ϕ 表示。

$$\phi = \frac{N_r}{N_a} = \frac{n_r}{n_a} \tag{9.113}$$

式中，N_r 和 N_a 分别代表发生反应的分子数和被吸收的光子数；n_r 和 n_a 分别为发生反应的物质的量和吸收光子的物质的量。

由于 1mol 光子的能量为 E_m，若吸收光能 E 且光的波长为 λ，则：

$$n_a = \frac{E}{E_m} = \frac{E\lambda}{Lhc} \tag{9.114}$$

某些气相光化反应的量子效率列于表 9.4 中。从表中数据可以看到，多数光化反应的量子效率不等于 1，例如反应 $2HI \longrightarrow H_2 + I_2$，初级过程是：

$$HI + h\nu \longrightarrow H + I$$

接下来的次级过程为：

$$H + HI \longrightarrow H_2 + I$$
$$I + I \longrightarrow I_2$$

总的效果是每吸收一个光子可分解两个 HI，所以 $\phi = 2$。至于反应 $H_2 + Cl_2 = 2HCl$，其次级过程为一连串的链反应，所以 ϕ 可大到 10^6。

有的光化反应 $\phi < 1$ 是因为分子在初级过程中吸收光子后，还没来得及发生化学反应，便在分子内或分子间的能量传递过程中损失一部分能量而失活。

表 9.4 某些气相光化反应的量子效率

反应	λ/nm	ϕ	反应	λ/nm	ϕ
$2NH_3 = N_2 + 3H_2$	210	0.25	$CH_3CHO = CH_4 + CO$	250～310	1～138
$SO_2 + Cl_2 = SO_2Cl_2$	420	1	$CO + Cl_2 = COCl_2$	400～436	约 10^3
$2HI = H_2 + I_2$	207～280	2	$H_2 + Cl_2 = 2HCl$	400～436	约 10^6

【例 9.11】 在波长为 470nm 的光作用下，发生如下气相反应：

$$H_2 + Br_2 \longrightarrow 2HBr$$

200℃时测得系统吸收 500J 的光可生成 3.95×10^{-3} mol 的 HBr，计算量子效率。

解：按式(9.113) 和式(9.114)：

$$\phi = \frac{n_r}{n_a} = \frac{n_r Lhc}{E\lambda}$$

$$= \frac{3.95\times10^{-3}\,\text{mol}\times6.02\times10^{23}\,\text{mol}^{-1}\times6.63\times10^{-34}\,\text{J}\cdot\text{s}\times3.00\times10^{8}\,\text{m}\cdot\text{s}^{-1}}{500\text{J}\times470\times10^{-9}\,\text{m}}$$

$$= 2.01$$

9.10.3 光化学反应动力学

以 A_2 经光化反应分解为例：

$$A_2 \xrightarrow{h\nu} 2A$$

其反应机理如下。

初级过程：

$$A_2 + h\nu \xrightarrow{k_1} A_2^* \quad (\text{活化}) \tag{1}$$

次级过程：

$$A_2^* \xrightarrow{k_2} 2A \quad (\text{解离}) \tag{2}$$

$$A_2^* + A_2 \xrightarrow{k_3} 2A_2 \quad (\text{失活}) \tag{3}$$

由于最终产物仅通过第二步生成，故产物的生成速率为：

$$\frac{d[A]}{dt} = 2k_2[A_2^*] \tag{4}$$

式中，k_2 是以 A_2^* 的浓度变化表示的速率常数，故等号右端要乘以 2。

第一步为零级反应，其速率仅与光的强度 I 有关，即：

$$A_2^* \text{ 的生成速率} = k_1 I$$

按式(2) 和式(3)：

$$A_2^* \text{ 的消耗速率} = k_2[A_2^*] + k_3[A_2^*][A_2]$$

A_2^* 的净生成速率为：

$$\frac{d[A_2^*]}{dt} = k_1 I - k_2[A_2^*] - k_3[A_2^*][A_2]$$

由于 A_2^* 为不稳定中间物，可对其应用稳态近似法，则：

$$k_1 I = k_2[A_2^*] + k_3[A_2^*][A_2]$$

$$[A_2^*] = \frac{k_1 I}{k_2 + k_3[A_2]} \tag{5}$$

将式(5) 代入式(4) 中，即得单分子光化分解反应的速率方程：

$$\frac{d[A]}{dt} = \frac{2k_1 k_2 I}{k_2 + k_3[A_2]} \tag{6}$$

因为每生成两个产物 A 分子消耗一个反应物 A_2 分子，所以此光化反应的量子效率为：

$$\phi = \frac{1}{2I} \times \frac{d[A]}{dt} = \frac{1}{2} \times \frac{2k_1 k_2}{k_2 + k_3[A_2]}$$

$$\phi = \frac{k_1 k_2}{k_2 + k_3[A_2]} \tag{7}$$

温度对光化反应初级过程的速率无影响，次级过程虽然具有热反应的特征，但多数光化反应的次级过程包括原子、自由基以及它们与分子之间的反应，这些反应步骤的活化能都很小，甚至为零。活化能很小的反应，其反应速率受温度的影响是很小的，所以总的来看，大多数光化反应的反应速率温度系数不大，约为 1。

9.10.4 光敏反应

分子或原子吸收光后，有三种可能：激发到较高能级的状态（激发态）；解离；放出电子发生电离。分子或原子只有在很短波长（光子能量很高）的光照射下才会发生电离，通常在光的照射下分子或原子被激发或者发生解离。

分子或原子 A 吸收光子（能量 $h\nu$）被激发到激发态 A^* 的过程为：

$$A + h\nu \longrightarrow A^*$$

处于激发态的分子或原子的寿命约 10^{-8} s。在这段时间内，如果 A^* 不与其他微粒碰撞，A^* 将放出光子，返回较低能态，此过程发出**荧光**（fluorescence）。荧光的波长一般与激发时分子吸收的光的波长相同，但也有例外。停止光照后，荧光立即（在 10^{-8} s 后）停止。但有些被照射的物质在停止光照后的一段时间（几秒以上）内仍能发光，这种光称为**磷光**（phosphorescence）。如果反应物吸收光子后又通过发光返回较低能态，这就会减少发生化学反应的机会，因而会降低量子效率。

激发态的 A^* 在 10^{-8} s 内如果与其他微粒发生碰撞，就会引起各种次级过程，如：

① 与其他分子或原子 B 碰撞，引起化学反应。例如：

$$Hg^* + O_2 \longrightarrow HgO + O$$

② 与其他分子或原子 B 碰撞，将过剩的能量传给 B，使 B 激发而 A^* 返回较低能态。即：

$$A^* + B \longrightarrow A + B^*$$

某些反应物本来对光不敏感，光照下不发生化学反应，但在反应系统中引入某些能吸收光子的物质，在光的照射下，这些添加物变成激发态。激发态的添加物分子通过与反应物分子碰撞，将能量传给反应物分子使其活化，从而可引起化学反应，这种反应叫**光敏反应**（photosensitized reaction）或感光反应。能传递光能引起其他物质发生光化反应的物质称为光敏剂（photosensitizer）或感光剂。光敏剂在光敏反应前后，其量和化学性质均不变。光合作用中，植物通过叶绿素来吸收阳光，胶片中加入光敏染料（增感剂）来吸收长波辐射使 AgBr 分解。这些都与光敏反应有关。随着科学技术的发展，光化反应在高新科学技术中会有更多的应用。

9.11 催化反应动力学

9.11.1 催化反应的特点

凡能改变反应速率而自身在反应前后的数量和化学性质都不发生变化的物质称为催化剂（catalyst）。能加快反应速率的催化剂叫正催化剂（positive catalyst）；能降低反应速率的催化剂叫负催化剂（negative catalyst）或阻化剂（inhibitor）。正催化剂的使用非常普遍，如不特别指明，一般所说的催化剂均指正催化剂。催化剂改变化学反应速率的作用叫催化作用（catalysis）。有催化剂参与的化学反应称为催化反应（catalytic reaction）。

可以从不同角度对催化反应进行分类。催化剂与反应组分处于同一相中的反应称为均相催化反应（homogeneous catalytic reaction）。催化剂与反应组分处于不同相的反应称为多相催化反应（heterogeneous catalytic reaction）或非均相催化反应（non-homogeneous catalytic reaction）。多相催化反应按相态又分为气-液相催化反应、气-固相催化反应和液-固相催化反应等。催化反应也可按催化剂的特征来分类，有酸碱催化反应（acid-base catalytic reaction）、酶催化反应（enzyme catalytic reaction）、络合催化反应（complex catalytic reaction）、金属催化反应（metal catalytic reaction）和半导体催化反应（semiconductor catalytic reaction）等。

有些化学反应开始时速率比较慢，经过一段时间（诱导期）后，由于产物或中间物对反应有催化作用而使反应加速，这种反应称为自动催化反应（auto-catalytic reaction）。

催化反应十分普遍。许多化工产品的生产，进行的都是催化反应。自然界及生物体内发生的许多化学反应也有催化剂的介入。对催化反应的研究是化学动力学的重要内容。

催化剂能加速化学反应，且自身并不消耗。这是因为催化剂与反应物生成不稳定的中间物，改变了反应途径，降低总活化能或增大指前参量，从而使反应总速率增大。例如，NO 能加速 SO_2 的氧化反应，经研究，反应机理为：

$$NO+\frac{1}{2}O_2 \longrightarrow NO_2 \tag{1}$$

$$NO_2+SO_2 \longrightarrow NO+SO_3 \tag{2}$$

催化剂 NO 在步骤（1）中消耗掉，但在步骤（2）中重新生成，所以反应前后 NO 的总量并没有减少。这两步反应的总效果是：

$$SO_2+\frac{1}{2}O_2 \longrightarrow SO_3$$

这个例子具有代表性。一般催化反应均可看作是反复进行的如下所示的链反应：

反应物＋催化剂⟶ 中间物(或中间物＋产物)

中间物(或中间物＋产物)⟶ 催化剂＋产物

这种链反应过程反复进行，使反应物不断变成产物，而催化剂反复使用，又反复再生。由此可见，经过催化反应后，虽然催化剂的化学性质及数量未变，但它的某些物理性质（如颗粒大小、形状等）常常会改变，这也说明催化剂实际上参与了化学反应。因为催化剂在反应过程中反复地再生，所以通常催化剂的用量极少。

若催化剂 K 能加速反应 $A+B \longrightarrow AB$。其一般机理为：

$$A+K \underset{k_{-1}}{\overset{k_1}{\rightleftharpoons}} AK$$

$$AK+B \xrightarrow{k_2} AB+K$$

由于中间物 AK 不稳定，对行反应能很快地接近于平衡。根据平衡态近似法，总反应速率由最后一步的速率控制，即：

$$\frac{d[AB]}{dt}=k_2[AK][B]$$

将$[AK]=(k_1/k_{-1})[A][K]$代入，得：

$$\frac{d[AB]}{dt}=\frac{k_1k_2}{k_{-1}}[K][A][B]$$

由于 [K] 不变，可令 $k=k_1k_2[K]/k_{-1}$，并代入上式，则得：

$$\frac{d[AB]}{dt}=k[A][B]$$

式中，k 为催化反应的总速率系数。

若各基元反应及总反应均符合阿伦尼乌斯方程，前已证明（参见 9.7.3），总活化能 E_a 与各基元反应的活化能之间有如下关系：

$$E_a=E_{a,1}+E_{a,2}-E_{a,-1}$$

总反应的指前参量 A 与各基元反应的指前参量之间有如下关系：

$$A=\frac{A_1A_2}{A_{-1}}$$

如果催化反应的总活化能 E 小于非催化反应的总活化能 E_0（假设指前参量变化不大），则催化剂可加速化学反应。催化剂降低反应总活化能的原因可用两种反应的途径与活化能关系的示意图（图 9.22）来说明。

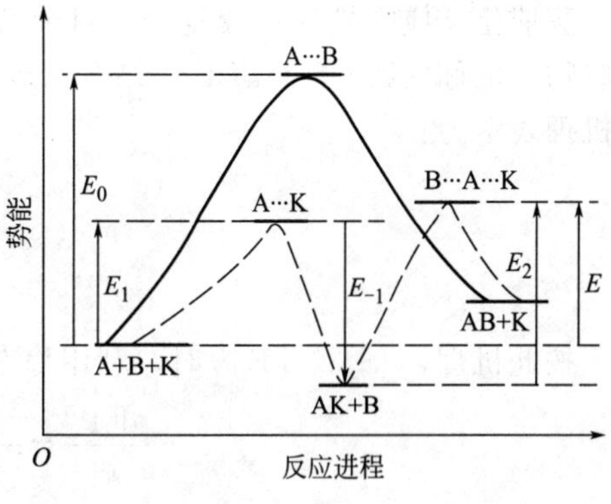

图 9.22 催化反应与非催化反应的比较

图 9.22 中用实线表示非催化反应的反应途径，用虚线表示催化反应的反应途径。比较两条反应途径可以看出，非催化反应必须要克服比较高的能垒 E_0 才能生成产物 AB。而催化反应所需克服的能垒 $E=E_1+E_2-E_{-1}$ 是比较低的，所以能发生反应的活化分子数目就要多得多，反应速率也就快得多。

若反应系统中加入催化剂后，活化能和指前参量同时改变，这就要同时考虑二者对速率常数的影响。由于在阿伦尼乌斯方程中活化能处于指数位置上，所以一般它对速率常数的影响更大。

根据对催化作用本质的了解，可以总结出催化剂的以下几个特点：

① 催化剂参与化学反应，但反应前后催化剂的化学性质及数量均不变。

② 催化剂只能缩短到达化学平衡的时间，而不能改变平衡状态。反应系统的平衡状态是与反应的 $\Delta_r G_m^\ominus$ 相联系的，G 是状态函数，它的变值只取决于始、终态，与变化经历的途径无关。催化剂能改变反应途径，因而可以改变反应进行的速率；但它不能改变反应的始、终态，

也就不会改变反应的 $\Delta_r G_m^\ominus$，所以不能使化学平衡移动。也就是说，催化剂的作用只改变反应的动力学性质，而不改变反应的热力学性质 $\Delta_r G_m^\ominus$，所以它在加速正反应的同时，也以同样的倍数加速逆反应，而正、逆反应的速率常数之比不会因催化剂的加入而改变。

③ 催化剂不会改变反应热，因为反应的 $\Delta_r H_m$ 也是状态函数的变值。这一特点可应用于反应热的测定。许多需要在高温下进行的反应可以加入适当的催化剂，使其在常温下进行。测定常温、催化下进行的反应的热效应，然后通过热力学计算就可获得高温下同一非催化反应的反应热。

④ 催化剂对反应的催化作用有选择性。不同的反应需要不同的催化剂，同一种催化剂对不同反应的催化作用不同。在一个反应系统中可能同时发生多种反应，选择适当的催化剂只加速所需的主反应，就可提高产量及改善产品质量。

9.11.2 均相催化反应

均相催化反应包括气相催化反应和液相催化反应。酸碱催化反应是常见的液相催化反应。酸碱催化反应是以 H^+（或 H_3O^+）或 OH^- 作为催化剂的溶液反应，如工业上广泛应用的酯化反应、乙烯水合制乙醇的反应等。酸碱催化反应的实质是质子的转移，因此凡是能释放质子的广义酸或能接受质子的广义碱均能作为酸碱催化反应的催化剂。凡是包括质子转移的反应也都可进行酸碱催化反应，如酯化与酯的水解、水合与脱水，烷基化与脱烷基等反应。

另一类重要的液相催化反应是酶催化反应。酶是生物体内产生的、具有加速生化反应能力的蛋白质，生物体内的化学反应大都在各种酶的催化下进行，如蛋白质、淀粉和糖类的合成都是酶催化反应的结果。生物体内各种物质的转化，如食物的消化也是酶催化反应。酶催化反应的研究不仅对于揭示生命的奥秘是至关重要的，而且模拟酶催化反应来合成或转化化学品将成为未来化工及环保的发展方向。例如，许多科学家正在从事模拟生物固氮酶将大气中的 N_2 转化成 NH_3 的研究，如能成功，将变革目前高温、高压下合成氨的复杂工艺。

酶催化反应的机理比较复杂，目前普遍采用的是米凯利斯机理（Michaelis mechanism）：反应物（也称底物）S 与酶 E 先结合生成中间络合物 ES，然后 ES 分解成产物 P 并使酶再生。此机理表示为：

$$\mathrm{E+S} \underset{k_{-1}}{\overset{k_1}{\rightleftharpoons}} \mathrm{ES}$$

$$\mathrm{ES} \xrightarrow{k_2} \mathrm{P+E}$$

按此机理，$[S]_0 \gg [E]_0$ 时，利用稳态近似法可以导出酶催化反应的速率方程：

$$\frac{d[P]}{dt}=\frac{k_2[E]_0[S]_0}{[S]_0+(k_{-1}+k_2)k_1^{-1}}$$

式中，$(k_{-1}+k_2)k_1^{-1}=K_M$，称为米凯利斯常数（Michaelis constant）。当 $k_{-1}\gg k_2$ 时，K_M 即为 ES 的解离常数。

9.11.3 非均相催化反应

非均相催化是指反应物与催化剂不完全（或完全不）处在同一个相内的催化过程，也称为多相催化。反应物和催化剂之间存在着相界面，反应在相界面上进行。最常见的非均相催化是采用固相催化剂的气-固相催化和液-固相催化。目前，在工业上应用较多的是用固体催化剂加速气相反应，相关内容将在第 10 章中进行详细讨论。

这里介绍一种的特殊的非均相液-固催化反应——光催化反应（photocatalytic reaction）。

光催化反应是光和物质之间相互作用的多种方式之一，是光反应和催化反应的融合，是在光和催化剂同时作用下所进行的化学反应。光催化技术是通过固体催化剂利用光子能量，将许多需要在苛刻条件下发生的化学反应转化为在温和的环境中进行反应的先进技术。它作为一门新兴的学科，涉及到半导体物理、光化学、催化化学、材料科学、纳米技术等诸多领域，在环境、能源等方面均有应用前景，一直是前沿科学技术领域的研究热点之一。

光催化剂（photocatalyst）就是在光子的激发下能够起到催化作用的化学物质的统称。典型的天然光催化剂就是我们常见的叶绿素，在植物的光合作用中促进空气中的二氧化碳和水合成氧气和碳水化合物。目前研究最多的固体光催化剂就是半导体二氧化钛。固体催化剂反应机理如图 9.23 所示。半导体二氧化钛在光激发下，电子从价带跃迁到导带，在导带形成光生电子，在价带生成光生空穴。利用电子-空穴对的还原和氧化性能，可以光解水制备 H_2 和 O_2，还原二氧化碳形成有机物，还可以使氧气或水分子激发成超氧自由基及羟基自由基等具有强氧化能力的自由基，降解环境中的有机污染物，不会造成资源浪费与二次污染。

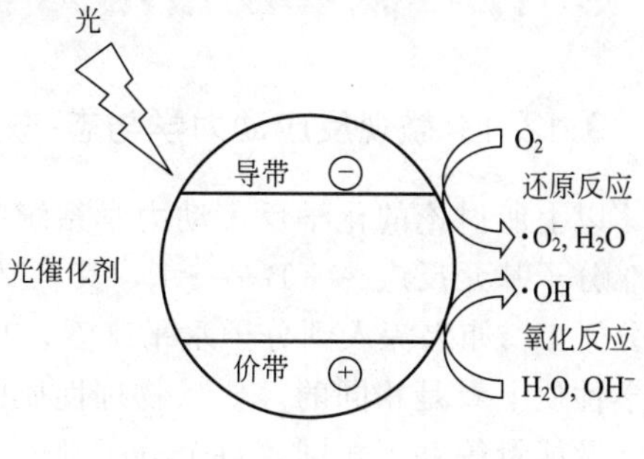
光
导带
光催化剂
价带
O₂
还原反应
·O₂, H₂O
·OH
氧化反应
H₂O, OH⁻

图 9.23 半导体催化剂光催化原理示意图

光催化反应作为一种节能的高效氧化技术，能将大多数的有机氯化物、杀虫剂、染料及表面活性剂等降解为 CO_2 和 H_2O 等无毒产物。例如，用 TiO_2 悬浊液光催化降解不同浓度的十二烷基苯磺酸钠溶液。结果表明，光催化降解十二烷基苯磺酸钠的最终产物是 CO_2、H_2O、SO_4^{2-} 等。其降解机理如下：

$$TiO_2 + h\nu \longrightarrow e^- + h^+$$

$$OH^- + h^+ \longrightarrow OH\cdot$$

$$H_2O + h^+ \longrightarrow OH\cdot$$

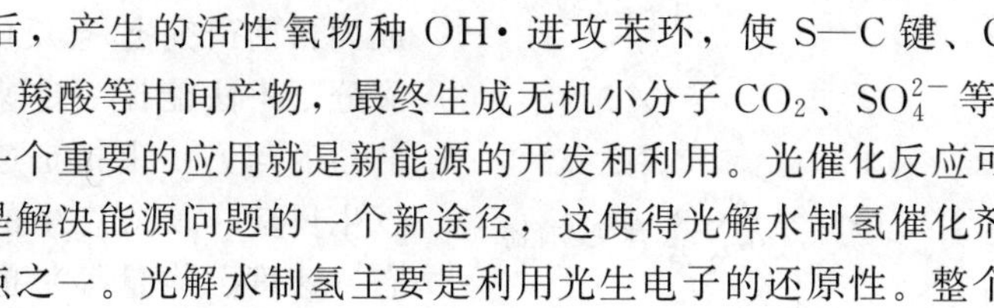
RH₂CH₂C
SO₄Na + OH·
RHCOOH
SO₄Na
OH
RHOOC
COOH
COOH
ROCH
CHO
CHO

（羧酸） （醛）

TiO_2 被光激发后，产生的活性氧物种 OH· 进攻苯环，使 S—C 键、C—C 键等断裂。苯环被打开，生成醛、羧酸等中间产物，最终生成无机小分子 CO_2、SO_4^{2-} 等。

光催化技术另一个重要的应用就是新能源的开发和利用。光催化反应可以将太阳能转换成化学能存储起来，是解决能源问题的一个新途径，这使得光解水制氢催化剂的开发成为现阶段能源材料的研究热点之一。光解水制氢主要是利用光生电子的还原性。整个光催化分解水的过程如下：

① 半导体光催化剂吸收一定波长的光，产生电子-空穴对；

② 电子-空穴对分离，向光催化剂表面迁移；

③ 电子与溶液中的 H^+ 反应生成 H_2；

④ 空穴与溶液中的 OH^- 反应生成 O_2；

⑤ 部分电子和空穴重新复合，产生热或光。

在光解纯水时，由于光生空穴会在催化剂表面大量累积，既降低转化效率，又影响反应速率。目前普遍采用的方法是加入助催化剂。例如加入金属 Pt，因为 Pt 可以聚集和传递电子，同时降低 H_2 的过电位，促进光还原水放出氢的过程。

9.12 微观反应动力学

9.12.1 微观反应动力学与态-态反应

以上所讨论的化学反应动力学系统都是包含大量（10^{23} 数量级）分子的宏观系统。例如一个双分子基元反应 $A+B \longrightarrow P$，其含义是 1mol 分子 A 和 1mol 分子 B 发生反应生成 1mol 产物分子 P。如果深入到分子水平来看，1mol 分子 A 有 6.02×10^{23} 个分子 A，这些分子只是从化学性质上看是相同的，要从物理性质的角度看，它们并不相同。各个分子的运动速度、运动方向及能量等并不相同，每个分子都处于各自的量子状态。宏观上观测到的上述基元反应的动力学性质实际上是大量化学性质相同而量子状态不同的分子 A 与大量化学性质相同而量子状态不同的分子 B 相互反应所表现出的统计平均行为。微观反应动力学（microscopic reaction kinetics）是从微观角度出发，深入到分子水平上研究基元反应的具体过程，研究以一个分子为单元的反应系统中分子在碰撞前后的各种动态性质，因此也称分子反应动态学（molecular reaction dynamics）。

宏观量的反应物 A，每个分子都有一定的运动速度、运动方向和能量，可以说处于某一特定的量子状态。设法让处于某一量子状态 i 的分子 A［记作 $A(i)$］与处于某一量子状态 j 的分子 B［记作 $B(j)$］碰撞并发生反应，生成处于量子状态 k 的产物分子 P［记作 $P(k)$］，即

$$A(i)+B(j) \longrightarrow P(k)$$

这种以某种量子状态的分子相互碰撞而生成处于一定量子状态产物分子的反应称为态-态反应或基元化学物理反应。对态-态反应的研究是当代微观反应动力学的主要内容。

9.12.2 交叉分子束法

目前能从微观角度研究化学反应的实验方法主要有交叉分子束法（crossed molecular beam method）、红外化学发光法（infrared chemiluminescence method）和激光诱导荧光法（laser inductive fluorescence method）等。20 世纪 70 年代由赫希巴赫（D. R. Herschbach）和李远哲建立起来的交叉分子束法实验装置成为目前研究态-态反应最有效的工具。交叉分子束法能让一定速度的分子束以指定的角度与另一束指定速度的分子束碰撞而发生反应，反应产生的产物分子的微观状态（速度、能量等）也可检测，从而实现了在分子水平上研究化学反应动力学。

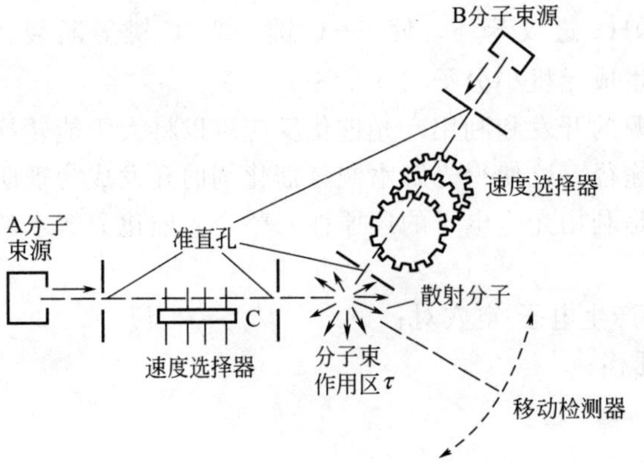

图 9.24 交叉分子束法实验装置示意图

图 9.24 为交叉分子束法实验装置的示意图。整套实验装置放于高真空室内。实验装置包括分子束源、速度选择器、散射室、检测器和产物分子速度分析器等几个主要部分。

分子束源是发射反应物分子束的装置，加热炉型束源是将金属（例如 K）加热成蒸气，金属蒸气从束源的小孔中溢出并形成溢流束。由于束源内保持高真空（<13Pa），所以束源内气态金属分子的平均自由程远大于小孔的尺寸，所以分子可以无碰撞地一个接一个地从孔中射出并形成分子束。

从束源中射出的分子束，经过准直孔和速度选择器将运动方向和速度不符合要求的分子挡住，只让具有选定速度的分子准直地射向散射室。速度选择器由一组带不同数目齿孔的同心齿轮组成，这些齿轮装在与分子束前进方向平行的转动轴上。当这些齿轮以一定的转速转动时，齿孔位置交错的齿轮只让一个速度范围很窄的分子束穿过所有齿轮造成的齿孔缝隙，所有其他速度的分子均被挡住。

散射室又称反应室或主室。从两种反应物分子的束源射出的分子束，经过方向的准直和速度的选择后正交地射入散射室中。散射室内保持很高的真空度，可以让两束分子一个接一个地进入散射室并发生碰撞。散射室四周设置多个窗口，以便接收产物分子辐射出的光学信号或者让探测激光束进入分子束碰撞区（分子束交叉区）。

检测器是用质谱仪和速度分析器来检测产物分子的角度分布和能量分布。可移动的检测器能捕获各个方向上散射微粒的信息。

通过交叉分子束实验已经取得了有关反应的一些有价值的信息。例如对于吸能反应，增大反应物分子的振动能可以明显地加快反应速率，而增大反应物分子的平动能则效果不明显。已测定下列态-态反应：

$$\mathrm{HCl}(\nu)+\mathrm{Br}\xrightarrow{k}\mathrm{HBr}+\mathrm{Cl}$$

当反应物分子 HCl 的振动量子数由 $\nu=0$ 变成 $\nu=4$ 时，反应速率常数 k 增大约 10^{11} 倍。

目前利用交叉分子束的实验装置进行了以下几方面的研究：

① 通过选择反应组分的量子状态，研究各种运动形式的能量对反应速率的影响；

② 测量分子发生碰撞后散射角度的分布，利用统计力学的方法计算基元反应的速率常数；

③ 通过改变反应物分子的相对速度，可以测定反应的起始能量并估算反应的活化能；

④ 测定产物的速度分布可以推算产物分子的平均平动能，用总能量减去平动能即可得到分子内部运动的能量。

除了交叉分子束技术外，20 世纪还开发了红外化学发光和激光诱导荧光等研究微观反应动力学的实验技术。微观反应动力学在更深的层次（分子水平）上提供了一些有关基元反应的动态学信息，人们期望通过广泛、深入的微观反应动力学的研究，最终可以揭示化学反应的细节，从而可以把握化学反应动力学的真谛。目前这一新分支学科刚刚奠下第一块基石，要建造宏伟的微观化学动力学大厦还需要科学家们付出浩繁而艰辛的努力。

习题

9.1 气相反应 $2SO_2+O_2 \xlongequal{} 2SO_3$，反应的某一时刻 O_2 的消耗速率为 $6.36\mathrm{mol\cdot dm^{-3}\cdot h^{-1}}$。此时 SO_2 的消耗速率、SO_3 的生成速率和该反应的反应速率各为何值？

9.2 按质量作用定律写出以下基元反应的速率方程（分别用反应速率及各反应组分浓度表示的消耗速率和生成速率表示）。

（1）$\mathrm{A+B}\xrightarrow{k_\mathrm{A}}\mathrm{P}$

（2）$\mathrm{2A+B}\xrightarrow{k_\mathrm{A}}\mathrm{P}$

（3）$\mathrm{A+2B}\xrightarrow{k_\mathrm{A}}\mathrm{2P}$

9.3　35℃时溶液反应 $A \longrightarrow B+C$ 的速率常数为 $0.05 mol \cdot dm^{-3} \cdot min^{-1}$。由 $0.100 mol \cdot dm^{-3}$ 的 A 开始反应（无产物），计算 30s 后 A 的浓度及反应的半衰期。

9.4　某一级反应 $A \longrightarrow P$ 的半衰期为 10min，计算反应 0.5h 后 A 的转化率。

9.5　两种液体 A 和 B 混合后，二者浓度相等。1h 后，A 反应掉 75%，计算 2h 后，A 还剩多少？

(1) 反应对 A 为一级，对 B 为零级。

(2) 对 A 和 B 各为一级。

(3) 对 A 和 B 均为零级。

9.6　蔗糖在稀酸水溶液中按下式分解：

$$\underset{\text{(蔗糖)}}{C_{12}H_{22}O_{11}} + H_2O \longrightarrow \underset{\text{(葡萄糖)}}{C_6H_{12}O_6} + \underset{\text{(果糖)}}{C_6H_{12}O_6}$$

此反应的速率方程为：$-\dfrac{d[C_{12}H_{22}O_{11}]}{dt}=k[C_{12}H_{22}O_{11}]$

48℃时，$k=0.0193 min^{-1}$，浓度为 $0.200 mol \cdot dm^{-3}$ 的蔗糖溶液在盐酸的催化下反应，反应溶液的体积为 $2 dm^3$。计算：

(1) 反应开始时的反应速率。

(2) 反应到 20min 时，蔗糖的转化率。

(3) 反应到 20min 时，可生成多少摩尔葡萄糖。

(4) 反应到 20min 时的反应速率。

9.7　在温度和酸度一定时，稀酸水溶液中蔗糖水解反应的速率只与蔗糖的浓度成正比。现有 $1000 cm^3$ 含有 0.3mol 蔗糖和 0.1mol HCl 的水溶液，在 321K 时，20min 内有 32%的蔗糖水解。试求：

(1) 反应的速率常数。

(2) 反应开始时及反应进行到 50min 时的速率。

(3) 反应的半衰期。

9.8　287℃时在一密闭容器中进行偶氮甲烷（CH_3NNCH_3）的气相分解反应：

$$CH_3NNCH_3 \Longrightarrow C_2H_6 + N_2$$

此为一级反应。反应开始时容器中只有偶氮甲烷，压力为 21.3kPa，1000s 后，系统的总压力为 22.7kPa。计算此反应的速率常数和半衰期。

9.9　100℃下在密闭、抽真空的容器中放入 A(g)，进行如下反应：

$$A(g) \longrightarrow 2B(g) + C(g)$$

此反应的速率常数为 $0.0649 min^{-1}$。反应足够长时间后容器的压力恒定为 36.0kPa，计算反应 10min 时容器中气体的总压。

9.10　$2N_2O_5(g) \longrightarrow 4NO_2(g) + O_2(g)$ 为一级反应，半衰期为 $1.44 \times 10^3 s$，反应开始时只有 $N_2O_5(g)$，压力为 150kPa，计算：

(1) 反应的速率常数。

(2) 反应 10min 后系统的总压。

9.11　很稀（$1.00 \times 10^{-3} mol \cdot dm^{-3}$）的紫色氯化钴氨$[CoCl(NH_3)_5]Cl_2$（简写作 ACl_2）在水溶液中按一级反应转化成玫红色的$[CoH_2O(NH_3)_5]Cl_3$（简写作 BCl_3）：

$$ACl_2 + H_2O \longrightarrow BCl_3$$

反应开始时、t 时及无限长时间后溶液的摩尔电导率分别为 λ_0、λ_t 和 λ_∞。试导出如下动力学方程：

$$\ln \frac{\lambda_\infty - \lambda_0}{\lambda_\infty - \lambda_t} = kt$$

9.12　694℃下，从 N_2O 开始进行气相反应：$2N_2O \longrightarrow 2N_2 + O_2$。反应的半衰期与 N_2O 的初始压力成反比，且当 N_2O 的初始压力为 39.2kPa 时半衰期为 1520s。计算 2000s 后，

N_2O 分解掉多少。

9.13　某二级反应 $A+B \longrightarrow C$，两种反应物的初始浓度均为 $1.00mol \cdot dm^{-3}$，经 10min 后，各反应掉 25%，计算此反应的速率常数。

9.14　在一密闭容器中进行二级气相反应：$2A \longrightarrow B$。反应开始时系统中只有 A，压力为 41.3kPa，400s 后系统的总压为 27.3kPa。计算此反应的速率常数。

9.15　溶液反应 $A \longrightarrow B$ 为二级反应。在 35℃ 下，从 $0.475mol \cdot dm^{-3}$ 的 A 溶液开始反应，测得半衰期为 4.80min，计算 10.0min 时 A 的浓度。

9.16　298K 下测得 A 在溶液中分解反应的动力学数据如下：

$[A]_0/(mol \cdot dm^{-3})$	$t_{1/2}/s$
0.50	4280
1.10	885
2.48	174

试确定此反应的级数和 298K 时的速率常数。若反应的温度系数为 2，计算 308K 下此反应的速率常数。

9.17　二级反应 $A+B \longrightarrow P$，反应开始时只有 A 和 B，浓度分别为 $9.90 \times 10^{-2} mol \cdot dm^{-3}$ 和 $5.66 \times 10^{-2} mol \cdot dm^{-3}$。25℃ 时反应 2.55min 后，A 和 B 的浓度分别为 $9.06 \times 10^{-2} mol \cdot dm^{-3}$ 和 $4.82 \times 10^{-2} mol \cdot dm^{-3}$，计算此反应的速率常数。

9.18　反应 $A \longrightarrow B+C$ 在反应开始时只有 A，浓度为 $1.00mol \cdot dm^{-3}$，速率为 $0.01mol \cdot dm^{-3} \cdot s^{-1}$。假定反应为（1）零级；（2）一级；（3）2.5 级。分别计算速率常数 k_A、半衰期 $t_{1/2}$ 和 A 的浓度变为 $0.100mol \cdot dm^{-3}$ 所需的时间。

9.19　NH_3 在热的钨丝表面上发生分解反应。1110℃ 下测得如下数据：

$p_0(NH_3)/kPa$	$t_{1/2}/min$
35.3	7.60
17.3	3.70
7.73	1.70

试证明反应为零级反应并求反应的速率常数。$p_0(NH_3)$ 为 NH_3 的初始压力。

9.20　30℃ 下进行 1,2-二氯丙醇在 NaOH 溶液中的环化反应：

$$\underset{(A)}{ClCH_2CH_2ClCH_2OH} + NaOH = \underset{(B)}{\underset{\diagdown\ \diagup \atop O}{CH_2—CHCH_2Cl}} + NaCl + H_2O$$

测得如下动力学数据：

$[A]_0/(mol \cdot dm^{-3})$	$[B]_0/(mol \cdot dm^{-3})$	$t_{1/2}/min$
0.475	0.475	4.80
0.166	0.166	12.9

试确定此反应的级数并计算速率常数。

9.21　25℃ 时进行反应 $A+B = C+D$。反应开始时 A 与 B 的初始浓度相等，用不同初始浓度的 A 进行反应，测得半衰期 $t_{1/2}$ 如下：

$[A]_0/(mol \cdot dm^{-3})$	$t_{1/2}/s$
0.100	3.35
0.040	8.38

确定反应级数及速率常数。

9.22 测得25℃时平行反应 $A\begin{cases}\xrightarrow{k_1} B\\ \xrightarrow{k_2} C\end{cases}$，其速率常数 $k_1=7.77\times10^{-5}\mathrm{s}^{-1}$，$k_2=1.12\times10^{-4}\mathrm{s}^{-1}$。反应开始时只有A，浓度为 $0.0238\mathrm{mol\cdot dm^{-3}}$，计算反应2h后，A的转化率及反应系统中产物B和C的浓度。

9.23 平行反应 $A\begin{cases}\xrightarrow{k_1} B\\ \xrightarrow{k_2} C\end{cases}$，25℃时 $k_1=0.352\mathrm{s}^{-1}$，$k_2=0.275\mathrm{s}^{-1}$，计算：

(1) A转化90%所需的时间。

(2) B在产物中所占的百分比。

9.24 对行一级反应 $A\underset{k_2}{\overset{k_1}{\rightleftharpoons}}B$，A的初始浓度为 a，反应到 t 时A和B的浓度分别为 $a-x$ 和 x：

(1) 证明 $\ln\dfrac{a}{a-(k_1+k_2)xk^{-1}}=(k_1+k_2)t$。

(2) 若 $k_1=0.200\mathrm{s}^{-1}$，$k_2=0.010\mathrm{s}^{-1}$，$a=0.400\mathrm{mol\cdot dm^{-3}}$，计算100s后A的转化率。

9.25 可逆反应，$A\underset{k_2}{\overset{k_1}{\rightleftharpoons}}B$，25℃时，$k_1=0.010\mathrm{min}^{-1}$，$k_2=0.0025\mathrm{min}^{-1}$，如果反应开始时只有A，浓度为 $0.100\mathrm{mol\cdot dm^{-3}}$，计算：

(1) 反应达到平衡时A和B的浓度。

(2) 反应30min后A的转化率。

9.26 25℃下进行连串反应，$A\xrightarrow{k_1}B\xrightarrow{k_2}C$，$k_1=0.100\mathrm{min}^{-1}$，$k_2=0.200\mathrm{min}^{-1}$，开始时只有A，浓度为 $1.00\mathrm{mol\cdot dm^{-3}}$，计算中间物B浓度最大的时间及最大浓度。

9.27 25℃下进行可逆反应 $A\underset{k_2}{\overset{k_1}{\rightleftharpoons}}B$，$k_1=0.060\mathrm{min}^{-1}$，$k_2=0.020\mathrm{min}^{-1}$，开始时系统中只有A，浓度为 $1.00\mathrm{mol\cdot dm^{-3}}$，计算反应达到平衡时A和B的浓度。

9.28 按以下各反应机理分别写出以 $-\mathrm{d}[A]/\mathrm{d}t$、$\mathrm{d}[B]/\mathrm{d}t$、$\mathrm{d}[C]/\mathrm{d}t$ 和 $\mathrm{d}[D]/\mathrm{d}t$ 表示的速率方程：

(1) $A\underset{k_2}{\overset{k_1}{\rightleftharpoons}}2B$（$k_2$ 是以B浓度表示的速率常数）

(2) $2A\underset{k_2}{\overset{k_1}{\rightleftharpoons}}B\xrightarrow{k_3}C$（$k_2$ 和 k_3 均是以B浓度表示的速率常数）

(3) $A\begin{cases}\xrightarrow{k_1} B\underset{k_3}{\overset{k_2}{\rightleftharpoons}}2C\\ \xrightarrow{k_4} D\end{cases}$（$k_2$ 和 k_3 分别是以B浓度和C浓度表示的速率常数）

(4) $A\underset{k_2}{\overset{k_1}{\rightleftharpoons}}B$，$B+C\xrightarrow{k_3}D$

9.29 经实验确定气相反应 $CO+Cl_2\longrightarrow COCl_2$ 的机理如下：

$$Cl_2\underset{k_{-1}}{\overset{k_1}{\rightleftharpoons}}2Cl \quad（快）$$

$$Cl+CO\underset{k_{-2}}{\overset{k_2}{\rightleftharpoons}}COCl \quad（快）$$

$$COCl+Cl_2\xrightarrow{k_3}COCl_2+Cl \quad（慢）$$

试用复合反应动力学处理的近似方法导出该反应的速率方程：

$$\frac{\mathrm{d}[COCl_2]}{\mathrm{d}t}=k[CO][Cl_2]^{3/2}$$

9.30 已确定气相反应 $H_2+Cl_2 \xlongequal{} 2HCl$ 的机理为：

$$Cl_2+M \xrightarrow{k_1} 2Cl\cdot+M$$

$$Cl\cdot+H_2 \xrightarrow{k_2} HCl+H\cdot$$

$$H\cdot+Cl_2 \xrightarrow{k_3} HCl+Cl\cdot$$

$$2Cl\cdot+M \xrightarrow{k_4} Cl_2+M$$

式中，M为第三体分子。试证：

$$\frac{d[HCl]}{dt}=\frac{2k_1^{1/2}k_2}{k_4^{1/2}}[H_2][Cl_2]^{1/2}$$

9.31 反应 $A+C \xlongequal{} D$ 的反应机理如下：

$$A \underset{k_2}{\overset{k_1}{\rightleftharpoons}} B$$

$$B+C \xrightarrow{k_3} D$$

若B为不稳定的中间物，试证此反应的速率方程为：

$$\frac{d[D]}{dt}=\frac{k_1k_3[A][C]}{k_2+k_3[C]}$$

9.32 反应 $H_2(g)+I_2(g) \longrightarrow 2HI(g)$ 的机理如下：

$$I_2+M \underset{k_3}{\overset{k_1}{\rightleftharpoons}} 2I\cdot+M \qquad (快)$$

$$H_2+2I\cdot \xrightarrow{k_2} 2HI \qquad (慢)$$

试导出此反应的速率方程。若总反应及各基元反应均符合阿伦尼乌斯方程，导出总反应的表观活化能与各步反应活化能之间的关系。

9.33 65℃时，进行反应 $N_2O_5(g) \xlongequal{} N_2O_4(g)+\frac{1}{2}O_2(g)$，测得 N_2O_5 的分解速率常数为 $0.292min^{-1}$，反应的活化能为 $103kJ\cdot mol^{-1}$，计算15℃时此反应的 k 及 $t_{1/2}$。

9.34 由实验测得邻硝基氯苯的氨化反应为二级反应，在140℃和160℃下的速率常数分别为 $2.24\times10^{-4}dm^3\cdot mol^{-1}\cdot min^{-1}$ 和 $7.10\times10^{-4}dm^3\cdot mol^{-1}\cdot min^{-1}$。试计算此反应的指前参量和150℃时的速率常数。

9.35 25℃下，液体A和B混合后二者浓度相等，1h后，A反应掉75%。已知该反应对A为一级，对B为零级，计算：

（1）A的半衰期。

（2）2h后A反应掉的百分数。

（3）若温度提高10℃后，反应速率可提高一倍，此反应的活化能。

9.36 二级反应 $2A \longrightarrow B$ 的活化能为 $85.0kJ\cdot mol^{-1}$。35℃下用A进行反应，初始浓度为 $0.500mol\cdot dm^{-3}$，测得半衰期为4.50min。50℃下，用初始浓度为 $0.500mol\cdot dm^{-3}$ 的A进行同样的反应，计算此反应的半衰期。

9.37 某反应在25℃及35℃下的速率常数分别为 $3.46\times10^{-5}s^{-1}$ 和 $1.35\times10^{-4}s^{-1}$。计算该反应的活化能、指前参量和80℃时反应的半衰期。

9.38 反应 $A(g) \rightleftharpoons B(g)$，正、逆向反应均为一级反应，速率常数分别为 k_1 和 k_{-1}，$K=k_1/k_{-1}$。300K时，$K=1.78$，反应10min后，$p_{B,1}=233kPa$。400K时，$K=2.44$，反应10min后，$p_{B,2}=289kPa$。两次实验开始时只有A，初始压力均为507kPa，计算正反应的活化能。

9.39 由两个一级基元反应组成的平行反应，总反应的表观活化能为 E，两个基元反应的

速率常数分别为 k_1 和 k_2，活化能分别为 E_1 和 E_2。若总反应和各基元反应均符合阿伦尼乌斯方程，试导出 E 和 E_1、E_2 间的关系。

9.40 平行反应 $A \begin{cases} \xrightarrow{k_1} B \\ \xrightarrow{k_2} C \end{cases}$，300K 时，$k_1=0.100\text{s}^{-1}$，$k_2=0.010\text{s}^{-1}$，相应的活化能为$E_1=50.0\text{kJ}\cdot\text{mol}^{-1}$和$E_2=100\text{kJ}\cdot\text{mol}^{-1}$，指前参量相同：

(1) 降低温度对哪个反应有利，为什么？

(2) 计算 300K 时，B 在产物中所占的百分比。

9.41 某药物分解掉 30%即失效。测得在 25℃ 和 70℃ 下该药物每小时分别分解掉 0.0069%和 0.35%。改变浓度不影响相同时间的分解率。计算 20℃ 下该药物的有效期。

9.42 二级反应 $2A \longrightarrow P$ 的活化能为 E_1，二级反应 $2B \longrightarrow Q$ 的活化能为 E_2。若两个反应的指前参量相同，E_1 比 E_2 大 $10\text{kJ}\cdot\text{mol}^{-1}$。25℃时，进行反应 $2A \longrightarrow P$，反应物 A 的初始浓度为 $0.100\text{mol}\cdot\text{dm}^{-3}$，开始时无产物，半衰期为 100min：

(1) 计算 A 反应掉 70%所需的时间。

(2) 25℃时进行反应 $2B \longrightarrow Q$，若开始时只有 B，浓度为 $0.010\text{mol}\cdot\text{dm}^{-3}$，计算反应的半衰期。

9.43 根据碰撞理论估算气相基元反应 $2HI \longrightarrow H_2+I_2$ 在 556K 时的速率常数。已知此反应的活化能为$184\text{kJ}\cdot\text{mol}^{-1}$，HI 分子的有效直径为 $3.50\times10^{-8}\text{cm}$，摩尔质量为 $128\text{g}\cdot\text{mol}^{-1}$。

9.44 实验测得不同温度下 N_2O_5 分解反应的速率常数如下：

T/℃	$k\times10^5/\text{s}^{-1}$	T/℃	$k\times10^5/\text{s}^{-1}$
25	1.72	55	75.0
35	6.65	65	24.0
45	25.0		

计算此反应的活化能、指前参量及 50℃ 下反应的活化吉布斯函数 $\Delta_r G^{\ominus}_{\neq}$。

9.45 已知酶催化反应的机理为：

$$E+S \underset{k_{-1}}{\overset{k_1}{\rightleftharpoons}} ES$$

$$ES \xrightarrow{k_2} E+P$$

S、P 和 E 分别为反应物（底物）、产物和酶催化剂，ES 为中间物。通常酶的用量很小。试导出酶催化反应的速率方程：

$$\frac{d[P]}{dt}=\frac{k_2[E]_0[S]_0}{[S]_0+(k_{-1}+k_2)k_1^{-1}}$$

式中，$[E]_0$ 及 $[S]_0$ 分别为酶及底物的初始浓度。

9.46 用波长 313nm 的光照射丙酮蒸气，发生下列分解反应：

$$CH_3COCH_3+h\nu \longrightarrow C_2H_6+CO$$

若反应池的体积为 62.0cm^3，丙酮吸收入射光的 91.5%，测得如下数据：反应温度 840K、照射时间 7.00h、初始压力 102kPa、终了压力 104kPa 及入射光强度 $4.81\times10^{-3}\text{J}\cdot\text{s}^{-1}$。计算此反应的量子效率。

习题答案

10 界面与胶体化学

Interface and Colloid Chemistry

内容提要

本章前一部分介绍气-液、气-固和液-液界面上发生的界面现象，讨论附加压力及其引起的现象、吸附和润湿等。本章另一部分介绍胶体的基本性质、胶团结构和胶体的稳定性等。

学习目标

1. 明确液体比表面吉布斯函数和表面张力的概念，理解附加压力及其引起的表面现象。掌握拉普拉斯方程和开尔文公式及其应用。

2. 了解溶液表面的吸附及表面活性剂的作用，掌握吉布斯吸附等温式的应用。

3. 理解气-固表面上的吸附现象和朗缪尔吸附理论的要点，理解气-固相表面催化反应速率的特点及反应机理。

4. 明确润湿、接触角、铺展和铺展系数等概念，掌握杨方程及其应用。

5. 了解胶体的基本性质，理解 GCS 双电层理论的要点，掌握胶团结构及其结构式的写法。

6. 理解胶体稳定的原因及聚沉作用。

当物质以不同相态共存时，任意两相之间的分隔面叫**相的界面**（interface between two phases），简称**界面**。常见的界面有气-液、气-固、液-液、液-固和固-固等五种界面。发生在界面处的现象称为**界面现象**（interface phenomenon）。通常将与气体接触的界面称作**表面**（surface），如液体或固体与空气的界面、液体与其饱和蒸气的界面等。发生在这些界面处的现象称作**表面现象**（surface phenomenon）。把相界面作为对象，研究它的性质、结构及其所发生的各种现象的学科称为**界面化学**（interface chemistry）。

在自然界中，界面现象包罗万象。从日常生活到工农业生产，几乎都涉及到各种界面性质，例如，液滴和肥皂泡总是球形的，油灯的灯芯会自动吸油，肥皂或洗衣粉可以去污，浮选剂可将矿石与泥沙分离等。界面科学是化学、物理、信息、生物和材料等学科之间相互交叉和渗透的一门重要科学，在石油、橡胶、塑料和选矿等领域都有重要的意义及广泛的应用。

10.1 表面张力和表面吉布斯函数

对于任意一个相，分布于表面层的分子与相内部的分子，其受力情况和能量状态都是有差别的。在前面的章节中，我们并没有把表面分子与相内部的分子加以区别。这是由于通常的系统表面积不大，表面上的分子数目与相内部的分子相比是微不足道的，忽略表面性质对系统的影响不会影响一般结论的正确性。但在处理某些问题时，例如研究系统为雾、肥皂泡等，系统有巨大的表面积，表面分子所占的比例较大，此时表面性质就十分突出。在研究这类系统时，就必须要考虑表面分子的特殊性。

10.1.1 表面张力和比表面吉布斯函数

界面是指处于两相之间，约为几个分子厚度的一层物质，所以也称作界面层（interface layer）或界面相（interface phase）。界面层两侧的相称作体相（bulk phase）。界面层与体相无论是在组成和结构方面，还是在分子所处的能量状态和受力状况方面都有明显的差别。图 10.1 为气-液系统表面层分子与液体内部分子所处状态的示意图。对于液体内部的分子 A，周围分子对它的作用力统计地看是对称的，彼此相互抵消，合力为零。而处于表面层的分子 B 和 C 则不同，周围分子对它们的作用力部分来自液体分子，部分来自气体分子。由于来自液体分子的吸引力远大于来自气体分子的吸引力，所以总的来看，这些表面层中的分子受到指向液体内部的、垂直向下的拉力。这种拉力趋向于将表面层中的分子拉入液体内部，这就是液体表面有自动收缩趋势的原因。由于表面层中这种不对称力场的存在，也使表面层分子有与层外分子发生化学或物理结合的趋势，以补偿这种力场的不对称性。发生在液体表面上的许多现象，如毛细现象、润湿和吸附等皆与表面层分子受周围分子的作用力不均衡有关。

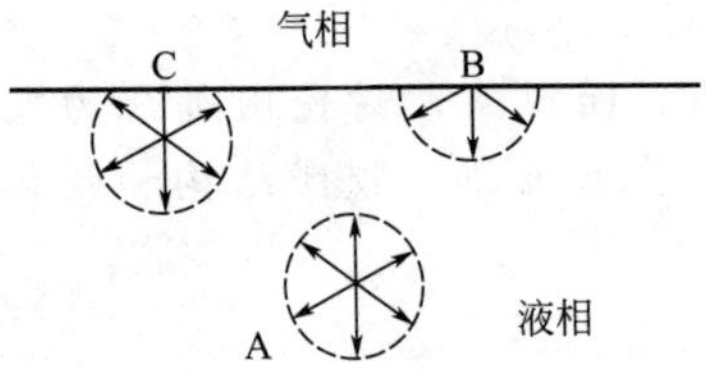

图 10.1 液体内部分子及表面层分子受力情况示意图

单位质量或单位体积的物质所具有的表面积称为比表面积（specific surface area），简称比表面，即：

$$A_{s,m}=\frac{A}{m} \tag{10.1}$$

$$A_{s,V}=\frac{A}{V} \tag{10.2}$$

式中，$A_{s,m}$ 和 $A_{s,V}$ 分别为用单位质量和单位体积表示的比表面；A 为物质的总表面积；m 和 V 分别为物质的质量和体积。

由于表面层中的分子受到指向液体内部的拉力，宏观上表现为液体表面存在自动收缩力，这种收缩力趋向于减小液体的表面。定义：垂直作用于液体表面单位长度上的收缩力为液体的表面张力（surface intension），以 σ 表示，即：

$$\sigma \overset{\text{def}}{=\!=\!=} \frac{F}{l} \tag{10.3}$$

式中，F 为垂直作用于液体表面的收缩力；l 为液体表面的长度；σ 的单位为 $N \cdot m^{-1}$。

从一个简单的实验可以观察到表面张力的存在。在弯曲的金属框上有一根可滑动的金属丝，如图 10.2。将此金属框蘸上肥皂液膜。在液膜表面张力的作用下，金属丝将自动向左移以减小液膜的表面积。若施加外力 F 对抗液体的表面张力，使金属丝向右移动距离 dx，在可逆及无摩擦力的情况下，环境对液膜所作的最大非体积功即表面功 $\delta W'_r$ 为：

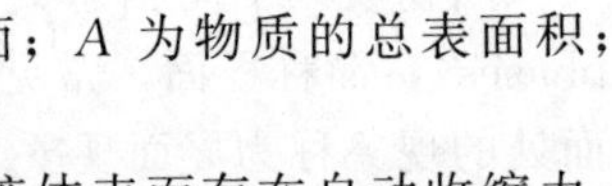

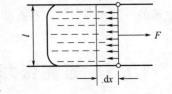

图 10.2 表面张力作用示意图

$$\delta W'_{\mathrm{r}}=F\mathrm{d}x \tag{10.4}$$

若在此功的作用下，液膜的面积扩大 $\mathrm{d}A_{\mathrm{s}}$，$\mathrm{d}A_{\mathrm{s}}=l\mathrm{d}x$。将此关系及式(10.3) 代入式(10.4)，则得：

$$\delta W'_{\mathrm{r}}=\sigma \mathrm{d}A_{\mathrm{s}} \tag{10.5}$$

根据热力学原理 [式(2.147)]，等温、等压和组成不变的条件下，系统所获得的最大非体积功等于系统所增加的吉布斯函数，故：

$$\mathrm{d}G=\sigma \mathrm{d}A_{\mathrm{s}} \tag{10.6}$$

式中，A_{s} 为表面面积；σ 为表面张力。

定义：等温、等压及恒组成的条件下，增大单位表面时系统所增加的吉布斯函数为比表面吉布斯函数（specific surface Gibbs function）或表面自由能（surface free energy），简称表面能，以 G_{s} 表示，单位为 $\mathrm{J \cdot m^{-2}}$。此定义的数学表达式为：

$$G_{\mathrm{s}} \overset{\mathrm{def}}{=\!=\!=} \left(\frac{\partial G}{\partial A_{\mathrm{s}}}\right)_{T,p,n_{\mathrm{B}}} \tag{10.7}$$

比较式(10.6) 和式(10.7) 可得：

$$\sigma=G_{\mathrm{s}} \tag{10.8}$$

式(10.8) 表明，液体的表面张力在数值上等于液体的比表面吉布斯函数。

液体的表面张力和比表面吉布斯函数虽然意义和单位不同，但两者的数值和量纲相同，两者只不过是表面性质的不同描述方式。

一定量的物质，当其表面不是很大时，其表面性质并不突出。随着物质分散程度增加，其总表面积变得很大时，其表面性质就十分突出了。例如 1g 水，当它为一个球形水滴时表面积为 $4.84\times10^{-4}\mathrm{m^2}$，表面吉布斯函数为 $3.5\times10^{-5}\mathrm{J}$，这是一个微不足道的量。若将 1g 水分散成直径为 1nm 的大量微小水滴，其总表面积高达 $5000\mathrm{m^2}$，这时表面吉布斯函数增至 434J，成为相当可观的量。显然，这些微小水滴的许多性质就与 1g 的水滴大不相同。

表面张力是普遍存在的，不仅液体表面有，固体表面也有，而且在固-液界面、固-固界面和液-液界面处也存在相应的界面张力。界面张力是界面化学中最重要的物理量，是一切界面现象产生的根源。

10.1.2 影响表面张力的主要因素

表面张力的大小主要与下列因素有关。

(1) 物质的本性

纯液体的表面张力通常是指液体与饱和了该液体蒸气的空气接触时所表现出的表面张力。表面张力的大小取决于液相分子间作用力与气相分子间作用力的差别。由于通常气相分子间的作用力远小于液相分子间的作用力，所以表面张力主要取决于液体分子间的作用力。一般来讲，液体分子间的相互作用力越大，其表面张力越大。表 10.1 为 20℃时一些液体的表面张力。

表 10.1 20℃时一些液体的表面张力

物质	$\sigma\times10^3/(\mathrm{N \cdot m^{-1}})$	物质	$\sigma\times10^3/(\mathrm{N \cdot m^{-1}})$	物质	$\sigma\times10^3/(\mathrm{N \cdot m^{-1}})$
水	72.75	丙酮	23.7	正己烷	18.4
甲醇	22.6	四氯化碳	26.8	正辛烷	21.8
乙醇	22.75	苯	28.88	正辛酮	27.5
醋酸	27.6	甲苯	28.43	汞	470.0

(2) 温度

随着温度升高，分子间的距离加大，使分子间的相互作用力减弱，因此大多数液体的表面张力随温度升高而减小。当温度升至临界温度时，由于液态分子间的作用力与气态分子间的作用力差别的消失，大多数液体的表面张力将降至零。

(3) 相邻一相的性质

由于表面层分子与不同物质接触时所受的力不同，因此表面张力也就不同。表 10.2 是某些物质在 20℃下与不同相接触时的表面张力数据。

表 10.2 20℃时某些物质的表面张力与接触相的关系

第一相	第二相	$\sigma\times10^3/(\mathrm{N\cdot m^{-1}})$	第一相	第二相	$\sigma\times10^3/(\mathrm{N\cdot m^{-1}})$
水	水蒸气	72.75	汞	汞蒸气	486.5
	正庚烷	50.2		水	415
	四氯化碳	45.0		乙醇	389
	苯	35.0		正己烷	378
	乙酸乙酯	6.8		正庚烷	378
	正丁醇	1.8		苯	357

此外，压力和溶液中的溶质等因素也对表面张力有一定的影响。

10.1.3 表面热力学基本公式

一般情况下，由于系统的比表面不是特别大，在推导热力学公式中并没有考虑到界面相热力学量对系统总热力学量的贡献。对于比表面很大的系统，如胶体、多孔催化剂等由于界面相很大，就不得不在热力学公式中添加有关界面相的热力学量。如果要增加系统的表面积，就必须对系统做功。因此，对于需要考虑界面相的系统，在体积功之外，还要增加表面功 $\sigma\mathrm{d}A_s$，整个系统是 (T, p, A_s, n_B) 的函数。所以，对于均相多组分体积功系统的热力学基本公式——式(3.21)～式(3.24)，如果推广到比表面很大的多组分系统，成为如下形式：

$$\mathrm{d}U=T\mathrm{d}S-p\mathrm{d}V+\sigma\mathrm{d}A_s+\sum_B\mu_B\mathrm{d}n_B \tag{10.9}$$

$$\mathrm{d}H=T\mathrm{d}S+V\mathrm{d}p+\sigma\mathrm{d}A_s+\sum_B\mu_B\mathrm{d}n_B \tag{10.10}$$

$$\mathrm{d}A=-S\mathrm{d}T-p\mathrm{d}V+\sigma\mathrm{d}A_s+\sum_B\mu_B\mathrm{d}n_B \tag{10.11}$$

$$\mathrm{d}G=-S\mathrm{d}T+V\mathrm{d}p+\sigma\mathrm{d}A_s+\sum_B\mu_B\mathrm{d}n_B \tag{10.12}$$

式中，σ 为比表面吉布斯函数；A_s 为表面面积；$\sigma\mathrm{d}A_s$ 即为相界面面积改变时产生的表面功。由以上四式可以得到：

$$\sigma=\left(\frac{\partial U}{\partial A_s}\right)_{S,V,n_B}=\left(\frac{\partial H}{\partial A_s}\right)_{S,p,n_B}=\left(\frac{\partial A}{\partial A_s}\right)_{T,V,n_B}=\left(\frac{\partial G}{\partial A_s}\right)_{T,p,n_B} \tag{10.13}$$

式中，下标 n_B 表示系统中各组分的物质的量均不变，即系统的组成恒定。式(10.13) 是表面张力的广义定义式。

等温、等压和系统组成不变的情况下，由式(10.12)，可得：

$$\mathrm{d}G_s=\sigma\mathrm{d}A_s \tag{10.14}$$

式中，$\mathrm{d}G_s$ 为相界面的面积改变所引起的系统吉布斯函数的变化，称作界面吉布斯函数变 (Gibbs function change of interface)。

在一定的压力和温度下，表面积越大，系统的比表面吉布斯函数值越高，在热力学上就越不稳定，自动地趋向于降低其表面吉布斯函数从而达到稳定状态。由式(10.14)可知，降低表面吉布斯函数可通过两种途径：①降低表面张力。例如活性炭将气体或液体分子吸附到自己表面就属于这种情况。②减小表面积。例如液滴总是自动呈球形就是为了使表面积最小。各种系统自发地降低其表面吉布斯函数的具体情况将在第二节至第五节分别予以讨论。

10.2 气-液界面现象

10.2.1 附加压力和弯曲液面的蒸气压

弯曲液面分两种：凸液面和凹液面，前者如空气中的液滴，后者如液体中的气泡。由于表面张力的作用，在弯曲液面两侧形成的液、气相压力差称为**弯曲液面的附加压力**（excess pressure），以 Δp 表示，定义：

$$\Delta p \xlongequal{\text{def}} p_1 - p_g \tag{10.15}$$

式中，p_1 和 p_g 分别代表弯曲液面的液相一侧和气相一侧所受的压力。

如外压为 p_0，液体一侧的压力为 p，平液面、凸液面和凹液面的受压情况可从图10.3看出。在平液面上观察一小块面积AB，AB以外的液体表面张力对AB面周边起作用，作用力的方向与AB面平行且四周的作用力相互抵消，合力为零，$\Delta p=0$。AB若为凸面，则周围液体的表面张力方向与AB面相切，合力向下，附加压力指向液体内部，$\Delta p>0$，$p=p_0+\Delta p>p_0$。AB若为凹面，则周围液体的表面张力方向仍与AB面相切，但合力向上，附加压力指向液体外部，$\Delta p<0$，$p=p_0+\Delta p<p_0$。

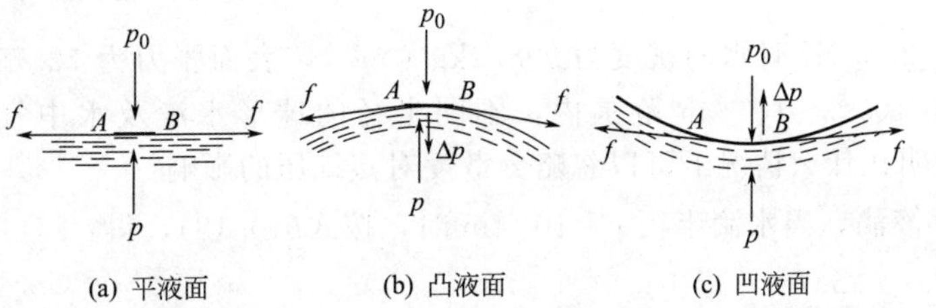

图 10.3 液面的附加压力

弯曲液面附加压力的大小与液体的表面张力和液面的曲率半径有关。在任意曲面上某点作两个相互垂直的截面，这两个截面割曲面的两条曲线的曲率半径分别为 r_1 和 r_2。拉普拉斯（P. S. Laplace）首先导出**拉普拉斯方程**（Laplace equation）：一定温度下，弯曲液面的附加压力 Δp 与液体的表面张力 σ 及弯曲液面的两个曲率半径的倒数和（$1/r_1+1/r_2$）成正比，即：

$$\Delta p=\sigma\left(\frac{1}{r_1}+\frac{1}{r_2}\right) \tag{10.16}$$

若弯曲液面为球面的一部分，球体的半径为 r。由于 $r_1=r_2=r$，则拉普拉斯方程成为：

$$\Delta p=\frac{2\sigma}{r} \tag{10.17}$$

对于凸液面，r 为正值；凹液面，r 为负值；平液面，$r=\infty$。

由于弯曲液面存在附加压力，所以在一定温度 T 下，弯曲液面上的蒸气压 p_r 与平液面上的蒸气压 p_0 不同。曲率半径为 r 的曲液面化学势 $\mu(\text{l,c})$ 和平液面的化学势 $\mu(\text{l,p})$ 分别为：

$$\mu(\mathrm{l,c})=\mu^{\ominus}(\mathrm{g})+RT\ln\frac{p_r}{p^{\ominus}}$$

$$\mu(\mathrm{l,p})=\mu^{\ominus}(\mathrm{g})+RT\ln\frac{p_0}{p^{\ominus}}$$

液体由平液面变成弯曲液面时化学势的变化为：

$$\Delta\mu=RT\ln\frac{p_r}{p_0}$$

对于纯液体，$\Delta\mu=\Delta G_{\mathrm{m}}=V_{\mathrm{m}}\Delta p$（此处 Δp 为弯曲液面的附加压力），代入上式后，得：

$$V_{\mathrm{m}}\Delta p=RT\ln\frac{p_r}{p_0}$$

若液面为球面的一部分，将式(10.17) 代入上式，则得：

$$V_{\mathrm{m}}\left(\frac{2\sigma}{r}\right)=RT\ln\frac{p_r}{p_0}$$

再以 $V_{\mathrm{m}}=\dfrac{M}{\rho}$代入上式，得：

$$\ln\frac{p_r}{p_0}=\frac{2\sigma M}{r\rho RT} \tag{10.18}$$

式中，M 和 ρ 分别为液体的摩尔质量和密度；r 为液面的曲率半径。

此式称为开尔文公式（Kelvin formula），它反映了弯曲液面和平液面蒸气压的差别。二者的差别与液体的表面张力、摩尔质量及密度有关，也与温度及弯曲液面的曲率半径有关。对于凸液面（如小液滴），由于 $r>0$，则 $p_r>p_0$，即凸液面的饱和蒸气压大于通常平液面的蒸气压。对于凹液面，$r<0$，则 $p_r<p_0$，即凹液面的饱和蒸气压小于平液面的蒸气压。对于平液面，由于 $r=\infty$，故 $p_r=p_0$，p_0 即为从手册中查到的液体的饱和蒸气压 p^*。

【例 10.1】 293.2K 时水的密度为 $998.2\mathrm{kg\cdot m^{-3}}$，表面张力为 $72.75\times10^{-3}\mathrm{N\cdot m^{-1}}$。分别计算半径在 $10^{-5}\sim10^{-9}$ m 范围内，不同半径的球形水滴及水中气泡的相对蒸气压（p_r/p_0），并说明在什么情况下可以忽略分散度对蒸气压的影响。

解： 对于小液滴，当水滴半径 $r=10^{-5}$m 时，按式(10.18)，得：

$$\begin{aligned}\ln\frac{p_r}{p_0}&=\frac{2\sigma M}{r\rho RT}\\&=\frac{2\times72.75\times10^{-3}\mathrm{N\cdot m^{-1}}\times18.02\times10^{-3}\mathrm{kg\cdot mol^{-1}}}{1\times10^{-5}\mathrm{m}\times998.2\mathrm{kg\cdot m^{-3}}\times8.314\mathrm{J\cdot mol^{-1}\cdot K^{-1}}\times293.2\mathrm{K}}\\&=1.077\times10^{-4}\end{aligned}$$

$$\frac{p_r}{p_0}=1.000$$

对于水中的小气泡，液面的曲率半径为负值，例如半径为 10^{-5} m 的气泡，其曲率半径 $r=-1\times10^{-5}$m，按式(10.18)，

$$\begin{aligned}\ln\frac{p_r}{p_0}=\frac{2\sigma M}{r\rho RT}&=\frac{2\times72.75\times10^{-3}\mathrm{N\cdot m^{-1}}\times18.02\times10^{-3}\mathrm{kg\cdot mol^{-1}}}{-1\times10^{-5}\mathrm{m}\times998.2\mathrm{kg\cdot m^{-3}}\times8.314\mathrm{J\cdot mol^{-1}\cdot K^{-1}}\times293.2\mathrm{K}}\\&=-1.077\times10^{-4}\end{aligned}$$

$$\frac{p_r}{p_0}=0.9999$$

同理可得半径在 10^{-6}～10^{-9} m 时小水滴和小气泡的 p_r/p_0 值，数据如下：

r/m	p_r/p_0(小水滴)	p_r/p_0(小气泡)	r/m	p_r/p_0(小水滴)	p_r/p_0(小气泡)
10^{-5}	1.000	0.9999	10^{-8}	1.114	0.8979
10^{-6}	1.001	0.9989	10^{-9}	2.937	0.3405
10^{-7}	1.011	0.9893			

由以上数据可以看出，当水滴或气泡的半径大于 10^{-6} m 时，分散度对蒸气压的影响可以忽略。

在蒸气进行等压降温的过程中，当蒸气对通常液体（平面液体）达到饱和状态时，先要生成极微小的液滴，由于微小液滴的蒸气压大于通常液体的蒸气压，因而此时不可能凝结出微小液滴，这就产生了过饱和蒸气。如果在蒸气中有微小的颗粒（例如人工降雨时撒出的 AgI 微粒）存在，水蒸气就可以在这些微粒的表面上凝结。这也就是人工降雨的原理。

达到饱和浓度的溶液最初结晶出来的晶体太小（曲率半径太小），溶解度过高，所以新生成的微小晶体很快又溶解，会形成过饱和溶液。往饱和溶液中投入少量小晶体作为晶种，可以使溶液以晶种为中心，迅速结晶。

任何系统在形成新相时，由于新相的颗粒极其微小，新相的表面吉布斯函数很大，因此新相难以自发生成。这就是引起蒸气过饱和、液体的过冷或过热和溶液过饱和等现象的热力学原因。这些情况下系统所处的状态称为**亚稳状态**（metastable state）。处于亚稳状态的系统一般只能在适当的条件下暂时存在一段时间，不能长期稳定存在。

10.2.2 溶液表面的吸附现象

将溶质加到纯液体（纯溶剂）中时，溶液的表面张力会随溶液的浓度而变化。以水为溶剂加入各种溶质时，溶液表面张力随浓度的变化如图 10.4 所示。各种溶质对溶液表面张力的影响分三种类型。曲线 1 所示的类型为无机盐、氢氧化钾、硫酸、蔗糖和甘油等物质溶于水中后形成的溶液。这类溶液随浓度增加，其表面张力增大。曲线 2 所示类型为许多有机酸、醇、酯、醚和酮溶于水形成的溶液，这类溶液的表面张力随浓度的增大而减小。另有一些物质，如有一定链长的脂肪酸、脂肪酸盐和烷基苯磺酸等，只要很少量地溶入水中，就会引起溶液表面张力显著减小，但减小到一定程度后，进一步增大溶液浓度，溶液表面张力的下降变得平缓，如曲线 3 所示。这种溶入很少量就能显著降低溶液表面张力的溶质称为**表面活性剂**（surfactant）或**表面活性物质**（surface-active substance）。这类物质的表面张力与浓度的关系曲线也会出现如虚线所示的最低点，这通常是由杂质引起的。

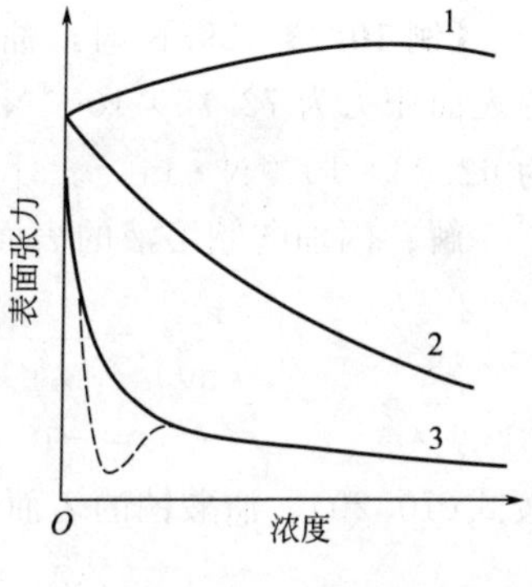

图 10.4 表面张力与浓度关系示意图

等温、等压下，纯液体通过缩小表面积来降低系统的表面吉布斯函数；而溶液则是通过自动调节溶质在表面层的浓度来降低系统的表面吉布斯函数。实践表明，平衡态时溶质在表面层中的浓度与它在溶液本体中的浓度是不相同的。如果溶质溶入溶剂中会使溶液的表面张力减小，则溶质有自动向表面层聚集的趋势，因为这样有利于降低系统的表面吉布斯函数。

这类溶液达到平衡时，溶质在表面层中的浓度大于它在溶液本体中的浓度，这种现象称为正吸附（positive adsorption），简称吸附，如图 10.4 中曲线 2 和曲线 3 即属这种情况。如果溶质溶入溶剂中会使溶液的表面张力增大，则溶质有自动地离开表面转入溶液本体的趋势，以降低系统的表面吉布斯函数。此类溶液达到平衡时，溶质在表面层中的浓度低于它在溶液本体中的浓度，这种现象称为负吸附（negative adsorption），如图 10.4 中曲线 1 即属这种情况。能引起负吸附的溶质多为溶于水后可以电离的无机酸、碱和盐，或含多羟基的有机化合物，如甘油和蔗糖。将这些物质溶入水后，会使溶液中微粒间的相互吸引力增大，从而增大溶液的表面张力。

1876 年，吉布斯导出溶液的表面过剩量 Γ_B 与溶液中溶质 B 的活度 a_B、溶液表面张力 σ 之间的关系式——吉布斯吸附等温式（Gibbs adsorption isotherm）：

$$\Gamma_B = -\frac{a_B}{RT}\left(\frac{\partial \sigma}{\partial a_B}\right)_T \tag{10.19}$$

式中，Γ_B 为表面过剩物质的量（surface excess amount of substance），简称表面过剩量，也称溶液对溶质 B 的吸附量（adsorption quantity）。它是溶液表面层中单位面积所含溶质 B 物质的量与溶液本体中同量溶剂所含溶质 B 物质的量的差值，单位为 $mol \cdot m^{-2}$。

溶液很稀时，可用浓度 c_B 代替活度 a_B，吉布斯吸附等温式成为：

$$\Gamma_B = -\frac{c_B}{RT}\left(\frac{\partial \sigma}{\partial c_B}\right)_T \tag{10.20}$$

由吉布斯吸附等温式可以看出，当$(\partial\sigma/\partial c_B)_T<0$ 时，即溶质的加入降低溶液的表面张力时，Γ_B 为正值，表现为正吸附；反之，当$(\partial\sigma/\partial c_B)_T>0$ 时，即溶质的加入使溶液的表面张力增大时，Γ_B 为负值，表现为负吸附。

Γ_B 并不是溶质在溶液表面层中的浓度，而是溶质在单位面积表面层中的浓度与它在溶液本体中浓度的差值。不过对很稀的溶液，若忽略本体溶液的浓度，可近似地将吸附量看作溶质在表面层中的面积浓度（而不是单位体积的浓度）。

【例 10.2】 293K 时，油酸钠溶液的表面张力随浓度升高而线性下降。已知此温度下水的表面张力为 $72.75\times10^{-3}N \cdot m^{-1}$，浓度为 $1\times10^{-4}mol \cdot dm^{-3}$ 的油酸钠溶液的表面张力为 $62.23\times10^{-3}N \cdot m^{-1}$。计算此溶液中油酸钠的表面过剩量。

解：因油酸钠溶液的表面张力与浓度有线性关系，故：

$$\left(\frac{\partial \sigma}{\partial c_B}\right)_T = \frac{\sigma-\sigma_0}{c_B} = \frac{(62.23-72.75)\times10^{-3}N \cdot m^{-1}}{1\times10^{-4}mol \cdot dm^{-3}}$$

$$= -0.1052N \cdot m^2 \cdot mol^{-1}$$

按式(10.20)，油酸钠的表面过剩量为：

$$\Gamma_B = -\frac{c_B}{RT}\left(\frac{\partial \sigma}{\partial c_B}\right)_T$$

$$= -\frac{1\times10^{-4}mol \cdot dm^{-3}}{8.314J \cdot mol^{-1} \cdot K^{-1}\times293K}\times(-0.1052N \cdot m^2 \cdot mol^{-1})$$

$$= 4.32\times10^{-6}mol \cdot m^{-2}$$

10.2.3 表面活性剂

表面活性剂分子的结构特征是含有亲水性的极性基团和憎水性（即亲油性）的非极性基团两部分。按分子结构，表面活性剂分为离子型表面活性剂和非离子型表面活性剂两大类。离子型表面活性剂又细分为阴离子型、阳离子型和两性表面活性剂。

离子型表面活性剂（ionic surfactant）是溶于水后能电离生成离子的表面活性剂。在水中电离后，具有表面活性作用的离子为阴离子的表面活性剂叫阴离子型表面活性剂（anionic surfactant），如脂肪酸钠 RCOONa、硫酸酯的钠盐 $ROSO_3Na$ 等。在水中电离后，具有表面活性作用的离子是阳离子的表面活性剂叫阳离子型表面活性剂（cationic surfactant），如有机胺盐 RNH_3Cl 和季铵盐 $R(CH_3)_3NCl$ 等。有些表面活性剂在水中电离后，具有表面活性作用的离子可以是阳离子，也可以是阴离子，依条件（如溶液的 pH 值）而定，这类表面活性剂叫两性表面活性剂（zwitterionic surfactant），如氨基酸 $RNHCH_2CH_2COOH$。在碱性溶液中它的活性基团为阴离子 $RNHCH_2CH_2COO^-$；在酸性溶液中它的活性基团为阳离子 $RN^+H_2CH_2CH_2COOH$。

非离子型表面活性剂（nonionic surfactant）是指在水中不电离的表面活性剂，其极性基团是含氧基团（一般为醚基和羟基），如聚乙二醇类 $HOCH_2—(CH_2OCH_2)_n—CH_2OH$。

此外，一些天然及合成的高分子化合物，如蛋白质、聚丙烯酰胺以及冠醚等也都是表面活性剂。

表征表面活性剂亲水性和亲油性强弱的重要指标是亲水亲油平衡（hydrophile-lipophile balance，HLB）值。根据表面活性剂的分子结构可以推算出它的 HLB 值。不同 HLB 值的表面活性剂溶液有不同的功能，例如 HLB 值在 8～12 范围内的表面活性剂可用作润滑剂，HLB 值在 12～14 范围内的表面活性剂可用作洗涤剂等。

当表面活性剂溶于水中时，其极性基团受到极性很强的水分子的吸引，有竭力钻入水中的趋势；而非极性基团则因其憎水性，倾向于翘出水面朝向空气或有机溶剂（油相），因此表面活性剂分子在溶液表面上可形成较有规则的定向排列，如图 10.5 所示。图 10.5(a) 显示浓度很稀时表面活性剂分子在溶液表面上有比较大的空间，排列得尚不完全规整。随着表面活性剂浓度增加，溶液的表面张力急剧下降，表面活性剂分子自动地向表面层聚集，当溶液的表面层完全被表面活性剂分子占据时，就形成一层单分子膜，如图 10.5(b) 所示。此后再增大表面活性剂的浓度，溶液的表面张力也不会有明显的减小，溶液的表面达到饱和吸附状态，此时的吸附量为饱和吸附量（saturated adsorption quantity），以 $\Gamma_{B,\infty}$ 表示。在溶液内部的表面活性剂分子会自相结合，形成非极性基团向内、极性基团向外的球形、层形或棒形的分子聚集体，称为胶束（micelle）或缔合胶体（associated colloid）。开始大量形成胶束的最低浓度称为临界胶束浓度（critical micelle concentration，CMC）。

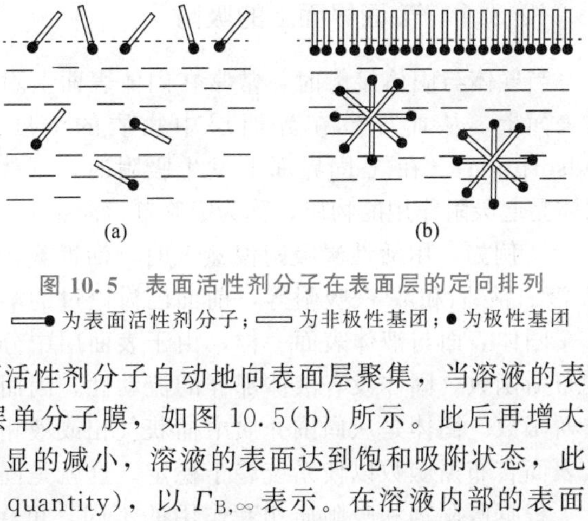

图 10.5　表面活性剂分子在表面层的定向排列

▭● 为表面活性剂分子；▭ 为非极性基团；● 为极性基团

CMC 是表面活性剂溶液性质的重要表征之一。在 CMC 前后，表面活性剂溶液的性质，如表面张力、电导率和渗透压等均有明显的改变。这是因为在 CMC 前后，溶液的微观结构发生了重大变化。

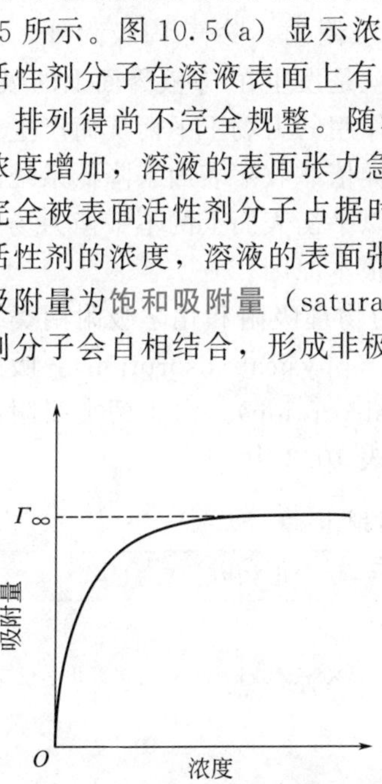

图 10.6　表面活性剂溶液的吸附等温线

一定温度下，表面活性剂溶液的吸附等温线，即 Γ_B-c_B 曲线如图 10.6 所示。吸附量与浓度的关系可用如下的经验公式来表示：

$$\Gamma_B=\frac{\Gamma_{B,\infty}Kc_B}{1+Kc_B} \tag{10.21}$$

式中，Γ_B 和 $\Gamma_{B,\infty}$ 分别为溶液对溶质 B 的吸附量和饱和吸附量；K 为经验常数；c_B 为溶质 B 的浓度。

由式(10.21) 可以计算饱和吸附量 $\Gamma_{B,\infty}$。由于饱和吸附量可以看作溶液表面完全被表面活性剂分子占据时的吸附量，其倒数则为每摩尔表面活性剂分子所占的面积，因此饱和吸附时，每个表面活性剂分子在溶液表面上所占的面积 a 为：

$$a=\frac{1}{\Gamma_{B,\infty}L} \tag{10.22}$$

式中，L 为阿伏伽德罗常数。

由实验测定 $\Gamma_{B,\infty}$，由 $\Gamma_{B,\infty}$ 可算出 a。算出的 a 表明：直链脂肪酸、醇或胺，不论碳链的长度如何，a 都是 $20.5\times10^{-20}\text{m}^2$。$a$ 可看作是表面活性剂分子的横截面积，$a=20.5\times10^{-20}\text{m}^2$ 正是—CH_2 的横截面积。这个结果验证了饱和吸附时表面活性剂分子在溶液表面上定向竖直排列的观点。

各种表面活性剂已广泛应用于洗涤、乳化、发泡、润湿、加溶、浮选和催化等各个领域。随着新品种表面活性剂的出现，表面活性剂的应用领域不断拓宽，它在新技术发展中的作用也越来越重要。

10.3 气-固界面现象

10.3.1 气-固界面上的吸附

当气体与固体接触时，常常在固体表面上附着许多气体。一种物质自动地附着在另一种物质表面上，从而导致在界面层中物质的浓度或分压与它在体相中不同的现象就是**吸附**(adsorption)。在气-固界面上发生吸附时，气体在固体表面上的分压比它在体相中的分压大。固体是起吸附作用的物质，称为**吸附剂**（adsorbent）；气体是被吸附的物质，称为**吸附质**（adsorbate）。例如，用活性炭吸附溴蒸气时，活性炭为吸附剂，溴是吸附质。除气-固吸附外，尚有气-液、液-固和液-液吸附等，前面已讨论过的溶液表面的吸附就是发生在气-液界面上的吸附。

固体表面与液体表面一样，由于表面层中分子受周围分子作用的力场不平衡从而产生表面吉布斯函数。固体没有液体那样的流动性，因而不能像液体那样依靠收缩表面来降低系统的吉布斯函数。固体是从周围介质中捕获气相或液相中物质的分子以平衡表面上的不平衡力场，降低表面吉布斯函数以使系统趋于稳定。这就是固体产生吸附的根本原因。

根据吸附剂和吸附质相互作用的不同，可将气-固吸附分为物理吸附和化学吸附两类。吸附质分子通过范德华力而在吸附剂表面上被吸附称为**物理吸附**（physical adsorption）。吸附质分子通过化学键而在吸附剂表面上被吸附称为**化学吸附**（chemisorption）。由于两类吸附的作用力不同，因而表现出许多不同的特点，二者的主要区别列于表 10.3 中。

表 10.3 物理吸附和化学吸附的主要区别

项目	物理吸附	化学吸附
吸附力	范德华力，即分子间力	化学键力
吸附热	放热较少，一般为 $1\sim25\text{kJ}\cdot\text{mol}^{-1}$，接近气体液化热	放热较多，一般在 $40\sim400\text{kJ}\cdot\text{mol}^{-1}$，接近化学反应热
选择性	无	有
吸附强弱	弱	强
吸附速率	快，迅速达到平衡	慢，不易达到平衡
吸附分子层	单分子层或多分子层	单分子层

实际上，两类吸附既有区别又有联系，在一定条件下二者往往可同时发生，当条件变化时，两种吸附还可以互相转化。典型的实例是氧在金属钨上的吸附，可同时出现三种情况：氧以原子状态被吸附，这是纯粹的化学吸附；氧以分子状态被吸附，这是纯粹的物理吸附；还有一些氧分子被吸附在已被钨吸附的氧原子上，这就既有化学吸附又有物理吸附。在不同条件下，起主导作用的吸附类型可以发生变化。图 10.7 为等压（20kPa）下 Pd 吸附 CO 的吸附等压线。纵坐标为单位质量吸附剂所吸附的 CO 体积（吸附量），横坐标为温度。在低温(73～173K) 下主要是物理吸附，随着温度升高，被吸附的 CO 减少。温度进一步升高，化学吸附的速率加快，在 173～273K，发生从物理吸附为主向以化学吸附为主的转化。273K 以上，则以化学吸附为主。由于吸附是放热过程，所以随着温度升高，吸附平衡向解吸方向移动，等压线随着温度升高而下降。

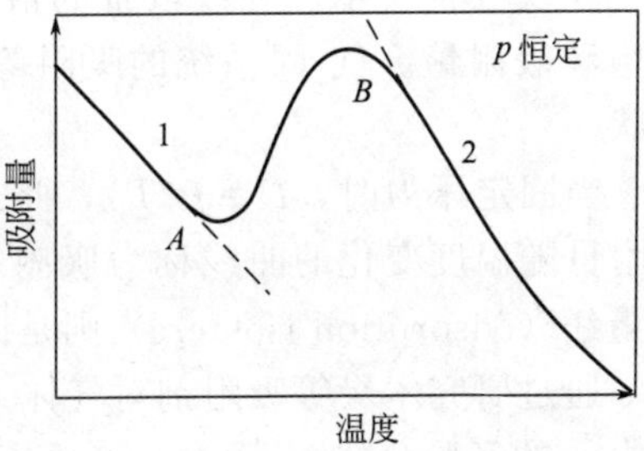

图 10.7　Pd 对 CO 的吸附等压线

1—物理吸附；2—化学吸附

10.3.2　气-固吸附理论

吸附剂对吸附质吸附的强弱用吸附量来度量。吸附量是指一定条件下，吸附达到平衡时单位质量吸附剂上所吸附的吸附质的物质的量或体积，即：

$$\Gamma \overset{\text{def}}{=\!=\!=} \frac{n}{m} \tag{10.23}$$

或

$$\Gamma \overset{\text{def}}{=\!=\!=} \frac{V}{m} \tag{10.24}$$

式中，Γ 为吸附量；n 为被吸附的吸附质的物质的量；m 为吸附剂的质量；V 为被吸附的吸附质的体积，通常将体积换算到 0℃、$p^{\ominus}$下的体积，并以 V(STP) 表示。

吸附量取决于吸附质及吸附剂的本性、温度和压力等因素。在一定温度和压力下，对一定量的吸附剂来说，比表面越大，吸附量越大，所以细微粉末或多孔物质具有良好的吸附性能。

对于指定了吸附质和吸附剂的气-固吸附系统，其平衡吸附量与温度及吸附质（气体）的压力有关，即 $\Gamma = f(T, p)$。为便于研究，常将 Γ、T 和 p 三个变量中的一个固定，测定另外两个变量之间的函数关系。当固定温度时，$\Gamma = f(p)$，此种关系式称为吸附等温式（adsorption isothermal formula）。等温下平衡吸附量与吸附压力的关系曲线称为吸附等温线（adsorption isotherm），如图 10.8 即为 NH_3 吸附在炭粒上的吸附等温线。

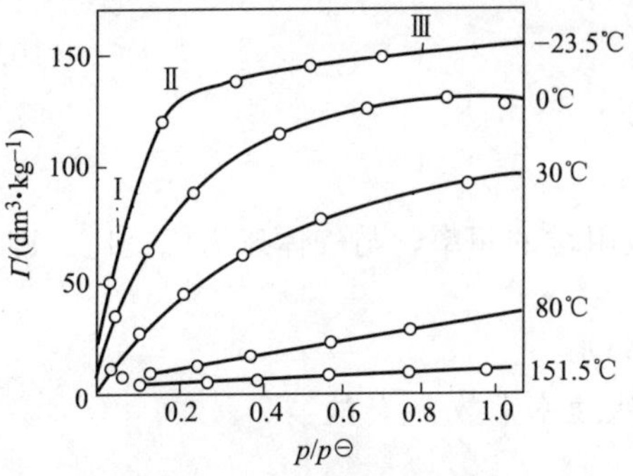

图 10.8　不同温度下氨吸附在炭粒上的吸附等温线

由图 10.8 可见，吸附量随温度升高而降低，这是因为吸附皆为放热过程，升温会使吸附平衡向解吸方向移动。温度一定时，吸附量随着气体压力升高而增大。以－23.5℃时的吸附等温线为例，低压时，吸附量与吸附质的压力成正比，如线段Ⅰ所示的直线段；压力超过Ⅰ的范围后，吸附量随压力增大的趋势变缓，如线段Ⅱ所示；当压力继续增高到一定程度后，再增大压力吸附量也几乎不变，吸附等温式几乎成为一条水平直线，如线段Ⅲ所示。在线段Ⅲ的情况下，吸附已达到饱和状态，与此状态对应的吸附量称为饱和吸附量。气-固系统的吸附等温线除呈现图 10.8 中各条曲线的形状外，也会呈现其他形状。

当固定压力时，$\Gamma=f(T)$，此式称为吸附等压式（adsorption isobaric formula）。等压下，吸附量随温度变化的曲线称为吸附等压线（adsorption isobar），如图 10.7 所示的曲线。吸附等量线（adsorption isostere）则是固定吸附量时，温度与吸附质压力间的关系曲线。

通过研究木炭等吸附剂对气体（吸附质）的吸附，总结出一个等温下吸附量 Γ 与吸附质压力 p 的经验公式：

$$\Gamma=kp^n \tag{10.25}$$

此式称为弗朗德利希吸附等温式（Freundlich adsorption isothermal formula）。k 和 n 为经验常数，叫弗朗德利希常数（Freundlich constant）。n 在 0～1，其值越大，表示压力对吸附量的影响越显著。常数 k 为单位压力时的吸附量，与温度有关，温度越高，k 越小。

对式(10.25) 取对数，则得：

$$\lg\{\Gamma\}=\lg\{k\}+n\lg\{p\} \tag{10.26}$$

可见，以 $\lg\{\Gamma\}$ 对 $\lg\{p\}$ 作图应得直线，其斜率是 n，由截距可得 k。若由实验数据作图得不到直线，则表明吸附系统的行为不符合弗朗德利希吸附等温式。通常弗朗德利希吸附等温式不适用于气体的压力很低或很高的情况。

1916 年，朗缪尔（I. Langmuir）根据大量实验事实，提出了气-固吸附的单分子层吸附理论（theory of adsorption of unimolecular layer），也称朗缪尔吸附理论（Langmuir adsorption theory）。该理论的基本假定如下：

① 吸附是单分子层的。因为固体表面上存在的剩余力场的作用范围与分子直径相近，吸附剂表面盖满一层分子后该力场即达饱和，所以固体表面对气体分子只能发生单分子层吸附。

② 在一定条件下，吸附和解吸之间建立动态平衡，此时吸附速率和解吸速率相等。

③ 固体表面是均匀的，即固体表面各处的吸附能力都相等，吸附不受吸附位置和覆盖度的影响，吸附热是常数。

④ 被吸附的分子之间没有相互作用，互不影响。

提出假定③和④是为了简化模型，忽略影响吸附的次要因素。

吸附是气体分子与固体表面吸附位的结合。吸附速率与未被吸附表面面积（空白面积）成正比，解吸速率与覆盖度成正比。定义表面覆盖度（coverage of surface）θ 是被吸附质覆盖的吸附剂表面积 S_a 在吸附剂总表面积 S_t 中所占的比例，即：

$$\theta=\frac{S_a}{S_t} \tag{10.27}$$

则吸附速率 v_a 为：

$$v_a=k_a(1-\theta)z$$

式中，k_a 为吸附速率常数；z 为气体分子撞击吸附位的频率，与气体压力成正比，即 $z=Ap$，A 为比例系数。代入上式后，得：

$$v_a=Ak_a(1-\theta)p$$

解吸速率 v_d 与覆盖度成正比，比例系数即为解吸速率常数 k_d，故：

$$v_d=k_d\theta$$

一定温度下，达到平衡时 $v_a=v_d$，故：

$$Ak_a(1-\theta)p=k_d\theta$$

整理后即得：

$$\theta=\frac{Ak_{a}p}{k_{d}+Ak_{a}p}=\frac{\left(\frac{Ak_{a}}{k_{d}}\right)p}{1+\left(\frac{Ak_{a}}{k_{d}}\right)p}$$

式中，$\frac{k_a}{k_d}=K$，K 为**吸附平衡常数**。

令**吸附系数**（adsorption coefficient）$b=\frac{Ak_a}{k_d}=AK$，b 的大小反映了吸附的强弱。以 b 代入上式，则得：

$$\theta=\frac{bp}{1+bp} \tag{10.28}$$

此式称为**朗缪尔吸附等温式**（Langmuir isothermal formula of adsorption），是根据朗缪尔理论基本假定导出的该理论的基本公式。

式(10.28）表明：低压下或弱吸附时，$bp\ll1$，$\theta=bp$，此时覆盖度与压力成正比。高压下或强吸附时，$bp\gg1$，$\theta=1$，此时固体表面完全被一层吸附质分子所覆盖，吸附达到饱和，吸附量不再随压力而改变。在中压或中等吸附强度时，θ 在 0～1。许多气-固吸附系统的行为都与式(10.28）相符，如 NH_3 在炭粒上的吸附(图 10.8)，但是也有许多气-固系统的吸附行为不符合式(10.28)，这主要是由于朗缪尔理论的模型比较简单。无论肉眼看起来多么光滑平整的固体表面实际上都是凹凸不平的，表面各处的吸附能力也不可能完全相同。朗缪尔理论假定已被吸附的分子之间没有相互作用也与事实不符。更重要的是，有许多气-固系统的吸附并非是单分子层吸附，吸附可以是多分子层的，而且各吸附位所吸附的分子层数也不相同。考虑到吸附可以是多层的，1938 年提出了**布鲁诺尔-埃米特-泰勒多分子层吸附理论**（Brunauer-Emmett-Teller theory of adsorption of polymolecular layer），简称**BET 理论**。该理论可以解释包括单分子层吸附在内的、更广泛的气-固吸附行为。

若以 Γ 表示气体吸附质在压力 p 时的吸附量，以 Γ_∞ 表示吸附剂表面上所有吸附位被一层吸附质分子占据（单分子层）时的吸附量，即饱和吸附量，则 $\theta=\Gamma/\Gamma_\infty$。以此关系代入式(10.28)，可得另一形式的朗缪尔吸附等温式：

$$\Gamma=\frac{\Gamma_\infty bp}{1+bp} \tag{10.29}$$

此式可改写为：

$$\frac{1}{\Gamma}=\frac{1}{\Gamma_\infty}+\frac{1}{\Gamma_\infty bp} \tag{10.30}$$

若用实测数据，以 $1/\Gamma$ 对 $1/p$ 作图应得直线，由直线的斜率和截距可得到饱和吸附量和吸附系数。

【例 10.3】 一定温度下，对 H_2 在 Cu 上的吸附测得下列数据：

$p(H_2)$/kPa	$p\cdot V^{-1}$/(kPa·kg·dm^{-3})	$p(H_2)$/kPa	$p\cdot V^{-1}$/(kPa·kg·dm^{-3})
5.066	4.256	20.27	14.89
10.13	7.599	25.33	17.73
15.20	11.65		

其中V是不同平衡压力下1kg Cu上吸附的H_2体积（已换算成标准状况下的体积）。求吸附满单分子层H_2的Cu的饱和吸附量。

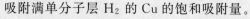

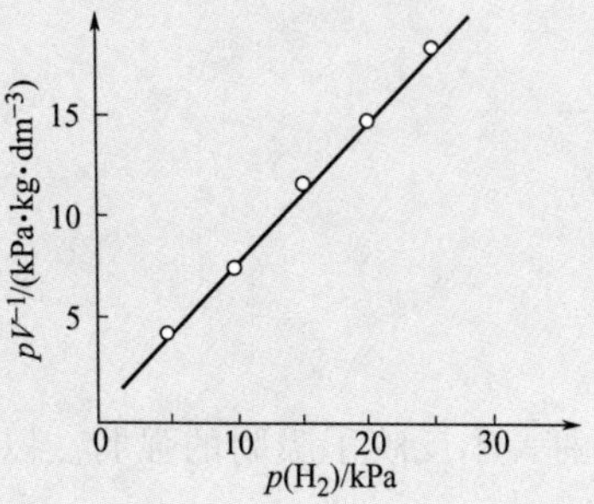

图 10.9 H_2在Cu上的吸附时$p \cdot V^{-1}$与$p(H_2)$的关系

解：按单分子层吸附考虑，由式(10.30)可得：

$$\frac{1}{V}=\frac{1}{V_\infty}+\frac{1}{V_\infty bp}$$

上式可改写成：$\dfrac{p}{V}=\dfrac{1}{V_\infty b}+\dfrac{p}{V_\infty}$

利用本题所提供的数据，以p/V对p作图，得一条直线，如图10.9所示。读图得直线的斜率c为：

$$c=V_\infty^{-1}=700\text{kg}\cdot\text{dm}^{-3}$$

故Cu的饱和吸附量为：

$$V_\infty(\text{STP})=1.43\times10^{-3}\text{dm}^3\cdot\text{kg}^{-1}$$

固体作为吸附剂与溶液接触时也会发生吸附现象。通常固体吸附剂对稀溶液中溶质的吸附也符合类似弗朗德利希吸附等温式的经验公式：

$$\Gamma=kc^n \tag{10.31}$$

式中，Γ为单位质量吸附剂所吸附的溶质的物质的量；c为溶液的浓度；k和n为经验常数。例如298K时，活性炭对醋酸溶液中醋酸的吸附符合式(10.31)，测得$k=9.644\times10^{-3}\text{mol}\cdot\text{kg}^{-1}$，$n=0.425$。

影响固体对溶液中溶质吸附能力的因素很多，如温度、固体的比表面积、固体孔径大小、吸附质分子的大小及吸附系统中各组分的极性等。吸附剂、吸附质和溶剂的极性对吸附性能有重大影响。一般规律：极性吸附剂易吸附极性物质；非极性吸附剂易吸附非极性物质。例如硅胶为极性吸附剂，常将它加到非极性的有机液体中，脱除其中的微量水。有机酸，如乙酸、丙酸、丁酸和戊酸，随碳原子数增加，非极性增大，所以硅胶从相同浓度的上述有机酸溶液中吸附能力的顺序为：乙酸＞丙酸＞丁酸＞戊酸。活性炭是非极性吸附剂，它对上述有机酸吸附能力的顺序正好相反，为：戊酸＞丁酸＞丙酸＞乙酸。

10.4 气-固相表面催化

10.4.1 气-固相表面催化反应

多相催化反应（heterogeneous catalytic reaction）是指反应物与催化剂不在同一相而在两相（固-液、固-气、液-气）界面上进行的反应。在工业上，许多化学反应是在固体催化剂存在下进行的。例如，工业上合成氨时用铁作为催化剂使N_2和H_2反应，用Fe_2O_3-Bi_2O_3催化剂氮氧化制备硝酸，用SiO_2-Al_2O_3催化剂催化裂解石油制高辛烷值汽油等。本节主要对气-固相表面催化作简单介绍。

由于反应是在两相界面上进行的，因此气-固相催化反应的反应速率与界面性质紧密相关。固相催化剂的表面并不是均匀的，其中只有一小部分的表面部位具有催化活性，称为活性中心（active center）。当反应物在固相催化剂表面发生吸附后，首先在活性中心形成活化的中间化合物，改变了反应途径，从而使反应的活化能降低，反应加速，最后发生解吸得到产物。

催化剂比表面积的大小直接影响反应速率。为了增大固体催化剂的比表面积，提高反应速率，人们通常把固体催化剂制成（或负载到）纳米粒子，或将催化剂分布到多孔载体上，如硅胶、分子筛、硅藻土、活性炭、活性氧化铝等。近年来的研究证明，载体不仅仅是荷载催化剂的物体，它对催化剂的活性以及催化历程都有重要作用。

在多相催化反应过程中，固体催化剂表面的吸附是其中的关键步骤。如果催化剂对反应物分子的吸附太强，使反应物不易发生化学反应，甚至会由于占据了活性中心而导致催化剂失去活性，这种被强吸附的物质即成为了“毒物”。如果反应物分子在固体催化剂表面的吸附太弱，被吸附的分子数太少，也不利于产物的生成。因此，只有物质在催化剂表面上吸附强度适中时，其催化活性才最大。

过去研究表面吸附是为了搞清楚催化机理，近年来，随着超高真空技术（UHV）的发展以及各种波谱和衍射技术的联用，尤其是低能电子衍射技术（LEED）的出现，使表面吸附的研究进入了分子水平。

10.4.2 气-固相表面催化反应步骤

气-固相催化反应一般包括下列五个步骤：

① 反应物分子从气体本体扩散到固体催化剂表面；

② 反应物分子在固体催化剂表面发生吸附；

③ 被吸附的反应物分子在催化剂表面进行化学反应；

④ 产物分子从固体催化剂表面解吸；

⑤ 产物分子从催化剂表面扩散到气体本体中。

这五个步骤中，第①和⑤步是物理扩散过程，第③步是化学反应过程，第②和④步是表面吸附和解吸过程。每一个步骤都有各自的历程和动力学规律，因此研究一个多相催化反应过程的动力学，既涉及到固体表面的化学反应动力学问题，也涉及到扩散和吸附的动力学问题，比均相系统的动力学问题要复杂得多。

如果以上五个步骤的反应速率相差不大，应用稳态近似处理方法，结合质量作用定律，可以推导出反应速率方程。如果各个步骤反应速率相差较大，按照反应动力学原理，总反应的反应速率由反应速率最小的一步控制。如果第①或⑤步物理扩散过程速率最慢，称**总反应受扩散控制**，或称为**总反应在扩散区进行**。如果第③步化学反应过程速率最慢，称**总反应受表面反应控制**，或称**总反应在动力学区进行**。如果第②和④步表面吸附或解吸过程速率最慢，称**总反应受吸附或解吸控制**。

如果采用足够大的气体流速和足够小的催化剂颗粒，反应物的吸附和产物的解吸又进行得非常快，则扩散作用和吸附、解吸的影响基本上可以忽略不计。此时，气-固相表面催化反应的速率只由表面上吸附的分子间的反应速率决定，表面上所吸附分子的浓度可由吸附等温式计算。本节只重点介绍表面化学反应为反应速率控制步骤的气-固相表面催化反应的动力学方程。动力学方程式一方面可探索多相催化反应的历程，另一方面也是工业上设计反应器的依据。

10.4.3 单分子反应

表面基元反应的反应速率正比于反应物的吸附量（即覆盖度 θ），其指数为相应的化学计量数，这就是**表面反应质量作用定律**（surface mass action law）。例如，对于表面基元反应：

$$a\mathrm{A}+b\mathrm{B} \longrightarrow \text{产物}$$

则有：

$$v_s = k_s \theta_A^a \theta_B^b$$

假定反应是由反应物的单种分子通过如下机理完成反应:

$$A + \underset{|}{—S—} \underset{k_{-1}(\text{解吸})}{\overset{k_1(\text{吸附})}{\rightleftharpoons}} \underset{|}{\overset{A}{—S—}} \overset{k_2}{\underset{(\text{表面反应})}{\longrightarrow}} \underset{|}{\overset{B}{—S—}}$$

$$\underset{k_{-3}(\text{产物吸附})}{\overset{k_3(\text{产物解吸})}{\rightleftharpoons}} \underset{|}{—S—} + B$$

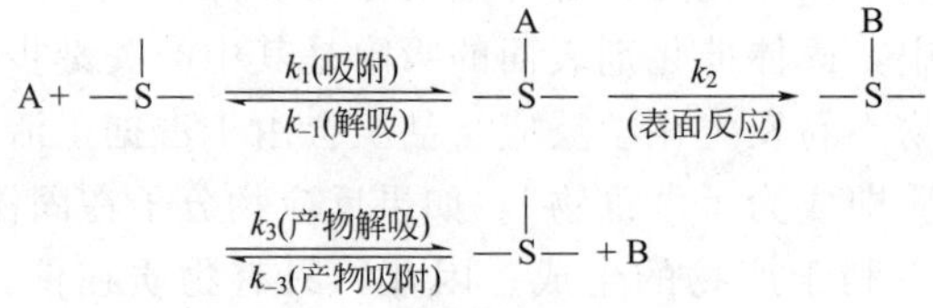

A 代表反应物;B 代表产物;S 代表固体催化剂表面上的活性中心。假设表面反应为速率控制步骤,则总反应速率由表面反应速率决定:

$$v_s = -\frac{dp_A}{dt} = k_2 \theta_A \tag{10.32}$$

假定产物的吸附很弱,随即解吸,则将朗缪尔吸附等温式 [式(10.28)] 代入式(10.32),得:

$$v_s = \frac{k_2 b p_A}{1 + b p_A} \tag{10.33}$$

式中,b 和 k_2 都是常数,p_A 是可以测定的。因此反应速率可由式(10.33) 计算。根据具体情况,式(10.33) 可再简化为下列各种形式:

(1) 若压力很低或反应物在催化剂上吸附很弱 (b 很小),$b p_A \ll 1$,则式(10.33) 变为:

$$v_s \approx k_2 b p_A = k p_A \tag{10.34}$$

其中,$k = k_2 b$。此时反应表现为一级反应。

(2) 若压力很大或反应物在催化剂上吸附很强 (b 很大) 时,$b p_A \gg 1$,则式(10.33) 变为:

$$v_s = k_2 \tag{10.35}$$

此时反应表现为零级反应,相当于催化剂表面被全部覆盖,总的反应速率与反应物分子在气相中的压力无关。

(3) 若压力和吸附都适中,则速率由式(10.33) 表示。此时反应级数为 0~1 的分数。

由上述三种情况可看出,产物在催化剂上吸附很弱的单分子反应中,随着反应物分压的增大,反应级数可由一级经过分数级而下降为零级。例如,PH_3 在钨表面的分解反应对这一情况能很好地说明:

当温度在 883~993K,压力在 0.13~1.3Pa 时,$v_s = k p_{PH_3}$,反应级数为一级;压力在 0~260Pa 时,$v_s = \dfrac{k_2 b p_{PH_3}}{1 + b p_{PH_3}}$,为分数级反应;压力在 130~660Pa 时,$v_s = k_2$,反应级数为零。

10.4.4　双分子反应

对于反应 $A + B \longrightarrow C + D$,这时可有以下两种不同的反应机理:

(1) 朗缪尔-欣谢尔伍德(Langmuir-Hinshelwood,L-H)机理

朗缪尔-欣谢尔伍德机理认为反应是在固体表面上被吸附的 A 与 B 分子间进行,具体机理如下:

$$A + B + \begin{matrix} | & | \\ -S-S- \end{matrix} \xrightleftharpoons[k_{-1}(\text{解吸})]{k_1(\text{吸附})} \begin{matrix} A & B \\ | & | \\ -S-S- \end{matrix}$$

$$\xrightarrow[(\text{表面反应})]{k_2} \begin{matrix} C & D \\ | & | \\ -S-S- \end{matrix} \xrightleftharpoons[k_{-3}(\text{吸附})]{k_3(\text{解吸})} \begin{matrix} | & | \\ -S-S- \end{matrix} + C + D$$

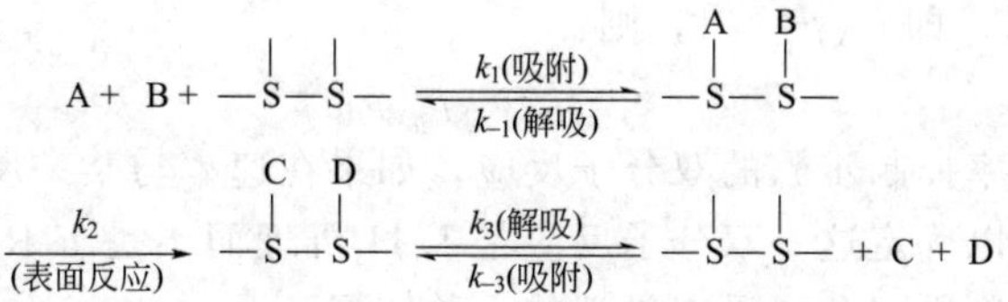

反应速率方程为：

$$v_s = k_2 \theta_A \theta_B = k_2 \frac{b_A p_A b_B p_B}{(1 + b_A p_A + b_B p_B + b_C p_C + b_D p_D)^2} \tag{10.36}$$

若产物在催化剂上不吸附或弱吸附，则：

$$v_s = k_2 \frac{b_A p_A b_B p_B}{(1 + b_A p_A + b_B p_B)^2} \tag{10.37}$$

由式(10.37)可知，若 p_B 保持恒定而改变 p_A，则反应速率变化应如图 10.10 所示，有一极大值出现。反之，若 p_A 保持恒定而改变 p_B，也有同样的情况出现。

(2) 埃利-里迪尔机理

埃利-里迪尔（Eley-Rideal，E-R）机理如下：

$$A + \begin{matrix} | \\ -S- \end{matrix} \xrightleftharpoons[k_{-1}(\text{解吸})]{k_1(\text{吸附})} \begin{matrix} A \\ | \\ -S- \end{matrix}$$

$$B + \begin{matrix} A \\ | \\ -S- \end{matrix} \xrightarrow[(\text{表面反应})]{k_2} \begin{matrix} | \\ -S- \end{matrix} + \text{产物}$$

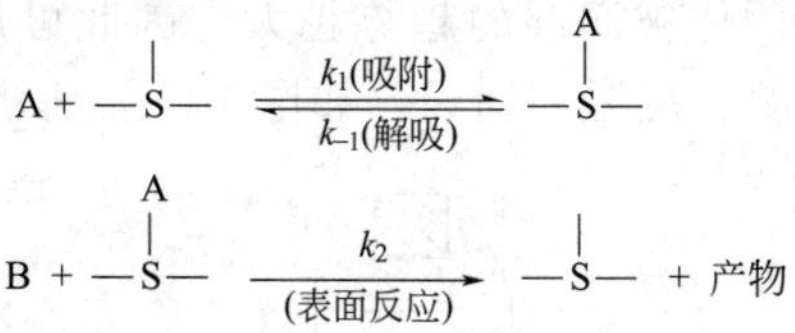

假定表面反应是吸附在固体表面的 A 分子与气态中的 B 分子之间的反应，且表面反应为速控步骤，则反应速率为：

$$v_s = k_2 \theta_A p_B = \frac{k_2 b_A p_A p_B}{1 + b_A p_A + b_B p_B} \tag{10.38}$$

式(10.38)的分母中有 $b_B p_B$ 项出现，表明在催化剂表面上有 B 的吸附，但是吸附的 B 与吸附的 A 不发生化学反应。如果 B 不被吸附或 B 的吸附很弱，式(10.38)就变为：

$$v_s = \frac{k_2 b_A p_A p_B}{1 + b_A p_A} \tag{10.39}$$

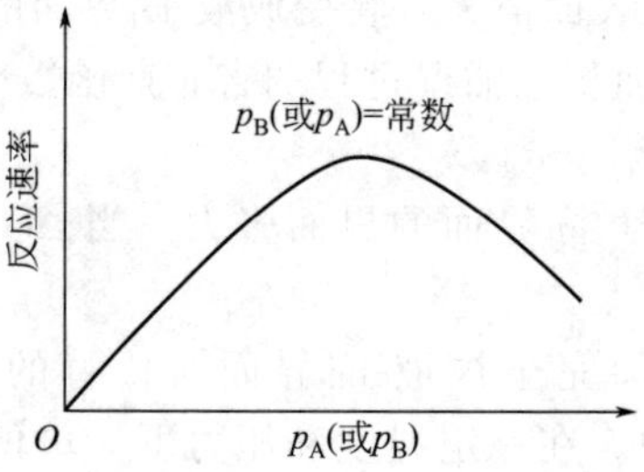

图 10.10　服从 L-H 机理的双分子反应　　图 10.11　E-R 机理的反应速率与
　　　速率与反应物分压的关系示意图　　　　　　　p_A 的关系（p_B 恒定）

若 p_B 保持恒定而改变 p_A，则式(10.39)所表达的速率公式就不再有最大值出现，而是趋向于一极限值，如图 10.11 所示。

在特殊的情况下，式(10.39)也可以简化。如果 A 的吸附很强，即 $b_A p_A \gg 1$，则：

$$v_s = k_2 p_B \tag{10.40}$$

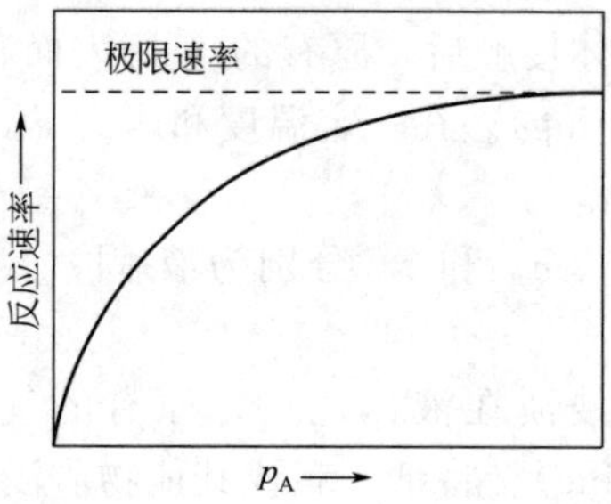

如果 A 的吸附很弱，即 $b_A p_A \ll 1$，则：

$$v_s = k_2 b_A p_A p_B \tag{10.41}$$

对于表面反应为速率控制步骤的双分子反应，如果在速率与某一反应物分压的曲线中有极大值出现，基本上就可以确定这一双分子反应是 L-H 机理而不是 E-R 机理。因此速率与分压的曲线形状，可以作为判别双分子反应机理的一种依据。

10.5 固-液界面现象与液-液界面现象

10.5.1 润湿与铺展

当液体与固体接触时，原有的气-固表面或气-液表面自动地被液-固界面所代替的现象叫润湿（wetting）。润湿是发生在液-固和液-液界面上的常见现象，在日常生活和工农业生产中有广泛的应用，例如矿物浮选、注水采油、机械润滑和农药喷洒等都利用了润湿作用。

等温、等压下，润湿过程中系统的表面吉布斯函数降低，即 $\Delta G_s < 0$。不同的液-固系统，润湿的程度不同，ΔG_s 越负，固体被润湿的趋势越大，因此可用 ΔG_s 来衡量润湿的程度。按润湿的程度，将润湿细分为沾湿、浸湿和铺展，如图 10.12 所示。

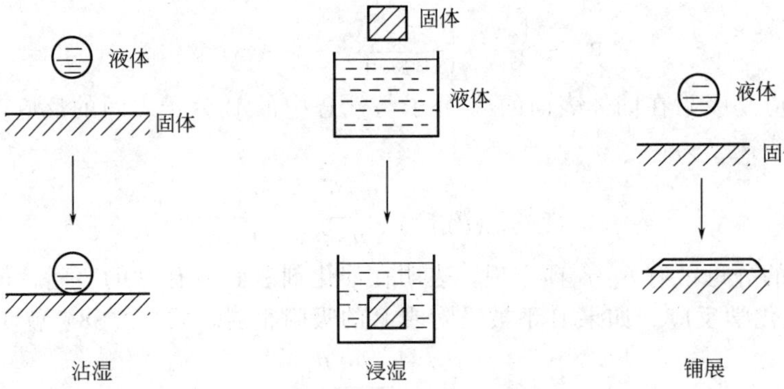

图 10.12 润湿的三种形式

液体和固体接触后，原有的气-固表面和气-液表面消失，转变成液-固界面的现象称为沾湿（adhesion wetting）。在一定温度和压力下，单位面积上沾湿过程的吉布斯函数变 ΔG_a 为：

$$\Delta G_a = \sigma_{l\text{-}s} - (\sigma_{g\text{-}l} + \sigma_{g\text{-}s}) \tag{10.42}$$

式中，$\sigma_{l\text{-}s}$、$\sigma_{g\text{-}l}$ 和 $\sigma_{g\text{-}s}$ 分别为液-固、气-液和气-固界面的界面张力。当 $\Delta G_a < 0$ 时，沾湿可自动发生。

固体完全浸渍在液体之中，原有的气-固表面完全被液-固界面所代替的现象称为浸湿（dipping wetting）。将纸、布或其他物质浸入水中。在一定温度和压力下，单位面积上浸湿过程的吉布斯函数变 ΔG_d 为：

$$\Delta G_d = \sigma_{l\text{-}s} - \sigma_{g\text{-}s} \tag{10.43}$$

当 $\Delta G_d < 0$ 时，浸湿可自动发生。

液体在固体表面上自动铺开成为一层薄膜的现象称为铺展（spreading）。在铺展过程中，增大的气-液界面和新形成的液-固界面取代了原有的气-固界面。等温、等压下，单位面积上铺展过程的吉布斯函数变 ΔG_{sp} 为：

$$\Delta G_{sp} = \sigma_{l\text{-}s} + \sigma_{g\text{-}l} - \sigma_{g\text{-}s} \tag{10.44}$$

当 $\Delta G_{sp}<0$ 时，铺展可自动发生。

比较三种润湿形式的吉布斯函数变，$\Delta G_a<\Delta G_d<\Delta G_{sp}$，因此在一定的温度和压力下，对指定的液-固系统，若能铺展，必能浸湿，更可沾湿。

定义 $-\Delta G_{sp}$ 为**铺展系数**（spreading coifficient）S，即：

$$S \xlongequal{\text{def}} \sigma_{g\text{-}s}-\sigma_{g\text{-}l}-\sigma_{l\text{-}s} \tag{10.45}$$

显然，在一定的温度和压力下，$S \geqslant 0$ 时可以铺展，且 S 越大，铺展的趋势越大。

10.5.2 接触角

液体对固体的润湿程度也可用接触角来表示。当液体滴在固体表面上达到平衡时会出现气-液、气-固和液-固三个界面张力呈平衡的现象，如图 10.13 所示。在气、液和固三相交点处，液-固界面与气-液界面的切线之间的夹角称为**接触角**（contact angle）或**润湿角**（wetting angle），以 θ 表示。图 10.13 上的线在空间中实际上为面。由于平衡时，三相交界处 O 点所受的各种界面张力之和为零，故：

$$\sigma_{g\text{-}s}=\sigma_{l\text{-}s}+\sigma_{g\text{-}l}\cos\theta \tag{10.46}$$

或

$$\cos\theta=\frac{\sigma_{g\text{-}s}-\sigma_{l\text{-}s}}{\sigma_{g\text{-}l}} \tag{10.47}$$

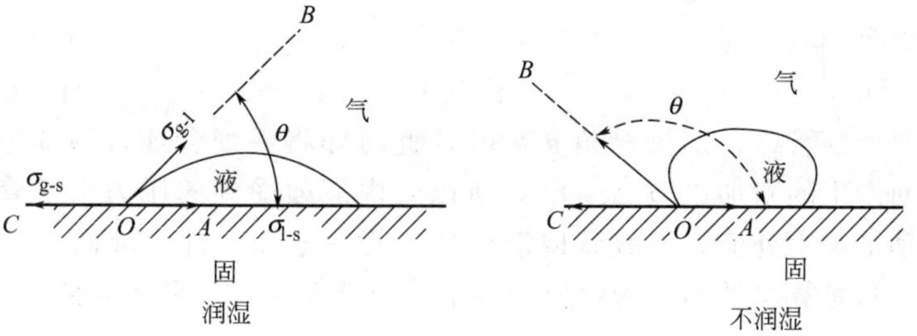

图 10.13 接触角与各界面张力的关系

1805 年，杨（T. Young）首先提出以上两公式，故称其为**杨方程**（Young equation）。由式(10.47) 可见，在一定的温度和压力下，接触角与润湿程度有如下的关系：

① 若 $\sigma_{g\text{-}s}-\sigma_{l\text{-}s}<0$，即 $\sigma_{l\text{-}s}>\sigma_{g\text{-}s}$，则 $\cos\theta<0$，$\theta>90°$。在这种情况下，增大液-固界面会增加系统的吉布斯函数，这是不可能自动发生的。此时液体只能收缩得更圆些，以尽量缩小液-固界面，这种情况称为**不润湿**，如汞滴在玻璃上。接触角越大，不润湿的程度越大，极限情况是 $\theta=180°$，称为**完全不润湿**。

② 若 $\sigma_{g\text{-}s}-\sigma_{l\text{-}s}>0$，即 $\sigma_{l\text{-}s}<\sigma_{g\text{-}s}$，则 $\cos\theta>0$，$\theta<90°$。在这种情况下，增大液-固界面有利于降低系统的吉布斯函数，这是可以自动进行的过程。此时液体自动地散开，以增大液-固界面并减小气-固界面，这种情况称为**润湿**，如乙醇滴在玻璃上。接触角越小，润湿得越好，极限情况是 $\theta=0°$，称为**完全润湿**，即发生**铺展**。可见，θ 趋于零是发生铺展的起码要求，也是杨方程适用的极限。杨方程的适用条件为 $\theta \geqslant 0°$，相当于 $S \leqslant 0$。在杨方程适用的范围内，可用接触角的大小来衡量润湿的程度。

10.5.3 毛细现象

具有细微缝隙的固体与液体接触时，液体沿缝隙上升或下降的现象称为**毛细现象**（capillary phenomenon）。将一根玻璃毛细管插入水中，管内液面比管外液面高；将一根玻璃毛细管插入汞中，管内的液面降得比管外液面低。液体在固体缝隙中，液面是上升或下降与液体能否润湿固体有关。

将毛细管插入液体中时，若液体能润湿毛细管，即 $\sigma_{g\text{-}s}>\sigma_{l\text{-}s}$，$\theta<90°$，则管中液体表面呈凹面，管外液面为平液面。由于凹液面的附加压力 $\Delta p<0$，使管内液面所受的压力小于管外平液面所受的压力，因此管外的液体将自动地流入管内，导致管内液柱上升。管内液柱上升至一定高度，此时管内比管外高出的一段液柱的静压力与管内凹液面的附加压力相等，系统达到平衡。如图 10.14 所示，若管内液柱上升的高度为 h，则有：

$$\Delta p=\rho gh \tag{10.48}$$

式中，ρ 为液体的密度；g 为重力加速度。

若毛细管半径为 R，管内凹液面为球面的一部分，其曲率半径为 r，则 $R/r=\cos\theta$。将此关系和式(10.17) 结合，则得：

$$\frac{2\sigma}{r}=\frac{2\sigma\cos\theta}{R}=\rho gh$$

因此液柱上升的高度为：

$$h=\frac{2\sigma\cos\theta}{R\rho g} \tag{10.49}$$

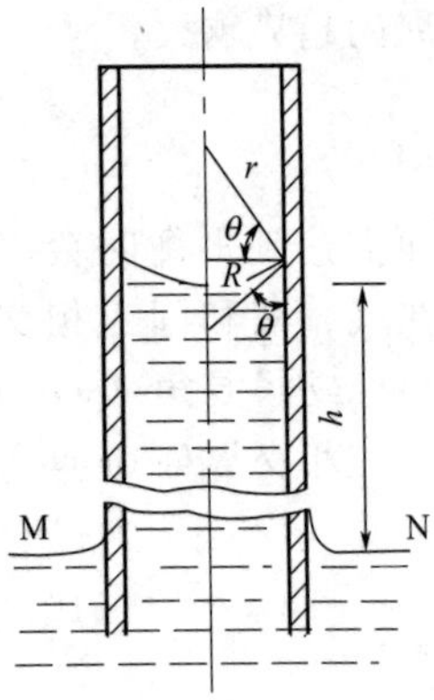

图 10.14 毛细现象

式(10.49) 表明：毛细管中液柱上升的高度与液体的表面张力成正比，与毛细管半径及液体的密度成反比。此外，也与接触角有关，即与液体对固体的润湿程度有关。

若液体不润湿毛细管壁，即接触角 $\theta>90°$，此时如将毛细管插入液体中，管内液体呈凸液面。由于凸液面产生的附加压力 $\Delta p>0$，所以管内液面受到的压力大于管外平液面受到的压力，液体将自动地往管外流，导致管内液面低于管外液面。管内液面下降的深度 h 仍可用式(10.49) 计算，只是算出的结果为负值，表示管内液面比管外平液面低。

10.5.4 液-液界面现象

将苯倒入水中，由于苯不溶于水，所以浮在水上，苯与水分成两层。两种不能互溶的液体之间形成液-液界面。由于液-液界面两侧液体的分子间作用力不同，界面层中的分子也是处于不对称力场之中，因而产生液-液界面张力。液-液界面张力的大小与构成界面的两种液体的性质、组成及温度等因素有关。表 10.4 为 20℃时不同液体与水的界面张力。

表 10.4 20℃时不同液体与水的界面张力

界面	$\sigma\times10^3/(\mathrm{N\cdot m^{-1}})$	界面	$\sigma\times10^3/(\mathrm{N\cdot m^{-1}})$
乙醚-水	10.7	正辛醇-水	8.5
四氯化碳-水	45.0	庚酸-水	7.0
正己烷-水	51.1	苯-水	35.0
正辛烷-水	50.8	硝基苯-水	25.0
正丁醇-水	1.8	汞-水	375.0

一种不溶性液体滴在另一种液体上能否铺展也可用铺展系数来判别。A 和 B 为两种不互溶的纯液体，如 A 的密度较小，称为轻液（light liquid）；B 的密度较大，称为重液（heavy liquid）。将 A 滴到 B 的液面上，液体 A 在液体 B 上的铺展系数以 $S_{A/B}$表示，定义为：

$$S_{A/B}\xlongequal{\text{def}}\sigma_B-\sigma_A-\sigma_{A\text{-}B} \tag{10.50}$$

式中，σ_A 和 σ_B 分别为纯液体 A 和纯液体 B 的表面张力；$\sigma_{A\text{-}B}$ 为液体 A 与液体 B 之间的界面张力。等温、等压下液体 A 可在液体 B 的液面上铺展的条件为：

$$S_{A/B}>0$$

表 10.5 为 20℃时一些轻液 A 在重液 B 上的铺展系数。

表 10.5　20℃时轻液 A 在重液 B 上的铺展系数

轻液 A	重液 B	$S_{A/B}$	轻液 A	重液 B	$S_{A/B}$
己烷	水	3.4	二碘甲烷	水	−26.5
异戊醇	水	44.0	水	汞	−3.0
正辛醇	水	35.7	己烷	汞	79
庚醇	水	32.2	碘乙烷	汞	135
油醇	水	24.6	丙酮	汞	60
苯	水	8.8	正辛醇	汞	102
硝基苯	水	3.8	油酸	汞	122
邻溴甲苯	水	−3.3	苯	汞	99
二硫化碳	水	−8.2	二硫化碳	汞	108

实际上当两种液体接触后，彼此总有一些溶解。当两种不能完全互溶的液体接触并相互溶解达到饱和后，原有的两种纯液体的界面 A-B 变成了两种饱和溶液的界面。B 溶于 A 中的饱和溶液的表面张力以 σ'_A 表示；A 溶于 B 中的饱和溶液的表面张力以 σ'_B 表示。液体 A 和液体 B 接触并相互溶解达到饱和后的铺展系数称为**平衡铺展系数**（equilibrium spreading coefficient），以 $S'_{A/B}$ 表示，则：

$$S'_{A/B}=\sigma'_B-\sigma'_A-\sigma'_{A\text{-}B} \tag{10.51}$$

式中，$\sigma'_{A\text{-}B}$ 为两种纯液体 A 和 B 接触并相互溶解达到平衡后两层饱和溶液间的界面张力，它一般与 $\sigma_{A\text{-}B}$ 相差不大，但由于 σ'_A、σ'_B 分别与 σ_A、σ_B 有较大的差别，所以平衡铺展系数 $S'_{A/B}$ 与两液体开始接触时的铺展系数（也称**开始铺展系数**）$S_{A/B}$ 可能有相当大的差别，甚至符号相反。以苯-水系统为例，20℃时 $S_{苯\text{-}水}=8.9\times10^{-3}\,\mathrm{N\cdot m^{-1}}$，而 $S'_{苯\text{-}水}=-1.6\times10^{-3}\,\mathrm{N\cdot m^{-1}}$。将苯滴在水上，最初苯在水面上能铺展，但渐渐苯又缩回，其原因就在于此。

10.6 胶体

胶体是物质在自然界中广泛存在的特殊形态，人们经常在日常生活和工农业生产中接触到。“胶体”这个名词是由英国科学家格雷厄姆（Graham）于 1861 年首先提出的。胶体化学真正获得较大的发展始于 1903 年，随着席格蒙第（Zsigmondy）和西登托夫（Siedentopf）发明了超显微镜，胶体的多相性被确定。近几十年来，光散射仪、多种电子显微镜、能谱仪、超离心机等的出现，使胶体化学的研究得到了迅速发展。目前，胶体化学已成为物理化学的重要分支学科之一。

10.6.1 分散系统的分类

将一种或几种物质分散在另一种称为**分散介质**（dispersed medium）的物质中，所形成的多组分系统称为**分散系统**（dispersed system）。被分散的物质称为**分散质**（dispersed matter）

或分散相（dispersed phase）。分散系统的分散质是以分子（或原子、离子）的聚集体为基本单元，这些聚集体常称作分散颗粒（dispersed particle）。按分散颗粒的尺寸大小，分散体系可分为下列三类（表 10.6）：

表 10.6 分散体系按分散颗粒大小分类

名称	颗粒半径/nm	性质
粗分散系统(乳状液、泡沫、悬浮液)	>100	普通显微镜下可见，普通过滤可分离
胶体分散系统(溶胶)	1～100	普通显微镜下不可见，在超显微镜下可见，普通过滤不可分离，不能透过半透膜
分子(离子)溶液、混合气体	<1	在普通显微镜和超显微镜下不可见，能透过半透膜

无论胶体分散系统（dispersed system of colloid，简称胶体系统）或粗分散系统（coarse dispersed system），其分散颗粒与分散介质之间有相界面，所以这些分散系统都是多相系统。而溶液或液态混合物则达到分子程度的均匀分散，无相界面，是均相系统。

许多高分子化合物的溶液虽然溶质的基本单元也是分子，但一个分子的尺寸往往已达到或超过 1～100nm 的范围，因此高分子溶液表现出许多胶体的性质，过去曾将高分子溶液称为亲液溶胶（lyophilic sol），而将胶体称为憎液溶胶（lyophobic sol）。实际上，高分子溶液的溶质与溶剂之间无相界面，是热力学稳定的均相系统。而胶体的分散颗粒与分散介质间有相界面，且因分散颗粒很细，表面吉布斯函数很高，有分散颗粒合并导致胶体被破坏的趋势，所以胶体是热力学不稳定的非均相系统。这是胶体与高分子溶液本质上的区别。近几十年来，高分子化合物已经逐渐形成了一门独立的学科。本节主要介绍憎液溶胶的基本性质。

按分散介质为气态、液态和固态，胶体分成气态溶胶、液态溶胶和固态溶胶三大类。液态溶胶通常简称溶胶（sol）。

10.6.2 胶体的制备

胶体的制备方法分两大类：分散法和凝聚法。分散法是将尺寸大于 100nm 的固体粉碎到胶体颗粒的大小；凝聚法是由原子、分子或离子聚集成尺寸为 1～100nm 的胶体颗粒。

要将固体物研磨成 100nm 以下的胶体颗粒必须用特制的胶体磨或喷射磨。胶体磨的磨盘以高达 $5\times10^3 \sim 2\times10^4 \mathrm{r\cdot min^{-1}}$ 的转速旋转。上、下磨盘的间隙小到 5μm 的程度。固体物料在磨盘间隙中受到巨大剪切力而被粉碎，粒度可达到微米级以下。物料被粉碎后，比表面积增大，表面吉布斯函数增高，颗粒有自动聚结成块的趋势。为防止被粉碎的颗粒聚结，研磨时要加入少量稳定剂。一些能降低颗粒表面吉布斯函数的表面活性剂是常用的稳定剂。

可用物理手段或通过化学反应来将分子（离子或原子）凝聚成胶体颗粒。蒸气凝聚法是一种用物理手段制备胶体的方法。例如将苯和钠的蒸气通入抽空的容器中，容器壁已被液态空气冷却，所以苯蒸气和钠蒸气在容器壁上冷凝成微小的晶粒。待提高容器壁的温度后，固体苯熔化成为分散介质，尺寸在胶体颗粒尺寸范围内的钠微粒分散在苯中，形成钠的苯溶胶。

许多生成沉淀的化学反应控制在适当的条件下进行，可以不生成沉淀而形成溶胶。例如 $FeCl_3$ 水解反应：

$$FeCl_3 + 3H_2O \longrightarrow Fe(OH)_3 + 3HCl$$

如果将 $FeCl_3$ 稀溶液滴入沸腾的水中进行上述反应，即可生成棕红色、透明的 $Fe(OH)_3$ 溶胶。

胶体颗粒的形成要经历两个阶段：晶核的生成和晶体的长大。晶核的生成速率 v_f 为单位时间内生成晶核的数目，它正比于溶液的过饱和度，反比于晶核的溶解度，即：

$$v_f=\frac{k(c-s)}{s} \tag{10.52}$$

式中，c 为溶液浓度；s 为沉淀组分的溶解度；k 为比例常数。

晶核形成后，溶质在其表面上沉积，使晶核长大。晶体长大的速率 v_g 为：

$$v_g=\frac{DA_s(c-s)}{\delta} \tag{10.53}$$

式中，D 为沉淀组分的扩散速率；A_s 为晶核的表面面积；δ 为沉淀组分在扩散过程中移动的距离。

要制备分散度很高的溶胶，必须控制 v_f 和 v_g。当 $(c-s)/s$ 很大时，溶液浓度大大超过饱和浓度，v_f 很大，也就是迅速生成大量晶核。由于大量晶核的生成使溶液浓度陡然下降，v_g 也就比较小，有利于溶胶的形成。若 $(c-s)/s$ 较小，v_f 较小，开始生成的晶核不多。由于生成晶核消耗的沉淀组分不大，$c-s$ 下降不多，因而 v_g 比较大，晶核迅速地长大，容易形成大块的沉淀而不利于溶胶的生成。

通常条件下制备的沉淀颗粒形状和尺寸都是不均一的，尺寸分布范围较广。但如果严格控制条件，则有可能制得形状相同、尺寸相近的沉淀颗粒，由这样的颗粒组成的分散系统称为**均分散系统**（monodispersed system）或**单分散系统**。分散颗粒的尺寸在胶体颗粒尺寸范围内的均分散系统称为**均分散胶体**（monodispersed colloid）。20 世纪 80 年代以来，各种检测技术手段不断完善，均分散胶体的研究随之得到了迅速发展，目前已广泛用于高效催化剂、人工合成激光材料、磁记录材料、特种陶瓷、纳米器件等各领域。

10.6.3 胶体的基本性质

(1) 胶体的光学性质

当一束聚焦的光线通过胶体时，在与入射光垂直的方向上可以看到一个光亮的圆锥体，这种现象被称为**丁达尔效应**（Tyndall effect），光锥被称作**丁达尔光锥**（Tyndall photo-awl）。丁达尔效应是胶体特有的光学性质，是检验胶体简便而有效的方法。

当光线射入分散系统时，如果分散颗粒的尺寸大于入射光的波长，光线就会被分散颗粒反射或折射，粗分散系统就出现这种现象。如果分散颗粒的尺寸小于入射光的波长，则发生光的**散射**，**散射光**（scattering light）也叫**乳光**（opalescence）。由于胶体颗粒的尺寸通常小于可见光的波长（400～760nm），所以当可见光射入胶体时，发生光的散射，因而出现丁达尔效应。

当入射光的波长比分散颗粒的尺寸大时，入射光（电磁波）使分散颗粒中的电子与入射光做同频率的强迫振动，于是分散颗粒像一个新光源一样，向各方向发出与入射光相同频率的散射光。1871 年瑞利（L. J. W. Reyleigh）首先导出稀薄气溶胶产生散射光强度的计算公式，即**瑞利公式**（Reyleigh formula），后经其他学者推广到稀的液态溶胶。瑞利公式如下：

$$I=\frac{9\pi^2V^2c}{2\lambda^4l^2}\left(\frac{n^2-n_0^2}{n^2+2n_0^2}\right)(1+\cos^2\alpha)I_0 \tag{10.54}$$

式中，I_0 和 I 分别为入射光强度和散射光强度；λ 为入射光的波长；n 和 n_0 分别为分散颗粒的折射率和分散介质的折射率；V 为每个分散颗粒的体积；c 为单位体积内分散颗粒的数目；α 为散射角，即观察散射光的方向与入射光方向间的夹角；l 为观察点与散射中心的距离。

瑞利公式表明：散射光的强度正比于入射光的强度，与入射光波长的 4 次方成反比。在其他条件相同的情况下，波长越短的光，产生的散射光越强。

(2) 胶体的动力学性质

植物学家布朗（R. Brownien）将花粉撒在水上，他用显微镜观察到悬浮在水面上的花粉颗粒做无秩序的曲折运动。这种现象被称为**布朗运动**（Brownien motion），如图 10.15。用超显微镜观察溶胶时，发现胶体颗粒也做这种布朗运动。

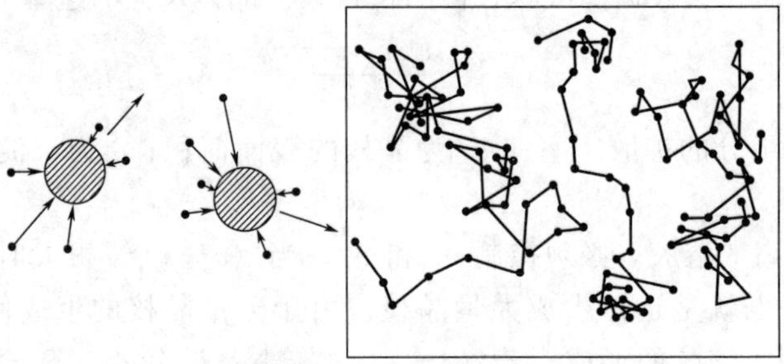

(a) 胶粒受介质分子冲击示意图　　(b) 超显微镜下胶粒的布朗运动

图 10.15　布朗运动

胶体产生布朗运动的原因是：进行热运动的分散介质分子不断地从各个方向同时撞击胶体颗粒。每一瞬间撞击在胶体颗粒上的合力常常不为零，以致在不同时刻，这些合力将胶体颗粒推向不同方向，因此造成胶体颗粒的无秩序曲折运动，如图 10.15(b)。

多相分散系统中，分散颗粒因受重力作用而下沉的现象称为**沉降**（sedimentation）。胶体也会发生沉降。但由于胶体颗粒总是不停地进行着布朗运动，从而能阻止胶体颗粒因重力作用而下沉，所以布朗运动是胶体具有动力学稳定性的原因。

(3) 胶体的电学性质

溶胶的电学性质包括电泳、电渗、流动电势和沉降电势，产生这些电学性质是因为胶体颗粒（简称胶粒）是带电的。在外电场的作用下，固相的胶粒与液相的分散介质发生相对移动；或者在外力作用下，固、液两相发生相对移动从而产生电势差，这两类现象统称为**电动现象**(electrokinetic phenomenon)。

在外电场的作用下，胶粒在液体介质中定向运动的现象称为**电泳**（electrophoresis）。胶粒总是向与所带电荷的电性相反的方向移动。最简单的电泳实验装置如图 10.16 所示，称为电泳仪。实验时先在 U 形管中装入适量的 NaCl 溶液，再通过支管从 NaCl 溶液的下面缓慢地压入黄色 As_2S_3 溶胶，使其与 NaCl 溶液之间有清晰的界面且两边的界面持平。通入直流电后可以观察到正极一侧的界面上升，负极一侧的界面下降。这说明 As_2S_3 胶粒向正极移动，胶粒带负电荷。在外电场作用下，各种溶胶的胶粒都可发生电泳，有的胶粒带正电，有的胶粒带负电。

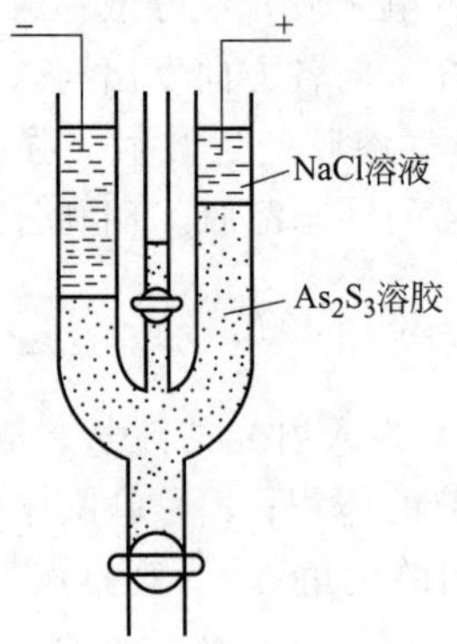

图 10.16　电泳仪

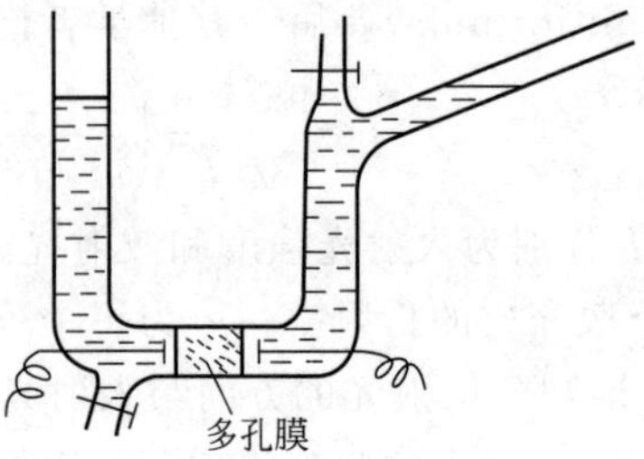

图 10.17　电渗仪

在外电场的作用下，毛细管内或固相孔隙内的液体发生定向移动的现象称为电渗（electroosmosis）。电渗是液相移动，固相则不动。图 10.17 是一种最早设计的电渗仪。图 10.17 中固体多孔膜可以看作许多连通两侧液体的毛细管通道。在 U 形管的右侧上部附有一个微向上翘的毛细管，用来观察液面的移动。膜两侧装有电极，当两电极通以直流电后，会发现右侧液面上升或下降，说明液体透过多孔膜向某一电极的方向移动，这表明液体带有某种电荷。在外电场作用下，溶胶的液相介质也会向某一电极方向移动，说明溶胶也有电渗现象。

带电的固体颗粒（如胶粒）在液体介质中迅速下沉导致液体介质上、下两端产生电势差的现象称为沉降电势（sedimentation potential）。沉降电势是电泳的逆过程。

在外加压力作用下，迫使液体通过固体表面（如多孔膜）定向流动导致固体表面两侧产生电势差的现象称为流动电势（flow potential）。流动电势是电渗的逆过程。

10.6.4 胶体的结构

溶胶的基本单元是胶团（micelle），胶团由固相的胶粒和液相的分散介质所组成。在胶粒与分散介质的界面上形成带相反电荷的双电层（double electric layer）。形成双电层的原因是：胶粒表面从溶液（分散介质）中吸附某种离子而带电；胶粒表面上的分子在溶液中电离；胶粒与溶液发生摩擦而带电等。当胶粒表面带有一定量某种电性的电荷时，在其附近的溶液中必然分布电量相同、与胶粒表面电性相反的离子，称为反离子（counter-ion）或异电离子，这样就在固-液界面形成了带相反电荷的双电层。

关于双电层的结构有过亥姆霍兹的平板电容器型双电层模型（plane electric capacity type of double electric layer model）、古依（G. Gouy）和恰普曼（D. L. Chapman）的扩散双电层模型（diffuse double electric layer model）。1924 年，斯特恩（O. Stern）在扩散双电层模型的基础上提出了一些改进，成为更接近于实际情况的近代双电层模型，称为古依-恰普曼-斯特恩模型（Gouy-Chapman-Stern model）或 GCS 模型。

图 10.18(a) 是胶粒表面的一部分（已被放大并拉直）及其周围溶液的示意图。在 GCS 模型中，斯特恩用一个假想的平面将固相（胶粒）表面附近的溶液划分成两部分：紧密层和扩散层。这个假想的平面位于被固相表面吸附的、溶剂化的反离子中心的联线上，称为斯特恩面（Stern plane）。从固相表面到斯特恩面之间的溶液称为紧密层（compact layer）或斯特恩层；斯特恩面以外的部分称为扩散层（diffusion layer）。固相表面与溶液本体之间的电势差称为表面电势（surface potential）或热力学电势（thermodynamic potential），以 φ_0 表示；从斯特恩面到溶液本体之间的电势差称为斯特恩电势（Stern potential），以 φ_s 表示，如图 10.18(b) 所示。当胶粒与溶液发生相对移动时，被胶粒表面吸附的溶剂化反离子也随同胶粒一起运动，因此滑动面不是斯特恩面，而是距斯特恩面不远处的面，它与胶粒表面的距离为溶剂化反离子直径的数量级，如图 10.18 中波纹线所示。从滑动面到溶液本体间的电势差称为动电电势（moving potential），以 ζ 表示。虽然 ζ 与 φ_s 具有不同的含意，

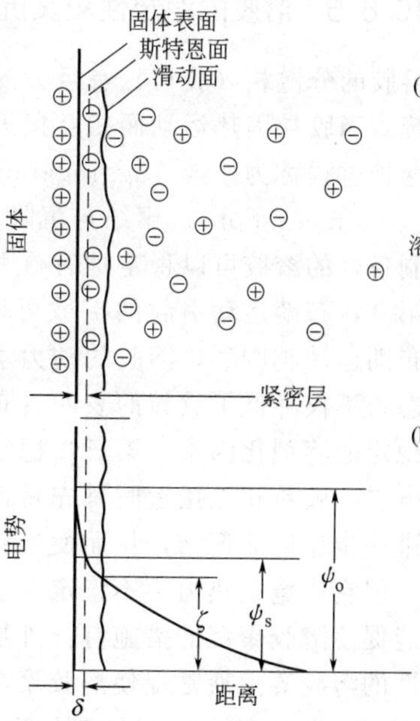

图 10.18 GCS 双电层模型

但由于滑动面与斯特恩面相距很近，故常用可测的ζ代替ψ_s。

现结合双电层模型来剖析胶团的结构，以AgI正溶胶为例，其胶团示意如图10.19。如以稍过量的$AgNO_3$溶液与KI溶液反应，在适当的条件下可以制得AgI正溶胶。在AgI正溶胶中，每个胶粒的核心部分都是许多个（m个）AgI分子的聚集体，这些AgI分子聚集体有选择地吸附周围介质中的某种离子或聚集体自身电离而成为带电体，被称为胶核（colloidal nucleus）。溶胶分子一般优先吸附与其分子中相同元素的离子。实验表明，在$AgNO_3$过量的情况下，AgI分子聚集体优先吸附一定量（n个）Ag^+而形成带正电的胶核。带正电的胶核与分散介质中的反离子（这里是NO_3^-）存在着静电力、范德华力等形式的吸引力，使一部分（$n-x$个）反离子分布在滑动面以内，另一部分（x个）反离子则分散在滑动面以外，形成扩散层。由滑动面所包围的带电体为胶粒，即$[(AgI)_m\cdot nAg^+\cdot(n-x)NO_3^-]^{x+}$。由于胶粒带正电，所以溶胶为正溶胶。胶粒和滑动面以外的扩散层构成了电中性的胶团。AgI正溶胶的胶团结构式如图10.20。

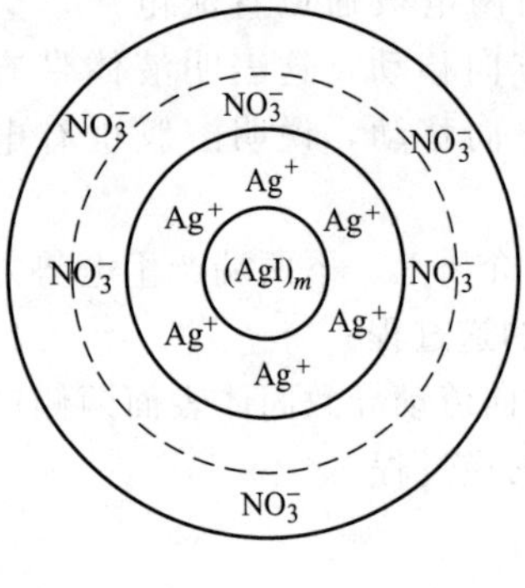

图10.19 碘化银正溶胶胶团结构示意图

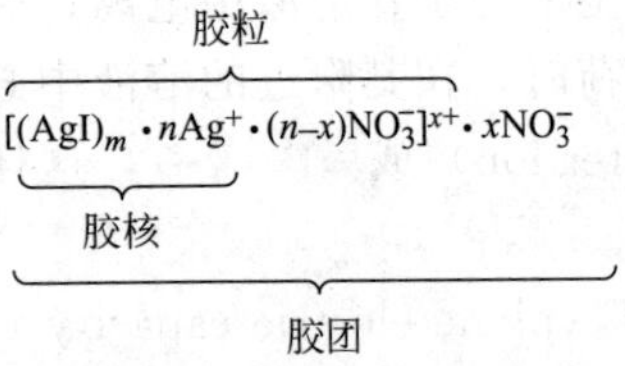

图10.20 AgI胶团结构式

应当指出，在同一溶胶中各个胶团的m、n和x的值并不完全相同，但反离子的电量之和应与胶核的电量相等、符号相反。胶粒的电量应与扩散层的电量相同、符号相反，以保持整个胶团呈电中性。例如SiO_2在适当条件下水解可生成SiO_2溶胶，反应过程为：

$$SiO_2+H_2O\longrightarrow H_2SiO_3\rightleftharpoons 2H^++SiO_3^{2-}$$

反应所生成的是SiO_2负溶胶，胶团结构式为：

$$[(SiO_2)_m\cdot nSiO_3^{2-}\cdot 2(n-x)H^+]^{2x-}\cdot 2xH^+$$

10.6.5 溶胶的稳定性和聚沉

溶胶的分散相（胶粒）有巨大的比表面，表面吉布斯函数很高，因此是热力学不稳定的多相系统。当胶粒因热运动而相互接近时，会相互吸引并合并成较大的颗粒以降低表面吉布斯函数，这种过程称为聚结（aggregation）。胶粒聚结到一定大小后，会因重力的作用而下沉，即沉降（sedimentation）。聚结与沉降合称聚沉（coagulation），聚沉使溶胶被破坏。

制备好的溶胶可以稳定地存在相当长的时间而不聚沉。溶胶相对稳定存在的原因有三方面：第一，布朗运动引起的扩散可以抵消重力下沉，这是溶胶稳定的动力学因素。分散度越大，布朗运动越剧烈，溶胶的动力学稳定性越好。第二，由于胶粒表面吸附的离子都处于溶剂化状态，不仅降低了胶粒的表面吉布斯函数，而且形成的溶剂化膜可以阻隔胶粒的聚结，这是溶胶稳定的溶剂化因素。第三，稳定溶胶的最重要原因是电学因素。由于胶粒与溶液界面处存在双电层，胶粒相互接近时首先是彼此的反离子相接触。带有相同电荷的离子的静电斥力阻止胶粒进一步靠近而聚结，从而使溶胶得以稳定。由于以上因素的存在，溶胶能相对地稳定一段时间，但它毕竟是热力学不稳定系统，最终还是会发生聚沉。

能促使溶胶聚沉的措施有：外加电解质，变化温度，增大溶胶的浓度，加聚沉剂和混入不同电性的溶胶等。通常促使溶胶聚沉最有效的措施是外加电解质。往溶胶中添加与双电层中反离子相同电性的离子时，添加的离子可以压缩双电层的扩散层，使更多的反离子进入紧密层，导致ζ下降，从而减小胶粒之间的电排斥作用。一般ζ下降到约30mV时，胶粒的热运动便足以克服胶粒间的静电斥力而发生聚结。当电解质溶液的浓度足够大时，可使 ζ 电势降为零，此时的状态称为等电态（isoelectric state）。

使一定量溶胶在一定时间内明显聚沉所需的外加电解质的最小浓度称为此电解质的聚沉值（coagulation value）或凝结值，常用的单位是 $mol \cdot m^{-3}$ 或 $mmol \cdot dm^{-3}$。电解质的聚沉值越小，其聚沉能力越大，定义聚沉值的倒数为电解质的聚沉能力（coagulation ability）。

从实践中总结出外加电解质聚沉溶胶的几条经验规律：

① 电解质中主要起聚沉作用的是与胶粒所带电荷电性相反的离子，而且这种离子的价数越高，聚沉能力越大。一、二、三价离子的聚沉能力之比约为：$1:2^6:3^6$。这一规律称为叔采-哈迪价数规则（Schulze-Hardy valence number rule）。

② 价数相同离子的聚沉能力相近，但也有差别，特别是一价离子的聚沉能力相差较大。部分一价正离子聚沉能力的顺序为：

$$H^+ > Cs^+ > Rb^+ > NH_4^+ > K^+ > Na^+ > Li^+$$

这个顺序表明，除 H^+ 外，同价正离子的半径越小，其聚沉能力越弱。这是因为正离子的水化作用强，离子半径越小，水化能力越强，水化层越厚，而使聚沉能力减弱，H^+ 是个例外。

对于一价负离子，聚沉能力的次序为：

$$F^- > IO_3^- > H_2PO_4^- > BrO_3^- > Cl^- > ClO_3^- > Br^- > I^- > CNS^-$$

这个顺序表明，同价负离子的聚沉能力随着离子半径增大而减弱，这是因为负离子很少水化，因此较小的离子有较强的聚沉能力。同价离子聚沉能力的次序被称为感胶离子序（lyotropic series）。

③ 有机离子的聚沉能力很强，特别是一些表面活性剂（如脂肪酸盐）及聚酰胺类高聚物破坏溶胶更为有效，被称为高分子凝结剂。

习题

10.1　293K 时将半径为 10^{-3}m 的水滴分散成半径为 10^{-6}m 的小水滴，计算此过程比表面增加了多少倍，表面吉布斯函数增加多少。完成该变化时，环境至少需做功多少。已知 293K 时水的表面张力为 $72.8\times10^{-3}N \cdot m^{-1}$。

10.2　100kPa 下，水的表面张力与温度 t 的关系可表示为：$\sigma=(7.56\times10^{-2}-1.40\times10^{-4}t/℃)J \cdot m^{-2}$，10℃时，保持水的总体积不变而改变其表面积，计算：

（1）可逆地增加 $1.00cm^2$ 表面积，需做的功；

（2）此过程中的 Q、ΔU、ΔH、ΔA 和 ΔG；

（3）除去外力，水将自动缩回到原来表面积，此过程不对外做功，计算过程的 Q、ΔU、ΔH、ΔA 和 ΔG。

10.3　283K 时，可逆地使水的表面积增大 $1.00m^2$，吸热 0.04J，计算此过程的 W、ΔU、ΔH、ΔS、ΔA 和 ΔG。已知 283K 时纯水的表面张力为 $74.0mN \cdot m^{-1}$。

10.4　如果水中的空气泡半径均为 1.00×10^{-3}mm，计算这种水开始沸腾的温度。已知 100℃以上水的表面张力为 $0.0589N \cdot m^{-1}$，汽化焓为 $40.7kJ \cdot mol^{-1}$。

10.5　水的表面张力 σ 与温度 t 的关系为 $\sigma=(7.56\times10^{-2}-1.40\times10^{-4}t/℃)J \cdot m^{-2}$。101kPa、303K 下将 10.0kg 水等温、等压、可逆地分散成半径为 1.00×10^{-8}m 的球形雾滴，计算：

(1) 环境耗费的非体积功；

(2) 雾滴的蒸气压；

(3) 雾滴所受的附加压力。

已知 303K、101kPa 时水的密度为 $995\text{kg}\cdot\text{m}^{-3}$，水的饱和蒸气压为 4.24kPa，不考虑分散度对表面张力的影响。

10.6　20℃时水的蒸气压为 2.34kPa，表面张力为 $72.8\text{mN}\cdot\text{m}^{-1}$，计算半径为 10nm 的水滴在此温度下的蒸气压。

10.7　373K 时水的表面张力为 $0.0589\text{N}\cdot\text{m}^{-1}$，密度为 $958\text{kg}\cdot\text{m}^{-3}$，计算 373K 时直径为 $1.00\times10^{-7}\text{m}$ 的气泡内水的蒸气压。在标准压力下，能否将 373K 水中的这种蒸气泡蒸发出来？

10.8　用飞机在夏日的乌云中撒干冰微粒使气温骤降至 293K，水汽的过饱和度 $p_r/p^{\ominus}=4$。已知 293K，水的表面张力为 $72.8\text{mN}\cdot\text{m}^{-1}$，密度为 $997\text{kg}\cdot\text{m}^{-3}$。计算：

(1) 开始形成的雨滴的半径；

(2) 每一雨滴中含多少个水分子。

10.9　25℃时水的表面张力为 $0.0715\text{N}\cdot\text{m}^{-1}$。将水蒸气迅速冷却到 25℃时过饱和蒸气的压力为水蒸气压的 4 倍，计算最初形成的水滴有多大，每个水滴中有多少个水分子。

10.10　用关于界面现象的知识解释下列现象的基本原理：

(1) 有机蒸馏实验中在蒸馏烧瓶中加入沸石或碎瓷片；

(2) 喷洒农药时常常要在药液中加少量表面活性剂；

(3) 重量分析中的“陈化”过程。

10.11　20℃时，苯的蒸气凝结成半径为 $1\mu\text{m}$ 的球形雾滴，计算苯雾滴的蒸气压。已知 20℃时苯的表面张力为 $28.9\times10^{-3}\text{N}\cdot\text{m}^{-1}$，密度为 $879\text{kg}\cdot\text{m}^{-3}$，苯的正常沸点为 80℃，摩尔气化焓为 $33.9\text{kJ}\cdot\text{mol}^{-1}$，且可视为常数。

10.12　标准压力下，水于 373K 沸腾，计算由 50 个水分子组成的蒸气泡中水的蒸气压。已知 373K 时水的表面张力为 $0.0580\text{N}\cdot\text{m}^{-1}$，密度为 $950\text{kg}\cdot\text{m}^{-3}$。

10.13　假定固体溶于某溶剂后形成理想液态混合物，试导出固体微粒的溶解度 S_r 与微粒半径 r 存在如下关系：

$$\ln\frac{S_r}{S_0}=\frac{2\sigma M}{r\rho RT}$$

式中，S_0 为大块固体的溶解度；ρ 为固体的密度；σ 为固体与溶液的界面张力。并解释以下问题：

(1) 过饱和溶液为什么不结晶？

(2) 往过饱和溶液中投入晶种，为什么立即有大量晶体析出？

10.14　25℃时大块 $CaSO_4$ 在水中的溶解度为 $15.3\times10^{-3}\text{mol}\cdot\text{dm}^{-3}$，半径为 $3.00\times10^{-5}\text{cm}$ 的球形 $CaSO_4$ 微晶的溶解度为 $18.2\times10^{-3}\text{mol}\cdot\text{dm}^{-3}$，固体 $CaSO_4$ 的密度为 $2.96\text{g}\cdot\text{cm}^{-3}$。利用题 10.13 所导出的公式计算 $CaSO_4$ 晶体与溶液的界面张力。

10.15　290K 时，1,2-二硝基苯大块固体在水中的溶解度为 $5.90\times10^{-3}\text{mol}\cdot\text{dm}^{-3}$，密度为 $1.57\text{kg}\cdot\text{dm}^{-3}$、摩尔质量为 $168\text{g}\cdot\text{mol}^{-1}$，1,2-二硝基苯与溶液的界面张力为 $25.7\times10^{-3}\text{N}\cdot\text{m}^{-1}$。计算直径为 10nm 的 1,2-二硝基苯球形微晶在水中的溶解度。

10.16　相对湿度为空气中水蒸气的分压与水的饱和蒸气压之比。白天相对湿度为 56%，温度 35℃；夜间 25℃。通过计算说明空气中的水蒸气在夜间是否会凝结成露珠。在土壤毛细管（直径为 $0.1\mu\text{m}$）中是否会凝结？已知 35℃和 25℃时水的蒸气压分别为 5.62kPa 和

3.17kPa，25℃时水的表面张力为 71.5×10^{-3} N·m^{-1}，密度为 1g·cm^{-3}，设水可完全润湿土壤。

10.17　298K 时，从稀肥皂水溶液上刮下极薄的一层液体，液膜表面积为 3×10^{-2} m^2，得到 2×10^{-3} dm^3 溶液，其中肥皂含量为 4.013×10^{-5} mol，而溶液体相内 2×10^{-3} dm^3 的溶液中含肥皂 4.000×10^{-5} mol，试根据吉布斯吸附公式和 $\sigma=\sigma_0-bc$ 计算溶液的表面张力 σ。已知 298K 时水的表面张力 $\sigma_0=7.197\times10^{-2}$ N·m^{-1}。

10.18　为验证吉布斯吸附公式，有人做了下述实验：在 25℃ 下用特制的刮片机在 4.00g·(kgH_2O)$^{-1}$的苯基丙酸（摩尔质量为 150g·mol^{-1}）溶液表面上刮下 2.3g 溶液，溶液表面积为 310cm^2。经分析知，表面层与同量本体溶液中溶质的量相差 1.30×10^{-5} g。计算表面吸附量。

已知该溶液的表面张力 σ 与浓度 c 之间有如下数据：

c/[g·(gH_2O)$^{-1}$]	σ/(N·m^{-1})
0.0035	0.056
0.0040	0.054
0.0045	0.052

用吉布斯吸附公式计算表面吸附量，并与刮片法求得的结果相比较。

10.19　油酸钠溶液的表面张力 σ 与浓度 c 的关系为 $\sigma=\sigma_0-bc$。式中 σ_0 为纯水的表面张力，25℃时 $\sigma_0=0.0720$ N·m^{-1}；b 为常数。测得 25℃时，油酸钠溶液的表面吸附量 $\Gamma=4.33\times10^{-6}$ mol·m^{-2}，计算此溶液的表面张力。

10.20　从 298K 时正丁酸溶液的表面张力-浓度（σ-c）曲线上可读出浓度为 5.0×10^{-5} mol·dm^{-3}时曲线的斜率 $(d\sigma/dc)=-0.135$ N·m^2·mol^{-1}。计算此浓度下正丁酸溶液的表面吸附量。

10.21　已知 0℃时活性炭吸附 $CHCl_3$ 的最大吸附量为 93.8dm^3·kg^{-1}，$CHCl_3$ 的分压为 13.4kPa 时的平衡吸附量为 82.5dm^3·kg^{-1}。计算：

(1) 朗缪尔吸附等温式中的常数 b；

(2) $CHCl_3$ 的分压为 6.67kPa 时的平衡吸附量。

10.22　473K 时，测定氧在某催化剂上的吸附作用，当平衡压力为 100kPa 及 1000kPa 时，每千克催化剂吸附氧的体积（换算成标准状况时的体积）分别为 2.50dm^3 及 4.20dm^3。吸附符合朗缪尔吸附等温式，计算当氧的吸附量为饱和值一半时的平衡压力。

10.23　273K 时，CO 在木炭上的吸附数据如下：

p/kPa	V/(dm^3·kg^{-1})	p/kPa	V/(dm^3·kg^{-1})
13.3	3.38	66.7	12.2
26.7	6.16	80.0	13.8
40.0	8.44	93.8	15.3
53.3	10.4		

其中 V 已换算成标准状况下的体积。验证以上数据符合朗缪尔吸附等温式并求吸附系数 b 和饱和吸附量 V_∞。

10.24　在 77.2K 时，用微球型硅酸铝催化剂吸附 N_2 气。在不同的压力下，测得每千克催化剂吸附的 N_2 在标准状况下的体积如下：

$p/(133.32\text{Pa})$	$V/(\text{dm}^3\cdot\text{kg}^{-1})$	$p/(133.32\text{Pa})$	$V/(\text{dm}^3\cdot\text{kg}^{-1})$
65.25	115.58	224.45	166.38
102.3	126.3	291.85	184.42
165.85	150.69		

设 77.2K 时，N_2 气在硅酸铝上的吸附服从 Langmuir 吸附等温式，N_2 分子截面积 $a=1.62\times10^{-19}\text{m}^2$。试求该催化剂的表面积。

10.25　某气态物质 A(g) 在固体催化剂上发生异构化反应，其机理如下：

$$\text{A(g)}+[\text{K}]\xrightleftharpoons{a_\text{A}}[\text{AK}]\xrightarrow{k_2}\text{B(g)}+[\text{K}]$$

式中，[K] 为催化剂的活性中心。设表面反应为控制步骤，假定催化剂表面是均匀的。

(1) 导出反应的速率方程；

(2) 在 373K 时测得，高压下的速率常数 $k_{高压}=500\text{kPa}\cdot\text{s}^{-1}$，低压下的速率常数 $k_{低压}=10\text{s}^{-1}$。求 a_A 的值和该温度下，当反应速率 $v_\text{s}=-\text{d}p/\text{d}t=250\text{kPa}\cdot\text{s}^{-1}$ 时 A(g) 的分压。

10.26　1173K 时，N_2O(A) 在 Au 上吸附（符合朗缪尔吸附）分解，得下列实验数据：

t/s	$p_\text{A}/(10^4\text{Pa})$	t/s	$p_\text{A}/(10^4\text{Pa})$
0	2.667	3900	1.140
1800	1.801	6000	0.721

讨论 N_2O(A) 在 Au 上吸附的强弱。

10.27　298K 下，将直径 1μm 的毛细管插入水中，为防止管内水面升高，计算需对管内液面施加多大压力。若不施加外压，则管内水面会比管外液面高多少？已知 298K 时水的表面张力为 $0.0720\text{N}\cdot\text{m}^{-1}$，密度为 $1.00\times10^3\text{kg}\cdot\text{m}^{-3}$，水可完全润湿毛细管。

10.28　298K 时将一支半径为 $4\times10^{-4}\text{m}$ 的玻璃毛细管插入盛有汞的容器中，管内汞面下降 0.136m。已知汞与管壁的接触角为 140°，汞的密度为 $13.6\times10^3\text{kg}\cdot\text{m}^{-3}$，计算 298K 时汞的表面张力。

10.29　已知 20℃ 时水的表面张力为 $72.8\times10^{-3}\text{N}\cdot\text{m}^{-1}$，汞的表面张力为 $485\times10^{-3}\text{N}\cdot\text{m}^{-1}$，汞-水界面张力为 $375\times10^{-3}\text{N}\cdot\text{m}^{-1}$，判断水能否在汞的表面铺展。

10.30　20℃ 时，乙醚-水、乙醚-汞和水-汞界面的界面张力分别为 $0.0107\text{N}\cdot\text{m}^{-1}$、$0.379\text{N}\cdot\text{m}^{-1}$ 及 $0.375\text{N}\cdot\text{m}^{-1}$，计算一滴水滴在乙醚与汞的界面上，接触角为何？水能否润湿此界面？

10.31　将 $12\times10^{-3}\text{dm}^3$ 的 $2.00\times10^{-2}\text{mol}\cdot\text{dm}^{-3}$ KCl 溶液和 $100\times10^{-3}\text{dm}^3$ 的 $5.00\times10^{-3}\text{mol}\cdot\text{dm}^{-3}$ $AgNO_3$ 溶液混合制备 AgCl 溶胶，写出胶团结构式。电泳时胶体粒子的移动方向为何？

10.32　亚铁氰化铜溶胶的稳定剂是亚铁氰化钾，写出该溶胶的胶团结构式。胶粒带何种电？

10.33　为什么在新生成的 $Fe(OH)_3$ 沉淀中加入少量稀 $FeCl_3$ 溶液，沉淀会溶解？若再加入一定量的硫酸盐溶液，为何又会析出沉淀？

10.34　以等体积的 $5.00\times10^{-2}\text{mol}\cdot\text{dm}^{-3}$ KI 和 $8.00\times10^{-2}\text{mol}\cdot\text{dm}^{-3}$ $AgNO_3$ 溶液混合制备 AgI 溶胶，写出胶团结构式，并按对该溶胶聚沉能力的大小排列下列电解质：$CaCl_2$、$MgSO_4$、Na_2SO_4 和 NaBr。

10.35　分别往 20cm^3 的 $Fe(OH)_3$ 溶胶中加入 NaCl、Na_2SO_4 和 Na_3PO_4 溶液使溶胶聚沉，使溶胶聚沉所需的电解质溶液最小量为：$1.06\text{mol}\cdot\text{dm}^{-3}$ NaCl 溶液 21.0cm^3、$1.00\times10^{-2}\text{mol}\cdot\text{dm}^{-3}$ Na_2SO_4 溶液 131cm^3 和 $3.30\times10^{-3}\text{mol}\cdot\text{dm}^{-3}$ Na_3PO_4 溶液 5.60cm^3。计算各电解质的聚沉值及它们聚沉能力之比。胶粒应带何种电？

习题答案

附录1　中华人民共和国法定计量单位

表1　SI的基本单位

量的名称	单位名称	单位符号	量的名称	单位名称	单位符号
长度	米	m	热力学温度	开[尔文]	K
质量	千克	kg	物质的量	摩[尔]	mol
时间	秒	s	发光强度	坎[德拉]	cd
电流	安[培]	A			

表2　包括SI辅助单位在内的具有专门名称的SI导出单位

量的名称	SI导出单位		
	名称	符号	用SI基本单位和SI导出单位表示
[平面]角	弧度	rad	1rad=1m/m=1
立体角	球面度	sr	$1sr=1m^2/m^2=1$
频率	赫[兹]	Hz	$1Hz=1s^{-1}$
力	牛[顿]	N	$1N=1kg\cdot m/s^2$
压力,压强,应力	帕[斯卡]	Pa	$1Pa=1N/m^2$
能[量],功,热量	焦[耳]	J	$1J=1N\cdot m$
功率,辐[射能]通量	瓦[特]	W	1W=1J/s
电荷[量]	库[仑]	C	$1C=1A\cdot s$
电压,电动势,电位(电势)	伏[特]	V	1V=1W/A
电容	法[拉]	F	1F=1C/V
电阻	欧[姆]	Ω	1Ω=1V/A
电导	西[门子]	S	$1S=1\Omega^{-1}$
磁通[量]	韦[伯]	Wb	$1Wb=1V\cdot s$
磁通[量]密度,磁感应强度	特[斯拉]	T	$1T=1Wb/m^2$
电感	亨[利]	H	1H=1Wb/A
摄氏温度	摄氏度	℃	1℃=1K
光通量	流[明]	lm	$1lm=1cd\cdot sr$
[光]照度	勒[克斯]	lx	$1lx=1lm/m^2$

表3　由于人类健康安全防护上的需要而确定的具有专门名称的SI导出单位

量的名称	SI导出单位		
	名称	符号	用SI基本单位和SI导出单位表示
[放射性]活度	贝可[勒尔]	Bq	$1Bq=1s^{-1}$
吸收剂量 比授[予]能 比释动能	戈[瑞]	Gy	1Gy=1J/kg
剂量当量	希[沃特]	Sv	1Sv=1J/kg

表 4　SI 词头

因数	词头名称		符号	因数	词头名称		符号
	英文	中文			英文	中文	
10^{24}	yotta	尧[它]	Y	10^{-1}	deci	分	d
10^{21}	zetta	泽[它]	Z	10^{-2}	centi	厘	c
10^{18}	exa	艾[可萨]	E	10^{-3}	milli	毫	m
10^{15}	peta	拍[它]	P	10^{-6}	micro	微	μ
10^{12}	tera	太[拉]	T	10^{-9}	nano	纳[诺]	n
10^{9}	giga	吉[咖]	G	10^{-12}	pico	皮[可]	p
10^{6}	mega	兆	M	10^{-15}	femto	飞[母托]	f
10^{3}	kilo	千	k	10^{-18}	atto	阿[托]	a
10^{2}	hecto	百	h	10^{-21}	zepto	仄[普托]	z
10^{1}	deca	十	da	10^{-24}	yocto	幺[科托]	y

表 5　可与国际单位制单位并用的我国法定计量单位

量的名称	单位名称	单位符号	与 SI 单位的关系
时间	分	min	1min＝60s
	[小]时	h	1h＝60min＝3600s
	日(天)	d	1d＝24h＝86400s
[平面]角	度	°	$1°=(\pi/180)\text{rad}$
	[角]分	′	$1'=(1/60)°=(\pi/10800)\text{rad}$
	[角]秒	″	$1''=(1/60)'=(\pi/648000)\text{rad}$
体积	升	L(l)	$1\text{L}=1\text{dm}^3=10^{-3}\text{m}^3$
质量	吨	t	$1\text{t}=10^3\text{kg}$
	原子质量单位	u	$1\text{u}\approx1.660540\times10^{-27}\text{kg}$
旋转速度	转每分	r/min	$1\text{r/min}=(1/60)\text{s}^{-1}$
长度	海里	n mile	1n mile＝1852m(只用于航行)
速度	节	kn	1kn＝1n mile/h＝(1852/3600)m/s(只用于航行)
能	电子伏	eV	$1\text{eV}\approx1.602177\times10^{-19}\text{J}$
级差	分贝	dB	
线密度	特[克斯]	tex	$1\text{tex}=10^{-6}\text{kg/m}$
面积	公顷	hm^2	$1\text{hm}^2=10^4\text{m}^2$

注：1. 平面角单位度、分、秒的符号在组合单位中应采用（°）（′）（″）的形式。例如，不用°/s 而用（°）/s。

2. 升的符号中，小写字母 l 为备用符号。

3. 公顷的国际通用符号为 ha。

附录2 基本物理常量

量的名称	符号	数值及单位
自由落体加速度 重力加速度	g	$9.80665m \cdot s^{-2}$（准确值）
真空介电常数 （真空电容率）	ε_0	$8.854188 \times 10^{-12} F \cdot m^{-1}$
电磁波在真空中的速度	c, c_0	$299792458m \cdot s^{-1}$
阿伏伽德罗常数	L, N_A	$(6.0221367 \pm 0.0000036) \times 10^{23} mol^{-1}$
摩尔气体常数	R	$(8.314510 \pm 0.000070) J \cdot mol^{-1} \cdot K^{-1}$
玻耳兹曼常数	k, k_B	$(1.380658 \pm 0.000012) \times 10^{-23} J \cdot K^{-1}$
元电荷	e	$(1.60217733 \pm 0.00000049) \times 10^{-19} C$
法拉第常数	F	$(9.6485309 \pm 0.0000029) \times 10^{4} C \cdot mol^{-1}$
普朗克常量	h	$(6.6260755 \pm 0.0000040) \times 10^{-34} J \cdot s$

附录3 某些物质的临界参量

物质		临界温度 t_c/℃	临界压力 p_c/MPa	临界密度 $\rho_c/kg \cdot m^{-3}$	临界压缩因子 Z_c
He	氦	−267.96	0.227	69.8	0.301
Ar	氩	−122.4	4.87	533	0.291
H_2	氢	−239.9	1.297	31.0	0.305
N_2	氮	−147.0	3.39	313	0.290
O_2	氧	−118.57	5.043	436	0.288
F_2	氟	−128.84	5.215	574	0.288
Cl_2	氯	144	7.7	573	0.275
Br_2	溴	311	10.3	1260	0.270
H_2O	水	373.91	22.05	320	0.23
NH_3	氨	132.33	11.313	236	0.242
HCl	氯化氢	51.5	8.31	450	0.25
H_2S	硫化氢	100.0	8.94	346	0.284
CO	一氧化碳	−140.23	3.499	301	0.295
CO_2	二氧化碳	30.98	7.375	468	0.275
SO_2	二氧化硫	157.5	7.884	525	0.268
CH_4	甲烷	−82.62	4.596	163	0.286
C_2H_6	乙烷	32.18	4.872	204	0.283
C_3H_8	丙烷	96.59	4.254	214	0.285
C_2H_4	乙烯	9.19	5.039	215	0.281
C_3H_6	丙烯	91.8	4.62	233	0.275
C_2H_2	乙炔	35.18	6.139	231	0.271
$CHCl_3$	氯仿	262.9	5.329	491	0.201
CCl_4	四氯化碳	283.15	4.558	557	0.272
CH_3OH	甲醇	239.43	8.10	272	0.224
C_2H_6OH	乙醇	240.77	6.148	276	0.240
C_6H_6	苯	288.95	4.898	306	0.268
$C_6H_5CH_3$	甲苯	318.57	4.109	290	0.266

附录4　某些气体的摩尔等压热容与温度的关系

$$C_{p,m}=a+bT+cT^2$$

物质		a /J·mol^{-1}·K^{-1}	10^3b /J·mol^{-1}·K^{-2}	10^6c /J·mol^{-1}·K^{-3}	温度范围 /K
H_2	氢	26.88	4.347	−0.3265	273～3800
Cl_2	氯	31.696	10.144	−4.038	300～1500
Br_2	溴	35.241	4.075	−1.487	300～1500
O_2	氧	28.17	6.297	−0.7494	273～3800
N_2	氮	27.32	6.226	−0.9502	273～3800
HCl	氯化氢	28.17	1.810	1.547	300～1500
H_2O	水	29.16	14.49	−2.022	273～3800
CO	一氧化碳	26.537	7.6831	−1.172	300～1500
CO_2	二氧化碳	26.75	42.258	−14.25	300～1500
CH_4	甲烷	14.15	75.496	−17.99	298～1500
C_2H_6	乙烷	9.401	159.83	−46.229	298～1500
C_2H_4	乙烯	11.84	119.67	−36.51	298～1500
C_3H_6	丙烯	9.427	188.77	−57.488	298～1500
C_2H_2	乙炔	30.67	52.810	−16.27	298～1500
C_3H_4	丙炔	26.50	120.66	−39.57	298～1500
C_6H_6	苯	−1.71	324.77	−110.58	298～1500
$C_6H_5CH_3$	甲苯	2.41	391.17	−130.65	298～1500
CH_3OH	甲醇	18.40	101.56	−28.68	273～1000
C_2H_5OH	乙醇	29.25	166.28	−48.898	298～1500
$(C_2H_5)_2O$	二乙醚	−103.9	1417	−248	300～400
HCHO	甲醛	18.82	58.379	−15.61	291～1500
CH_3CHO	乙醛	31.05	121.46	−36.58	298～1500
$(CH_3)_2CO$	丙酮	22.47	205.97	−63.521	298～1500
HCOOH	甲酸	30.7	89.20	−34.54	300～700
$CHCl_3$	氯仿	29.51	148.94	−90.734	273～773

附录5 某些物质的标准摩尔生成焓、标准摩尔生成吉布斯函数、标准摩尔熵及摩尔等压热容

（标准压力 $p^{\ominus}$＝100kPa，25℃）

物质	$\Delta_f H_m^{\ominus}$ /kJ·mol^{-1}	$\Delta_f G_m^{\ominus}$ /kJ·mol^{-1}	$S_m^{\ominus}$ /J·mol^{-1}·K^{-1}	$C_{p,m}$ /J·mol^{-1}·K^{-1}
Ag(s)	0	0	42.55	25.351
AgCl(s)	－127.068	－109.789	96.2	50.79
Ag_2O(s)	－31.05	－11.20	121.3	65.86
Al(s)	0	0	28.33	24.35
Al_2O_3(α，刚玉)	－1675.7	－1582.3	50.92	79.04
Br_2(l)	0	0	152.231	75.689
Br_2(g)	30.907	3.110	245.463	36.02
HBr(g)	－36.40	－53.45	198.695	29.142
Ca(s)	0	0	41.42	25.31
CaC_2(s)	－59.8	－64.9	69.96	62.72
$CaCO_3$(方解石)	－1206.92	－1128.79	92.9	81.88
CaO(s)	－635.09	－604.03	39.75	42.80
$Ca(OH)_2$(s)	－986.09	－898.49	83.39	87.49
C(石墨)	0	0	5.740	8.527
C(金刚石)	1.895	2.900	2.377	6.113
CO(g)	－110.525	－137.168	197.674	29.142
CO_2(g)	－393.509	－394.359	213.74	37.11
CS_2(l)	89.70	65.27	151.34	75.7
CS_2(g)	117.36	67.12	237.84	45.40
CCl_4(l)	－135.44	－65.21	216.40	131.75
CCl_4(g)	－102.9	－60.59	309.85	83.30
HCN(l)	108.87	124.97	112.84	70.63
HCN(g)	135.1	124.7	201.78	35.86
Cl_2(g)	0	0	223.066	33.907
Cl(g)	121.679	105.680	165.198	21.840
HCl(g)	－92.307	－95.299	186.908	29.12
Cu(s)	0	0	33.150	24.435
CuO(s)	－157.3	－129.7	42.63	42.30
Cu_2O(s)	－168.6	－146.0	93.14	63.64
F_2(g)	0	0	202.78	31.30
HF(g)	－271.1	－273.2	173.779	29.133
Fe(s)	0	0	27.28	25.10
$FeCl_2$(s)	－341.79	－302.30	117.95	76.65
$FeCl_3$(s)	－399.49	－334.00	142.3	96.65
Fe_2O_3(赤铁矿)	－824.2	－742.2	87.40	103.85
Fe_3O_4(磁铁矿)	－1118.4	－1015.4	146.4	143.43
$FeSO_4$(s)	－928.4	－820.8	107.5	100.58

续表

物质	$\Delta_f H_m^{\ominus}$ /kJ·mol^{-1}	$\Delta_f G_m^{\ominus}$ /kJ·mol^{-1}	$S_m^{\ominus}$ /J·mol^{-1}·K^{-1}	$C_{p,m}$ /J·mol^{-1}·K^{-1}
$H_2(g)$	0	0	130.684	28.824
H(g)	217.965	203.247	114.713	20.784
$H_2O(l)$	−285.830	−237.129	69.91	75.291
$H_2O(g)$	−241.818	−228.572	188.825	33.577
$I_2(s)$	0	0	116.135	54.438
$I_2(g)$	62.438	19.327	260.69	36.90
I(g)	106.838	70.250	180.791	20.786
HI(g)	26.48	1.70	206.594	29.158
Mg(s)	0	0	32.68	24.89
$MgCl_2(s)$	−641.32	−591.79	89.62	71.38
MgO(s)	−601.70	−569.43	26.94	37.15
$Mg(OH)_2(s)$	−924.54	−833.51	63.18	77.03
Na(s)	0	0	51.21	28.24
$Na_2CO_3(s)$	−1130.68	−1044.44	134.98	112.30
$NaHCO_3(s)$	−950.81	−851.0	101.7	87.61
NaCl(s)	−411.153	−384.138	72.13	50.50
$NaNO_3(s)$	−467.85	−367.00	116.52	92.88
NaOH(s)	−425.609	−379.494	64.455	59.54
$Na_2SO_4(s)$	−1387.08	−1270.16	149.58	128.20
$N_2(g)$	0	0	191.61	29.125
$NH_3(g)$	−46.11	−16.45	192.45	35.06
NO(g)	90.25	86.55	210.761	29.844
$NO_2(g)$	33.18	51.31	240.06	37.20
$N_2O(g)$	82.05	104.20	219.85	38.45
$N_2O_3(g)$	83.72	139.46	312.28	65.61
$N_2O_4(g)$	9.16	97.89	304.29	77.28
$N_2O_5(g)$	11.3	115.1	355.7	84.5
$HNO_3(l)$	−174.10	−80.71	155.60	109.87
$HNO_3(g)$	−135.06	−74.72	266.38	53.35
$NH_4NO_3(s)$	−365.56	−183.87	151.08	139.3
$O_2(g)$	0	0	205.138	29.355
O(g)	249.170	231.731	161.055	21.912
$O_3(g)$	142.7	163.2	238.93	39.20
P(α-白磷)	0	0	41.09	23.840
P(红磷,三斜晶系)	−17.6	−12.1	22.80	21.21
$P_4(g)$	58.91	24.44	279.98	67.15
$PCl_3(g)$	−287.0	−267.8	311.78	71.84
$PCl_5(g)$	−374.9	−305.0	364.58	112.80
$H_3PO_4(s)$	−1279.0	−1119.1	110.50	106.06
S(正交晶系)	0	0	31.80	22.64
S(g)	278.805	238.250	167.821	23.673
$S_8(g)$	102.30	49.63	430.98	156.44
$H_2S(g)$	−20.63	−33.56	205.79	34.23
$SO_2(g)$	−296.830	−300.194	248.22	39.87
$SO_3(g)$	−395.72	−371.06	256.76	50.67
$H_2SO_4(l)$	−813.989	−690.003	156.904	138.91
Si(s)	0	0	18.83	20.00
$SiCl_4(l)$	−687.0	−619.84	239.7	145.31

续表

物质		$\Delta_f H_m^\ominus$ /kJ·mol^{-1}	$\Delta_f G_m^\ominus$ /kJ·mol^{-1}	$S_m^\ominus$ /J·mol^{-1}·K^{-1}	$C_{p,m}$ /J·mol^{-1}·K^{-1}
$SiCl_4$(g)		−657.01	−616.98	330.73	90.25
SiH_4(g)		34.3	56.9	204.62	42.84
SiO_2(α石英)		−910.94	−856.64	41.84	44.43
SiO_2(s,无定形)		−903.49	−850.70	46.9	44.4
Zn(s)		0	0	41.63	25.40
$ZnCO_3$(s)		−812.78	−731.52	82.4	79.71
$ZnCl_2$(s)		−415.05	−369.398	111.46	71.34
ZnO(s)		−348.28	−318.30	43.64	40.25
CH_4(g)	甲烷	−74.81	−50.72	186.264	35.309
C_2H_6(g)	乙烷	−84.68	−32.82	229.60	52.63
C_2H_4(g)	乙烯	52.26	68.15	219.56	43.56
C_2H_2(g)	乙炔	226.73	209.20	200.94	43.93
CH_3OH(l)	甲醇	−238.66	−166.27	126.8	81.6
CH_3OH(g)	甲醇	−200.66	−161.96	239.81	43.89
C_2H_5OH(l)	乙醇	−277.69	−174.78	160.7	111.46
C_2H_5OH(g)	乙醇	−235.10	−168.49	282.70	65.44
$(CH_2OH)_2$(l)	乙二醇	−454.80	−323.08	166.9	149.8
$(CH_3)_2O$(g)	二甲醚	−184.05	−112.59	266.38	64.39
HCHO(g)	甲醛	−108.57	−102.53	218.77	35.40
CH_3CHO(g)	乙醛	−166.19	−128.86	250.3	57.3
HCOOH(l)	甲酸	−424.72	−361.35	128.95	99.04
CH_3COOH(l)	乙酸	−484.5	−389.9	159.8	124.3
CH_3COOH(g)	乙酸	−432.25	−374.0	282.5	66.5
C_4H_6(g)	1,3-丁二烯	111.90	150.74	278.85	79.54
$(CH_2)_2O$(l)	环氧乙烷	−77.82	−11.76	153.85	87.95
$(CH_2)_2O$(g)	环氧乙烷	−52.63	−13.01	242.53	47.91
$CHCl_3$(l)	氯仿	−134.47	−73.66	201.7	113.8
$CHCl_3$(g)	氯仿	−103.14	−70.34	295.71	65.69
C_2H_5Cl(l)	氯乙烷	−136.52	−59.31	190.79	104.35
C_2H_5Cl(g)	氯乙烷	−112.17	−60.39	276.00	62.8
C_2H_5Br(l)	溴乙烷	−92.01	−27.70	198.7	100.8
C_2H_5Br(g)	溴乙烷	−64.52	−26.48	286.71	64.52
CH_2CHCl(g)	氯乙烯	35.6	51.9	263.99	53.72
CH_3COCl(l)	氯乙酰	−273.80	−207.99	200.8	117
CH_3COCl(g)	氯乙酰	−243.51	−205.80	295.1	67.8
CH_3NH_2(g)	甲胺	−22.97	32.16	243.41	53.1
$(NH_3)_2CO$(s)	尿素	−333.51	−197.33	104.60	93.14

附录 6　某些物质的吉布斯自由能函数和焓函数

物质	$-[G_m^\ominus(T)-H_m(0K)]T^{-1}/J\cdot K^{-1}\cdot mol^{-1}$					$[H_m^\ominus(298K)-H_m(0K)]/kJ\cdot mol^{-1}$
	298K	500K	1000K	1500K	2000K	
Br(g)	154.14	164.89	179.28	187.82	193.97	6.197
Br_2(g)	212.76	230.08	254.39	269.07	279.62	9.728
Br_2(l)	104.6					13.556
C(石墨)	2.22	4.85	11.63	17.53	22.51	1.050
Cl(g)	144.06	155.06	170.25	179.20	185.52	6.272
Cl_2(g)	192.17	208.57	231.92	246.23	256.65	9.180
F(g)	136.77	148.16	163.43	172.21	178.41	6.519
F_2(g)	173.09	188.70	211.01	224.85	235.02	8.828
H(g)	93.81	104.56	118.99	127.40	133.39	6.197
H_2(g)	102.17	117.13	136.98	148.91	157.61	8.468
I(g)	159.91	170.62	185.06	193.47	199.49	6.197
I_2(g)	226.69	244.60	269.45	284.34	295.06	8.987
I_2(l)	71.88					13.196
N_2(g)	162.42	177.49	197.95	210.37	219.58	8.669
O_2(g)	175.98	191.13	212.13	225.14	234.72	8.660
S(斜方)	17.11	27.11				4.406
CO(g)	168.41	183.51	204.05	216.65	225.93	8.673
CO_2(g)	182.26	199.45	226.40	244.68	258.80	9.364
CS_2(g)	202.00	221.92	253.17	273.80	289.11	10.669
CH_4(g)	152.55	170.50	199.37	221.08	238.91	10.029
CH_3Cl(g)	198.53	217.82	250.12	274.22		10.414
$CHCl_3$(g)	248.07	275.35	321.25	352.96		14.184
CCl_4(g)	251.67	285.01	340.62	376.39		17.200
$COCl_2$(g)	240.58	264.97	304.55	331.08	351.12	12.866
CH_3OH(g)	201.38	222.34	257.65			11.427
CH_2O(g)	185.14	203.09	230.58	250.25	266.02	10.012
HCOOH(g)	212.21	232.63	267.73	293.59	314.39	10.883
HCN(g)	170.79	187.65	213.43	230.75	243.97	9.25
C_2H_2(g)	167.28	186.23	271.61	239.45	256.60	10.008
C_2H_4(g)	184.01	203.93	239.70	267.52	290.62	10.565
C_2H_6(g)	189.41	212.42	255.68	290.62		11.950
C_2H_5OH(g)	235.14	262.84	314.97	356.27		14.18
CH_3CHO(g)	221.12	245.48	288.82			12.845
CH_3COOH(g)	236.40	264.60	317.65	357.10		13.81
C_3H_6(g)	221.54	248.19	299.45	340.70		13.544
C_3H_8(g)	220.62	250.25	310.03	359.24		14.694
$(CH_3)_2CO$(g)	240.37	272.09	331.46	378.82		16.272
n-C_4H_{10}(g)	244.93	284.14	362.33	426.56		19.435
i-C_4H_{10}(g)	234.64	271.94	348.86	412.71		17.891
n-C_5H_{12}(g)	269.95	317.73	413.67	492.54		13.162
i-C_5H_{12}(g)	269.28	314.97	409.86	488.61		12.083
C_6H_6(g)	221.46	252.04	320.37	378.44		14.230
c-C_6H_{12}(g)	238.78	277.78	371.29	455.2		17.728
Cl_2O(g)	228.11	248.91	280.50	300.87		11.380

续表

物质	$-[G_m^{\ominus}(T)-H_m(0K)]T^{-1}$/J·K^{-1}·mol^{-1}					$[H_m^{\ominus}(298K)-H_m(0K)]$/kJ·mol^{-1}
	298K	500K	1000K	1500K	2000K	
$ClO_2(g)$	215.10	234.72	264.72	284.30		10.782
HF(g)	144.85	159.79	179.91	191.92	200.62	8.598
HCl(g)	157.82	172.84	193.13	205.35	214.35	8.640
HBr(g)	169.58	184.60	204.97	217.41	226.53	8.650
HI(g)	177.44	192.51	213.02	225.57	234.82	8.659
HClO(g)	201.84	220.05	246.92	264.20	269.5	10.220
$PCl_3(g)$	258.05	288.22	335.09			16.07
$H_2O(g)$	155.56	172.80	196.74	211.76	223.14	9.910
$H_2O_2(g)$	196.49	216.45	247.54	269.01		10.84
$H_2S(g)$	172.30	189.75	214.65	230.84	243.1	9.981
$NH_3(g)$	158.99	176.94	203.52	221.93	236.70	9.92
NO(g)	179.87	195.69	217.03	230.01	239.55	9.182
$N_2O(g)$	187.86	205.53	233.36	252.23		9.588
$NO_2(g)$	205.86	224.32	252.06	270.27	284.08	10.316
$SO_2(g)$	212.68	231.77	260.64	279.64	293.8	10.542
$SO_3(g)$	217.16	239.13	276.54	302.99	322.7	11.59

附录 7　某些有机化合物的标准摩尔燃烧焓

（标准压力 $p^{\ominus}=100$kPa，25℃）

物质		$-\Delta_c H_m^{\ominus}$/kJ·mol^{-1}	物　质		$-\Delta_c H_m^{\ominus}$/kJ·mol^{-1}
$CH_4(g)$	甲烷	890.31	$C_2H_5CHO(l)$	丙醛	1816.3
$C_2H_6(g)$	乙烷	1559.8	$(CH_3)_2CO(l)$	丙酮	1790.4
$C_3H_8(g)$	丙烷	2219.9	$CH_3COC_2H_5(l)$	甲乙酮	2444.2
$C_5H_{12}(l)$	正戊烷	3509.5	HCOOH(l)	甲酸	254.6
$C_5H_{12}(g)$	正戊烷	3536.1	$CH_3COOH(l)$	乙酸	874.54
$C_6H_{14}(l)$	正己烷	4163.1	$C_2H_5COOH(l)$	丙酸	1527.3
$C_2H_4(g)$	乙烯	1411.0	$C_3H_7COOH(l)$	正丁酸	2183.5
$C_2H_2(g)$	乙炔	1299.6	$CH_2(COOH)_2(s)$	丙二酸	861.15
$C_3H_6(g)$	环丙烷	2091.5	$(CH_2COOH)_2(s)$	丁二酸	1491.0
$C_4H_8(l)$	环丁烷	2720.5	$(CH_3CO)_2O(l)$	乙酸酐	1806.2
$C_5H_{10}(l)$	环戊烷	3290.9	$HCOOCH_3(l)$	甲酸甲酯	979.5
$C_6H_{12}(l)$	环己烷	3919.9	$C_6H_5OH(s)$	苯酚	3053.5
$C_6H_6(l)$	苯	3267.5	$C_6H_5CHO(l)$	苯甲醛	3527.9
$C_{10}H_8(s)$	萘	5153.9	$C_6H_5COCH_3(l)$	苯乙酮	4148.9
$CH_3OH(l)$	甲醇	726.51	$C_6H_5COOH(s)$	苯甲酸	3226.9
$C_2H_5OH(l)$	乙醇	1366.8	$C_6H_4(COOH)_2(s)$	邻苯二甲酸	3223.5
$C_3H_7OH(l)$	正丙醇	2019.8	$C_6H_5COOCH_3(l)$	苯甲酸甲酯	3957.6
$C_4H_9OH(l)$	正丁醇	2675.8	$C_{12}H_{22}O_{11}(s)$	蔗糖	5640.9
$CH_3OC_2H_5(g)$	甲乙醚	2107.4	$CH_3NH_2(l)$	甲胺	1060.6
$(C_2H_5)_2O(l)$	二乙醚	2751.1	$C_2H_5NH_2(l)$	乙胺	1713.3
HCHO(g)	甲醛	570.78	$(NH_3)_2CO(s)$	尿素	631.66
$CH_3CHO(l)$	乙醛	1166.4	$C_5H_5N(l)$	吡啶	2782.4

参 考 文 献

[1] 傅献彩，沈文霞，姚天扬，侯文华. 物理化学. 第5版. 北京：高等教育出版社，2005.

[2] 天津大学物理化学教研室. 物理化学. 6版. 刘俊吉，周亚平，李松林，冯霞修订. 北京：高等教育出版社，2017 .

[3] 朱志昂，阮文娟. 近代物理化学. 4版. 北京：科学出版社，2008.

[4] 范康年. 物理化学. 2版. 北京：高等教育出版社，2005.

[5] 高执棣. 化学热力学基础. 北京：北京大学出版社，2006.

[6] 周公度，段连运. 结构化学基础. 5版. 北京：北京大学出版社，2017.

[7] Silbey R J，Alberty R A. Physical Chemistry. 4th ed. New York：John Wiley & Sons Inc.，2014 .

[8] Levine I N. Physical Chemistry. 6th ed. New York：McGraw-Hill Higher Education International Edition，2009.

[9] Atkins P，Paula J. Physical Chemistry. 11th ed. London：Oxford University Press，2017.

[10] Pilar F L. Elementary Quantum Chemistry . 2nd ed. New York：McGraw Hill，2011.

元素周期表

IUPAC 2013

+2 +3 +4 +5 +6	氧化态(单质的氧化态为0，未列入；常见的为红色)
95	原子序数
Am	元素符号(红色的为放射性元素)
镅▲	元素名称(注▲的为人造元素)
$5f^77s^2$	价层电子构型
243.06138(2)✦	以 ^{12}C=12为基准的原子量(注✦的是半衰期最长同位素的原子量)

s区元素　p区元素　d区元素　ds区元素　f区元素　稀有气体

族 / 周期	1 ⅠA	2 ⅡA	3 ⅢB	4 ⅣB	5 ⅤB	6 ⅥB	7 ⅦB	8 ⅧB(Ⅷ)	9 ⅧB(Ⅷ)	10 ⅧB(Ⅷ)	11 ⅠB	12 ⅡB	13 ⅢA	14 ⅣA	15 ⅤA	16 ⅥA	17 ⅦA	18 ⅧA(0)	电子层
1	−1 +1 1 H 氢 $1s^1$ 1.008																	2 He 氦 $1s^2$ 4.002602(2)	K
2	+1 3 Li 锂 $2s^1$ 6.94	+2 4 Be 铍 $2s^2$ 9.0121831(5)											+3 5 B 硼 $2s^22p^1$ 10.81	−4 +2 +4 6 C 碳 $2s^22p^2$ 12.011	−3 −2 −1 +1 +2 +3 +4 +5 7 N 氮 $2s^22p^3$ 14.007	−2 −1 8 O 氧 $2s^22p^4$ 15.999	−1 9 F 氟 $2s^22p^5$ 18.998403163(6)	10 Ne 氖 $2s^22p^6$ 20.1797(6)	L K
3	−1 +1 11 Na 钠 $3s^1$ 22.98976928(2)	+2 12 Mg 镁 $3s^2$ 24.305											+3 13 Al 铝 $3s^23p^1$ 26.9815385(7)	−4 +2 +4 14 Si 硅 $3s^23p^2$ 28.085	−3 −2 +1 +3 +5 15 P 磷 $3s^23p^3$ 30.973761998(5)	−2 +2 +4 +6 16 S 硫 $3s^23p^4$ 32.06	−1 +1 +3 +5 +7 17 Cl 氯 $3s^23p^5$ 35.45	18 Ar 氩 $3s^23p^6$ 39.948(1)	M L K
4	−1 +1 19 K 钾 $4s^1$ 39.0983(1)	+2 20 Ca 钙 $4s^2$ 40.078(4)	+3 21 Sc 钪 $3d^14s^2$ 44.955908(5)	−1 0 +2 +3 +4 22 Ti 钛 $3d^24s^2$ 47.867(1)	0 ±1 +2 +3 +4 +5 23 V 钒 $3d^34s^2$ 50.9415(1)	−3 0 ±1 ±2 +3 +4 +5 +6 24 Cr 铬 $3d^54s^1$ 51.9961(6)	−2 0 ±1 +2 ±3 +4 +5 +6 +7 25 Mn 锰 $3d^54s^2$ 54.938044(3)	−2 0 ±1 +2 +3 +4 +5 +6 26 Fe 铁 $3d^64s^2$ 55.845(2)	0 ±1 +2 +3 +4 +5 27 Co 钴 $3d^74s^2$ 58.933194(4)	0 ±1 +2 +3 +4 28 Ni 镍 $3d^84s^2$ 58.6934(4)	+1 +2 +3 +4 29 Cu 铜 $3d^{10}4s^1$ 63.546(3)	+1 +2 30 Zn 锌 $3d^{10}4s^2$ 65.38(2)	+1 +3 31 Ga 镓 $4s^24p^1$ 69.723(1)	+2 +4 32 Ge 锗 $4s^24p^2$ 72.630(8)	−3 +3 +5 33 As 砷 $4s^24p^3$ 74.921595(6)	−2 +2 +4 +6 34 Se 硒 $4s^24p^4$ 78.971(8)	−1 +1 +3 +5 +7 35 Br 溴 $4s^24p^5$ 79.904	+2 +4 36 Kr 氪 $4s^24p^6$ 83.798(2)	N M L K
5	−1 +1 37 Rb 铷 $5s^1$ 85.4678(3)	+2 38 Sr 锶 $5s^2$ 87.62(1)	+3 39 Y 钇 $4d^15s^2$ 88.90584(2)	+1 +2 +3 +4 40 Zr 锆 $4d^25s^2$ 91.224(2)	0 ±1 +2 +3 +4 +5 41 Nb 铌 $4d^45s^1$ 92.90637(2)	0 ±1 ±2 +3 +4 +5 +6 42 Mo 钼 $4d^55s^1$ 95.95(1)	0 ±1 +2 +3 +4 +5 +6 +7 43 Tc 锝▲ $4d^55s^2$ 97.90721(3)✦	0 +1 ±2 +3 +4 +5 +6 +7 +8 44 Ru 钌 $4d^75s^1$ 101.07(2)	0 ±1 +2 +3 +4 +5 +6 45 Rh 铑 $4d^85s^1$ 102.90550(2)	0 +1 +2 +3 +4 46 Pd 钯 $4d^{10}$ 106.42(1)	+1 +2 +3 47 Ag 银 $4d^{10}5s^1$ 107.8682(2)	+1 +2 48 Cd 镉 $4d^{10}5s^2$ 112.414(4)	+1 +3 49 In 铟 $5s^25p^1$ 114.818(1)	+2 +4 50 Sn 锡 $5s^25p^2$ 118.710(7)	−3 +3 +5 51 Sb 锑 $5s^25p^3$ 121.760(1)	−2 +2 +4 +6 52 Te 碲 $5s^25p^4$ 127.60(3)	−1 +1 +3 +5 +7 53 I 碘 $5s^25p^5$ 126.90447(3)	+2 +4 +6 +8 54 Xe 氙 $5s^25p^6$ 131.293(6)	O N M L K
6	−1 +1 55 Cs 铯 $6s^1$ 132.90545196(6)	+2 56 Ba 钡 $6s^2$ 137.327(7)	57~71 La~Lu 镧系	+1 +2 +3 +4 72 Hf 铪 $5d^26s^2$ 178.49(2)	0 ±1 +2 +3 +4 +5 73 Ta 钽 $5d^36s^2$ 180.94788(2)	0 ±1 ±2 +3 +4 +5 +6 74 W 钨 $5d^46s^2$ 183.84(1)	0 ±1 +2 +3 +4 +5 +6 +7 75 Re 铼 $5d^56s^2$ 186.207(1)	0 +1 +2 +3 +4 +5 +6 +7 +8 76 Os 锇 $5d^66s^2$ 190.23(3)	0 ±1 +2 +3 +4 +5 +6 77 Ir 铱 $5d^76s^2$ 192.217(3)	0 +2 +3 +4 +5 +6 78 Pt 铂 $5d^96s^1$ 195.084(9)	+1 +2 +3 +5 79 Au 金 $5d^{10}6s^1$ 196.966569(5)	+1 +2 +3 80 Hg 汞 $5d^{10}6s^2$ 200.592(3)	+1 +3 81 Tl 铊 $6s^26p^1$ 204.38	+2 +4 82 Pb 铅 $6s^26p^2$ 207.2(1)	−3 +3 +5 83 Bi 铋 $6s^26p^3$ 208.98040(1)	−2 +2 +3 +4 +6 84 Po 钋 $6s^26p^4$ 208.98243(2)✦	±1 +5 +7 85 At 砹 $6s^26p^5$ 209.98715(5)✦	+2 86 Rn 氡 $6s^26p^6$ 222.01758(2)✦	P O N M L K
7	+1 87 Fr 钫▲ $7s^1$ 223.01974(2)✦	+2 88 Ra 镭 $7s^2$ 226.02541(2)✦	89~103 Ac~Lr 锕系	104 Rf 𬬻▲ $6d^27s^2$ 267.122(4)✦	105 Db 𬭊▲ $6d^37s^2$ 270.131(4)✦	106 Sg 𬭳▲ $6d^47s^2$ 269.129(3)✦	107 Bh 𬭛▲ $6d^57s^2$ 270.133(2)✦	108 Hs 𬭶▲ $6d^67s^2$ 270.134(2)✦	109 Mt 鿏▲ $6d^77s^2$ 278.156(5)✦	110 Ds 𫟼▲ 281.165(4)✦	111 Rg 𬬭▲ 281.166(6)✦	112 Cn 鿔▲ 285.177(4)✦	113 Nh 鿭▲ 286.182(5)✦	114 Fl 𫓧▲ 289.190(4)✦	115 Mc 镆▲ 289.194(6)✦	116 Lv 𫟷▲ 293.204(4)✦	117 Ts 鿬▲ 293.208(6)✦	118 Og 鿫▲ 294.214(5)✦	Q P O N M L K

★															
镧系	+3 57 La★ 镧 $5d^16s^2$ 138.90547(7)	+2 +3 +4 58 Ce 铈 $4f^15d^16s^2$ 140.116(1)	+3 +4 59 Pr 镨 $4f^36s^2$ 140.90766(2)	+2 +3 +4 60 Nd 钕 $4f^46s^2$ 144.242(3)	+3 61 Pm 钷▲ $4f^56s^2$ 144.91276(2)✦	+2 +3 62 Sm 钐 $4f^66s^2$ 150.36(2)	+2 +3 63 Eu 铕 $4f^76s^2$ 151.964(1)	+3 64 Gd 钆 $4f^75d^16s^2$ 157.25(3)	+3 +4 65 Tb 铽 $4f^96s^2$ 158.92535(2)	+3 +4 66 Dy 镝 $4f^{10}6s^2$ 162.500(1)	+3 67 Ho 钬 $4f^{11}6s^2$ 164.93033(2)	+3 68 Er 铒 $4f^{12}6s^2$ 167.259(3)	+2 +3 69 Tm 铥 $4f^{13}6s^2$ 168.93422(2)	+2 +3 70 Yb 镱 $4f^{14}6s^2$ 173.045(10)	+3 71 Lu 镥 $4f^{14}5d^16s^2$ 174.9668(1)
★ 锕系	+3 89 Ac★ 锕 $6d^17s^2$ 227.02775(2)✦	+3 +4 90 Th 钍 $6d^27s^2$ 232.0377(4)	+3 +4 +5 91 Pa 镤 $5f^26d^17s^2$ 231.03588(2)	+2 +3 +4 +5 +6 92 U 铀 $5f^36d^17s^2$ 238.02891(3)	+3 +4 +5 +6 +7 93 Np 镎 $5f^46d^17s^2$ 237.04817(2)✦	+3 +4 +5 +6 +7 94 Pu 钚 $5f^67s^2$ 244.06421(4)✦	+2 +3 +4 +5 +6 95 Am 镅▲ $5f^77s^2$ 243.06138(2)✦	+3 +4 96 Cm 锔▲ $5f^76d^17s^2$ 247.07035(3)✦	+3 +4 97 Bk 锫▲ $5f^97s^2$ 247.07031(4)✦	+2 +3 +4 98 Cf 锎▲ $5f^{10}7s^2$ 251.07959(3)✦	+2 +3 99 Es 锿▲ $5f^{11}7s^2$ 252.0830(3)✦	+2 +3 100 Fm 镄▲ $5f^{12}7s^2$ 257.09511(5)✦	+2 +3 101 Md 钔▲ $5f^{13}7s^2$ 258.09843(3)✦	+2 +3 102 No 锘▲ $5f^{14}7s^2$ 259.1010(7)✦	+3 103 Lr 铹▲ $5f^{14}6d^17s^2$ 262.110(2)✦